面向21世纪课程教材

 "十二五"普通高等教育本科国家级规划教材

 普通高等教育"十五"国家级规划教材

 普通高等教育"九五"国家级重点教材

面向21世纪课程教材
Textbook Series for 21st Century

工科数学分析基础

第三版　上册

● 王绵森　马知恩　主编

高等教育出版社·北京

内容提要

本书第一版是教育部"高等教育面向 21 世纪教学内容和课程体系改革计划"的研究成果,是面向 21 世纪课程教材和教育部工科数学学科"九五"规划教材,普通高等教育"九五"国家级重点教材,曾获教育部 2002 年全国普通高等学校优秀教材一等奖;第二版是"十二五"普通高等教育本科国家级规划教材。第三版分上、下两册出版,第 1—4 章为上册,主要内容为一元函数微积分与常微分方程;第 5—7 章为下册,主要内容为多元函数微积分与无穷级数。

本书在保持第二版编写特色的基础上,根据几年来的教学实践经验,进行了较大的修订。适当降低了本书的难度,同时对部分内容进行了改写,使得本书思路更加简明,更加符合认识规律,更易于读者接受。在教材的表现形式上,采用双色印刷,并增加了边注和二维码,以满足读者的个性化学习需求。在习题的选配上,仍然分为 A、B 两类,并配有综合练习题,删去了一些难题,增加了一些基本训练题,还特别增加了章后习题,在书末附有部分习题答案与提示。

本书既可作为高等理工科院校的非数学类专业本科生教材,也可供其他专业选用和社会读者阅读。

图书在版编目(CIP)数据

工科数学分析基础. 上册 / 王绵森,马知恩主编. -- 3 版. -- 北京:高等教育出版社,2017.8(2025.6 重印)
ISBN 978-7-04-048216-4

Ⅰ. ①工… Ⅱ. ①王… ②马… Ⅲ. ①数学分析-高等学校-教材 Ⅳ. ①O17

中国版本图书馆 CIP 数据核字(2017)第 186351 号

策划编辑	蒋 青	责任编辑	蒋 青	封面设计	姜 磊	版式设计	张 杰
插图绘制	尹文军	责任校对	刘丽娴	责任印制	赵 佳		

出版发行	高等教育出版社	网　址	http://www.hep.edu.cn
社　址	北京市西城区德外大街 4 号		http://www.hep.com.cn
邮政编码	100120	网上订购	http://www.hepmall.com.cn
印　刷	大厂回族自治县益利印刷有限公司		http://www.hepmall.com
开　本	787 mm×1092 mm　1/16		http://www.hepmall.cn
印　张	24.5	版　次	1998 年 11 月第 1 版
字　数	450 千字		2017 年 8 月第 3 版
购书热线	010-58581118	印　次	2025 年 6 月第 9 次印刷
咨询电话	400-810-0598	定　价	52.80 元

本书如有缺页、倒页、脱页等质量问题,请到所购图书销售部门联系调换
版权所有　侵权必究
物　料　号　48216-00

第三版前言

本书作为教育部面向 21 世纪课程教材于 1998 年正式出版,2006 年经修改出版第二版,问世至今已近二十年。在此期间,许多专家、教师和广大读者对本书作了充分肯定,也提出了一些有益的意见和建议。为了适应当前高等院校教学的实际需求,进一步提高教材质量,高等教育出版社数学分社还组织了部分使用过本书的兄弟院校的教师进行座谈,认真听取他们的意见。编写组经过讨论,决定在基本保持本书第二版框架结构和主要特色的基础上,从教材内容和表现形式上再进行一次较大的修改。

在教材内容方面的修改之处主要有

1. 删去了一些要求过高的内容,降低了某些内容的难度。例如,删去了第八章无限维分析入门、第七章中微分方程定性分析方法初步以及第五章中挠率计算公式的证明和 Frenet 公式。

2. 对某些内容的写法进行了修改。例如,为了便于学生接受,在多元函数微分中更加突出在重点讲清二元或三元的基础上再推广到 n 元;改变将偏导数作为方向导数特例的写法,先讲偏导数再讲方向导数,并且改变了在可微条件下用计算公式来定义梯度的写法,使梯度的物理意义更加鲜明。又如,为了与多数教材中的习惯讲法相一致,将函数的凹凸性改为函数图像的凹凸性。在内容的表述方面,更加突出了微积分的基本思想方法,并将它贯穿到全书中,同时更加注重揭示数学中的一些重要思想方法,使思路更加清晰。

3. 为了满足某些后继课程的需要,将本书第二版中的常微分方程的内容与第三章中几类简单的微分方程合并为第四章放在上册,将无穷级数作为第七章放到下册。在常微分方程中重点讲解线性微分方程式,然后再讲线性微分方程组,后者作为选学内容,用异体字排印。

在教材的表现形式上,我们采用了黑、蓝双色印刷,增加了许多边注和二维码。在边注中设置了"想一想""注意"和"注"三种栏目,这样做的目的是用简明的语言加强对重要内容的剖析,揭示思路,帮助读者加深理解。我们初次尝试在教材中添置二维码,通过对某些教学内容的小结、提高、拓展和深化,以满足读者个性化的学习要求。

在这次修改中,还增加了几个附录,将一些常用的数学公式、常见的曲线和图形罗列出来,方便读者查阅。我们还对全书中的习题和答案进行了删减和修改,改正了某些错误,并在每章后增加了该章的习题,供学有余力的同学选做。

我们衷心感谢兄弟院校的专家、同行,读者以及我校的数学教师。多年来,他们对本书内容提出了许多宝贵的意见,这些意见对提高教材的质量起到了十分重要的作用。另外还要感谢高等教育出版社数学分社和西安交通大学教务处的关怀和资助,感谢高等教育出版社数学分社编审蒋青,她为本书的编辑加工付出了艰辛的劳动!

参加这次修订工作的有:马知恩、王绵森、武忠祥、常争鸣、李换琴和赵小艳。我们真诚地欢迎广大专家、同仁和读者对第三版继续提出批评和修改意见。

编　者
2017 年 4 月于西安交通大学

第二版前言

本书第一版于 1998 年出版以来,受到了有关专家和教师的广泛关注,很多兄弟院校将本书作为相关课程的教材。该书于 2001 年获"中国高等学校科学技术一等奖",2002 年又获"国家优秀教材一等奖",并被列入高等教育出版社"高等教育百门精品课程教材建设计划"中的精品项目。为了进一步提高教材的质量,我们总结了几年来的教学经验,广泛听取了专家、使用过该书的教师和学生的意见,对第一版进行了认真的修改。本次修改是在保持第一版的框架结构和主要特色的基础上进行的,主要修改之处如下:

1. 精简了一些次要内容,适当降低了某些内容的难度。例如:将第一章的前两节合并为一节,删去了某些枝节问题,以加深对函数概念的理解为主线改写了映射的有关内容;删去了闭区间套定理、凸函数的一个等价命题、第一型面积分用双参数表示的一般计算公式、常微分方程中的可积组合与首次积分;在积分存在的条件下证明第一型曲线积分的计算公式;多元数量值函数微分学中的有关问题在重点讲清二元情形后再推广到多元;重写了向量值函数的导数与微分的内容,通过其分量来定义它的导数与可微性;某些内容改用异体字排版供读者选学等。

2. 根据几年来使用该书的教学实践经验,对部分内容进行了改写,使思路更加简明,更加符合认知规律,更易于为读者接受。例如:将一阶微分方程中的可分离变量和线性方程作为两种基本类型,其余类型作为可通过变量代换化为这两种基本类型的方程;删去函数列的一致收敛性,直接讲解函数项级数的一致收敛性;在讲解有重要应用的一元向量值函数的导数与微分的基础上,推广到二元和多元;对向量值函数的链式法则以及由方程组所确定的隐函数求导法也采用由特殊到一般的方法,重点放在低维情形;极坐标下二重积分化为二次积分,先用比较形象的无限累加的思想来讲解;对某些定理或公式的证明也以便于接受的需要作了改写或补充等。

3. 从应用的需要出发,添加了少量内容。例如:多元函数的等值线与等值面及其在函数的几何表示、梯度和 Lagrange 乘数法中的应用;线性微分方程组稳定性判定(工程中常用);增加了少许应用性例题、习题和综合练习题等。

4. 删去了一些难题,增加了一些基本训练习题。

5. 对文字叙述作了进一步加工,改正了一些错误和不确切之处。

几年来,许多专家、多次使用过本书的兄弟院校和西安交通大学的教师与学生通过口头和书面等多种形式对第一版提供了宝贵的意见,这些意见对提高本书的质量起到了非常重要的作用。在此,我们真诚地向他们表示衷心的感谢!恳请他们对第二版继续提出批评和修改意见。

参加本次修订工作的有马知恩、王绵森、魏战线、武忠祥、常争鸣和徐文雄。

编　者
2005 年 10 月于西安交通大学

第一版前言

本书是按照原国家教委面向 21 世纪教学改革立项项目《工科数学教学内容和课程体系改革的研究与实践》的要求编写的一本改革教材,面向重点院校对数学要求较高的理工科非数学类专业。旨在传授数学知识的同时,着力于提高读者的数学素养和能力,为读者在今后工作中更新数学知识,学习现代数学方法奠定良好的基础,培养读者应用数学知识解决实际问题的意识、兴趣和能力。与现行的同类教材相比,本书力求突出以下几个特点:

1. 拓宽和加强数学基础。当代科学技术的发展对数学知识的需求越来越广、越来越深、越来越现代化。在 21 世纪攀登科技高峰的各个领域的带头人和科技骨干,应当具备更加宽厚的数学基础。这不仅要求在大学阶段学习一定的数学知识,还需要在数学的抽象性、逻辑性和严谨性方面受到必要的熏陶和训练,掌握学习数学的思想方法,以便提高自我更新知识、学习有关现代数学知识的能力。基于这种想法,本书加强了极限理论。在实数完备性的基础上,从确界定理出发,讲解并证明了极限理论中的几个基本定理;证明了闭区间上连续函数的几个重要性质;简要介绍了 $\mathbf{R}^n$ 空间中点集拓扑的初步知识,并在此基础上讲解多元函数的极限与连续性概念。此外,还增加了一些科学技术中颇有用处的数学知识。例如,一致连续、一致收敛、含参变量积分、向量值函数的微分、微分方程组等。

2. 注意分析、代数、几何内容的有机结合,相互渗透。本书在多元函数微积分和微分方程组部分,加强了向量和矩阵的运用,充分利用向量、矩阵和线性代数中其他知识来表述分析中的有关内容。例如,用 Jacobi 矩阵来表示 $\mathbf{R}^n$ 到 $\mathbf{R}^m$ 的多元向量值函数的微分;利用梯度、Hesse 矩阵来表示多元函数 Taylor 公式中的有关系数;利用向量和矩阵研究微分方程组;运用向量值函数的微分来研究曲线与曲面;将第二型线面积分与向量场的研究密切结合等。这种处理方法,不但符合现代数学的发展趋势,也可以更好地满足现代科技对数学用法的要求,有利于改变在后继课程中学生不习惯于运用向量和矩阵的状况,培养学生综合运用数学知识的能力。

3. 内容安排形成三个台阶,逐步提高教学要求。全书内容可分为三大部分,形成三个台阶,希望读者通过跨越三个台阶的学习,逐步提高自身的素养和学习能力,以有利于与今后学习现代数学接轨。第一部分内容,即第一个台阶,是书中的前四章,包括一元函数微积分与级数。这部分在讲解微积分基本概念、基本理论和基本方法的基础上,着重于数学分析基本思维方法的训练,使读者在抽象性、逻辑性和严谨性方面受到必要的熏陶。第二部分内容,即第二个台阶,是书中的第五、六、七章,包括多元函数微积分和常微分方程组。这部分将所讨论的空间由一维推广到(有限)n 维,加强了向量、矩阵在 n 维空间有关概念和理论中的应用,使一些内容的表述更趋现代化。例如,将多元函数的微分定义为从 $\mathbf{R}^n$ 到 $\mathbf{R}^m$ 的线性映射;将一些多元函数的积分统一为几何形体上的积分;将微分方程组写成向量形式,用矩阵的特征值理论讲解线性微分方程组的求解问题;以参数方程为主讲解曲线与曲面的有关内容。与现行的同类教材相比,这部分内容的处理适当地提高了难度,其目的是让读者从一维空间跨入多维空间后,在抽象思维和对高维问题的表达能力等方面上一个台阶。第三部分内容,即第三个台阶,是书中的第八章,介绍了无限维分析的初步知识和某些基本思想,显示了无限维分析的一些应用。旨在引导读者从有限维空间跨入无限维空间,使读者对现代数学的某些思想方法有所了解,在抽象能力上得到进一步的提高。

4. 加强数学应用能力的培养。本书在讲解数学内容的同时,力求突出在解决实际问题中有重要应用的数学思想方法,揭示重要数学概念和方法的本质。例如,在绪论中强调且贯穿全书的微积分基本思想方法;微分中的局部线性化思想;Taylor 公式和无穷级数中的逼近思想;极值问题中的最优化思想;积分应用中的微元法以及贯穿全书的变换思想和方法等。本书除保存了一些几何、物理方面的例子外,增加了不少诸如在工程、生态、人口、经济、医学甚至日常生活方面的例题和习题,注意了应用问题的趣味性,以增强对读者的吸引力。此外,还配备了一些综合练习题,有的需要上机计算,使读者从建立模型,寻求方法到问题解决的全过程受到初步的训练。

5. 削减次要内容,淡化运算技巧。与现行同类教材相比,本书精简了一些次要内容。例如,以链式法则为主精练了一元函数的求导法;不定积分只介绍换元与分部两种基本积分法,删去了有理函数、三角有理函数和某些无理函数的积分法;删去了函数作图;将某些近似计算移至后续课程等。在习题配备上,分成 A、B 两类,A 类题为基本要求,避免过多的运算技巧;B 类题可供学有余力的读者选用。

6. 为学习现代数学开设内容展示的窗口和延伸发展的接口,尽量使用现代数学的语言、术语和符号。例如,介绍微分方程的相平面和稳定性、无限维分析、Frenet 标架和公式等,以扩大读者视野,也为今后更新知识铺路搭桥。

学习本书下册内容需要线性代数与空间解析几何知识。建议将线性代数与空间解析几何另行单独设课,与本课程双轨并进,并在学习本书下册内容前完成。书中用楷体字排印的内容不作基本要求,对第七章第五节与第八章的内容,各校可视具体情况不讲或少讲。根据我们试点的经验,用 180 学时左右(含习题课)可以讲完本书的主要内容。

参加本书编写的有马知恩、王绵森、魏战线、常争鸣、武忠祥和徐文雄。全书分上、下两册,上册由王绵森、马知恩主编,下册由马知恩、王绵森主编。在编写过程中参阅了我校从1992年到1995年在电类教改试点班使用的《高等数学讲义》。本书初稿完成后,由部分编者王绵森、魏战线、徐文雄以及西北工业大学王雪芳、孟雅琴两位副教授分别在两校的部分班级中进行了两届教学试点,对本书的修改完善起了重要作用。西安交通大学的寿纪麟教授曾参加过总体方案和部分内容的讨论,提出了宝贵意见。编者借此机会对王雪芳、孟雅琴副教授和寿纪麟教授表示衷心的感谢。我们要特别感谢主审人董加礼教授,他花费了大量的时间,对书稿进行了非常认真细致的审查,提出了许多宝贵的意见和建议。感谢参加审稿会的谢国瑞教授以及汪国强、田铮、马继钢和林益诸教授对书稿提出的宝贵意见和建议。他们的意见和建议对提高本书的质量起了十分重要的作用。感谢高等教育出版社的文小西编审、杨芝馨副编审,没有他们加倍的辛勤工作,本书不可能这样快地与读者见面。

本书得到原国家教委教学改革和重点教材建设基金的资助,还得到西安交通大学教务处的关怀和资助,借此机会我们向有关方面一并表示感谢。

面向21世纪的改革教材应该多模式、多品种,本书仅是就其中的一种模式所做的初步探索和尝试。在内容精简和现代化以及培养学生数学应用能力等方面,我们虽然也做了一些努力,但仍感差距很大。限于编者的水平,加之短期内仓促成章,不妥之处在所难免。殷切期望专家、同行和广大读者批评指正。

编　者
1998年4月于西安交通大学

目 录

绪论 ··· 1

第一章 函数、极限、连续 ·· 7

第一节 集合、映射与函数 ·· 7
1.1 集合及其运算 ··· 7
1.2 实数集的完备性与确界存在定理 ··· 10
1.3 映射与函数的概念 ··· 12
1.4 线性函数的基本属性 ··· 16
1.5 复合映射与复合函数 ··· 18
1.6 逆映射与反函数 ··· 19
1.7 初等函数与双曲函数 ··· 20
习题 1.1 ··· 21

第二节 数列的极限 ·· 24
2.1 数列极限的概念 ··· 24
2.2 收敛数列的性质 ··· 29
2.3 数列收敛性的判别准则 ··· 33
习题 1.2 ··· 41

第三节 函数的极限 ·· 43
3.1 函数极限的概念 ··· 43
3.2 函数极限的性质 ··· 49
3.3 两个重要极限 ··· 53
3.4 函数极限的存在准则 ··· 56
习题 1.3 ··· 58

第四节 无穷小量与无穷大量 ·· 60
4.1 无穷小量的概念与性质 ··· 60
4.2 无穷小的比较 ··· 62

4.3　无穷小的等价代换 ·· 65
　　4.4　无穷大量 ·· 66
　　习题 1.4 ·· 68

第五节　连续函数 ·· 69
　　5.1　函数的连续性概念与间断点的分类 ································ 69
　　5.2　连续函数的运算性质与初等函数的连续性 ······················· 73
　　5.3　闭区间上连续函数的性质 ·· 77
　　5.4　函数的一致连续性 ·· 81
　*5.5　一维空间 **R** 上的压缩映射原理与迭代法 ······················· 84
　　习题 1.5 ·· 85

第 1 章习题 ·· 87

综合练习题 ·· 89

第二章　一元函数微分学及其应用 ······································· 91

第一节　导数的概念 ·· 91
　　1.1　导数的定义 ·· 91
　　1.2　导数的几何意义 ··· 96
　　1.3　可导与连续的关系 ·· 98
　　1.4　导数在科学技术中的含义——变化率 ······························ 99
　　习题 2.1 ··· 102

第二节　求导的基本法则 ··· 104
　　2.1　函数和、差、积、商的求导法则 ······································ 104
　　2.2　复合函数的求导法则 ··· 106
　　2.3　反函数的求导法则 ·· 108
　　2.4　初等函数的求导问题 ··· 110
　　2.5　高阶导数 ··· 111
　　2.6　隐函数求导法 ·· 113
　　2.7　由参数方程确定的函数的求导法则 ····························· 115
　　2.8　相关变化率问题 ··· 117
　　习题 2.2 ··· 119

第三节　微分 ·· 123
　　3.1　微分的概念 ·· 124
　　3.2　微分的运算法则 ··· 126

3.3　高阶微分 ··· 127
　　3.4　微分在近似计算中的应用 ··· 127
　　习题 2.3 ··· 128

第四节　微分中值定理及其应用 ·· 130
　　4.1　函数的极值及其必要条件 ··· 130
　　4.2　微分中值定理 ·· 131
　　4.3　L'Hospital 法则 ·· 137
　　习题 2.4 ··· 142

第五节　Taylor 定理及其应用 ··· 144
　　5.1　Taylor 定理 ·· 145
　　5.2　几个初等函数的 Maclaurin 公式 ·· 148
　　5.3　Taylor 公式的应用 ··· 150
　　习题 2.5 ··· 153

第六节　函数性态的研究 ·· 154
　　6.1　函数的单调性 ·· 154
　　6.2　函数的极值 ··· 156
　　6.3　函数的最大(小)值 ··· 158
　　6.4　函数图像的凹凸性与拐点 ··· 161
　　习题 2.6 ··· 165

第 2 章习题 ·· 168

综合练习题 ·· 170

第三章　一元函数积分学及其应用 ·· 172

第一节　定积分的概念、存在条件与性质 ··· 172
　　1.1　定积分问题举例 ··· 172
　　1.2　定积分的定义 ·· 175
　　1.3　定积分的存在条件 ··· 178
　　1.4　定积分的性质 ·· 180
　　习题 3.1 ··· 184

第二节　微积分基本公式与基本定理 ·· 186
　　2.1　微积分基本公式 ··· 186
　　2.2　微积分基本定理 ··· 189
　　2.3　不定积分 ··· 192

习题 3.2 ·· 194

第三节　两种基本积分法 ··· 197
3.1　换元积分法 ·· 197
3.2　分部积分法 ·· 208
3.3　初等函数的积分问题 ·· 213
习题 3.3 ·· 213

第四节　定积分的应用 ·· 216
4.1　建立积分表达式的微元法 ··································· 217
4.2　定积分在几何中的应用举例 ································ 218
4.3　定积分在物理中的应用举例 ································ 222
习题 3.4 ·· 225

第五节　反常积分 ·· 227
5.1　无穷区间上的积分 ·· 227
5.2　无界函数的积分 ··· 230
5.3　无穷区间上积分的审敛准则 ································ 233
5.4　无界函数积分的审敛准则 ··································· 236
5.5　Γ函数 ··· 238
习题 3.5 ·· 239

第 3 章习题 ··· 241

综合练习题 ·· 244

第四章　常微分方程 ·· 245

第一节　几类简单的微分方程 ······································ 245
1.1　几个基本概念 ·· 246
1.2　可分离变量的一阶微分方程 ································ 249
1.3　一阶线性微分方程 ·· 250
1.4　可用变量代换法求解的一阶微分方程 ···················· 253
1.5　可降阶的高阶微分方程 ······································ 257
1.6　微分方程应用举例 ·· 260
习题 4.1 ·· 265

第二节　高阶线性微分方程 ··· 267
2.1　高阶线性微分方程举例 ······································ 267
2.2　线性微分方程解的结构 ······································ 270

  2.3 高阶常系数线性齐次微分方程的解法 ················· 277
  2.4 高阶常系数线性非齐次微分方程的解法 ·············· 282
  2.5 高阶变系数线性微分方程的求解问题 ················ 290
  习题 4.2 ··· 291

*第三节 线性微分方程组 ·· 293
  3.1 线性微分方程组的基本概念 ························ 293
  3.2 线性微分方程组解的结构 ·························· 295
  3.3 常系数线性齐次微分方程组的求解方法 ·············· 302
  3.4 常系数线性非齐次微分方程组的求解 ················ 312
  3.5 微分方程组应用举例 ······························ 313
  习题 4.3 ··· 318

第 4 章习题 ··· 320
综合练习题 ··· 321

附录 ··· 323
 附录 1 函数的参数表示与极坐标表示 ··············· 323
 附录 2 常见曲线及其方程 ·························· 327
 附录 3 常用的三角函数公式 ······················ 334
 附录 4 反三角函数定义及其图形 ·················· 335
 附录 5 复数及其运算 ···························· 338
 附录 6 简明积分表 ······························ 340

部分习题答案与提示 ·· 347

参考文献 ··· 372

绪 论

同学们来到大学,要学习许多新的数学课程,微积分就是其中第一门重要的数学基础课.在开始学习这门课的时候,自然要问,它与中学已经学过的初等数学有什么不同? 微积分的研究对象与基本思想方法是什么? 下面就来简要地讲一讲这些问题.

大家知道,现实世界中的万事万物,都在一定的空间中运动变化而在运动变化过程中都存在一定的数量关系.按照恩格斯的说法,**数学就是研究现实世界中数量关系与空间形式的科学**.简略地说,**就是研究数和形的科学**.时至今日,虽然数学的内容更加丰富、方法更加综合、应用更加广泛,但是,关于数学的上述说法大体上还是正确的.只是随着人们对事物认识的逐渐深化,作为数学研究对象的"数"和"形",在数学发展的不同阶段,它们的内涵和表现形式也不尽相同!

数学的发展可以划分为三个阶段.

从古希腊时代(公元前 5 世纪—公元前 3 世纪)到 17 世纪中叶,是数学发展的第一阶段.在这长达两千多年的时期内,由于生产力的落后,人们把客观世界中各种事物看成是孤立的、静止不变的,因而数学中研究的"数"基本上是**常数**或**常量**(即在某一运动变化过程中保持不变或相对保持不变、可以看作取固定数值的量),研究的"形"也主要是简单的、不变的、规则的几何形体(例如直线段、直边形与直面形等).通过研究常量间的代数运算和规则几何形体内部及相互间的关系,分别形成了初等代数和初等几何,统称为初等数学.因此,这个阶段常被称为**初等数学阶段**或**常量数学阶段**.

从 1637 年著名法国哲学家、数学家 R. Descartes(1596—1650)建立解析几何到 19 世纪末是数学发展的第二阶段.在这个阶段中,由于工业革命的兴起,推动了机械、造船、采矿、航海和修建铁路等新兴工业的建立和发展,大大拓宽了人们的视野,加深了人类对自然界的认识.现实世界中的各种事物都处于不停的运动变化之中,物理、力学和天文学等学科的迅速发展,要求建立新的数学工具研究物体的运动变化规律,研究曲线和曲面的性质.在这种形势下,天才的英国物理学家、力学家、天文学家和数学家 I. Newton(1642—1727)和德国数学家和哲学家 G. W. Leibniz(1646—1716)

各自独立地创立了微积分.此后,数学的发展呈现出一日千里之势,形成了内容丰富的高等代数、高等几何与数学分析三大分支,并出现了一些其他的相关分支,它们被统称为高等数学.在这个阶段,数学中研究的"数"是**变数**或**变量**(即在某一运动变化过程中不断变化、可以取不同数值的量),研究的"形"是复杂的不规则的几何形体(例如曲线、曲面、曲线形与曲面形等).而且,由于 Descartes 引入直角坐标系,使"数"与"形"紧密地联系起来.平面上的点可以用有序数偶表示,平面曲线(动点的轨迹)可以用代数方程来表示,因此,"运动和辩证法便进入了数学"(恩格斯著《自然辩证法》).这个阶段被称为**高等数学阶段**或**变量数学阶段**.同学们在大学本科阶段学习的数学课程大多属于这个阶段的内容.

从 19 世纪末开始,数学的发展进入了第三个阶段,即现代数学阶段.至今,这个阶段还在发展之中.由于集合论的创立,不但为数学的发展奠定了坚实的基础,而且使得数学的研究对象——"数"与"形"——具有了更丰富的内涵和更广泛的外延,表现形式也更加抽象.关于这方面内容本书不做过多介绍,但在前几章中也将适当地采用一些现代数学的观点、方法、术语和符号.

从研究常量到研究变量,从研究规则的几何形体到研究不规则的几何形体,是人类对自然界认识的一大飞跃,是数学发展中的一个转折点.由于研究的对象不同,研究的方法也不同.初等数学主要采用形式逻辑的方法,静止地、一个一个问题孤立地进行研究,而高等数学却不然.下面,我们以"已知位移求速度"和"已知速度求位移"这两个经典问题为例,介绍微积分的基本思想方法,说明它与初等数学的研究方法有什么区别.

例1 求变速直线运动的瞬时速度问题.

设一物体做变速直线运动,已知位移随时间的变化规律为 $s=s(t)$ ($a\leqslant t\leqslant b$).由于物体的运动速度是随时间不断变化的,要精确地研究物体的运动规律,必须计算它在运动过程中每一时刻的速度,就是所谓瞬时速度.怎样认识和度量它呢?

如果物体做匀速直线运动,那么位移 s 随时间 t 的变化是均匀的.即从任意时刻 t_1 开始,只要时间的变化 t_2-t_1 相同,位移的变化 $s(t_2)-s(t_1)$ 也相同.这时,物体的运动速度只需通过除法用

$$v = \frac{s(t_2) - s(t_1)}{t_2 - t_1}$$

来度量,显然它是一个常量.对于非匀速运动,位移 s 随时间 t 的变化是非均匀的,即在相同的时间内位移的变化不尽相同.为了度量在时刻 t_0 的速度 $v(t_0)$,考察物体从时刻 t_0 到与它邻近的时刻 t 所通过的位移 $s(t)-s(t_0)$.记 $\Delta t=t-t_0$,$\Delta s=s(t)-s(t_0)$,则用除法得到的

$$\bar{v} = \frac{s(t) - s(t_0)}{t - t_0} = \frac{\Delta s}{\Delta t}$$

仅表示物体在 $|\Delta t|$ 这段时间内的平均速度,还不是物体在时刻 t_0 的速度.假定位移随时间的变化是连续不断的,则当 $|\Delta t|$ 很小(常用 $|\Delta t| \ll 1$ 表示)时,速度的变化也很小,可以近似地看成是不变的.就是说,在很小的时间区间内,位移随时间的变化可以近似看成是均匀的,这样, $\bar{v}$ 可以作为时刻 t_0 速度的近似值,即

$$v(t_0) \approx \bar{v} = \frac{\Delta s}{\Delta t}. \tag{0.1}$$

$|\Delta t|$ 越小,上面的近似值越精确.如果令 $\Delta t \to 0$(即 $t \to t_0$), $\bar{v}$ 能任意接近某确定的常数,即 $\bar{v}$ 的极限存在,那么这个极限值就规定为时刻 t_0 的瞬时速度,即

$$v(t_0) = \lim_{\Delta t \to 0} \frac{\Delta s}{\Delta t} = \lim_{t \to t_0} \frac{s(t) - s(t_0)}{t - t_0} = \lim_{\Delta t \to 0} \frac{s(t_0 + \Delta t) - s(t_0)}{\Delta t}. \tag{0.2}$$

例 2 求变速直线运动的位移问题.

设物体做变速直线运动,速度随时间的变化规律为 $v = v(t)$($a \leqslant t \leqslant b$),求在时间区间 $[a,b]$ 内物体所通过的位移 s.

对于匀速直线运动,由于速度 v 是常量,位移随时间的变化是均匀的,所以物体在时间区间 $[a,b]$ 内通过的位移只要用乘法就能求得,即

$$s = v \times (b - a).$$

对于非匀速运动,由于速度 v 是变量,位移随时间的变化是非均匀的,所以在时间区间 $[a,b]$ 内,物体所通过的位移不能简单地用上述乘法公式求得.但若假定速度随时间的变化是连续不断的,那么当 $|\Delta t| \ll 1$ 时,速度的变化也很小,运动可以近似看成是匀速的,即位移随时间的变化可近似看成均匀的.因此,若将时间区间 $[a,b]$ 任意分割为若干小区间,物体在每个小区间内部近似看成是匀速运动,就可以利用上面的公式求出位移的近似值.再将各小区间内通过的位移近似值相加,就可得到在 $[a,b]$ 内物体通过的总位移的近似值. $|\Delta t|$ 越小,近似值就越精确.如同例 1 那样,当每个时间小区间的长度无限趋近于零时,总位移近似值的极限存在,那么这个极限值就是物体在 $[a,b]$ 内通过的总位移的精确值.

上面的分析过程可以分解为四个具体步骤:

第一步 分 将区间 $[a,b]$ 任意分割为 n 个小区间 $[t_{k-1}, t_k]$($k = 1, 2, \cdots, n$),

$$a = t_0 < t_1 < t_2 < \cdots < t_{n-1} < t_n = b,$$

每个小区间的长度记为 $\Delta t_k = t_k - t_{k-1}$.

第二步 匀 当 $|\Delta t_k| \ll 1$ 时,在每个小区间 $[t_{k-1}, t_k]$ 上位移随时间的变化可以近似看成是均匀的,因此可以用任一时刻 ξ_k($t_{k-1} \leqslant \xi_k \leqslant t_k$)时的速度 $v(\xi_k)$ 近似替代

物体在各小区间 $[t_{k-1}, t_k]$ 上的速度，从而求得物体在各小区间内通过的位移近似值

$$\Delta s_k \approx v(\xi_k) \Delta t_k. \quad (0.3)$$

第三步　合　将物体在各小区间内通过的位移近似值相加，就得到总位移的近似值

$$s \approx \sum_{k=1}^{n} v(\xi_k) \Delta t_k.$$

第四步　精　令 n 无限趋大（记作 $n \to \infty$），且最大小区间的长度无限趋于零（记作 $d = \max_{1 \leq k \leq n} |\Delta t_k| \to 0$），通过取极限（如果存在的话），总位移的近似值就转化为所求总位移的精确值，即

$$s = \lim_{d \to 0} \sum_{k=1}^{n} v(\xi_k) \Delta t_k. \quad (0.4)$$

上面两个例子中，不仅研究的问题具有普遍的典型意义，而且采用的方法也蕴含了微积分的基本思想方法．

从研究的问题来看，例 1 是研究在时刻 t_0 位移函数 $s = s(t)$ 随自变量 t 变化的快慢程度，例 2 是研究位移函数 $s = s(t)$ 在区间 $[a, b]$ 上变化的大小．事实上，在科学技术中存在着大量的实际问题都可以归结为这两类问题．例如，设有位于 x 轴区间 $[a, b]$ 上的质量非均匀分布的细棒．若已知细棒质量 m 随 x 变化的规律 $m = m(x)$（即质量函数），求棒上某点 x_0（$a \leq x_0 \leq b$）处的线密度，实际上就是求 x_0 处质量函数 $m = m(x)$ 随 x 变化的快慢程度．反之，若已知棒的线密度 $\rho = \rho(x)$，求区间 $[a, b]$ 上那段细棒的质量，则是求质量函数 $m = m(x)$ 在 $[a, b]$ 上变化的大小．一般地说，研究函数 $y = f(x)$ 在点 x_0 处随自变量 x 变化的快慢程度（称之为函数 $y = f(x)$ 在 x_0 处的**变化率**）和该函数在区间 $[a, b]$ 上变化的大小正是微积分的两个基本问题．若函数 $y = f(x)$ 随 x 均匀变化，该函数在 x_0 处的变化率只要用除法就能求得，它在 $[a, b]$ 上变化大小只要用乘法就能求得．若 $y = f(x)$ 随 x 非均匀变化，前者像例 1 中那样，需要用极限（假定存在）

$$\lim_{\Delta x \to 0} \frac{f(x_0 + \Delta x) - f(x_0)}{\Delta x}$$

才能求得；后者像例 2 中那样，需要通过"分""匀""合""精"四个步骤，用一个"和式极限"(0.4)式才能求得．前者就是将在第二章中研究的**导数**问题，后者则是第三章中讨论的**积分**问题．

从上面的分析可以看到，在均匀变化情况下用除法解决的问题，在非均匀变化情况下要用导数来解决；在均匀变化情况下用乘法解决的问题，在非均匀变化情况下要用积分来解决．在上述意义下，我们说，导数可以看作商（除法）的推广，积分可以看作

积(乘法)的推广.这些推广都是建立在极限概念的基础上的.

从研究方法上来看,虽然两个例子属于两类不同的问题,但它们的基本思想方法是一致的.概括地说,主要包含下面两个步骤:

第一步 在微小局部"以匀代非匀",求得近似值.

为了研究非匀速运动,两例中均采用在很小的时间区间内,将位移随时间的非匀变化近似看成是均匀的,也就是用均匀近似代替非均匀,求得近似值(见(0.1)式与(0.3)式).

第二步 通过极限,将近似值转化为精确值.

虽然随着时间区间长度 $|\Delta t|$ 的减小,由(0.1)式与(0.3)式求得的近似值越来越精确,但是,无论 $|\Delta t|$ 多么小,得到的仍是近似值.当且仅当 $|\Delta t| \to 0$ 时,(0.2)式与(0.4)式中的极限存在,它们的极限值才是所求量的精确值.

上述方法是从运动变化过程中变量之间相互依赖、相互联系出发,通过分析问题和困难所在,克服困难,促使问题的转化使问题得以解决的,充满了辩证法的思想.例如,欲求时刻 t_0 的瞬时速度 $v(t_0)$,如果静止地、孤立地看问题,仅仅停留在时刻 t_0 来考虑,永远也求不出 $v(t_0)$.只有看到物体在时刻 t_0 的运动状态是从时刻 t_0 之前的状态变化而来的,并且还要向时刻 t_0 之后运动变化,它们与 t_0 邻近时刻的状态是相互联系、相互依存的,才能想到在一个包含 t_0 的时间区间内去研究.由于区间很小,在其中采用"以匀代非匀"求得时刻 t_0 的近似值后,问题又转化为"近似"与"精确"的矛盾.于是,通过取极限来解决矛盾就成为关键.否则,问题的解答永远停留在近似值,得不到精确值.这种方法与初等数学中采用的形式逻辑推演是有本质区别的.当然,形式逻辑推演对于微积分,对于变量数学是不可缺少的,但仅仅用形式逻辑对于变量数学的研究是很不够的.因而在微积分中,在变量数学的研究中,需要将形式逻辑与辩证法相互结合.希望读者在今后的学习中认真体会这种思想方法.

通过上面的分析,读者不难看到,函数是微积分的研究对象,极限是研究微积分的基础.因此,不仅微积分的研究对象和研究方法与初等数学有很大的不同,而且与初等数学相比,微积分中的概念更加复杂,表达更加抽象,推理更加严谨,理论性更强.同学们在学习本课程的时候,应当认真阅读和深入钻研教材的内容.一方面,要透过抽象的表达形式,深刻理解基本概念和理论的本质以及它们之间的内在联系,正确领会一些重要的数学思想方法;另一方面,还要培养一定的抽象思维和逻辑推理能力.学习数学,必须做一定数量的习题,做习题不仅是为了掌握数学的基本运算方法,而且可以帮助我们更好地理解概念、理论和思想方法.但是,读者不应该仅仅满足于做题,更不能认为,只要做了题,就算学好了数学.作为工科院校的大学生,学习数学的主要目的是为了用数学.当代科学技术的飞速发展,不但要求我们掌握更多的数学知识,而且还要会运用这些知识去解决实际问题.因此,应当逐步培养综合运用所学的数学知识解决实际问题的意识和兴趣,培养建立实际问题的数学模型、运用数学方法分析解决实际问题的能力.在学习中还要提倡独立钻研、勤于思考,敢于大胆地提出问题,善于研究问题,培养学习能力和创新意识与能力.

第一章 函数、极限、连续

> 绪论中已经指出,微积分是从量的侧面研究事物运动变化规律的一种基本的数学理论和方法.函数是微积分的研究对象,极限是研究微积分的重要工具和思想方法,连续性是通过极限揭示出来的函数的一种基本变化性态,连续函数是微积分所讨论的函数的主要类型.因此,函数、极限与函数的连续性是本章的主要内容,也是学习微积分的理论基础.

第一节 集合、映射与函数

在中学已经学习过函数的一些基本知识,为了加深对函数概念的理解,本节将在集合与映射的基础上进一步介绍函数及其相关的概念、函数的运算性质(包括复合运算与逆运算)以及初等函数等.

1.1 集合及其运算

集合是现代数学中的一个重要概念. 所谓**集合**(简称**集**)是指具有某种确定性质的对象的全体,组成集合的个别对象称为该集合的**元素**(或**元**). 习惯上,用大写拉丁字母 $A,B,C,\cdots$ 表示集合,用小写拉丁字母 $a,b,c,\cdots$ 表示集合的元素. 用 $a \in A$ 表示 a 是集 A 中的元素(读作"a 属于 A"),用 $a \notin A$(或 $a \bar{\in} A$)表示 a 不是集 A 中的元素(读作"a 不属于 A"). 含有限个元素的集合称为**有限集**;不含任何元素的集合称为**空集**,记作 $\varnothing$. 既不是有限集又不是空集的集合称为**无限集**. 例如,由自然数 $0,1,2,\cdots,n,\cdots$ 的全体组成的集合称为自然数集,记作 $\mathbf{N}$;由整数的全体构成的集合称为整数集,记作 $\mathbf{Z}$;由全体有理数构成的集合称为有理数集,记作 $\mathbf{Q}$;用 $\mathbf{R}$ 表示全体实数构成的实数集.

应当注意,组成集合的元素不仅可以是数,而且可以是所研究的任何对象. 例如,为了研究某地区的人口构成和变化规律,可以将该地区中所有人口组成一个集合;为了合理地调度某地区的电力资源,可以将该地区的所有发电厂的全体作为一个集合;为了研究平面上两点间的最短路径,可以将连接这两点的所有曲线(含直线)看成一个集合. 这些例中的人口、发电厂和曲线分别为构成各集合的元素.

表示集合的方法有两种:一种是列举法,就是把它的所有元素一一列举出来,写在一个花括号内. 例如,方程 $x^2-1=0$ 的解集可以表示为 $S=\{-1,1\}$. 另一种方法是指明集合中元素所具有的确定性质,将具有性质 $P(x)$ 的全体对象 x 所构成的集合表示为

$$A = \{x \mid x \text{ 具有性质 } P(x)\}.$$

例如,方程 $x^2-1=0$ 的解集也可表示为 $S=\{x \mid x^2-1=0\}$,集合

$$C = \{l \mid l \text{ 是连接 } M \text{ 与 } N \text{ 两点的平面曲线}\}$$

表示连接 M 与 N 两点的所有平面曲线所构成的集合.

设 A,B 是两个集合. 若 A 的每个元素都是 B 的元素,则称 A 是 B 的**子集**,记作 $A \subseteq B$(或 $B \supseteq A$),读作"A 含于 B"(或"B 包含 A");若 $A \subseteq B$ 且 $A \supseteq B$,则称 A 与 B **相等**,记作 $A=B$;若 $A \subseteq B$ 且 $A \neq B$,则称 A 为 B 的**真子集**,记作 $A \subsetneqq B$.

对任何集合 A,规定 $\varnothing \subseteq A$. 显然 $A \subseteq A$,$\mathbf{N} \subsetneqq \mathbf{Z} \subsetneqq \mathbf{Q} \subsetneqq \mathbf{R}$.

集合的基本运算有三种:并、交、差.

设 A,B 是两个集合. 由属于 A 或属于 B 的所有元素构成的集合称为 A 与 B 的**并集**(简称并),记作 $A \cup B$,即

$$A \cup B = \{x \mid x \in A \text{ 或 } x \in B\}. \quad (1.1)$$

由同时属于 A 与 B 的元素构成的集合,称为 A 与 B 的**交集**(简称交),记作 $A \cap B$,即

$$A \cap B = \{x \mid x \in A \text{ 且 } x \in B\}. \quad (1.2)$$

由属于 A 但不属于 B 的元素构成的集合,称为 A 与 B 的**差集**(简称差),记作 $A \backslash B$,即

$$A \backslash B = \{x \mid x \in A \text{ 但 } x \notin B\}. \quad (1.3)$$

两个集合的并、交、差可以用图 1.1 中的阴影部分来表示.

特别,若 $B \subseteq A$,则称差 $A \backslash B$ 为 B **关于 A 的余**(或**补**)**集**,记作 $\complement_A B$. 通常我们所讨论的问题在某集合 X(称为**基本集**或**全集**)中进行,所研究的其他集合 A 都是 X 的子集,此时称 $X \backslash A$ 为 A 的**余**(或**补**)**集**,记作 $\complement A$ 或 A^c. 显然,$(A^c)^c = A$.

若 $A \cap B = \varnothing$,则说 A 与 B **不相交**,否则称 A 与 B **相交**.

> **想一想:**
> 下列三种陈述中,哪一个可以作为集合 $A \neq B$ 的定义:
> (1) A 的每个元素都不属于 B,且 B 的每个元素都不属于 A;
> (2) A 中至少有一个元素不属于 B,反之亦然;
> (3) A 中至少有一个元素不属于 B,或 B 中至少有一个元素不属于 A.

> **想一想:**
> 举一个 $(A \backslash B) \cup B \neq A$ 的例子.

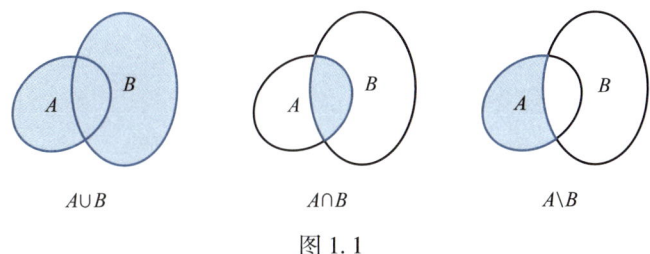

图 1.1

集合的运算法则

法则 1 设 A,B,C 为三个任意集合,则下列法则成立:

(1) 交换律　$A\cup B=B\cup A, A\cap B=B\cap A$;

(2) 结合律　$(A\cup B)\cup C=A\cup(B\cup C)$,
$(A\cap B)\cap C=A\cap(B\cap C)$;

(3) 分配律　$(A\cup B)\cap C=(A\cap C)\cup(B\cap C)$,
$(A\cap B)\cup C=(A\cup C)\cap(B\cup C)$,
$(A\backslash B)\cap C=(A\cap C)\backslash(B\cap C)$;

(4) 幂等律　$A\cup A=A, A\cap A=A$;

(5) 吸收律　$A\cup\varnothing=A, A\cap\varnothing=\varnothing$,
若 $A\subseteq B$,则 $A\cup B=B, A\cap B=A$.

法则 2(对偶原理)　若 X 为基本集,A,B 是它的两个子集,则

(1) $(A\cup B)^c=A^c\cap B^c$;　　　　　　　　　　　　　　　　　(1.4)

(2) $(A\cap B)^c=A^c\cup B^c$.　　　　　　　　　　　　　　　　　(1.5)

这就是说,<u>两个集合并的余集等于它们余集的交</u>,<u>两集合交的余集等于它们余集的并</u>.

上述法则都可利用集合并、交、差(余)和相等的定义来验证. 下面仅以法则 2 为例说明证法,其余留给读者练习.

证　(1) 为了证明(1.4)式,根据集合相等的定义,只要证明 $(A\cup B)^c\subseteq A^c\cap B^c$ 且 $A^c\cap B^c\subseteq(A\cup B)^c$. 事实上,因为 $\forall x\in(A\cup B)^c\Rightarrow x\notin(A\cup B)\Rightarrow x\notin A$ 且 $x\notin B\Rightarrow x\in A^c$ 且 $x\in B^c\Rightarrow x\in A^c\cap B^c$,所以 $(A\cup B)^c\subseteq A^c\cap B^c$. 显然,上面的推理可以反向进行,因此相反的包含关系也成立,从而(1.4)式得证.

(2) 由(1)知,
$(A^c\cup B^c)^c=(A^c)^c\cap(B^c)^c=A\cap B$,
对上式两边取余即得(1.5)式. ∎

乘积集合　设 A,B 为两个非空集合,称由 A 中的任一元素 x 与 B 中的任一元素 y 组成的所有**序偶**

想一想:

集合的并与交的运算以及对偶原理等都可以推广到有限多个和无穷多个集合的情形. 试将对偶原理对无穷多个集合的推广形式写出来.

(x,y) 构成的集合为 A 与 B 的**乘积集合**(简称积集),记作 $A\times B$,即

$$A\times B=\{(x,y)\mid x\in A,y\in B\}.$$

设 $A=[0,1]$,$B=[-1,1]$,则

$$A\times B=\{(x,y)\mid 0\leqslant x\leqslant 1,-1\leqslant y\leqslant 1\},$$

它就是图 1.2 中的阴影部分所有点所构成的集合. $\mathbf{R}\times\mathbf{R}=\{(x,y)\mid x,y\in\mathbf{R}\}$ 就是整个坐标平面,记作 $\mathbf{R}^2$,即 $\mathbf{R}^2=\mathbf{R}\times\mathbf{R}$.

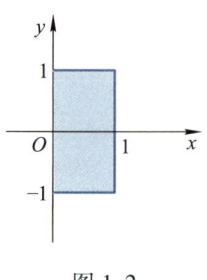

图 1.2

1.2 实数集的完备性与确界存在定理

实数集有一些简单而常用的重要性质.

1. 关于有理运算的**封闭性**,对任意两个实数施行有理运算(即加、减、乘、除,除法要求分母不为零)后仍为实数.

2. **有序性**.对任意两个实数 a 与 b,有且仅有下列关系之一成立:

$$a<b,\quad a=b,\quad a>b.$$

并且,若 $a<b$,$b<c$,则必有 $a<c$.

3. **稠密性**.任意两个实数之间(不含这两个实数)必存在另一个实数,因而,任意两个实数之间必存在无穷多个实数.

其实,有理数集也具有上述三个性质.然而,有理数集却没有实数集的另一个重要性质——**完备性**.下面,我们从直观上来介绍实数的完备性.

一条规定了原点和单位长度的有向直线,称为**坐标轴**.有了坐标轴,就能将有理数与坐标轴上的点对应起来.不难看出,任一有理数必能与坐标轴上的唯一一个点(称之为**有理点**)相对应.有理数的稠密性表现在坐标轴上,就是任何两个有理点之间必有无穷多个有理点.因此,有理点在坐标轴上的分布是处处稠密的.然而,有理点是否布满了整个坐标轴呢? 也就是说,坐标轴上的所有点是否都是有理点呢? 实际上,早在古希腊时期人们就发现,尽管有理点在坐标轴上是处处稠密的,但是,在坐标轴上还存在着许多不是有理点的空隙(点).例如,以原点为中心,单位正方形对角线的长度 $\sqrt{2}$ 为半径画一圆弧(图 1.3),它与坐标轴相交于一点 A,A 就不是有理点,因为 $\sqrt{2}$ 不是有理数.不仅如此,$\sqrt{2}\pm1$,$\sqrt{2}\pm2$,$\cdots$ 都不对应坐标轴上的有理点.人们把这种点称为**无理点**,它们所对应的数称为**无理数**.

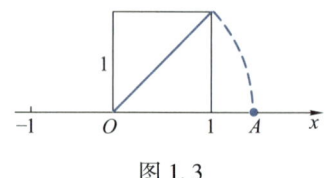

图 1.3

实数是有理数和无理数的总称.实数的全体布满了坐标轴(因此也称坐标轴为实数轴),坐标轴上不存在不是实数的点.就是说,实数

集 **R** 与坐标轴上的所有点是一一对应的.实数集的这个特性称为实数的**连续性**或**完备性**.而有理数集不能与坐标轴上的所有点一一对应,因此,有理数集是不完备的.

完备性是实数集的本质属性.为了从数学上更深刻地揭示它的内涵,数学家从不同的侧面对它进行研究.下面介绍的确界存在定理就是刻画实数完备性的一个常用定理.

定义 1.1（实数集的有界性） 设 A 为非空实数集,若

$$\exists L \in \mathbf{R}, 使得 \forall x \in A, 恒有 x \leq L, \quad (1.6)$$

则称 A **有上界**（或**上有界**）,L 为 A 的一个**上界**.若

$$\exists l \in \mathbf{R}, 使得 \forall x \in A, 恒有 x \geq l, \quad (1.7)$$

则称 A **有下界**（或**下有界**）,l 为 A 的一个**下界**.若 A 既有上界又有下界,则称 A **有界**,否则,称 A **无界**.

> **注**:为表述简洁起见,今后常用逻辑符号"$\exists$"表示"存在"或"有",用"$\forall$"表示"对任给的"或"对所有的",用"$P \Leftrightarrow Q$"表示"命题 P 成立的充要条件是命题 Q 成立",或"P 等价于 Q".
>
> **想一想**:
>
> 试写出实数集 A 无上界、无下界与无界的定义.

由定义 1.1 易证:A 有界 $\Leftrightarrow \exists M \in \mathbf{R}, M > 0$, 使得 $\forall x \in A$, 恒有 $|x| \leq M$.

显然,有上界（下界）数集的上界（下界）不是唯一的,而且有无穷多.

例 1.1 $A = \left\{ x \mid x = \sin t, -\dfrac{\pi}{2} \leq t \leq \dfrac{\pi}{2} \right\}$ 是一个有界数集,$L = 1$ 是它的一个上界,$l = -1$ 是它的一个下界,并且任何大于 1 的数也是它的上界,任何小于 -1 的数也是它的下界.∎

例 1.2 $B = \left\{ 1, \dfrac{1}{2}, \dfrac{1}{3}, \cdots, \dfrac{1}{n}, \cdots \right\}$ 是有界数集,$L = 1$ 是它的一个上界,$l = 0$ 是它的一个下界,而且它的上界与下界都有无穷多个.∎

自然要问,在有上界数集 A 的无穷多个上界中,是否存在一个最小的上界? 如果存在,那么最小的那个上界就具有特别的重要性.所谓 A 的最小上界 s 有两层含义:(1) s 是 A 的一个上界,即对任何 $x \in A$ 恒有 $x \leq s$;(2) s 是 A 的所有上界中最小的一个,任何比 s 小的数都不是 A 的上界.换句话说,对于任意给定的 $\varepsilon > 0$,不论如何小,$s - \varepsilon$ 都不是 A 的上界.因而必存 $x_0 \in A$,使 $x_0 > s - \varepsilon$.由此得到如下定义.

定义 1.2（确界） 设 A 为非空实数集,若 $\exists s \in \mathbf{R}$,满足:(1) $\forall x \in A$,恒有 $x \leq s$;(2) $\forall \varepsilon > 0$,$\exists x_0 \in A$,使 $x_0 > s - \varepsilon$,则称 s 是 A 的**上确界**（或**最小上界**）,记作 $\sup A$.

类似地可以定义 A 的**下确界**（或**最大下界**）,记作 $\inf A$.

> **想一想**:
>
> (1) 写出数集 A 下确界的定义;
>
> (2) 证明若数集 A 的上(下)确界存在,则必是唯一的.
>
> (3) 说明数集的上(下)确界与它的最大(小)值之间的区别与联系.

由定义 1.2 易见,例 1.1 中,$\sup A = 1$,$\inf A = -1$;

例 1.2 中，$\sup B = 1$，$\inf B = 0$。

应当注意，一个数集的上（下）确界与它的最大（小）值是有区别的。数集 A 的最大值（最小值）是指含于 A 中的所有实数的最大者（最小者），记作 $\max A$（$\min A$）。因此，若 A 有最大值，那么它就是 A 的上确界。反之不一定成立，因为上确界可能属于 A，也可能不属于 A。关于下确界与最小值有类似的结论。在例 1.1 中，$\sup A = \max A = 1$，$\inf A = \min A = -1$；在例 1.2 中 $\inf B = 0 \notin B$，B 没有最小值。

如果数集 A 没有上（下）界，自然也没有上（下）确界，对于这种情况，我们规定 $\sup A = +\infty$（$\inf A = -\infty$）。如果数集 A 有上（下）界，那么它是否一定有上（下）确界呢？更详细地说，如果 A 是有上（下）界的实数集，那么它是否一定有实数的上（下）确界呢？如果 A 是其他数集，例如 A 是有上（下）界的有理数集，那么它是否一定有有理数的上（下）确界呢？这个问题的答案与 A 是什么数集有关。下面从几何直观上来说明，对于实数集来说，答案是肯定的。

设 A 是一个非空的有上界的实数集，当 A 中的数在数轴上向大的方向增加时，由于 A 是有上界的，而且所有上界在数轴上是连续分布的，因此，直观上不难想象，在数轴上必定存在一点，在它的右边不再有 A 中的数，它的左边与该点任意接近处都含有 A 中的数，这个点所对应的实数便是 A 的上确界。对于非空有下界的实数集也有同样的情况。我们把这个事实称为确界存在定理，并且不加证明地叙述如下。

想一想：

(1) 左边这段话是否可表述为如下命题：设 s 是实数集 A 的一个上界，且 $\forall n \in \mathbf{N}_+$，在区间 $\left(s - \dfrac{1}{n}, s\right]$ 中总含有 A 中的数，则 s 必是 A 的上确界。

(2) 你能用上确界的定义证明上述命题吗？

定理 1.1（确界存在定理） 任一有上（下）界的非空实数集 A 必有上（下）确界。

确界存在定理仅对实数集成立，对有理数集不成立。例如，设 A 为 $\sqrt{2}$ 的所有不足近似值构成的有理数集，易见，A 的上确界为 $\sqrt{2}$，但 $\sqrt{2}$ 不是有理数。因此，该定理是刻画实数集完备性的一个基本定理。

1.3 映射与函数的概念

定义 1.3（映射） 设 A, B 是两个任意非空集合。若存在一确定的法则 f，使得对每个 $x \in A$，按此法则有唯一确定的 $y \in B$ 与它相对应，则称 f 为从 A 到 B 的一个**映射**，记作

$$f: A \to B, \quad \text{或} \quad f: x \mapsto y = f(x), \quad x \in A.$$

其中，y 称为 x 在映射 f 下的**象**，x 称为 y 在映射 f 下的一个**原象**，A 称为映射 f 的**定义**

域,记作 $D(f)$. A 中所有元素 x 的象 y 构成的集合称为 f 的**值域**,记作 $R(f)$ 或 $f(A)$,即

$$R(f) = f(A) = \{y \mid y = f(x), x \in A\}. \tag{1.8}$$

映射的定义中有两个基本要素:定义域 $D(f)$ 和对应法则 f.定义域表示映射存在的范围,对应法则 f 是由 A 中的元素 x 确定 $R(f)$ 中对应元素 y 的方法,是映射的具体的表现.因此,若 f 与 g 的定义域相同,并且 $\forall x \in D(f) = D(g)$,都有 $f(x) = g(x)$,则称映射 f 与 g **相等**,记作 $f = g$.

映射又称为**算子**,是现代数学中内涵非常丰富的一个基本概念.若其中 $B \subseteq \mathbf{R}$,则称映射 $f: A \rightarrow B$ 为**泛函**;若 $A, B \subseteq \mathbf{R}$,则映射 $f: A \rightarrow B$ 就是下面要着重研究的**函数**.若映射 f 将 A 中的每个元都恒映为自身,则称该映射为 A 上的**恒等映射**或**单位映射**,记作 I_A 或 I,即 $\forall x \in A, Ix = x$.

例 1.3 设 A 是某校某班全体学生构成的集合,B 表示该校所有学生学号构成的集合,φ 表示编学号的方法,按定义,φ 就是一个从 A 到 B 的映射. ∎

例 1.4 设 $A = \mathbf{N}_+ = \{1, 2, \cdots, n, \cdots\}$,$B = \{2, 4, \cdots, 2n, \cdots\}$,令

$$f: n \mapsto 2n, \quad n \in A,$$

则 f 是从 A 到 B 的一个映射. ∎

例 1.5 设 $A = \mathbf{R}^2$,B 为坐标平面上的 x 轴,即 $B = \{(x, 0) \mid x \in \mathbf{R}\} = \mathbf{R} \times \{0\}$,其中 $\{0\}$ 表示仅由数 0 构成的集合,令

$$p: (x, y) \in \mathbf{R}^2 \mapsto (x, 0) \in \mathbf{R} \times \{0\},$$

则 p 是一个从 $\mathbf{R}^2$ 到 $\mathbf{R} \times \{0\}$ 上的映射.在几何上,它就是从平面 $\mathbf{R}^2$ 到 x 轴上的投影. ∎

应当注意的是,在映射的定义中,定义域 $D(f) = A$ 中每个元 x 的象 y 都是唯一的,但 y 的原象 x 却不一定唯一,并且值域 $R(f)$ 是 B 的一个子集.若 $R(f) = B$,则称 f 是从 A 到 B 的**满射**(或 A 到 B **上的映射**);若对每个 $y \in R(f)$ 都存在唯一的原象 $x \in A$,则称 f 是从 A 到 B 的**单射**;若 f 既是满射,又是单射,则称 f 是从 A 到 B 的**一一映射**(图 1.4).因此,单射实际上是从定义域到值域的一一映射.易见,例 1.3 中的 φ 是单射,但不是满射;例 1.5 中的 p 是满射,但不是单射;例 1.4 中的 f 是 A 到 B 的一一映射.

按照上述定义易知,满射的特点是值域 $R(f)$ 充满了集 B;单射的特点是不同的原象有不同的象,即若 $x_1, x_2 \in D(f)$,且 $x_1 \neq x_2$,则 $y_1 = f(x_1) \neq f(x_2) = y_2$(用反证法易证).所谓 f 是从 A 到 B 的一一映射,不但要求 $\forall x \in A$ 存在唯一的 $y = f(x)$ 与 x 相对应,而且要求 $\forall y \in B$,存在唯一的 $x \in A$($f(x) = y$)与 y 相对应.因此,若 A 与 B 之间存在

> **想一想:**
> 试证明 f 是从 A 到 B 的单射的充要条件为:对于任意的 $x_1, x_2 \in D(f)$,$x_1 \neq x_2$,则 $f(x_1) \neq f(x_2)$.

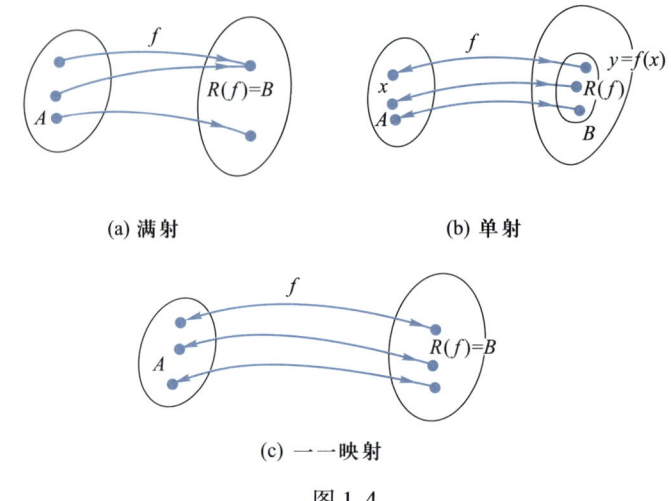

(a) 满射　　(b) 单射

(c) 一一映射

图 1.4

着一个一一映射,则称集合 A 与 B 是**一一对应的**.由例 1.4 知,偶数集与正整数集 $\mathbf{N}_+$ 是一一对应的.这是一件很有趣的事情! 直观上看,偶数集中的数似乎比正整数集中的数"少得多",但它们却是一一对应的.能与自己的一个真子集建立一一对应关系是无限集的一个重要特性.

定义 1.4（函数） 设 A,B 是两个非空的实数集,则称映射 $f:A\to B$ 为定义在 A 上的**一元函数**,简称**函数**,记作

$$f:x\mapsto y=f(x), x\in A.$$

其中 x 称为**自变量**,y 称为**因变量**,$f(x)$ 表示函数 f 在 x 处的**值**,A 称为 f 的**定义域**,记作 $D(f)$,$f(A)=\{y\mid y=f(x),x\in A\}$ 称为 f 的**值域**,记作 $R(f)$.

既然函数就是两个实数集之间的映射,因此,关于映射的一些知识与相关概念对函数自然也适用.由于函数的定义域与值域都是实数集,所以,需要对它们作一些更具体的说明.

同映射一样,定义域和对应法则也是函数定义中的两个基本要素.所谓定义域 $D(f)$,指的是自变量所能取得的那些数构成的数集,也就是自变量的变化范围.例如,函数

$$y=\sqrt{1-|x|}+\lg(2x-1)$$

的定义域是使右端两项都有意义的那些 x 构成的数集,即 $D(f)=[-1,1]\cap\left(\dfrac{1}{2},+\infty\right)=\left(\dfrac{1}{2},1\right]$.若定义域是数轴上的区间,则称之为**定义区间**.在研究实际问题时,定义域可由函数的实际意义来确定.例如,

注意:按定义,"函数"一词指的是对应法则 f,但习惯上常用"$y=f(x),x\in A$"来表示定义在 A 上的函数.这时,应理解为"对于每个 $x\in A$,由对应关系 $y=f(x)$ 所确定的函数 f".

二维码 1.1.1
对应法则是函数定义中的本质要素.

真空中的自由落体运动 $s=\dfrac{1}{2}gt^2$ 确定了物体下落的距离 s 和时间 t 之间的一个函数关系,其中自变量 t 的变化范围是从物体开始下落的时刻(设 $t=0$)到物体到达地面的时刻(设 $t=T$),故该函数的定义域 $D(f)=[0,T]$.

对应法则 f 是因变量与自变量之间函数关系的具体表现,它刻画了在运动变化过程中变量之间相互联系相互依赖的关系,因此是函数概念中的本质要素.表示对应法则的方法很多,常用的有三种:**列表法**、**图示法**和**公式法**.列表法就是将自变量与因变量的对应数据列成表格,它们之间的函数关系从表格上一目了然.气象站用仪表记录下的气温曲线表示气温随时间变化的函数关系,这就是图示法.在理论研究中常用公式法,就是写出函数的数学表达式和定义域.例如,中学已经学过的六类函数,即常数函数、幂函数、指数函数、对数函数、三角函数、反三角函数,它们统称为**基本初等函数**,都是用具体的数学表达式表示的函数.在用公式法进行理论研究时,画出函数的图像往往能使我们得到许多直观上的启示.在平面直角坐标系中,称点集

$$\mathrm{Gr}f=\{(x,y)\mid y=f(x),x\in D(f)\}$$

为函数 f 的**图像**,通常它是一条平面曲线.值得注意的是,用公式法表示函数时,并不要求在函数的整个定义域上只能用一个表达式来表示对应法则.实际问题中,常常遇到在定义域的不同子集上用不同表达式来表示对应法则的函数,习惯上称这种函数为**分段函数**.

例 1.6 在电子技术中经常遇到的三角波,它的一个波形的解析表达式为

$$u(t)=\begin{cases}t, & 0\leqslant t\leqslant 1,\\ 2-t, & 1<t\leqslant 2.\end{cases}$$

它是一个分段函数,不能看成两个函数(图 1.5). ▮

例 1.7 取整函数 设 $x\in\mathbf{R}$,$[x]$ 表示不超过 x 的最大整数,则称 $y=[x]$,$x\in(-\infty,+\infty)$ 为**取整函数**,它的图形如图 1.6 所示. ▮

例 1.8 符号函数(图 1.7)

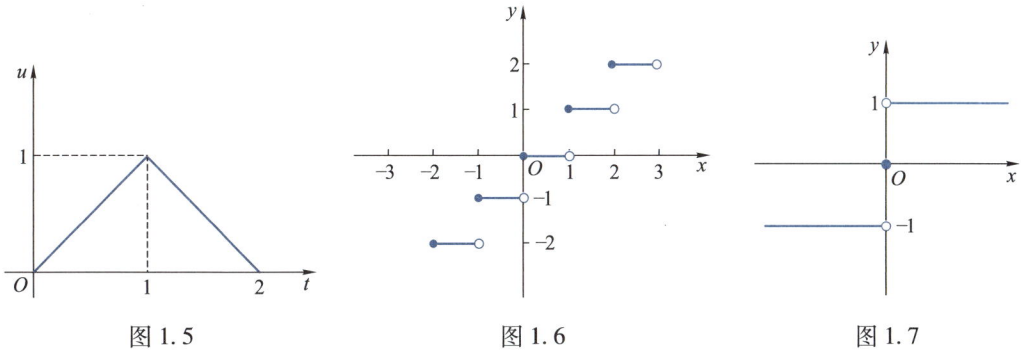

图 1.5 　　　　　图 1.6 　　　　　图 1.7

$$y = \operatorname{sgn} x = \begin{cases} 1, & x > 0, \\ 0, & x = 0, \\ -1, & x < 0. \end{cases}$$

易见,对任何 $x \in \mathbf{R}$,都有 $x = |x|\operatorname{sgn} x$ 或 $|x| = x\operatorname{sgn} x$,这正是称它为符号函数的原因所在. ∎

例 1.9 Dirichlet 函数

$$y = D(x) = \begin{cases} 1, & x \in \mathbf{Q}, \\ 0, & x \in \mathbf{R} \backslash \mathbf{Q}. \end{cases}$$

今后会看到,这是一个性质非常奇特的函数. ∎

其实,在中学已经讲过的数列 $\{a_n\}$:

$$a_1, a_2, \cdots, a_n, \cdots \tag{1.9}$$

也可以看作是定义在正整数集 $\mathbf{N}_+$ 上的函数 $f: \mathbf{N}_+ \to \mathbf{R}$. 就是说,对于每个 $n \in \mathbf{N}_+$,由法则 f,恒有唯一的实数 $a_n = f(n)$ 与它相对应. 将所有的函数值 a_n 按正整数的顺序排列出来便得到数列 (1.9). 这种函数俗称**整标函数**.

根据映射相等的概念,如果函数 f 与 g 的定义域相同,并且

$$\forall x \in D(f) = D(g), \quad 恒有 f(x) = g(x),$$

则称函数 f 与 g **相等**,记作 $f = g$.

1.4 线性函数的基本属性

线性函数是最简单的一类常见函数,它的表达式为

$$y = ax + b, \quad 或 f(x) = ax + b, \quad x \in \mathbf{R},$$

其中 a, b 为实常数. 在几何上,它表示 xOy 平面上一条斜率为 a,y 轴上截距为 b 的直线. 线性函数的基本性质是函数值随自变量的变化是均匀的,这一特性是现实世界事物在运动中数量关系是均匀变化(或均匀分布)的反映. 为了说明这个性质,我们先介绍今后常用的改变量的概念.

设有函数 $y = f(x)$,当自变量由 x_0 变为不同于 x_0 的值 x 时,对应地,函数值从 $y_0 = f(x_0)$ 变为 $y = f(x)$,则称 $x - x_0$ 为自变量在 x_0 处的改变量,简称**自变量的改变量**,记作 $\Delta x = x - x_0$;称 $y - y_0 = f(x) - f(x_0)$ 为该函数在 y_0 处对应的改变量,简称函数的改变量,记作 $\Delta y = y - y_0 = f(x) - f(x_0)$. 由 $\Delta x = x - x_0$ 得 $x = x_0 + \Delta x, \Delta y = f(x_0 + \Delta x) - f(x_0)$ (图 1.8).

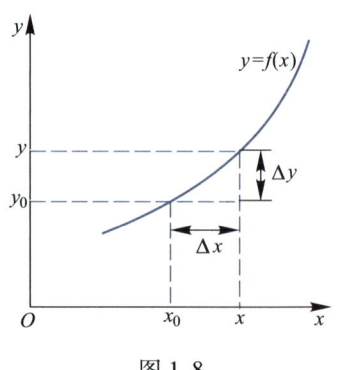

图 1.8

利用改变量很容易说明线性函数均匀变化的特性.事实上,设线性函数 $y=ax+b$ 的自变量 x 在 x_0 处有改变量 Δx,则对应的函数改变量为

$$\Delta y = f(x_0 + \Delta x) - f(x_0) = a(x_0 + \Delta x) + b - (ax_0 + b) = a\Delta x.$$

上式表明,无论自变量 x 从什么值 x_0 开始变化,只要其改变量 Δx 相等,对应的函数改变量 Δy 也相等,因此线性函数随自变量的变化是均匀的.将上式改写为

$$\frac{\Delta y}{\Delta x} = a,$$

这就是说,当自变量改变一个单位长度时,对应的函数改变量始终为常数 a,与 x 变化的起点 x_0 无关,称 $\frac{\Delta y}{\Delta x}$ 为该函数的变化率,即它所表示的直线的斜率.因此,线性函数的基本特性也可表述为它的变化率为一常数,这是线性函数随自变量均匀变化的反映.

下面说明,变化率是常数的函数只能是线性函数.事实上,设函数 $y=f(x)$ 的变化率为常数 a,即 $\frac{\Delta y}{\Delta x}=a$,或者

$$\frac{y - y_0}{x - x_0} = a \quad (\text{其中 } y_0 = f(x_0)),$$

则

$$y - y_0 = a(x - x_0), \quad \text{或 } y = ax + y_0 - ax_0.$$

令 $y_0 - ax_0 = b$,则 $y = ax + b$,即该函数是线性函数.

综上可知:线性函数也只有线性函数是均匀变化的(或变化率为常数).除线性函数外,其他任何函数都是非均匀变化的.例如,考察最简单的非线性函数 $y=x^2$,它的几何图像是一条曲线(抛物线).若自变量 x 在 x_0 处有改变量 $\Delta x \neq 0$,则该函数对应的改变量为

$$\Delta y = (x_0 + \Delta x)^2 - x_0^2 = 2x_0 \Delta x + (\Delta x)^2.$$

上式表明,对于数值大小相等的 Δx,当变化的起点 x_0 不同时,对应的函数改变量 Δy 是不相等的.因此,该函数是非均匀变化的,并且其变化率 $\frac{\Delta y}{\Delta x} = 2x_0 + \Delta x$ 不是常数,不仅与 x_0 有关,而且还与 Δx 有关.

通过以上分析,我们得到如下结论:线性函数的图像是直线,均匀变化应该用也只能用线性函数来描述.今后会看到,属于均匀变化的问题,都可用初等数学的方法去解决.非线性函数的图像是曲线,非均匀变化只能用非线性函数来描述,正是对于非均匀变化的一类问题研究的需要产生了微积分方法,非线性函数是微积分研究的

主要对象.

1.5 复合映射与复合函数

设有映射 $g:A\to B$ 与 $f:B\to C$,则 $\forall x\in A$,由映射 g,存在唯一的 $u=g(x)\in B$ 与 x 相对应;再由映射 f,又存在唯一的 $y=f(u)\in C$ 与 u 相对应.从而,$\forall x\in A$,由映射 g 与 f 就确定了唯一的 $y\in C$ 与 x 相对应.这样,由上述两个映射就确定了一个从 A 到 C 的新映射,称该映射为 g 与 f 构成的一个**复合映射**(图 1.9),记作 $f\circ g:A\to C$,即

$$(f\circ g)(x)=f[g(x)],\quad x\in A,$$

其中 $u=g(x)\in B$ 称为**中间元素**,并称"$\circ$"为**复合运算**.

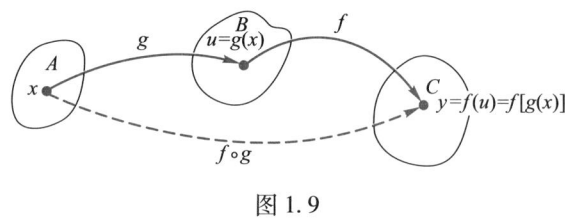

图 1.9

由复合映射的定义易见,对任给的两个映射,当且仅当其中的一个映射的值域是另一个映射定义域的子集时,才能构成一个复合映射.读者不难将复合映射的概念和复合运算推广到有限个映射的情形.

在复合映射的定义中,若 A,B,C 都是实数集,从而 g 与 f 是两个函数,则称由它们所构成的复合映射为 g 与 f 的**复合函数**.这就是说,设 $A,B\subseteq\mathbf{R},g:A\to B,f:B\to\mathbf{R}$,则 $\forall x\in A$,由函数 g 得到唯一的 $u=g(x)\in B$ 与 x 相对应,再由函数 f 又得到唯一的 $y=f(u)\in\mathbf{R}$ 与 u 相对应.于是,$\forall x\in A$,由 g 与 f 得到唯一的 $y\in\mathbf{R}$ 与 x 相对应,从而得到了一个从 A 到 $\mathbf{R}$ 的新函数,就是 g 与 f 的复合函数,记作 $f\circ g:A\to\mathbf{R}$,即

$$y=(f\circ g)(x)=f[g(x)],\quad x\in A,$$

称 u 为该函数的**中间变量**.

同复合映射一样,当且仅当一个函数的值域是另一个函数定义域的子集时,这两个函数才能构成一个复合函数,并且也可推广到有限个函数的情形.

例 1.10 设 $g:x\mapsto\sqrt{x},f:x\mapsto\sin x$.由于 $R(g)=[0,+\infty)\subseteq D(f)$,故 g 与 f 能进行复合得到复合函数

$$(f\circ g)(x)=f[g(x)]=\sin\sqrt{x},\quad x\in[0,+\infty).$$

反之,由于 $R(f)=[-1,1]\not\subseteq D(g)$,故 f 与 g 不能复合.但若限制 f 的定义域,例如,限制 $D(f)=[0,\pi]$,则 $R(f)=[0,1]\subseteq D(g)$,从而 f 与 g 能够复合得到复合函数

$$(g \circ f)(x) = g[f(x)] = \sqrt{\sin x}, \quad x \in [0, \pi].$$

读者还可进一步讨论 $f \circ f$ 与 $g \circ g$ 是否有意义. ∎

读者不仅要掌握两个函数构成复合函数的条件,会将几个简单函数复合成一个复杂的新函数,还应当能将一个复杂的复合函数熟练地分解为几个简单函数(例如基本初等函数),以便利用这些简单函数的性质研究复合函数的相应性质(例如连续性、可导性等). 例如,函数 $y = e^{\sin\sqrt{1-x^2}}$ ($x \in [-1, 1]$) 可分解成下列四个简单函数:

$$y = e^u \ (u \in \mathbf{R}), \quad u = \sin v \ (v \in \mathbf{R}),$$
$$v = \sqrt{w} \ (w \in [0, +\infty)), \quad w = 1 - x^2 \ (x \in [-1, 1]).$$

1.6 逆映射与反函数

设有映射 $f: A \to B$ 是单射. 若存在另一映射 $g: R(f) \to A$,使对 $\forall y \in R(f)$,有唯一的 $x \in A$ 与其对应,且 $f(x) = y$,则称 f 是**可逆映射**,且称 g 是 f 的**逆映射**,记作 $g = f^{-1}$.

由逆映射的上述定义易证,设 $f: A \to B$ 是一映射,则映射 $g: B \to A$ 是 f 的逆映射的充要条件是 $g \circ f = I_A$, $f \circ g = I_B$.

我们知道,若 f 是从 A 到 B 的一一映射,则 f 既是满射又是单射. 因为 f 是满射,所以 $\forall y \in B$,必存在 $x \in A$ 与 y 相对应,且 $f(x) = y$. 又因为 f 是单射,所以 y 的原象 $x \in A$ 是唯一的. 于是有,$\forall y \in B$,存在唯一的 $x \in A$ 与 y 相对应,且 $f(x) = y$. 从而确定了一个从 B 到 A 的映射 g. 按上述定义,f 是可逆映射,并且 g 就是 f 的逆映射. 这就证明了

定理 1.2(逆映射存在定理) 若映射 $f: A \to B$ 是一一映射,则 f 必存在一个逆映射 $f^{-1}: B \to A$.

不难证明,该定理的逆定理也成立.

与复合函数是复合映射的特例一样,反函数也是逆映射的特例. 设有函数 $f: A \to R(f)$(其中 $A, R(f) \subseteq \mathbf{R}$),作为一个映射,称它的逆映射 $f^{-1}: R(f) \to A$ 为 f 的**反函数**. 由此知,函数 f 和它的反函数 f^{-1} 的定义域与值域是互换的. 因此函数 $y = f(x)$ 与其反函数 $x = f^{-1}(y)$ 在 xOy 平面上具有相同的图像,表示同一条曲线. 但按照习惯,常用 x 作为自变量,用 $y = f^{-1}(x)$ 表示 $y = f(x)$ 的反函数. 这样,若 $P(x, f(x))$ 是 f 的图像上的点,则因

$$f^{-1}[f(x)] = x, \quad x \in A,$$

即 $f^{-1}: f(x) \mapsto x, f(x) \in R(f)$,故 $Q(f(x), x)$ 是 f^{-1} 的图像上的点;反之亦然. 因此,在同一坐标平面内函数 $y = f(x)$ 与其反函数 $y = f^{-1}(x)$ 的图像关于直线 $y = x$ 是对称的

(图 1.10).

在中学已经讲过很多具体函数的反函数,例如,指数函数的反函数是对数函数,三角函数的反函数是反三角函数等.但是,并非所有的函数都存在着反函数(请读者举出这种函数的例子).那么,在什么条件下,一个函数才有反函数呢? 根据逆映射存在定理,只要知道什么样的函数构成一一映射就行了.为此,下面介绍单调函数的概念.

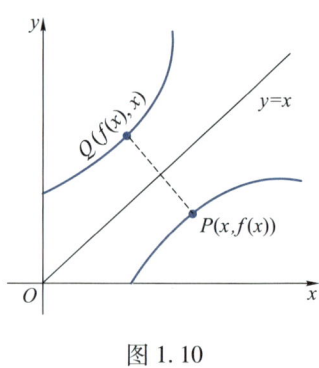

图 1.10

设有函数 $f:A\subseteq \mathbf{R}\to \mathbf{R}$. $\forall x_1, x_2 \in A$,若 $x_1 < x_2$,则
$$f(x_1) \leqslant f(x_2) \quad (f(x_1) \geqslant f(x_2)), \tag{1.10}$$
则称 f 在 A 上**单调增(减)**.若(1.10)式对严格不等号"<"(">")成立,则称 f 在 A 上**严格单调增(减)**.(严格)单调增与(严格)单调减函数统称为(**严格**)**单调函数**.

显然,严格单调函数是单调函数,反之不然.

由严格单调函数的上述定义,不难说明,若 f 是 A 上的严格单调增(减)函数,则 f 必是从 A 到 $R(f)$ 的一一映射.于是得到

反函数存在定理 若 f 是 A 上的严格单调增(减)函数,则它必存在反函数 f^{-1},且反函数 f^{-1} 也是值域 $f(A)$ 上的严格单调增(减)函数.

二维码 1.1.2 非严格单调函数是否一定没有单值反函数.

1.7 初等函数与双曲函数

由六类基本初等函数经过有限次的有理运算与复合运算所产生并能用一个解析式表达的函数称为**初等函数**.例如,
$$\frac{1+2^x \sin x}{\arccos x}, \quad \lg(x+\sqrt{1+x^2})$$
等都是初等函数.一般说来,分段函数不是初等函数.

二维码 1.1.3 分段函数一定不是初等函数吗?

科学技术中经常用到一种由指数函数 e^x 与 e^{-x}(其中底数 e 是无理数,它的定义在第二节中介绍)构成的初等函数,就是所谓**双曲函数**,主要包括:

双曲正弦 $\mathrm{sh}\, x = \dfrac{\mathrm{e}^x - \mathrm{e}^{-x}}{2}$ $(-\infty < x < +\infty)$,

双曲余弦 $\mathrm{ch}\, x = \dfrac{\mathrm{e}^x + \mathrm{e}^{-x}}{2}$ $(-\infty < x < +\infty)$,

双曲正切 $\mathrm{th}\, x = \dfrac{\mathrm{e}^x - \mathrm{e}^{-x}}{\mathrm{e}^x + \mathrm{e}^{-x}}$ $(-\infty < x < +\infty)$,

想一想:

试分别写出三类双曲函数的单调性、奇偶性.

它们的图像如图 1.11 所示.

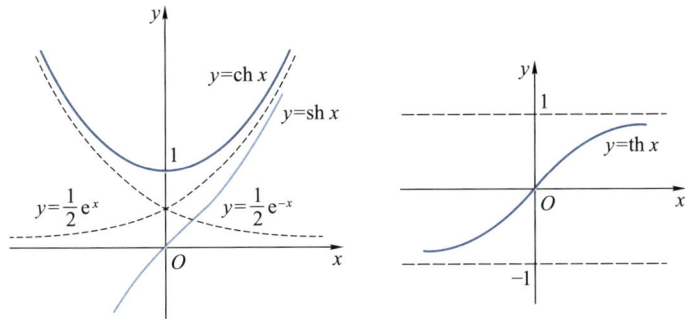

图 1.11

双曲函数有许多与三角函数类似的恒等公式,现罗列于下,由读者去证明:

$$\operatorname{sh}(x \pm y) = \operatorname{sh} x \operatorname{ch} y \pm \operatorname{ch} x \operatorname{sh} y,$$

$$\operatorname{ch}(x \pm y) = \operatorname{ch} x \operatorname{ch} y \pm \operatorname{sh} x \operatorname{sh} y,$$

$$\operatorname{ch}^2 x - \operatorname{sh}^2 x = 1, \quad \operatorname{sh} 2x = 2\operatorname{sh} x \operatorname{ch} x,$$

$$\operatorname{ch} 2x = \operatorname{ch}^2 x + \operatorname{sh}^2 x, \quad \operatorname{th} x = \frac{\operatorname{sh} x}{\operatorname{ch} x}.$$

双曲函数的反函数称为**反双曲函数**. 根据反函数的定义,容易推得如下表达式:

反双曲正弦 $\quad \operatorname{arsh} x = \ln(x + \sqrt{x^2 + 1}) \quad (-\infty < x < +\infty)$,

反双曲余弦 $\quad \operatorname{arch} x = \ln(x + \sqrt{x^2 - 1}) \quad (1 \leqslant x < +\infty)$,

反双曲正切 $\quad \operatorname{arth} x = \dfrac{1}{2} \ln \dfrac{1+x}{1-x} \quad (-1 < x < 1)$.

下面以反双曲正弦为例说明推导方法. 设 $y = \operatorname{arsh} x$,则有

$$x = \operatorname{sh} y = \frac{\mathrm{e}^y - \mathrm{e}^{-y}}{2} = \frac{\mathrm{e}^{2y} - 1}{2\mathrm{e}^y}.$$

令 $\mathrm{e}^y = u$,则上式变为关于 u 的二次方程 $u^2 - 2xu - 1 = 0$. 解此方程可得

$$\mathrm{e}^y = u = x \pm \sqrt{x^2 + 1}.$$

由于 $\mathrm{e}^y > 0$,故应舍去"$-$"号,从而得

$$y = \operatorname{arsh} x = \ln(x + \sqrt{x^2 + 1}) \quad (-\infty < x < +\infty).$$

习题 1.1

(A)

1. 设 A, B 分别为下列两个给定的集合:

(1) $A = \{1,3,5,7,8\}, B = \{2,4,6,8\}$；

(2) A 为所有平行四边形构成的集合，B 为所有矩形构成的集合；

(3) $A = \left\{0, 1, \frac{1}{2}, \cdots, \frac{1}{n}, \cdots\right\}, B = \left\{1, \frac{1}{2}, \cdots, \frac{1}{n}, \cdots\right\}$.

试求 $A \cup B, A \cap B, A \backslash B, B \backslash A$.

2. 设 $A = \{x \mid x^2 + x - 6 < 0\}, B = \{x \mid x^2 - 2x - 3 \leqslant 0\}$，试求 $A \cap B$.

3. 设 $X = \{1, 2, 3, \cdots, 10\}, A_1 = \{2, 3\}, A_2 = \{2, 4, 6\}, A_3 = \{3, 4, 6\}, A_4 = \{7, 8\}, A_5 = \{1, 8, 10\}$，试求 $\bigcap_{i=1}^{5} A_i^c$，其中 A_i^c 是 A_i 关于 X 的余集，$i = 1, 2, 3, 4, 5$.

4. 已知 A 与 B 分别为下列两个给定的集合：

(1) $A = \{x \mid 1 \leqslant x \leqslant 2\} \cup \{x \mid 5 \leqslant x \leqslant 6\} \cup \{3\}, B = \{y \mid 2 \leqslant y \leqslant 3\}$；

(2) $A = \{x \mid -\infty < x < +\infty\}, B = \{y \mid -1 \leqslant y \leqslant 1\} \cap \left\{y \mid \sin y = \frac{1}{2}\right\}$，

试在平面直角坐标系内画出 $A \times B$.

5. 分别写出实数集 A 下无界、上无界和无界的定义.

6. 设 $A \subseteq \mathbf{R}$，证明 A 有界 $\Leftrightarrow \exists M > 0$，使得 $\forall x \in A$，恒有 $|x| \leqslant M$.

7. 设 $A \subseteq \mathbf{R}$，试写出 A 的下确界 $\inf A$ 的定义.

8. 设 $A = \left\{x_n \mid x_n = \frac{n}{n+1}, n \in \mathbf{N}_+\right\}, B = \{x \mid x > -1 \text{ 且 } x^2 \leqslant 5\}$，试解答下列各题：

(1) 分别求出它们的上、下确界；

(2) 它们有最大值与最小值吗？如果有，试求出它们；

(3) 试由(1)与(2)的结果说明集合的上(下)确界与它的最大(小)值之间的关系.

9. 指出下列映射 $f: A \to B$ 是满射、单射，还是一一映射.

(1) A 是所有椭圆构成的集合，B 是正实数集，$f: x \mapsto x$ 的面积，$x \in A$；

(2) A 是所有三角形的集合，B 是所有圆的集合，$f: x \mapsto x$ 的内切圆，$x \in A$；

(3) A 是 n 次实系数多项式 $p_n(x) = a_0 + a_1 x + a_2 x^2 + \cdots + a_n x^n$ ($a_n \neq 0$) 全体构成的集合，$B = \{(a_0, a_1, a_2, \cdots, a_n) \mid a_i \in \mathbf{R}, i = 0, 1, 2, \cdots, n\} = \underbrace{\mathbf{R} \times \mathbf{R} \times \cdots \times \mathbf{R}}_{n+1 \text{ 个}} = \mathbf{R}^{n+1}, f: p_n(x) \mapsto (a_0, a_1, a_2, \cdots, a_n), p_n(x) \in A$.

10. 设集 A, B 与映射 f 如第9题(2)中所示.若 C 为正实数集，且映射 $g: B \to C$ 定义为 $g: y \mapsto y$ 的面积，$y \in B$.试写出复合映射 $g \circ f$ 的定义域与对应法则.

11. 设 f 与 g 都是 $\mathbf{R}$ 到自身的映射：
$$f: x \mapsto x + a, \quad g: x \mapsto x - a, \quad x \in \mathbf{R},$$
其中 $a \in \mathbf{R}$ 为常数.证明：f 与 g 互为逆映射.

12. 判断下列各对函数是否相等，为什么？

(1) $f(x) = \frac{x^2}{x}$ 与 $g(x) = x$；

(2) $f(x) = \sqrt{x^2}$ 与 $g(x) = |x|$；

(3) $f(x) = \sqrt{1 - \cos^2 x}$ 与 $g(x) = \sin x$；

(4) $f(x)=\ln(x+\sqrt{x^2-1})$ 与 $g(x)=-\ln(x-\sqrt{x^2-1})$;

(5) $f(x)=2^x+x+1$ 与 $g(t)=2^t+t+1$.

13. 设 $M(x,y)$ 是抛物线 $y=x^2$ 上的动点,问:

(1) 由 $y=x^2$,x 轴及平行于 y 轴的直线段 MN 所构成的曲边三角形 OMN 的面积是否为 x 的函数?

(2) 弧段 $\overset{\frown}{OM}$ 的长度是否为 x 的函数?

(3) 抛物线 $y=x^2$ 在点 M 处切线倾斜角 α 是否为 x 的函数?

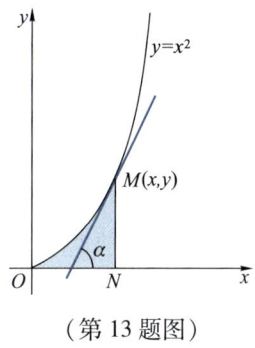

(第 13 题图)

14. 设 $y=f(x)=\dfrac{ax+b}{cx-a}$,证明 $x=f(y)$,其中 a,b,c 为常数,且 $a^2+bc\ne 0$.

15. 试将函数 $f(x)=2|x-2|+|x-1|$ 表示成分段函数,并画出它的图像.

16. 下列函数是由哪些比较简单的函数复合而成的?试写出它们的定义域.

(1) $y=(\sin\sqrt{1-2x})^3$;   (2) $y=\arccos\dfrac{x-2}{2}$;

(3) $y=\dfrac{1}{1+\tan 2x}$;   (4) $y=\sqrt{1+\ln^2(\arcsin x)}$.

17. 设 $f:x\mapsto x^3-x$,$\varphi:x\mapsto \sin 2x$,试求 $(f\circ\varphi)(x)$,$(\varphi\circ f)(x)$,$(f\circ f)(x)$.

18. 下列图形分别表示了两个函数,试写出这两个函数的数学表达式.

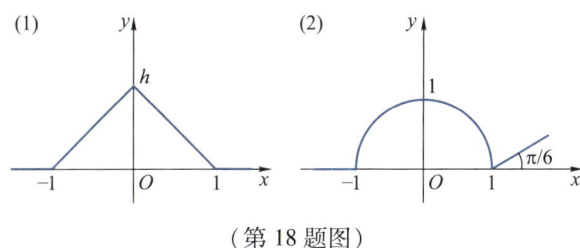

(第 18 题图)

19. 某工厂建造一个蓄水池,池长 50 m,断面是一等腰梯形,尺寸如图所示.为了随时能知道池中水的质量,需要设计一标尺直立于池的端壁,使池中水的质量能通过标尺的刻度显示出来,如何确定标尺刻度的位置?

20. 将一圆形金属片,自圆心处剪去一扇形后,围成一无底圆锥形的杯子.试将该杯的容积表示为余下部分中心角 θ 的函数,并指出其定义区间.

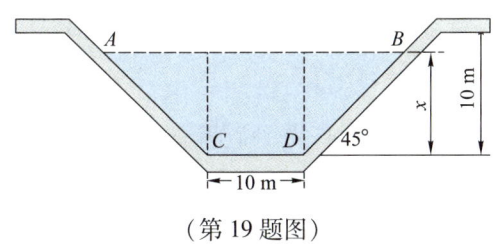  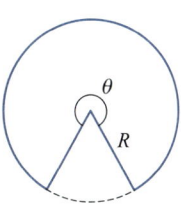

(第 19 题图)   (第 20 题图)

(B)

1. 证明:如果一个数集的上确界(或下确界)存在,那么它必定是唯一的.

2. 证明:如果映射 $f:A\to B$ 是可逆的,则 f 必是一一映射.

3. 设 $f:A\to B$ 与 $g:B\to C$ 都是一一映射,证明复合映射 $g\circ f:A\to C$ 也是一一的,并且 $(g\circ f)^{-1} = f^{-1}\circ g^{-1}$.

4. 研究下列两组函数:

(1) $f:x\mapsto \sqrt{x^2-1}$, $g:x\mapsto \sqrt{1-x^2}$;

(2) $f(x)=\begin{cases}2x, & x\in[-1,1],\\ x^2, & x\in(1,3),\end{cases}$ $g(x)=\dfrac{1}{2}\arcsin\left(\dfrac{x}{2}-1\right)$,

它们能否进行复合运算?若能,试在能进行复合运算的集合上写出复合函数 $(f\circ g)(x)$ 与 $(g\circ f)(x)$ 的表达式.

5. 求分段函数

$$f(x)=\begin{cases}x^2-1, & x\in[-1,0),\\ x^2+1, & x\in[0,1]\end{cases}$$

的反函数表达式,并画出它们的图像.

6. 设 $f(x),g(x)$ 都是区间 $[a,b]$ 上的单调增函数,并且在该区间上, $f(x)\leqslant g(x)$. 试证 $f[f(x)]\leqslant g[g(x)]$.

7. 设有函数 $f:\mathbf{R}\to\mathbf{R}$,并且对任何 $x,y\in\mathbf{R}$,都有 $f(xy)=f(x)f(y)-x-y$,试求 $f(x)$ 的表达式.

8. 设有函数 $f:\mathbf{R}\to\mathbf{R}$,并且对任何 $x,y\in\mathbf{R}$,都有 $f(xy)=xf(x)+yf(y)$,证明 $f(x)\equiv 0$.

9. 设 $f\left(x+\dfrac{1}{x}\right)=x^2+\dfrac{1}{x^2}$,试求 $f(x)$ 与 $f\left(x-\dfrac{1}{x}\right)$.

第二节 数列的极限

极限是深入研究变量变化规律的一个基本概念,是研究微积分的重要工具和思想方法.本节将着重介绍数列极限的概念、收敛数列的性质、判别数列收敛性的方法以及数列极限的求法,为进一步学习函数极限和微积分的其他知识打好基础.

2.1 数列极限的概念

在上节已经指出,数列可以看作定义在正整数集上的一个函数 $f:\mathbf{N}_+\to\mathbf{R}$.换句话说,它是对于每个 $n\in\mathbf{N}_+$,将所有对应的函数值 $a_n=f(n)$ 按照正整数的顺序排列出来的一列无尽的数:

$$a_1,a_2,\cdots,a_n,\cdots,$$

记作 $\{a_n\}$. a_n 称为该数列的**通项**, n 为脚标. 下面是五个不同数列的例子:

(1) $\left\{\dfrac{1}{n}\right\}$: $\quad 1,\dfrac{1}{2},\dfrac{1}{3},\cdots,\dfrac{1}{n},\cdots$;

(2) $\left\{\dfrac{(-1)^n}{n}\right\}$: $\quad -1,\dfrac{1}{2},-\dfrac{1}{3},\dfrac{1}{4},\cdots,\dfrac{(-1)^n}{n},\cdots$;

(3) $\left\{\dfrac{n-1}{n}\right\}$: $\quad 0,\dfrac{1}{2},\dfrac{2}{3},\dfrac{3}{4},\cdots,\dfrac{n-1}{n},\cdots$;

(4) $\{(-1)^{n-1}\}$: $\quad 1,-1,1,-1,\cdots,(-1)^{n-1},\cdots$;

(5) $\{2^n\}$: $\quad 2,4,8,\cdots,2^n,\cdots$.

仔细观察不难发现,上述数列随着脚标 n 的无限增大呈现出不同的变化状态:有的无限趋大(如数列(5)),有的没有确定的变化趋势(如数列(4)),有的则无限接近于一个常数 a (如数列(1),(2),(3)).通常把随 n 无限增大而无限接近于一个常数 a 的数列叫做有极限的数列, a 叫做该数列的极限,具有前两种变化状态的数列叫做没有极限的数列.例如,数列(1)和(2)当 n 无限增大时它们都无限接近于 0,因而极限都是 0,数列(3)的极限是 1,数列(4)与(5)没有极限.这种朴素的极限思想早在我国古代就已经产生.三国时期魏国数学家刘徽(约公元 225—295 年)用"割圆术"求圆周率 π,实际上就是将单位圆的面积看作它的各内接正多边形面积所构成的数列当边数无限增大时的极限.他提出的"割之弥细,所失弥小,割之又割以至不可割,则与圆合体而无所失矣"正是极限思想的萌芽.

二维码 1.2.1 极限概念精确化的简要历程.

极限概念仅仅停留在朴素的描述性阶段是非常不够的.因为对上述的简单数列,容易通过直接观察看出它们的变化趋势并求出它们的极限.但是,在许多理论和实际问题的研究中常常碰到一些数列,例如 $a_n=\left(1+\dfrac{1}{n}\right)^n$ ($n\in\mathbf{N}_+$),用描述性定义仅靠直观难

想一想:

极限的描述性定义有哪些缺陷?该定义中的两个"无限"(即"无限增大"和"无限趋近")应当怎样精确刻画?

以判定它是否有极限,求出它的极限值.在 Newton 和 Leibniz 发明微积分的时候,人们对极限概念的认识还是模糊不清的,以至对微积分中出现的许多问题不能给出合理的解释,因而受到某些人的怀疑和攻击.经过众多数学家艰苦卓绝、百折不挠的努力,直到 19 世纪下半叶,人们才给极限概念下了一个精确的数学定义,使微积分成为一门严密的数学分支.下面我们从极限的描述性定义出发,通过对具体例子的仔细分析逐步提炼出极限的精确定义.

在上述描述性的定义中,我们都是用"无限增大"和"无限接近"来描述极限概念的.为了给极限一个精确的定义,关键要给"无限增大"和"无限接近"以定量的刻画.

以数列(2)为例,虽然对于不同的 n,该数列的各项可以交替取得负值和正值,然而,随着 n 的不断增大,它们与 0 之差的绝对值 $\left|\dfrac{(-1)^n}{n}-0\right|=\dfrac{1}{n}$(即数轴上点 $\dfrac{(-1)^n}{n}$ 与原点的距离)不断减小,而且可以任意小,要多小就可以多小,可以小于任意给定的正数. 例如,要使它小于 $\dfrac{1}{10}$,只要 $n>10$ 即可;要使它小于 $\dfrac{1}{10^5}$,只要 $n>10^5$ 即可;……然而,仅用这些很小的具体数值是不能刻画 $\left|\dfrac{(-1)^n}{n}-0\right|$ 可以任意小的. 因为即便这个数取得再小,一旦具体确定下来,总会提出能否使 $\left|\dfrac{(-1)^n}{n}-0\right|$ 更小的要求. 例如 $\dfrac{1}{10^{10}}$,虽然当 $n>10^{10}$ 时有 $\left|\dfrac{(-1)^n}{n}-0\right|<\dfrac{1}{10^{10}}$,但不能保证 $\left|\dfrac{(-1)^n}{n}-0\right|<\dfrac{1}{10^{11}}$. 为了定量地刻画 $\left|\dfrac{(-1)^n}{n}-0\right|$ 可以"任意小""要多小就可以多小",像在第一节上(下)确界定义中那样,应当引入任意给定的正数 ε. 于是,上面那句话就可以表述为:对于任意给定的 $\varepsilon>0$,无论它有多小,只要 n 足够大,都可以使不等式 $\left|\dfrac{(-1)^n}{n}-0\right|<\varepsilon$ 成立. 这里,"n 足够大"的意思是并不要求该数列的所有项都满足这个不等式,只要 n 充分大以后的所有项满足该不等式就行了. 在上例中,对于任给的正数 ε,例如 $\varepsilon=\dfrac{1}{10},\dfrac{1}{10^5}$,只要分别当 $n>10$,$n>10^5$ 时的所有各项都满足不等式 $\left|\dfrac{(-1)^n}{n}-0\right|<\varepsilon$. 一般地,为使 $\left|\dfrac{(-1)^n}{n}-0\right|=\dfrac{1}{n}<\varepsilon$,只要 $n>\dfrac{1}{\varepsilon}$ 的所有各项都满足 $\left|\dfrac{(-1)^n}{n}-0\right|<\varepsilon$.

将这个例子中的思想和表述方式抽象出来,就可得到数列极限的精确定义.

定义 2.1(数列极限) 设 $\{a_n\}$ 为一数列,若存在一个常数 $a\in\mathbf{R}$,对于任意给定的正数 ε,存在正整数 N,使得当 $n>N$ 时,恒有不等式

$$|a_n-a|<\varepsilon \tag{2.1}$$

成立,则称数列 $\{a_n\}$ **有极限**,并称 a 为它的**极限**,记作

$$\lim_{n\to\infty}a_n=a \quad \text{或} \quad a_n\to a \ (n\to\infty).$$

此时,也称 $\{a_n\}$ 为**收敛数列**. 不收敛的数列称为**发散数列**.

数列极限的定义常用更简洁的语言表述如下:若

想一想:

(1) 有人说:"当 n 充分大后,数列 $\{a_n\}$ 越来越接近于 a,则称 $\{a_n\}$ 的极限为 a." 这种说法对吗?为什么?

(2) 怎样用 $\varepsilon\text{-}N$ 语言表述 $\lim\limits_{n\to\infty}a_n\neq a$.

$$\forall \varepsilon > 0, \exists N \in \mathbf{N}_+, 使得 \forall n > N, 恒有 |a_n - a| < \varepsilon, \qquad (2.2)$$

则称 a 为数列 $\{a_n\}$ 的极限.

定义 2.1 称为数列极限的 ε-N 定义. 为了加深对它的理解, 再作如下说明:

(1) 关于 "ε". ε 是任意给定的正数, 可以任意小. 详细点说, 它具有两重性: 任意性和给定性, 给定之前可以任意, 给定之后就是一个确定的常数. 由于 $|a_n - a|$ 表示数轴上的对应点 a_n 与 a 之间距离, 它的大小表示 a_n 与 a 的接近程度, 因此, 不等式 (2.1) 表示 a_n 与 a 可以任意接近, 无限接近.

(2) 关于正整数 "N". N 是由给定的 $\varepsilon > 0$ 确定的保证不等式 (2.1) 成立的数列的脚标, 它刻画了保证 (2.1) 成立所需要的 n 变大的程度, $n > N$ 是保证 (2.1) 成立的条件. 仅与 ε 有关, 随 ε 而变, 常记成 $N(\varepsilon)$. 但由于对给定的 ε, 相应的 N 不唯一, 所以 N 不是 ε 的函数.

(3) 关于 "恒有". 它表示数列 $\{a_n\}$ 中从第 N 项以后的所有各项全都满足不等式 (2.1), 不能只有无限项满足.

(4) 定义 2.1 只能用于验证 a 是否是 $\{a_n\}$ 的极限, 而不能用于求极限. 用定义验证 $\{a_n\}$ 的极限是 a 的关键在于设法由给定的 $\varepsilon > 0$, 通过求解不等式 (2.1) 得到一个相应的 $N \in \mathbf{N}_+$, 使 $n > N$ 时, 该不等式恒成立.

例 2.1 用数列极限的定义证明 $\lim\limits_{n \to \infty} \dfrac{n-1}{n} = 1$.

证 为了用定义验证这个结论, 只要对任意给定的正数 ε, 求出使不等式 (2.1) 成立的 N 就够了. 为此, 任给 $\varepsilon > 0$, 为使不等式

$$\left| \frac{n-1}{n} - 1 \right| = \frac{1}{n} < \varepsilon$$

成立, 只要 $n > \dfrac{1}{\varepsilon}$. 取 $N = \left[\dfrac{1}{\varepsilon} \right]$①, 则当 $n > N$ 时, 就有 $\left| \dfrac{n-1}{n} - 1 \right| < \varepsilon$. 所以有 $\lim\limits_{n \to \infty} \dfrac{n-1}{n} = 1$. ∎

二维码 1.2.2 数列极限的 ε-N 定义中蕴含的科学思维方法.

例 2.2 设 $|q| < 1$, 用定义证明 $\lim\limits_{n \to \infty} q^n = 0$.

证 若 $q = 0$, 结论显然成立. 下面只要证明当 $0 < |q| < 1$ 时结论也成立. 为此, 任给 $\varepsilon > 0$ (不妨设 $\varepsilon < 1$), 为使 $|q^n - 0| = |q|^n < \varepsilon$, 只需 $n \ln |q| < \ln \varepsilon$, 即 $n > \dfrac{\ln \varepsilon}{\ln |q|}$ (这

---

① 也可取大于 $\left[\dfrac{1}{\varepsilon}\right]$ ($\left[\dfrac{1}{\varepsilon}\right]$ 表示 $\dfrac{1}{\varepsilon}$ 的整数部分) 的任何正整数作为 N.

里利用了 $\ln|q|<0$). 取 $N=\left[\dfrac{\ln\varepsilon}{\ln|q|}\right]$, 则当 $n>N$ 时, 就有 $|q^n-0|<\varepsilon$. 由定义知 $\lim\limits_{n\to\infty}q^n=0$ ($|q|<1$). ∎

例 2.3 用定义证明 $\lim\limits_{n\to\infty}\dfrac{n}{3^n}=0$.

证 只要对任给的 $\varepsilon>0$ (不妨设 $\varepsilon<1$), 求出 $N\in\mathbf{N}_+$, 使得 $\forall n>N$, 恒有
$$\left|\dfrac{n}{3^n}-0\right|=\dfrac{n}{3^n}<\varepsilon$$
就行了. 由于 $\dfrac{n}{3^n}<\dfrac{2^n}{3^n}$, 由不等式 $\left(\dfrac{2}{3}\right)^n<\varepsilon$ 解得 $n>\dfrac{\ln\varepsilon}{\ln\dfrac{2}{3}}$. 取 $N=\left[\dfrac{\ln\varepsilon}{\ln\dfrac{2}{3}}\right]$, 则当 $n>N$ 时, 就有 $\left|\dfrac{n}{3^n}-0\right|<\left(\dfrac{2}{3}\right)^n<\varepsilon$, 故 $\lim\limits_{n\to\infty}\dfrac{n}{3^n}=0$. ∎

注: 例 2.3 中蕴含了一个用定义证明数列极限的重要思路. 由于从不等式
$$\left|\dfrac{n}{3^n}-0\right|=\dfrac{n}{3^n}<\varepsilon$$
难以直接求得 N, 注意到 N 不是唯一的, 也不必去求最小的 N, 因此可将上述不等式左端适当放大, 得到一个便于求 N 的不等式. 放大的方法可能很多, 但应把握一个原则: 放大后的数列通项仍可任意小.

用邻域来定义数列极限 设 $x_0,\varepsilon\in\mathbf{R},\varepsilon>0$, 称集合 $\{x\mid|x-x_0|<\varepsilon\}$ (或 $\{x\mid x_0-\varepsilon<x<x_0+\varepsilon\}$) 为 x_0 的一个 ε **邻域**, 简称 x_0 的**邻域**, 记作 $U(x_0,\varepsilon)$ 或 $U(x_0)$, 即
$$U(x_0,\varepsilon)=\{x\mid|x-x_0|<\varepsilon\} \text{ 或 } U(x_0,\varepsilon)=\{x\mid x_0-\varepsilon<x<x_0+\varepsilon\},$$
称 $U(x_0,\varepsilon)\setminus\{x_0\}$ 为 x_0 的一个**去心 ε 邻域**, 简称 x_0 的**去心邻域**, 记作 $\overset{\circ}{U}(x_0,\varepsilon)$ 或 $\overset{\circ}{U}(x_0)$.

有了邻域的概念, 不等式 (2.1) 就可写成
$$a-\varepsilon<a_n<a+\varepsilon \quad \text{或} \quad a_n\in U(a,\varepsilon),$$
因而数列极限就能用邻域定义如下:

$$\boxed{\forall \varepsilon>0, \exists N\in\mathbf{N}_+, \text{使得 } \forall n>N, \text{恒有 } a_n\in U(a,\varepsilon).} \tag{2.3}$$

由于 a 的 ε 邻域就是数轴上以 a 为中心的开区间 $(a-\varepsilon,a+\varepsilon)$, 因此用邻域定义数列极限就具有明显的几何意义. 事实上, 数列 $\{a_n\}$ 对应到数轴上就是一列点, 以后也称数列为**点列**, 仍记为 $\{a_n\}$. 若 $\lim\limits_{n\to\infty}a_n=a$, 则由 (2.3) 式, 对任给的 $\varepsilon>0$, 无论多么小, 总能求得 $N\in\mathbf{N}_+$, 该点列中从第 $N+1$ 个开始, 后面的所有点全部落在开区间 $(a-\varepsilon,a+\varepsilon)$ 中, 在这个开区间之外至多只有有限个点 $a_1,a_2,\cdots,a_N$ (图 1.12). 由此得知: 数列收敛与否, 若收敛其极限值的大小都与它前面的有限项无关. 改变数列中的有限项的值, 不会改变其收敛性和极限值.

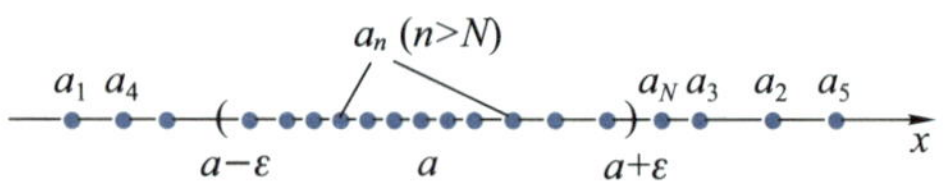

图 1.12

2.2 收敛数列的性质

如何判断给定数列是否收敛，若收敛，如何求出极限值，是数列极限理论中的两个基本问题.本段先讨论收敛数列的一些重要性质和极限的有理运算法则，它们对解决这两个基本问题都能提供一些有用的信息和方法.

根据数列极限的几何意义，若数列$\{a_n\}$收敛于a，则当n充分大时，该数列在数轴上的对应点都聚集在a的足够小的邻域内，因此它不可能再收敛于另一个与a不同的数.于是我们就有

定理 2.1（唯一性） 收敛数列的极限是唯一的.

证 用反证法.设$\lim\limits_{n\to\infty}a_n=a$，$\lim\limits_{n\to\infty}a_n=b$，不妨设$a<b$，取$\varepsilon_0=\dfrac{b-a}{2}$.根据定义2.1，由于$\lim\limits_{n\to\infty}a_n=a$，所以

$$\exists N_1\in\mathbf{N}_+,\text{使得 }\forall n>N_1,\text{恒有 }|a_n-a|<\varepsilon_0,$$

从而当$n>N_1$时，有（图 1.13）

$$a-\varepsilon_0<a_n<a+\varepsilon_0=\dfrac{a+b}{2}.$$

又由$\lim\limits_{n\to\infty}a_n=b$可知$\exists N_2\in\mathbf{N}_+$，当$n>N_2$时，有

$$\dfrac{a+b}{2}=b-\varepsilon_0<a_n<b+\varepsilon_0.$$

令$N=\max\{N_1,N_2\}$，则当$n>N$时，既有$a_n<\dfrac{a+b}{2}$，又有$a_n>\dfrac{a+b}{2}$.这是不可能的，因此必有$a=b$. ∎

仿照数集的有界性可以定义数列的有界性.设$\{a_n\}$是一个数列，若

$$\exists L\in\mathbf{R},\text{使得 }\forall n\in\mathbf{N}_+,\text{恒有 }a_n\leq L,$$

则称$\{a_n\}$**有上界**（或**上有界**），L称为它的一个**上界**.类似可定义数列$\{a_n\}$**有下界**（或**下有界**）及**下界**.若$\{a_n\}$既有上界也有下界，则称$\{a_n\}$是**有界数列**.否则，称$\{a_n\}$为**无界数列**.容易证明，$\{a_n\}$有界$\Leftrightarrow\exists M>0$，使得$\forall n\in\mathbf{N}_+$恒有$|a_n|\leq M$.因此，数列有界在几何上就是对应的点列全部落在以原点为中心的闭区间$[-M,M]$上.根据数列极限的几何意义，在收敛于a的数列所对应的点列中除有限个点之外都落在以a为中心的开区

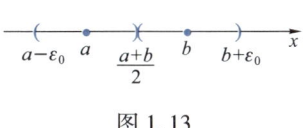

图 1.13

注：定理2.1的证明中取$\varepsilon_0=\dfrac{b-a}{2}$是为了保证$a$的$\varepsilon_0$邻域$(a-\varepsilon_0,a+\varepsilon_0)$与$b$的$\varepsilon_0$邻域$(b-\varepsilon_0,b+\varepsilon_0)$互不相交，实际上，比$\dfrac{b-a}{2}$小的任何正数都可作为$\varepsilon_0$.

想一想：

试用数列极限的几何意义简要说明定理2.1与定理2.2的证明思路.

想一想：

如何定义无界数列？

间 $(a-\varepsilon, a+\varepsilon)$ 中,而在区间之外的有限个数中总有一个绝对值最大的,由此不难证明:

定理 2.2（有界性） 收敛数列是有界的.

证 设数列 $\{a_n\}$ 收敛,且 $\lim\limits_{n\to\infty} a_n = a$. 根据极限的定义,对于 $\varepsilon = 1$, $\exists N \in \mathbf{N}_+$, 使得 $\forall n > N$, 恒有 $|a_n - a| < 1$. 从而,当 $n > N$ 时,

$$|a_n| = |a_n - a + a| \leqslant |a_n - a| + |a| < 1 + |a|.$$

由于在数列 $\{a_n\}$ 的前 N 项中总可选出绝对值最大的一项,因此,只要令

$$M = \max\{|a_1|, |a_2|, \cdots, |a_N|, |a|+1\},$$

则 $\forall n \in \mathbf{N}_+$, 都有 $|a_n| \leqslant M$, 故 $\{a_n\}$ 是有界数列. ∎

定理 2.2 表明,有界性是数列收敛的必要条件.所以,若数列 $\{a_n\}$ 无界,则 $\{a_n\}$ 必定发散.例如,数列 $\{2^n\}$, $\left\{n\cos\dfrac{n\pi}{2}\right\}$ 无界,因而是发散的.但是,有界不是数列收敛的充分条件,就是说,有界数列不一定收敛.例如,数列 $\{(-1)^n\}$ 是有界的,但却不收敛.

定理 2.3（有理运算法则） 设 $\lim\limits_{n\to\infty} a_n = a$, $\lim\limits_{n\to\infty} b_n = b$, 则

(1) $\lim\limits_{n\to\infty}(a_n \pm b_n) = \lim\limits_{n\to\infty} a_n \pm \lim\limits_{n\to\infty} b_n = a \pm b$;

(2) $\lim\limits_{n\to\infty} a_n b_n = \lim\limits_{n\to\infty} a_n \lim\limits_{n\to\infty} b_n = ab$;

(3) $\lim\limits_{n\to\infty} \dfrac{a_n}{b_n} = \dfrac{\lim\limits_{n\to\infty} a_n}{\lim\limits_{n\to\infty} b_n} = \dfrac{a}{b}$ $(b \neq 0)$.

证 这些法则都不难用数列极限的定义证明,下面仅证法则(2),其余留给读者. $\forall \varepsilon > 0$, 由 $\lim\limits_{n\to\infty} a_n = a$,

$\exists N_1 \in \mathbf{N}_+$, 使得 $\forall n > N_1$, 恒有 $|a_n - a| < \varepsilon$. 又由 $\lim\limits_{n\to\infty} b_n = b$,

$\exists N_2 \in \mathbf{N}_+$, 使得 $\forall n > N_2$, 恒有 $|b_n - b| < \varepsilon$. 令 $N = \max\{N_1, N_2\}$, 则 $\forall n > N$, 恒有 $|a_n - a| < \varepsilon$, 且 $|b_n - b| < \varepsilon$. 再根据定理 2.2, 数列 $\{b_n\}$ 有界, 故 $\exists M > 0$, 使得 $\forall n \in \mathbf{N}_+$, 恒有 $|b_n| \leqslant M$. 于是, $\forall n > N$,

$$|a_n b_n - ab| = |a_n b_n - b_n a + b_n a - ab|$$
$$\leqslant |b_n||a_n - a| + |a||b_n - b| \leqslant (M + |a|)\varepsilon. \quad (2.4)$$

注意到 $(M+|a|)\varepsilon$ 仍是一个任意小的正数,故知结论成立. ∎

注意:（1）定理 2.3 体现了利用已知认识未知的思想,即通过已知一些简单数列的收敛性和极限值判断它们的和、差、积、商所得到的比较复杂数列收敛性,并求其极限值.

（2）在使用这些法则时,应要求参与运算的数列都收敛,对除法运算还应要求分母的极限不为零.否则,结论未必成立.

（3）加减法与乘法法则可推广到有限个数列,但对无限个数列或通项是无限多项之和或乘积的数列未必成立.

注意: 在定理 2.3(2) 中,为了证明当 n 充分大时, $|a_n b_n - ab|$ 能够任意小, 必须利用已知条件 $|a_n - a|$ 与 $|b_n - b|$ 可以任意小, 建立 $|a_n b_n - ab|$ 与 $|a_n - a|$ 和 $|b_n - b|$ 间的联系. 这件事是通过在 $|a_n b_n - ab|$ 中同时减、加 $b_n a$ 来完成的, 常称此法为"搭桥术".

由法则(2)易得如下推论:设 k 为常数,m 为正整数,则 $\lim\limits_{n\to\infty}ka_n=ka$,$\lim\limits_{n\to\infty}(a_n)^m=a^m$.

例 2.4 求 $\lim\limits_{n\to\infty}\dfrac{1^2+2^2+\cdots+n^2}{n^3}$.

解 由于待求极限的数列可以看作是 n 个数列 $\dfrac{1}{n^3},\dfrac{2^2}{n^3},\cdots,\dfrac{n^2}{n^3}=\dfrac{1}{n}$ 之和. 当 $n\to\infty$ 时,它是无穷多个数列之和,所以不能直接利用有理运算法则(1). 对于这种情况,通常可先求出前 n 个数列的和,再用定理 2.3 来求其极限. 本例中,由已知公式可知

$$\frac{1^2+2^2+\cdots+n^2}{n^3}=\frac{n(n+1)(2n+1)}{6n^3}=\frac{1}{6}\left(1+\frac{1}{n}\right)\left(2+\frac{1}{n}\right),$$

从而易得

$$\lim_{n\to\infty}\frac{1^2+2^2+\cdots+n^2}{n^3}=\frac{1}{3}.\quad\blacksquare$$

例 2.5 求 $\lim\limits_{n\to\infty}\dfrac{4n^5+3n^2+6n+1}{3n^5+6n^4+n^3+2n}$.

解 因为待求极限数列的分子与分母极限都不存在,所以不能利用极限的除法运算法则(3),但是,分子与分母同除以它们的最高次幂 n^5,得

$$\frac{4n^5+3n^2+6n+1}{3n^5+6n^4+n^3+2n}=\frac{4+\dfrac{3}{n^3}+\dfrac{6}{n^4}+\dfrac{1}{n^5}}{3+\dfrac{6}{n}+\dfrac{1}{n^2}+\dfrac{2}{n^4}},$$

从而可利用有理运算法则得

$$\lim_{n\to\infty}\frac{4n^5+3n^2+6n+1}{3n^5+6n^4+n^3+2n}=\frac{4}{3}.\quad\blacksquare$$

例 2.6 求 $\lim\limits_{n\to\infty}\left[\dfrac{1}{1\cdot 2}+\dfrac{1}{2\cdot 3}+\cdots+\dfrac{1}{n(n+1)}\right]$.

解 由于待求极限数列的通项是 n 项之和,当 $n\to\infty$ 时,就是无限多项之和,不能直接利用有理运算法则(1). 对于这种情况,可类似于例 2.4,先设法求出 n 项之和,再用法则(1). 本例中,利用将每一项写成两项之差,可得

$$\frac{1}{1\cdot 2}+\frac{1}{2\cdot 3}+\cdots+\frac{1}{n(n+1)}=\left(1-\frac{1}{2}\right)+\left(\frac{1}{2}-\frac{1}{3}\right)+\cdots+\left(\frac{1}{n}-\frac{1}{n+1}\right)$$

$$=1-\frac{1}{n+1},$$

从而由法则(1)得

$$\lim_{n\to\infty}\left[\frac{1}{1\cdot 2}+\frac{1}{2\cdot 3}+\cdots+\frac{1}{n(n+1)}\right]=1. \qquad \blacksquare$$

定理 2.4（保号性） 设 $\lim\limits_{n\to\infty}a_n=a$，$a\neq 0$，则 $\exists N\in \mathbf{N}_+$，使得 $\forall n>N$，a_n 与 a 同号. 并且，若 $a>0$（或 $a<0$），则 $\exists N\in \mathbf{N}_+$，使得 $\forall n>N$，恒有 $a_n\geq q>0$（或 $a_n\leq q<0$）.

证 不妨设 $a>0$，取 $\varepsilon=\dfrac{a}{2}$，则由 $\lim\limits_{n\to\infty}a_n=a$ 知必 $\exists N\in \mathbf{N}_+$，使得 $\forall n>N$，恒有 $a_n\in U(a,\varepsilon)=(a-\varepsilon,a+\varepsilon)=\left(\dfrac{a}{2},\dfrac{3}{2}a\right)$（图 1.14），故 $\forall n>N$，$a_n\geq \dfrac{a}{2}=q>0$. $\blacksquare$

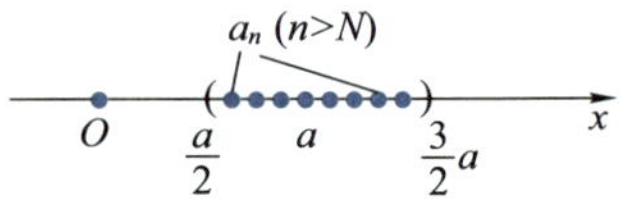

想一想：
定理 2.4 的证明中，为什么取 $\varepsilon=\dfrac{a}{2}$？ε 可以取其他数吗？

图 1.14

想一想：
若 $\{a_n\}$ 收敛，且它的每一项 $a_n>0$. 试问其极限 $a>0$ 吗？若 $\{a_n\}$ 与 $\{b_n\}$ 都收敛，且 $a_n>b_n$，试问它们的极限 a 与 b 必有 $a>b$ 吗？试举例说明.

由此定理并利用反证法不难证明

推论 2.1（保序性） 设 $\lim\limits_{n\to\infty}a_n=a$，$\lim\limits_{n\to\infty}b_n=b$. 若 $\exists N\in \mathbf{N}_+$，使得 $\forall n>N$，恒有 $a_n\leq b_n$，则 $a\leq b$.

定理 2.5（夹逼性） 设 $\lim\limits_{n\to\infty}a_n=\lim\limits_{n\to\infty}b_n=a$. 若 $\exists N\in \mathbf{N}_+$，使得 $\forall n>N$，恒有 $a_n\leq c_n\leq b_n$，则 $\lim\limits_{n\to\infty}c_n=a$.

证 由于 $\lim\limits_{n\to\infty}a_n=\lim\limits_{n\to\infty}b_n=a$，所以，$\forall \varepsilon>0$，$\exists N\in \mathbf{N}_+$，使得 $\forall n>N$，恒有

$$a-\varepsilon<a_n<a+\varepsilon \quad \text{且} \quad a-\varepsilon<b_n<a+\varepsilon,$$

从而得

$$a-\varepsilon<a_n\leq c_n\leq b_n<a+\varepsilon.$$

于是，$\forall n>N$，恒有 $|c_n-a|<\varepsilon$，故 $\lim\limits_{n\to\infty}c_n=a$. $\blacksquare$

想一想：
在定理 2.5 的证明中，为什么对于给定的 $\varepsilon>0$，能得到同一个 N，当 $n>N$ 时使两个不同的数列 $\{a_n\}$ 与 $\{b_n\}$ 满足两个同样的不等式？

夹逼性的优点在于它不但可用于证明数列 $\{c_n\}$ 的收敛性，而且还能同时求出它的极限值，因此受到人们的钟爱. 应用时常常需要对 $\{c_n\}$ 进行适当的放大和缩小，得到两个极限存在且相等的数列 $\{a_n\}$ 与 $\{b_n\}$，使它们满足（或从某一项开始满足）夹逼不等式 $a_n\leq c_n\leq b_n$. 这是使用夹逼性的关键和困难所在.

例 2.7 证明：

(1) $\lim\limits_{n\to\infty}\sqrt[m]{1+\dfrac{1}{n^l}}=1$，其中 $m,l\in\mathbf{N}_+$；

(2) $\lim\limits_{n\to\infty}\left(\dfrac{1}{\sqrt{n^2+1}}+\dfrac{1}{\sqrt{n^2+2}}+\cdots+\dfrac{1}{\sqrt{n^2+n}}\right)=1.$

证 （1）由于 $1<\sqrt[m]{1+\dfrac{1}{n^l}}\leq 1+\dfrac{1}{n^l}$，并且 $\lim\limits_{n\to\infty}\left(1+\dfrac{1}{n^l}\right)=1$，故由夹逼性得知

$$\lim_{n\to\infty}\sqrt[m]{1+\frac{1}{n^l}} = 1.$$

（2）由于该数列的通项是 n 项之和，并且难以直接求得该和，不能利用例 2.4 和例 2.6 中的方法，所以利用不等式放、缩技巧，易得

$$\frac{n}{\sqrt{n^2+n}} \leqslant \frac{1}{\sqrt{n^2+1}} + \frac{1}{\sqrt{n^2+2}} + \cdots + \frac{1}{\sqrt{n^2+n}} \leqslant \frac{n}{\sqrt{n^2+1}},$$

由（1）又有

$$\lim_{n\to\infty}\frac{n}{\sqrt{n^2+n}} = \lim_{n\to\infty}\frac{1}{\sqrt{1+\frac{1}{n}}} = 1,$$

$$\lim_{n\to\infty}\frac{n}{\sqrt{n^2+1}} = \lim_{n\to\infty}\frac{1}{\sqrt{1+\frac{1}{n^2}}} = 1,$$

根据夹逼性知结论成立. ∎

例 2.8 证明 $\lim\limits_{n\to\infty}\sqrt[n]{a} = 1$（$a>0$）.

证 当 $a=1$ 时结论显然成立. 对于 $a>1$ 的情形，令 $\sqrt[n]{a} = 1+x_n$，则 $x_n>0$. 由二项式公式，

$$a = (1+x_n)^n = 1 + nx_n + \frac{n(n-1)}{2!}x_n^2 + \cdots + x_n^n$$

$$\geqslant 1 + nx_n,$$

从而有 $x_n \leqslant \dfrac{a-1}{n}$，故

$$1 < \sqrt[n]{a} = 1 + x_n \leqslant 1 + \frac{a-1}{n}. \quad (2.5)$$

根据夹逼性得知结论成立.

若 $0<a<1$，则 $\dfrac{1}{a}>1$，故有 $\lim\limits_{n\to\infty}\sqrt[n]{a} = \lim\limits_{n\to\infty}\dfrac{1}{\sqrt[n]{\frac{1}{a}}} = 1.$

综上可知，对于任何 $a>0$ 结论都成立. ∎

仿照此例的方法不难证明 $\lim\limits_{n\to\infty}\sqrt[n]{n} = 1$（由读者完成）.

注：证明例 2.8 的关键在于证明 $a>1$ 时结论成立. 由于此时 $\sqrt[n]{a}>1$，所以令 $\sqrt[n]{a} = 1+x_n$（其中 $x_n>0$），从而将证明 $\lim\limits_{n\to\infty}\sqrt[n]{a} = 1$ 转化为证明 $\lim\limits_{n\to\infty} x_n = 0$. 由于 $a = (1+x_n)^n$，启发我们利用二项式公式将 $a = (1+x_n)^n$ 展开后得 $a \geqslant 1+nx_n$，从而解出 $x_n \leqslant \dfrac{a-1}{n}$，进而得 (2.5) 式，再由夹逼性得知结论成立.

2.3 数列收敛性的判别准则

上一段介绍的收敛数列的性质，特别是有理运算法则为判别某些简单数列的收

敛性并求它们的极限提供了一些有效的方法. 与极限的求法相比, 如何判断一个给定数列的收敛性是一个更重要更基本的问题. 因为用有理运算法则求极限必须在各数列都收敛的前提下才能进行. 同时, 即便某数列的极限难以求出, 只要知道它收敛, 便可用脚标足够大的项作为其极限的近似值. 夹逼性虽然不失为解决这个问题的一种方法, 然而它需要借助于另外两个具有相同极限的收敛数列. 为了深入研究这个重要问题, 人们发现可以通过数列自身的性态来判别它的收敛性, 下面就来介绍其中的一些方法.

1. 单调有界准则

前面已经介绍过数列的有界性, 下面再来介绍数列的另一种性态——单调性. 由于数列可以看成函数, 因此可以利用函数的单调性来定义数列的单调性. 设有数列 $\{a_n\}$, 若 $\forall n \in \mathbf{N}_+$, 都有 $a_n \leqslant a_{n+1}$ ($a_n \geqslant a_{n+1}$), 则称 $\{a_n\}$ 是**单调增(减)**的. 若将其中的不等号"$\leqslant(\geqslant)$"改为严格不等号"$<(>)$", 则称 $\{a_n\}$ 是**严格单调增(减)**的. 单调增与单调减(严格单调增与严格单调减)数列统称为**单调(严格单调)数列**.

如果数列 $\{a_n\}$ 是单调增加的, 那么数列 $\{a_n\}$ 中各项在数轴上的对应点随着脚标 n 的增大不断向右方移动. 如果 $\{a_n\}$ 无上界, 那么当 $n \to \infty$ 时, 这些点不停地向右移动以至趋于无穷, 即 $a_n \to +\infty$; 如果 $\{a_n\}$ 有上界, 那么它必有上确界, 设为 a. 此时, $\{a_n\}$ 在数轴上的对应点虽不断向右移动但始终不能超越上确界 a 的对应点. 根据上确界的定义, 该数列从某一项之后所有项的对应点必聚集在 a 点的左侧附近(图 1.15). 因此, 有理由猜测 $\{a_n\}$ 是收敛数列, a 就是它的极限. 对于单调减有下界的数列可以做类似的分析. 事实上, 我们有下面的定理.

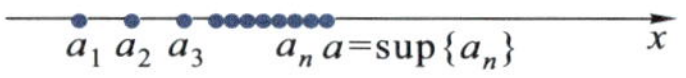

图 1.15

定理 2.6 (单调有界准则) 单调增(减)有上(下)界的数列必定收敛.

证 不妨设 $\{a_n\}$ 是单调增有上界的数列. 由于 $\{a_n\}$ 有上界, 所以必有上确界, 设其为 a. 下面证明 a 就是 $\{a_n\}$ 的极限. 事实上, 根据上确界的定义, $\forall n \in \mathbf{N}_+$, 恒有 $a_n \leqslant a$, 并且 $\forall \varepsilon > 0$, $\exists N \in \mathbf{N}_+$, 使 $a_N > a - \varepsilon$. 又因为 $\{a_n\}$ 单调增, 所以

$$\forall n > N, a - \varepsilon < a_N \leqslant a_n \leqslant a < a + \varepsilon,$$

故 $\lim\limits_{n \to \infty} a_n = a$.

若 $\{a_n\}$ 是单调减有下界的, 也可类似证明它的收敛性. ∎

例 2.9 设 $a_n = \dfrac{\alpha^n}{n!}$, 证明: 数列 $\{a_n\}$ 收敛, 并且

注: 证明定理 2.6 的关键在于利用了刻画实数完备性的确界存在定理. 后面的公式(2.7)表明, 单调有界准则在有理数集内不成立, 因此, 单调有界准则也刻画了实数的完备性.

注意: 由证明过程不难看出, 定理中 $\{a_n\}$ 的单调性只要从某一项之后满足就可以了.

$\lim\limits_{n\to\infty}\dfrac{\alpha^n}{n!}=0$,其中 $\alpha\in\mathbf{R}$ 为任意常数.

证 当 $\alpha=0$ 时,数列 $\{a_n\}$ 显然收敛,且其极限为 0. 当 $\alpha>0$ 时,由于

$$\dfrac{a_{n+1}}{a_n}=\dfrac{\alpha^{n+1}}{(n+1)!}\bigg/\dfrac{\alpha^n}{n!}=\dfrac{\alpha}{n+1}, \quad (2.6)$$

所以,当 $n>\alpha-1$ 时,$\dfrac{a_{n+1}}{a_n}<1$,故当 $n>\alpha-1$ 时 $\{a_n\}$ 是严格单调减的.又由 $a_n>0$ 知其有下界,根据定理 2.6,$\{a_n\}$ 收敛.

设 $\lim\limits_{n\to\infty}a_n=a$,由(2.6)式得递推公式 $a_{n+1}=\dfrac{\alpha}{n+1}a_n$. 两边取极限则有

$$a=\lim_{n\to\infty}a_{n+1}=\lim_{n\to\infty}\dfrac{\alpha}{n+1}a_n=0\cdot a=0,$$

因此,$\lim\limits_{n\to\infty}\dfrac{\alpha^n}{n!}=0$.

若 $\alpha<0$,则由不等式

$$-\dfrac{|\alpha|^n}{n!}\leqslant\dfrac{\alpha^n}{n!}\leqslant\dfrac{|\alpha|^n}{n!}$$

与夹逼性得知 $\lim\limits_{n\to\infty}\dfrac{\alpha^n}{n!}=0$.

综上所述,当 α 是任意常数时,数列 $\{a_n\}$ 都收敛,且极限为 0. ∎

注:与夹逼性不同,单调有界准则的优点是无需利用另外两个收敛性已知的数列,只要能判定给定数列自身的单调性和有界性就可以了,因此,读者应不断总结证明满足这两个条件的方法和不等式的放缩技巧.

注:此例表明,单调有界准则不仅是判定数列收敛性的一个常用方法,而且若能求得该数列的递推公式,还可求出它的极限值.

例 2.10 设 $a_n=\left(1+\dfrac{1}{n}\right)^n$,证明数列 $\{a_n\}$ 收敛.

证 先证 $\{a_n\}$ 严格单调增.由二项式公式,

$$a_n=1+n\cdot\dfrac{1}{n}+\dfrac{n(n-1)}{2!}\cdot\dfrac{1}{n^2}+\cdots+\dfrac{n(n-1)\cdots(n-k+1)}{k!}\cdot\dfrac{1}{n^k}+\cdots+\dfrac{n(n-1)\cdots 2\cdot 1}{n!}\cdot\dfrac{1}{n^n}$$

$$=1+1+\dfrac{1}{2!}\left(1-\dfrac{1}{n}\right)+\cdots+\dfrac{1}{k!}\left(1-\dfrac{1}{n}\right)\left(1-\dfrac{2}{n}\right)\cdots\left(1-\dfrac{k-1}{n}\right)+\cdots+\dfrac{1}{n!}\left(1-\dfrac{1}{n}\right)\left(1-\dfrac{2}{n}\right)\cdots\left(1-\dfrac{n-1}{n}\right).$$

上式右端共有 $n+1$ 项且每一项都是正的.不难看出它的一般项

$$\frac{1}{k!}\left(1-\frac{1}{n}\right)\left(1-\frac{2}{n}\right)\cdots\left(1-\frac{k-1}{n}\right)$$

值随 n 的增大而增大，所以，当 n 增大时，不但 a_n 中所含的项数增加，而且各项的值也随之增大，所以 $\{a_n\}$ 是严格单调增的.

再证 $\{a_n\}$ 有上界. 在 a_n 的展开式中，从第三项起用 1 代替各项中圆括号内的数，并利用不等式 $2^{k-1}<k!$ ($k>2$)，可知当 $n>2$ 时就有

$$a_n < 1 + 1 + \frac{1}{2!} + \frac{1}{3!} + \cdots + \frac{1}{n!}$$

$$< 1 + 1 + \frac{1}{2} + \frac{1}{2^2} + \cdots + \frac{1}{2^{n-1}} = 3 - \frac{1}{2^{n-1}} < 3.$$

根据单调有界准则，$\{a_n\}$ 是收敛的. ∎

记此例中数列 $\{a_n\}$ 的极限为 e，从而得一常用的重要极限公式

$$\boxed{\lim_{n\to\infty}\left(1+\frac{1}{n}\right)^n = e.} \qquad (2.7)$$

可以证明，e 是一个无理数，其值为

$$e = 2.718\ 281\ 828\ 459\ 045\cdots.$$

注：公式(2.7)揭示了一个很有意义的事实. 虽然数列 $a_n = \left(1+\dfrac{1}{n}\right)^n$ 的每一项都是有理数，但是它的极限却是无理数，说明在有理数集内极限运算是不封闭的，极限理论必须在实数集内研究，而且单调有界准则在有理数集内不成立.

2. 子数列与数列极限的归并原理

设 $\{a_n\}$ 为一数列，将 $\{a_n\}$ 中的任意无穷多项按照脚标由小到大排列所组成的一个数列称为 $\{a_n\}$ 的一个**子数列**，简称**子列**，记作

$$\{a_{n_k}\}：\quad a_{n_1}, a_{n_2}, \cdots, a_{n_k}, \cdots,$$

其中 $n_1 < n_2 < \cdots < n_k < \cdots$，$k$ 表示 a_{n_k} 是子列中的第 k 项，而 n_k 则表示 a_{n_k} 是原数列 $\{a_n\}$ 中的第 n_k 项. 因此，$n_k \geq k$，且若 $j>k$，则 $n_j > n_k$.

例如，设 $a_n = \dfrac{1}{n}$，则由数列 $\{a_n\}$ 的偶数项组成的子数列 $\{a_{n_k}\}$ 的第 k 项 $a_{n_k} = a_{2k} = \dfrac{1}{2k}$ ($k = 1, 2, \cdots$) 是原数列中的第 $2k$ 项.

数列 $\{a_n\}$ 及其子列 $\{a_{n_k}\}$ 的极限之间存在着密切的关系. 例如，不难看到，数列 $a_n = \dfrac{1}{n}$ 的偶数子列与奇数子列都收敛于该数列的极限 0. 实际上，收敛数列的任何子列都收敛于该数列的极限，下面来证明它. 设 $\{a_n\}$ 收敛于 a，则 $\forall \varepsilon > 0$，$\exists N \in \mathbf{N}_+$，使得 $\forall n > N$，$a_n \in U(a, \varepsilon)$. 因此，$\{a_n\}$ 的任何子列 $\{a_{n_k}\}$ 中所有脚标 $n_k > N$ 的项 a_{n_k} 也属于 $U(a, \varepsilon)$，故 $\lim\limits_{k\to\infty} a_{n_k} = a$. 这就是说，$\{a_n\}$ 的任何子列都收敛于 a. 反之，若 $\{a_n\}$ 的任何子列

都收敛于 a,由于 $\{a_n\}$ 本身也是 $\{a_n\}$ 的一个子列,所以 $\{a_n\}$ 本身也收敛于 a.于是得到下述定理,通常称为**数列极限的归并原理**.

定理 2.7 $\lim\limits_{n\to\infty} a_n = a$ 的充要条件是对于 $\{a_n\}$ 的每个子列 $\{a_{n_k}\}$ 都有 $\lim\limits_{k\to\infty} a_{n_k} = a$.

该定理的作用是建立了数列 $\{a_n\}$ 与它的子列收敛性之间的密切联系,利用它的必要性可以得到判断数列 $\{a_n\}$ 发散的常用方法.事实上,用反证法易知,如果 $\{a_n\}$ 有一个发散子列或者有两个收敛子列的极限不同,那么,$\{a_n\}$ 必定发散.例如,$\left\{\sin\dfrac{n\pi}{4}\right\}$ 是一个发散数列,因为它有两个子列 $\left\{\sin\dfrac{4k\pi}{4}\right\}$ 与 $\left\{\sin\dfrac{(8k+2)\pi}{4}\right\}$ 分别收敛于 0 与 1.

虽然直接利用该定理的充分性难以判断数列 $\{a_n\}$ 的收敛性(因为一个数列有无穷多个子列,很难判断它的每个子列的收敛性),但是,不难证明下述结论(由读者完成):

<u>数列 $\{a_n\}$ 收敛的充要条件是由它的奇数项与偶数项分别组成的两个子数列收敛于同一个常数 a</u>(习题 1.2(A)第 9 题).此结论可用来判断数列 $\{a_n\}$ 的收敛性.

3. Weierstrass 定理

前面已经指出,收敛数列必有界,但有界数列未必收敛.然而,人们发现,有界实数列总有一个收敛子列,为了证明这个结论,我们先介绍闭区间套定理.

设 $\{[a_n, b_n]\}$ 是一列闭区间 $(a_n, b_n \in \mathbf{R})$,如果满足条件:

(1)它是递缩的,即

$$[a_1, b_1] \supseteq [a_2, b_2] \supseteq \cdots \supseteq [a_n, b_n] \supseteq \cdots;$$

(2)当 $n \to \infty$ 时,区间长度数列 $\{b_n - a_n\}$ 趋于零,即

$$\lim_{n\to\infty}(b_n - a_n) = 0,$$

那么称此列闭区间为一个**闭区间套**.

定理 2.8(闭区间套定理) 任何闭区间套必有唯一的公共点,即存在唯一的 $\xi \in \mathbf{R}$,使得 $\bigcap\limits_{n=1}^{\infty}[a_n, b_n] = \{\xi\}$.

注意:(1)定理 2.8 也是刻画实数完备性的基本定理,在有理数集内不成立.例如,设 $a_n^2 < 2, b_n^2 > 2$,且 $a_n, b_n \in \mathbf{Q}$,若 $0 < a_n$ 单调增趋近于 $\sqrt{2}$,$0 < b_n$ 单调减趋近于 $\sqrt{2}$,则 $\{[a_n, b_n]\}$ 唯一的公共点是 $\sqrt{2}$,不是有理数.

(2)若区间不是闭的,则定理 2.8 也不一定成立.例如,开区间套 $\left\{\left(0, \dfrac{1}{n}\right)\right\}$ 无公共点.

此定理的正确性从几何直观上是不难想象的(因为在实数轴上,长度趋于零的不断收缩的无穷多个闭区间构成的区间套必定有一个公共点,而且是唯一的),它的分析证明也不困难,只要注意到该区间套左、右端点所对应的数列 $\{a_n\}$、$\{b_n\}$ 分别是单调增有上

界、单调减有下界的,根据单调有界准则和保序性,它们的极限都存在、相等而且该极限是区间套的公共点,再利用闭区间套定义的条件(2)可证唯一性.

想一想:
你能根据左边所讲的证明思路将闭区间套定理的分析证明详细写出来吗?

下面,利用区间套定理来证明 Weierstrass 定理.

定理 2.9(Weierstrass 定理) 有界实数列必有收敛子列.

证 设 $\{x_n\}$ 是有界实数列,则必存在 $a_1, b_1 \in \mathbf{R}$,使得 $\forall n \in \mathbf{N}_+$,恒有 $x_n \in [a_1, b_1]$.等分 $[a_1, b_1]$ 为两个子区间,则其中至少有一个子区间含 $\{x_n\}$ 的无穷多项,记它为 $[a_2, b_2]$(若两个子区间都含有 $\{x_n\}$ 的无穷多项,则可任取其一).等分 $[a_2, b_2]$,按照上述方法又可得一含 $\{x_n\}$ 无穷多项的子区间 $[a_3, b_3]$.如此继续下去,可得一列闭区间 $\{[a_k, b_k]\}$,满足:

注: 此定理利用数列 $\{x_n\}$ 的有界性和"两分法"构造出一个闭区间套进而构造出一个收敛子列,这是证明存在性定理的一种常用方法,称为**构造性证明法**.

$$[a_1, b_1] \supseteq [a_2, b_2] \supseteq \cdots \supseteq [a_k, b_k] \supseteq \cdots,$$

$$b_k - a_k = \frac{b_1 - a_1}{2^{k-1}} \to 0 \ (k \to \infty),$$

因此是一闭区间套.根据闭区间套定理,必存在唯一的 $\xi \in \mathbf{R}$,使得 $\bigcap_{k=1}^{\infty}[a_k, b_k] = \{\xi\}$,且 $\lim_{k \to \infty} a_k = \lim_{k \to \infty} b_k = \xi$.

根据区间套的作法,我们能在每个区间 $[a_k, b_k]$ 上任取 $\{x_n\}$ 的一项 x_{n_k},使 $n_1 < n_2 < \cdots < n_k < \cdots$,从而得到 $\{x_n\}$ 的一个子列 $\{x_{n_k}\}$,使

$$a_k \leq x_{n_k} \leq b_k \ (k \in \mathbf{N}_+).$$

由夹逼性,$\lim_{k \to \infty} x_{n_k} = \xi$. ∎

数列的任一收敛子列的极限称为该数列的**极限点**.定理 2.9 表明,有界数列一定有(至少)一个极限点.

虽然定理 2.9 不能直接判断数列本身的收敛性,但在一定的条件下可证数列的极限点就是它的极限(见定理 2.10 充分性的证明),而且在许多理论的研究(如第五节中关于闭区间上连续函数性质)中扮演着重要的角色.

4. Cauchy 收敛原理

本节最后介绍一个在理论上和应用中都有重要价值的定理,它给出了判断数列收敛的一个充分必要条件.设 $\{a_n\}$ 为一收敛数列,则当 n 充分大以后,$\{a_n\}$ 中的所有点都落在极限 a 的任意小邻域中,因此,当 m 与 n 都充分大时,$\{a_n\}$ 中的对应点 a_m 与 a_n 在数轴上的距离 $|a_m - a_n|$ 可以任意小.反之,如果对于充分大的 m 与 n,都有 $|a_m - a_n| < \varepsilon$($\varepsilon$ 为任给的任意小正数),那么,不难想象,除有限个点之外,$\{a_n\}$ 中的

其余点必能聚集在某点的附近,就是说,$\{a_n\}$收敛于这个点.为了简洁地表述这个定理,我们引入下面的定义.

定义 2.2（Cauchy 数列） 设$\{a_n\}$为一实数列,若满足下述条件：

想一想：

用ε-N语言表述数列$\{a_n\}$不是 Cauchy 数列.

$$\forall \varepsilon > 0, \exists N \in \mathbf{N}_+, 使得 \forall m, n > N, 恒有 |a_m - a_n| < \varepsilon. \tag{2.8}$$

则称$\{a_n\}$为 **Cauchy 数列**或**基本数列**.

仿照收敛数列必有界的证法,不难证明,Cauchy 数列也是有界数列.

定理 2.10（Cauchy 收敛原理） 数列$\{a_n\}$收敛的充要条件为它是 Cauchy 数列.

二维码 1.2.3
判别数列发散的方法.

证 必要性 设$\lim\limits_{n\to\infty} a_n = a$,根据极限定义,

$$\forall \varepsilon > 0, \exists N \in \mathbf{N}_+, 使得 \forall m, n > N, 恒有 |a_m - a| < \frac{\varepsilon}{2}, |a_n - a| < \frac{\varepsilon}{2}.$$

因此有

$$|a_m - a_n| \leq |a_m - a| + |a_n - a| < \varepsilon,$$

故$\{a_n\}$是 Cauchy 数列.

充分性 设$\{a_n\}$是一个 Cauchy 数列,则$\{a_n\}$是有界数列.根据定理 2.9,$\{a_n\}$有一个收敛子列$\{a_{n_k}\}$,设$\lim\limits_{k\to\infty} a_{n_k} = a$.下面证明,数列$\{a_n\}$也收敛于$a$.事实上,由$\lim\limits_{k\to\infty} a_{n_k} = a$知,对任给的$\varepsilon > 0$,

$$\exists K \in \mathbf{N}_+, 使得 \forall k > K, 恒有 |a_{n_k} - a| < \frac{\varepsilon}{2}. \tag{2.9}$$

注意：Cauchy 收敛原理是判别数列收敛的一个充要条件,既能利用充分性证明数列收敛,又能根据必要性利用反证法证明数列发散,证明的关键在于检验该数列是否为 Cauchy 数列.检验中常要利用技巧性较强的不等式放缩方法(见例 2.11 与例 2.12),读者应在解题中不断总结和体会!

又因$\{a_n\}$是 Cauchy 数列,所以,对上面给定的$\varepsilon > 0$,

$$\exists N_1 \in \mathbf{N}_+, 使得 \forall m, n > N_1, 恒有 |a_m - a_n| < \frac{\varepsilon}{2}. \tag{2.10}$$

取$N = \max\{K, N_1\}$,则由(2.9)和(2.10)式,$\forall n > N$,恒有

$$|a_n - a| \leq |a_n - a_{n_{N+1}}| + |a_{n_{N+1}} - a| < \varepsilon,$$

故$\lim\limits_{n\to\infty} a_n = a$. ∎

为了应用上的方便,条件(2.8)常写成另一种等价形式：

$$\forall \varepsilon > 0, \exists N \in \mathbf{N}_+, 使得 \forall n > N 及 p \in \mathbf{N}_+, 恒有 |a_{n+p} - a_n| < \varepsilon. \tag{2.11}$$

例 2.11 设 $a_n = 1 + \dfrac{1}{2^2} + \dfrac{1}{3^2} + \cdots + \dfrac{1}{n^2}$,证明数列 $\{a_n\}$ 收敛.

证 为了证明 $\{a_n\}$ 收敛,只要证明它满足条件 (2.11).由于 $\forall n, p \in \mathbf{N}_+$,

$$\begin{aligned}|a_{n+p} - a_n| &= \dfrac{1}{(n+1)^2} + \dfrac{1}{(n+2)^2} + \cdots + \dfrac{1}{(n+p)^2} \\ &< \dfrac{1}{n(n+1)} + \dfrac{1}{(n+1)(n+2)} + \cdots + \dfrac{1}{(n+p-1)(n+p)} \\ &= \left(\dfrac{1}{n} - \dfrac{1}{n+1}\right) + \left(\dfrac{1}{n+1} - \dfrac{1}{n+2}\right) + \cdots + \left(\dfrac{1}{n+p-1} - \dfrac{1}{n+p}\right) \\ &= \dfrac{1}{n} - \dfrac{1}{n+p} < \dfrac{1}{n},\end{aligned}$$

所以,$\forall \varepsilon > 0$,只要取 $N = \left[\dfrac{1}{\varepsilon}\right]$,则 $\forall n > N$ 及 $p \in \mathbf{N}_+$,恒有 $|a_{n+p} - a_n| < \varepsilon$,故 $\{a_n\}$ 是 Cauchy 数列,所以收敛. ∎

注:许多数列与例 2.11 中的 $\{a_n\}$ 类似,从它的表达式难以看出它是否能无限趋近某常数.此时可利用 Cauchy 收敛原理,只要证明当 n 充分大时,其中的任意两项之差能任意小,也就是证明条件 (2.11) 成立就行了.在利用条件 (2.11) 证明数列 $\{a_n\}$ 收敛时,关键在于求出满足该式的 N,而且 N 只能与 ε 有关,与 p 无关.

例 2.12 设 $a_n = 1 + \dfrac{1}{2} + \dfrac{1}{3} + \cdots + \dfrac{1}{n}$,证明 $\{a_n\}$ 发散.

证 为了证明 $\{a_n\}$ 发散,只要证明它不满足条件 (2.8).也就是说,只要证明 $\exists \varepsilon_0 > 0, \forall N \in \mathbf{N}_+, \exists m, n > N$,使 $|a_m - a_n| \geq \varepsilon_0$.对于 $\varepsilon_0 = \dfrac{1}{2}$,取 $m = 2n$,由于

$$|a_m - a_n| = \dfrac{1}{n+1} + \dfrac{1}{n+2} + \cdots + \dfrac{1}{2n} \geq \dfrac{n}{2n} = \dfrac{1}{2},$$

这说明 $\{a_n\}$ 不满足条件 (2.8),故是发散数列. ∎

☞二维码 1.2.4
无界数列、发散数列和无穷大数列之间的关系.

读者不难发现,前面几个定理是按照下面的逻辑顺序来讲解的:确界存在定理⇒单调有界准则⇒闭区间套定理⇒Weierstrass 定理⇒Cauchy 收敛原理,即用前一个定理来推证后一个定理.进一步还可以证明,这五个定理都是等价的,因此,它们都是刻画实数完备性的等价命题.特别是 Cauchy 收敛原理,不但在经典分析中被广泛应用,而且是现代分析中定义抽象空间完备性的出发点.从判断数列收敛性的角度来看,夹逼性与单调有界准则是常用的方法,当用这两个方法不能判定时,也可

二维码 1.2.5
实数完备性简介.

利用 Cauchy 收敛原理.建议读者对这几个方法的优缺点进行比较,作一个小结.

习题 1.2

(A)

1. 下列说法能否作为 a 是数列 $\{a_n\}$ 的极限的定义？为什么？

(1) 对于无穷多个 $\varepsilon>0$, 存在 $N\in\mathbf{N}_+$, 当 $n>N$ 时, 不等式 $|a_n-a|<\varepsilon$ 成立；

(2) 对于任给的 $\varepsilon>0$, 存在 $N\in\mathbf{N}_+$, 当 $n\geqslant N$ 时, 有无穷多项 a_n, 使不等式 $|a_n-a|<\varepsilon$ 成立；

(3) 对于给定的很小的正数 $\varepsilon_0=10^{-10}$, 不等式 $|a_n-a|<10^{-10}$ 恒成立.

2. 说明下列表述都可作为 a 是 $\{a_n\}$ 极限的定义：

(1) 对任给的 $\varepsilon>0$, 存在 $N\in\mathbf{N}_+$, 当 $n\geqslant N$ 时, 不等式 $|a_n-a|<\varepsilon$ 成立；

(2) 对任给的 $\varepsilon>0$, 存在 $N\in\mathbf{N}_+$, 当 $n>N$ 时, 不等式 $|a_n-a|\leqslant\varepsilon$ 成立；

(3) 对任给的 $\varepsilon>0$, 存在 $N\in\mathbf{N}_+$, 当 $n>N$ 时, 不等式 $|a_n-a|<k\varepsilon$ 成立, 其中 k 是正常数；

(4) 对于任给的 $m\in\mathbf{N}_+$, 存在 $N\in\mathbf{N}_+$, 当 $n>N$ 时, 不等式 $|a_n-a|<\dfrac{1}{m}$ 成立；

(5) 对任给的 $\varepsilon>0$, 存在 $N\in\mathbf{N}_+$, 使不等式 $|a_{N+p}-a|<\varepsilon$ 对于任意的正整数 p 都成立.

3. 若 $\{a_n\}$ 与 $\{b_n\}$ 是两个发散数列, 它们的和与积是否发散？为什么？若其中一个收敛, 一个发散, 它们的和与积的收敛性又如何？

4. 下列各题的解法是否正确？为什么？

(1) $\lim\limits_{n\to\infty}\dfrac{1+2+3+\cdots+n}{n^2}=\lim\limits_{n\to\infty}\left(\dfrac{1}{n^2}+\dfrac{2}{n^2}+\dfrac{3}{n^2}+\cdots+\dfrac{n}{n^2}\right)=\lim\limits_{n\to\infty}\dfrac{1}{n^2}+\lim\limits_{n\to\infty}\dfrac{2}{n^2}+\cdots+\lim\limits_{n\to\infty}\dfrac{n}{n^2}=0$；

(2) $\lim\limits_{n\to\infty}\left(1+\dfrac{1}{n}\right)^n=\lim\limits_{n\to\infty}\left(1+\dfrac{1}{n}\right)\left(1+\dfrac{1}{n}\right)\cdots\left(1+\dfrac{1}{n}\right)=\lim\limits_{n\to\infty}\left(1+\dfrac{1}{n}\right)\lim\limits_{n\to\infty}\left(1+\dfrac{1}{n}\right)\cdots\lim\limits_{n\to\infty}\left(1+\dfrac{1}{n}\right)=1$；

(3) 求 $\lim\limits_{n\to\infty}q^n$ $(q>1)$. 因为 $q^{n+1}=q\cdot q^n$, 设 $\lim\limits_{n\to\infty}q^n=a$, 两边取极限得 $a=\lim\limits_{n\to\infty}q^{n+1}=q\lim\limits_{n\to\infty}q^n=qa$, 从而必有 $a=0$, 故 $\lim\limits_{n\to\infty}q^n=0$.

5. 若把保序性中的条件 $a_n\leqslant b_n$ 改为 $a_n<b_n$, 是否仍得到结论 $a<b$？

6. 下列结论是否正确？若正确,请给出证明；若不正确,请举出反例.

(1) 若 $\lim\limits_{n\to\infty}a_n=A$, 则 $\lim\limits_{n\to\infty}|a_n|=|A|$；　　(2) 若 $\lim\limits_{n\to\infty}|a_n|=|A|$, 则 $\lim\limits_{n\to\infty}a_n=A$ $(A\neq 0)$；

(3) 若 $\lim\limits_{n\to\infty}|a_n|=0$, 则 $\lim\limits_{n\to\infty}a_n=0$；　　(4) 若 $\lim\limits_{n\to\infty}a_n=A$, 则 $\lim\limits_{n\to\infty}a_{n+1}=A$；

(5) 若 $\lim\limits_{n\to\infty}a_n=A$, 则 $\lim\limits_{n\to\infty}\dfrac{a_{n+1}}{a_n}=1$；　　(6) 若对任何实数 α, $\lim\limits_{n\to\infty}\alpha a_n=\alpha A$, 则 $\lim\limits_{n\to\infty}a_n=A$.

7. 用 ε-N 定义证明下列极限:

(1) $\lim\limits_{n\to\infty}\dfrac{1}{n}\sin\dfrac{n\pi}{2}=0$；　　(2) $\lim\limits_{n\to\infty}(n-\sqrt{n^2-n})=\dfrac{1}{2}$；

(3) $\lim\limits_{n\to\infty}\dfrac{1+\cos n}{n^2}=0$；　　(4) $\lim\limits_{n\to\infty}\sqrt[n]{n}=1$.

8. 试写出数列无上界、无下界的定义.

9. 设由数列 $\{a_n\}$ 的奇数项与偶数项组成的两个子列收敛于同一个常数 a，证明 $\{a_n\}$ 也收敛于 a.

10. 求下列数列的极限：

(1) $\lim\limits_{n\to\infty}\dfrac{(n+1)(n+2)(n+3)}{5n^3}$；

(2) $\lim\limits_{n\to\infty}\dfrac{3^n+(-2)^n}{3^{n+1}+(-2)^{n+1}}$；

(3) $\lim\limits_{n\to\infty}\left(\dfrac{1+2+\cdots+n}{n+2}-\dfrac{n}{2}\right)$；

(4) $\lim\limits_{n\to\infty}\sqrt{n}(\sqrt{n+4}-\sqrt{n})$；

(5) $\lim\limits_{n\to\infty}(\sqrt{2}\sqrt[4]{2}\sqrt[8]{2}\cdots\sqrt[2^n]{2})$；

(6) $\lim\limits_{n\to\infty}\sqrt[n]{2+\sin^2 n}$；

(7) $\lim\limits_{n\to\infty}\left(\dfrac{1}{n^3+1}+\dfrac{4}{n^3+2}+\cdots+\dfrac{n^2}{n^3+n}\right)$；

(8) $\lim\limits_{n\to\infty}\left(1+\dfrac{1}{n+1}\right)^n$；

(9) $\lim\limits_{n\to\infty}\left(1-\dfrac{1}{n}\right)^n$；

(10) $\lim\limits_{n\to\infty}\left(1+\dfrac{1}{n-4}\right)^{n+4}$.

11. 判别下列数列的敛散性：

(1) $a_n=\dfrac{1}{3+1}+\dfrac{1}{3^2+1}+\cdots+\dfrac{1}{3^n+1}$；

(2) $a_n=\left(1-\dfrac{1}{2}\right)\left(1-\dfrac{1}{4}\right)\cdots\left(1-\dfrac{1}{2^n}\right)$；

(3) $a_1=\sqrt{2},a_2=\sqrt{2+\sqrt{2}},\cdots,a_n=\underbrace{\sqrt{2+\sqrt{2+\cdots+\sqrt{2}}}}_{n\text{重}},\cdots$；

(4) $a_n=1+\dfrac{1}{2!}+\dfrac{1}{3!}+\cdots+\dfrac{1}{n!}$；

(5) $a_n=1+\dfrac{\sin 1}{1^2}+\dfrac{\sin 2}{2^2}+\cdots+\dfrac{\sin n}{n^2}$.

12. 证明：Cauchy 数列存在一个收敛子列.

13. 求下列数列的极限点：

(1) $\dfrac{1}{2},\dfrac{1}{2},\dfrac{1}{4},\dfrac{3}{4},\dfrac{1}{8},\dfrac{7}{8},\cdots,\dfrac{1}{2^n},\dfrac{2^n-1}{2^n},\cdots$；

(2) $a_n=3\left(1-\dfrac{1}{n}\right)+2(-1)^n$；

(3) $a_n=\dfrac{n+(-1)^n n}{2}+\dfrac{1}{n}$.

14. 设 $0<x_1<1,x_{n+1}=1-\sqrt{1-x_n}$，证明：数列 $\{x_n\}$ 收敛，并求 $\lim\limits_{n\to\infty}x_n$ 与 $\lim\limits_{n\to\infty}\dfrac{x_{n+1}}{x_n}$.

15. 设 $a>0,x_1>0,x_{n+1}=\dfrac{1}{2}\left(x_n+\dfrac{a}{x_n}\right)$，证明：$\lim\limits_{n\to\infty}x_n=\sqrt{a}$.

16. 设 $\{a_n\}$ 单调增，$\{b_n\}$ 单调减，$\lim\limits_{n\to\infty}(b_n-a_n)=0$. 证明：$\{a_n\}$ 与 $\{b_n\}$ 都收敛，并且有相同的极限.

(B)

1. 判别数列 $\{x_n\}$ 的收敛性，其中

$$x_n=a_0+a_1 q+a_2 q^2+\cdots+a_n q^n\quad(|q|<1,|a_k|\leqslant M,k=0,1,2,\cdots).$$

2. 求下列数列的极限：

(1) $\lim\limits_{n\to\infty}\dfrac{x^n-2}{x^n+2}$；

(2) $\lim\limits_{n\to\infty}\left[1-\dfrac{1}{3}+\dfrac{1}{9}-\dfrac{1}{27}+\cdots+\dfrac{(-1)^{n-1}}{3^{n-1}}\right]$；

(3) $\lim\limits_{n\to\infty}\left(1-\dfrac{1}{2^2}\right)\left(1-\dfrac{1}{3^2}\right)\cdots\left(1-\dfrac{1}{n^2}\right)$；

(4) $\lim\limits_{n\to\infty}\sqrt[n]{2\sin^2 n+\cos^2 n}$；

(5) $\lim\limits_{n\to\infty}\left(\dfrac{n+1}{n+2}\right)^{3n}$;   (6) $\lim\limits_{n\to\infty}\left(\dfrac{n^3-1}{n^3-2}\right)^{4n^3}$.

3. 证明:

(1) 若 $a_n\to 0$, 则 $b_n=\dfrac{a_1+a_2+\cdots+a_n}{n}\to 0$ $(n\to\infty)$;

(2) 若 $a_n\to a$, 则 $b_n\to a$ $(n\to\infty)$, b_n 同(1).

4. 证明下列数列收敛,并求其极限:

(1) $x_n=\dfrac{n^k}{a^n}$ $(a>1, k>0)$;   (2) $a_n=\underbrace{\sqrt{a+\sqrt{a+\sqrt{a+\cdots+\sqrt{a}}}}}_{n\text{重}}$ $(a>0)$;

(3) $0<x_1<\sqrt{3}$, $x_{n+1}=\dfrac{3(1+x_n)}{3+x_n}$;   (4) $a_1=1, a_n=1+\dfrac{1}{a_{n-1}+1}$ $(n=2,3,\cdots)$.

5. 设 $\{a_n\}$ 为一单调增数列,并且有一子列收敛于 a, 证明: $\lim\limits_{n\to\infty}a_n=a$.

6. 设 $a_n=1-\dfrac{1}{2}+\dfrac{1}{3}-\dfrac{1}{4}+\cdots+\dfrac{(-1)^{n-1}}{n}$, 证明数列 $\{a_n\}$ 收敛.

第三节　函数的极限

本节的任务是类比于数列将极限的概念、理论和方法推广到函数中去. 我们知道,数列是定义在正整数集 $\mathbf{N}_+$ 上的函数,它的自变量 n 只能"离散地"取正整数并且仅有趋于 $+\infty$ 一种变化状态;而对于实际问题中经常碰到的函数,它的自变量 x 可以"连续地"取定义区间中的值,并且自变量 x 的变化不仅有无限趋大的情况,而且可以趋于有限值 x_0. 因此,研究函数的极限自然要比数列极限更复杂些. 下面,我们根据函数的上述特点先将极限概念推广到函数,然后再介绍函数极限的性质、求函数极限的方法和判定函数极限的存在准则.

3.1　函数极限的概念

1. 自变量 x 无限趋大时的函数极限

自变量 x 无限趋大包括三种情况: x 取正值无限趋大,记作 $x\to+\infty$; x 取负值而 $|x|$ 无限趋大,记作 $x\to-\infty$; x 既可取正值又可取负值并且 $|x|$ 无限趋大,记作 $x\to\infty$. 我们重点讨论 $x\to+\infty$ 时函数极限的定义,至于其他情况,可以类似地进行研究. 不妨假定函数 f 的定义域 $D(f)=[\alpha,+\infty)$ $(\alpha\in\mathbf{R})$. 与数列极限的描述性定义类似,如果当 $x\to+\infty$ 时, $f(x)$ 无限接近于某个常数 a, 就称 a 是 $f(x)$ 当 $x\to+\infty$ 时的极限,这就是 $x\to+\infty$ 时函数极限的描述性定义. 为了给出它的精确定义,关键在于刻画"$x\to+\infty$"与"$f(x)$ 无限接近于 a". 显然,"$f(x)$ 无限接近于 a"可用与数列极限定义中类似的不等式"$\forall\varepsilon>0$, $|f(x)-a|<\varepsilon$"来刻画. 至于"$x\to+\infty$", 根据 x 在区间 $[\alpha,+\infty)$ 内

"连续"变化的特点,可用"$\exists X>0$(X是实数),当$x>X$时"来刻画,这是与数列极限定义中的不同之处.于是得到下述定义:

定义 3.1($x \to +\infty$ 时的函数极限) 设$f:[\alpha, +\infty) \to \mathbf{R}$是任一函数($\alpha \in \mathbf{R}$).如果存在常数$a \in \mathbf{R}$,它与$f(x)$满足如下关系:

$$\forall \varepsilon > 0, \exists X > 0, 使得 \forall x > X, 恒有 |f(x) - a| < \varepsilon, \quad (3.1)$$

那么称a是当$x \to +\infty$时$f(x)$的**极限**,记作

$$\lim_{x \to +\infty} f(x) = a \quad 或 \quad f(x) \to a \quad (x \to +\infty).$$

此时又称当$x \to +\infty$时$f(x)$**极限存在**或**有极限**.

与数列极限类似,也可以用邻域来定义函数极限.设$M>0$,称开区间$(M, +\infty)$为$+\infty$的**邻域**,$(-\infty, -M)$为$-\infty$的**邻域**,$(-\infty, -M) \cup (M, +\infty)$为$\infty$的**邻域**,分别记作$U(+\infty, M)$,$U(-\infty, M)$与$U(\infty, M)$,简记为$U(+\infty)$,$U(-\infty)$与$U(\infty)$.于是,定义3.1可以用邻域来表述为:如果

$$\forall \varepsilon > 0, \exists X > 0, 使得 \forall x \in U(+\infty), 恒有 f(x) \in U(a, \varepsilon), \quad (3.2)$$

那么称a是当$x \to +\infty$时$f(x)$的极限.

上述定义的几何意义是:对任意的$\varepsilon>0$,无论如何小,总能在x轴上找到一点$(X, 0)$,使得函数f的图像$\mathrm{Gr} f = \{(x, y) \mid y = f(x), x \in [\alpha, +\infty)\}$在直线$x = X$右边的部分全部位于平面带形$(X, +\infty) \times (a-\varepsilon, a+\varepsilon)$内(图1.16).

当$x \to -\infty$时,函数$f:(-\infty, \beta] \to \mathbf{R}$($\beta \in \mathbf{R}$)的极限(记作$\lim\limits_{x \to -\infty} f(x)$)与当$x \to \infty$时$f:(-\infty, -\beta] \cup [\alpha, +\infty) \to \mathbf{R}$($\alpha \in \mathbf{R}$)的极限(记作$\lim\limits_{x \to \infty} f(x)$)可类似地定义,由读者自己写出.不难证明:

$$\lim_{x \to \infty} f(x) = a \Leftrightarrow \lim_{x \to +\infty} f(x) = \lim_{x \to -\infty} f(x) = a. \quad (3.3)$$

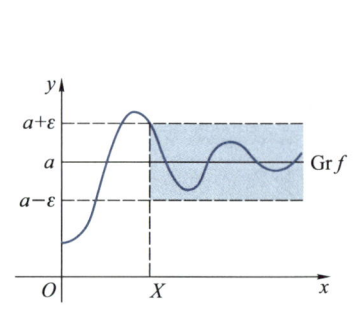

图 1.16

注:由于$x \to +\infty$时函数$f(x)$的极限与$n \to \infty$时数列$a_n = f(n)$的极限所描述的无限变化状态类似,因此刻画两种极限的精确定义也是类似的.只是因为前者的自变量x在$[\alpha, +\infty)$内是"连续"变化的,所以用实数$X>0$代替数列极限中的正整数N,用$x>X$来刻画"$x \to +\infty$".

想一想:

仿照数列极限定义2.1的四点说明,对定义3.1的函数极限$\lim\limits_{x \to +\infty} f(x) = a$做类似的说明.

例 3.1 用定义3.1证明$\lim\limits_{x \to +\infty} \sin \dfrac{1}{x} = 0$.

证 不妨设$x>0$.按定义,只要对任给的$\varepsilon>0$,求得$M>0$,使得$\forall x>M$,恒有$\left| \sin \dfrac{1}{x} - 0 \right| < \varepsilon$就行了.由于

$$\left|\sin\frac{1}{x} - 0\right| = \left|\sin\frac{1}{x}\right| \leqslant \frac{1}{x},$$

因此,只要取 $X = \frac{1}{\varepsilon}$. 易见,当 $x > M$ 时,就有

$$\left|\sin\frac{1}{x} - 0\right| < \varepsilon,$$

故 $\lim\limits_{x\to +\infty}\sin\frac{1}{x}=0.$ ∎

2. 自变量 x 趋于有限值时函数的极限

很多实际问题需要研究当自变量 x 趋于有限值 x_0 时函数的极限. 例如,在绪论中已讲过的求变速直线运动的瞬时速度

$$v(t_0) = \lim_{t\to t_0}\frac{s(t) - s(t_0)}{t - t_0}$$

就属于这类极限.

x 趋近于 x_0 也包括三种情形: $x > x_0$ 且 x 趋近于 x_0,它表示在数轴上 x 从 x_0 的右侧趋近于 x_0,记作 $x\to x_0^+$; $x < x_0$ 且 x 趋近于 x_0,它表示在数轴上 x 从 x_0 的左侧趋于 x_0,记作 $x\to x_0^-$; x 既可大于 x_0 也可小于 x_0 且 x 趋近于 x_0,它表示在数轴上 x 从 x_0 的左右两侧趋于 x_0,记作 $x\to x_0$.

下面主要讨论 $x\to x_0$ 时的函数极限. 对于这类极限,我们关心的是当在 $x\to x_0$ 的变化过程中函数值 $f(x)$ 的变化趋势. 为此,一方面需要知道在 x_0 附近函数值 $f(x)$ 的变化状况,这就要求 f 在 x_0 的邻域内有定义;另一方面只要知道 $x\to x_0$ 时函数值 $f(x)$ 无限趋近于什么数,与该函数在 x_0 处有无定义以及若有定义与它在 x_0 处值的大小无关,因此,只需假定 f 在 x_0 的去心邻域内有定义,如同上面求瞬时速度 $v(t_0)$ 中的函数 $\frac{s(t)-s(t_0)}{t-t_0}$ 那样.

与前面类似,若当 $x\to x_0$ 时 $f(x)$ 无限接近某常数 a,则称 a 是 $f(x)$ 当 $x\to x_0$ 时的极限. 为了给出极限的精确定义,可以像定义 3.1 那样,用 "$\forall \varepsilon > 0$, $|f(x)-a|<\varepsilon$" 来刻画 "$f(x)\to a$",但此处还要刻画 x 接近于 x_0 的程度,为此可用它们在数轴上的距离

注:定义 3.2 中之所以采用不等式 "$0 < |x-x_0| < \delta$" 而不用 "$|x-x_0| < \delta$",一方面是因为满足 $|x-x_0| < \delta$ 的 x 当然包括 x_0,若 $f(x)$ 在 x_0 处无定义,则 $|f(x_0)-a|<\varepsilon$ 是毫无意义的;另一方面,即使 $f(x)$ 在 x_0 有定义,例如讨论

$$f(x)=\begin{cases}\dfrac{x^2-1}{x-1}, & x\neq 1,\\ 0, & x=1\end{cases}$$

当 $x\to 1$ 时的极限,直观上易见 $f(x)\to 2$. 定义中若采用 $|x-1|<\delta$,则满足该不等式的 x 包括 $x=1$. 由于 $|f(1)-2|=2$,不可能任意小. 从而定义 3.2 就将这类函数排除在外,失去了一般性.

$|x-x_0|$ 的大小,选取 $\delta>0$,通过 $|x-x_0|<\delta$ 来描述.由于满足此不等式的 x 当然包括 x_0,但前面已经指出,讨论 $x\to x_0$ 时函数 f 的极限实际上是考察 x 无限接近于 x_0 时 $f(x)$ 变化的最终趋势,与 f 在 x_0 处是否有定义,以及 $f(x)$ 在 x_0 处的值是什么无关,因此,为保证定义的一般性,还应去掉 x_0,将"$|x-x_0|<\delta$"改为"$0<|x-x_0|<\delta$",从而有

定义 3.2($x\to x_0$ **时的函数极限**) 设 $f:\overset{\circ}{U}(x_0)\to\mathbf{R}$ 是任一函数,若存在常数 $a\in\mathbf{R}$,它与 $f(x)$ 满足如下关系:

$$\forall \varepsilon>0, \exists \delta>0, \text{使得当} 0<|x-x_0|<\delta^{①} \text{时,恒有} |f(x)-a|<\varepsilon, \tag{3.4}$$

则称 a 是当 $x\to x_0$ 时 $f(x)$ 的**极限**,记作

$$\lim_{x\to x_0}f(x)=a \quad \text{或} \quad f(x)\to a \ (x\to x_0).$$

此时,称当 $x\to x_0$ 时 $f(x)$ 的**极限存在**或**有极限**.

想一想:
(1) 将定义 3.2 用邻域表述出来;
(2) 试用 ε-δ 语言表述 $\lim_{x\to x_0}f(x)\ne a$.

定义 3.2 的几何意义是:对于任给的 $\varepsilon>0$,总存在一个 $\delta>0$,使得函数 f 的图像 $\operatorname{Gr}f=\{(x,y)\mid y=f(x), x\in\overset{\circ}{U}(x_0)\}$ 在宽为 2δ 的竖直带形内的部分全部落在长方形

$$(x_0-\delta,x_0+\delta)\times(a-\varepsilon,a+\varepsilon)$$

内(图 1.17).

与数列极限类似,利用定义来验证当 $x\to x_0$ 时 $f(x)$ 的极限是 a,关键在于设法由任意给定的 $\varepsilon>0$,求出一个仅与 ε 有关而与 x 无关(不唯一)的 $\delta>0$,使得当 $0<|x-x_0|<\delta$ 时,不等式 $|f(x)-a|<\varepsilon$ 恒成立.在证明中也常常需要利用不等式的放大技巧.

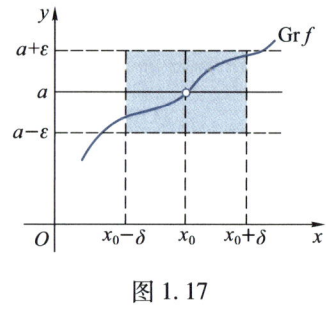

图 1.17

例 3.2 用定义验证 $\lim_{x\to 2}\dfrac{x^2-4}{x-2}=4$.

证 任给 $\varepsilon>0$,为使

$$\left|\frac{x^2-4}{x-2}-4\right|=|x-2|<\varepsilon,$$

只要取 $\delta=\varepsilon$ 就行了.因此,当 $0<|x-2|<\delta$ 时,就有 $\left|\dfrac{x^2-4}{x-2}-4\right|<\varepsilon$.由定义知 $\lim_{x\to 2}\dfrac{x^2-4}{x-2}=4$. ∎

例 3.3 用定义验证: $\lim_{x\to 2}\dfrac{x-2}{x^2-4}=\dfrac{1}{4}$.

---

① δ 应充分小,使满足不等式 $0<|x-x_0|<\delta$ 的 x 在 f 的定义域内,即 $x\in\overset{\circ}{U}(x_0)$.否则,(3.4)式中的 $f(x)$ 就没有意义.以后对此不再一一说明.

证 任给 $\varepsilon>0$，由不等式
$$\left|\frac{x-2}{x^2-4}-\frac{1}{4}\right|=\frac{|x-2|}{4|x+2|}<\varepsilon$$
很难求出相应的 δ. 但是，由于题中讨论的是当 $x\to 2$ 时的函数极限，因此可以限制 x 在 $x_0=2$ 的一个小邻域内. 例如，限定 $|x-2|<1$，解之可得 $1<x<3$，故 $|x+2|>3$. 这样就有
$$\left|\frac{x-2}{x^2-4}-\frac{1}{4}\right|<\frac{|x-2|}{12}.$$
因此，只要 $\frac{1}{12}|x-2|<\varepsilon$，即 $|x-2|<12\varepsilon$，并且 $|x-2|<1$ 就行了. 于是我们取 $\delta=\min\{1,12\varepsilon\}$，则当 $0<|x-2|<\delta$ 时，就有
$$\left|\frac{x-2}{x^2-4}-\frac{1}{4}\right|<\varepsilon,$$
所以结论成立. ∎

注：在例 3.3 中为了方便求得满足 (3.4) 式的 δ，将 x 限制在 $x_0=2$ 的一个充分小邻域内，这是用定义验证函数极限的常用方法. 之所以能这样做，是因为我们研究的是 $x\to 2$ 时的极限，不需要考虑远离 $x_0=2$ 处函数值的变化情况.

类似地，可以定义当 $x\to x_0^-$ 或 $x\to x_0^+$ 时函数的极限，这就是所谓的**左极限**与**右极限**，统称**单侧极限**.

设有函数 $f:(x_0-\alpha, x_0)\to \mathbf{R}$（$\alpha>0$ 是常数），若存在常数 $a\in\mathbf{R}$，它与 $f(x)$ 满足如下关系：
$$\forall \varepsilon>0, \exists \delta\in(0,\alpha), 使得 \forall x\in(x_0-\delta, x_0), 恒有 |f(x)-a|<\varepsilon,$$
则称 a 为当 $x\to x_0$ 时 $f(x)$ 的**左极限**，记作
$$f(x_0-0)=\lim_{x\to x_0^-}f(x)=a \quad 或 \quad f(x)\to a\ (x\to x_0^-).$$

仿此，读者不难定义当 $x\to x_0$ 时函数 $f:(x_0, x_0+\beta)\to \mathbf{R}$（$\beta>0$ 为常数）的**右极限**，记作
$$f(x_0+0)=\lim_{x\to x_0^+}f(x)=a \quad 或 \quad f(x)\to a\ (x\to x_0^+).$$

与 $x\to\infty$ 时的情形类似，也有如下结论：
$$\boxed{\lim_{x\to x_0}f(x)=a \Leftrightarrow \lim_{x\to x_0^-}f(x)=\lim_{x\to x_0^+}f(x)=a.} \qquad (3.5)$$

☞二维码 1.3.1
函数极限定义的推广.

想一想：
读者用 ε-δ 语言写出右极限的精确定义并证明 (3.5) 式.

☞二维码 1.3.2
单侧极限在研究函数极限时有什么作用.

这就是说，当 $x\to x_0$ 时 $f(x)$ 的极限是 a 的充要条件为 $f(x)$ 的左、右极限都存在，而且都是 a. 因此，如果 $f(x)$ 的左、右极限中有一个不存在，或者虽然都存在但不相等，那么当 $x\to x_0$ 时 $f(x)$ 的极限不存在. 例如，当 $x\to 0$ 时符号函数

$$\operatorname{sgn} x = \begin{cases} 1, & x > 0, \\ 0, & x = 0, \\ -1, & x < 0 \end{cases}$$

的极限不存在,这是因为 $\lim\limits_{x \to 0^-} \operatorname{sgn} x = -1, \lim\limits_{x \to 0^+} \operatorname{sgn} x = 1$.

下述情况也是函数极限不存在的一种,即

$$\forall M > 0, \exists \delta > 0, \text{使得当} 0 < |x - x_0| < \delta \text{时,恒有} |f(x)| > M. \tag{3.6}$$

但习惯上常称之为当 $x \to x_0$ 时 $f(x)$ 的**极限为无穷大**,记作 $\lim\limits_{x \to x_0} f(x) = \infty$.

3. 函数极限的归并原理

在本章第二节,我们介绍了数列极限的归并原理,它沟通了数列与其子列的极限之间的关系.下面说明,函数极限与数列极限之间也存在着密切的联系.这种联系是由著名的 Heine 定理建立的,常称之为**函数极限的归并原理**.

定理 3.1(Heine 定理) 设 $f: \mathring{U}(x_0) \to \mathbf{R}$ 为一函数,a 为一常数,则 $\lim\limits_{x \to x_0} f(x) = a$ 的充要条件为对于 $\mathring{U}(x_0)$ 中的任何数列 $\{x_n\}$,当 $x_n \to x_0(n \to \infty)$ 时,相应的函数值数列 $\{f(x_n)\}$ 都收敛于 a(a 为有限或 ∞).

证 必要性 设 $\lim\limits_{x \to x_0} f(x) = a$,由定义 3.2,

$$\forall \varepsilon > 0, \exists \delta > 0, \text{使得当} 0 < |x - x_0| < \delta \text{时,恒有} |f(x) - a| < \varepsilon. \tag{3.7}$$

又由于 $x_n \in \mathring{U}(x_0)$,且 $\lim\limits_{n \to \infty} x_n = x_0$,故对上面的 δ,

$$\exists N \in \mathbf{N}_+, \text{使得} \forall n > N, \text{恒有} 0 < |x_n - x_0| < \delta. \tag{3.8}$$

联合(3.7)式与(3.8)式可得

$$\forall \varepsilon > 0, \exists N \in \mathbf{N}_+, \text{使得} \forall n > N, \text{恒有} |f(x_n) - a| < \varepsilon,$$

故 $\lim\limits_{n \to \infty} f(x_n) = a$.

充分性 用反证法.假若 $\lim\limits_{x \to x_0} f(x) = a$ 不成立,就是说,当 $x \to x_0$ 时,$f(x)$ 不以 a 为极限.根据定义 3.2,

$$\exists \varepsilon_0 > 0, \forall \delta > 0, \exists x \in \mathring{U}(x_0, \delta),$$

使得 $|f(x) - a| \geq \varepsilon_0$.

取 $\delta_n = \dfrac{1}{n}$ $(n \in \mathbf{N}_+)$,则

$$\forall n \in \mathbf{N}_+, \text{都} \exists x_n \in \mathring{U}(x_0, \delta_n),$$

使得 $|f(x_n) - a| \geq \varepsilon_0$.

注:在"必要性"的证明中,将(3.7)式中的"δ"作为(3.8)式中不等式 $0 < |x_n - x_0| < \varepsilon$ 中的"ε".这样做的目的是建立已知条件 $\lim\limits_{x \to x_0} f(x) = a$ 与 $\lim\limits_{n \to \infty} x_n = x_0$ 之间的联系("搭桥"),从而用这两个已知条件证明结论 $\lim\limits_{n \to \infty} f(x_n) = a$.是一种常用的思想方法.

由于当 $n \to \infty$ 时 $\delta_n \to 0$,因此就得到 $\mathring{U}(x_0)$ 中的一个数列 $\{x_n\}$,$\lim\limits_{n \to \infty} x_n = x_0$,但是 $\lim\limits_{n \to \infty} f(x_n) = a$ 却不成立.这与已知条件相矛盾,故必有 $\lim\limits_{x \to x_0} f(x) = a$. ∎

由定理的证明过程可见,该定理对于 $x\to x_0^+,x\to x_0^-$ 及 $x\to +\infty$,$x\to -\infty$,$x\to\infty$ 等情形都成立.同数列极限的归并原理一样,也可以用定理 3.1 的必要性来证明某些函数的极限不存在.

☞二维码 1.3.3 函数极限归并原理的重要作用.

例 3.4 证明:当 $x\to 0$ 时函数 $f(x)=\sin\dfrac{1}{x}$ ($x\neq 0$) 的极限不存在.

证 根据归并原理,为了证明当 $x\to 0$ 时该函数的极限不存在,只要能在 $\mathring{U}(0)$ 内找到两个都收敛于 0 的不同的数列 $\{x_n\}$,使对应的函数值数列 $\{f(x_n)\}$ 收敛于不同的常数就可以了.为此,取 $x_n^{(1)}=\dfrac{1}{n\pi}$ ($n\in \mathbf{N}_+$),则 $x_n^{(1)}\to 0$,且 $x_n^{(1)}\neq 0$,从而

$$\lim_{n\to\infty}\sin\dfrac{1}{x_n^{(1)}}=\lim_{n\to\infty}\sin n\pi=0.$$

再取 $x_n^{(2)}=\dfrac{1}{2n\pi+\dfrac{\pi}{2}}$ ($n\in\mathbf{N}_+$),则 $x_n^{(2)}\to 0$,且 $x_n^{(2)}\neq 0$,从而

$$\lim_{n\to\infty}\sin\dfrac{1}{x_n^{(2)}}=\lim_{n\to\infty}\sin\left(2n\pi+\dfrac{\pi}{2}\right)=1.$$

故当 $x\to 0$ 时 $f(x)$ 的极限不存在. ∎

利用 Heine 定理不但可以判断某些函数的极限不存在,而且下面将要看到,它还可以把许多函数极限的问题转化为数列极限的相应问题,然后利用数列极限中已有的相关问题的结论,推得函数极限的相应结论.

3.2 函数极限的性质

函数极限与数列极限有相类似的一些性质,这些性质既可以用证明数列极限相应性质的方法来证明,也可以利用 Heine 定理转化为数列极限的相应命题来证明.下面仅给出部分性质的证明,其余由读者完成.

定理 3.2 设 $\lim\limits_{x\to x_0}f(x)=a$,则

(1)(**唯一性**) 当 $x\to x_0$ 时,$f(x)$ 的极限是唯一的;

(2)(**局部有界性**) f 在 x_0 处是**局部有界的**,即 $\exists M>0$ 与 $\delta>0$,使得 $\forall x\in\mathring{U}(x_0,\delta)$,恒有 $|f(x)|\leq M$.

证 (1) 用归并原理.假设极限不唯一,就是说,若既有 $\lim\limits_{x\to x_0}f(x)=a$,又有 $\lim\limits_{x\to x_0}f(x)=b\neq a$.任取 $\{x_n\}\in\mathring{U}(x_0)$,$x_n\to x_0$($n\to\infty$),则由归并原理,函数值数列 $\{f(x_n)\}$ 既收敛于 a,又收敛于 b,这与数列极限的唯一性矛盾.

(2) 根据函数极限定义,对于 $\varepsilon=1$,$\exists\delta>0$,使得 $\forall x\in\mathring{U}(x_0,\delta)$, 恒有 $|f(x)-a|<1$, 从而有 $|f(x)|=|f(x)-a+a|\leqslant|f(x)-a|+|a|\leqslant 1+|a|$, 故 f 在 x_0 处局部有界. ∎

定理 3.3 设 $\lim\limits_{x\to x_0}f(x)=a$, $\lim\limits_{x\to x_0}g(x)=b$.

(1) (**局部保号性**) 若 $a\neq 0$, 则 $\exists\delta>0$, 使得 $\forall x\in\mathring{U}(x_0,\delta)$, $f(x)$ 都与 a 同号. 特别若 $a>0$ ($a<0$), 则 $\exists\delta>0$, 使得 $\forall x\in\mathring{U}(x_0,\delta)$, 恒有 $f(x)\geqslant q>0$ ($f(x)\leqslant q<0$);

(2) (**局部保序性**) 若 $\exists\delta>0$, 使得 $\forall x\in\mathring{U}(x_0,\delta)$, 恒有 $f(x)\leqslant g(x)$, 则 $a\leqslant b$;

(3) (**夹逼性**) 若 $\exists\delta>0$, 使得 $\forall x\in\mathring{U}(x_0,\delta)$, 恒有 $f(x)\leqslant\varphi(x)\leqslant g(x)$, 且 $a=b$, 则 $\lim\limits_{x\to x_0}\varphi(x)=a$.

二维码 1.3.4 应用极限的保号性与保序性时应当注意的问题.

证 仅用 Heine 定理证明夹逼性, 其余的性质由读者补证. 任取数列 $\{x_n\}\in\mathring{U}(x_0)$, 使 $x_n\to x_0$ ($n\to\infty$), 则由数列极限定义, 对已知条件中的 $\delta>0$, $\exists N\in\mathbf{N}_+$, 使得 $\forall n>N$, 恒有 $x_n\in\mathring{U}(x_0,\delta)$. 又由已知条件,
$$f(x_n)\leqslant\varphi(x_n)\leqslant g(x_n),$$

注:由于函数极限的有界性、保号性、保序性仅在 x_0 的某邻域 $\mathring{U}(x_0,\delta)$ 内成立,因此,这些性质的前面都加上了"局部"二字.实际上,数列极限对应的上述性质除有界性外,其余性质也是"局部的",因为仅当 $n\geqslant N$ 时它们才成立.

并且根据 Heine 定理的必要条件, $\lim\limits_{n\to\infty}f(x_n)=\lim\limits_{x\to x_0}f(x)=a$, $\lim\limits_{n\to\infty}g(x_n)=\lim\limits_{x\to x_0}g(x)=a$. 故由数列极限的夹逼性得知 $\lim\limits_{n\to\infty}\varphi(x_n)=a$. 因为 $\{x_n\}$ 是 $\mathring{U}(x_0)$ 内收敛于 x_0 的任一数列, 故由 Heine 定理的充分条件得 $\lim\limits_{x\to x_0}\varphi(x)=\lim\limits_{n\to\infty}\varphi(x_n)=a$. ∎

定理 3.4 (**有理运算法则**) 设 $\lim\limits_{x\to x_0}f(x)=a$, $\lim\limits_{x\to x_0}g(x)=b$, 则

(1) $\lim\limits_{x\to x_0}[f(x)\pm g(x)]=\lim\limits_{x\to x_0}f(x)\pm\lim\limits_{x\to x_0}g(x)=a\pm b$;

(2) $\lim\limits_{x\to x_0}f(x)g(x)=\lim\limits_{x\to x_0}f(x)\lim\limits_{x\to x_0}g(x)=ab$;

(3) $\lim\limits_{x\to x_0}\dfrac{f(x)}{g(x)}=\dfrac{\lim\limits_{x\to x_0}f(x)}{\lim\limits_{x\to x_0}g(x)}=\dfrac{a}{b}$, 其中 $b\neq 0$.

想一想:
(1) 试用函数极限的归并原理证明函数极限的有理运算法则.
(2) 对照数列极限的有理运算法则,说明使用函数极限有理运算法则时应当注意哪些问题.

由定理 3.4 易得函数极限的**线性运算法则**:
$$\lim_{x\to x_0}[\alpha f(x)+\beta g(x)]=\alpha\lim_{x\to x_0}f(x)+\beta\lim_{x\to x_0}g(x)=\alpha a+\beta b,$$
其中 $\alpha,\beta\in\mathbf{R}$ 为常数.

以上几个定理, 对于 $x\to\infty$, $x\to\pm\infty$, $x\to x_0^{\pm}$ 等情形也成立.

有了函数极限的有理运算法则, 我们就可以来求一些函数的极限了.

例 3.5 求 $\lim\limits_{x\to 1}\dfrac{x^2-1}{x^3-1}$.

解 由于

$$\frac{x^2-1}{x^3-1} = \frac{(x+1)(x-1)}{(x-1)(x^2+x+1)} = \frac{x+1}{x^2+x+1},$$

所以

$$\lim_{x\to 1}\frac{x^2-1}{x^3-1} = \lim_{x\to 1}\frac{x+1}{x^2+x+1} = \frac{2}{3}.$$

注意：当 $x\to 1$ 时，由于分子与分母的极限都是 0，因此不能直接利用有理运算法则(3)．这类极限常称为 $\dfrac{0}{0}$ **型不定式**．之所以叫不定式，是因为对于这类极限，它是否存在，如果存在，极限值是什么，应具体分析，不能一概而论．对 $\dfrac{0}{0}$ 型不定式，通常应先设法消去分子与分母中极限为 0 的因子（称为**零因子**），然后再用有理运算法则求其极限值．

例 3.6 求 $\lim\limits_{x\to +\infty}\dfrac{x^2+2x+5}{x^2+x+4}$.

解 由于

$$\frac{x^2+2x+5}{x^2+x+4} = \frac{1+\dfrac{2}{x}+\dfrac{5}{x^2}}{1+\dfrac{1}{x}+\dfrac{4}{x^2}}.$$

所以

$$\lim_{x\to +\infty}\frac{x^2+2x+5}{x^2+x+4} = \frac{\lim\limits_{x\to +\infty}\left(1+\dfrac{2}{x}+\dfrac{5}{x^2}\right)}{\lim\limits_{x\to +\infty}\left(1+\dfrac{1}{x}+\dfrac{4}{x^2}\right)} = 1.$$

注意：当 $x\to +\infty$ 时，由于分子与分母的极限都为 $+\infty$，因此也不能直接利用有理运算法则，这类极限常称为 $\dfrac{\infty}{\infty}$ **型不定式**．对这类不定式，通常先对分子与分母同除以它们所含的最高次幂，然后再用有理运算法则来计算．

例 3.7 求 $\lim\limits_{x\to 2}\left(\dfrac{1}{x-2}-\dfrac{12}{x^3-8}\right)$.

解 将待求极限的函数先通分再消去零因子，得

$$\frac{1}{x-2} - \frac{12}{x^3-8} = \frac{x^2+2x-8}{x^3-8} = \frac{x+4}{x^2+2x+4},$$

故

$$\lim_{x\to 2}\left(\frac{1}{x-2}-\frac{12}{x^3-8}\right) = \frac{1}{2}.$$

注意：由于当 $x\to 2$ 时，括号中的两项都以 ∞ 为极限，因此不能直接利用减法法则，这类极限称为 $\infty - \infty$ **型不定式**．对这类极限利用通分可以化为 $\dfrac{0}{0}$ 型不定式，然后再采用例 3.5 的方法求出极限．

例 3.8 证明 $\lim\limits_{x\to 0}\cos x = 1$.

证 为了证明此题,只要先证 $\lim_{x\to 0}(1-\cos x)=0$. 由于

$$0 \leqslant 1 - \cos x = 2\sin^2\frac{x}{2} < 2\left(\frac{x}{2}\right)^2 = \frac{x^2}{2},$$

利用夹逼性得 $\lim_{x\to 0}(1-\cos x)=0$,所以

$$\lim_{x\to 0}\cos x = \lim_{x\to 0}[1-(1-\cos x)] = 1 - \lim_{x\to 0}(1-\cos x) = 1.\quad\blacksquare$$

由于在理论研究和实际应用中经常碰到的是由多个比较简单的函数构成的复合函数,因此需要讨论求复合函数极限的方法. 例如,为了求函数 $y=\cos(x^3+x-2)$ 当 $x\to 1$ 时的极限,该函数可以看成是由 $y=f(u)=\cos u$ 与 $u=g(x)=x^3+x-2$ 构成的复合函数,因为 $\lim_{x\to 1}g(x)=\lim_{x\to 1}(x^3+x-2)=0$,又由例 3.8 可知 $\lim_{u\to 0}f(u)=\lim_{u\to 0}\cos u=1$,试问复合函数 $y=f(u)=f[g(x)]$ 当 $x\to 1$ 时的极限与构成它的上述两个简单函数的极限:$\lim_{x\to 1}g(x)=0$,$\lim_{u\to 0}f(u)=1$ 之间有什么关系呢?下面的结论回答了这个问题.

定理 3.5(复合函数极限的运算法则) 设 $y=(f\circ g)(x)=f[g(x)]$ 是由 $y=f(u)$ 与 $u=g(x)$ 复合而成的,复合函数 $f\circ g$ 定义在 x_0 的某去心邻域 $\mathring{U}(x_0)$ 中. 若 $\lim_{x\to x_0}g(x)=u_0$,$\lim_{u\to u_0}f(u)=a$,并且 $\exists\delta_0>0$,使得 $\forall x\in\mathring{U}(x_0,\delta_0)$,恒有 $g(x)\neq u_0$,则

$$\lim_{x\to x_0}f[g(x)] = a = \lim_{u\to u_0}f(u). \tag{3.9}$$

证 由于 $\lim_{u\to u_0}f(u)=a$,故 $\forall\varepsilon>0$,

$$\exists\eta>0,使得\ \forall u\in\mathring{U}(u_0,\eta),恒有\ |f(u)-a|<\varepsilon, \tag{3.10}$$

又由于 $\lim_{x\to x_0}g(x)=u_0$,故对上式中的 $\eta>0$,

$$\exists\delta_1>0,使得\ \forall x\in\mathring{U}(x_0,\delta_1),$$

恒有 $|g(x)-u_0|<\eta$.

再注意到已知条件:$\exists\delta_0>0$,使得 $\forall x\in\mathring{U}(x_0,\delta_0)$,恒有 $u=g(x)\neq u_0$,若取 $\delta=\min\{\delta_0,\delta_1\}$,则 $\forall x\in\mathring{U}(x_0,\delta)$,恒有 $0<|u-u_0|<\eta$,即 $u\in\mathring{U}(u_0,\eta)$,从而由 (3.10) 式得

$$|f[g(x)]-a|<\varepsilon,$$

所以 (3.9) 式成立. $\blacksquare$

> **想一想:**
> 根据定义,由于 $\lim_{x\to x_0}g(x)=u_0$,故 $\forall\varepsilon>0$,$\exists\delta>0$(此处用 $\delta_1>0$),使得 $\forall x\in\mathring{U}(x_0,\delta)$. 恒有 $|g(x)-u_0|<\varepsilon$. 但在此处的证明中为什么选取 ε 为 (3.10) 式中的 η?

此定理回答了上面提出的问题. 就是说,求上述例子中的复合函数的极限时可根据定理 3.5 通过变量代换法进行,即对 $y=f[g(x)]=\cos(x^3+x-2)$ 作变量代换 $u=g(x)=x^3+x-2$,从而由于

$$x\to x_0=1\ \text{时}\ u=g(x)=x^3+x-2\to u_0=0,从而\ y=f(u)=\cos u\to 1=a,$$

所以
$$\lim_{x\to 1} f[g(x)] = \lim_{u\to 0} f(u) = \lim_{u\to 0}\cos u = 1.$$

但在使用该法则时,应注意必须满足条件:"$\exists \delta_0>0$,使得 $\forall x \in \mathring{U}(x_0,\delta_0)$,恒有 $u=g(x)\neq u_0$."在此例中,易见存在 $x_0=1$ 的一个去心 δ_0 邻域,使 $g(x)=x^3+x-2\neq 0$. 在通常的情况下,大多能满足这个条件,所以可以不要求去一一验证.

例 3.9 证明:$\lim_{x\to 0} e^x = 1$,$\lim_{x\to x_0} a^x = a^{x_0}$ ($a>0$).

证 用定义先证 $\lim_{x\to 0^+} e^x = 1$. 对于任给的 $\varepsilon>0$,为使 $|e^x-1| = e^x-1 < \varepsilon$,只要 $x<\ln(1+\varepsilon)$. 取 $\delta=\ln(1+\varepsilon)$,则当 $0<x<\delta$ 时,就有 $|e^x-1|<\varepsilon$,因此 $\lim_{x\to 0^+} e^x = 1$.

☞二维码 1.3.5
怎样正确运用复合函数极限的运算法则.

再证 $\lim_{x\to 0^-} e^x = 1$. 由于 $x\to 0^-$ 等价于 $-x\to 0^+$,所以 $\lim_{x\to 0^-} e^x = \lim_{-x\to 0^+} \dfrac{1}{e^{-x}} = 1$,故 $\lim_{x\to 0} e^x = 1$.

用类似的方法可以证明 $\lim_{x\to 0} a^x = 1$ ($a>0$). 又因为

想一想:
试利用复合函数极限的运算法则证明 $\lim_{x\to x_0}\sin x = \sin x_0$,其中 $x_0\in \mathbf{R}$.

$$\lim_{x\to x_0} a^x = \lim_{x\to x_0} a^{x_0} a^{x-x_0} = a^{x_0} \lim_{x\to x_0} a^{x-x_0},$$

令 $u=x-x_0$,则当 $x\to x_0$ 时 $u\to 0$,故由复合函数极限的运算法则得

$$\lim_{x\to x_0} a^x = a^{x_0} \lim_{u\to 0} a^u = a^{x_0}. \blacksquare \tag{3.11}$$

3.3 两个重要极限

下面介绍微积分中两个常用的重要极限公式,它们不但可以用来求一些更复杂函数的极限,而且是第二章中建立一些重要导数公式的基础,读者应当牢记并能熟练地运用它们.

1. $$\boxed{\lim_{x\to 0}\dfrac{\sin x}{x} = 1.} \tag{3.12}$$

证 先设 $0<x<\dfrac{\pi}{2}$. 作一单位圆如图 1.18,易见:

$\triangle AOB$ 面积 < 扇形 AOB 面积 < $\triangle AOC$ 面积,

从而有

$$\dfrac{1}{2}\sin x < \dfrac{x}{2} < \dfrac{1}{2}\tan x.$$

因为 $\sin x>0$,上式两边同除以 $\dfrac{1}{2}\sin x$,得

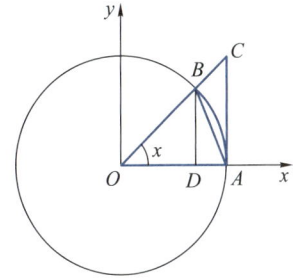

图 1.18

$$1 < \frac{x}{\sin x} < \frac{1}{\cos x} \quad 或 \quad \cos x < \frac{\sin x}{x} < 1.$$

由于此不等式中各项都是偶函数,故对满足 $0<|x|<\frac{\pi}{2}$ 的所有 x 都成立.利用夹逼性与例 3.8,立即得 $\lim\limits_{x\to 0}\frac{\sin x}{x}=1.$ ∎

利用极限公式(3.12)易得:圆周上任一弦与其对应弧的长度之比当弧长趋于 0 时的极限值等于 1.事实上,在图 1.18 中,弧 $\overset{\frown}{AB}=x$,弦 $\overline{AB}=2\sin\frac{x}{2}$,所以

$$\lim_{\overset{\frown}{AB}\to 0}\frac{\overline{AB}}{\overset{\frown}{AB}}=\lim_{x\to 0}\frac{2\sin\frac{x}{2}}{x}=\lim_{x\to 0}\frac{\sin\frac{x}{2}}{\frac{x}{2}}.$$

令 $u=\frac{x}{2}$,则当 $x\to 0$ 时,$u\to 0$.根据定理 3.5 与公式(3.12),

$$\lim_{\overset{\frown}{AB}\to 0}\frac{\overline{AB}}{\overset{\frown}{AB}}=\lim_{u\to 0}\frac{\sin u}{u}=1.$$

注意:在推导公式(3.12)的过程中,使用了计算圆弧长的公式 $s=xR$,而圆心角 x 必须用弧度来度量,因此,公式(3.12)中仅当 x 用弧度度量时才成立.由于后面的许多公式都是利用公式(3.12)导出的,所以,微积分中三角函数的角度都必须采用弧度制,而不能用角度制.

例 3.10 求 $\lim\limits_{x\to 0}\frac{\tan x}{x}$.

解 $\lim\limits_{x\to 0}\frac{\tan x}{x}=\lim\limits_{x\to 0}\frac{\sin x}{x}\cdot\frac{1}{\cos x}=\lim\limits_{x\to 0}\frac{\sin x}{x}\cdot\frac{1}{\lim\limits_{x\to 0}\cos x}=1.$ ∎

例 3.11 求 $\lim\limits_{x\to 0}\frac{1-\cos x}{x^2}$.

解 由于

$$\lim_{x\to 0}\frac{1-\cos x}{x^2}=\lim_{x\to 0}\frac{2\sin^2\frac{x}{2}}{x^2}=\lim_{x\to 0}\frac{1}{2}\left(\frac{\sin\frac{x}{2}}{\frac{x}{2}}\right)^2,$$

令 $t=\frac{x}{2}$,则当 $x\to 0$ 时,$t\to 0$,从而得

$$\lim_{x\to 0}\frac{1-\cos x}{x^2}=\frac{1}{2}\lim_{t\to 0}\left(\frac{\sin t}{t}\right)^2=\frac{1}{2}.$$ ∎

例 3.12 求 $\lim\limits_{x\to\infty}x\arcsin\frac{n}{x}\ (n\in\mathbf{N}_+).$

解 这个极限属于 $0 \cdot \infty$ 型不定式. 令 $\arcsin \dfrac{n}{x} = t$, 则 $\sin t = \dfrac{n}{x}$. 由于 $x \to \infty$ 时 $t \to 0$, 故可限制 $|t| < \dfrac{\pi}{2}$. 从而当 $x \to \infty$ 时, $\sin t \to 0$, 因此只能有 $t \to 0$. 于是得

$$\lim_{x \to \infty} x \arcsin \dfrac{n}{x} = \lim_{t \to 0} \dfrac{nt}{\sin t} = \lim_{t \to 0} \dfrac{n}{\dfrac{\sin t}{t}} = \dfrac{n}{\lim\limits_{t \to 0} \dfrac{\sin t}{t}} = n. \quad \blacksquare$$

2. $$\boxed{\lim_{x \to \infty} \left(1 + \dfrac{1}{x}\right)^x = e.} \qquad (3.13)$$

证 此公式是数列极限公式(2.7)的推广,我们利用公式(2.7)和夹逼性来证明它. 先证 $\lim\limits_{x \to +\infty} \left(1 + \dfrac{1}{x}\right)^x = e$. 为了利用极限公式(2.7), 设 $n = [x]$, 则 $n \leqslant x < n+1$, 从而有

$$\left(1 + \dfrac{1}{n+1}\right)^n < \left(1 + \dfrac{1}{x}\right)^x < \left(1 + \dfrac{1}{n}\right)^{n+1}.$$

由于当 $x \to +\infty$ 时, $n \to +\infty$, 并且

$$\lim_{n \to +\infty} \left(1 + \dfrac{1}{n+1}\right)^n = \lim_{n \to +\infty} \dfrac{\left(1 + \dfrac{1}{n+1}\right)^{n+1}}{1 + \dfrac{1}{n+1}} = e,$$

$$\lim_{n \to +\infty} \left(1 + \dfrac{1}{n}\right)^{n+1} = \lim_{n \to +\infty} \left(1 + \dfrac{1}{n}\right)^n \left(1 + \dfrac{1}{n}\right) = e,$$

所以由夹逼性立即可得 $\lim\limits_{x \to +\infty} \left(1 + \dfrac{1}{x}\right)^x = e$.

再证 $\lim\limits_{x \to -\infty} \left(1 + \dfrac{1}{x}\right)^x = e$. 令 $t = -x$, 则当 $x \to -\infty$ 时, $t \to +\infty$. 从而有

$$\lim_{x \to -\infty} \left(1 + \dfrac{1}{x}\right)^x = \lim_{t \to +\infty} \left(1 - \dfrac{1}{t}\right)^{-t} = \lim_{t \to +\infty} \left(\dfrac{t}{t-1}\right)^t$$

$$= \lim_{t \to +\infty} \left[\left(1 + \dfrac{1}{t-1}\right)^{t-1} \left(1 + \dfrac{1}{t-1}\right)\right]$$

$$= e \cdot 1 = e.$$

注意:由于当 $x \to \infty$ 时, $1 + \dfrac{1}{x} \to 1$, 故公式(3.13)的左端属于 1^∞ 型不定式, 它常被用于求其他一些 1^∞ 型不定式的极限.

综合上述两种情况即得所要证明的公式(3.13). $\blacksquare$

例 3.13 求 $\lim\limits_{x \to \infty} \left(1 - \dfrac{2}{x}\right)^x$.

解 易见,该极限属于 1^∞ 型不定式.只要作变换 $-\dfrac{2}{x}=\dfrac{1}{t}$(即 $x=-2t$),则当 $x\to\infty$ 时,就有 $t\to\infty$.于是所求极限就可利用公式(3.13)得到

$$\lim_{x\to\infty}\left(1-\frac{2}{x}\right)^x=\lim_{t\to\infty}\left(1+\frac{1}{t}\right)^{-2t}=\lim_{t\to\infty}\frac{1}{\left[\left(1+\dfrac{1}{t}\right)^t\right]^2}=\mathrm{e}^{-2}.\blacksquare$$

例 3.14 求 $\lim\limits_{x\to 0}(1+x)^{1/x}$.

解 该极限也属于 1^∞ 型不定式.令 $\dfrac{1}{x}=t$,即 $x=\dfrac{1}{t}$,则当 $x\to 0$ 时,$t\to\infty$.故

$$\lim_{x\to 0}(1+x)^{1/x}=\lim_{t\to\infty}\left(1+\frac{1}{t}\right)^t=\mathrm{e}.\blacksquare$$

二维码 1.3.6
两个重要极限公式的作用.

此例中的极限公式可以看成公式(3.13)的另一种形式,可以直接使用.

3.4 函数极限的存在准则

本段将数列极限中单调有界准则和 Cauchy 收敛原理推广到函数极限中来.为此,先介绍函数的有界性.

设有函数 $f:A\subseteq\mathbf{R}\to\mathbf{R}$,若其值域 $R(f)=f(A)$ 有上(下)界,换句话说,若 $\exists M(m)\in\mathbf{R}$,使得 $\forall x\in A$,恒有 $f(x)\leqslant M(\geqslant m)$,则称 f 在 A 上**有上(下)界**,并称 $R(f)$ 的上界 M(下界 m)是 f 在 A 上的一个**上(下)界**.若 $\exists M>0$,使得 $\forall x\in A$,恒有 $|f(x)|\leqslant M$,则称 f 在 A 上**有界**.称 f 的值域 $R(f)=f(A)$ 的上(下)确界是 f 在 A 上的**上(下)确界**,也就是说,若 $\exists s\in\mathbf{R}$,使得 $\forall x\in A$,恒有 $f(x)\leqslant s\ (\geqslant s)$,并且 $\forall\varepsilon>0$,$\exists x_0\in A$,使得 $f(x_0)>s-\varepsilon\ (<s+\varepsilon)$,则称 s 为 f 在 A 上的上(下)确界,记作

$$\sup_{x\in A}f(x)\quad(\inf_{x\in A}f(x)).$$

今后,常用 I 表示任意的有限或无限区间、开或闭区间、半开(半闭)区间.

定理 3.6(单调有界准则)

(1) 设函数 f 在区间 $[\alpha,+\infty)$($\alpha\in\mathbf{R}$)上单调增(减)有上(下)界,则 $\lim\limits_{x\to+\infty}f(x)$ 存在;

(2) 设函数 f 是区间 I 上的单调函数,则 f 在 I 内每一点的单侧极限存在.

证 (1) 不妨设 f 在 $[\alpha,+\infty)$ 上单调增有上界.因 f 有上界,故必有上确界,设 $\sup\limits_{x\in[\alpha,+\infty)}f(x)=a$.下面证明 $\lim\limits_{x\to+\infty}f(x)=a$.根据上确界的定义,$\forall\varepsilon>0$,$\exists x_0\in(\alpha,+\infty)$,使 $f(x_0)>a-\varepsilon$.由于 $x\to+\infty$,故必存在 $x\in[\alpha,+\infty)$,使 $x>x_0$.由已知 f 单调增,从

而有
$$\forall x \in (x_0, +\infty), \ a - \varepsilon < f(x_0) \leqslant f(x) \leqslant a < a + \varepsilon,$$
于是 $\forall x \in (x_0, +\infty)$, $|f(x)-a|<\varepsilon$, 所以 $\lim\limits_{x\to+\infty}f(x)=a$.

(2) 仍假定 f 是单调增的. 设 x_0 是 I 内的任意一点, 为证左极限 $\lim\limits_{x\to x_0^-}f(x)$ 存在, 关键在于证明 f 有上界. 由于 f 单调增, 所以 $\forall x \in \mathring{U}_-(x_0,\eta) = (x_0-\eta, x_0)$ $(\eta \in \mathbf{R})$, 都有 $f(x) \leqslant f(x_0)$, 从而 f 在 $\mathring{U}_-(x_0,\eta)$ 上有上界, 故有上确界. 以下仿照(1)中的证明步骤, 不难得到所要证明的结论. 类似可证 $\lim\limits_{x\to x_0^+}f(x)$ 也存在. ∎

想一想:
你能用类似的方法证明 $\lim\limits_{x\to x_0}f(x)$ 存在吗? 若 x_0 为区间 I 的左端点, 上述结论也成立吗?

在定理 3.6 中, 若 I 是半开(半闭)或闭区间, 则在闭的那个端点处单侧极限也存在.

定理 3.7（Cauchy 收敛原理） 设 $f: \mathring{U}(x_0) \to \mathbf{R}$ 是任一函数, 则 $\lim\limits_{x\to x_0}f(x)$ 存在的充要条件为

$$\boxed{\forall \varepsilon > 0, \exists \delta > 0, 使得 \forall x_1, x_2 \in \mathring{U}(x_0, \delta), 恒有 |f(x_1) - f(x_2)| < \varepsilon,}$$
(3.14)

其中 $\mathring{U}(x_0,\delta) \subseteq \mathring{U}(x_0)$.

证 **必要性** 设 $\lim\limits_{x\to x_0}f(x)=a$, 则 $\forall \varepsilon>0, \exists \delta>0, \forall x_1, x_2 \in \mathring{U}(x_0,\delta)$, 恒有

$$|f(x_1)-a| < \frac{\varepsilon}{2}, \quad |f(x_2)-a| < \frac{\varepsilon}{2}.$$

从而
$$|f(x_1)-f(x_2)| \leqslant |f(x_1)-a| + |f(x_2)-a| < \varepsilon.$$

* **充分性** 假定条件 (3.14) 成立, 我们利用 Heine 定理来证明 $\lim\limits_{x\to x_0}f(x)$ 存在. 为此, 任取 $\{x_n\} \in \mathring{U}(x_0), x_n \to x_0 \ (n\to\infty)$. 根据数列极限的定义, 对于 (3.14) 式中的 $\delta>0, \exists N \in \mathbf{N}_+, \forall m,n>N$, 恒有 $x_m, x_n \in \mathring{U}(x_0,\delta)$. 由于 (3.14) 式成立, 因而有 $|f(x_m)-f(x_n)|<\varepsilon$. 根据数列极限的 Cauchy 收敛原理, $\{f(x_n)\}$ 是一个收敛数列, 设 $\lim\limits_{n\to\infty}f(x_n)=a$. 这就证明了, 任取 $\{x_n\} \subseteq \mathring{U}(x_0)$, 只要 $x_n \to x_0$, 对应的函数值数列 $\{f(x_n)\}$ 都是收敛的. 下面证明, 对于 $\mathring{U}(x_0)$ 中任何与 $\{x_n\}$ 不同的数列 $\{\tilde{x}_n\} \subseteq \mathring{U}(x_0)$, 当 $\tilde{x}_n \to x_0$ 时, 对应的函数值数列 $\{f(\tilde{x}_n)\}$ 极限也是 a, 即 $\lim\limits_{n\to\infty}f(\tilde{x}_n)=a$. 用反证法. 若 $\lim\limits_{n\to\infty}f(\tilde{x}_n)=b\neq a$, 作一新数列

$$x_1, \tilde{x}_1, x_2, \tilde{x}_2, \cdots, x_n, \tilde{x}_n, \cdots.$$

显然,它也包含在 $\mathring{U}(x_0)$ 中,并且收敛于 x_0(习题 1.2(A)第 9 题).但与该数列相对应的函数值数列

$$f(x_1), f(\tilde{x}_1), f(x_2), f(\tilde{x}_2), \cdots, f(x_n), f(\tilde{x}_n), \cdots$$

却不收敛(因为它的奇数项和偶数项构成的两个子列分别收敛于 a 与 b),这与上面已证明的对于 $\mathring{U}(x_0)$ 中的任何 $\{x_n\}$,只要 $x_n \to x_0$,对应的 $\{f(x_n)\}$ 都收敛的结论相矛盾.因此,必有 $\lim\limits_{n\to\infty} f(\tilde{x}_n) = a$,根据 Heine 定理得知 $\lim\limits_{x\to x_0} f(x) = a$. ∎

在几何上,Cauchy 收敛原理表明:若 $\lim\limits_{x\to x_0} f(x)$ 存在,则随着 $x \to x_0$,函数 f 的图像振动的振幅趋近于零,否则 $\lim\limits_{x\to x_0} f(x)$ 不存在.例如,函数 $f(x) = \sin\dfrac{1}{x}$ ($x \in \mathbf{R}\setminus\{0\}$)的图像在 $x = 0$ 附近在 -1 与 1 之间不停地振荡,而且在 $x = 0$ 的任意小的 ε 邻域内,函数值既能取 1,也能取 -1(图 1.19),不满足 Cauchy 收敛原理,因此,当 $x\to 0$ 时它的极限不存在.

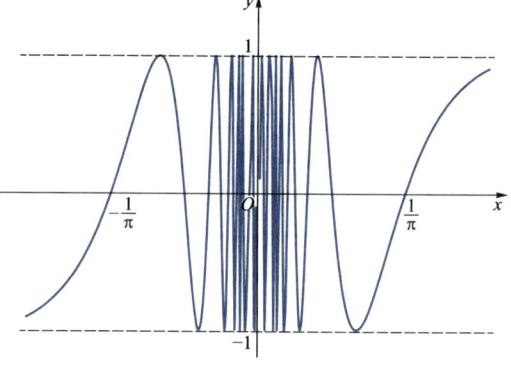

图 1.19

习题 1.3

(A)

1. 写出下列极限的定义:

   (1) $\lim\limits_{x\to-\infty} f(x) = a$;　　(2) $\lim\limits_{x\to\infty} f(x) = 2$;

   (3) $\lim\limits_{x\to x_0^+} f(x) = a$;　　(4) $x \to x_0$ 时,$f(x) \to +\infty$.

2. 在函数极限的 ε-δ 定义中,δ 随 ε 的变化而变化.那么,δ 能不能说成是 ε 的函数?

3. 设 $\lim\limits_{x\to x_0} f(x) = a$,且 $f(x)$ 在 x_0 有定义.问在 $x \to x_0$ 的过程中,x 可否取到 x_0?是否必有 $a = f(x_0)$?

4. 试用 ε-δ 语言来表述当 $x \to x_0$ 时 $f(x)$ 不收敛于 a.

5. 下列命题是否正确?若正确,请给出证明;若不正确,请举出反例.

   (1) $\lim\limits_{x\to x_0} f(x) = a$ 的充要条件是 $\lim\limits_{x\to x_0} |f(x)| = |a|$;

   (2) 若 $\lim\limits_{x\to x_0} f(x) = a$,则 $\lim\limits_{x\to x_0} [f(x)]^2 = a^2$;

   (3) 若 $\lim\limits_{n\to\infty} f\left(\dfrac{1}{n}\right) = a$,则 $\lim\limits_{x\to 0} f(x) = a$;

   (4) 若 $\lim\limits_{x\to x_0} f(x)$ 与 $\lim\limits_{x\to x_0} [f(x)+g(x)]$ 都存在,则 $\lim\limits_{x\to x_0} g(x)$ 必存在;

   (5) 若 $\lim\limits_{x\to x_0} f(x)$ 与 $\lim\limits_{x\to x_0} f(x)g(x)$ 都存在,则 $\lim\limits_{x\to x_0} g(x)$ 必存在;

   (6) 若在 x_0 的某邻域内 $f(x) > 0$,并且 $\lim\limits_{x\to x_0} f(x) = a$,那么必有 $a > 0$.

6. 试问 $\lim\limits_{x\to 3}(5-3x)^{1-x} = (-4)^{-2} = \dfrac{1}{16}$ 对吗？为什么？

7. 证明：

(1) $\lim\limits_{x\to\infty}f(x) = a \Leftrightarrow \lim\limits_{x\to+\infty}f(x) = \lim\limits_{x\to-\infty}f(x) = a$；

(2) $\lim\limits_{x\to x_0}f(x) = a \Leftrightarrow \lim\limits_{x\to x_0^+}f(x) = \lim\limits_{x\to x_0^-}f(x) = a$.

8. 证明函数极限的局部保号性与局部保序性.

9. 下列运算有无错误？若错，错在何处？

(1) $\lim\limits_{x\to 0}\dfrac{\sin x}{x} = \dfrac{\lim\limits_{x\to 0}\sin x}{\lim\limits_{x\to 0}x} = \dfrac{0}{0} = 1$；

(2) $\lim\limits_{x\to\infty}\dfrac{\sin x}{x} = \dfrac{\lim\limits_{x\to\infty}\sin x}{\lim\limits_{x\to\infty}x} = 0$；

(3) $\lim\limits_{x\to 0}x\sin\dfrac{1}{x} = \lim\limits_{x\to 0}x \cdot \lim\limits_{x\to 0}\sin\dfrac{1}{x} = 0.$

10. 用极限定义证明下列各题：

(1) $\lim\limits_{x\to -2}x^2 = 4$；

(2) $\lim\limits_{x\to+\infty}\arctan x = \dfrac{\pi}{2}$；

(3) $\lim\limits_{x\to 0^+}\sqrt{x}\sin\dfrac{1}{x} = 0$；

(4) $\lim\limits_{x\to 1}\dfrac{x^2}{x+1} = \dfrac{1}{2}.$

11. 用 Heine 定理证明下列极限不存在：

(1) $\lim\limits_{x\to 0}\cos\dfrac{1}{x}$；

(2) $\lim\limits_{x\to+\infty}x(1+\sin x).$

12. 求下列极限：

(1) $\lim\limits_{x\to 1}\dfrac{x^2+x-2}{x^2-3x+2}$；

(2) $\lim\limits_{x\to 0}\dfrac{x^2-x-2}{x^3-3x+2}$；

(3) $\lim\limits_{x\to+\infty}\sqrt{x}(\sqrt{a+x}-\sqrt{x})$ ($a\in\mathbf{R}$ 为常数)；

(4) $\lim\limits_{x\to 0}\dfrac{x}{\sqrt{2+x}-\sqrt{2-x}}$；

(5) $\lim\limits_{x\to 0}\dfrac{(1+mx)^n-(1+nx)^m}{x^2}$ ($m,n\in\mathbf{N}_+$)；

(6) $\lim\limits_{x\to 1}\left(\dfrac{2}{1-x^2}-\dfrac{3}{1-x^3}\right)$；

(7) $\lim\limits_{\Delta x\to 0}\dfrac{(x+\Delta x)^n-x^n}{\Delta x}$ ($n\in\mathbf{N}_+$)；

(8) $\lim\limits_{\Delta x\to 0}\dfrac{\sin(x+\Delta x)-\sin x}{\Delta x}$；

(9) $\lim\limits_{\Delta x\to 0}\dfrac{\cos(x+\Delta x)-\cos x}{\Delta x}$；

(10) $\lim\limits_{x\to 0}\dfrac{\sqrt[n]{1+x}-1}{x}$ ($n\in\mathbf{N}_+$).

13. 利用两个重要极限求下列极限：

(1) $\lim\limits_{x\to 0}x\cot 2x$；

(2) $\lim\limits_{x\to 0}\dfrac{\tan x-\sin x}{x^3}$；

(3) $\lim\limits_{x\to n\pi}\dfrac{\sin x}{x-n\pi}$ ($n\in\mathbf{N}_+$)；

(4) $\lim\limits_{x\to 1}(1-x)\tan\dfrac{\pi x}{2}$；

(5) $\lim\limits_{x\to\infty}\left(1-\dfrac{2}{x}\right)^{3x}$；

(6) $\lim\limits_{x\to 0}(1-2x)^{\frac{1}{x}}$；

(7) $\lim\limits_{n\to\infty}2^n\sin\dfrac{\pi}{2^n}$；

(8) $\lim\limits_{n\to\infty}\left(1+\dfrac{2}{3^n}\right)^{3^n}.$

14. 讨论下列函数的极限是否存在：

(1) $f(x) = \dfrac{1}{1+2^{\frac{1}{x}}}$, $x \to 0$；

(2) $f(x) = \begin{cases} \dfrac{\sin x}{x}, & x < 0, \\ (1+x)^{\frac{1}{x}}, & x > 0, \end{cases}$ $x \to 0$；

(3) $f(x) = \dfrac{1}{x}\cos\dfrac{1}{x}$, $x \to \infty$.

15. 用夹逼性证明 $\lim\limits_{x \to 0} x\left[\dfrac{1}{x}\right] = 1$，$[\ ]$ 表示取整.

16. 试确定常数 a 与 b, 使 $\lim\limits_{x \to \infty}\left(\dfrac{x^2+3}{x-2}+ax+b\right) = 0$.

17. 求下列极限：

(1) $\lim\limits_{x \to \infty}\left(\dfrac{3x-1}{3x+1}\right)^{3x-1}$；

(2) $\lim\limits_{x \to 1}(2-x)^{\sec\frac{\pi x}{2}}$；

(3) $\lim\limits_{x \to 0^+}(\cos\sqrt{x})^{\frac{1}{x}}$；

(4) $\lim\limits_{x \to 0}\left(\dfrac{\pi+e^{\frac{1}{x}}}{1+e^{\frac{4}{x}}}+\arctan\dfrac{1}{x}\right)$.

(B)

1. 证明 Dirichlet 函数 $D(x) = \begin{cases} 1, & x \in \mathbf{Q}, \\ 0, & x \in \mathbf{R}\setminus\mathbf{Q} \end{cases}$ 在任何 $x \in \mathbf{R}$ 处的极限都不存在.

2. 设 $f: \mathbf{R} \to \mathbf{R}$ 是周期函数，若 $\lim\limits_{x \to \infty} f(x) = a$，则 $f(x) \equiv a$.

3. 设 $[a,b]$ 是一个有限闭区间，如果 $\forall x_0 \in [a,b]$，$\lim\limits_{x \to x_0} f(x)$ 存在，证明：$f(x)$ 在 $[a,b]$ 上有界.

4. 设 $f:(a,b) \to \mathbf{R}$ 是无界函数，证明：$\exists \{x_n\} \subseteq (a,b)$，使得 $\lim\limits_{n \to \infty} f(x_n) = \infty$.

5. 设 $f:[a,+\infty) \to \mathbf{R}$，证明：$\lim\limits_{x \to +\infty} f(x)$ 存在 $\Leftrightarrow \forall \varepsilon > 0$，$\exists M > 0$，使得 $\forall x_1, x_2 > M$，恒有 $|f(x_1) - f(x_2)| < \varepsilon$.

6. 试完成定理 3.6 中(2)的证明.

第四节　无穷小量与无穷大量

无穷小量与无穷大量是与极限有密切关系的两个概念，在微积分理论中起着重要作用.本节重点讲解无穷小量的概念、性质及其阶，以及用无穷小等价代换求极限的方法，最后简要介绍无穷大量.

4.1　无穷小量的概念与性质

定义 4.1（无穷小量）　当 $x \to x_0$（$x \to \infty$）时，以零为极限的函数 $\alpha(x)$ 称为当 $x \to x_0$（$x \to \infty$）时的**无穷小量**，简称为**无穷小**.

例如，x^2，$\sin x$，$\tan x$ 都是当 $x\to 0$ 时的无穷小；而 $\dfrac{1}{x}$，$\dfrac{\sin x}{x}$ 都是当 $x\to\infty$ 时的无穷小．显然，以零为极限的数列也是当 $n\to\infty$ 时的无穷小，例如 $\dfrac{1}{n^2}$，$\sin\dfrac{1}{n}$ 等．

应当注意，无穷小是一个以零为极限的变量，不能把它与绝对值很小的常数混为一谈．除零之外，其他常数，不论其绝对值如何小，都不是无穷小．

想一想：
(1) 无穷小量的定义中有哪几点是应当注意的？
(2) 用 $\varepsilon\text{-}\delta$ 语言写出 $\alpha(x)$ 是当 $x\to x_0$ 时无穷小量的定义．

一个函数是否为无穷小，与自变量的变化趋势有关．例如，$\dfrac{1}{x}$ 是当 $x\to\infty$ 时的无穷小，但不能笼统地说 $\dfrac{1}{x}$ 是无穷小．因为当 $x\to x_0\neq 0$ 时，$\dfrac{1}{x}\to\dfrac{1}{x_0}$；而当 $x\to 0$ 时，$\dfrac{1}{x}\to\infty$，在这两种情况下，$\dfrac{1}{x}$ 都不是无穷小．

今后，如果极限符号下面未标明自变量的变化趋势，那么，表示它对于 $x\to x_0$ 与 $x\to\infty$ 等各种情形都适用．

定理 4.1 $\lim f(x)=a \Leftrightarrow f(x)=a+\alpha(x)$，其中 $\alpha(x)$ 是一个无穷小．

证 仅就 $x\to x_0$ 的情形来证明，其他情形证法类似，留给读者．

必要性 设 $\lim\limits_{x\to x_0}f(x)=a$，则 $\lim\limits_{x\to x_0}[f(x)-a]=0$．令 $\alpha(x)=f(x)-a$，则 $\alpha(x)$ 是当 $x\to x_0$ 时的无穷小，并且 $f(x)=a+\alpha(x)$．

充分性 设 $f(x)=a+\alpha(x)$，$\alpha(x)$ 是当 $x\to x_0$ 时的无穷小．则

$$\lim_{x\to x_0}f(x)=\lim_{x\to x_0}[a+\alpha(x)]=a+\lim_{x\to x_0}\alpha(x)=a.\blacksquare$$

该定理阐明了函数的极限与无穷小量间的密切关系．由此，可以从无穷小量出发来定义极限，进而建立极限理论．

利用极限的有理运算法则和夹逼性不难证明无穷小量的下列运算性质：

定理 4.2 在自变量有相同变化趋势的条件下，我们有

(1) 有限个无穷小量的代数和是无穷小量；
(2) 有限个无穷小量的乘积是无穷小量．

注意： 定理 4.2 中的两个结论对于无穷多个无穷小量不一定成立，就是说，无穷多个无穷小量的代数和或乘积不一定是无穷小量．

定理 4.3 设 $\alpha(x)$ 是当 $x\to x_0$ 时的无穷小，f 是在 x_0 处局部有界的函数，则 $\alpha(x)f(x)$ 是当 $x\to x_0$ 时的无穷小．

证 由已知，f 在 x_0 处是局部有界的，故 $\exists M>0,\delta>0,\forall x\in\mathring{U}(x_0,\delta)$，恒有 $|f(x)|\leq M$．从而，$\forall x\in\mathring{U}(x_0,\delta)$，

$$|\alpha(x)f(x)| \leq M|\alpha(x)|,$$

故

$$-M|\alpha(x)| \leq \alpha(x)f(x) \leq M|\alpha(x)|.$$

由于 $\lim\limits_{x \to x_0} \alpha(x) = 0$,由夹逼性得知 $\lim\limits_{x \to x_0} \alpha(x)f(x) = 0$,所以 $\alpha(x)f(x)$ 是当 $x \to x_0$ 时的无穷小.∎

二维码 1.4.1 无限个无穷小的乘积不是无穷小的例子.

类似的方法可以证明,若定理 4.3 中 $\alpha(x)$ 是当 $x \to \infty$ 时的无穷小,f 在 $U(\infty)$ 内有界(即 $\exists M > 0, \forall x \in U(\infty)$,恒有 $|f(x)| \leq M$),则 $\alpha(x)f(x)$ 是当 $x \to \infty$ 时的无穷小.

例 4.1 求极限 $\lim\limits_{x \to 0} x \sin \dfrac{1}{x}$.

解 由于当 $x \to 0$ 时 x 是无穷小,并且当 $x \neq 0$ 时,$\left|\sin \dfrac{1}{x}\right| \leq 1$,故在 $x = 0$ 的任一去心邻域内是有界函数.所以由定理 4.3 可知 $x \sin \dfrac{1}{x}$ 也是当 $x \to 0$ 时的无穷小,即

$$\lim\limits_{x \to 0} x \sin \dfrac{1}{x} = 0. \quad \blacksquare$$

由于 $-x \leq x \sin \dfrac{1}{x} \leq x$ ($x \neq 0$),所以函数 $y = x \sin \dfrac{1}{x}$ 的图像夹在两直线 $y = x$ 与 $y = -x$ 之间(图 1.20).由此图可见,当 $x \to 0$ 时,虽然该曲线在 $x = 0$ 附近无限次振荡,但其振幅逐渐减小地趋近于 0.

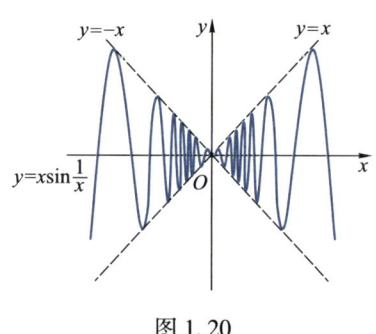

图 1.20

4.2 无穷小的比较

读者自然要问,两个无穷小的商(比)是否也是无穷小呢?由于两个无穷小商的极限属于 $\dfrac{0}{0}$ 型不定式,因此这个问题没有肯定的答案.例如 $x, 2x, x^2, \sin x, x \sin \dfrac{1}{x}$ 都是当 $x \to 0$ 时的无穷小,但当 $x \to 0$ 时它们比值的极限可能出现下列多种情况:

(1) $\dfrac{x^2}{x} \to 0$; (2) $\dfrac{2x}{x} \to 2$; (3) $\dfrac{\sin x}{x} \to 1$;

(4) $\dfrac{x\sin\dfrac{1}{x}}{x}=\sin\dfrac{1}{x}$ 的极限不存在.

上述情况反映了不同无穷小之间存在着重要差异.在情况(1)中,由于 x^2 与 x 之比的极限等于 0,所以在 $x\to 0$ 的过程中,当 $|x|\ll 1$ 时,对应于自变量 x 的同一个值,无穷小 x^2 的值比无穷小 x 的绝对值小得多,相对于 x 而言,x^2 几乎可以忽略不计.例如,当 $x=10^{-4}$ 时,$x^2=10^{-8}$.这就是说,x^2 比 x 是"数量级"更高的无穷小,当 $x\to 0$ 时,常称 x^2 是 x 的**高阶无穷小**.在情况(2)中,由于 $2x$ 与 x 之比的极限等于 2,所以在 $x\to 0$ 的过程中它们是成比例的,当 $|x|\ll 1$ 时,对应于自变量 x 的同一个值,无穷小 $2x$ 的值仅是无穷小 x 值的 2 倍.例如,当 $x=10^{-4}$ 时,$2x=2\times 10^{-4}$.这就是说,$2x$ 与 x 是处于同一"数量级"的无穷小,当 $x\to 0$ 时,常称 $2x$ 与 x 是**同阶无穷小**.

想一想:
试对情况(3)作类似于情况(1)、(2)的分析,说明它与(2)的差异.

一般地,我们引入无穷小阶的比较与阶的概念如下:

定义 4.2(无穷小的阶) 设 $\alpha(x)$ 与 $\beta(x)$ 是自变量 x 有相同变化趋势的无穷小,且 $\beta(x)\ne 0$.

(1) 若 $\lim\dfrac{\alpha(x)}{\beta(x)}=0$,则称 $\alpha(x)$ 是 $\beta(x)$ 的**高阶无穷小**(或称 $\beta(x)$ 是 $\alpha(x)$ 的**低阶无穷小**),记作 $\alpha(x)=o(\beta(x))$.特别,一个无穷小 $\alpha(x)$ 可记作 $o(1)$;

(2) 若 $\lim\dfrac{\alpha(x)}{\beta(x)}=c$,且 $c\ne 0$ 为常数,则称 $\alpha(x)$ 与 $\beta(x)$ 是**同阶无穷小**;

(3) 若 $\lim\dfrac{\alpha(x)}{\beta(x)}=1$,则称 $\alpha(x)$ 与 $\beta(x)$ 是**等价无穷小**,记作 $\alpha(x)\sim\beta(x)$;

(4) 若 $\lim\dfrac{\alpha(x)}{[\beta(x)]^k}=c$(其中 $c\ne 0$ 是常数,$k>0$),则称 $\alpha(x)$ 是**关于 $\beta(x)$ 的 k 阶无穷小**.特别地,若取 $\beta(x)=x-x_0$,若 $\lim\limits_{x\to x_0}\dfrac{\alpha(x)}{(x-x_0)^k}=c$,则称 $\alpha(x)$ 是当 $x\to x_0$ 时的 k **阶无穷小**.

注意:在定义 4.2 中,条件 $\beta(x)\ne 0$ 是重要的.就是说,在进行无穷小量(不妨设 $x\to x_0$)阶的比较或讨论阶数时,必须满足下述条件:存在 x_0 的某去心邻域,使 $\beta(x)$ 在其中没有零点.

注意:无穷小的"阶数"或"阶"是借助于同阶无穷小来定义的.若 $\alpha(x)$ 与 $[\beta(x)]^k$ ($k>0$) 是同阶无穷小,则称 $\alpha(x)$ 是关于 $\beta(x)$ 的 k 阶无穷小.当 $x\to x_0$ 时,把 $\beta(x)=x-x_0$ 作为基本无穷小,其阶数为 1,若当 $x\to x_0$ 时,$\alpha(x)$ 与 $(x-x_0)^k$ ($k>0$) 是同阶无穷小,则称 $\alpha(x)$ 是 k 阶无穷小.

例 4.2 当 $x\to 0$ 时,试比较下列无穷小的阶:

(1) $\alpha(x)=x^3+2x^2,\beta(x)=2x^2$;

(2) $\alpha(x)=\sin x,\beta(x)=x$;

(3) $\alpha(x) = \tan x, \beta(x) = x$;

(4) $\alpha(x) = 1 - \cos x, \beta(x) = \dfrac{1}{2}x^2$.

解 (1) 由于
$$\lim_{x \to 0} \frac{\alpha(x)}{\beta(x)} = \lim_{x \to 0} \frac{x^3 + 2x^2}{2x^2} = 1,$$

所以当 $x \to 0$ 时,$x^3 + 2x^2$ 与 $2x^2$ 是等价无穷小,即 $x^3 + 2x^2 \sim 2x^2$,并且 $x^3 + 2x^2$ 是当 $x \to 0$ 时的二阶无穷小.

(2) 由于 $\lim\limits_{x \to 0} \dfrac{\sin x}{x} = 1$,所以,当 $x \to 0$ 时,$\sin x$ 与 x 是等价无穷小,即 $\sin x \sim x$.

二维码 1.4.2 无穷小的阶与高阶无穷小的运算规律.

与(2)类似可以证明当 $x \to 0$ 时,$\tan x \sim x$,$1 - \cos x \sim \dfrac{1}{2}x^2$,并且 $1 - \cos x$ 是当 $x \to 0$ 时的二阶无穷小. ∎

关于等价无穷小有下面的重要结论,证明留给读者.

定理 4.4 设 $\alpha(x)$ 与 $\beta(x)$ 是在自变量同一变化趋势下的无穷小,且 $\alpha(x) \sim \beta(x)$,则 $\alpha(x) = \beta(x) + o[\beta(x)]$ (或 $\beta(x) = \alpha(x) + o[\alpha(x)]$).

此定理表明,如果 $\alpha(x)$ 与 $\beta(x)$ 是在自变量某种变化趋势下(例如 $x \to x_0$)的等价无穷小,那么它们之间仅相差一个高阶无穷小.因此,在 $x \to x_0$ 的过程中,当 $|x - x_0|$ 允分小时,对应于自变量 x 的同一值 $\alpha(x)$ 与 $\beta(x)$ 相应值的大小几乎相同,也就是说,其中的一个(例如 $\beta(x)$)是另一个(例如 $\alpha(x)$)的<u>主要部分</u>.但是,绝不能说它们是相等的!

由例 4.2 中的(2)、(3)、(4)可得,当 $x \to 0$ 时,

$$\boxed{\sin x \sim x \sim \tan x, \quad 1 - \cos x \sim \frac{1}{2}x^2.} \tag{4.1}$$

根据定理 4.4,(4.1)式还可以表示为:当 $x \to 0$ 时,

$$\boxed{\sin x = x + o(x), \tan x = x + o(x), 1 - \cos x = \frac{1}{2}x^2 + o(x^2).} \tag{4.2}$$

例 4.3 证明:当 $x \to 0$ 时,$\sqrt[n]{1+x} - 1 \sim \dfrac{1}{n}x$ ($n \in \mathbf{N}_+$).

证 利用分子有理化的方法得知

$$\lim_{x\to 0}\frac{\sqrt[n]{1+x}-1}{x}=\lim_{x\to 0}\frac{x}{x[\sqrt[n]{(1+x)^{n-1}}+\sqrt[n]{(1+x)^{n-2}}+\cdots+1]}=\frac{1}{n},$$

因此, 当 $x\to 0$ 时, $\sqrt[n]{1+x}-1\sim\frac{1}{n}x$. ∎

读者应当注意, 并非每个无穷小都有阶数. 例如, 当 $x\to 0$ 时, $x\sin\frac{1}{x}$ 是无穷小, 但它不能和任何 x^k ($k>0$) 同阶.

4.3 无穷小的等价代换

下述定理在求极限中常常起到十分重要的简化作用.

定理 4.5 设 $\alpha(x)$ 与 $\beta(x)$, $\tilde{\alpha}(x)$ 与 $\tilde{\beta}(x)$ 都是在自变量同一变化趋势下的无穷小. 若 $\alpha(x)\sim\tilde{\alpha}(x)$, $\beta(x)\sim\tilde{\beta}(x)$, 并且 $\lim\frac{\tilde{\alpha}(x)}{\tilde{\beta}(x)}$ 存在, 则 $\lim\frac{\alpha(x)}{\beta(x)}$ 也存在, 并且

$$\lim\frac{\alpha(x)}{\beta(x)}=\lim\frac{\tilde{\alpha}(x)}{\tilde{\beta}(x)}.$$

证 由于

$$\frac{\alpha(x)}{\beta(x)}=\frac{\alpha(x)}{\tilde{\alpha}(x)}\cdot\frac{\tilde{\alpha}(x)}{\tilde{\beta}(x)}\cdot\frac{\tilde{\beta}(x)}{\beta(x)},$$

对上式两端取极限并利用极限的乘法运算法则与已知条件可立即得到定理中的结论. ∎

☞二维码 1.4.3 用无穷小等价代换求极限时常见的错误.

定理 4.5 称为**无穷小等价代换定理**, 它可用于计算 $\frac{0}{0}$ 型不定式的极限. 应用时, 对分子与分母中所含无穷小因式直接用更简单的等价无穷小作等价代换, 往往可使所求极限变得简单而便于计算.

例 4.4 求 $\lim\limits_{x\to 0}\dfrac{\sqrt[3]{1+2x^2}-1}{\arcsin\dfrac{x}{2}\arctan\dfrac{x}{3}}$.

解 易见, 所求极限为 $\frac{0}{0}$ 型不定式. 由例 4.3 知, 当 $x\to 0$ 时

$$\sqrt[3]{1+2x^2}-1\sim\frac{1}{3}\cdot 2x^2=\frac{2}{3}x^2.$$

又因为

$$\lim_{x\to 0}\frac{\arcsin\frac{x}{2}}{\frac{x}{2}}\xrightarrow{u=\arcsin\frac{x}{2}}\lim_{u\to 0}\frac{u}{\sin u}=1,$$

所以当 $x\to 0$ 时，$\arcsin\frac{x}{2}\sim\frac{x}{2}$. 类似可证当 $x\to 0$ 时，$\arctan\frac{x}{3}\sim\frac{x}{3}$. 根据定理 4.5，得

$$\lim_{x\to 0}\frac{\sqrt[3]{1+2x^2}-1}{\arcsin\frac{x}{2}\arctan\frac{x}{3}}=\lim_{x\to 0}\frac{\frac{2}{3}x^2}{\frac{x}{2}\cdot\frac{x}{3}}=4.\ \blacksquare$$

注意：应用无穷小等价代换求极限时，只能对待求极限函数中的无穷小因式进行. 若待求极限的函数表达式中含有函数的加减法运算，则不能对其中用加、减号相联结的项分别进行等价代换，否则就会产生错误(见习题 1.4(A)第 3(1)题)！

4.4 无穷大量

无穷大量与无穷小量的变化状态正好相反，它是绝对值无限趋大的变量.

定义 4.3（无穷大量） 设 $f:\overset{\circ}{U}(x_0)\to\mathbf{R}$ 是一个函数，若 $\lim\limits_{x\to x_0}f(x)=\infty$，即

$$\forall M>0,\exists\delta>0,\text{使得当 } 0<|x-x_0|<\delta \text{ 时，恒有 }|f(x)|>M,\quad (4.3)$$

则称函数 $f(x)$ 是当 $x\to x_0$ 时的**无穷大量**（简称无穷大）.

若 $\lim\limits_{x\to x_0}f(x)=+\infty$ $(\lim\limits_{x\to x_0}f(x)=-\infty)$，则称 $f(x)$ 为当 $x\to x_0$ 时的**正无穷大（负无穷大）**. 类似，还可以定义当 $x\to x_0^{\pm}$ 与 $x\to\infty$，$\pm\infty$ 时的无穷大及正（负）无穷大.

例如，不难证明，当 $x\to 0$ 时，$\left|\frac{1}{x}\right|\to+\infty$，所以函数 $y=\frac{1}{x}$ 是当 $x\to 0$ 时的无穷大量. 类似可知，当 $x\to 0^+$ 时，$y=\frac{1}{x}$ 是正无穷大量；当 $x\to 0^-$ 时，$y=\frac{1}{x}$ 是负无穷大量.

若 $x\to x_0$ 时，$f(x)\to\infty$，则直线 $x=x_0$ 是曲线 $y=f(x)$（即函数 f 的图像）的**一条垂直渐近线**（图 1.21(a)）. 若 $x\to\infty$ 时，$f(x)\to a$，则直线 $y=a$ 是曲线 $y=$

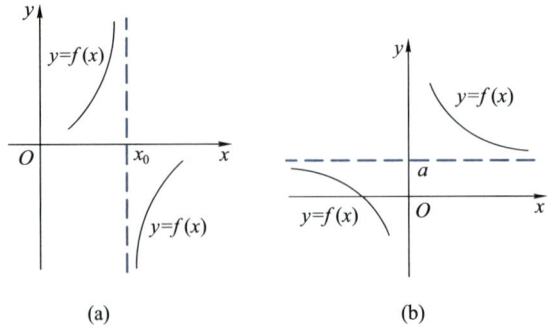

图 1.21

$f(x)$ 的一条水平渐近线(图 1.21(b))(曲线 $y=f(x)$ 的渐近线的严格定义参见习题 1.4(B)第 1 题.)

定理 4.6 在自变量同一变化趋势下,无穷大量与无穷小量有如下关系:

(1) 若 $f(x)$ 是无穷小量,且 $f(x)\neq 0$,则 $\dfrac{1}{f(x)}$ 是无穷大量;

(2) 若 $f(x)$ 是无穷大量,则 $\dfrac{1}{f(x)}$ 是无穷小量.

证 不妨假定 $x\to x_0$.

(1) 为了证明 $\dfrac{1}{f(x)}$ 为当 $x\to x_0$ 时的无穷大量,只要证对任给的 $M>0$,$\exists \delta>0$,使得当 $0<|x-x_0|<\delta$ 时,恒有 $\left|\dfrac{1}{f(x)}\right|\geqslant M$,或 $|f(x)|\leqslant \dfrac{1}{M}$. 由于 $f(x)$ 是当 $x\to x_0$ 时的无穷小量,则对于 $\varepsilon=\dfrac{1}{M}>0$,必 $\exists \delta>0$,当 $0<|x-x_0|<\delta$ 时,恒有 $|f(x)|<\varepsilon$. 又由于 $f(x)\neq 0$,故有 $\left|\dfrac{1}{f(x)}\right|>\dfrac{1}{\varepsilon}=M$,从而知当 $x\to x_0$ 时,$\dfrac{1}{f(x)}$ 是无穷大量.

类似地,可以证明结论(2). ∎

定理 4.7 在自变量同一变化趋势下,无穷大量具有下列运算性质(证明从略,由读者自己去完成.)

(1) 有限个无穷大量的乘积是无穷大量;

(2) 无穷大量与有界量之和是无穷大量.

与无穷小量类似,对无穷大量也可进行阶的比较.读者可以仿照无穷小量阶的定义 4.2 自己去讨论,这里不再赘述.

最后,我们介绍科技中常用的记号"O"的含义. 设函数 $f(x)$ 与 $g(x)$ 定义在 x_0 的某去心邻域 $\overset{\circ}{U}(x_0)$ 中,若 $\dfrac{f(x)}{g(x)}$ 在 x_0 处是局部有界的,则记作 $f(x)=O(g(x))$. 特别地,若 $f(x)$ 在 x_0 处是局部有界的,则记作 $f(x)=O(1)$. 例如,

$$\sin\frac{1}{x}=O(1),\quad x\sin\frac{1}{x}=O(x).$$

注意:两个(有限个)无穷大量的代数和不一定是无穷大量,因为可能出现 $\infty-\infty$ 型不定式的情况(见例 3.7);无穷大量与有界量的乘积也不一定是无穷大量,因为可能出现 $0\cdot\infty$ 型不定式的情况. 读者还应注意无穷大量与无界量之间的区别.

习题 1.4

(A)

1. 试用 $\varepsilon\text{-}\delta$ 语言给出当 $x \to x_0$ 时 $\alpha(x)$ 是无穷小量的定义.

2. 下列说法是否正确? 为什么?

（1）无穷小量是很小很小的数, 无穷大量是很大很大的数;

（2）无穷小量就是数 0, 数 0 是无穷小量;

（3）无穷大量一定是无界变量;

（4）无界变量一定是无穷大量;

（5）无穷大量与有界量的乘积是无穷大量;

（6）无限多个无穷小之和仍为无穷小.

3. 下列运算是否正确? 如有错误, 请指出错在何处.

（1）$\lim\limits_{x \to 0} \dfrac{\tan x - \sin x}{x^3} = \lim\limits_{x \to 0} \dfrac{x - x}{x^3} = 0$;

（2）$\lim\limits_{x \to 0} \dfrac{\sin\left(x^2 \sin \dfrac{1}{x}\right)}{x} = \lim\limits_{x \to 0} \dfrac{x^2 \sin \dfrac{1}{x}}{x} = \lim\limits_{x \to 0} x \sin \dfrac{1}{x} = 0$.

4. 当 $x \to 0$ 时, 下列函数哪些是 x 的高阶无穷小? 哪些是 x 的同阶或等价无穷小? 哪些是 x 的低阶无穷小? 并指出无穷小的阶数.

（1）$x^4 + \sin 2x, x \in \mathbf{R}$;

（2）$\sqrt{x(1-x)}, x \in (0, 1)$;

（3）$\dfrac{2}{\pi} \cos \dfrac{\pi}{2}(1-x), x \in \mathbf{R}$;

（4）$2x\cos x \sqrt[3]{\tan^2 x}, x \in \left(-\dfrac{\pi}{2}, \dfrac{\pi}{2}\right)$;

（5）$\csc x - \cot x, x \in (0, \pi)$.

5. 设 $\alpha(x)$ 与 $\beta(x)$ 是等价无穷小, 证明: $\alpha(x) = \beta(x) + o(\beta(x))$.

6. 证明下列关系式:

（1）$\arcsin x = x + o(x), x \to 0$;

（2）$\arctan x = x + o(x)$;

（3）$\sqrt[n]{1+x} = 1 + \dfrac{1}{n}x + o(x), x \to 0$;

（4）$\sqrt{1+\tan x} - \sqrt{1+\sin x} \sim \dfrac{1}{4}x^3, x \to 0$;

（5）$\sqrt{x + \sqrt{1+\sqrt{x}}} \sim \sqrt{x}, x \to +\infty$;

（6）$1 + \cos(\pi x) \sim \dfrac{\pi^2}{2}(x-1)^2, x \to 1$.

7. 利用无穷小的等价代换求下列极限:

（1）$\lim\limits_{x \to 0} \dfrac{1 - \cos x}{\sin^2 x}$;

（2）$\lim\limits_{x \to 0} \dfrac{5x^2 - 2(1 - \cos^2 x)}{3x^3 + 4\tan^2 x}$;

（3）$\lim\limits_{x \to 0} \dfrac{\sqrt{1 + \sin^2 x} - 1}{x \tan x}$;

（4）$\lim\limits_{x \to 0} \dfrac{\tan(\tan x)}{\sin 2x}$;

(5) $\lim\limits_{x\to 0}\dfrac{(\sqrt[3]{1+\tan x}-1)(\sqrt{1+x^2}-1)}{\tan x-\sin x}$;   (6) $\lim\limits_{x\to 0^-}\dfrac{(1-\sqrt{\cos x})\tan x}{(1-\cos x)^{\frac{3}{2}}}$.

8. 试分别写出一个与下列无穷大量等价的无穷大量:

(1) $1+x+3x^3+2x^4-4x^{\frac{9}{2}}$, $x\to\infty$;   (2) $\sqrt[3]{\dfrac{\sin(x-1)}{(x-1)^3}}$, $x\to 1$.

(B)

1. 设 P 是曲线 $y=f(x)$ 上的动点. 若点 P 沿该曲线无限远离坐标原点时, 它到某定直线 L 的距离趋于 0, 则称 L 为曲线 $y=f(x)$ 的**渐近线**. 若直线 L 的斜率 $k\neq 0$, 称 L 为**斜渐近线**.

(1) 证明: 直线 $y=kx+b$ 为曲线 $y=f(x)$ 斜(或水平)渐近线充分必要条件为

$$k=\lim_{x\to\infty}\dfrac{f(x)}{x},\quad b=\lim_{x\to\infty}(f(x)-kx).$$

(2) 求曲线 $f(x)=\dfrac{x^2+1}{x+1}$ ($x\in\mathbf{R}\setminus\{-1\}$) 的斜渐近线方程.

2. 确定 a,b,c 的值, 使下列极限等式成立:

(1) $\lim\limits_{x\to+\infty}(\sqrt{x^2-x+1}-ax+b)=0$;   (2) $\lim\limits_{x\to 1}\dfrac{a(x-1)^2+b(x-1)+c-\sqrt{x^2+3}}{(x-1)^2}=0$.

第五节 连续函数

连续函数是微积分研究的主要对象. 本节利用函数的极限讨论函数连续性的概念与间断点的分类, 连续函数的基本性质与初等函数的连续性, 以及闭区间上连续函数的重要性质(包括一致连续性)与应用.

5.1 函数的连续性概念与间断点的分类

1. 函数的连续性

纵观自然界中各种变量的变化, 大体上可以分为渐变与突变两大类型. 例如, 在正常情况下, 气温随时间的变化、地壳振动的振幅随时间的变化都是逐渐变化的, 即在很短的时间内, 温度和振幅的变化也很微小. 但在严寒的冬季, 由于寒流的突然袭击, 在短时间内气温会骤然下降; 在发生强烈地震的短时间内, 地壳的振幅会发生巨变, 造成地壳的断裂和下陷. 气温和地壳振幅的这种变化相对于正常情况, 可以看成是突变. 为了描述变量变化的上述两种不同状态, 数学上就抽象出函数的连续和间断这两个互相对立的概念.

仔细分析上面的例子不难发现, 所谓渐变, 就是当自变量(例如时间 t)的值变化很微小时, 对应的函数值(例如气温 T 或振幅 A)的变化也很小. 并且, 当自变量改变的数量无限趋近于 0 时,函数值改变的数量可以任意接近于 0.因此,可以用极限来刻画这种渐变现象,给出函数连续性的严格定义.

设函数 $y=f(x)$ 定义在 x_0 的某邻域内,当自变量从 x_0 变到 x 时,对应的函数值就从 $f(x_0)$ 变到 $f(x)$,称 $\Delta x = x - x_0$ 为**自变量的改变量**,$\Delta y = f(x) - f(x_0) = f(x_0 + \Delta x) - f(x_0)$ 为**函数值的改变量**或**因变量的改变量**,习惯上也称 Δy 为**函数的改变量**.

想一想:
函数 f 在 x_0 处极限的定义与它在 x_0 处连续的定义有什么重要的区别?

定义 5.1(函数在一点处连续) 设有函数 $f: U(x_0) \subseteq \mathbf{R} \to \mathbf{R}$,若

$$\lim_{\Delta x \to 0} \Delta y = 0 \quad \text{或} \quad \lim_{x \to x_0} f(x) = f(x_0), \tag{5.1}$$

则称函数 f 在 x_0 **处连续**.

二维码 1.5.1
函数在一点处连续的等价定义.

函数 f 在 x_0 处连续也可以用 ε-δ 语言定义如下:

$$\forall \varepsilon > 0, \exists \delta > 0, 使得 \forall x \in U(x_0, \delta), 恒有 |f(x) - f(x_0)| < \varepsilon. \tag{5.2}$$

易见,将表示函数 f 在 x_0 处极限几何意义的图 1.17 略加修改就得到表示 f 在 x_0 处连续几何意义的图 1.22.它表明函数 f 的图像在点 $(x_0, f(x_0))$ 不会断开.

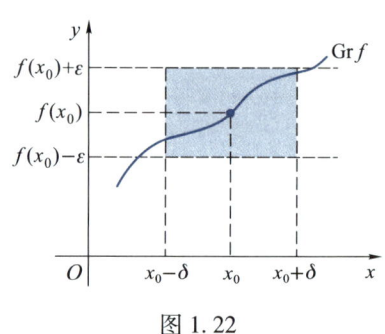

图 1.22

类似于左极限和右极限,也可以定义函数在点 x_0 处左连续和右连续.若函数 f 在 x_0 的左邻域 $(x_0 - \delta_0, x_0]$(右邻域 $[x_0, x_0 + \delta)$)上有定义,且

$$\lim_{x \to x_0^-} f(x) = f(x_0) \quad (\lim_{x \to x_0^+} f(x) = f(x_0)),$$

则称 f 在 x_0 **处左连续(右连续)**,左、右连续统称为**单侧连续**.读者不难证明:

函数 f 在 x_0 处连续 $\Leftrightarrow f$ 在 x_0 处既左连续又右连续.

若 f 在开区间 (a,b) 内每一点连续,则称它**在开区间 (a,b) 内连续**;若 f 在有限区间 (a,b) 内连续,并且在左端点 a 右连续,在右端点 b 左连续,则称它**在闭区间 $[a,b]$ 上连续**.类似地,可定义 f 在半开(半闭)区间上连续.一般,若 f 在定义区间 I 上处处连续,则称它是该区间上的**连续函数**.区间 I 上连续函数的全体构成的集合记作 $C(I)$.

在几何上,区间上的连续函数的图像是该区间上的一条连续不断的平面曲线.

例 5.1 证明:幂函数 $x^n \in C(-\infty, +\infty)$, $n \in \mathbf{N}_+$.

证 根据连续函数的定义,只要证明 x^n 在 $(-\infty, +\infty)$ 内每一点处连续. 为此,任取 $x_0 \in (-\infty, +\infty)$,根据极限的乘法运算法则,我们有

$$\lim_{x \to x_0} x^n = \left(\lim_{x \to x_0} x\right)^n = x_0^n,$$

所以 x^n 在 x_0 处连续. 由于 x_0 是 $(-\infty, +\infty)$ 内的任意一点,因此,$x^n \in C(-\infty, +\infty)$. ∎

例 5.2 证明:函数 $\sin x, \cos x \in C(-\infty, +\infty)$.

证 与例 5.1 类似,只要证 $\sin x$ 在 $(-\infty, +\infty)$ 内每一点处连续. 任取 $x_0 \in (-\infty, +\infty)$,由和差化积公式得

$$\Delta y = \sin(x_0 + \Delta x) - \sin x_0 = 2\cos\left(x_0 + \frac{\Delta x}{2}\right)\sin\frac{\Delta x}{2},$$

从而

$$\lim_{\Delta x \to 0} \Delta y = 2 \lim_{\Delta x \to 0} \cos\left(x_0 + \frac{\Delta x}{2}\right)\sin\frac{\Delta x}{2} = 0,$$

故 $\sin x$ 在 x_0 处连续. 由 x_0 的任意性知 $\sin x \in C(-\infty, +\infty)$. 类似可证 $\cos x \in C(-\infty, +\infty)$. ∎

例 5.3 证明:指数函数 $e^x, a^x \in C(-\infty, +\infty)$,其中 $a > 0$ ($a \neq 1$).

证 根据本章例 3.9,$\forall x_0 \in (-\infty, +\infty)$,都有

$$\lim_{x \to x_0} a^x = a^{x_0}, \quad \lim_{x \to x_0} e^x = e^{x_0},$$

所以,$a^x, e^x \in C(-\infty, +\infty)$. ∎

注意:在 x_0 处连续的函数不一定在 x_0 的某邻域内连续. 例如,不难验证函数

$$f(x) = \begin{cases} x, & x \text{ 为有理数}, \\ 0, & x \text{ 为无理数} \end{cases}$$

在 $x = 0$ 处连续,但在其余的 $x \neq 0$ 处均不连续,故在 $x = 0$ 的任何邻域内不连续.

2. 间断点及其分类

由定义 5.1 可知,函数 f 在 x_0 处连续必须且只需同时满足下面三个条件:

(1) f 在 x_0 处有定义;

(2) $\lim_{x \to x_0} f(x)$ 存在,即 $f(x_0 - 0)$ 与 $f(x_0 + 0)$ 均存在且相等;

(3) $\lim_{x \to x_0} f(x) = f(x_0)$.

如果其中有一个不满足,就是说,或者 f 在 x_0 处无定义;或者 f 在 x_0 处虽有定义但在 x_0 的极限不存在;或者 f 在 x_0 处有定义,极限也存在,但极限值不等于 $f(x_0)$,那么 f 在 x_0 处就不连续.

定义 5.2(函数的间断点) 设函数 f 在 x_0 的某

注意:与许多同类教材不同,本书关于间断点没有采用连续点的否定形式简单地把函数 f 的不连续点定义为 f 的间断点. 要了解这样做的原因,请参见二维码 1.5.2.

一单侧邻域内(可以不包含 x_0)有定义,若 f 在 x_0 不连续,则称 x_0 为 f 的一个**间断点**.

例 5.4 考察函数 $f(x) = \dfrac{x^2-1}{x-1}$.由于该函数在 $x=1$ 的去心邻域内有定义,并且

$$\lim_{x\to 1} f(x) = \lim_{x\to 1} \frac{x^2-1}{x-1} = 2,$$

二维码 1.5.2
怎样理解函数间断点的定义.

但 f 在 $x=1$ 处无定义,所以连续性条件(3)不成立,按定义 5.2,$x=1$ 是它的一个间断点.对这种间断点,只要补充定义 $f(1) = 2$,即令 $f(x) = \begin{cases} \dfrac{x^2-1}{x-1}, & x \neq 1, \\ 2, & x = 1, \end{cases}$ 那么函数 f 在 $x=1$ 处就连续了.类似地,若考察函数

$$g(x) = \begin{cases} \dfrac{x^2-1}{x-1}, & x \neq 1, \\ 1, & x = 1, \end{cases}$$

虽然它在 $x=1$ 处有定义,但由于

$$\lim_{x\to 1} g(x) = \lim_{x\to 1} \frac{x^2-1}{x-1} = 2 \neq g(1),$$

故 $x=1$ 仍是它的一个间断点.如果改变它在 $x=1$ 的值,即重新定义 $g(1) = 2$,那么函数 g 在 $x=1$ 处就连续了.因此,上述两种间断点都称为**可去间断点**. ∎

一般地,可去间断点有这样的特征:函数在该点的左、右极限存在且相等,但函数在该点或者无定义,或者虽有定义但其极限值与该点的函数值不相等.

例 5.5 考察函数

$$f(x) = \begin{cases} x^2 + 1, & x < 0, \\ 0, & x = 0, \\ x - 1, & x > 0. \end{cases}$$

由于它在 $x=0$ 的邻域内有定义,并且

$$\lim_{x\to 0^-} f(x) = \lim_{x\to 0^-} (x^2 + 1) = 1, \quad \lim_{x\to 0^+} f(x) = \lim_{x\to 0^+} (x - 1) = -1,$$

所以它在 $x=0$ 处的左、右极限都存在但不相等,$x=0$ 是间断点.这种左、右极限存在但不相等的间断点称为**跳跃间断点**.在几何上表现为该函数的图像在 x_0 处产生一个跳跃(图 1.23),故而得名. ∎

例 5.6 考察函数设 $f(x) = \dfrac{1}{x^2}$,与 $g(x) = \sin\dfrac{1}{x}$.易见,$f(x)$ 在 $x=0$ 的去心邻域内

有定义,且当 $x\to 0$ 时,$f(x)\to +\infty$,故 $x=0$ 是 f 的间断点.这种使函数值趋于无穷大的间断点,通常称为**无穷间断点**.在本章第三节末已经指出,函数 g 在 $x=0$ 的去心邻域内有定义且极限不存在,函数值在 -1 与 1 之间无限次往复振荡,这种间断点常被称为**振荡间断点**.

综合以上各种情况,我们将函数的间断点分为两大类:一类是函数的左、右极限都存在的间断点,称为**第一类间断点**,可去间断点和跳跃间断点属于第一类间断点;不是第一类的间断点都称为**第二类间断点**,例如,无穷间断点、振荡间断点都属于第二类间断点.

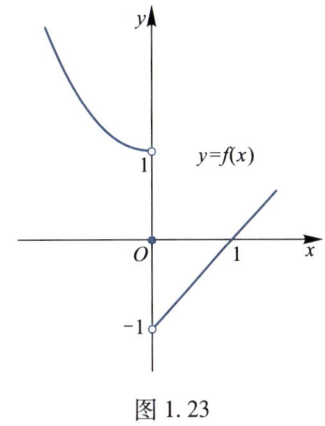

图 1.23

注:在判别函数间断点类型时,通常只要指出它是第一类或第二类间断点就可以了,若无特别要求,可不作更细致的区分.因为函数的间断点特别是第二类间断点中的情况是很复杂的.例如对函数 $f(x)=e^{\frac{1}{x}}$,由于
$$\lim_{x\to 0^+}f(x)=+\infty,\quad \lim_{x\to 0^-}f(x)=0,$$
所以 $x=0$ 既不是它的无穷间断点,又不是它的第一类间断点,只能笼统地说 $x=0$ 是它的第二类间断点.

5.2 连续函数的运算性质与初等函数的连续性

利用函数的连续性定义与极限的有关性质,容易证明连续函数的下列性质:

定理 5.1 设函数 $f,g:U(x_0)\subseteq \mathbf{R}\to \mathbf{R}$ 在 x_0 处连续,则

(1)(和、差、积、商的连续性)$f\pm g$,fg,$\dfrac{f}{g}$ ($g(x_0)\neq 0$)在 x_0 处都连续;

(2)f 在 x_0 处是局部有界的.

例 5.7 证明:三角函数在它们的定义域上连续.

证 例 5.2 中已证明 $\sin x$ 与 $\cos x$ 都是定义域 $(-\infty,+\infty)$ 上的连续函数,又因为
$$\tan x=\frac{\sin x}{\cos x},\quad \cot x=\frac{\cos x}{\sin x},$$
根据定理 5.1,可知它们也是定义域(区间 $(-\infty,+\infty)$ 中除去使分母为 0 的点)上的连续函数.类似可以证明 $\sec x$ 与 $\csc x$ 在定义域上的连续性,因此,所有三角函数在它们的定义域上连续.

定理 5.2(复合函数的连续性) 设 $y=f(g(x))$ 是由 $y=f(u)$ 与 $u=g(x)$ 复合而成的,$x_0\in D(f\circ g)$.若 g 在 x_0 处连续,f 在对应的 $g(x_0)$ 处连续,且 $u_0=g(x_0)$,则复合函数 $y=f(g(x))$ 也在 x_0 处连续.

在本章第一节中已经证明了,区间 I 上的严格单调增(减)函数 f 的反函数 f^{-1} 必

存在,而且 f^{-1} 在值域 $f(I)$ 上也是严格单调增(减)的. 又因为 $y=f(x)$ 与 $y=f^{-1}(x)$ 的图像关于 $y=x$ 是对称的,因此,直观上容易理解,若 $y=f(x)$ 的图像是一条连续曲线,则 $y=f^{-1}(x)$ 的图像也是一条连续曲线.因此我们有(证明从略)

定理 5.3（反函数的连续性） 设 $f:I\to \mathbf{R}$ 是严格单调增(减)的连续函数,则其反函数 f^{-1} 存在,并且在 $f(I)$ 上也是严格单调增(减)的连续函数.

例 5.8 证明:反三角函数、对数函数和一般幂函数在它们各自的定义区间上连续.

证 由于 $y=\sin x$ 在 $\left[-\dfrac{\pi}{2},\dfrac{\pi}{2}\right]$ 上严格单调增且连续,根据定理 5.3,它的反函数 $y=\arcsin x$ 在 $[-1,1]$ 上连续.其他反三角函数在定义区间上的连续性可类似地证明.

由 a^x $(a>0,a\neq 1)$ 与 e^x 在 $(-\infty,+\infty)$ 的严格单调性及连续性,故它们的反函数对数函数 $\log_a x$ 与 $\ln x$ 在定义区间 $(0,+\infty)$ 内也是连续的.

又因为 $x^\alpha = e^{\alpha \ln x}$ $(x>0,\alpha \in \mathbf{R})$ 可以看成是连续函数 $y=e^u$ 与 $u=\alpha \ln x$ 的复合函数,根据定理 5.2 它在 $(0,+\infty)$ 内是连续函数. ∎

1. 初等函数的连续性

由于常数(看作函数)是连续的,再综合例 5.2、5.3、5.7 与例 5.8 可知,所有基本初等函数在它们各自的定义域内都是连续的.再由定理 5.1 与定理 5.2 得知,所有初等函数在它们的定义域内的任何区间(即定义区间)上是连续的.

二维码 1.5.3 为什么只说初等函数在它们的定义区间上连续.

利用上述知识,我们就可以讨论一些具体函数的连续性,指出它们在何处连续、何处间断,间断点是什么类型.

例 5.9 讨论函数 $f(x)=\dfrac{x}{\tan x}$ 的连续性,并判断间断点的类型.

解 由于题中所给函数 $f(x)$ 是初等函数,它在其定义区间上是连续的,所以它的间断点只可能是使 $\tan x$ 无定义的点 $x=n\pi+\dfrac{\pi}{2}$ 与使 $\tan x=0$ 的点 $x=n\pi$ $(n=0,\pm 1,\pm 2,\cdots)$.下面对这些点分别进行讨论.

由于
$$\lim_{x\to 0}\dfrac{x}{\tan x}=1,$$
所以 $x=0$ 是 $f(x)$ 的第一类间断点(可去间断点).又

☞二维码 1.5.4 怎样才能在讨论函数的连续性与间断点问题中少犯错误.

$$\lim_{x\to n\pi}\dfrac{x}{\tan x}=\pm\infty \quad (n=\pm 1,\pm 2,\cdots),$$

所以 $x=n\pi$ 是 $f(x)$ 的第二类间断点(无穷间断点).最后,因为

$$\lim_{x\to n\pi+\frac{\pi}{2}}\frac{x}{\tan x}=0\ (n=0,\ \pm 1,\ \pm 2,\cdots),$$

所以 $x=n\pi+\frac{\pi}{2}$ 也是 $f(x)$ 的第一类间断点（可去间断点）.

例 5.10 讨论函数

$$f(x)=\begin{cases}\dfrac{1}{1-\mathrm{e}^{\frac{x}{x-1}}}, & x\neq 1,\\ 1, & x=1\end{cases}$$

的连续性.

解 由于 f 是分段函数，故先讨论它在分界点 $x=1$ 处的连续性. 因为

$$\lim_{x\to 1^-}\frac{1}{1-\mathrm{e}^{\frac{x}{x-1}}}=1,\quad \lim_{x\to 1^+}\frac{1}{1-\mathrm{e}^{\frac{x}{x-1}}}=0,$$

所以 $x=1$ 是 $f(x)$ 的第一类间断点（跳跃间断点）. 又因为初等函数 $\dfrac{1}{1-\mathrm{e}^{\frac{x}{1-x}}}$ 在 $x=0$ 处无定义，并且

$$\lim_{x\to 0^+}\frac{1}{1-\mathrm{e}^{\frac{x}{x-1}}}=+\infty,\quad \lim_{x\to 0^-}\frac{1}{1-\mathrm{e}^{\frac{x}{x-1}}}=-\infty,$$

所以 $x=0$ 是 $f(x)$ 的第二类间断点（无穷间断点）.

综上可知，除 $x=0,1$ 是 $f(x)$ 的间断点外，由于 $(-\infty,+\infty)$ 被 $x=0$ 与 $x=1$ 分割成的三个开区间 $(-\infty,0),(0,1),(1,+\infty)$ 都是初等函数 $\dfrac{1}{1-\mathrm{e}^{\frac{x}{x-1}}}$ 的定义区间，因此 $f(x)$ 在这些区间上是连续的.

根据连续函数的定义和定理 5.2，我们有

$$\lim_{x\to x_0}f(x)=f(x_0)=f(\lim_{x\to x_0}x), \tag{5.3}$$

$$\lim_{x\to x_0}f(g(x))=f(g(x_0))=f(\lim_{x\to x_0}g(x)). \tag{5.4}$$

因此，在求连续函数极限的时候，极限符号与函数符号可以交换次序. 连续函数的这种极限运算性质为求连续函数的极限提供了方便.

例 5.11 证明下列极限等式：

(1) $\lim\limits_{x\to 0}\dfrac{\ln(1+x)}{x}=1$;　　(2) $\lim\limits_{x\to 0}\dfrac{e^x-1}{x}=1$;

(3) $\lim\limits_{x\to 0}\dfrac{(1+x)^\alpha-1}{x}=\alpha$　$(\alpha\in\mathbf{R})$.

证 (1) 由于 $\dfrac{\ln(1+x)}{x}=\ln(1+x)^{\frac{1}{x}}$ 可以看成 $y=\ln u$ 与 $u=(1+x)^{\frac{1}{x}}$ 的复合函数,由于 $\lim\limits_{x\to 0}(1+x)^{\frac{1}{x}}=e$,利用对数函数的连续性,我们有

$$\lim_{x\to 0}\frac{\ln(1+x)}{x}=\ln[\lim_{x\to 0}(1+x)^{\frac{1}{x}}]=\ln e=1.$$

(2) 令 $e^x-1=t$,则 $x=\ln(1+t)$,并且当 $x\to 0$ 时,$t\to 0$.由(1)我们得

$$\lim_{x\to 0}\frac{e^x-1}{x}=\lim_{t\to 0}\frac{t}{\ln(1+t)}=\lim_{t\to 0}\frac{1}{\dfrac{\ln(1+t)}{t}}=1.$$

> **想一想:**
> 试用(5.3)式与复合函数的极限运算法则(定理3.5)证明下述结论:设 $y=f[g(x)]$ 是由 $y=f(u)$ 与 $u=g(x)$ 复合而成的函数,若"外层"函数 f 是连续的,"内层"函数 $u=g(x)$ 在 x_0 处极限存在,且 $\lim\limits_{x\to x_0}g(x)=A$,则
> $$\lim_{x\to x_0}f[g(x)]=f[\lim_{x\to x_0}g(x)]=f(A).$$
> 并将此结论分别与(5.4)式,定理3.5的结论进行比较.
> 例5.11中极限等式(1)实际上就是利用上述结论证明的.

(3) 令 $(1+x)^\alpha-1=t$,则 $\alpha\ln(1+x)=\ln(1+t)$,并且当 $x\to 0$ 时,$t\to 0$.于是有

$$\lim_{x\to 0}\frac{(1+x)^\alpha-1}{x}=\lim_{\substack{t\to 0\\(x\to 0)}}\frac{t}{\ln(1+t)}\cdot\frac{\alpha\ln(1+x)}{x}$$

$$=\lim_{t\to 0}\frac{t}{\ln(1+t)}\cdot\lim_{x\to 0}\frac{\alpha\ln(1+x)}{x}=\alpha.\quad\blacksquare$$

由此例,我们又得到三个常用的等价无穷小关系式:当 $x\to 0$ 时,

$$\boxed{\ln(1+x)\sim x,\ e^x-1\sim x,\ (1+x)^\alpha-1\sim\alpha x.}\tag{5.5}$$

2. 幂指函数的连续性与极限

设 $f,g:A\subseteq\mathbf{R}\to\mathbf{R}$ 是两个函数,若 $\forall x\in A,f(x)>0$,则称形如 $f(x)^{g(x)}$ 的函数为**幂指函数**.由于

$$f(x)^{g(x)}=e^{g(x)\ln f(x)}$$

可看成 $y=e^u$ 与 $u=g(x)\ln f(x)$ 的复合函数.因此,若 f 与 g 都是连续函数,则 $f(x)^{g(x)}$ 也是连续函数.若 $\lim g(x)\ln f(x)$ 存在,则有

$$\lim f(x)^{g(x)}=e^{\lim g(x)\ln f(x)}.$$

这样,求幂指函数的极限问题就转化为求函数 $g(x)\ln f(x)$ 的极限问题.

例5.12 求 $\lim\limits_{x\to 0}(1+\sin x)^{\frac{1}{x}}$.

解 因为 $(1+\sin x)^{\frac{1}{x}} = e^{\frac{1}{x}\ln(1+\sin x)}$，利用(5.5)式我们有

$$\lim_{x\to 0} \frac{1}{x}\ln(1+\sin x) = \lim_{x\to 0} \frac{1}{x}\sin x = 1,$$

所以 $\lim_{x\to 0}(1+\sin x)^{\frac{1}{x}} = e$. ∎

5.3 闭区间上连续函数的性质

定义在闭区间上的连续函数有很多在理论和应用中都十分重要的整体性质，本段将给予详细的介绍和论证. 其实，读者也不难从几何上说明这些性质的正确性.

定理 5.4（有界性） 设 $f \in C[a,b]$，则 f 在 $[a,b]$ 上有界.

证 用反证法. 假定 f 在 $[a,b]$ 上无界，则对于任一 $n \in \mathbf{N}_+$ 必存在 $[a,b]$ 的一点，记作 x_n，使得

$$|f(x_n)| > n, \tag{5.6}$$

从而得到一个有界数列 $\{x_n\} \subseteq [a,b]$. 根据 Weierstrass 定理，必存在 $\{x_n\}$ 的一个收敛子数列 $\{x_{n_k}\}$，设 $x_{n_k} \to x_0$ $(k\to\infty)$. 由于 $a \leqslant x_{n_k} \leqslant b$ $(k=1,2,\cdots)$，根据保序性得知 $x_0 \in [a,b]$. 又因为 f 在 x_0 连续，故 $\lim_{k\to\infty} f(x_{n_k}) = f(x_0)$，这就是说，$\{f(x_{n_k})\}$ 是收敛数列，从而得知 $\{f(x_{n_k})\}$ 是有界数列. 这与(5.6)式相矛盾，因此 f 在 $[a,b]$ 上有界. ∎

定理 5.5（最大最小值定理） 设 $f \in C[a,b]$，则 f 在 $[a,b]$ 上一定能取得它的最大值与最小值，即至少存在两点 $x_1, x_2 \in [a,b]$（图 1.24），使得

$$f(x_1) = \max_{x\in[a,b]}\{f(x)\}, \quad f(x_2) = \min_{x\in[a,b]}\{f(x)\}.$$

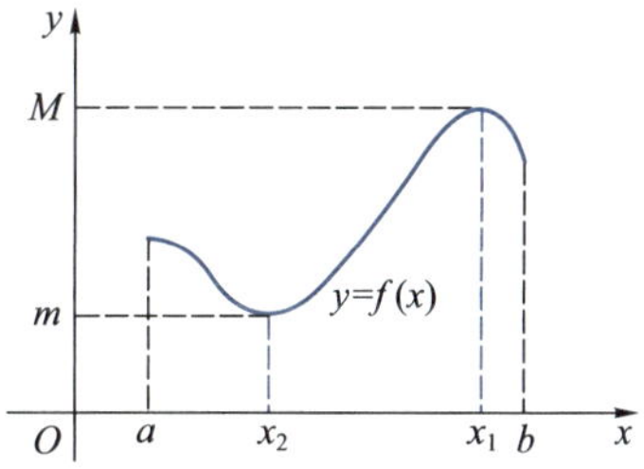

证 仅证 f 能在 $[a,b]$ 上取得最大值. 由于 $f \in C[a,b]$，根据定理 5.4，f 在 $[a,b]$ 上有界，即 $R(f)$ 是有界数集. 因而 $R(f)$ 必有上、下确界，设它们分别为

$$M = \sup R(f), \quad m = \inf R(f).$$

图 1.24

下面证明 M 与 m 必能被 f 在 $[a,b]$ 上某两点分别取得，从而它们分别就是 f 在 $[a,b]$ 上的最大与最小值. 事实上，根据上确界的定义，$\forall n \in \mathbf{N}_+$，$\exists \xi_n \in [a,b]$，使得 $M - \frac{1}{n} < f(\xi_n) \leqslant M$，由此得一有界数列 $\{\xi_n\} \subseteq [a,b]$. 由 Weierstrass 定理，$\{\xi_n\}$ 必有一收敛子列 $\{\xi_{n_k}\}$，设 $\xi_{n_k} \to x_1$ $(k\to\infty)$，则 $x_1 \in [a,b]$，再利用 f 在 $[a,b]$ 上的连续性得 $\lim_{k\to\infty} f(\xi_{n_k}) = f(x_1)$. 又由

$$M - \frac{1}{n_k} < f(\xi_{n_k}) \leq M$$

及夹逼性,对上式令 $k \to \infty$ 得知 $f(x_1) = M$. 从而上确界 M 被 f 在 $[a,b]$ 上的点 x_1 处取得,所以它就是 f 在 $[a,b]$ 上的最大值.

类似可证,存在 $x_2 \in [a,b]$,使 $f(x_2) = m = \min\limits_{x \in [a,b]} \{f(x)\}$. ∎

应当指出,在这两个定理中,f 的定义域是闭区间以及 f 在 $[a,b]$ 上连续这两个条件,如果有一个不满足,那么定理中的结论就不一定成立. 例如,$\tan x$ 仅在开区间 $\left(-\dfrac{\pi}{2}, \dfrac{\pi}{2}\right)$ 上连续,但它在该区间上无界,且没有最大值与最小值. 又如函数

$$f(x) = \begin{cases} \dfrac{1}{x}, & x \in [0,1] \setminus \{0\}, \\ 0, & x = 0, \end{cases}$$

虽然定义在闭区间 $[0,1]$ 上,但由于在 $x=0$ 处不连续,所以它在该区间上既无界,也无最大值.

定理 5.6(零点存在定理) 设 $f \in C[a,b]$,若 $f(a)f(b) < 0$,则至少存在一点 $\xi \in (a,b)$,使 $f(\xi) = 0$.

证 不妨设 $f(a) < 0, f(b) > 0$. 将 $[a,b]$ 二等分为两个子区间,若 $f\left(\dfrac{a+b}{2}\right) = 0$,则 $\xi = \dfrac{a+b}{2}$ 即为所求之点.

注:在几何上,零点存在定理表示:若在闭区间 $[a,b]$ 上的连续曲线 $y = f(x)$ 的两个端点 $(a, f(a))$ 与 $(b, f(b))$ 分别位于 x 轴的两侧,则此曲线与 x 轴至少有一个交点.

若 $f\left(\dfrac{a+b}{2}\right) \neq 0$,则它必与 $f(a)$ 或 $f(b)$ 异号. 故必有一子区间,使 f 在该子区间两个端点的值异号,设为 $[a_1, b_1]$,并且假定 $f(a_1) < 0, f(b_1) > 0$. 再将 $[a_1, b_1]$ 二等分,同样可得 $[a_1, b_1]$ 的一个子区间 $[a_2, b_2]$,使 $f(a_2) < 0, f(b_2) > 0$. 如此继续等分下去,若经过有限次等分后,f 在某分点 $\dfrac{a_n + b_n}{2}$ 处之值为 0,则该分点就是所求之点 ξ. 否则,再继续等分,得到一闭区间列 $\{[a_n, b_n]\}$,满足

(1) $[a,b] \supseteq [a_1, b_1] \supseteq [a_2, b_2] \supseteq \cdots \supseteq [a_n, b_n] \supseteq \cdots$;

(2) $b_n - a_n = \dfrac{b-a}{2^n} \to 0 \ (n \to \infty)$,

并且 $f(a_n) < 0 < f(b_n) \ (n \in \mathbf{N}_+)$. 根据闭区间套定理,存在唯一的数 $\xi \in \bigcap\limits_{n=1}^{\infty} [a_n, b_n]$,$\lim\limits_{n \to \infty} a_n = \lim\limits_{n \to \infty} b_n = \xi$. 由 f 的连续性和极限的保号性得

注:在零点存在定理的证明中,在证明函数零点存在的同时,还给出了零点的计算方法. 这种证明称为构造性的证明.

$$f(\xi) = \lim_{n\to\infty} f(a_n) \leq 0, \quad f(\xi) = \lim_{n\to\infty} f(b_n) \geq 0,$$

从而必有 $f(\xi)=0$. 又由于 $\xi \neq a, \xi \neq b$, 所以 $\xi \in (a,b)$. ∎

零点存在定理不但可用以判定函数方程 $f(x)=0$ 根的存在性, 而且它的证明过程也提供了一种求方程近似解的方法, 称之为**二分法**. 利用这种方法, 只要不断等分区间 $[a,b]$, 使第 n 级子区间的长度 $b_n - a_n = \dfrac{b-a}{2^n}$ 足够小, 就可以求得方程所需精确度的近似解.

例 5.13 证明方程 $x^3 + x^2 - 4x + 1 = 0$ 的三个根都在区间 $(-3, 2)$ 内.

证 设 $f(x) = x^3 + x^2 - 4x + 1$, 显然, $f \in C[-3, 2]$. 为了证明三个根都在 $(-3, 2)$ 内, 只要证明它所对应的连续曲线 $y = x^3 + x^2 - 4x + 1$ 与 x 轴有三个交点. 由于 $f(-3) = -5 < 0$, $f(0) = 1 > 0$, $f(1) = -1 < 0$, $f(2) = 5 > 0$, 因此根据零点存在定理, 该方程在 $(-3, 0)$, $(0, 1)$, $(1, 2)$ 内均分别至少有一个根. 又因为三次方程至多有三个根, 所以它们都在 $(-3, 2)$ 内. ∎

利用二分法不难求得这三个实根的近似值. 例如, 为了求得在区间 $(0, 1)$ 内的根的近似值, 将区间 $[0, 1]$ 不断地二等分, 并求出函数 f 在区间 $[a, b]$ 和相继等分所得子区间的中点的值如下:

在 $[0, 1]$ 的中点 $\dfrac{1}{2}$ 处的函数值 $f\left(\dfrac{1}{2}\right) = -\dfrac{5}{8} < 0$,

在 $\left[0, \dfrac{1}{2}\right]$ 的中点 $\dfrac{1}{4}$ 处的函数值 $f\left(\dfrac{1}{4}\right) = \dfrac{5}{64} > 0$,

在 $\left[\dfrac{1}{4}, \dfrac{1}{2}\right]$ 的中点 $\dfrac{3}{8}$ 处的函数值 $f\left(\dfrac{3}{8}\right) = -\dfrac{157}{512} < 0$.

因此, 若取 $\left[\dfrac{1}{4}, \dfrac{3}{8}\right]$ 的中点 $\dfrac{7}{16}$ 作为该方程在 $(0, 1)$ 内根的近似值, 其误差不超过该区间长度的一半, 即 $\dfrac{1}{16}$. 若精度还未达到问题的要求, 还可以继续做下去, 直至满意为止. 读者可以利用二分法在计算机上求得该方程任意精度的近似根.

例 5.14 设函数 $f: [0,1] \to [0,1]$ 连续, 证明存在 $t \in [0,1]$, 使 $f(t) = t$.

证 为了证明题中的结论, 只要证明函数 $f(x) - x$ 在 $[0, 1]$ 上有一个零点即可. 设 $F(x) = f(x) - x$, 则 $F \in C[0, 1]$, 并且 $F(0) = f(0) \geq 0$, $F(1) = f(1) - 1 \leq$

> **想一想:**
> 你能说明例 5.14 的几何意义吗?

0. 若 $F(0) = 0$ (或 $F(1) = 0$), 则 $t = 0$ (或 $t = 1$) 就是所求之点. 若 $F(0) > 0$ 且 $F(1) < 0$, 则由零点存在定理, 存在 $t \in (0, 1)$ 使 $F(t) = 0$, 即 $f(t) = t$. 综上所述, 我们就证明了题中的结论. ∎

例 5.15 证明：在温度非均匀连续分布的金属圆环上，至少存在两个关于圆心的对称点，它们的温度相等.

证 以金属圆环的圆心为原点建立直角坐标系（图1.25）.在圆环上任取一点 P_1，设 $\overrightarrow{OP_1}$ 与 x 轴的夹角为 θ，则点 P_1 的坐标为 $(R\cos\theta, R\sin\theta)$，与 P_1 关于 O 的对称点 P_2 的坐标为 $(R\cos(\pi+\theta), R\sin(\pi+\theta))$.由于圆环上各点的温度是非均匀连续分布的，因此，温度是 θ 的非常数连续函数.设 P_1 处的温度为 $T(R\cos\theta, R\sin\theta)$，则 P_2 处的温度为 $T(R\cos(\pi+\theta), R\sin(\pi+\theta))$.

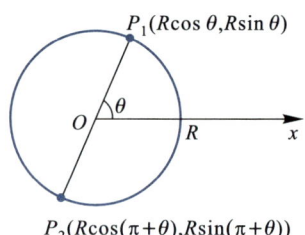

图 1.25

注：在用数学理论和方法研究实际应用问题时，常常需要建立一个坐标系，并分析题意，将该问题用数学的语言表示出来，建立它的数学模型.

为了证明题中的结论，只要证明至少存在一个 $\bar{\theta} \in [0,\pi]$，使 P_1 与 P_2 两点对应于 $\bar{\theta}$ 的温度相等，也就是这两点对应于 $\bar{\theta}$ 的温度之差为零.为此，令

$$f(\theta) = T(R\cos\theta, R\sin\theta) - T(R\cos(\pi+\theta), R\sin(\pi+\theta)), \theta \in [0,\pi].$$

显然，$f(\theta) \in C([0,\pi])$，且

$$f(0) = T(R,0) - T(-R,0),$$
$$f(\pi) = T(-R,0) - T(R,0).$$

若 $f(0) = 0$，则 $f(\pi) = 0$.这就是说，$\theta = 0$ 与 $\theta = \pi$ 所对应的两点的温度都相等，题中结论成立.若 $f(0) \neq f(\pi)$，则易见 $f(0) \cdot f(\pi) < 0$.由零点存在定理，至少存在一个 $\bar{\theta} \in (0,\pi)$，使 $f(\bar{\theta}) = 0$，即与 $\bar{\theta}$ 相对应的两点温度相等：

$$T(R\cos\bar{\theta}, R\sin\bar{\theta}) = T(R\cos(\pi+\bar{\theta}), R\sin(\pi+\bar{\theta})).$$

综上可知，题中结论成立. ∎

由此例不难得知，地球赤道上总存在两个关于地球中心的对称点，它们具有相同的温度.

定理 5.7（介值定理） 设 $f \in C[a,b]$，$f(a) \neq f(b)$，并且 μ 为介于 $f(a)$ 与 $f(b)$ 之间的任一值（不含 $f(a)$ 与 $f(b)$），则至少存在一点 $\xi \in (a,b)$，使 $f(\xi) = \mu$.

证 为了证明至少 $\exists$ 一点 $\xi \in (a,b)$，使 $f(\xi) = \mu$，只要证明 $f(\xi) - \mu = 0$.为此，令 $F(x) = f(x) - \mu$，则 $F \in C[a,b]$，且 $F(a) = f(a) - \mu$ 与 $F(b) = f(b) - \mu$ 异号.由定理 5.6，至少存在一点 $\xi \in (a,b)$，使 $F(\xi) = 0$，即 $f(\xi) = \mu$. ∎

想一想：
试说明介值定理的几何意义，并由此分析证明该定理的思想方法.

容易看出，在定理 5.6 与定理 5.7 中，如果函数 f 在闭区间 $[a,b]$ 上还是严格单调的，那么点 ξ 是唯一的.

推论 5.1 设 $f \in C[a,b]$，则 f 在 $[a,b]$ 上能取得介于它的最大值 M 与最小值 m 之间（含 M 与 m）的任一值.

想一想：
如何证明推论 5.1？

这个推论也可称为介值定理.

例 5.16 设 $f \in C(a,b)$，$a < x_1 < x_2 < \cdots < x_n < b$，则至少存在一点 $\xi \in (a,b)$，使

$$f(\xi) = \frac{1}{n} \sum_{i=1}^{n} f(x_i). \tag{5.7}$$

证 由于 $f \in C(a,b)$，因此 $f \in C[x_1, x_n]$. 根据定理 5.5，必存在 $\xi_1, \xi_2 \in [x_1, x_n]$，使得

$$f(\xi_1) = m = \min_{x \in [x_1, x_n]} \{f(x)\}, \quad f(\xi_2) = M = \max_{x \in [x_1, x_n]} \{f(x)\}.$$

为了得到所要证明的等式 (5.7)，根据推论 5.1 只要证明 (5.7) 式右端的值介于 m 与 M 之间（含 M 与 m）. 事实上，由于

$$m \leqslant f(x_i) \leqslant M \quad (i = 1, 2, \cdots, n),$$

所以有

$$nm \leqslant \sum_{i=1}^{n} f(x_i) \leqslant nM,$$

从而得

$$m \leqslant \frac{1}{n} \sum_{i=1}^{n} f(x_i) \leqslant M.$$

根据推论 5.1，至少存在一点 $\xi \in [x_1, x_n] \subseteq (a,b)$，使 $f(\xi) = \frac{1}{n} \sum_{i=1}^{n} f(x_i)$. ∎

推论 5.2（值域定理） 设 $f \in C[a,b]$，且 $f(x) \not\equiv$ 常数，则 $f([a,b])$ 是一个闭区间.

证 由定理 5.5 得知，f 在 $[a,b]$ 上必能取得最大值 M 和最小值 m. 由于 $f(x)$ 不是常数，所以 $\forall x \in [a,b]$，有 $m \leqslant f(x) \leqslant M$，故有 $f([a,b]) \subseteq [m, M]$. 下面只要证明相反的包含关系成立就可以了. 事实上，由推论 5.1，$\forall \mu \in [m, M]$，至少存在一点 $x \in [a,b]$ 使 $f(x) = \mu$，从而有 $[m, M] \subseteq f([a,b])$. 因此有

$$f([a,b]) = [m, M]. \quad ∎$$

注：推论 5.2 表明，定义在闭区间上非常数的连续函数的值域不会是支离破碎的点集，其值连续不断地充满了闭区间 $[m, M]$，就是说，它将闭区间映为闭区间.

5.4 函数的一致连续性

本段介绍一种比连续性要求更强的所谓一致连续性，它在许多理论问题的研究

中是很重要的. 大家知道, 函数 f 在区间 I 上连续, 是指它在该区间的每一点 x_0 处都连续, 即

$$\forall \varepsilon > 0, \exists \delta > 0, 使得 \forall x \in U(x_0, \delta), 恒有 |f(x) - f(x_0)| < \varepsilon. \quad (5.8)$$

值得注意的是, 上式中的 δ 不但与 ε 有关, 而且通常还与 x_0 有关. 即便对于同一个 ε, 当 x_0 不同时, 一般情况下, δ 也不尽相同. 例如, 显然函数 $y = \dfrac{1}{x}$ 在 $(0, +\infty)$ 内每一点都连续. 由图 1.26 易见, 表示该函数的曲线在靠近原点的地方较陡峭, 而在远离原点的地方较平坦. 因此, 对于同样大小的 ε, δ 的最大允许值(就是使 (5.8) 式成立的 δ 值中最大者)在远离原点 O 的 $\tilde{x}_0$ 处

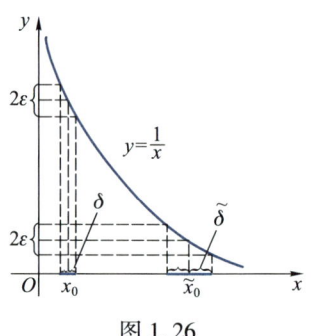

图 1.26

的 $\tilde{\delta}$ 比在靠近原点 O 的 x_0 处的 δ 要大得多, 而且离原点越近, δ 越小. 这说明, 在 $(0, +\infty)$ 内的不同点附近, 函数值随自变量改变的"步伐"是不一致的. 又因为 $(0, +\infty)$ 内包含无穷多个不同的 x_0, 所以也就存在无穷多个不同的 δ. 并且由图 1.26 可见, 当 $x_0 \to 0$ 时, $\delta \to 0$. 从而可知, 对于函数 $y = \dfrac{1}{x}$ 来说, 在无穷多个 δ 中找不到一个共同的 $\delta > 0$, 使 (5.8) 式成立. 试问, 是否存在这样的连续函数, 使对给定的 $\varepsilon > 0$, 对连续区间内所有点能找到一个共同的 δ 呢? 这就是函数在区间上的一致连续问题.

定义 5.3 (一致连续函数) 设 $f: I \to \mathbf{R}$ 为任一函数, 若

$\forall \varepsilon > 0, \exists \delta > 0,$ 使得 $\forall x_1, x_2 \in I$, 当 $|x_1 - x_2| < \delta$ 时,

$$恒有 |f(x_1) - f(x_2)| < \varepsilon, \quad (5.9)$$

则称 f 是区间 I 上的**一致连续函数**, 其中 δ 仅与 ε 有关.

二维码 1.5.5 有界闭区间上连续函数性质的归纳与小结.

函数 f 在区间 I 上连续与一致连续是两个不同的概念. 前者只要求对于 I 中的各点 x_0 能分别找到使不等式 (5.8) 成立的 δ 就行了, 它刻画了函数的局部状态, 所以, f 在区间 I 上连续也叫做 f 在 I 上**处处连续**; 后者则要求对于 I 中的所有点, 能找到一个共同的 δ, 使不等式 (5.9) 成立, 它刻画了函数的整体性态. 易见, 如果函数 f 在 I 上一致连续, 则在 I 上处处连续, 反之不一定成立.

例 5.17 证明: 正弦函数 $\sin x$ 与余弦函数 $\cos x$ 在 $(-\infty, +\infty)$ 上是一致连续的.

证 由于 $\forall x_1, x_2 \in (-\infty, +\infty)$, 都有

$$|\sin x_1 - \sin x_2| = 2 \left| \sin \frac{x_1 - x_2}{2} \right| \left| \cos \frac{x_1 + x_2}{2} \right| \leq |x_1 - x_2|,$$

所以,对任给的 $\varepsilon>0$,只要取 $\delta=\varepsilon$,就有

$$\forall x_1, x_2 \in (-\infty, +\infty), 当 |x_1-x_2|<\delta 时, 恒有 |\sin x_1 - \sin x_2| < \varepsilon.$$

因此,根据定义 5.3,$\sin x$ 在 $(-\infty, +\infty)$ 上一致连续. 类似可证 $\cos x$ 在 $(-\infty, +\infty)$ 上一致连续. ∎

例 5.18 证明:函数 $\sin\dfrac{1}{x}$ 在 $(0,1]$ 上连续但却不一致连续.

证 由于 $\sin\dfrac{1}{x}$ 是初等函数,因此它在区间 $(0,1]$ 上是连续的. 下面证明它在 $(0,1]$ 上不一致连续. 取 $x_1=\dfrac{1}{2n\pi+\dfrac{\pi}{2}}, x_2=\dfrac{1}{n\pi}(n\in\mathbf{N}_+)$,则

$$\sin\dfrac{1}{x_1}=1, \quad \sin\dfrac{1}{x_2}=0.$$

而且,当 $n\to\infty$ 时,$x_1-x_2\to 0$. 因此,对于 $\varepsilon=\dfrac{1}{2}$ 及任何 $\delta>0$,都存在 $x_1, x_2\in(0,1]$,只要 n 充分大,都满足 $|x_1-x_2|<\delta$,却有

$$\left|\sin\dfrac{1}{x_1}-\sin\dfrac{1}{x_2}\right|=1>\varepsilon,$$

故 $\sin\dfrac{1}{x}$ 在 $(0,1]$ 上不一致连续. ∎

注:根据定义 5.3,证明 $\sin\dfrac{1}{x}$ 在 $(0,1]$ 上不一致连续的基本思路是存在某个 ε_0,使得对于任何 $\delta>0$,在 $(0,1]$ 中都能找到 x_1 与 x_2,使得当 $|x_1-x_2|<\delta$ 时,恒有

$$\left|\sin\dfrac{1}{x_1}-\sin\dfrac{1}{x_2}\right|>\varepsilon_0.$$

在此例中,取 $\varepsilon_0=\dfrac{1}{2}, x_1=\dfrac{1}{2n\pi+\dfrac{\pi}{2}}, x_2=\dfrac{1}{n\pi}(n\in\mathbf{N}_+)$.

定理 5.8 设 $f\in C[a,b]$,则 f 在 $[a,b]$ 上一致连续.

*证 用反证法. 若 f 在 $[a,b]$ 上不一致连续,则由定义 5.3,

$$\exists \varepsilon_0>0, 对 \delta_n=\dfrac{1}{n}(n\in\mathbf{N}_+), \exists x_n^{(1)}, x_n^{(2)}\in[a,b],$$

满足 $|x_n^{(1)}-x_n^{(2)}|<\dfrac{1}{n}$,但是 $|f(x_n^{(1)})-f(x_n^{(2)})|\geqslant\varepsilon_0$.

由于 $\{x_n^{(1)}\}\subseteq[a,b]$ 是有界数列,根据 Weierstrass 定理,它有收敛子列 $\{x_{n_k}^{(1)}\}$,设 $x_{n_k}^{(1)}\to x_0\in[a,b]$. 在 $\{x_n^{(2)}\}$ 中取与 $\{x_{n_k}^{(1)}\}$ 相对应的子列 $\{x_{n_k}^{(2)}\}$,由于 $|x_{n_k}^{(1)}-x_{n_k}^{(2)}|<\dfrac{1}{n_k}\to 0\ (k\to\infty)$,故 $\lim\limits_{k\to\infty}x_{n_k}^{(2)}=\lim\limits_{k\to\infty}(x_{n_k}^{(2)}-x_{n_k}^{(1)})+\lim\limits_{k\to\infty}x_{n_k}^{(1)}=x_0$. 根据 f 的连续性,有 $\lim\limits_{k\to\infty}[f(x_{n_k}^{(1)})-f(x_{n_k}^{(2)})]=f(x_0)-f(x_0)=0$,这与 $|f(x_{n_k}^{(1)})-f(x_{n_k}^{(2)})|\geqslant\varepsilon_0$ 相矛盾. 故 f 在 $[a,b]$ 上一致

连续.

根据定义 5.3 后面的一段分析和定理 5.8 可得下述重要结论：

函数 f 在闭区间 $[a,b]$ 上一致连续的充要条件是 f 在 $[a,b]$ 上处处连续.

这个结论在第三章证明闭区上连续函数的可积性定理中起着关键的作用.

*5.5　一维空间 R 上的压缩映射原理与迭代法

作为极限理论与函数连续性的一个重要应用，本段介绍用于判定方程根的存在唯一性的重要原理——压缩映射原理以及求解方程近似根的常用方法——迭代法.

设 f 是从集合 A 到自身的一个映射. 若存在一个 $x\in A$，使 $f(x)=x$，则称 x 是映射 f 的一个**不动点**. 易见，映射 f 有一个不动点等价于方程 $f(x)=x$ 有一个根. 因此，研究映射不动点的存在唯一性及其求法的问题，实质上就是研究相应方程根的存在唯一性及其求法的问题.

若映射(函数) $f:\mathbf{R}\to\mathbf{R}$ 满足不等式

$$|f(x)-f(y)|\leqslant k|x-y|, \tag{5.10}$$

其中 $x,y\in\mathbf{R}$，$0<k<1$，则称 f 为**压缩映射**.

定理 5.9（压缩映射原理） 设 $f:\mathbf{R}\to\mathbf{R}$ 是一个压缩映射，则 f 在 $\mathbf{R}$ 上有唯一的不动点.

想一想：

试证明压缩映射（函数）$f:\mathbf{R}\to\mathbf{R}$ 是连续的.

证 （1）首先证明：任取 $x_0\in\mathbf{R}$，利用压缩映射 f 所作的迭代数列 $\{x_n\}$：

$$x_1=f(x_0), x_2=f(x_1),\cdots,x_n=f(x_{n-1}),\cdots$$

是收敛数列. 事实上，因为

$$|x_n-x_{n-1}|=|f(x_{n-1})-f(x_{n-2})|\leqslant k|x_{n-1}-x_{n-2}|$$
$$=k|f(x_{n-2})-f(x_{n-3})|\leqslant k^2|x_{n-2}-x_{n-3}|$$
$$\leqslant\cdots\leqslant k^{n-1}|x_1-x_0|,$$

其中 $0<k<1$，所以，对于任何 $p\in\mathbf{N}_+$，有

$$|x_{n+p}-x_n|\leqslant|x_{n+p}-x_{n+p-1}|+|x_{n+p-1}-x_{n+p-2}|+\cdots+|x_{n+1}-x_n|$$
$$\leqslant(k^{n+p-1}+k^{n+p-2}+\cdots+k^n)|x_1-x_0|$$
$$=\frac{k^n(1-k^p)}{1-k}|x_1-x_0|<\frac{k^n}{1-k}|x_1-x_0|.$$

由于 $0<k<1$，故 $\forall\varepsilon>0$，$\exists N\in\mathbf{N}_+$，当 $n>N$ 时，恒有

$$|x_{n+p}-x_n|<\frac{k^n}{1-k}|x_1-x_0|<\varepsilon. \tag{5.11}$$

根据 Cauchy 收敛原理，$\{x_n\}$ 是收敛数列，设 $x_n \to \tilde{x}$ $(n \to \infty)$.

（2）其次证明：$\tilde{x}$ 是 f 的一个不动点. 事实上，在迭代关系式 $x_n = f(x_{n-1})$ 两边取极限，由 f 的连续性得 $\tilde{x} = f(\tilde{x})$. 因此，$\tilde{x}$ 是 f 的一个不动点，即 $\tilde{x}$ 是方程 $x = f(x)$ 的一个根.

（3）最后证明不动点的唯一性. 如果 f 还有另一个不动点 $\tilde{x}_1$，即 $\tilde{x}_1 = f(\tilde{x}_1)$，那么
$$|\tilde{x}_1 - \tilde{x}| = |f(\tilde{x}_1) - f(\tilde{x})| < k|\tilde{x}_1 - \tilde{x}|.$$
因为 $0 < k < 1$，所以上式当且仅当 $|\tilde{x}_1 - \tilde{x}| = 0$ 时才成立，故 $\tilde{x}_1 = \tilde{x}$.

综上所述，f 有唯一的不动点. ∎

上面的定理不但证明了压缩映射 f 不动点的存在唯一性，即方程 $f(x) = x$ 根的存在唯一性，而且定理的证明过程还提供了求该方程近似根的一种方法. 事实上，由于定理证明中所作的迭代数列 $\{x_n\}$ 收敛于方程的精确解 $\tilde{x}$，因此，其中的任何一项 x_n 都可作为它的近似解，而且 n 越大，精度越高.

若在(5.11)式中，令 $p \to \infty$，则
$$|\tilde{x} - x_n| \leqslant \frac{k^n}{1-k}|x_1 - x_0| = \frac{k^n}{1-k}|f(x_0) - x_0|,$$

从而得到 n 次迭代的近似解 x_n 与精确解 $\tilde{x}$ 的误差估计式. 上述利用迭代数列求方程根的近似解的方法，是方程求根中一种常用而且简便易行的方法，称为**迭代法**. 只要编出简单的程序，就可以在计算机上求出方程足够精确的近似解.

习题 1.5

(A)

1. 证明：函数 f 在 x_0 处连续 $\Leftrightarrow f$ 在 x_0 处既左连续，又右连续.

2. 两个在 x_0 处不连续函数之和在 x_0 是否一定不连续？若其中一个在 x_0 处连续，一个在 x_0 处不连续，则它们的和在 x_0 处是否一定不连续？

3. 证明：若 f 连续，则 $|f|$ 也连续. 逆命题成立吗？

4. 设 $f, g \in C[a,b]$，记
$$\varphi(x) = \max_{x \in [a,b]}\{f(x), g(x)\}, \quad \psi(x) = \min_{x \in [a,b]}\{f(x), g(x)\},$$
证明：$\varphi, \psi \in C[a,b]$.

5. 设函数 f 在 $(-\infty, +\infty)$ 上满足 Lipschitz 条件：
$$\exists L > 0, \text{使得 } \forall x, y \in (-\infty, +\infty), \text{恒有 } |f(x) - f(y)| \leqslant L|x - y|,$$

证明：f 在 $(-\infty,+\infty)$ 上一致连续.

6. 证明：函数 $f:I\to\mathbf{R}$ 在 $x_0\in I$ 处连续 $\Leftrightarrow \forall x_n\in I,x_n\to x_0$ $(n\to\infty)$，恒有 $\lim\limits_{n\to\infty}f(x_n)=f(x_0)$.

7. 设函数 $f:I\to\mathbf{R}$ 在 $x_0\in I$ 处连续，且 $f(x_0)>0$. 证明：存在 x_0 的一个邻域及正数 q，使得在该邻域内，$f(x)\geqslant q>0$.

8. 讨论下列函数在指定点处的连续性. 若是间断点，说明它的类型：

(1) $f(x)=\sqrt{x},x=1,x=0$；

(2) $f(x)=\dfrac{x-2}{x^2-4},x=2$；

(3) $f(x)=2^{\frac{1}{x-3}},x=3$；

(4) $f(x)=\begin{cases}x\sin\dfrac{1}{x}, & x<0,\\ 1, & x\geqslant 0,\end{cases}$ $x=0$.

9. 讨论下列函数的连续性. 若有间断点，说明间断点的类型：

(1) $f(x)=\begin{cases}\dfrac{\sin x}{x}, & x<0,\\ x^2-1, & x\geqslant 0;\end{cases}$

(2) $f(x)=\mathrm{e}^{x+\frac{1}{x}}$；

(3) $f(x)=\dfrac{x}{\ln x}$；

(4) $f(x)=\begin{cases}\mathrm{e}^{-\frac{1}{x^2}}, & x\neq 0,\\ 2, & x=0;\end{cases}$

(5) $f(x)=\begin{cases}\sin\dfrac{1}{x^2-1}, & x<0,\\ \dfrac{x^2-1}{\cos\dfrac{\pi}{2}x}, & x\geqslant 0.\end{cases}$

10. 求下列函数的极限：

(1) $\lim\limits_{x\to 1}\dfrac{\arctan x}{\sqrt{x+\ln x}}$；

(2) $\lim\limits_{x\to 0}\dfrac{\ln(1+2x)}{\sin 3x}$；

(3) $\lim\limits_{x\to 0}\left(\cot x-\dfrac{\mathrm{e}^{2x}}{\sin x}\right)$；

(4) $\lim\limits_{x\to 0}(\cos x)^{\frac{1}{x^2}}$；

(5) $\lim\limits_{x\to\frac{\pi}{2}}(1+\cos x)^{\tan x}$.

11. 证明：

(1) $\lim\limits_{\Delta x\to 0}\dfrac{\mathrm{e}^{x_0+\Delta x}-\mathrm{e}^{x_0}}{\Delta x}=\mathrm{e}^{x_0}$；

(2) $\lim\limits_{\Delta x\to 0}\dfrac{(x_0+\Delta x)^\alpha-x_0^\alpha}{\Delta x}=\alpha x_0^{\alpha-1}$ $(\alpha\in\mathbf{R})$.

12. 试确定常数 a,b，使下列函数在 $x=0$ 处连续：

(1) $f(x)=\begin{cases}a+x, & x\leqslant 0,\\ \sin x, & x>0;\end{cases}$

(2) $f(x)=\begin{cases}\arctan\dfrac{1}{x}, & x<0,\\ a+\sqrt{x}, & x\geqslant 0;\end{cases}$

(3) $f(x)=\begin{cases}\dfrac{\sin ax}{x}, & x>0,\\ 2, & x=0,\\ \dfrac{1}{bx}\ln(1-3x), & x<0.\end{cases}$

13. 证明下列各题：

(1) 方程 $x2^x=1$ 在 $[0,1]$ 内至少有一个根；

(2) 方程 $x^5-3x-1=0$ 在 $(1,2.7)$ 内至少有一个根;

(3) 设 $f\in C[a,b]$,若 f 在 $[a,b]$ 上恒不为 0,则 f 在 $[a,b]$ 上恒为正(或负);

(4) 方程 $\sin x+x+1=0$ 在 $\left[-\dfrac{\pi}{2},\dfrac{\pi}{2}\right]$ 内至少有一个根.

14. 用介值定理证明:当 n 为奇数时,方程
$$a_n x^n + a_{n-1} x^{n-1} + \cdots + a_1 x + a_0 = 0$$
至少有一个根,其中 $a_i \in \mathbf{R}$ 为常数 $(i=0,1,\cdots,n)$,$a_n \neq 0$.

15. 设 $f \in C[a,b]$,$a < x_1 < x_2 < \cdots < x_n < b$.证明至少存在一点 $\xi \in (a,b)$,使
$$f(\xi) = \dfrac{1}{\lambda} \sum_{i=1}^{n} \lambda_i f(x_i),$$
其中 $\lambda = \sum_{i=1}^{n} \lambda_i$,且 $\lambda_i > 0$ $(i=1,2,\cdots,n)$.

(B)

1. 设函数 $f:\mathbf{R}\to\mathbf{R}$ 满足可加性,即对任何 $x_1,x_2 \in \mathbf{R}$,$f(x_1+x_2)=f(x_1)+f(x_2)$,并且 f 在 $x=0$ 处连续,证明 f 在 $\mathbf{R}$ 上连续.

2. 设 $f\in C[a,+\infty)$,并且 $\lim\limits_{x\to+\infty} f(x)$ 存在,证明 f 在 $[a,+\infty)$ 上有界.

3. 设 $f\in C(a,b)$,并且 $f(a+0)$ 与 $f(b-0)$ 存在(包括极限为无穷大)且异号,证明:在 (a,b) 内至少存在一点 ξ,使 $f(\xi)=0$.

4. 设 $f\in C(-\infty,+\infty)$,并且 f 是奇函数,证明方程 $f(x)=0$ 至少有一个根.若 f 是严格单调的,则 $x=0$ 是它的唯一根.

5. 证明:若 $a_n > |a_{n-1}| + |a_{n-2}| + \cdots + |a_1| + |a_0|$,则方程
$$a_n \cos nx + a_{n-1} \cos(n-1)x + \cdots + a_1 \cos x + a_0 = 0$$
在 $(0,2\pi)$ 内至少有 $2n$ 个根.

第 1 章习题

1. 选择题(在每小题给出的四个选项中只有一个是正确的,试选择正确的选项并说明理由.)

(1) $\forall \varepsilon >0$,有无穷多个 $x_n \in (a-\varepsilon,a+\varepsilon)$ 是数列 $\{x_n\}$ 收敛于 a 的( ).

    (A) 充分条件,但非必要条件   (B) 必要条件,但非充分条件

    (C) 充要条件   (D) 既非充分条件,也非必要条件

(2) 设数列 $\{a_n\}$,$\{b_n\}$,$\{c_n\}$ 满足 $a_n \leq b_n \leq c_n$,且 $\lim\limits_{n\to\infty}(c_n-a_n)=0$,则数列 $\{b_n\}$ 的极限( ).

    (A) 存在且为零   (B) 存在但不一定为零

    (C) 一定不存在   (D) 不一定存在

(3) 设数列 $\{x_n\}$ 与 $\{y_n\}$ 满足 $\lim\limits_{n\to\infty} x_n y_n = 0$,则下列断言正确的是( ).

    (A) 若 x_n 发散,则 y_n 必发散   (B) 若 x_n 无界,则 y_n 必无界

(C) 若 x_n 有界,则 y_n 必为无穷小 (D) 若 $\dfrac{1}{x_n}$ 为无穷小,则 y_n 必为无穷小

(4) 设有数列 $\{x_n\}$ 与 $\{y_n\}$,以下结论正确的是(   ).

(A) 若 $\lim\limits_{n\to\infty} x_n y_n = 0$,则必有 $\lim\limits_{n\to\infty} x_n = 0$ 或 $\lim\limits_{n\to\infty} y_n = 0$

(B) 若 $\lim\limits_{n\to\infty} x_n y_n = \infty$,则必有 $\lim\limits_{n\to\infty} x_n = \infty$ 或 $\lim\limits_{n\to\infty} y_n = \infty$

(C) 若 $\{x_n y_n\}$ 有界,则必有 $\{x_n\}$ 与 $\{y_n\}$ 都有界

(D) 若 $\{x_n y_n\}$ 无界,则必有 $\{x_n\}$ 无界或 $\{y_n\}$ 无界

(5) 当 $x \to 0$ 时,变量 $\dfrac{1}{x^2}\sin\dfrac{1}{x}$ 是(   ).

(A) 无穷小量 (B) 无穷大量

(C) 有界的但不是无穷小量 (D) 无界的但不是无穷大量

(6) 设 $f(x), \varphi(x)$ 在 $(-\infty, +\infty)$ 上有定义,$f(x)$ 为连续函数,且 $f(x) \neq 0$,$\varphi(x)$ 有间断点,则(   ).

(A) $\varphi[f(x)]$ 必有间断点 (B) $[\varphi(x)]^2$ 必有间断点

(C) $f[\varphi(x)]$ 必有间断点 (D) $\dfrac{\varphi(x)}{f(x)}$ 必有间断点

(7) $x=0$ 是函数 $f(x) = \dfrac{2+e^{\frac{1}{x}}}{1+e^{\frac{4}{x}}} + \dfrac{\sin x}{|x|}$ 的(   ).

(A) 跳跃间断点 (B) 可去间断点

(C) 无穷间断点 (D) 振荡间断点

(8) 设函数 $f(x) = \dfrac{x}{a+e^{bx}}$ 在 $(-\infty, +\infty)$ 上连续,且 $\lim\limits_{x\to-\infty} f(x) = 0$,则常数 a, b 满足(   ).

(A) $a<0, b<0$ (B) $a>0, b>0$

(C) $a \leq 0, b>0$ (D) $a \geq 0, b<0$

(9) 已知函数 $f(x) = \dfrac{(x^2+a^2)(x-1)}{e^{\frac{1}{x}}+b}$ 在 $(-\infty, +\infty)$ 上有一个可去间断点和一个跳跃间断点,则(   ).

(A) $a=1, b=-1$ (B) $a=0, b=1$

(C) $a \neq 0, b=-e$ (D) $a=e, b=-1$

2. 已知 $f(x) = \sin x$,$f(\varphi(x)) = 1 - x^2$,试求 $\varphi(x)$ 及其定义域.

3. 求下列极限:

(1) $\lim\limits_{n\to\infty}\left(\dfrac{1}{n^2+n+1} + \dfrac{2}{n^2+n+2} + \cdots + \dfrac{n}{n^2+n+n}\right)$; (2) $\lim\limits_{n\to\infty} n^2(e^{\frac{1}{n}} - e^{\frac{1}{n+1}})$;

(3) $\lim\limits_{x\to 0}\dfrac{\sqrt{1+\tan x} - \sqrt{1+\sin x}}{x\sin^2 x}$; (4) $\lim\limits_{x\to 1}\dfrac{x+x^2+\cdots+x^n-n}{x-1}$;

(5) $\lim\limits_{x\to 0}\dfrac{(1+2\sin x)^x - 1}{x^2}$; (6) $\lim\limits_{x\to 0}\dfrac{(a+x)^x - a^x}{x^2}$ $(a>0)$.

4. 试确定常数 a 与 n 的一组值,使得当 $x\to 0$ 时,$e^{2x^2}-\ln[e(1+x^2)]$ 与 ax^n 为等价无穷小.

5. 设 $f(x)=\lim\limits_{t\to x}\left(\dfrac{\sin t}{\sin x}\right)^{\frac{x}{\sin t-\sin x}}$,试确定 $f(x)$ 的间断点,并指出其类型.

6. 设 $f(x)=\lim\limits_{n\to\infty}\dfrac{x^{2n-1}+ax^2+bx}{x^{2n}+1}$ 在 $(-\infty,+\infty)$ 内连续,试确定常数 a 和 b.

7. 某人为了孩子的教育,打算在银行存入一笔资金,希望这笔资金 10 年后价值为 12 000 元.

(1) 如果银行以年利率 9%、每年支付复利四次的方式付息,问此人一开始应在银行存入多少元?

(2) 如果复利是连续的,此人一开始应在银行存入多少元?

8. 设有方程 $x^n+nx-1=0$,其中 n 为正整数.证明此方程存在唯一正实根 x_n,并证明 $\lim\limits_{n\to\infty}x_n=0$.

9. 设 $f(x)$ 在 $(-\infty,+\infty)$ 上连续,且 $\lim\limits_{x\to\infty}\dfrac{f(x)}{x}=0$,试证明存在 $\xi\in(-\infty,+\infty)$,使 $f(\xi)+\xi=0$.

综合练习题

1. 设有一对新出生的兔子,两个月之后成年.从第三个月开始,每个月产一对小兔,且新生的每对小兔也在出生两个月之后成年,第三个月开始每月生一对小兔.假定出生的兔均无死亡,(1) 问一年后共有几对兔子?(2) 问 n 个月之后有多少对兔子?(3) 若 n 个月之后有 F_n 对兔子,试求 $\lim\limits_{n\to\infty}\dfrac{F_n}{F_{n+1}}$(题中所讲的一对兔子均是雌雄异性的).

说明:该问题是意大利数学家 Fibonacci 于 13 世纪初(1202 年)研究兔子繁殖过程中数量变化规律时提出来的,其中的数列 $\{F_n\}$ 被后人称为 Fibonacci 数列.有趣的是,极限 $\lim\limits_{n\to\infty}\dfrac{F_n}{F_{n+1}}=\dfrac{\sqrt{5}-1}{2}\approx 0.618$ 正是"黄金分割"数,在优选法及许多领域得到很多新应用.

2. 所谓**蛛网模型**是在研究市场经济的一种循环现象中提出来的,现以猪肉的产量与价格之间的关系为例来说明.若去年猪肉的产量供过于求,它的价格就会降低;价格降低会使今年养猪者减少,使猪肉的产量供不应求,于是肉价上扬;价格上扬又使明年猪肉产量增加,造成新的供过于求,如此循环下去.设 x_n 为第 n 年的猪肉产量,y_n 为其价格,由于当年的产量确定当年价格,所以 $y_n=f(x_n)$,称为**需求函数**.而第 n 年的价格又决定第 $n+1$ 年的产量,故 $x_{n+1}=g(y_n)$,称为**供应函数**.产销关系呈现出如下过程:

$$x_1\to y_1\to x_2\to y_2\to x_3\to y_3\to x_4\to\cdots.$$

在平面直角坐标系中描出下面的点列:

$$P_1(x_1,y_1),\quad P_2(x_2,y_1),\quad P_3(x_2,y_2),\quad P_4(x_3,y_2),\quad\cdots$$
$$P_{2k-1}(x_k,y_k),\quad P_{2k}(x_{k+1},y_k)\ (k=1,2,\cdots),$$

其中所有的点 P_{2k} 都满足 $x=g(y)$,P_{2k-1} 满足 $y=f(x)$,如图所示.由于这种关系很像一个蛛网,所以称为蛛网模型.

据统计,某城市 1991 年猪肉产量为 30 万吨,肉价为 6 元/千克;1992 年猪肉产量为 25 万吨,肉价为 8 元/千克.已知 1993 年的猪肉产量为 28 万吨.若维持目前的消费水平和生产模式,并假定猪肉当年的价格与当年的产量之间、来年的产量与当年的价格之间都是线性关系.

(1) 试确定需求函数 $y_n = f(x_n)$ 和供应函数 $x_{n+1} = g(y_n)$;

(2) 求 $\lim\limits_{n\to\infty} x_{n+1}$ 与 $\lim\limits_{n\to\infty} y_{n+1}$;

(3) 问若干年后猪肉的产量与价格是否会趋于稳定?若能够稳定,求出稳定的产量和价格.

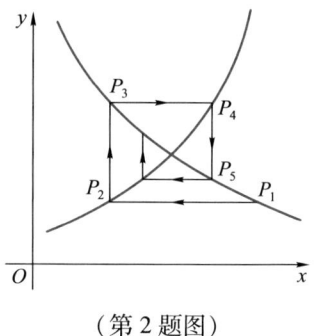

(第 2 题图)

第二章　一元函数微分学及其应用

在第一章中,我们系统地讨论了极限理论,并用极限研究了函数的连续性.从本章开始将要介绍的一元函数的微分学和积分学,就是利用极限理论从局部和整体两个方面对非线性函数变化性态进行的更深入的研究.本章讨论的一元函数微分学的主要内容包括:导数与微分的概念和计算法则;微分中值定理与 Taylor 公式以及它们在研究函数性态(单调性、极值与凸性等)中的应用.

第一节　导数的概念

本节通过几个实例引入导数的概念,讲解导数的定义,讨论导数的几何意义以及可导与连续的关系,最后举例说明导数在各种不同学科中的具体含义.

1.1　导数的定义

在绪论中已经讲过变速直线运动的瞬时速度问题.当时间的改变量 Δt 很小时,我们可以通过将位移 $s=s(t)$ 随时间 t 的非均匀变化近似看成均匀变化,将变速直线运动近似看成匀速直线运动,从而,在从 t_0 到 $t_0+\Delta t$ 的微小时间段内物体的平均速度

$$\bar{v} = \frac{\Delta s}{\Delta t} = \frac{s(t_0 + \Delta t) - s(t_0)}{\Delta t}$$

就是物体在时刻 t_0 的瞬时速度 $v(t_0)$ 的近似值. Δt 越小,这个近似值越精确,于是求变速直线运动的瞬时速度就转化为求平均速度的极限,即

$$v(t_0) = \lim_{\Delta t \to 0} \frac{s(t_0 + \Delta t) - s(t_0)}{\Delta t}. \tag{1.1}$$

还有很多实际问题都归结为求同样形式的极限,下面再举两个例子.

例 1.1 细棒的线密度问题

设有一物质非均匀分布的细棒,长为 l,试求细棒上各点的线密度.

大家知道,如果细棒上物质的分布是均匀的,就是说细棒上单位长度的质量都相等,那么各点的线密度相同,只要通过除法用公式 $\rho = \dfrac{M}{l}$ 就能求得,其中 M 为细棒的总质量. 现在细棒上的物质是非均匀分布的,细棒上不同部位处单位长度的质量不一定相等,自然不能用上述公式来计算细棒上各点的线密度. 为了求出细棒上各点的线密度,先将细棒置于 x 轴上,左端点为坐标原点(图 2.1),则从原点到点 x 一段细棒的质量为非线性函数

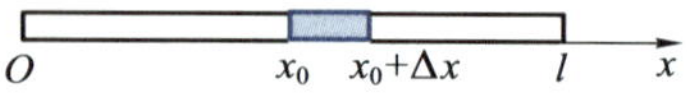

$$m = m(x), \quad x \in [0, l].$$

图 2.1

因此,从点 x_0 到点 $x_0 + \Delta x$ 那一小段细棒的质量为

$$\Delta m = m(x_0 + \Delta x) - m(x_0).$$

于是,在微小区间 $[x_0, x_0 + \Delta x]$ 内,质量的变化可近似看作是均匀的,用除法求得的

$$\frac{\Delta m}{\Delta x} = \frac{m(x_0 + \Delta x) - m(x_0)}{\Delta x}$$

就表示该小段细棒的平均密度,它只是该小段内细棒上各点线密度的近似值,而不是精确值. 但是,如果质量 m 随 x 的变化是连续的,即 $m = m(x)$ 是 $[0, l]$ 上的连续函数,那么,$|\Delta x|$ 越小,上述近似值的精度越高. 因此,若 $\Delta x \to 0$ 时平均密度的极限存在,则该极限值就规定为细棒在 x_0 处的线密度,即

$$\rho(x_0) = \lim_{\Delta x \to 0} \frac{\Delta m}{\Delta x} = \lim_{\Delta x \to 0} \frac{m(x_0 + \Delta x) - m(x_0)}{\Delta x}. \qquad \blacksquare \qquad (1.2)$$

例 1.2 平面曲线的切线斜率问题

我们知道直线的斜率是一个很有用的概念. 在很多实际问题中还提出求平面曲线上一点处的切线斜率问题. 为此,首先讲解什么是曲线上一点处的切线,能否像平面几何中把与圆只有一个交点的直线定义为圆的切线那样来定义一般曲线的切线呢? 读者不难举例说明,这样定义曲线上一点处的切线是不恰当的. 下面介绍平面曲线在一点处的切线定义.

想一想:
举例说明用与曲线只有一个交点的直线来定义该曲线在此点切线是不恰当的.

设 Γ 为一条连续的平面曲线,它的方程是 $y = f(x)$(图 2.2),f 是连续函数,A 是 Γ 上任一点,B 为另一点. 联结 A 与 B 得一割线 AB,当点 B 沿着 Γ 趋向点 A 时,割线 AB 将绕着点 A 转动. 如果当 $B \to A$ 时割线 AB 的极限位置存在,设为直线 AT,那么

AT 就称为曲线 Γ 在点 A 处的**切线**. 这就是说, 曲线 Γ 在点 A 处的切线是当 $\Delta x \to 0$ 时割线 AB 的极限位置.

设割线 AB 的倾角为 β, 则其斜率为
$$\tan \beta = \frac{\Delta y}{\Delta x} = \frac{f(x_0 + \Delta x) - f(x_0)}{\Delta x}.$$

由于当 $\Delta x \to 0$ 时, 割线 AB 就转化为切线 AT. 因此, 自然将割线斜率的极限定义为曲线 Γ 在点 A 处**切线的斜率**:

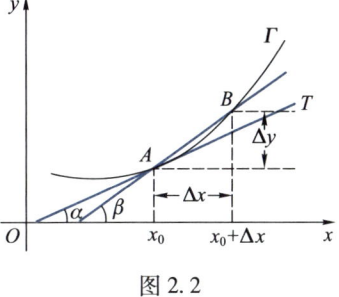

图 2.2

$$\tan \alpha = \lim_{\Delta x \to 0} \tan \beta = \lim_{\Delta x \to 0} \frac{f(x_0 + \Delta x) - f(x_0)}{\Delta x}. \quad (1.3)$$

上面我们从来自于物理和几何等不同领域的实际问题提出了形如 (1.1)、(1.2) 与 (1.3) 式的极限问题, 都是当自变量的改变量 $\Delta x \to 0$ 时, 函数改变量 Δy 与自变量改变量 Δx 之比的极限. 由于科学技术中还有大量的问题都归结为此类极限问题, 因此, 人们舍弃上述诸问题的具体含义, 抽象出如下的定义.

定义 1.1 (导数) 设函数 f 定义在 x_0 的某一邻域 $U(x_0)$ 内. 在此邻域内, 当自变量在 x_0 处有改变量 Δx 时, 相应地函数有改变量 $\Delta y = f(x_0 + \Delta x) - f(x_0)$. 若当 $\Delta x \to 0$ 时这两个改变量之比的极限

$$\lim_{\Delta x \to 0} \frac{\Delta y}{\Delta x} = \lim_{\Delta x \to 0} \frac{f(x_0 + \Delta x) - f(x_0)}{\Delta x} \quad (1.4)$$

存在, 则称函数 f **在 x_0 处可导**, 并称该极限值为 f **在 x_0 处的导数**, 记作 $f'(x_0)$ 或 $\left.\dfrac{\mathrm{d}f(x)}{\mathrm{d}x}\right|_{x=x_0}$.

☞二维码 2.1.1 导数定义的常见不同形式.

如果函数用 $y = f(x)$ 来表示, 则它在 x_0 处的导数也可记作 $y'|_{x=x_0}$ 或 $\left.\dfrac{\mathrm{d}y}{\mathrm{d}x}\right|_{x=x_0}$. 此时, 若记 $x = x_0 + \Delta x$, $\Delta y = f(x) - f(x_0)$, 则 (1.4) 式也可写成下面的形式:

$$f'(x_0) = \lim_{x \to x_0} \frac{f(x) - f(x_0)}{x - x_0} = \lim_{\Delta x \to 0} \frac{\Delta y}{\Delta x}.$$

若极限 (1.4) 不存在, 则称 f **在 x_0 处不可导**. 特别地, 若极限 (1.4) 为无穷大, 则为方便计, 也称 f 在 x_0 处的**导数为无穷大**, 并记作 $f'(x_0) = \infty$.

注: 导数为无穷大, 只是一种说法或记法, 它是函数导数不存在(即不可导)的一种情况.

根据导数的定义, (1.1)—(1.3) 式可以用导数分别表示为

$$v(t_0) = \frac{\mathrm{d}s}{\mathrm{d}t}\bigg|_{t=t_0}, \quad \rho(x_0) = \frac{\mathrm{d}m}{\mathrm{d}x}\bigg|_{x=x_0}, \quad \tan\alpha = f'(x_0).$$

就是说,求瞬时速度、细棒在一点的线密度以及曲线上一点处的切线斜率都归结为求某个函数在一点处的导数.

利用单侧极限可以定义函数的**单侧导数**.若右(左)极限

$$\lim_{\Delta x \to 0^+} \frac{f(x_0 + \Delta x) - f(x_0)}{\Delta x} \left(\lim_{\Delta x \to 0^-} \frac{f(x_0 + \Delta x) - f(x_0)}{\Delta x} \right)$$

存在,则称此极限值是 f 在 x_0 处的**右(左)导数**,并称 f 在 x_0 **右(左)可导**,记作

$$f'_+(x_0) = \lim_{\Delta x \to 0^+} \frac{f(x_0 + \Delta x) - f(x_0)}{\Delta x}$$

$$\left(f'_-(x_0) = \lim_{\Delta x \to 0^-} \frac{f(x_0 + \Delta x) - f(x_0)}{\Delta x} \right). \tag{1.5}$$

利用极限与左、右极限的关系立即可得:

函数 f 在 x_0 处可导 $\Leftrightarrow f$ 在 x_0 处左、右导数存在且相等.

> **想一想:**
> 试证明函数 f 在 x_0 处可导的充要条件为 f 在 x_0 处左、右导数均存在且相等.

定义 1.2(导函数) 如果函数 $f: I \to \mathbf{R}$ 在区间 I 的每一点都可导(若 I 包含端点,则在端点处可导是指左端点右可导,右端点左可导),则称函数 f 在**区间 I 上可导**.此时,对于 I 的每一点 x,都对应着 f 的一个导数 $f'(x)$,因而 f 的导数 $f'(x)$ 是定义在 I 上的一个新函数 $f': I \to \mathbf{R}$,称它为 f 在 I 上的**导函数**,记作 $\dfrac{\mathrm{d}f}{\mathrm{d}x}$ 或 $\dfrac{\mathrm{d}y}{\mathrm{d}x}$.

不难看出 f 在一点 x_0 处的导数就是 f 的导函数 f' 在点 x_0 处的值,即 $f'(x_0) = f'(x)|_{x=x_0}$.今后,在不致混淆的情况下,简称导函数为导数.

> **想一想:**
> 等式 $f'(x_0) = [f(x_0)]'$ 成立吗?

例 1.3 证明下列函数的导数公式:

> (1) $(C)' = 0$(C 为常数);　(2) $(\mathrm{e}^x)' = \mathrm{e}^x$($-\infty < x < +\infty$);
> (3) $(a^x)' = a^x \ln a$($a > 0, a \neq 1, -\infty < x < +\infty$);
> (4) $(x^\alpha)' = \alpha x^{\alpha-1}$($\alpha \in \mathbf{R}, 0 < x < +\infty$);
> (5) $(\sin x)' = \cos x$($-\infty < x < +\infty$);
> (6) $(\cos x)' = -\sin x$($-\infty < x < +\infty$).

证 利用导数的定义以及有关的极限运算法则很容易求得本题中的导数公式.例如,公式(2)、(4)可由第一章习题 1.5(A)中的第 11 题的结果得到,公式(5)、(6)

可由第一章习题 1.3（A）中的第 12 题得到. 下面仅证明公式（1）与（3）. 由导数的定义.

（1）$(C)' = \lim\limits_{\Delta x \to 0} \dfrac{f(x+\Delta x)-f(x)}{\Delta x} = \lim\limits_{\Delta x \to 0} \dfrac{0}{\Delta x} = 0$；

（3）$(a^x)' = \lim\limits_{\Delta x \to 0} \dfrac{a^{x+\Delta x}-a^x}{\Delta x} = a^x \lim\limits_{\Delta x \to 0} \dfrac{a^{\Delta x}-1}{\Delta x}$，

令 $a^{\Delta x}-1 = t$，则 $\Delta x = \log_a(1+t) = \dfrac{\ln(1+t)}{\ln a}$. 易见，当 $\Delta x \to 0$ 时，$t \to 0$，故

$$(a^x)' = a^x \lim\limits_{t \to 0} \dfrac{t}{\ln(1+t)} \ln a = a^x \ln a,$$

其中最后一个等式利用了无穷小的等价代换 $\ln(1+t) \sim t\ (t \to 0)$. ∎

例 1.4　考察函数 $f(x) = |x|, x \in (-\infty, +\infty)$ 在 $x_0 = 0$ 处的可导性.

解　由于

$$\dfrac{f(x_0+\Delta x)-f(x_0)}{\Delta x} = \dfrac{|\Delta x|}{\Delta x},$$

所以，

$$f'_+(x_0) = \lim\limits_{\Delta x \to 0^+} \dfrac{|\Delta x|}{\Delta x} = \lim\limits_{\Delta x \to 0^+} \dfrac{\Delta x}{\Delta x} = 1,$$

$$f'_-(x_0) = \lim\limits_{\Delta x \to 0^-} \dfrac{|\Delta x|}{\Delta x} = \lim\limits_{\Delta x \to 0^-} \dfrac{-\Delta x}{\Delta x} = -1.$$

注：在讨论分段函数与抽象函数（指未给出具体数学表达式的函数）可导性的时候，往往需要利用导数（包括单侧导数）的定义.

从而 $f'_+(x_0) \neq f'_-(x_0)$，故 f 在 $x_0 = 0$ 处不可导. ∎

例 1.5　考察函数

$$f(x) = \begin{cases} x\sin\dfrac{1}{x}, & x \neq 0, \\ 0, & x = 0 \end{cases}$$

在 $x = 0$ 处的连续性与可导性.

想一想：
有人说，在例 1.5 中，由于 $f(0) = 0$，所以 $f'(0) = 0$. 对吗？为什么？

解　根据连续性的定义，由于

$$\lim\limits_{x \to 0} f(x) = \lim\limits_{x \to 0} x\sin\dfrac{1}{x} = 0 = f(0),$$

所以该函数在 $x = 0$ 处是连续的. 又因为

$$\dfrac{f(0+\Delta x)-f(0)}{\Delta x} = \dfrac{\Delta x \sin\dfrac{1}{\Delta x} - 0}{\Delta x} = \sin\dfrac{1}{\Delta x},$$

当 $\Delta x \to 0$ 时，$\sin\dfrac{1}{\Delta x}$ 的极限不存在，故该函数在 $x = 0$ 处不可导. ∎

二维码 2.1.2
关于分段函数在分界点处的求导问题.

*例 1.6　设函数 $f:(0,+\infty)\to \mathbf{R}$ 在 $x=1$ 处可导,且
$$f(xy) = yf(x) + xf(y), \quad \forall x,y \in (0,+\infty). \tag{1.6}$$

证明:函数 f 在 $(0,+\infty)$ 内处处可导,并且 $f'(x) = \dfrac{f(x)}{x} + f'(1)$.

证　根据导数的定义,
$$f'(x) = \lim_{\Delta x \to 0} \frac{f(x+\Delta x) - f(x)}{\Delta x}.$$

为了利用条件(1.6)及函数 f 在 $x=1$ 的可导性,将 $f(x+\Delta x)-f(x)$ 改写成
$$f(x+\Delta x) - f(x) = f\left[x\left(1+\frac{\Delta x}{x}\right)\right] - f(x),$$

将 $1+\dfrac{\Delta x}{x}$ 看成(1.6)式中的 y,从而可得

$$\begin{aligned}\frac{f(x+\Delta x)-f(x)}{\Delta x} &= \frac{f\left[x\left(1+\frac{\Delta x}{x}\right)\right]-f(x)}{\Delta x} \\ &= \frac{\left(1+\frac{\Delta x}{x}\right)f(x)+xf\left(1+\frac{\Delta x}{x}\right)-f(x)}{\Delta x} \\ &= \frac{f(x)}{x} + \frac{f\left(1+\frac{\Delta x}{x}\right)}{\frac{\Delta x}{x}}. \end{aligned} \tag{1.7}$$

注意:在例 1.6 中,仅由 f 在 $x=1$ 处可导不能推出它在 $(0,+\infty)$ 内处处可导的结论(见二维码 2.1.3),但当 f 同时满足条件(1.6)式时,则可推得此结论.因此,利用(1.6)式与 f 在 $x=1$ 处可导这两个已知条件推出题中的结论就是证明的关键.其中,利用(1.6)式将 $\dfrac{f(x+\Delta x)-f(x)}{\Delta x}$ 改写成(1.7)式,从而建立 f 在 $(0,+\infty)$ 内任一点的导数 $f'(x)$ 与 $f'(1)$ 之间的联系具有很强的技巧性.

在(1.6)式中取 $x=y=1$,易得 $f(1)=0$.于是
$$f'(x) = \frac{f(x)}{x} + \lim_{\Delta x \to 0}\frac{f\left(1+\frac{\Delta x}{x}\right)-f(1)}{\frac{\Delta x}{x}} = \frac{f(x)}{x} + f'(1). \quad\blacksquare$$

1.2　导数的几何意义

根据例 1.2,如果函数 f 在 x_0 处可导,那么它在 x_0 处的导数 $f'(x_0)$ 在几何上表示曲线 $y=f(x)$ 在点 $(x_0,f(x_0))$ 处切线的斜率.

如果函数 f 在 x_0 处不可导,但在该点处的单侧导数存在,那么,类似于例 1.2 的讨论可知,左导数 $f'_-(x_0)$(右导数 $f'_+(x_0)$)表示曲线 $y=f(x)$ 在点 $A(x_0,f(x_0))$ 处的**左侧(右侧)切线**的斜率(图 2.3).若 f 在 x_0 处左、右导数存在且相等,则曲线 $y=f(x)$ 在

点 A 处的左侧切线和右侧切线合而为一,只有一条切线.

如果函数 f 在 x_0 处连续,但导数 $f'(x_0)$ 为无穷大(含正、负无穷大),那么曲线 $y=f(x)$ 在点 $A(x_0, f(x_0))$ 处切线的倾角为 $\dfrac{\pi}{2}$. 因此,它在点 A 处的切

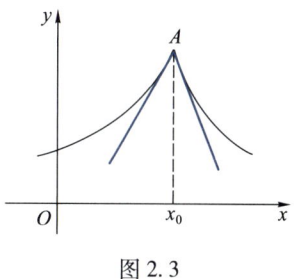

图 2.3

线平行于 y 轴. 例如,用定义易证函数 $y=x^{\frac{1}{3}}$ 在 $x=0$ 处连续,且导数为无穷大,曲线在点 $(0,0)$ 处的切线就是 y 轴(图 2.4). 一般来说,若 f 在 x_0 处不可导,且 $f'(x_0) \neq \infty$,则曲线 $y=f(x)$ 在点 $(x_0, f(x_0))$ 处没有切线. 例如,例 1.5 中的函数 f 在 $x=0$ 处不可导,且 $f'(0) \neq \infty$,从几何上看(图 2.5),当曲线 $y=f(x)$ 上的点沿曲线向原点移动时,割线在直线 $y=x$ 与 $y=-x$ 之间摆动,没有确定的极限位置,因此,该曲线在原点 $(0,0)$ 处没有切线.

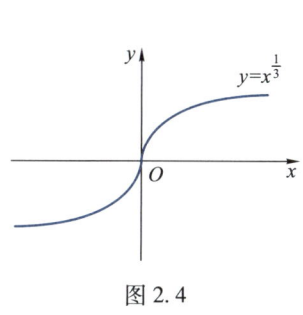

图 2.4

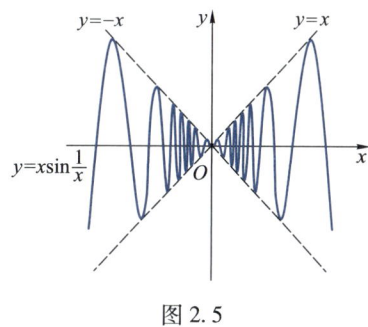

图 2.5

根据导数的几何意义及平面直线的点斜式方程可知,若 f 在 x_0 处可导,则曲线 $y=f(x)$ 在点 $A(x_0, f(x_0))$ 处的**切线方程**为

$$y - y_0 = f'(x_0)(x - x_0), \qquad (1.8)$$

法线方程为

$$y - y_0 = -\dfrac{1}{f'(x_0)}(x - x_0). \qquad (1.9)$$

想一想:
试说明:若函数 f 在 x_0 处连续,且 $f'(x_0) = \infty$,则平面曲线 $y=f(x)$ 在点 $(x_0, f(x_0))$ 处的切线方程为 $x=x_0$,法线方程为 $y=y_0$.

例 1.7　抛物镜面的聚光问题

探照灯、反射式天文望远镜以及日常生活中使用的手电筒,它们的反光镜都采用所谓旋转抛物面,即抛物线绕对称轴旋转一周而成的曲面. 这种反光镜有一个很好的光学特性,就是若把光源放在抛物线的焦点处,光线经镜面反射后能变成与对称轴平行的光束(图 2.6(a)). 下面,利用导数的几何意义来证明这个性质.

考察抛物线所在平面并建立坐标系如图 2.6(b) 所示. 设抛物线的方程为 $y^2=$

x,它的焦点为 $F\left(\dfrac{1}{4}, 0\right)$.仅考虑它的一支 $y=\sqrt{x}$,$P(x,y)$ 是这支抛物线上任意一点.

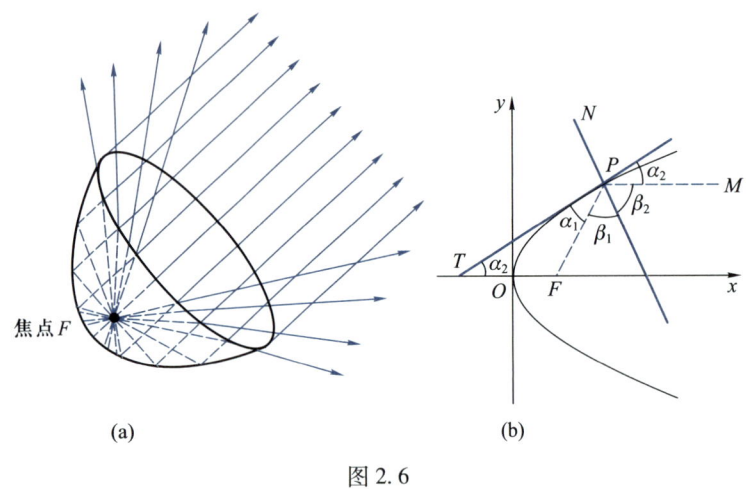

图 2.6

根据光学原理,光线的入射角应等于反射角.设入射角为 β_1,过 P 作平行于 Ox 轴的直线 PM,只要证明 $\beta_1=\beta_2$ 就行了.过点 P 作抛物线的切线 PT,问题就转化为证明 $\alpha_1=\alpha_2$.

为了证明 $\alpha_1=\alpha_2$,只要证明焦半径 $FP=FT$.事实上,设点 P 的坐标为 $(x,\sqrt{x})$,所以 $FP=\sqrt{\left(x-\dfrac{1}{4}\right)^2+x}=x+\dfrac{1}{4}$.又抛物线 $y=\sqrt{x}$ 在点 P 处的切线方程为

$$Y-\sqrt{x}=\dfrac{1}{2\sqrt{x}}(X-x),$$

其中 X,Y 为切线上点的坐标.令 $Y=0$,得点 T 的横坐标 $X=-x$,故 $FT=x+\dfrac{1}{4}$,这样就证明了 $FP=FT$. ∎

1.3 可导与连续的关系

根据导数的定义,很容易证明下面的定理.

定理 1.1 设函数 $y=f(x)$ 在 x_0 可导,则该函数必在 x_0 处连续.

证 由可导的定义知

$$\lim_{\Delta x \to 0}\dfrac{\Delta y}{\Delta x}=f'(x_0),$$

再利用第一章定理 4.1,我们有

> **注意**:证明定理 1.1 的基本思路是:利用函数可导的定义和极限与无穷小量之间的关系建立函数的改变量 Δy 与已知条件函数 $y=f(x)$ 在 x_0 处导数之间的关系 (1.11) 式,从而由连续定义直接得到定理的结论,是用已知解决未知思想的体现.

$$\frac{\Delta y}{\Delta x} = f'(x_0) + \alpha(\Delta x), \quad (1.10)$$

其中 $\Delta x \neq 0$,并且 $\lim\limits_{\Delta x \to 0} \alpha(\Delta x) = 0$. 等式两边同乘 Δx,得

$$\Delta y = f'(x_0)\Delta x + \alpha(\Delta x)\Delta x,$$

或

$$\Delta y = f'(x_0)\Delta x + o(\Delta x), \quad (1.11)$$

其中 $o(\Delta x) = \alpha(\Delta x)\Delta x$. 所以 $\lim\limits_{\Delta x \to 0} \Delta y = 0$,这说明 f 在 x_0 处连续.

二维码 2.1.3 导数概念中的两个值得注意的问题.

定理 1.1 表明,函数 f 在某点连续是函数在该点可导的必要条件,但不是充分条件. 例 1.4 和例 1.5 中的函数都在 $x_0 = 0$ 处连续,却不可导.

注:用类似的方法还能证明,若函数 f 在 x_0 左(右)可导,则它也在 x_0 左(右)连续,进而易知定理 1.1 对任意区间 I 也成立.

1.4 导数在科学技术中的含义——变化率

在本节开始已经指出,科学技术中有很多重要的量都可以用导数来刻画. 为了将导数更广泛地应用于各种不同的科技领域,还应对导数的概念作深入的剖析. 首先来分析导数定义中 $\frac{\Delta y}{\Delta x}$ 的含义.

我们知道,$\frac{\Delta y}{\Delta x}$ 是函数 $y = f(x)$ 的改变量 Δy 与自变量 x 的改变量 Δx 之比,它表示 x 改变一个单位长度时函数改变量的大小,反映了 y 随 x 变化的快慢程度,称它为函数 $y = f(x)$ 在长为 (Δx) 的区间上关于自变量的平均**变化率**.

在第一章第一节中已经讲过,当因变量 y 随自变量 x 均匀变化时,y 必是 x 的线性函数,此时平均变化率 $\frac{\Delta y}{\Delta x}$ 总是一个常数,它就是线性函数的导数.

若 $y = f(x)$ 是非线性函数,则平均变化率

$$\frac{\Delta y}{\Delta x} = \frac{f(x_0 + \Delta x) - f(x_0)}{\Delta x}$$

不是常数,随 x_0 和 Δx 而变. 非线性函数的因变量 y 随 x 的变化是非均匀的,在不同点 x_0 处变化的快慢程度也不相同. 为了精确刻画在不同点处 y 随 x 变化的快慢程度,仅用平均变化率是不够的,因为它只是该函数在长为 $|\Delta x|$ 的区间中各点处变化率的近似值. 因此,令 $\Delta x \to 0$,通过取极限得到的导数 $f'(x_0) = \lim\limits_{\Delta x \to 0} \frac{\Delta y}{\Delta x}$ 才是函数 $y = f(x)$ 在 x_0 **的变化率**.

回顾本节开始介绍的求变速直线运动瞬时速度和物质非均匀分布的细棒线密度的方法,求函数 $y = f(x)$ 在点 x_0 处的变化率(导数)可归纳为以下两步:

（1）**局部均匀化求近似值**：在从 x_0 到 $x_0+\Delta x$ 的微小局部内，将非均匀变化近似看作是均匀的，利用处理均匀量的除法，求得 $f(x)$ 在 x_0 处变化率的近似值：

$$\frac{\Delta y}{\Delta x} = \frac{f(x_0 + \Delta x) - f(x_0)}{\Delta x};$$

（2）**利用极限求精确值**：

$$\lim_{\Delta x \to 0} \frac{\Delta y}{\Delta x} = \lim_{\Delta x \to 0} \frac{f(x_0 + \Delta x) - f(x_0)}{\Delta x} = f'(x_0).$$

由此可见，"导数"是研究均匀变化问题的"商"在研究非均匀变化问题时的发展. 下面利用这种思想方法讨论不同学科领域中的一些应用实例.

注意：函数在一点的导数表示它在该点处的变化率，因此，凡研究非均匀变化的变化率问题，都需要用导数. 导数在不同学科中的具体含义不尽相同. 例如，变速直线运动中位移 s 对时间 t 的导数 $\dfrac{\mathrm{d}s}{\mathrm{d}t}$ 是瞬时速度，物质非均匀分布的细棒上，质量 m 对各点坐标 x 的导数 $\dfrac{\mathrm{d}m}{\mathrm{d}x}$ 是细棒的线密度.

注意：导数概念中包含着局部线性化思想，事实上，求非均匀变化的函数 $y=f(x)$ 在 x_0 处的变化率（即导数）的关键是第一步"局部均匀化"，也就是在微小局部"以匀代非匀". 由于均匀变化是线性函数的本质属性，而非均匀变化的函数是非线性的，所以"以匀代非匀"的本质就是"以线性函数代替非线性函数"，就是局部线性化.

例 1.8 电流强度

我们知道，在直流电路（恒定电流）中，通过导线截面的电量 $q=q(t)$ 随时间 t 的变化是均匀的，因此单位时间内通过导线的电量 $\dfrac{\Delta q}{\Delta t}$（即电量对时间的变化率）是常数，它就是电流强度. 在交流电路中，电量 $q=q(t)$ 随时间 t 的变化是非均匀的，则

$$\frac{\Delta q}{\Delta t} = \frac{q(t_0 + \Delta t) - q(t_0)}{\Delta t}$$

仅表示 Δt 时间内导线中的平均电流强度（即 q 对 t 的平均变化率）. 为了求 t_0 时刻的电流强度 $i(t_0)$，就要求 t_0 时刻 $q=q(t)$ 对 t 的变化率. 按照上述思想方法和步骤：

（1）在 t_0 到 $t_0+\Delta t$ 的微小时间段内，将电量的变化近似看作是均匀的，得电流强度 $i(t_0)$ 的近似值：

$$i(t_0) \approx \frac{\Delta q}{\Delta t} = \frac{q(t_0 + \Delta t) - q(t_0)}{\Delta t};$$

（2）令 $\Delta t \to 0$，取极限得电流强度的精确值：

$$i(t_0) = \lim_{\Delta t \to 0} \frac{\Delta q}{\Delta t} = \lim_{\Delta t \to 0} \frac{q(t_0 + \Delta t) - q(t_0)}{\Delta t} = q'(t_0). \quad \blacksquare$$

例 1.9 生物种群的增长率

设 $N=N(t)$ 表示某生物种群（例如鱼类等）在时刻 t 个体的数目. 如果 $N(t)$ 是 t

的线性函数,就是说,种群个体的数目 $N(t)$ 随时间 t 均匀变化,那么单位时间内种群个体数量的变化即增长率可用除法求得

$$\frac{\Delta N}{\Delta t} = \frac{N(t_0 + \Delta t) - N(t_0)}{\Delta t},$$

它是一个常数.但一般说来,种群个体的数目 $N(t)$ 是随时间 t 非均匀变化的,$N(t)$ 是一非线性函数.这时,上式仅表示 Δt 时间内种群的平均增长率,也就是 N 对 t 的平均变化率.为了预测随时间的增长该种群个体数量的变化,必须确定任何时刻 t_0 的增长率.因此,通过局部均匀化和求极限两个步骤可得时刻 t_0 的增长率为

$$\lim_{\Delta t \to 0} \frac{\Delta N}{\Delta t} = \lim_{\Delta t \to 0} \frac{N(t_0 + \Delta t) - N(t_0)}{\Delta t},$$

它就是函数 $N = N(t)$ 在时刻 t_0 对 t 的导数 $N'(t_0)$. ∎

读者可能注意到,种群的个体数量 $N = N(t)$ 只能取正整数,因此 $N = N(t)$ 不是连续函数,怎能求导数呢?在用数学方法解决实际问题的时候,往往需要根据某种要求对问题进行必要的数学处理,建立问题的近似模型或理想模型.在上面的问题中,由于很多生物种群的繁殖是世代重叠的,而且种群个体的数量很大,因此,当时间改变量 Δt 很小时,由出生和死亡引起的种群个体数量的变化相对于个体总数来说也很小,可把 $N = N(t)$ 近似看成是连续函数.事实上,利用 $\dfrac{\mathrm{d}N}{\mathrm{d}t}$ 作为增长率在研究很多生物种群的生态发展(包括研究人口的增长)中取得了令人满意的结果.这种情况在经济学中也经常碰到.

例 1.10 经济学中的边际成本

设 $p = p(x)$ 表示生产 x 个某种产品(例如轴承)的总成本.如果成本 p 随产品数量 x 是均匀变化的,那么 $\dfrac{p}{x}$ 就表示生产单位产品所需要的成本.实际上,影响总成本的因素很多,关系也很复杂,因此,$p = p(x)$ 一般是非线性函数,产品的总成本 p 是随 x 非均匀变化的.此时,

$$\frac{\Delta p}{\Delta x} = \frac{p(x_0 + \Delta x) - p(x_0)}{\Delta x}$$

仅表示生产 Δx 个产品的**平均成本**.为了确定是否要扩大(或缩小)该产品的生产规模,必须确定该产品在任意产量 x_0 时的成本,就是要求 $x = x_0$ 时函数 $p = p(x)$ 对 x 的变化率.通过局部均匀化并求极限可得

$$\lim_{\Delta x \to 0} \frac{\Delta p}{\Delta x} = \lim_{\Delta x \to 0} \frac{p(x_0 + \Delta x) - p(x_0)}{\Delta x},$$

它就是函数 $p=p(x)$ 在 x_0 的导数 $p'(x_0)$,在经济学中称为**边际成本**.

只要稍微留心就会发现,在实际问题中需要应用变化率的例子很多很多.读者自己可再列举一些应用实例,并把它们归结为导数问题.

习题 2.1

(A)

1. 用导数定义求下列函数的导数:

   (1) $f(x)=\cos x$;

   (2) $f(x)=\ln x$;

   (3) $f(x)=\begin{cases} x^2\sin\dfrac{1}{x}, & x\neq 0, \\ 0, & x=0, \end{cases}$ 求 $f'(0)$;

   (4) $f(x)=x|x|$,求 $f'(0)$.

2. 已知函数 f 在 x_0 处可导,求下列极限:

   (1) $\lim\limits_{\Delta x\to 0}\dfrac{f(x_0-\Delta x)-f(x_0)}{\Delta x}$;

   (2) $\lim\limits_{h\to 0}\dfrac{f(x_0+h)-f(x_0-h)}{h}$;

   (3) $\lim\limits_{n\to\infty}n\left[f\left(x_0+\dfrac{1}{n}\right)-f(x_0)\right]$;

   (4) $\lim\limits_{x\to x_0}\dfrac{x_0f(x)-xf(x_0)}{x-x_0}$.

3. 求下列函数的导函数和指定点的导数:

   (1) $f(x)=\dfrac{1}{\sqrt[3]{x^2}},x_0=8$;

   (2) $f(x)=8^x,x_0=0$;

   (3) $f(x)=\log_3 x,x_0=1$;

   (4) $f(x)=\ln 5,x_0=5$;

   (5) $f(x)=e^{10x},x_0=0$.

4. 求下列曲线在指定点的切线方程和法线方程:

   (1) $y=\cos x,\left(\dfrac{\pi}{6},\dfrac{\sqrt{3}}{2}\right)$;

   (2) $y=\ln x,(e,1)$.

5. 问曲线 $y=x^{3/2}$ 上哪一点的切线与直线 $y=3x-1$ 平行?

6. 试画出下列图形所表示的函数的导函数的草图:

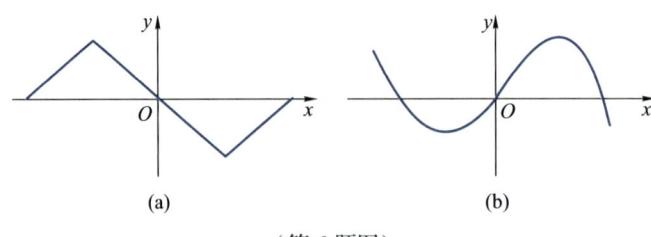

(第 6 题图)

7. 设 f 是偶函数,且 $f'(0)$ 存在,证明 $f'(0)=0$.

8. 设函数 φ 在 $x=a$ 处连续,$f(x)=(x-a)\varphi(x)$,证明:函数 f 在 $x=a$ 处可导;若 $g(x)=$

$|x-a|\varphi(x)$,函数 g 在 $x=a$ 处可导吗?

9. 试讨论函数的左(右)可导与左(右)连续的关系.

10. 设 $f(x) = \begin{cases} \sin x, & x<0 \\ x, & x \geq 0, \end{cases}$ 试求 $f'(x)$.

11. 试确定 a,b 的值,使函数

$$f(x) = \begin{cases} x^2, & x \leq 1, \\ ax+b, & x>1 \end{cases}$$

在 $x=1$ 处连续且可导.

12. 已知

$$f(x) = \begin{cases} x^2, & x \geq 0, \\ -x, & x<0, \end{cases}$$

求 $f'_+(0), f'_-(0)$,问 $f'(0)$ 是否存在?

13. 设物体绕定轴旋转,转角 θ 是时间 t 的函数 $\theta=\theta(t)$.若旋转是非匀速的,试确定物体在时刻 t_0 的角速度.

14. 设质点在力的作用下所做的功 $W=f(t)$,若功 W 随时间 t 的变化是非均匀的,试求时刻 t_0 的瞬时功率.

15. 设 $N=N(x)$ 表示 x 个劳动力所生产的某产品的数量,若每个劳动力生产的产品数量相同,则 $\dfrac{N}{x}$ 是常数,称为**劳动生产率**.实际上,产品的产量 N 并不是随劳动力 x 的增加而均匀增长的.试求劳动力数量为 x_0 时的劳动生产率(称为**边际劳动生产率**).

16. 证明:双曲线 $xy=1$ 上任一点处的切线与两坐标轴构成的三角形面积都等于 2.

17. 设有可导函数 $f,g:(a,b)\to \mathbf{R}$.若 $\forall x \in (a,b), f(x) \leq g(x)$,则 $\forall x \in (a,b), f'(x) \leq g'(x)$,对吗?

18. 设 $f(0)=0, f'(0)=2$,求 $\lim\limits_{x \to 0} \dfrac{f(x)}{\sin 2x}$.

(B)

1. 若函数 f 在 $x=0$ 处连续,且 $\lim\limits_{x \to 0} \dfrac{f(x)}{x}$ 存在.试证 f 在 $x=0$ 处可导.

2. 设 f 是定义在 $(-\infty,+\infty)$ 上的函数,$f(x) \neq 0, f'(0)=1$,且

$$\forall x,y \in (-\infty,+\infty), f(x+y)=f(x)f(y).$$

证明:f 在 $(-\infty,+\infty)$ 上可导,且 $f'(x)=f(x)$.

3. 设函数 f 在 $x=a$ 处可导,$f(a) \neq 0$,试求 $\lim\limits_{n \to \infty} \left[\dfrac{f\left(a+\dfrac{1}{n}\right)}{f(a)}\right]^n$.

4. 设曲线 $y=f(x)$ 在原点与 $y=\sin x$ 相切,试求极限 $\lim\limits_{n \to \infty} n^{\frac{1}{2}} \sqrt{f\left(\dfrac{2}{n}\right)}$.

5. 设 $n \in \mathbf{N}_+$,试讨论函数

$$f(x) = \begin{cases} x^n \sin \dfrac{1}{x}, & x \neq 0, \\ 0, & x = 0 \end{cases}$$

在 $x=0$ 处的连续性与可导性以及 $f'(x)$ 在 $x=0$ 处的连续性.

6. 设 $f \in C[a,b]$, $f(a)=f(b)=0$, 且 $f'_+(a)f'_-(b)>0$. 证明: 至少存在一点 $\xi \in (a,b)$, 使 $f(\xi)=0$.

第二节　求导的基本法则

前一节中,已经说明了导数的概念及其应用的广泛性,因此,怎样求一个已知函数的导数就是亟待解决的重要问题.虽然根据定义可以求一些简单函数的导数,但是,当函数比较复杂时,用定义来计算导数就相当困难了.本节将导出一些求导的基本法则,包括有理运算法则、复合函数和反函数的求导法则,并在此基础上,给出隐函数和参数方程求导法则,从而使导数的计算系统化、简单化.

2.1　函数和、差、积、商的求导法则

定理 2.1（导数的有理运算法则）　设函数 $u, v: I \to \mathbf{R}$ 在 $x \in I$ 可导,则它们的和、差、积、商(分母为零的点除外)也在 x 可导,且

(1) $(u \pm v)'(x) = u'(x) \pm v'(x)$;

(2) $(uv)'(x) = u'(x)v(x) + u(x)v'(x)$;

(3) $\left(\dfrac{u}{v}\right)'(x) = \dfrac{u'(x)v(x) - u(x)v'(x)}{v^2(x)}$ $(v(x) \neq 0)$.

特别地,有

$$(cu)'(x) = cu'(x) \ (c \in \mathbf{R} \text{ 为常数}),$$

$$\left(\dfrac{1}{u}\right)'(x) = -\dfrac{u'(x)}{u^2(x)}.$$

证　仅对(2)及(3)加以证明,其余留给读者,证明的基本方法是利用函数可导及导数的定义.

(2) 设 $y = u(x)v(x)$, 则

$$\Delta y = u(x+\Delta x)v(x+\Delta x) - u(x)v(x)$$
$$= u(x+\Delta x)v(x+\Delta x) - u(x)v(x+\Delta x) + u(x)v(x+\Delta x) - u(x)v(x)$$
$$= v(x+\Delta x)\Delta u + u(x)\Delta v.$$

根据导数的定义,

$$(uv)'(x) = \lim_{\Delta x \to 0} \dfrac{\Delta y}{\Delta x} = \lim_{\Delta x \to 0} v(x+\Delta x)\dfrac{\Delta u}{\Delta x} + \lim_{\Delta x \to 0} u(x) \dfrac{\Delta v}{\Delta x}.$$

注:证明中通过对 Δy 的表达式同时加减同一项 $u(x)v(x+\Delta x)$, 建立 Δy 与 $\Delta u, \Delta v$ 之间的联系,进而建立极限 $\lim\limits_{\Delta x \to 0} \dfrac{\Delta y}{\Delta x}$ (即未知导数 $(uv)'$) 与极限 $\lim\limits_{\Delta x \to 0} \dfrac{\Delta u}{\Delta x}$ 与 $\lim\limits_{\Delta x \to 0} \dfrac{\Delta v}{\Delta x}$ (即已知导数 u' 与 v') 之间的联系. 也就是利用所谓"搭桥"的技巧建立未知(待求)与已知的联系.

已知 v 在 x 可导,由定理 1.1,v 在 x 必连续,故 $\lim\limits_{\Delta x\to 0}v(x+\Delta x)=v(x)$,因而
$$(uv)'(x)=u'(x)v(x)+u(x)v'(x).$$

(3) 设 $y=\dfrac{1}{v(x)}$,则

$$\Delta y=\frac{1}{v(x+\Delta x)}-\frac{1}{v(x)}=-\frac{v(x+\Delta x)-v(x)}{v(x)v(x+\Delta x)}$$
$$=-\frac{\Delta v}{v(x)v(x+\Delta x)}.$$

注:利用已证的(2)中的结果将(3)的证明简化为只要证明 $y=\dfrac{1}{v(x)}$ 可导,且
$$\left(\frac{1}{v}\right)'(x)=-\frac{v'(x)}{v^2(x)}.$$
而后者的证明只要利用导数定义.

与(2)中类似,可知 $\lim\limits_{\Delta x\to 0}v(x+\Delta x)=v(x)$,注意到 $v(x)\neq 0$,从而
$$\left(\frac{1}{v}\right)'(x)=\lim_{\Delta x\to 0}\frac{\Delta y}{\Delta x}=-\lim_{\Delta x\to 0}\frac{\Delta v}{\Delta x}\frac{1}{v(x)v(x+\Delta x)}=-\frac{v'(x)}{v^2(x)}.$$

再由(2)得
$$\left(\frac{u}{v}\right)'(x)=u'(x)\frac{1}{v(x)}+u(x)\left(\frac{1}{v}\right)'(x)$$
$$=\frac{u'(x)}{v(x)}-\frac{u(x)v'(x)}{v^2(x)}=\frac{u'(x)v(x)-u(x)v'(x)}{v^2(x)}.\quad\blacksquare$$

定理中的(1)与(2)可以推广到有限个函数的情形,并且容易得到导数运算的线性法则:
$(\alpha u+\beta v)'(x)=\alpha u'(x)+\beta v'(x)\quad(\alpha,\beta\in\mathbf{R}$ 为常数$)$.

想一想:
为什么(1)与(2)的结论仅对有限个函数成立?

例 2.1 已知 $y=2^x+\sqrt{x}\ln x$,求 $\dfrac{\mathrm{d}y}{\mathrm{d}x}$.

解 根据定理 2.1 的(1),(2)及习题 2.1(A)的第 1 题得
$$\frac{\mathrm{d}y}{\mathrm{d}x}=(2^x)'+(\sqrt{x})'\ln x+\sqrt{x}(\ln x)'=2^x\ln 2+\frac{\ln x}{2\sqrt{x}}+\frac{1}{\sqrt{x}}.\quad\blacksquare$$

例 2.2 求正切函数 $y=\tan x$ 和余切函数 $y=\cot x$ 的导数.

解 根据两个函数商的求导法则,我们有
$$(\tan x)'=\left(\frac{\sin x}{\cos x}\right)'=\frac{(\sin x)'\cos x-\sin x(\cos x)'}{\cos^2 x}$$
$$=\frac{\cos^2 x+\sin^2 x}{\cos^2 x}=\sec^2 x,$$

故得正切函数的导数公式
$$\boxed{(\tan x)'=\sec^2 x\ \left(x\neq(2k+1)\frac{\pi}{2},k\in\mathbf{Z}\right).}$$

类似可得余切函数的导数公式

$$(\cot x)' = -\csc^2 x \ (x \neq k\pi, k \in \mathbf{Z}).$$

例 2.3 求正割函数 $y = \sec x$ 和余割函数 $y = \csc x$ 的导数.

解 根据定理 2.1,我们有

$$(\sec x)' = \left(\frac{1}{\cos x}\right)' = -\frac{(\cos x)'}{\cos^2 x} = \frac{\sin x}{\cos^2 x} = \sec x \tan x,$$

故得正割函数的导数公式

$$(\sec x)' = \sec x \tan x \ \left(x \neq (2k+1)\frac{\pi}{2}, k \in \mathbf{Z}\right).$$

类似可得余割函数的导数公式

$$(\csc x)' = -\csc x \cot x \ (x \neq k\pi, k \in \mathbf{Z}).$$

2.2 复合函数的求导法则

定理 2.2 (链式法则) 设函数 $u = g(x)$ 在 x 处可导,函数 $y = f(u)$ 在与 x 相对应的 u 处可导,则复合函数 $y = f[g(x)]$ 在 x 处可导,并且

$$\frac{\mathrm{d}y}{\mathrm{d}x} = f'(u)g'(x) \quad \text{或} \quad \frac{\mathrm{d}y}{\mathrm{d}x} = \frac{\mathrm{d}y}{\mathrm{d}u} \cdot \frac{\mathrm{d}u}{\mathrm{d}x}. \tag{2.1}$$

证 由于函数 $y = f(u)$ 在 u 处可导,由(1.10)式,

$$\frac{\Delta y}{\Delta u} = f'(u) + \alpha(\Delta u) \ (\text{其中} \lim_{\Delta u \to 0} \alpha(\Delta u) = 0).$$

若 $\Delta u \neq 0$,则

$$\Delta y = f'(u)\Delta u + \alpha(\Delta u)\Delta u; \tag{2.2}$$

若 $\Delta u = 0$,则 $\alpha(\Delta u)$ 无意义.由于此时 $\Delta y = f(u + \Delta u) - f(u) = 0$,为使(2.2)式当 $\Delta u = 0$ 时也成立,规定当 $\Delta u = 0$ 时,$\alpha(\Delta u) = 0$,从而知无论 Δu 是否为 0,(2.2)式都成立.于是

> **想一想:**
> 定理 2.2 为什么要分 $\Delta u \neq 0$ 与 $\Delta u = 0$ 两种情况来证明.

$$\frac{\Delta y}{\Delta x} = f'(u)\frac{\Delta u}{\Delta x} + \alpha(\Delta u)\frac{\Delta u}{\Delta x},$$

所以

$$\lim_{\Delta x \to 0} \frac{\Delta y}{\Delta x} = f'(u) \lim_{\Delta x \to 0} \frac{\Delta u}{\Delta x} + \lim_{\Delta x \to 0} \alpha(\Delta u) \frac{\Delta u}{\Delta x}.$$

已知 $u = g(x)$ 在 x 处可导,它在 x 处必连续,故当 $\Delta x \to 0$ 时,$\Delta u \to 0$,从而 $\lim\limits_{\Delta x \to 0} \alpha(\Delta u) = \lim\limits_{\Delta u \to 0} \alpha(\Delta u) = 0$. 这样,就证明了复合函数在 x 处可导,且

$$\frac{dy}{dx} = f'(u) g'(x) = \frac{dy}{du} \cdot \frac{du}{dx}.$$ ∎

注意:求导公式(2.1)可以推广到任意有限个函数复合的情形. 使用该公式时,关键在于弄清函数的复合关系,会将一个复合函数分解为几个简单函数的复合,由外向内,一层一层地逐个求导,不能脱节,不能遗漏. 因此常把这个法则形象地叫做**链式法则**.

例 2.4 设 $y = \sin(2x+3)$,求 $\dfrac{dy}{dx}$.

解 由于函数 $y = \sin(2x+3)$ 可以看成是由 $y = \sin u$ 与 $u = 2x+3$ 复合而成,所以按照公式(2.1),我们有

$$\frac{dy}{dx} = \frac{dy}{du} \cdot \frac{du}{dx} = \cos u \cdot 2 = 2\cos(2x+3).$$ ∎

例 2.5 求双曲函数的导数.

解 先求双曲正弦函数 $y = \text{sh } x = \dfrac{e^x - e^{-x}}{2}$ 的导数. 根据定理 2.1,

$$(\text{sh } x)' = \frac{1}{2} [(e^x)' - (e^{-x})'],$$

又 $u = e^{-x}$ 可以看成是 $u = e^t$ 与 $t = -x$ 的复合函数,故

$$\frac{du}{dx} = (e^{-x})' = \frac{du}{dt} \cdot \frac{dt}{dx} = e^t \cdot (-1) = -e^{-x},$$

所以

$$(\text{sh } x)' = \frac{1}{2}(e^x + e^{-x}) = \text{ch } x.$$

类似可得 $(\text{ch } x)' = \text{sh } x.$ 又

$$(\text{th } x)' = \left(\frac{\text{sh } x}{\text{ch } x}\right)' = \frac{(\text{sh } x)' \text{ch } x - \text{sh } x (\text{ch } x)'}{\text{ch}^2 x} = \frac{\text{ch}^2 x - \text{sh}^2 x}{\text{ch}^2 x} = \frac{1}{\text{ch}^2 x},$$

于是,我们得到双曲函数的导数公式如下:

$$\boxed{(\text{sh } x)' = \text{ch } x, \quad (\text{ch } x)' = \text{sh } x, \quad (\text{th } x)' = \frac{1}{\text{ch}^2 x}} \quad (-\infty < x < +\infty).$$ ∎

上面两个例子的计算过程写得比较详细. 一旦熟练之后,就不必写出中间变量,只要认清函数的复合层次,默记在心,然后一步一步逐层求导就行了.

例 2.6 设 $y=\sqrt[3]{(1-2x^2)}$,求 $\dfrac{dy}{dx}\Big|_{x=-1}$.

解 根据链式法则,

$$\frac{dy}{dx}=[(1-2x^2)^{\frac{1}{3}}]'=\frac{1}{3}(1-2x^2)^{-\frac{2}{3}}(1-2x^2)'=-\frac{4x}{3\sqrt[3]{(1-2x^2)^2}},$$

所以

$$\frac{dy}{dx}\Big|_{x=-1}=-\frac{4x}{3\sqrt[3]{(1-2x^2)^2}}\Big|_{x=-1}=\frac{4}{3}. \quad\blacksquare$$

例 2.7 设 $y=\ln\tan\dfrac{x}{2}$,求 $\dfrac{dy}{dx}$.

解 这个函数是由三个简单函数复合而成的,由链式法则,

$$\frac{dy}{dx}=\frac{1}{\tan\dfrac{x}{2}}\left(\tan\dfrac{x}{2}\right)'=\frac{1}{\tan\dfrac{x}{2}}\cdot\sec^2\dfrac{x}{2}\cdot\left(\dfrac{x}{2}\right)'$$

$$=\frac{1}{\tan\dfrac{x}{2}}\cdot\sec^2\dfrac{x}{2}\cdot\dfrac{1}{2}=\frac{1}{2\sin\dfrac{x}{2}\cos\dfrac{x}{2}}=\frac{1}{\sin x}=\csc x. \quad\blacksquare$$

例 2.8 设 $y=e^{\sin^2\frac{1}{x}}$,求 $\dfrac{dy}{dx}$.

解 根据链式法则,

$$\frac{dy}{dx}=(e^{\sin^2\frac{1}{x}})'=e^{\sin^2\frac{1}{x}}\cdot\left(\sin^2\dfrac{1}{x}\right)'=e^{\sin^2\frac{1}{x}}\cdot 2\sin\dfrac{1}{x}\cdot\left(\sin\dfrac{1}{x}\right)'$$

$$=e^{\sin^2\frac{1}{x}}\cdot 2\sin\dfrac{1}{x}\cdot\cos\dfrac{1}{x}\cdot\left(\dfrac{1}{x}\right)'=e^{\sin^2\frac{1}{x}}\cdot 2\sin\dfrac{1}{x}\cdot\cos\dfrac{1}{x}\cdot\left(-\dfrac{1}{x^2}\right)$$

$$=-\dfrac{1}{x^2}e^{\sin^2\frac{1}{x}}\sin\dfrac{2}{x}. \quad\blacksquare$$

2.3 反函数的求导法则

定理 2.3(反函数求导法则) 设区间 I 上的严格单调连续函数 $x=f(y)$ 在点 y 处可导,且 $f'(y)\neq 0$,则它的反函数 $y=f^{-1}(x)$ 在对应点 x 处可导,并且

$$(f^{-1})'(x)=\frac{1}{f'(y)} \quad\text{或}\quad \frac{dy}{dx}=\frac{1}{\dfrac{dx}{dy}}. \tag{2.3}$$

证 由第一章定理 5.3,f 的反函数 f^{-1} 也是严格单调的连续函数.故当 $\Delta x\neq 0$ 时,

第二节 求导的基本法则

$\Delta y = f^{-1}(x+\Delta x) - f^{-1}(x) \neq 0$，并且 $\Delta x \to 0$ 时必有 $\Delta y \to 0$. 又 $f^{-1}(x+\Delta x) = f^{-1}(x) + \Delta y = y + \Delta y$，故 $x+\Delta x = f(y+\Delta y)$ 或 $\Delta x = f(y+\Delta y) - f(y)$. 因此，

$$(f^{-1})'(x) = \lim_{\Delta x \to 0} \frac{f^{-1}(x+\Delta x) - f^{-1}(x)}{\Delta x}$$

$$= \lim_{\Delta y \to 0} \frac{\Delta y}{f(y+\Delta y) - f(y)}$$

$$= \lim_{\Delta y \to 0} \frac{1}{\frac{f(y+\Delta y) - f(y)}{\Delta y}} = \frac{1}{f'(y)}.$$

定理证毕.

注：由于可导函数必连续，且在第六节中将会证明，若在区间 I 上 $f'(y) \neq 0$，则 $x = f(y)$ 在 I 中必严格单调，因此定理 2.3 中函数 $x = f(y)$ 在 I 上严格单调连续的条件可以省略，今后应用反函数求导法则时，只要验证条件 $f'(y) \neq 0$ ($y \in I$) 即可.

例 2.9 求反三角函数的导数.

解 先求反正弦函数 $y = \arcsin x$ ($x \in (-1,1)$) 的导数. 由于它是正弦函数 $x = \sin y$ ($y \in \left(-\frac{\pi}{2}, \frac{\pi}{2}\right)$) 的反函数，并且当 $y \in \left(-\frac{\pi}{2}, \frac{\pi}{2}\right)$ 时，$(\sin y)' = \cos y \neq 0$，所以定理 2.3 的所有条件都满足. 由 (2.3) 式，在区间 $(-1,1)$ 内我们有

$$(\arcsin x)' = \frac{1}{(\sin y)'} = \frac{1}{\cos y} = \frac{1}{\sqrt{1-\sin^2 y}} = \frac{1}{\sqrt{1-x^2}},$$

即

$$\boxed{(\arcsin x)' = \frac{1}{\sqrt{1-x^2}}, \quad x \in (-1,1).}$$

类似可得

$$\boxed{\begin{aligned} (\arccos x)' &= -\frac{1}{\sqrt{1-x^2}}, \quad x \in (-1,1), \\ (\arctan x)' &= \frac{1}{1+x^2}, \quad x \in (-\infty, +\infty), \\ (\operatorname{arccot} x)' &= -\frac{1}{1+x^2}, \quad x \in (-\infty, +\infty). \end{aligned}}$$

例 2.10 求反双曲正弦与反双曲余弦函数的导数.

解 以反双曲正弦函数 $y = \operatorname{arsh} x$ ($x \in (-\infty, +\infty)$) 为例. 由于它是双曲正弦 $x = \operatorname{sh} y$ 的反函数，并且满足定理 2.3 的所有条件，由 (2.3) 式，在 $(-\infty, +\infty)$ 上有

$$(\operatorname{arsh} x)' = \frac{1}{(\operatorname{sh} y)'} = \frac{1}{\operatorname{ch} y} = \frac{1}{\sqrt{1+\operatorname{sh}^2 y}} = \frac{1}{\sqrt{1+x^2}},$$

即

$$(\operatorname{arsh} x)' = \frac{1}{\sqrt{x^2+1}}, x \in (-\infty, +\infty).$$

类似可得

$$(\operatorname{arch} x)' = \frac{1}{\sqrt{x^2-1}}, x \in (1, +\infty).$$

利用定理 2.3 及例 1.3 中的公式(3),不难证明:

$$(\log_a x)' = \frac{1}{x \ln a}, x \in (0, +\infty).$$

2.4 初等函数的求导问题

到现在为止,我们已经求出了所有基本初等函数的导数.由于初等函数是基本初等函数经过有限次的有理运算和复合运算构成的,因此,一般来说,可以利用导数的有理运算法则、链式法则以及基本初等函数导数公式求出它们的导数.从而得知:初等函数的求导问题已告解决,而且可导初等函数的导数仍为初等函数.

为了今后使用方便,将基本初等函数的导数公式列成下面的基本导数表:

(1) $(C)' = 0$	(9) $(a^x)' = a^x \ln a \, (a>0 \text{ 且 } a \neq 1)$
(2) $(x^\alpha)' = \alpha x^{\alpha-1}$	(10) $(e^x)' = e^x$
(3) $(\sin x)' = \cos x$	(11) $(\log_a x)' = \dfrac{1}{x \ln a} (a>0 \text{ 且 } a \neq 1)$
(4) $(\cos x)' = -\sin x$	(12) $(\ln x)' = \dfrac{1}{x}$
(5) $(\tan x)' = \sec^2 x$	(13) $(\arcsin x)' = \dfrac{1}{\sqrt{1-x^2}}$
(6) $(\cot x)' = -\csc^2 x$	(14) $(\arccos x)' = -\dfrac{1}{\sqrt{1-x^2}}$
(7) $(\sec x)' = \sec x \tan x$	(15) $(\arctan x)' = \dfrac{1}{1+x^2}$
(8) $(\csc x)' = -\csc x \cot x$	(16) $(\operatorname{arccot} x)' = -\dfrac{1}{1+x^2}$

在所有的求导法则中,复合函数求导法则是最基本最重要的,这不仅是因为应用中经常碰到的函数多是复合函数,而且这个法则也是后面介绍的其他求导法的基础.所以,应当熟练而准确地掌握它.下面再举几个例子.

例 2.11 证明 $(\ln |x|)' = \dfrac{1}{x} \, (x \neq 0)$.

证 若 $x>0$,则 $\ln |x| = \ln x$,故

$$(\ln |x|)' = (\ln x)' = \frac{1}{x};$$

若 $x<0$,则 $\ln |x| = \ln(-x)$,故

$$(\ln |x|)' = (\ln(-x))' = \frac{1}{-x} \cdot (-1) = \frac{1}{x}.$$

综合上面两种情况得 $(\ln |x|)' = \frac{1}{x}$ $(x \neq 0)$. ∎

例 2.12 设 $y = \ln(1 + x + \sqrt{2x + x^2})$,求 y'.

解 $y' = \dfrac{1}{1 + x + \sqrt{2x + x^2}} \left(1 + \dfrac{2 + 2x}{2\sqrt{2x + x^2}}\right) = \dfrac{1}{\sqrt{2x + x^2}}$. ∎

例 2.13 幂指函数的导数. 设 $f(x) = u(x)^{v(x)}$,其中 $u = u(x)$ 与 $v = v(x)$ 都是可导函数,并且 $u(x) > 0$,求 $f'(x)$.

解 由于

$$f(x) = u(x)^{v(x)} = e^{v(x) \ln u(x)},$$

所以

$$f'(x) = e^{v(x) \ln u(x)} \left[v'(x) \ln u(x) + \frac{v(x) u'(x)}{u(x)} \right]$$

$$= u(x)^{v(x)} \left[v'(x) \ln u(x) + \frac{v(x) u'(x)}{u(x)} \right]. \quad ∎$$

2.5 高阶导数

我们知道,变速直线运动的物体在时刻 t 的速度 $v(t)$ 是位移函数 $s = s(t)$ 在时刻 t 的导数,即 $v(t) = s'(t)$. 而加速度 $a(t)$ 又是速度 $v(t)$ 对时间 t 的变化率,即速度函数 $v = v(t)$ 对时间 t 的导数,故 $a(t) = \dfrac{dv}{dt} = [s'(t)]'$,叫做 $s = s(t)$ 对 t 的二阶导数,记作 $a(t) = \dfrac{d^2 s}{dt^2} = s''(t)$. 一般地,高阶导数的定义如下:

定义 2.1 设函数 $f: I \to \mathbf{R}$ 可导.如果它的导函数 $f': I \to \mathbf{R}$ 在 $x \in I$ 处可导,则称 f 在 x 处**二阶可导**,f' 在 x 处的导数称为 f 在 x 处的**二阶导数**,记作 $f''(x) = (f')'(x)$. 若 f 在 I 上处处二阶可导,则称 f **在 I 上二阶可导**,f'' 称为 f 在 I 上的**二阶导函数**. 一般地,若 f 的 $n-1$ 阶导函数 $f^{(n-1)}: I \to \mathbf{R}$ 在 $x \in I$ 可导,则称 f 在 x 处 n **阶可导**,$f^{(n-1)}$ 在 x 处的导数称为 f 在 x 处的 n **阶导数**,记作 $f^{(n)}(x) = (f^{(n-1)})'(x)$. 若 f 在 I 上处处 n 阶可导,则称 f **在 I 上 n 阶可导**,$f^{(n)}$ 称为 f 在 I 上的 n **阶导函数**,简称 n **阶导数**.

若函数用 $y=f(x)$ 表示,则它的 n 阶导数也记成 $y^{(n)}$ 或 $\dfrac{d^n y}{dx^n}$.

若 $f^{(n)}$ 在 I 上连续,则称 f 在 I 上 n **阶连续可导**,或称 f 为 I 上的 $C^{(n)}$ **类函数**,记作 $f \in C^{(n)}(I)$.若 $\forall n \in \mathbf{N}_+$, f 在 I 上都是 $C^{(n)}$ 类的,则称 f 在 I 上**无限阶可导**,或称之为 I 上的 C^∞ **类函数**,记作 $f \in C^\infty(I)$.

二阶或二阶以上的导数统称为**高阶导数**.为统一起见,习惯上把 f' 称为 f 的**一阶导数**,把 f 本身称为 f 的 **0 阶导数**.

例 2.14 证明下列函数的 n 阶导数公式:

(1) $(e^x)^{(n)} = e^x$;

(2) $(\sin x)^{(n)} = \sin\left(x + n \cdot \dfrac{\pi}{2}\right)$;

(3) $(\cos x)^{(n)} = \cos\left(x + n \cdot \dfrac{\pi}{2}\right)$;

(4) $(x^\alpha)^{(n)} = \alpha(\alpha-1)\cdots(\alpha-n+1)x^{\alpha-n}$ $(\alpha \in \mathbf{R}, x > 0)$;

(5) $[\ln(1+x)]^{(n)} = (-1)^{n-1} \dfrac{(n-1)!}{(1+x)^n}$ $(x > -1)$.

证 仅证 (2) 与 (5),其余留给读者.

(2) 由于
$$(\sin x)' = \cos x = \sin\left(x + \dfrac{\pi}{2}\right),$$
$$(\sin x)'' = \cos\left(x + \dfrac{\pi}{2}\right) = \sin\left(x + 2 \cdot \dfrac{\pi}{2}\right),$$

假定 $(\sin x)^{(k)} = \sin\left(x + k \cdot \dfrac{\pi}{2}\right)$ 成立,则

$$(\sin x)^{(k+1)} = \left[\sin\left(x + k \cdot \dfrac{\pi}{2}\right)\right]' = \cos\left(x + k \cdot \dfrac{\pi}{2}\right) = \sin\left(x + (k+1) \cdot \dfrac{\pi}{2}\right),$$

由数学归纳法知 (2) 式对于任何 $n \in \mathbf{N}_+$ 都成立.

(5) 由于
$$[\ln(1+x)]' = \dfrac{1}{1+x},$$
$$[\ln(1+x)]'' = \left(\dfrac{1}{1+x}\right)' = -\dfrac{1}{(1+x)^2},$$
$$[\ln(1+x)]^{(3)} = \left[-\dfrac{1}{(1+x)^2}\right]' = (-1)^2 \dfrac{1 \cdot 2}{(1+x)^3},$$

与(2)类似可由数学归纳法证明:

$$[\ln(1+x)]^{(n)} = (-1)^{n-1}\frac{(n-1)!}{(1+x)^n}.$$ ∎

定理 2.4 设函数 u,v 都是 n 阶可导的，则 $\alpha u + \beta v$ 与 uv 也是 n 阶可导的，并且有:

(1) 线性性质 $(\alpha u + \beta v)^{(n)} = \alpha u^{(n)} + \beta v^{(n)}$, $\alpha, \beta \in \mathbf{R}$;

(2) Leibniz 公式

$$(uv)^{(n)} = \sum_{k=0}^{n} C_n^k u^{(n-k)} v^{(k)}$$

$$= u^{(n)} v + C_n^1 u^{(n-1)} v' + \cdots + C_n^k u^{(n-k)} v^{(k)} + \cdots + uv^{(n)}.$$

线性性质显然成立，Leibniz 公式可用数学归纳法来证明.

例 2.15 设 $f(x) = x^3 \sin x$，求 $f^{(n)}(x)$.

解 取 $u = \sin x, v = x^3$，根据 Leibniz 公式得

$$f^{(n)}(x) = x^3 (\sin x)^{(n)} + n \cdot 3x^2 (\sin x)^{(n-1)} + \frac{n(n-1)}{2!} \cdot 6x (\sin x)^{(n-2)} + \frac{n(n-1)(n-2)}{3!} \cdot 6 (\sin x)^{(n-3)}$$

$$= x^3 \sin\left(x + n \cdot \frac{\pi}{2}\right) + 3nx^2 \sin\left[x + (n-1) \cdot \frac{\pi}{2}\right] + 3n(n-1)x\sin\left[x + (n-2) \cdot \frac{\pi}{2}\right] + n(n-1)(n-2)\sin\left[x + (n-3) \cdot \frac{\pi}{2}\right].$$ ∎

想一想:
试在例 2.15 中取 $u = x^3, v = \sin x$ 用 Leibniz 公式求 $f^{(n)}(x)$，并与左边的方法比较，哪一种更简便?

2.6 隐函数求导法

前面研究的函数都可以表示为 $y = f(x)$ 的形式，其中 $f(x)$ 是 x 的解析式，称之为**显函数**. 在实际问题中，常常碰到这样一类函数，它的因变量 y 与自变量 x 间的对应法则是由方程 $F(x,y) = 0$ 确定的. 如果存在一个定义在某区间上的函数 $y = f(x)$，使 $F(x, f(x)) \equiv 0$，那么称 $y = f(x)$ 为由方程 $F(x,y) = 0$ 所确定的**隐函数**. 此时我们说由方程 $F(x,y) = 0$ 所确定的隐函数存在.

由给定的方程所确定的隐函数是否存在，是一个相当复杂的问题，我们将在第五章中讨论. 即使隐函数存在，也未必能化成显函数的形式. 例如，方程 $2x - y + 3 = 0$ 对任何 $x \in \mathbf{R}$ 都确定了一个隐函数 y，而

想一想:
试用连续函数的零点定理证明当 $x > 1$ 时，方程 $e^y = y + x$ 能确定一个隐函数 $y = f(x)$.

且能化成显函数形式 $y=2x+3$（称它为隐函数的**显化**）；利用零点定理可以证明，当 $x>1$ 时，方程 $e^y=y+x$ 至少有一个实根 y，因此，虽能确定一个隐函数 $y=f(x)$，但却无法显化；而方程 $x^2+y^2+1=0$ 不能确定一个隐函数.

下面在隐函数存在且可导的前提下，讨论隐函数的求导方法. 设 $y=f(x)$ 是由方程 $F(x,y)=0$ 所确定的隐函数，则 $F(x,f(x))\equiv 0$. 由于此式左端是将 $y=f(x)$ 代入到 $F(x,y)$ 所得到的复合函数，因此根据链式法则将该方程两边对 x 求导，便可得到所要求的导数.

例 2.16 求由方程 $y^5+2y^3-y+x=0$ 确定的隐函数 $y=f(x)$ 的导数.

解 注意到方程中 y 是 x 由该方程确定的隐函数，将它代入方程，并利用链式法则对方程两端关于 x 求导得

$$5y^4 y' + 6y^2 y' - y' + 1 = 0,$$

从而解得

$$y' = -\frac{1}{5y^4 + 6y^2 - 1}.\ \blacksquare$$

例 2.17 求由方程 $e^y+xy=e$ 确定的隐函数 $y=f(x)$ 在 $x=0$ 处的二阶导数.

解 注意到 y 是 x 的函数，两端同时对 x 求导得

$$e^y y' + xy' + y = 0, \tag{2.4}$$

从而解得

$$y' = -\frac{y}{e^y + x}. \tag{2.5}$$

将 $x=0$ 代入所给方程，易得 $y=1$，所以

$$y'\big|_{x=0} = -\frac{y}{e^y + x}\bigg|_{x=0} = -\frac{1}{e}.$$

为了求出隐函数的二阶导数，将方程(2.4)两端再对 x 求导，注意到 $y'=f'(x)$ 仍是 x 的函数，得

$$e^y (y')^2 + e^y y'' + xy'' + y' + y' = 0,$$

从而

$$y'' = -\frac{e^y (y')^2 + 2y'}{e^y + x}.$$

将(2.5)式代入上式，解得

$$y'' = \frac{(2y - y^2)e^y + 2xy}{(e^y + x)^3}, \quad y''\big|_{x=0} = \frac{1}{e^2}.\ \blacksquare$$

此例中关于二阶导函数 y'' 的结果也可以由(2.5)式两边对 x 求导得到，由读者

想一想：

对例 2.17，下面两种解法对吗？为什么？

(1) 将 $x=0$ 代入(2.5)式得

$$y'\big|_{x=0} = -\frac{y}{e^y};$$

(2) 由题解中知 $y'\big|_{x=0} = -\frac{1}{e}$，所以 $y''\big|_{x=0} = 0.$

自己去完成.

2.7 由参数方程确定的函数的求导法则

在很多实际问题中,常常用参数方程来表示物体的运动规律.例如,炮弹运动的轨迹(称为**弹道曲线**)在不计空气阻力的情况下可表示成参数方程

$$\begin{cases} x = v_1 t, \\ y = v_2 t - \dfrac{1}{2} g t^2, \end{cases} \quad (2.6)$$

其中 v_1, v_2 分别表示炮弹的水平和铅垂方向的初速度,g 为重力加速度,t 为时间,x 与 y 分别表示炮弹在铅垂平面内位置的横坐标与纵坐标(图 2.7).

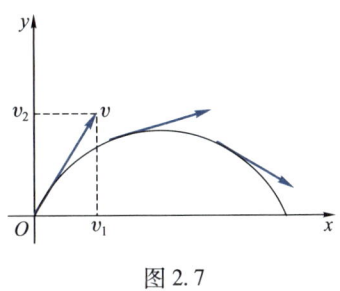

图 2.7

在(2.6)式中,x 与 y 都是 t 的函数,由第一式解出 t 代入第二式,消去 t,就得到 y 与 x 间的一个函数关系式

$$y = \frac{v_2}{v_1} x - \frac{g}{2 v_1^2} x^2,$$

称之为由参数方程(2.6)所确定的函数.

一般地,由参数方程

$$\begin{cases} x = x(t), \\ y = y(t) \end{cases} \quad (2.7)$$

所确定的 y 与 x 间的函数关系式,称为**由参数方程(2.7)确定的函数**.如果参数方程比较复杂,很难甚至不能由消去参数 t 得到 y 与 x 之间的函数关系式,怎样求该函数的导数呢? 下面的法则提供了直接求这种函数导数的方法.

定理 2.5 (参数方程求导法则) 设有参数方程(2.7).

(1) 若函数 $x = x(t)$ 与 $y = y(t)$ 在 (α, β) 内可导,且 $\dot{x}(t) \neq 0$ (习惯上常用 $\dot{x}, \ddot{x}$ 表示 $x = x(t)$ 对参数 t 的一阶和二阶导数 $x'(t), x''(t)$),则

$$\boxed{\frac{\mathrm{d}y}{\mathrm{d}x} = \frac{\dot{y}}{\dot{x}};} \quad (2.8)$$

(2) 若 $x = x(t)$ 与 $y = y(t)$ 二阶可导,则

$$\boxed{\frac{\mathrm{d}^2 y}{\mathrm{d} x^2} = \frac{\dot{x} \ddot{y} - \ddot{x} \dot{y}}{\dot{x}^3}.} \quad (2.9)$$

证 （1）由于 $x=x(t)$ 可导，且 $\dot{x}(t)\neq 0$，根据本章定理 2.3 及其右边框的注意易知它的反函数 $t=x^{-1}(x)$ 在与 t 对应的 x 处可导，且

$$\frac{\mathrm{d}t}{\mathrm{d}x}=(x^{-1})'(x)=\frac{1}{\dot{x}(t)}.$$

将 $t=x^{-1}(x)$ 代入 $y=y(t)$，得恒等式 $y\equiv y(x^{-1}(x))$，它的右端是 x 的复合函数. 利用链式法则，将该式两端对 x 求导即得

$$\frac{\mathrm{d}y}{\mathrm{d}x}=\frac{\mathrm{d}y}{\mathrm{d}t}\cdot\frac{\mathrm{d}t}{\mathrm{d}x}=\frac{\dot{y}(t)}{\dot{x}(t)}.$$

（2）将上式两边继续对 x 求导，注意到它的右端仍是 x 的复合函数，中间变量 $t=x^{-1}(x)$，从而得

$$\frac{\mathrm{d}^2 y}{\mathrm{d}x^2}=\frac{\mathrm{d}}{\mathrm{d}x}\left(\frac{\mathrm{d}y}{\mathrm{d}x}\right)=\frac{\mathrm{d}}{\mathrm{d}t}\left(\frac{\mathrm{d}y}{\mathrm{d}x}\right)\cdot\frac{\mathrm{d}t}{\mathrm{d}x}=\frac{\mathrm{d}}{\mathrm{d}t}\left(\frac{\dot{y}(t)}{\dot{x}(t)}\right)\cdot\frac{1}{\dot{x}(t)}$$

$$=\frac{\dot{x}(t)\ddot{y}(t)-\ddot{x}(t)\dot{y}(t)}{(\dot{x}(t))^2}\cdot\frac{1}{\dot{x}(t)}=\frac{\dot{x}\ddot{y}-\ddot{x}\dot{y}}{\dot{x}^3}. \blacksquare$$

> **注意**：在公式（2.8）与（2.9）中，左端 $\dfrac{\mathrm{d}y}{\mathrm{d}x}$ 是 x 的函数，而右端却是 t 的函数，应当怎样理解呢？实际上，此处 t 与 x 的关系是 $t=\varphi(x)$，只要将它代入两公式的右端，那么，它们的两端就都是 x 的函数了！注意到由 $\dot{x}(t)\neq 0$ 可知 $x=x(t)$ 的反函数 $t=x^{-1}(x)$ 必存在，但不一定能解出，因此允许两公式的写法，但应按上面讲的那样理解.

例 2.18 已知**摆线**（图 2.8，又称**旋轮线**）的参数方程为

$$\begin{cases} x=a(t-\sin t),\\ y=a(1-\cos t). \end{cases}$$

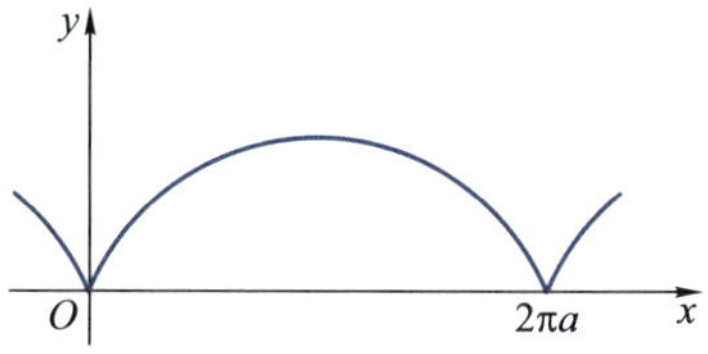

（1）求摆线上任一点 P 处的切线和法线的斜率；

图 2.8

（2）求由该参数方程所确定的函数的二阶导数 $\dfrac{\mathrm{d}^2 y}{\mathrm{d}x^2}$.

解 （1）由（2.8）式可知，摆线在点 P 处的切线和法线斜率分别为

$$k_{切}=\frac{\mathrm{d}y}{\mathrm{d}x}=\frac{a\sin t}{a(1-\cos t)}=\frac{\sin t}{1-\cos t}, \tag{2.10}$$

$$k_{法}=-\frac{1-\cos t}{\sin t}.$$

（2）由（2.9）式得

$$\frac{\mathrm{d}^2 y}{\mathrm{d}x^2}=\frac{a(1-\cos t)a\cos t-(a\sin t)a\sin t}{a^3(1-\cos t)^3}=\frac{-1}{a(1-\cos t)^2}. \blacksquare$$

此例中采用了直接代公式（2.8）与（2.9）的方法. 实际上，在求二阶导数 $\dfrac{\mathrm{d}^2 y}{\mathrm{d}x^2}$ 时，利

用推导公式(2.9)的方法有时更为简便.下面用这种方法另解如下.将(2.10)式两端同时对 x 求导,并注意 t 是 x 的函数,则有

$$\frac{d^2y}{dx^2} = \frac{d}{dx}\left(\frac{\sin t}{1-\cos t}\right) = \frac{d}{dt}\left(\frac{\sin t}{1-\cos t}\right) \cdot \frac{dt}{dx}$$

$$= \frac{\cos t(1-\cos t) - \sin^2 t}{(1-\cos t)^2} \cdot \frac{1}{a(1-\cos t)}$$

$$= -\frac{1}{a(1-\cos t)^2}.$$

想一想：

在例 2.18 中,求二阶导数 y'' 的下述做法对吗？为什么？

由(2.10)式得

$$y'' = \left(\frac{\sin t}{1-\cos t}\right)'$$

$$= \frac{\cos t(1-\cos t) - \sin^2 t}{(1-\cos t)^2}$$

$$= -\frac{1}{1-\cos t}.$$

若曲线 Γ 上每一点都有切线,并且各点切线是连续转动的,则称 Γ 是一条**光滑曲线**.因此,若 f 是 $C^{(1)}$ 类函数,根据导数的几何意义,则由方程 $y=f(x)$ 表示的曲线 Γ 是光滑曲线.设曲线 Γ 由参数方程(2.7)表示,若 $x=x(t)$ 与 $y=y(t)$ 有连续的导数,并且 $\dot{x}^2(t) + \dot{y}^2(t) \neq 0$,则由(2.8)式可知,$\frac{dy}{dx}$（或 $\frac{dx}{dy}$）是 t 的连续函数,因而 Γ 是光滑曲线.如圆和椭圆等都是光滑曲线.若曲线 Γ 在整个区间 (α,β) 上不是光滑的,但将 (α,β) 分为若干子区间,Γ 上与各子区间对应的各弧段都是光滑的,称这种曲线为**分段光滑曲线**.如摆线的每一拱都是光滑的,但该曲线上对应于 $t=2k\pi$ ($k=0,\pm 1,\pm 2,\cdots$) 的点处切线斜率为无穷大,所以摆线是一条分段光滑曲线.

2.8 相关变化率问题

实际问题中经常提出这样一类问题:在某变化过程中,变量 x 与 y 同随另一变量 t 而变,即 $x=x(t), y=y(t)$,而变量 x 与 y 之间又存在着相互依赖关系,因而它们的变化率 $\dot{x}(t)$ 与 $\dot{y}(t)$（假定存在）也相互联系.研究这两个变化率之间关系的问题称为**相关变化率**问题.

解决实际问题中的相关变化率问题可采用如下步骤:

(1) 建立变量 x 与 y 之间的关系式 $F(x,y) = 0$；

(2) 将 $F(x,y)$ 中的 x 与 y 均看成是 t 的函数,用链式法则将关系式 $F(x,y) = 0$ 两端对 t 求导,得到 $\dot{x}(t)$ 与 $\dot{y}(t)$ 之间的关系式；

(3) 从中解出所要求的变化率.

例 2.19 设有一深为 18 cm、顶部直径为 12 cm 的直圆锥形漏斗装满水,下面接一直径为 10 cm 的圆柱形水桶(图 2.9),水由漏斗流入桶内.当漏斗中水深为 12 cm、水面下降速度为 1 cm/s 时,求桶中水面上升的速度.

解 设在时刻 t 漏斗中水面的高度为 $h=h(t)$,漏斗在高为 $h(t)$ 处的截面圆的半径为 $r(t)$,桶中水面的高度为 $H=H(t)$.

(1) 建立变量 h 与 H 的关系.

由于在任何时刻 t,漏斗中与水桶中的水量之和应等于开始时装满漏斗的总水量.若设水的密度为 1 g/cm^3,则有

$$\frac{\pi}{3}r^2(t)h(t) + 5^2\pi H(t) = \frac{\pi}{3} \cdot 6^2 \cdot 18 = 6^3\pi.$$

又因为 $\dfrac{r(t)}{6} = \dfrac{h(t)}{18}$,所以 $r(t) = \dfrac{1}{3}h(t)$.代入上式得

$$\frac{\pi}{27}h^3(t) + 25\pi H(t) = 6^3\pi.$$

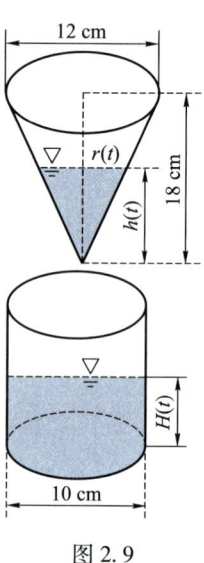

图 2.9

(2) 求 $\dot{h}(t)$ 与 $\dot{H}(t)$ 之间的关系.用链式法则将上式两边对 t 求导得

$$\frac{\pi}{9}h^2(t)\dot{h}(t) + 25\pi\dot{H}(t) = 0,$$

或

$$h^2(t)\dot{h}(t) + 9 \times 25\dot{H}(t) = 0.$$

(3) 由上式解得

$$\dot{H}(t) = -\frac{h^2(t)}{9 \times 25}\dot{h}(t).$$

由已知,当 $h(t) = 12 \text{ cm}$ 时,$\dot{h}(t) = -1 \text{ cm/s}$,代入上式得

$$\dot{H}(t) = -\frac{12^2}{9 \times 25}(-1) = \frac{16}{25} \text{ (cm/s)}.$$

因此,当漏斗中水深为 12 cm、水面下降速度为 1 cm/s 时,桶中水面上升的速度为 $\dfrac{16}{25}$ cm/s. ∎

例 2.20 在机械加工中,经常利用外圆磨床采用所谓**切线磨削法**来加工圆形工件,图 2.10 是切线磨削法的示意图.在磨削过程中,砂轮绕 O_1 轴旋转,工件中心在直线 L 上一面绕其中心 A 旋转,一面沿 L 向右平动.工件在前进过程中不断被砂轮磨削,最后磨出一个圆形工件来.随着工件的不断前进,其中心 A 与点 O 间的距离 x 不断减小,所以 x 是时间 t 的函

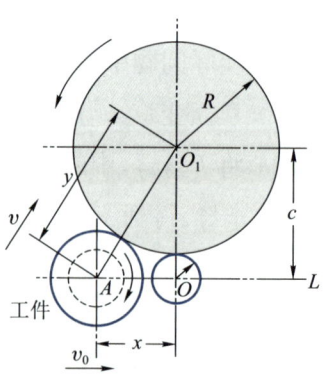

图 2.10

数,称 $\dfrac{dx}{dt}$ 为工件的**进给速度**.由于砂轮的不断磨削,工件中心到砂轮中心 O_1 的距离 y 也不断减小,所以 y 也是时间 t 的函数,称 $v=\dfrac{dy}{dt}$ 为**径向切入速度**.求当工件以等速 v_0 进给时的径向切入速度.

解 为了寻求工件的进给速度与径向切入速度之间的关系,首先必须建立 x 与 y 之间的关系.由图 2.10 中的直角 $\triangle AOO_1$,易见

$$y^2 = x^2 + c^2.$$

将上式两边对 t 求导,根据链式法则,得

$$2y\dfrac{dy}{dt} = 2x\dfrac{dx}{dt}.$$

由于 x 是 t 的严格单调减函数,并且进给速度是常数 v_0,故 $\dfrac{dx}{dt} = -v_0$,从而可得

$$v = \dfrac{dy}{dt} = \dfrac{x}{y}\cdot\dfrac{dx}{dt} = -\dfrac{x}{\sqrt{x^2+c^2}}v_0 = -\dfrac{v_0}{\sqrt{1+\left(\dfrac{c}{x}\right)^2}}.$$

由上式可见,当 x 减少时,径向切入速度 v 的绝对值也随之减小,当 $x\to 0$ 时,$v\to 0$.这说明在工件等速进给的条件下,用切线磨削法可一次完成粗磨、精磨和无火花磨削三个阶段,因此,它是一种常用的磨削方法. ∎

习题 2.2

(A)

1. 求下列函数的导数:

(1) $y = \sqrt[3]{x}(2+\sqrt{x})$;

(2) $y = 3e^x\cos x$;

(3) $y = a^x(x^2-3x+1)$ $(a>0)$;

(4) $y = \tan x \sec x$;

(5) $y = \dfrac{1}{1+x+x^2} + \ln 3$;

(6) $s = \dfrac{1+\sin t}{1+\cos t}$;

(7) $y = \dfrac{10^x-1}{10^x+1}$;

(8) $y = \dfrac{2\csc x}{1+x^2}$;

(9) $y = \sqrt{x+\sqrt{x+\sqrt{x}}}$;

(10) $y = \dfrac{1+\cot x}{\sqrt[3]{x^2}} + \ln\sqrt{x}$;

(11) $y = \dfrac{1}{\sin x \cos x}$;

(12) $y = \dfrac{e^x \sec x + 1}{x^2 \log_a \dfrac{1}{\sqrt[3]{x}}}$ $(a>0)$;

(13) $y=x^2 e^x \sin x$;

(14) $y=\dfrac{2\ln x+\sqrt{x}}{3\ln x+\sqrt[3]{x}}+e^2$.

2. 求下列函数在给定点的导数:

(1) $x=\cos t+2\tan t, t=\dfrac{\pi}{4}$;

(2) $y=\arcsin x+\arccos x, x=0.2$;

(3) $y=\arctan x+3\operatorname{arccot} x, x=\pm 1$;

(4) $\rho=\varphi\sin \varphi+\dfrac{1}{2}\cos \varphi, \varphi=\dfrac{\pi}{4}$.

3. 求下列函数的导数:

(1) $y=(2x+3)^5$;

(2) $y=e^{\alpha x}\sin(\omega x+\beta)$ $(\alpha,\beta,\omega\in \mathbf{R})$;

(3) $y=\ln(x^2+\cos x)$;

(4) $y=\sqrt[3]{\dfrac{1+x}{1-x}}$;

(5) $y=\left(\arccos \dfrac{1}{x}\right)^2$;

(6) $y=\arctan(1-2x)^2$;

(7) $y=\operatorname{arccot}\sqrt{x^2-1}$;

(8) $y=\ln(\csc x-\cot x)$;

(9) $y=\arcsin \sqrt{\dfrac{1-x}{1+x}}$;

(10) $y=\sqrt[3]{x}\, e^{\sin \frac{1}{x}}$;

(11) $y=\ln \sqrt{x\sin x \sqrt{1-e^x}}$;

(12) $y=\dfrac{\sqrt{1+x}-\sqrt{1-x}}{\sqrt{1+x}+\sqrt{1-x}}$;

(13) $y=x^{a^a}+a^{x^a}+a^{a^x}$ $(a>0)$;

(14) $y=x+x^x+x^{x^x}$.

(15) $y=\arctan(e^{\sqrt{x}})$;

(16) $y=e^{\arcsin\sqrt{x}}$;

(17) $y=\ln(\ln\sqrt{x^2+1})$;

(18) $y=\sin^n t\cos nt$ $(n\in \mathbf{N}_+)$;

(19) $y=\sqrt[3]{\dfrac{1-\sin 2x}{1+\sin 2x}}$;

(20) $y=\arctan\left(\dfrac{1}{2}\tan \dfrac{x}{2}\right)$.

4. 已知 $y=f\left(\dfrac{3x-2}{3x+2}\right)$, $f'(x)=\arctan x^2$, 试求 $\left.\dfrac{\mathrm{d}y}{\mathrm{d}x}\right|_{x=0}$.

5. 设有分段函数 $f(x)=\begin{cases}\varphi(x), & x\geqslant x_0, \\ \psi(x), & x<x_0,\end{cases}$ 函数 φ 与 ψ 均可导,问 $f'(x)=\begin{cases}\varphi'(x), & x\geqslant x_0, \\ \psi'(x), & x<x_0\end{cases}$ 是否成立?

6. 求下列函数的导数(f,g 是可导函数):

(1) $y=f(x^2)$;

(2) $y=\sqrt{f^2(x)+g^2(x)}$;

(3) $y=f(\sin^2 x)+f(\cos^2 x)$;

(4) $y=f(e^x)e^{g(x)}$;

(5) $y=\begin{cases}1-x, & -\infty<x<1, \\ (1-x)(2-x), & 1\leqslant x\leqslant 2, \\ -(2-x), & 2<x<+\infty;\end{cases}$

(6) $y=\begin{cases}\dfrac{x}{1+e^{\frac{1}{x}}}, & x\neq 0, \\ 0, & x=0.\end{cases}$

7. 确定 a,b,c,d 的值,使曲线 $y=ax^4+bx^3+cx^2+d$ 与 $y=11x-5$ 在点 $(1,6)$ 相切,经过点 $(-1,8)$ 并在点 $(0,3)$ 有一水平的切线.

8. 证明:双曲线 $xy=a$ 上任一点处的切线介于两坐标轴间的一段被切点所平分.

9. 求下列函数指定阶的导数：

(1) $f(x) = e^x \cos x$，求 $f^{(4)}(x)$；

(2) $f(x) = x \operatorname{sh} x$，求 $f^{(100)}(x)$；

(3) $f(x) = x^2 \sin 2x$，求 $f^{(50)}(x)$；

(4) $f(x) = \dfrac{1}{x^2 - 3x + 2}$，求 $f^{(n)}(x)$.

10. 设 $f(x) = x(x-1)(x-2)\cdots(x-n)$ $(n \in \mathbf{N}_+)$，求 $f'(0)$ 及 $f^{(n+1)}(x)$.

11. 设 $f(x) = 3x^3 + x^2 |x|$，试求使 $f^{(n)}(0)$ 存在的最高阶数 n.

12. 证明：

(1) 可导偶（奇）函数的导函数为奇（偶）函数；

(2) 可导周期函数的导函数为具有相同周期的周期函数.

13. 设 $f(x)$ 二阶可导，$F(x) = \lim\limits_{t \to \infty} t^2 \left[f\left(x + \dfrac{\pi}{t}\right) - f(x) \right] \sin \dfrac{x}{t}$，求 $F'(x)$ $(t \in \mathbf{R}$ 且与 x 无关$)$.

14. 求由下列方程确定的隐函数的导数：

(1) $x^3 + y^3 - 3xy = 0$，求 $\dfrac{\mathrm{d}y}{\mathrm{d}x}$；

(2) $xy = e^{x+y}$，求 $\dfrac{\mathrm{d}y}{\mathrm{d}x}$.

(3) $e^{x+y} + \cos(xy) = 0$，求 $\dfrac{\mathrm{d}y}{\mathrm{d}x}$；

(4) $\ln(x^2 + y) = x^3 y + \sin x$，求 $\dfrac{\mathrm{d}y}{\mathrm{d}x}\bigg|_{x=0}$.

(5) $y = \sin(x+y)$，求 $\dfrac{\mathrm{d}^2 y}{\mathrm{d}x^2}$；

(6) $y = 1 + xe^y$，求 $\dfrac{\mathrm{d}^2 y}{\mathrm{d}x^2}\bigg|_{x=0}$.

15. 求由 Kepler 方程 $y = x + \varepsilon \sin y$ $(0 < \varepsilon < 1)$ 所确定的曲线在点 $(0,0)$ 处的切线方程.

16. 对给定的函数两边取自然对数然后再求导的方法称为**对数求导法**. 例如，对函数

$$y = 2^x \sin x \sqrt{1+x^2}$$

两边取自然对数，得

$$\ln |y| = x \ln 2 + \ln |\sin x| + \frac{1}{2} \ln(1+x^2).$$

由此方程确定了 y 是 x 的隐函数，应用隐函数求导法得

$$\frac{y'}{y} = \ln 2 + \cot x + \frac{x}{1+x^2},$$

从而

$$y' = y\left(\ln 2 + \cot x + \frac{x}{1+x^2}\right) = 2^x \sin x \sqrt{1+x^2}\left(\ln 2 + \cot x + \frac{x}{1+x^2}\right).$$

试用对数求导法求下列函数的导数：

(1) $y = \dfrac{(3-x)^4 \sqrt{x+2}}{(x+1)^5}$；

(2) $y = \sqrt[5]{\dfrac{x-5}{\sqrt[3]{x^2+2}}}$；

(3) $y = x^{\sin x}$；

(4) $y = (\tan 2x)^{\cot \frac{x}{2}}$.

17. 若两条曲线在它们交点处的切线互相垂直，则称两曲线在该点**正交**. 若一曲线族中每条曲线与另一曲线族中与它相交的曲线均正交，则称它们是**正交曲线族**. 证明：双曲线族 $xy = C_1$ 与 $x^2 - y^2 = C_2$（其中 C_1 与 C_2 为任意非零常数）是正交曲线族.

18. 求下列参数方程所确定的函数的导数:

(1) $\begin{cases} x = a\cos^3 t, \\ y = a\sin^3 t, \end{cases}$ 求 $\dfrac{dy}{dx}$;

(2) $\begin{cases} x = e^t \sin t, \\ y = e^t \cos t, \end{cases}$ 求 $\dfrac{dy}{dx}\bigg|_{t=\frac{\pi}{3}}$;

(3) $\begin{cases} x = \dfrac{2at}{1+t^2}, \\ y = \dfrac{3at^2}{1+t^2}, \end{cases}$ 求 $\dfrac{dy}{dx}\bigg|_{t=2}$ (a 为常数);

(4) $\begin{cases} x = 3e^{-t}, \\ y = 2e^t, \end{cases}$ 求 $\dfrac{d^2 y}{dx^2}$;

(5) $\begin{cases} x = f(t), \\ y = tf'(t) - f(t), \end{cases}$ 求 $\dfrac{d^2 y}{dx^2}$,其中 $f''(t)$ 存在且 $f'(t)$ 不为零.

19. 设曲线 Γ 由极坐标方程 $r = r(\theta)$ 所确定,试求该曲线上任意一点的切线斜率,并将所得公式用于求心形线 $r = a(1-\cos\theta)$ ($a > 0$) 上任一点的斜率.

20. 求曲线 $x^{\frac{2}{3}} + y^{\frac{2}{3}} = a^{\frac{2}{3}}$ ($a > 0$) 在点 $\left(\dfrac{\sqrt{2}}{4}a, \dfrac{\sqrt{2}}{4}a\right)$ 处的切线方程和法线方程.证明:在它的任一点处的切线介于坐标轴间部分的长为一常量.

21. 落在平静水面上的石头使水面上产生同心波纹.若最外一圈波半径的增大率为 6 m/s,问在 2 s 末被扰动水面面积的增大率为多少?

22. 在中午 12 时,甲船以 6 km/h 的速率向东行驶,乙船在甲船之北 16 km 处以 8 km/h 的速率向南行驶,求下午 1 时两船相离的速率.

23. 当油船破裂时,有体积为 V m³ 的石油漏入海中.假定石油在海面上以厚度均匀的圆形扩散开来,已知油层的厚度随时间的变化规律为 $h(t) = \dfrac{k}{\sqrt{t}}$ ($t > 0$),试求油层向外扩散的速率.

24. 一个开窗子的机构是由一些刚性细杆做成,如右图.其中 S 为滑块,设 $AO = 3$ cm,$AS = 4$ cm,求滑块的垂直速度 $\dfrac{dx}{dt}$ 与 θ 的角速度 $\dfrac{d\theta}{dt}$ 之间的关系.

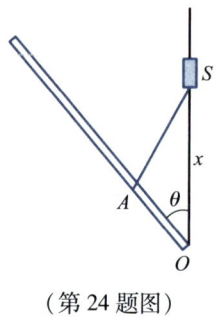

(第 24 题图)

25. 在距火箭发射塔 4 000 m 处安装一台摄影机.为使摄影机的镜头始终对准火箭,摄影机的仰角应随着火箭的上升不断增加.假设火箭发射后垂直上升到距离地面 3 000 m 处时,其速度为 600 m/s.试求在此时刻摄影机仰角的变化率.

(B)

1. 设 $f(x) = a_1 \sin x + a_2 \sin 2x + \cdots + a_n \sin nx$ ($a_i \in \mathbf{R}$, $i = 1, 2, \cdots, n$),且 $|f(x)| \leq |\sin x|$,证明:
$$|a_1 + 2a_2 + \cdots + na_n| \leq 1.$$

2. 设函数 $\varphi : (-\infty, x_0] \to \mathbf{R}$ 是二阶可导函数.选择 a, b, c,使函数
$$f(x) = \begin{cases} \varphi(x), & x \leq x_0, \\ a(x - x_0)^2 + b(x - x_0) + c, & x > x_0 \end{cases}$$
在 $\mathbf{R}$ 上二阶可导.

3. 确定 a,b 的值,使函数

$$f(x) = \begin{cases} \dfrac{1}{x}(1 - \cos ax), & x < 0, \\ 0, & x = 0, \\ \dfrac{1}{x}\ln(b + x^2), & x > 0 \end{cases}$$

在 $(-\infty, +\infty)$ 内处处可导,并求它的导函数.

4. 如果函数 $u=\varphi(x)$ 在 x_0 处可导,而 $y=f(u)$ 在 $u_0=\varphi(x_0)$ 处可导,那么复合函数 $y=f[\varphi(x)]$ 在 x_0 处可导,这是大家所熟知的.问下列三种情况是否成立? 为什么?

(1) 如果 $u=\varphi(x)$ 在 x_0 处不可导,而 $y=f(u)$ 在 $u_0=\varphi(x_0)$ 处可导,那么复合函数 $y=f[\varphi(x)]$ 在 x_0 处一定不可导;

(2) 如果 $u=\varphi(x)$ 在 x_0 处可导,而 $y=f(u)$ 在 $u_0=\varphi(x_0)$ 处不可导,那么复合函数 $y=f[\varphi(x)]$ 在 x_0 处一定不可导;

(3) 如果 $u=\varphi(x)$ 在 x_0 处不可导,$y=f(u)$ 在 $u_0=\varphi(x_0)$ 处也不可导,那么复合函数 $y=f[\varphi(x)]$ 在 x_0 处一定不可导.

5. 已知 $f(x)$ 具有任意阶导数,且 $f'(x)=[f(x)]^2$,试求 $f^{(n)}(x)$ $(n>2)$.

6. 设函数 $f(x) = \lim\limits_{n\to\infty} \dfrac{x^2 e^{n(x-1)}+ax+b}{e^{n(x-1)}+1}$,试确定常数 a,b,使 $f(x)$ 连续、可导,并求 $f'(x)$.

7. 设 $f(x) = \arctan x$,求 $f^{(n)}(0)$.

8. 利用恒等式

$$\cos\frac{x}{2}\cos\frac{x}{4}\cdots\cos\frac{x}{2^n} = \frac{\sin x}{2^n \sin\dfrac{x}{2^n}}$$

求出表示和式

$$S_n = \frac{1}{2}\tan\frac{x}{2} + \frac{1}{4}\tan\frac{x}{4} + \cdots + \frac{1}{2^n}\tan\frac{x}{2^n}$$

的公式.

9. 设有 n 次多项式

$$p_n(x) = a_0 + a_1(x - x_0) + a_2(x - x_0)^2 + \cdots + a_n(x - x_0)^n,$$

其中 $x_0 \in \mathbf{R}$,证明:

$$p_n(x) = p_n(x_0) + p'_n(x_0)(x - x_0) + \frac{p''_n(x_0)}{2!}(x - x_0)^2 + \cdots + \frac{p_n^{(n)}(x_0)}{n!}(x - x_0)^n.$$

10. 设 $y=y(x)$ 由方程 $\begin{cases} x = 3t^2+2t+3, \\ e^y \sin t - y + 1 = 0 \end{cases}$ 所确定,求 $\left.\dfrac{d^2 y}{dx^2}\right|_{t=0}$.

第三节　微分

微分是与导数密切相关又有本质区别的一个重要概念.本节主要介绍微分的概

念、计算及简单应用,说明在"微小局部"用线性函数代替非线性函数是微积分的基本思想方法之一.

3.1 微分的概念

在很多问题中,常常要研究函数的改变量 $\Delta y = f(x_0 + \Delta x) - f(x_0)$ 与自变量改变量 Δx 之间的关系,计算函数改变量的大小.我们知道,对于刻画均匀变化的线性函数 $y = kx + b$ 而言,Δy 是 Δx 的线性函数,即 $\Delta y = k\Delta x$.对于刻画非均匀变化的非线性函数,一般来说,Δy 与 Δx 之间的关系要复杂得多.例如,设 $y = x^2$,则 $\Delta y = (x_0 + \Delta x)^2 - x_0^2 = 2x_0\Delta x + (\Delta x)^2$,它是由关于 Δx 的线性函数部分 $2x_0\Delta x$ 和非线性部分 $(\Delta x)^2$ 组成的.自然要问,当 $|\Delta x|$ 很小时,能否用 Δx 的线性函数部分去近似代替 Δy 呢? 近似代替后所产生的误差是多大? 微分的概念就是在研究此类问题中提出来的.

若函数 $y = f(x)$ 在 x_0 处可导,则由本章的(1.11)式,
$$\Delta y = f'(x_0)\Delta x + o(\Delta x).$$
当 $f'(x) \neq 0$ 时,易见,Δy 也是由两部分组成的,即关于 Δx 的线性函数部分 $f'(x_0)\Delta x$ 和高阶无穷小部分 $o(\Delta x)$.若 $|\Delta x|$ 充分小,第二部分的绝对值比第一部分的绝对值小得多.因此,Δy 的大小主要取决于第一部分,称它为 Δy 的**线性主部**.若用线性主部 $f'(x_0)\Delta x$ 近似代替 Δy,则所产生的绝对值误差 $|o(\Delta x)|$ 是 Δx 的高阶无穷小.由此就得到微分的概念.

定义 3.1 (微分) 设有函数 $f: U(x_0) \to \mathbf{R}$.若存在一个关于 Δx 的线性函数 $L(\Delta x) = a\Delta x$ ($a \in \mathbf{R}$ 为与 Δx 无关的常数),使
$$f(x_0 + \Delta x) - f(x_0) = a\Delta x + o(\Delta x), \quad (3.1)$$
则称 f **在 x_0 处可微**,并称 $a\Delta x$ 为 f **在 x_0 处的微分**,记作 $df(x_0) = a\Delta x$.若函数用 $y = f(x)$ 表示,则可记作 $dy|_{x=x_0} = a\Delta x$.若 f 在区间 I 的每一点可微,则称 f 在 I 上可微.

注意:函数 $y = f(x)$ 在 x_0 处的微分 $dy = df(x_0) = a\Delta x$ 实际上是当 $\Delta x \to 0$ 时的无穷小,它与函数改变量 Δy 之差是 Δx 的高阶无穷小,即 $\Delta y - dy = o(\Delta x)$,当 $dy \neq 0$ 时,dy 与 Δy 是当 $\Delta x \to 0$ 时的等价无穷小.

由定义 3.1 可知,当 $a \neq 0$ 时,函数 f 在 x_0 处的微分就是在小区间 $[x_0, x_0 + \Delta x]$(或 $[x_0 + \Delta x, x_0]$)上函数改变量 Δy 的线性主部 $a\Delta x$.现在要问,f 在什么条件下是可微的? 如果可微,微分中的常数 a 与 f 有怎样的关系? 下面的定理回答了这个问题.

定理 3.1 函数 $f: U(x_0) \to \mathbf{R}$ 在 x_0 处可微 $\Leftrightarrow f$ 在 x_0 处可导. 此时,$df(x_0) = f'(x_0)\Delta x$.

证 不难看出,充分性在定义 3.1 前面一段中已经证明,下面证明必要性.设 f 在 x_0 处可微,由定义知(3.1)式成立,从而有

$$\frac{f(x_0+\Delta x)-f(x_0)}{\Delta x}=a+\frac{o(\Delta x)}{\Delta x}.$$

令 $\Delta x\to 0$,得

$$f'(x_0)=a,$$

故 f 在 x_0 处可导,且 $f'(x_0)=a$,此时,$\mathrm{d}f(x_0)=f'(x_0)\Delta x$.

规定自变量的微分等于自变量的改变量,即 $\mathrm{d}x=\Delta x$.因此,函数 $y=f(x)$ 在 x_0 处的微分可写成 $\mathrm{d}f(x_0)=f'(x_0)\mathrm{d}x$ 或 $\mathrm{d}y=f'(x_0)\mathrm{d}x$,$y=f(x)$ 在区间 I 任一点 x 处的微分可写成

$$\mathrm{d}y=f'(x)\mathrm{d}x. \tag{3.2}$$

想一想:
(1) 微分 $\mathrm{d}y=f'(x)\mathrm{d}x$ 中的 $\mathrm{d}x$ 的含义是什么? 它是否要很小?
(2) 为什么说,函数的导数与微分是两个不同的概念?

定理 3.1 告诉我们,对一元函数来说,函数可导性与可微性是两个等价的概念,今后我们不再区分它们.而且,求出函数的导数之后,只要再乘 $\mathrm{d}x$,就得到相应的微分.但是,函数的导数与微分却是两个不同的概念.

用 $\mathrm{d}x$ 除 (3.2) 式两端,得

$$\frac{\mathrm{d}y}{\mathrm{d}x}=f'(x).$$

这就是说,函数的导数等于函数的微分与自变量微分之商.因此,导数又称为**微商**,这正是把导数记作 $\dfrac{\mathrm{d}y}{\mathrm{d}x}$ 的一个原因.

微分的几何意义

在图 2.11 中,函数 $y=f(x)$ 在 x_0 处的导数 $f'(x_0)$ 表示曲线 $y=f(x)$ 在点 $P(x_0,f(x_0))$ 处的切线 PT 的斜率 $\tan\alpha$,因此,

$$\mathrm{d}y=f'(x_0)\mathrm{d}x=\tan\alpha\cdot PN=NT.$$

这就是说,<u>函数 $y=f(x)$ 在 x_0 处的微分在几何上表示曲线 $y=f(x)$ 在点 P 处切线上点的纵坐标对应于横坐标改变量 Δx 的改变量.</u>

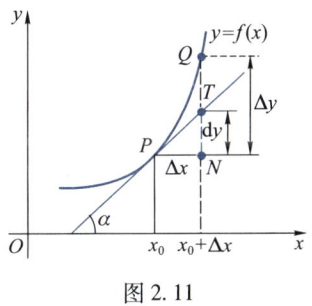

图 2.11

又因为 $\Delta y=f(x_0+\Delta x)-f(x_0)=NQ$,所以用微分近似代替改变量 Δy 产生的误差就是 TQ.当 $|\Delta x|$ 很小时,TQ 比 NT 小得多,故由 (3.1) 式及定理 3.1 知,当 $|\Delta x|=|x-x_0|$ 很小时,

$$f(x)\approx f(x_0)+f'(x_0)(x-x_0). \tag{3.3}$$

此式表明,用微分近似代替改变量 Δy,实质上就是在 x_0 附近(微小局部)用线性函数 $y=f(x_0)+f'(x_0)(x-x_0)$ 近似代替非线性函数 $y=f(x)$.在几何上就是在点 P 附近

用切线 PT 近似代替曲线 PQ.

在微小局部用线性函数近似代替非线性函数,或者,在几何上用切线段近似代替曲线段,是微积分的基本思想方法之一,通常称为非线性函数的**局部线性化**.这种思想方法在自然科学和工程问题的研究中也是常用的.

二维码 2.3.1 微分概念中的局部线性化思想.

3.2 微分的运算法则

前面已经指出,要求微分,只要先求出导数再乘 dx 即可.因此,由函数的导数公式立即可以得到相应的微分公式,由基本导数表可以得到基本微分表.这里我们不再一一罗列出来,读者自己去默写一遍,像基本导数公式一样,要牢记在心.

同样,由导数的有理运算法则(定理 2.1)可以得到微分的有理运算法则:

$$d(u \pm v) = du \pm dv, \quad d(uv) = vdu + udv, \quad d\left(\frac{u}{v}\right) = \frac{vdu - udv}{v^2}(v \neq 0).$$

下面介绍复合函数的微分运算法则.设有可微函数 $y=f(u)$,若 u 是自变量,根据微分的定义,则有

$$dy = f'(u)du. \tag{3.4}$$

若 u 又是另一个变量 x 的可微函数 $u=g(x)$,则由链式法则易知,复合函数 $y=f(g(x))$ 的微分为

$$dy = f'(u)g'(x)dx.$$

因为 $g'(x)dx=du$,故上式也可以写成(3.4)式的形式.这就是说,无论 u 是自变量还是另一个变量的函数,函数 $y=f(u)$ 的微分都保持由(3.4)式所表示的同一形式,这一性质称为**微分形式不变性**,它是复合函数求导法则在微分中的反映.由此,复合函数的微分既可以利用链式法则求出导数再乘 dx 得到,也可以利用微分形式不变性,由(3.4)式直接求得.

例 3.1 求函数 $y=\sin(2x+1)$ 的微分.

解 令 $u=2x+1$,则由(3.4)式,

$$dy = \cos u\, du = \cos(2x+1) \cdot 2dx = 2\cos(2x+1)dx.$$

例 3.2 求函数 $y=\ln(1+e^{x^2})$ 的微分.

解 同求复合函数导数一样,利用微分形式不变性求复合函数微分时,也不必写出该复合函数的中间变量直接按如下步骤进行:

$$dy = \frac{1}{1+e^{x^2}}d(1+e^{x^2}) = \frac{1}{1+e^{x^2}} \cdot e^{x^2}d(x^2) = \frac{e^{x^2}}{1+e^{x^2}} \cdot 2xdx = \frac{2xe^{x^2}}{1+e^{x^2}}dx.$$

由于函数的导数等于函数的微分与自变量微分之商,因此,可以利用微分形式不变性求复合函数的导数.在例 3.2 中,由所求得的微分表达式立即可得导数 $\frac{dy}{dx} = \frac{2x}{1+e^{x^2}}e^{x^2}$.

3.3 高阶微分

设函数 $y = f(x)$ 在区间 I 上一阶可导,则它的微分 $dy = f'(x)dx$ 在区间 I 上仍是 x 的函数.因此,若该函数在 I 上二阶可导,则可再对微分 dy 求微分,得

$$d(dy) = d(f'(x)dx) = f''(x)(dx)^2$$

(其中第二个等式成立是由于 $dx = \Delta x$,与 x 无关),称它为函数 f 在 I 上的**二阶微分**,记作 d^2f 或 d^2y.通常把 $(dx)^2$ 记作 dx^2,则有

$$d^2f = d^2y = f''(x)dx^2.$$

此时,称 f 在 I 上**二阶可微**.

类似地可以定义三阶微分,四阶微分等.一般地,若函数 $f: I \to \mathbf{R}$ n 阶可导,则定义它在 I 上的 n **阶微分**为

$$d^ny = d^nf = d(d^{n-1}f) = f^{(n)}(x)dx^n,$$

此时,称 f 在 I 上 n **阶可微**.

为统一起见,函数的微分也称为函数的**一阶微分**,二阶与二阶以上的微分统称为**高阶微分**.应当注意,高阶微分没有微分形式不变性.

3.4 微分在近似计算中的应用

用微分进行近似计算的基本思想是:在微小局部将给定的函数线性化,即在 x_0 的小邻域内,利用近似等式(3.3)来计算 $f(x)$ 的值.由于该式右端的线性函数之值容易计算,因此,为近似计算函数 $y = f(x)$ 的值提供了方便.

例 3.3 求 $\sqrt[3]{1.02}$ 的近似值.

解 为计算 $\sqrt[3]{1.02}$ 的近似值,取 $f(x) = \sqrt[3]{x}$,则由(3.3)式得

$$\sqrt[3]{x} \approx \sqrt[3]{x_0} + \frac{1}{3\sqrt[3]{x_0^2}}(x - x_0).$$

令 $x_0 = 1, x = 1.02$,于是

$$\sqrt[3]{1.02} \approx 1 + \frac{1}{3} \times 0.02 \approx 1.0067.$$

例 3.4 计算 $\sin 44°$ 的近似值.

解 取 $f(x) = \sin x$, 则由(3.3)式得

$$\sin x \approx \sin x_0 + (x - x_0)\cos x_0.$$

令 $x_0 = 45° = \frac{\pi}{4}, x = 44° = \frac{\pi}{4} - \frac{\pi}{180}$, 于是

$$\sin 44° \approx \sin\frac{\pi}{4} - \frac{\pi}{180}\cos\frac{\pi}{4} = \frac{\sqrt{2}}{2} - \frac{\pi}{180}\frac{\sqrt{2}}{2} \approx 0.6948.$$

注意: 前面曾经指出,微积分中三角函数角度的度量必须用弧度制,因此,在例 3.4 中必须先将角度的度数转化为弧度,然后再用微分来计算函数值.

在(3.3)式中,取 $x_0 = 0$, 当 $|\Delta x| = |x|$ 充分小时,有

$$f(x) \approx f(0) + f'(0)x.$$

由此容易得到下面一些常用的近似公式:当 $|x| \ll 1$ 时,

$$\boxed{e^x \approx 1+x, \quad \sin x \approx x, \quad \tan x \approx x, \quad (1+x)^\alpha \approx 1+\alpha x, \quad \ln(1+x) \approx x.} \quad (3.5)$$

例 3.5 计算 $\sqrt[5]{270}$ 的近似值.

解 由于

$$\sqrt[5]{270} = \sqrt[5]{243 + 27} = 3\left(1 + \frac{27}{243}\right)^{\frac{1}{5}},$$

在近似公式 $(1+x)^\alpha \approx 1+\alpha x$ 中取 $x = \frac{27}{243}, \alpha = \frac{1}{5}$, 得

$$\sqrt[5]{270} \approx 3\left(1 + \frac{1}{5} \cdot \frac{27}{243}\right) \approx 3.0667.$$

习题 2.3

(A)

1. 说明函数在一点处的导数与它在一点处的微分有什么区别和联系.

2. 设有一正方形 $ABCD$ (如图所示), 边长为 x, 面积为 y.

(1) 当边长由 x 增加到 $x+\Delta x$ 时, 求正方形面积 y 所增加的量 Δy, 这个量 Δy 在图形上表示哪块面积?

(2) Δy 的线性部分是什么? 这个线性部分在图形上表示

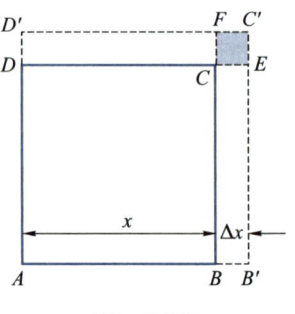

(第 2 题图)

什么?

(3) Δy 与这个线性部分相差多少? 这个差在图形上表示什么? 它是不是 Δx 的高阶无穷小?

(4) 求面积 y 的微分 $\mathrm{d}y$, 在图形上表示什么?

3. 求下列函数的微分:

(1) $y = x\sin 2x$;

(2) $y = \dfrac{x}{\sqrt{x^2+1}}$;

(3) $y = \mathrm{e}^{-x}\cos(3-x)$;

(4) $y = \arcsin\sqrt{1-x^2}$;

(5) $y = \tan^2(1+2x^2)$;

(6) $y = \arctan\dfrac{1-x^2}{1+x^2}$;

(7) $y = \sqrt[3]{\dfrac{1-x}{1+x}}$;

(8) $y = x^{\sin x}$.

4. 将适当的函数填入下列括号内, 使等式成立:

(1) $\mathrm{d}(\quad) = \alpha x^{\alpha-1}\mathrm{d}x \ (\alpha \in \mathbf{R})$;

(2) $\mathrm{d}(\quad) = -\sin x\mathrm{d}x$;

(3) $\mathrm{d}(\quad) = \mathrm{e}^{-2x}\mathrm{d}x$;

(4) $\mathrm{d}(\quad) = \sec^2 3x\mathrm{d}x$;

(5) $\mathrm{d}(\quad) = \dfrac{\mathrm{d}x}{x^2+a^2} \ (a \in \mathbf{R})$;

(6) $\mathrm{d}(\quad) = \dfrac{1}{3x+1}\mathrm{d}x$;

(7) $\mathrm{d}(\quad) = x\mathrm{e}^{x^2}\mathrm{d}x$;

(8) $\mathrm{d}(\quad) = \dfrac{\ln|x|}{x}\mathrm{d}x$.

5. 计算下列函数的近似值:

(1) $\cos 29°$;

(2) $\tan 136°$;

(3) $\sqrt{25.4}$;

(4) $\arcsin 0.5002$;

(5) $\ln 1.01$;

(6) $\sqrt{\dfrac{2.037^2-1}{2.037^2+1}}$.

6. 如图, 一透镜的凸面半径是 R, 口径是 $2H$, $H \ll R$ (即 H 比 R 小得多, 可以忽略不计), 厚度是 δ.

(1) 证明: $\delta \approx \dfrac{H^2}{2R}$;

(2) 设 $H = 25$ mm, $R = 100$ mm, 求 δ 的近似值;

(3) 设 $R = 150$ mm, $\delta = 3$ mm, 求 H 的近似值.

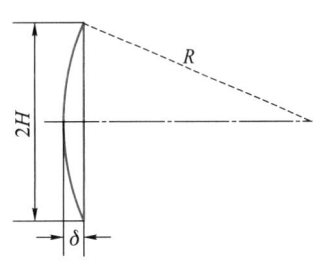

(第 6 题图)

7. 有一批半径为 1 cm 的球, 为了提高球面的光洁度, 要镀上一层铜, 厚度为 0.01 cm. 试估计每只球需用多少克的铜(铜的密度是 8.9 g/cm³).

8. 钟摆摆动的周期 T 与摆长 l 的关系是 $T = 2\pi\sqrt{\dfrac{l}{g}}$, 其中 g 是重力加速度. 现有一只挂钟, 当摆长为 10 cm 时走得很准确. 由于摆长没有校正好, 长了 0.01 cm. 问这只钟每天慢多少秒?

9. 求由方程 $\mathrm{e}^{x+y} - xy = 0$ 所确定的隐函数 $y = f(x)$ 的微分 $\mathrm{d}y$.

10. 求由参数方程 $x = 3t^2 + 2t + 3$, $\mathrm{e}^y\sin t - y + 1 = 0$ 所确定的函数 $y = f(x)$ 的微分 $\mathrm{d}y$.

11. 求下列函数 y 关于自变量 x 的二阶微分：

(1) $y = \dfrac{\sin x}{x}$；

(2) $xy + y^2 = 1$.

(B)

1. 有人说"若 $y=f(x)$ 在点 x_0 可导,则当 $\Delta x \to 0$ 时,该函数在点 x_0 的微分 $\mathrm{d}y$ 是 Δx 的同阶无穷小."这种说法是否正确？为什么？

2. 证明：函数 $f:U(x_0) \to \mathbf{R}$ 在 x_0 处可微(可导)的充要条件是存在一个关于 Δx 的线性函数 $L(\Delta x) = \alpha \Delta x$,使

$$\lim_{\Delta x \to 0} \frac{|f(x_0 + \Delta x) - f(x_0) - L(\Delta x)|}{|\Delta x|} = 0.$$

第四节 微分中值定理及其应用

我们知道,函数的导数反映了函数在一点附近的局部变化性态,为了利用导数研究函数在某一个区间上整体的变化性态,就需要建立函数在区间上的改变量与导数之间的联系,这就是本节将介绍的几个微分中值定理.微分中值定理在函数的导数与函数在区间上的变化(函数的改变量)之间搭建了一座桥梁,使我们能用导数去研究函数的在一个区间上的某些性态,是利用导数进一步解决函数的许多理论和应用问题的理论基础.

4.1 函数的极值及其必要条件

设有函数 $f: I \to \mathbf{R}$, $x_0 \in I$, 若 $\exists \delta > 0$, 使得 $\forall x \in U(x_0, \delta) \subseteq I$, 恒有 $f(x) \geq f(x_0)$ ($\leq f(x_0)$),则称 f 在 x_0 取得**极小(大)值** $f(x_0)$. f 的极小值与极大值统称为 f 的**极值**,使 f 取得极值的点 x_0 称为 f 的**极值点**.

在图 2.12 中,函数 f 在 x_1, x_3 与 x_5 分别取得极大值 $f(x_1), f(x_3)$ 与 $f(x_5)$,在 x_2 与 x_4 分别取得极小值 $f(x_2)$ 与 $f(x_4)$.

应当注意函数的极大(小)值与最大(小)值的区别.函数的极值是就一点的邻域来说的,是局部性概念;而最值(最大、最小值的简称)是对整个区间而言

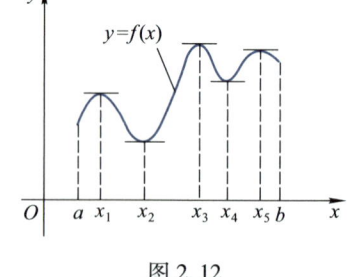

图 2.12

的,是整体性概念.函数在区间 I 内部取得的最值一定是极值,反过来不一定成立.而且同一个函数的极小值有可能大于极大值,在图 2.12 中,极小值 $f(x_4)$ 大于极大值 $f(x_1)$.

设函数 f 在 (a,b) 内可导,从图 2.12 易见,曲线 $y=f(x)$ 上与 f 的极值点 x_1, x_2, x_3, x_4, x_5 相对应的点处有水平切线,受这个事实的启发得到下面的定理.

定理 4.1 (Fermat 定理) 若函数 $f: (a,b) \to \mathbf{R}$ 在 $x_0 \in (a,b)$ 处取得极值,且 f 在

x_0 处可导,则 $f'(x_0) = 0$.

证 不妨设 f 在 x_0 处取极大值(若 f 在 x_0 处取极小值证法类似),则

$$\exists \delta > 0, 使得 \forall x \in \mathring{U}(x_0, \delta) \subseteq (a,b), 恒有 f(x) \leq f(x_0).$$

若 $x \in (x_0 - \delta, x_0)$,则

$$\frac{f(x) - f(x_0)}{x - x_0} \geq 0,$$

从而由极限的保号性有

$$f'_-(x_0) = \lim_{x \to x_0^-} \frac{f(x) - f(x_0)}{x - x_0} \geq 0;$$

若 $x \in (x_0, x_0 + \delta)$,则

$$\frac{f(x) - f(x_0)}{x - x_0} \leq 0,$$

从而有

$$f'_+(x_0) = \lim_{x \to x_0^+} \frac{f(x) - f(x_0)}{x - x_0} \leq 0.$$

由于 $f(x)$ 在 x_0 处可导,故必有 $f'(x_0) = f'_+(x_0) = f'_-(x_0) = 0$. ∎

注意:为了利用 f 在 x_0 处取极大值且可导这两个已知条件来证明 $f'(x_0) = 0$,自然应当用导数的定义,但由于直接用导数定义很难得出此结论,所以我们转而证明 f 在 x_0 的左导数 $f'_-(x_0) \geq 0$,右导数 $f'_+(x_0) \leq 0$,由于 f 在 x_0 处可导,所以必有 $f'(x_0) = 0$.

想一想:

试举例说明 $f'(x_0) = 0$ 只是在 x_0 处可导函数 f 在 x_0 取得极值的必要条件而不是充分条件.

4.2 微分中值定理

微分中值定理包括 Rolle 定理、Lagrange 定理与 Cauchy 定理,下面先介绍 Rolle 定理.

Rolle 定理也是受一个简单的几何事实的启发得到的.设函数 f 在 $[a,b]$ 上连续,在区间的两个端点处函数值相等.若曲线 $y = f(x)$ 上与 (a,b) 内任一点 x 相对应的点处都有切线存在,但无与 x 轴垂直的切线,则由图 2.13 可见,该曲线上至少有一点具有水平切线.

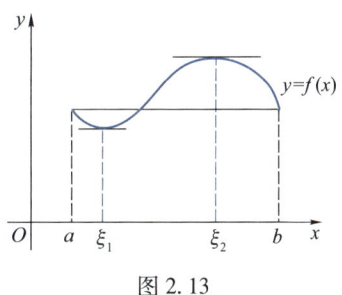

图 2.13

想一想:

说明将 Rolle 定理中的条件(1)与(2)换成"f 在闭区间 $[a,b]$ 上可导",定理的结论仍然成立,试问条件(1)与(2)换成后者好吗?有什么缺陷?

定理 4.2(Rolle 定理) 若函数 $f:[a,b] \to \mathbf{R}$ 满足下列条件:

(1) f 在 $[a,b]$ 上连续; (2) f 在 (a,b) 内可导;

(3) $f(a) = f(b)$,

则至少存在一点 $\xi \in (a,b)$,使 $f'(\xi) = 0$.

证 根据定理 4.1,只要证明 f 在区间 (a,b) 内有极值点就行了. 由已知, f 在 $[a,b]$ 上连续,故由闭区间上连续函数最大(小)值定理,必存在 $x_1, x_2 \in [a,b]$,使

$$f(x_1) = \max_{x \in [a,b]} f(x) = M, \quad f(x_2) = \min_{x \in [a,b]} f(x) = m.$$

若 $M = m$,则 f 在 $[a,b]$ 上为常数,因此对于 (a,b) 中每个点都可作为 ξ,使 $f'(\xi) = 0$.

若 $M \neq m$,则 M 与 m 中至少有一个不等于 $f(a)$,不妨设 $M \neq f(a)$(若 $m \neq f(a)$,可类似地证明). 由条件(3)知, $M \neq f(b)$,最大值 M 只能被 f 在 (a,b) 内的点 x_1 取得,故 x_1 也是 f 的极值点. 由定理 4.1, $f'(x_1) = 0$. ■

想一想:
Rolle 定理结论中使 $f'(\xi) = 0$ 的点 ξ 是否一定是函数 f 的极值点?

由定理 4.2 立即可得

推论 4.1 可微函数 f 的任意两个零点之间至少有导函数 f' 的一个零点.

二维码 2.4.1
如何用 Rolle 定理证明方程根的存在性.

例 4.1 证明方程 $x^3 + 2x + 1 = 0$ 在区间 $(-1, 0)$ 内有且仅有一个实根.

证 设 $f(x) = x^3 + 2x + 1$,则 $f(-1) = -2 < 0, f(0) = 1 > 0$. 根据连续函数的零点定理,在 $(-1, 0)$ 内 f 至少有一个零点,即方程 $x^3 + 2x + 1 = 0$ 在 $(-1, 0)$ 内至少有一个根,设其为 x_1. 下面证明该方程在 $(-1, 0)$ 内只有一个根. 若它还有一个根 x_2,则由推论 4.1,在 x_1 与 x_2 之间至少有一点 ξ,使 $f'(\xi) = 0$. 然而, $f'(x) = 3x^2 + 2 > 0$,即 f' 在 $(-1, 0)$ 内没有零点,从而得到矛盾. 所以,在 $(-1, 0)$ 内该方程有且仅有一个实根. ■

例 4.2 证明:若函数 $f: [0,1] \to \mathbf{R}$ 在 $[0,1]$ 上连续,在 $(0,1)$ 内可导,并且 $f(1) = 0$,则至少存在一个 $c \in (0,1)$,使

$$f'(c) = -\frac{f(c)}{c}.$$

证 先作一简单的分析. 为了证明结论成立,由于 $c \neq 0$,只要证明 $cf'(c) + f(c) = 0$ 就行了. 又因为

$$cf'(c) + f(c) = [xf(x)]' \big|_{x=c},$$

所以只要证明 $F(x) = xf(x)$ 满足 Rolle 定理条件就行了. 显然, F 在 $[0,1]$ 上连续,在 $(0,1)$ 内可导,又 $F(0) = F(1) = 0$,根据 Rolle 定理,至少存在一点 $c \in (0,1)$,使 $F'(c) = 0$. 又 $F'(x) = xf'(x) + f(x)$,故结论成立. ■

注: 证明例 4.2 的关键在于通过将要证明的等式变形和分析,构造满足 Rolle 定理条件的辅助函数
$$F(x) = xf(x).$$

注意: Rolle 定理的三个条件中只要有一个不满足,都不能保证定理的结论成立. 例如,在图 2.14 的 (a),(b) 与 (c) 中,分别画出了不满足条件(1),(2)与(3)之一的三个函数的图像,显然,这三个函数都不存在使定理结论成立的 ξ.

在图 2.14 的(c)中,由于 $f(a)\neq f(b)$,曲线 $y=f(x)$ 上没有一点的切线平行于 x 轴.但是,不难看到,曲线上至少有一点(如点 P_1 或 P_2)处的切线平行于弦 AB.由于弦 AB 的斜率是 $\dfrac{f(b)-f(a)}{b-a}$,该曲线在点 P_1 与 P_2 处切线的斜率为 $f'(\xi)$,故有

$$\frac{f(b)-f(a)}{b-a}=f'(\xi),\quad \xi\in(a,b).$$

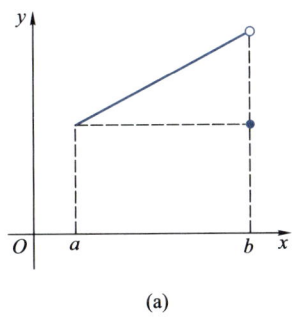

(a)

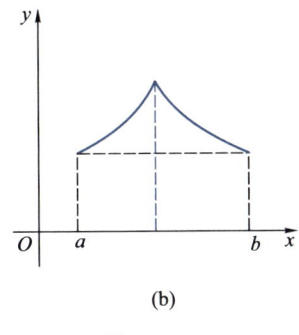

(b)

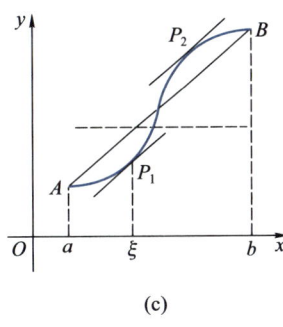

(c)

图 2.14

由此,我们得到下面的重要定理:

定理 4.3(Lagrange 定理) 若函数 $f:[a,b]\to\mathbf{R}$ 满足下列条件:

(1) f 在 $[a,b]$ 上连续;   (2) f 在 (a,b) 内可导,

则至少存在一点 $\xi\in(a,b)$,使

$$\boxed{f(b)-f(a)=f'(\xi)(b-a).} \tag{4.1}$$

分析 为了证明结论成立,由于 $b-a\neq 0$,只要证明至少存在一点 ξ,使

$$\frac{f(b)-f(a)}{b-a}-f'(\xi)=0$$

就行了.又因为

$$\frac{f(b)-f(a)}{b-a}-f'(\xi)=\left[\frac{f(b)-f(a)}{b-a}x-f(x)\right]'\bigg|_{x=\xi},$$

所以,只要证明 $F(x)=\dfrac{f(b)-f(a)}{b-a}x-f(x)$ 在 $[a,b]$ 上满足 Rolle 定理的条件就行了.

证 作辅助函数

$$F(x)=\frac{f(b)-f(a)}{b-a}x-f(x).$$

显然,函数 F 满足 Rolle 定理的条件(1)与(2).又

$$F(a) = \frac{f(b)-f(a)}{b-a}a - f(a) = \frac{af(b)-bf(a)}{b-a},$$

$$F(b) = \frac{f(b)-f(a)}{b-a}b - f(b) = \frac{af(b)-bf(a)}{b-a},$$

故 $F(a) = F(b)$. 由 Rolle 定理, 至少存在一点 $\xi \in (a,b)$, 使 $F'(\xi) = 0$, 即

$$\frac{f(b)-f(a)}{b-a} - f'(\xi) = 0,$$

从而有 $f(b)-f(a)=f'(\xi)(b-a)$. ■

注: 定理 4.3 的证明思路也是将要证明的等式(4.1)变形, 构造一个满足 Rolle 定理条件的辅助函数, 关键在于如何构造符合要求的辅助函数. 通过将要证明的结论变形、分析是常用的一种方法, 称为分析法, 另一种是几何法, 定理 4.3 证明之后给出的另一个辅助函数就是受几何上的启示构造出来的.

证明定理 4.3 的辅助函数的选取不是唯一的. 事实上, 由于

$$\left[f(x) - f(a) - \frac{f(b)-f(a)}{b-a}(x-a)\right]'\bigg|_{x=\xi} = f'(\xi) - \frac{f(b)-f(a)}{b-a},$$

因此, 也可用

$$F(x) = f(x) - \left[f(a) + \frac{f(b)-f(a)}{b-a}(x-a)\right]$$

作为辅助函数. 而且此函数就是曲线 $y=f(x)$ 与弦 AB 方程之差, 显然满足 Rolle 定理的条件.

在 Lagrange 定理中, 若 $f(a)=f(b)$, 则有 $f'(\xi)=0$. 因此, Rolle 定理是 Lagrange 定理的特例, 而 Lagrange 定理是 Rolle 定理的推广.

公式(4.1)称为 **Lagrange 公式**. 将两边同乘 -1 得

$$f(a) - f(b) = f'(\xi)(a-b),$$

这就是说, 无论是 $a<b$ 还是 $a>b$, Lagrange 公式均成立.

Lagrange 公式还可以写成其他形式. 由于 $\xi \in (a,b)$, 所以 $0 < \frac{\xi-a}{b-a} < 1$. 令 $\theta = \frac{\xi-a}{b-a}$, 则 $\xi = a+\theta(b-a)$, 于是有

$$f(b) - f(a) = f'[a+\theta(b-a)](b-a) \quad (0 < \theta < 1). \tag{4.2}$$

如果取 $a=x, b=x+\Delta x$, Lagrange 公式又可写成

$$f(x+\Delta x) - f(x) = f'(x+\theta\Delta x)\Delta x \quad (0 < \theta < 1), \tag{4.3}$$

常称(4.3)式为**有限改变量公式**. 它建立了函数 $y=f(x)$ 在区间上的改变量与导数之间的关系, 使我们能够用导数研究函数在区间上的变化性态.

推论 4.2 设 $f: I \to \mathbf{R}$ 在 I 上连续, 在 I 内可导, 则在 I 内 $f'(x) \equiv 0$ 的充要条件为

f 在 I 上是常数.

证 充分性是显然的,下面证明必要性.

任取 $x_1, x_2 \in I$,在闭区间 $[x_1, x_2]$ 上对 f 应用 Lagrange 定理,存在 $\xi \in (x_1, x_2) \subseteq (a, b)$,使
$$f(x_2) - f(x_1) = f'(\xi)(x_2 - x_1) = 0,$$
因此,$f(x_1) = f(x_2)$. 由 x_1, x_2 的任意性知 f 在 I 上是常数. ∎

推论 4.3 设函数 f 在 $[x_0, b)$ (或 $(a, x_0]$) 上连续,在 (x_0, b) (或 (a, x_0)) 内可导,且 $\lim\limits_{x \to x_0^+} f'(x) = A$ (或 $\lim\limits_{x \to x_0^-} f'(x) = A$),则
$$f'_+(x_0) = \lim_{x \to x_0^+} f'(x) = A \ (\text{或} f'_-(x_0) = \lim_{x \to x_0^-} f'(x) = A),$$
其中 A 为有限或无限.

☞二维码 2.4.2
求分段函数在分界点处导数的另一种方法.

证 根据公式(4.3),我们有
$$\frac{f(x_0 + \Delta x) - f(x_0)}{\Delta x} = f'(x_0 + \theta \Delta x) \quad (0 < \theta < 1).$$
所以
$$f'_+(x_0) = \lim_{\Delta x \to 0^+} \frac{f(x_0 + \Delta x) - f(x_0)}{\Delta x} = \lim_{\Delta x \to 0^+} f'(x_0 + \theta \Delta x) = A.$$
同样,可证明关于左导数的结论. ∎

前面曾经指出,在研究分段函数的可导性时,对于使函数有不同表达式的子区间的分界点处的可导性,通常需要利用导数的定义来讨论. 但是,如果函数满足推论 4.3 的条件,那么,利用该推论研究分界点处的可导性比用导数定义更为简便,下面举一个例子来说明.

例 4.3 设
$$f(x) = \begin{cases} x^2, & x < 0, \\ 0, & x = 0, \\ x\sin x, & x > 0, \end{cases}$$
求 $f'(x)$.

解 当 $x<0$ 时,$f'(x) = 2x$;当 $x>0$ 时,$f'(x) = \sin x + x\cos x$. 由于 $\lim\limits_{x \to 0^-} f'(x) = \lim\limits_{x \to 0^-} 2x = 0$,$\lim\limits_{x \to 0^+} f'(x) = \lim\limits_{x \to 0^+} (\sin x + x\cos x) = 0$,在区间 $[0, b)$ ($b>0$) 与 $(a, 0]$ ($a<0$) 上分别应用推论 4.3,则有
$$f'_+(0) = \lim_{x \to 0^+} f'(x) = 0, \quad f'_-(0) = \lim_{x \to 0^-} f'(x) = 0.$$

故
$$f'(x) = \begin{cases} 2x, & x < 0, \\ 0, & x = 0, \\ \sin x + x\cos x, & x > 0. \end{cases}$$

Lagrange 定理是最常用的一个微分中值定理,具有重要的理论和应用价值.下面举例说明它在证明不等式、判断方程根的存在性等方面的应用.

例 4.4 证明:当 $x>0$ 时,
$$\frac{x}{1+x} < \ln(1+x) < x.$$

证 由于 $\ln(1+x) = \ln(1+x) - \ln 1$,所以为了证明本题中的不等式,只要取 $f(t) = \ln(1+t)$ 为辅助函数,并对该函数在 $[0,x]$ 上应用 Lagrange 定理.容易验证 $f(t)$ 在 $[0,x]$ 上满足 Lagrange 定理的条件,因而至少存在一点 $\xi \in (0,x)$,使
$$f(x) - f(0) = f'(\xi)(x - 0),$$
即
$$\ln(1+x) = \frac{x}{1+\xi}.$$

又因为 $\xi \in (0,x)$,故有
$$\frac{x}{1+x} < \frac{x}{1+\xi} < x.$$

从而有
$$\frac{x}{1+x} < \ln(1+x) < x \quad (x>0).$$

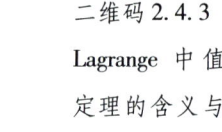

二维码 2.4.3 Lagrange 中值定理的含义与应用.

也可取 $f(t) = \ln t (t \in [1, 1+x])$ 作为辅助函数来证明此不等式.

例 4.5 设函数 f 在 $[0,1]$ 上可导,值域为 $(0,1)$,并且 $\forall x \in (0,1), f'(x) \neq 1$,证明 f 有唯一不动点 $c \in (0,1)$.

证 由于 f 的不动点是指满足方程 $f(x) = x$ 的点 c,所以令 $F(x) = f(x) - x$,只要证明存在唯一的 c,使 $f(c) - c = 0$.易见 F 在 $[0,1]$ 上连续,且 $F(0) = f(0) > 0, F(1) = f(1) - 1 < 0$.由零点定理,至少存在一个 $c \in (0,1)$,使 $F(c) = 0$,即 $f(c) = c$,所以 f 在 $(0,1)$ 内至少有一个不动点.

再证明在 $(0,1)$ 内 f 至多有一个不动点. 若存在两点 $c_1, c_2 \in (0,1)$,使 $f(c_1) = c_1, f(c_2) = c_2$,不妨设 $c_1 < c_2$.在闭区间 $[c_1, c_2]$ 上对 f 应用 Lagrange 定理,那么,至少存在一个 $c \in (c_1, c_2) \subseteq (0,1)$,使

$$1 = \frac{f(c_2) - f(c_1)}{c_2 - c_1} = f'(c),$$

这与在$(0,1)$内$f'(x) \neq 1$相矛盾.因此f在$(0,1)$内有唯一不动点. ∎

定理 4.4(Cauchy 定理) 设函数$f, g:[a,b] \to \mathbf{R}$满足下列条件:

(1) f, g在$[a, b]$上连续;

(2) f, g在(a, b)内可导,并且$\forall x \in (a,b), g'(x) \neq 0$,

则至少存在一点$\xi \in (a,b)$,使

$$\boxed{\frac{f(b) - f(a)}{g(b) - g(a)} = \frac{f'(\xi)}{g'(\xi)}.} \tag{4.4}$$

证 先证$g(b) \neq g(a)$.若$g(b) = g(a)$,则由Rolle 定理,至少存在一点$\xi \in (a,b)$,使$g'(\xi) = 0$,这与假设在(a,b)内$g'(x) \neq 0$相矛盾.

为证明定理中的结论,只要证明辅助函数

$$F(x) = [f(b) - f(a)]g(x) - [g(b) - g(a)]f(x)$$

的导函数在(a,b)内有零点.容易验证$F(x)$满足Rolle 定理的条件,因此,至少存在一点$\xi \in (a,b)$使

$$F'(x) = [f(b) - f(a)]g'(\xi) - [g(b) - g(a)]f'(\xi) = 0.$$

由于$g'(\xi) \neq 0$,将上式变形即得所要证明的等式(4.4). ∎

若取$g(x) = x$,Cauchy 定理就变成了 Lagrange 定理.因此,Cauchy 定理是 Lagrange 定理的推广.

注:将定理4.4中的函数f与g的自变量用字母t表示,则$x = g(t)$与$y = f(t)$ $(t \in [a,b])$就是一条以$A(g(a), f(a))$,$B(g(b), f(b))$为端点的平面曲线C的参数方程.(4.4)式左端就是弦AB的斜率,而右端则是C上点$P(g(\xi), f(\xi))$处的切线的斜率.因此 Cauchy 公式在几何上就表示在C上至少有一点P,使C在P处的切线平行于弦AB,也就是Lagrange公式表示的几何事实的参数形式.

4.3 L'Hospital 法则

作为 Cauchy 中值定理的一个应用,本段介绍一种求不定式极限的简单而有效的方法——L'Hospital 法则.下面先讲求$\frac{0}{0}$型不定式极限的 L'Hospital 法则.

定理 4.5 $\left(\dfrac{0}{0}\text{型不定式}\right)$ 设函数f, g在区间$(x_0, x_0 + \delta)$(其中$\delta > 0$)内满足下列条件:

(1) $\lim\limits_{x \to x_0^+} f(x) = \lim\limits_{x \to x_0^+} g(x) = 0$;

(2) f, g 在 $(x_0, x_0+\delta)$ 内可导，且 $g'(x) \neq 0$；

(3) $\lim\limits_{x \to x_0^+} \dfrac{f'(x)}{g'(x)} = a$（$a$ 为有限实数或无穷大），

则

$$\lim_{x \to x_0^+} \frac{f(x)}{g(x)} = \lim_{x \to x_0^+} \frac{f'(x)}{g'(x)} = a. \tag{4.5}$$

证 若 f, g 在 x_0 处右连续，则由条件(1)知，$f(x_0) = g(x_0) = 0$. 任取 $x \in (x_0, x_0 + \delta)$，则 f, g 在区间 $[x_0, x]$ 上满足 Cauchy 定理的条件，故存在 $\xi \in (x_0, x)$，使

$$\frac{f(x)}{g(x)} = \frac{f(x) - f(x_0)}{g(x) - g(x_0)} = \frac{f'(\xi)}{g'(\xi)}.$$

当 $x \to x_0^+$ 时，显然有 $\xi \to x_0^+$. 又因为 $\lim\limits_{x \to x_0^+} \dfrac{f'(x)}{g'(x)} = a$，从而得

$$\lim_{x \to x_0^+} \frac{f(x)}{g(x)} = \lim_{x \to x_0^+} \frac{f'(\xi)}{g'(\xi)} = \lim_{\xi \to x_0^+} \frac{f'(\xi)}{g'(\xi)} = a.$$

若 f, g 在 x_0 处不右连续，可补充定义 $f(x_0) = g(x_0) = 0$，则 f, g 在 x_0 右连续. 这样做并不影响极限 $\lim\limits_{x \to x_0^+} \dfrac{f(x)}{g(x)}$ 的存在性及其值. 重复上述证明步骤，可证明结论仍成立. ∎

由证明过程不难看出，定理 4.5 对于当 $x \to x_0^-$，$x \to x_0$ 等情形也可得到相应的结论. 如果 $x \to \infty$（$\pm\infty$），那么可通过变量代换 $x = \dfrac{1}{t}$ 化为 $t \to 0$ 的情形，得到类似的结论. 这里不再一一叙述和推证.

例 4.6 求 $\lim\limits_{x \to 0} \dfrac{\tan x - x}{x - \sin x}$.

解 显然，分子与分母在 $x = 0$ 的邻域内满足定理 4.5 的条件(1)(2)，应用 L'Hospital 法则，

$$原式 = \lim_{x \to 0} \frac{\sec^2 x - 1}{1 - \cos x}.$$

由于上式右端仍为 $\dfrac{0}{0}$ 型，且分子分母仍满足定理 4.5 的条件(1)(2)，故可再次使用该法则，得

$$原式 = \lim_{x \to 0} \frac{2\sec^2 x \tan x}{\sin x} = 2 \lim_{x \to 0} \sec^2 x = 2. \quad ∎$$

注意：在应用 L'Hospital 法则的时候，应检查 f, g 是否满足条件(1)，(2). 如果用一次 L'Hospital 法则后，得到的极限 $\lim\limits_{x \to x_0^+} \dfrac{f'(x)}{g'(x)}$ 仍然属于 $\dfrac{0}{0}$ 型不定式，只要 f', g' 仍满足定理 4.5 中的相应条件，那么还可继续使用该法则.

读者可能注意到,上面第二个等式利用到了当 $x\to x_0$ 时 $\tan x$ 与 $\sin x$ 是等价无穷小这个事实.

注意:与通常求极限过程一样,在应用 L'Hospital 法则时,前面讲过的消去公因子与无穷小等价代换等方法可以同时使用.而且,若式中含有极限不为零的因子,则可先求出该因子的极限值.这样做可以使余下的不定式比较简单,便于继续使用该法则.

例 4.7 求 $\lim\limits_{x\to 0}\dfrac{2e^{2x}-e^x-3x-1}{(e^x-1)^2 e^x}$.

解 由于当 $x\to 0$ 时,$e^x\to 1$,且 $e^x-1\sim x$,所以

$$\text{原式}=\lim_{x\to 0}\frac{2e^{2x}-e^x-3x-1}{x^2}=\lim_{x\to 0}\frac{4e^{2x}-e^x-3}{2x}$$

$$=\frac{1}{2}\lim_{x\to 0}\frac{8e^{2x}-e^x}{1}=\frac{7}{2}. \blacksquare$$

定理 4.6 $\left(\dfrac{\infty}{\infty}\text{型不定式}\right)$ 设 f,g 在 $(x_0,x_0+\delta)$ 内满足定理 4.5 中的条件(2)与(3),条件(1)改为

$$\lim_{x\to x_0^+}f(x)=\lim_{x\to x_0^+}g(x)=\infty,$$

则有同样的结论成立(证明从略).

该法则对于 $x\to x_0^-,x\to x_0,x\to\infty$ ($\pm\infty$) 等情形也成立.

例 4.8 求 $\lim\limits_{x\to +\infty}\dfrac{\log_a x}{x^\alpha}$ 与 $\lim\limits_{x\to +\infty}\dfrac{x^\alpha}{a^{\beta x}}$ $(a>1,\alpha,\beta>0)$.

解 这两个极限都属于 $\dfrac{\infty}{\infty}$ 型不定式,应用 L'Hospital 法则得

$$\lim_{x\to +\infty}\frac{\log_a x}{x^\alpha}=\lim_{x\to +\infty}\frac{\frac{1}{x\ln a}}{\alpha x^{\alpha-1}}=\frac{1}{\alpha\ln a}\lim_{x\to +\infty}x^{-\alpha}=0,$$

$$\lim_{x\to +\infty}\frac{x^\alpha}{a^{\beta x}}=\lim_{x\to +\infty}\frac{\alpha x^{\alpha-1}}{\beta a^{\beta x}\ln a}=\lim_{x\to +\infty}\frac{\alpha(\alpha-1)x^{\alpha-2}}{\beta^2 a^{\beta x}(\ln a)^2}$$

$$=\cdots=\lim_{x\to +\infty}\frac{\alpha(\alpha-1)\cdots(\alpha-n+1)x^{\alpha-n}}{\beta^n a^{\beta x}(\ln a)^n}$$

$$=\lim_{x\to +\infty}\frac{\alpha(\alpha-1)\cdots(\alpha-n)}{\beta^{n+1}a^{\beta x}(\ln a)^{n+1}x^{n+1-\alpha}}=0,$$

其中 $n=[\alpha]$. $\blacksquare$

由例 4.8 易见,虽然当 $x\to +\infty$ 时,$\log_a x,x^\alpha,a^{\beta x}$ 都是无穷大量,但是,x^α 是 $\log_a x$ 的高阶无穷大,$a^{\beta x}$ 又是 x^α 的高阶无穷大.这反映了当 $x\to +\infty$ 时,它们是数量级不同的无穷大:指数函数 $a^{\beta x}$ 的数量级最高,幂函数 x^α 次之,对数函数 $\log_a x$ 的数量级最低.为便于今后的应用,希望读者能记住这个事实.

除了 $\dfrac{0}{0}$ 与 $\dfrac{\infty}{\infty}$ 型之外，还有 $0 \cdot \infty, \infty - \infty, 1^{\infty}, 0^{0}, \infty^{0}$ 等类型的不定式，它们的极限都能化为 $\dfrac{0}{0}$ 或 $\dfrac{\infty}{\infty}$ 型不定式来计算. 例如，0^{0} 表示当 $x \to x_0$（或 $x \to \infty$）时，函数 $f(x)^{g(x)}$ 中的 $f(x) \to 0^{+}, g(x) \to 0$. 由等式 $f(x)^{g(x)} = e^{g(x)\ln f(x)}$ 易见，求该不定式的极限就转化为求 $0 \cdot \infty$ 不定式的极限 $\lim\limits_{x \to x_0} g(x) \ln f(x)$. 下面举例说明.

例 4.9 求下列极限：

(1) $\lim\limits_{x \to \frac{\pi}{2}} (\sec x - \tan x)$； (2) $\lim\limits_{x \to +\infty} \left(\dfrac{\pi}{2} - \arctan x \right)^{\frac{1}{\ln x}}$.

解 (1) 此极限属于 $\infty - \infty$ 型不定式. 由于

$$\sec x - \tan x = \frac{1 - \sin x}{\cos x},$$

当 $x \to \dfrac{\pi}{2}$ 时，它就转化成 $\dfrac{0}{0}$ 型不定式. 应用 L'Hospital 法则，

$$\text{原式} = \lim_{x \to \frac{\pi}{2}} \frac{1 - \sin x}{\cos x} = \lim_{x \to \frac{\pi}{2}} \left(\frac{-\cos x}{-\sin x} \right) = 0.$$

(2) 此极限属于 0^{0} 型不定式. 由于

$$\left(\frac{\pi}{2} - \arctan x \right)^{\frac{1}{\ln x}} = e^{\frac{1}{\ln x} \cdot \ln\left(\frac{\pi}{2} - \arctan x \right)},$$

当 $x \to +\infty$ 时，$\dfrac{\ln\left(\dfrac{\pi}{2} - \arctan x \right)}{\ln x}$ 属于 $\dfrac{\infty}{\infty}$ 型不定式. 应用 L'Hospital 法则，

二维码 2.4.4 使用 L'Hospital 法则应注意的问题.

$$\lim_{x \to +\infty} \frac{\ln\left(\dfrac{\pi}{2} - \arctan x \right)}{\ln x} = \lim_{x \to +\infty} \frac{-\dfrac{x}{1 + x^2}}{\dfrac{\pi}{2} - \arctan x}$$

$$= -\lim_{x \to +\infty} \left[\frac{1 - x^2}{(1 + x^2)^2} \bigg/ \left(-\frac{1}{1 + x^2} \right) \right] = -1.$$

所以

$$\lim_{x \to +\infty} \left(\frac{\pi}{2} - \arctan x \right)^{\frac{1}{\ln x}} = \frac{1}{e}. \quad \blacksquare$$

例 4.10 求一个 n 次多项式 $P_n(x) = a_0 + a_1 x + a_2 x^2 + \cdots + a_n x^n$，使

$$e^x = P_n(x) + o(x^n).$$

解 要使 $e^x = P_n(x) + o(x^n)$，只要使

$$e^x - P_n(x) = o(x^n),$$

也就是使

$$\lim_{x \to 0} \frac{e^x - P_n(x)}{x^k} = 0 \quad (k = 0, 1, 2, \cdots, n).$$

取 $k=0$，由 $\lim\limits_{x \to 0}[e^x - P_n(x)] = 0$，得知 $a_0 = e^0 = 1$.

取 $k=1$，由 $\lim\limits_{x \to 0} \dfrac{e^x - P_n(x)}{x} = 0$，应用 L'Hospital 法则得

$$\lim_{x \to 0} \frac{e^x - P_n(x)}{x} = \lim_{x \to 0}[(e^x)' - P'_n(x)]$$

$$= \lim_{x \to 0}[(e^x)' - (a_1 + 2a_2 x + \cdots + na_n x^{n-1})]$$

$$= \lim_{x \to 0}[(e^x)' - a_1] = 0,$$

从而得 $a_1 = (e^x)'|_{x=0} = 1$.

取 $k=2$，由 $\lim\limits_{x \to 0} \dfrac{e^x - P_n(x)}{x^2} = 0$，连续 2 次应用 L'Hospital 法则得

$$\lim_{x \to 0} \frac{e^x - P_n(x)}{x^2} = \lim_{x \to 0} \frac{(e^x)' - P'_n(x)}{2x} = \frac{1}{2!}\lim_{x \to 0}[(e^x)'' - P''_n(x)]$$

$$= \frac{1}{2!}\lim_{x \to 0}\{(e^x)'' - [2!a_2 + \cdots + n(n-1)x^{n-2}]\}$$

$$= \frac{1}{2!}\lim_{x \to 0}[(e^x)'' - 2!a_2] = 0,$$

从而得 $a_2 = \dfrac{1}{2!}(e^x)''\Big|_{x=0} = \dfrac{1}{2!}$.

类似可得，$a_k = \dfrac{1}{k!}(e^x)^{(k)}\Big|_{x=0} = \dfrac{1}{k!} \quad (k=3, 4, \cdots, n)$.

因此，我们有

$$P_n(x) = 1 + x + \frac{1}{2!}x^2 + \cdots + \frac{1}{n!}x^n,$$

$$e^x = 1 + x + \frac{1}{2!}x^2 + \cdots + \frac{1}{n!}x^n + o(x^n). \quad \blacksquare$$

若记 $f(x) = e^x$，则系数 $a_k = \dfrac{1}{k!} = \dfrac{1}{k!}f^{(k)}(0)$. 这时上式可写成如下形式：

$$f(x) = f(0) + f'(0)x + \frac{f''(0)}{2!}x^2 + \cdots + \frac{f^{(n)}(0)}{n!}x^n + o(x^n). \qquad (4.6)$$

下一节我们将看到，(4.6)式具有一般性.

习题 2.4

(A)

1. 下列函数在给定的区间上是否满足 Rolle 定理中的条件？如果满足，求出定理中的 ξ，如果不满足，ξ 是否一定不存在？

(1) $f(x) = \dfrac{3}{2x^2+1}, [-1,1]$；   (2) $f(x) = 2-|x|, [-2,2]$；

(3) $f(x) = \begin{cases} x, & -2 \leqslant x < 0, \\ -x^2+2x+1, & 0 \leqslant x \leqslant 3. \end{cases}$

2. 证明：对函数 $f(x) = px^2 + qx + r$ 在某区间上应用 Lagrange 中值定理时所求得的点 ξ 是该区间的中点，其中 p,q 与 r 是常数.

3. 能否用下面的方法证明 Cauchy 定理？为什么？

对 f, g 分别应用 Lagrange 定理得，

$$\frac{f(b)-f(a)}{g(b)-g(a)} = \frac{f'(\xi)(b-a)}{g'(\xi)(b-a)} = \frac{f'(\xi)}{g'(\xi)}.$$

4. 设 $f(x) = (x-1)(x-2)(x-3)(x-4)$，问方程 $f'(x) = 0$ 有几个实根，并指出它们所在的区间.

5. 设 $a_i \in \mathbf{R}$ ($i = 0, 1, \cdots, n$)，并且满足 $a_0 + \dfrac{a_1}{2} + \dfrac{a_2}{3} + \cdots + \dfrac{a_n}{n+1} = 0$. 证明：方程 $a_0 + a_1 x + a_2 x^2 + \cdots + a_n x^n = 0$ 在 $(0,1)$ 内至少有一个实根.

6. 设函数 f 在 $(-\infty, +\infty)$ 内可微，且为奇函数. 证明：$\forall a \neq 0$，必存在介于 $-a$ 与 a 之间的 ξ ($\xi \neq \pm a$)，使 $f'(\xi) = \dfrac{f(a)}{a}$.

7. 设函数 $y = f(x)$ 二阶可导，且 $f(x_1) = f(x_2) = f(x_3)$，其中 $x_1 < x_2 < x_3$. 证明至少存在一点 $\xi \in (x_1, x_3)$，使 $f''(\xi) = 0$.

8. 设 $f, g : [a, b] \to \mathbf{R}$ 在 $[a,b]$ 上连续，在 (a,b) 内可导，并且 $\forall x \in (a,b), f'(x) = g'(x)$，证明：在 $[a,b]$ 上

$$f(x) = g(x) + C \quad (C \in \mathbf{R} \text{ 是常数}).$$

9. 应用 Lagrange 定理证明：在闭区间 $[-1,1]$ 上，$\arcsin x + \arccos x = \dfrac{\pi}{2}$.

10. 设 $f:(-1,1)\to \mathbf{R}$ 可微,$f(0)=0$,$|f'(x)|\leqslant 1$,证明:在 $(-1,1)$ 内,$|f(x)|<1$.

11. 设函数 f 可微,证明:$f(x)$ 的任何两个零点之间必有 $f(x)+f'(x)$ 的零点.

12. 证明下列不等式:

(1) $|\arctan x-\arctan y|\leqslant |x-y|$;   (2) $\dfrac{a-b}{a}<\ln\dfrac{a}{b}<\dfrac{a-b}{b}$ $(a>b>0)$;

(3) $e^x>xe$ $(x>1)$.

13. 设 $f,g:[a,b]\to \mathbf{R}$ 是可导函数,且 $g'\neq 0$,证明:存在 $c\in(a,b)$,使

$$\dfrac{f(a)-f(c)}{g(c)-g(b)}=\dfrac{f'(c)}{g'(c)}.$$

14. 证明方程 $x^5+x-1=0$ 有唯一的正根.

15. 在下列求极限的过程中都应用了 L'Hospital 法则,解法有无错误?

(1) $\lim\limits_{x\to 0}\dfrac{x^2+1}{x-1}=\lim\limits_{x\to 0}\dfrac{(x^2+1)'}{(x-1)'}=\lim\limits_{x\to 0}\dfrac{2x}{1}=0$;

(2) $\lim\limits_{x\to\infty}\dfrac{\sin x+x}{x}=\lim\limits_{x\to\infty}\dfrac{(\sin x+x)'}{(x)'}=\lim\limits_{x\to\infty}\dfrac{\cos x+1}{1}$,极限不存在;

(3) 设 f 在 x_0 处二阶可导,则

$$\lim\limits_{h\to 0}\dfrac{f(x_0+h)-2f(x_0)+f(x_0-h)}{h^2}=\lim\limits_{h\to 0}\dfrac{f'(x_0+h)-f'(x_0-h)}{2h}$$
$$=\lim\limits_{h\to 0}\dfrac{f''(x_0+h)+f''(x_0-h)}{2}=f''(x_0).$$

16. 求下列极限:

(1) $\lim\limits_{x\to 0}\dfrac{e^x-e^{-x}}{\sin x}$;   (2) $\lim\limits_{x\to\frac{\pi}{2}}\dfrac{\ln\sin x}{(\pi-2x)^2}$;

(3) $\lim\limits_{x\to +\infty}\dfrac{\ln\left(1+\dfrac{1}{x}\right)}{\arctan x-\dfrac{\pi}{2}}$;   (4) $\lim\limits_{x\to 0}\left(\cot^2 x-\dfrac{1}{x^2}\right)$;

(5) $\lim\limits_{x\to 0}\cot x\ln\dfrac{1+x}{1-x}$;   (6) $\lim\limits_{x\to 0}\dfrac{\tan x-x}{x^2\sin x}$;

(7) $\lim\limits_{x\to 0^+}\left(\dfrac{1}{x}\right)^{\tan x}$;   (8) $\lim\limits_{x\to\frac{\pi}{4}}(\tan x)^{\tan 2x}$;

(9) $\lim\limits_{x\to 0}\left(\dfrac{\sin x}{x}\right)^{\frac{1}{x^2}}$;   (10) $\lim\limits_{x\to 0}\dfrac{e-(1+x)^{\frac{1}{x}}}{x}$;

(11) $\lim\limits_{x\to 0}\left[\dfrac{(1+x)^{\frac{1}{x}}}{e}\right]^{\frac{1}{x}}$;   (12) $\lim\limits_{x\to 0}\left(\dfrac{1^x+2^x+3^x}{3}\right)^{\frac{1}{x}}$.

17. 试用三种方法求 $\lim\limits_{n\to\infty}\left(\cos\dfrac{1}{n}\right)^{n^2}$.

18. 试确定常数 a,b,使极限

$$\lim_{x\to 0}\frac{1+a\cos 2x+b\cos 4x}{x^4}$$

存在,并求出它的值.

19. 设函数 f 具有一阶连续导数, $f''(0)$ 存在,且 $f'(0)=0, f(0)=0$,

$$g(x)=\begin{cases} \dfrac{f(x)}{x}, & x\neq 0, \\ a, & x=0. \end{cases}$$

(1) 确定 a 使 $g(x)$ 处处连续;

(2) 对以上所确定的 a,证明 $g(x)$ 具有一阶连续导数.

(B)

1. 设函数 $f:[0,1]\to\mathbf{R}$ 在 $[0,1]$ 上连续,在 $(0,1)$ 内可导,且 $f(1)=0$. 证明:存在点 $x_0\in(0,1)$,使

$$nf(x_0)+x_0 f'(x_0)=0.$$

2. 设 f 在 $[a,b]$ 上可微,且 a 与 b 同号,证明:存在 $\xi\in(a,b)$,使

(1) $2\xi[f(b)-f(a)]=(b^2-a^2)f'(\xi)$; (2) $f(b)-f(a)=\xi\left(\ln\dfrac{b}{a}\right)f'(\xi)$.

3. 设 f 在 $[a,b]$ 上连续,在 (a,b) 内可微,且 $f(a)=f(b)=0$,证明:$\forall\lambda\in\mathbf{R}, \exists c\in(a,b)$,使得 $f'(c)=\lambda f(c)$.

4. 证明不等式:$\dfrac{1}{9}<\sqrt{66}-8<\dfrac{1}{8}$.

5. 设 $f,g:[a,b]\to\mathbf{R}$ 在 $[a,b]$ 上连续,在 (a,b) 内可导,证明:存在 $\xi\in(a,b)$,使

$$\begin{vmatrix} f(a) & f(b) \\ g(a) & g(b) \end{vmatrix}=(b-a)\begin{vmatrix} f(a) & f'(\xi) \\ g(a) & g'(\xi) \end{vmatrix}.$$

6. 设 f 在 $x=0$ 的某邻域内 n 阶可导,$f(0)=f'(0)=\cdots=f^{(n-1)}(0)=0$,试用 Cauchy 定理证明:

$$f(x)=\frac{f^{(n)}(\theta x)}{n!}x^n, \theta\in(0,1).$$

7. 设抛物线 $y=-x^2+Bx+C$ 与 x 轴有两个交点 $x=a, x=b\ (a<b)$. 函数 f 在 $[a,b]$ 上二阶可导,$f(a)=f(b)=0$,并且曲线 $y=f(x)$ 与 $y=-x^2+Bx+C$ 在 (a,b) 内有一个交点. 证明:存在 $\xi\in(a,b)$,使 $f''(\xi)=-2$.

8. 设 f 在 $[a,b]$ 上二阶可微,$f(a)=f(b)=0, f'_+(a)f'_-(b)>0$,则方程 $f''(x)=0$ 在 (a,b) 内至少有一个根.

第五节 Taylor 定理及其应用

用已知点的信息来表达未知点信息,用简单函数逼近(近似表示)复杂函数是数学中的重要思想方法. 本节将要介绍的 Taylor 定理就是用高阶多项式来逼近具有足

够可微性函数所得到的一个基本定理,它在理论研究和近似计算中有重要的应用.

5.1 Taylor 定理

第三节中曾经指出,如果函数 f 在 x_0 处可微,那么就可用微分来近似计算函数 f 在 x_0 附近的值.也就是说,当 $|x-x_0|$ 很小时,可用线性函数(一次多项式)来近似表示 $f(x)$,即

$$f(x) \approx f(x_0) + f'(x_0)(x - x_0).$$

这个近似公式具有形式简单、计算方便的优点,但也存在着精度不高、计算误差仅是 $x-x_0$ 一次幂的高阶无穷小 $o(x-x_0)$ 的缺陷.之所以有这样的缺陷,从几何上看,是由于这个近似公式是用曲线 $y=f(x)$ 上点 $(x_0,f(x_0))$ 处的切线(直线)来代替该曲线得到的.为了改进该公式,我们自然想到用曲线来代替曲线.在曲线中,比较简单的是关于 $x-x_0$ 的高次多项式所表示的曲线,因为多项式也具有形式简单,计算方便(只用到加法和乘法运算)的优点.

现在的问题是:能否找到一个适当的 n $(n>1)$ 次多项式

$$P_n(x) = a_0 + a_1(x - x_0) + a_2(x - x_0)^2 + \cdots + a_n(x - x_0)^n$$

来逼近 $f(x)$,并使误差为 $(x-x_0)^n$ 的高阶无穷小? 如果能够找到,那么使等式

$$f(x) = P_n(x) + o((x - x_0)^n) \tag{5.1}$$

成立的 $P_n(x)$ 与 $f(x)$ 应满足什么条件? 上一节例 4.10 表明,对于指数函数 $f(x)=e^x$,(5.1)式成立(其中 $x_0=0$),并且 $P_n(x)$ 的系数

$$a_k = \frac{1}{k!}f^{(k)}(0) \quad (k = 0,1,2,\cdots,n).$$

这启发我们,对更一般的函数 f,如果在 x_0 处 n 阶可微,并且 $P_n(x)$ 的系数

$$a_k = \frac{1}{k!}f^{(k)}(x_0) \quad (k = 0,1,2,\cdots,n),$$

那么(5.1)式是否也能成立呢? 下面的定理对这个问题作了肯定的回答.

定理 5.1(带 Peano 余项的 Taylor 定理) 设函数 f 在 x_0 处 n 阶可微,则

$$\boxed{f(x) = \sum_{k=0}^{n} \frac{f^{(k)}(x_0)}{k!}(x - x_0)^k + o((x - x_0)^n).} \tag{5.2}$$

证 为了证明(5.2)式成立,我们令

$$P_n(x) = \sum_{k=0}^{n} \frac{f^{(k)}(x_0)}{k!}(x-x_0)^k, \quad (5.3)$$

$R_n(x) = f(x) - P_n(x)$ （称为 $f(x)$ 的**余项**），

那么，只要证明 $R_n(x) = o((x-x_0)^n)$ 也就是 $\lim\limits_{x\to x_0}\dfrac{R_n(x)}{(x-x_0)^n}=0$ 就行了. 由于 f 在 x_0 处 n 阶可微，所以 $f^{(n-1)}$ 在 x_0 处可微. 根据定理 1.1 可知 $f^{(n-1)}$ 必在 x_0 处连续，再由连续的定义可知，f 在 x_0 的某邻域内 $n-1$ 阶可微. 因此，$R_n(x)$ 在此邻域内也 $n-1$ 阶可微，并且

注意: 舍弃余项 $o((x-x_0)^n)$，(5.2) 式给出了用 n 次多项式（简单函数）逼近 n 阶可微函数（复杂函数）$f(x)$ 的一个基本定理，本质上是用 $f(x)$ 及其各阶导数在一点 x_0 处的值（信息）来估算它在 x_0 的一个小邻域 $U(x_0)$ 内任一点处值（信息）的一个公式，体现了数学中的一种重要的科学思维方法.

$$\left.\begin{aligned}R'_n(x) &= f'(x) - \sum_{k=1}^{n}\frac{f^{(k)}(x_0)}{(k-1)!}(x-x_0)^{k-1},\\ R''_n(x) &= f''(x) - \sum_{k=2}^{n}\frac{f^{(k)}(x_0)}{(k-2)!}(x-x_0)^{k-2},\\ &\cdots\cdots\\ R_n^{(n-1)}(x) &= f^{(n-1)}(x) - [f^{(n-1)}(x_0) + f^{(n)}(x_0)(x-x_0)].\end{aligned}\right\} \quad (5.4)$$

故
$$\lim_{x\to x_0}R_n(x) = \lim_{x\to x_0}R'_n(x) = \cdots = \lim_{x\to x_0}R_n^{(n-1)}(x) = 0.$$

下面证明 $\lim\limits_{x\to x_0}\dfrac{R_n(x)}{(x-x_0)^n}=0$. 对此式左端连续使用 $n-1$ 次 L'Hospital 法则可得

$$\lim_{x\to x_0}\frac{R_n(x)}{(x-x_0)^n} = \lim_{x\to x_0}\frac{R'_n(x)}{n(x-x_0)^{n-1}} = \cdots = \frac{1}{n!}\lim_{x\to x_0}\frac{R_n^{(n-1)}(x)}{x-x_0}.$$

由于定理中仅假设 f 在 x_0 处 n 阶可微，因而 $R_n(x)$ 也仅在 x_0 处 n 阶可微，故上式中右端的不定式不能再用 L'Hospital 法则，为了证明其值为 0，需要另想办法. 由 (5.4) 式中最后一个等式及导数的定义，易得

想一想:

为什么说:"故上式中右端的不定式不能再用 L'Hospital 法则"呢?

$$\lim_{x\to x_0}\frac{R_n^{(n-1)}(x)}{x-x_0} = \lim_{x\to x_0}\left[\frac{f^{(n-1)}(x) - f^{(n-1)}(x_0)}{x-x_0} - f^{(n)}(x_0)\right] = 0,$$

从而 $\lim\limits_{x\to x_0}\dfrac{R_n(x)}{(x-x_0)^n}=0$，即 $R_n(x) = o((x-x_0)^n)$. ∎

称由 (5.3) 式所表示的多项式为函数 f 在 x_0 处的 n 次 **Taylor 多项式**，其系数称为 f 在 x_0 处的 **Taylor 系数**. 称公式 (5.2) 为 f 在 x_0 处的带 **Peano 余项的 Taylor 公**

式,而 $R_n(x) = o((x-x_0)^n)$ 称为 f 的 **Peano 余项**,它就是用 n 次 Taylor 多项式 $P_n(x)$ 来近似计算 $f(x)$ 所产生的误差. 然而, 还应注意, 用这个余项来估计误差, 仅能说明误差是 $(x-x_0)^n$ 的高阶无穷小, 还不能对误差的大小作具体的数值分析, 也不能说明用 $P_n(x)$ 来计算 $f(x)$ 的近似值达到怎样的精确度. 因而, 还需要研究余项 $R_n(x)$ 的更具体的表达式. 为此, 下面给出 Taylor 定理的另一表达形式.

定理 5.2（带 Lagrange 余项的 Taylor 定理） 设函数 f 在区间 I 上 $n+1$ 阶可导,$x_0 \in I$, 则对任何 $x \in I$, 在 x 与 x_0 之间（不含 x_0 与 x）至少存在一点 ξ, 使

$$f(x) = \sum_{k=0}^{n} \frac{f^{(k)}(x_0)}{k!}(x-x_0)^k + \frac{f^{(n+1)}(\xi)}{(n+1)!}(x-x_0)^{n+1}. \tag{5.5}$$

证 为了证明 (5.5) 式成立, 只要证明

$$R_n(x) = f(x) - P_n(x) = \frac{f^{(n+1)}(\xi)}{(n+1)!}(x-x_0)^{n+1},$$

或

$$\frac{R_n(x)}{(x-x_0)^{n+1}} = \frac{f^{(n+1)}(\xi)}{(n+1)!}.$$

☞二维码 2.5.1
两种余项的 Taylor 公式的异同点.

令 $g(x) = (x-x_0)^{n+1}$, 则

$$g(x_0) = g'(x_0) = \cdots = g^{(n)}(x_0) = 0, \quad g^{(n+1)}(x_0) = (n+1)!.$$

由余项 $R_n(x)$ 的表达式不难验证

$$R_n(x_0) = R_n'(x_0) = \cdots = R_n^{(n)}(x_0) = 0, \quad R_n^{(n+1)}(x) = f^{(n+1)}(x).$$

在以 x 与 x_0 为端点的区间上对 $R_n(x)$ 与 $g(x)$ 应用 Cauchy 定理, 得

$$\frac{R_n(x)}{g(x)} = \frac{R_n(x) - R_n(x_0)}{g(x) - g(x_0)} = \frac{R_n'(\xi_1)}{g'(\xi_1)} \quad (\xi_1 \text{ 介于 } x_0 \text{ 与 } x \text{ 之间});$$

在以 x_0 与 ξ_1 为端点的区间上对 $R_n'(x)$ 与 $g'(x)$ 应用 Cauchy 定理, 又得

$$\frac{R_n(x)}{g(x)} = \frac{R_n'(\xi_1) - R_n'(x_0)}{g'(\xi_1) - g'(x_0)} = \frac{R_n''(\xi_2)}{g''(\xi_2)} \quad (\xi_2 \text{ 介于 } x_0 \text{ 与 } \xi_1 \text{ 之间});$$

上述步骤继续进行 $n+1$ 次, 不难得知.

$$\frac{R_n(x)}{g(x)} = \frac{R_n'(\xi_1)}{g'(\xi_1)} = \frac{R_n''(\xi_2)}{g''(\xi_2)} = \cdots = \frac{R_n^{(n)}(\xi_n)}{g^{(n)}(\xi_n)} = \frac{R_n^{(n)}(\xi_n) - R_n^{(n)}(x_0)}{g^{(n)}(\xi_n) - g^{(n)}(x_0)}$$

$$= \frac{R_n^{(n+1)}(\xi)}{g^{(n+1)}(\xi)} = \frac{f^{(n+1)}(\xi)}{(n+1)!},$$

其中 ξ 介于 x_0 与 ξ_n 之间,ξ_n 介于 x_0 与 ξ_{n-1} 之间,$\cdots$,ξ_1 介于 x_0 与 x 之间,因而 ξ 也介于 x_0 与 x(不含 x_0 与 x)之间,从而定理得证. ∎

(5.5)式称为 f 在 x_0 的邻域内**带 Lagrange 余项的 n 阶 Taylor 公式**,其中

$$R_n(x) = \frac{f^{(n+1)}(\xi)}{(n+1)!}(x-x_0)^{n+1}$$

称为 **Lagrange 余项**,也可写成如下形式:

$$R_n(x) = \frac{f^{(n+1)}[x_0 + \theta(x-x_0)]}{(n+1)!}(x-x_0)^{n+1}, \quad \theta \in (0,1).$$

在(5.5)式中取 $n=0$,就得到 Lagrange 公式.因此,带 Lagrange 余项的 Taylor 公式是 Lagrange 公式的推广.

Lagrange 余项较之于 Peano 余项更便于对误差进行数值估计.事实上,如果 f 在区间 I 上 $n+1$ 阶可导,并且存在常数 $M>0$,使得 $\forall x \in I$,$|f^{(n+1)}(x)| \leq M$,那么

$$|R_n(x)| = \frac{|f^{(n+1)}(\xi)|}{(n+1)!}|x-x_0|^{n+1} \leq \frac{M}{(n+1)!}|x-x_0|^{n+1}.$$

又若 I 的左、右端点分别是有限值 a 与 b,则

$$|R_n(x)| \leq \frac{M}{(n+1)!}(b-a)^{n+1} \to 0 \quad (n \to \infty).$$

这表明,只要 $f^{(n+1)}(x)$ 在有限区间 I 上有界,用 n 次 Taylor 多项式 $P_n(x)$ 来近似代替 $f(x)$,其绝对误差 $|R_n(x)|$ 随着 n 的增大可变得任意小,从而可以选取适当的 n 使计算达到要求的任何精确度.

5.2 几个初等函数的 Maclaurin 公式

如果 $x_0 = 0$,那么公式(5.5)就变成

$$f(x) = f(0) + f'(0)x + \frac{f''(0)}{2!}x^2 + \cdots + \frac{f^{(n)}(0)}{n!}x^n + \frac{f^{(n+1)}(\theta x)}{(n+1)!}x^{n+1}, \quad \theta \in (0,1),$$

(5.6)

它常被称为 f 的 **Maclaurin 公式**,是 Taylor 公式的一种常用的特殊情形.

下面,利用(5.6)式求出几个常用初等函数的 Maclaurin 公式.

指数函数 $f(x) = \mathrm{e}^x$ 的 Maclaurin 公式 根据例 2.14 中的 n 阶导数公式(1),$f^{(k)}(x) = \mathrm{e}^x$ ($k = 0,1,2,\cdots,n$),从而有 $f^{(k)}(0) = 1$,代入(5.6)式便得

$$\boxed{\mathrm{e}^x = 1 + x + \frac{x^2}{2!} + \cdots + \frac{x^n}{n!} + \frac{x^{n+1}}{(n+1)!}\mathrm{e}^{\theta x}, \quad x \in (-\infty, +\infty), \theta \in (0,1).}$$

(5.7)

正弦函数 $f(x) = \sin x$ **的 Maclaurin 公式**　根据例 2.14 中的 n 阶导数公式(2),

$$f^{(k)}(x) = \sin\left(x + k \cdot \frac{\pi}{2}\right), \quad k = 0, 1, 2, \cdots, n.$$

从而有：当 $k = 2m$ 时, $f^{(2m)}(0) = 0$；当 $k = 2m+1$ 时, $f^{(2m+1)}(0) = (-1)^m$, 代入公式 (5.6) 得

$$\boxed{\begin{aligned}\sin x = x &- \frac{x^3}{3!} + \frac{x^5}{5!} - \frac{x^7}{7!} + \cdots + (-1)^{m-1} \frac{x^{2m-1}}{(2m-1)!} + \\ &(-1)^m \frac{\cos \theta x}{(2m+1)!} x^{2m+1}, \quad x \in (-\infty, +\infty), \theta \in (0,1).\end{aligned}} \quad (5.8)$$

类似可得**余弦函数** $f(x) = \cos x$ **的 Maclaurin 公式**

$$\boxed{\begin{aligned}\cos x = 1 &- \frac{x^2}{2!} + \frac{x^4}{4!} - \frac{x^6}{6!} + \cdots + (-1)^m \frac{x^{2m}}{(2m)!} + \\ &(-1)^{m+1} \frac{\cos \theta x}{(2m+2)!} x^{2m+2}, \quad x \in (-\infty, +\infty), \theta \in (0,1).\end{aligned}} \quad (5.9)$$

对数函数 $f(x) = \ln(1+x)$ **的 Maclaurin 公式**　根据例 2.14 中的 n 阶导数公式(5),

$$f^{(k)}(x) = (-1)^{k-1} \frac{(k-1)!}{(1+x)^k}, \quad k = 1, 2, \cdots, n.$$

从而有 $f^{(k)}(0) = (-1)^{k-1}(k-1)!$, 代入公式 (5.6) 便得

$$\boxed{\begin{aligned}\ln(1+x) = x &- \frac{x^2}{2} + \frac{x^3}{3} - \frac{x^4}{4} + \cdots + (-1)^{n-1} \frac{x^n}{n} + \\ &(-1)^n \frac{x^{n+1}}{(n+1)(1+\theta x)^{n+1}}, \quad x \in (-1, +\infty), \theta \in (0,1).\end{aligned}} \quad (5.10)$$

幂函数 $f(x) = (1+x)^\alpha$ $(\alpha \in \mathbf{R})$ **的 Maclaurin 公式**　根据例 2.14 中的 n 阶导数公式(4),

$$f^{(k)}(x) = \alpha(\alpha-1)\cdots(\alpha-k+1)(1+x)^{\alpha-k}, \quad k = 0, 1, 2, \cdots, n.$$

从而有 $f^{(k)}(0) = \alpha(\alpha-1)\cdots(\alpha-k+1)$, 代入公式 (5.6) 便得

$$\boxed{\begin{aligned}(1+x)^\alpha = 1 &+ \alpha x + \frac{\alpha(\alpha-1)}{2!} x^2 + \cdots + \frac{\alpha(\alpha-1)\cdots(\alpha-n+1)}{n!} x^n + \\ &\frac{\alpha(\alpha-1)\cdots(\alpha-n)}{(n+1)!} \frac{x^{n+1}}{(1+\theta x)^{n+1-\alpha}}, \quad x \in (-1, +\infty), \theta \in (0,1).\end{aligned}}$$

$$(5.11)$$

取 $\alpha = -1, \dfrac{1}{2}, -\dfrac{1}{2}$ 就得到三个常用幂函数的 Maclaurin 公式：

$$\frac{1}{1+x} = 1 - x + x^2 - x^3 + \cdots + (-1)^n x^n + (-1)^{n+1} \frac{x^{n+1}}{(1+\theta x)^{n+2}},$$

$$\sqrt{1+x} = 1 + \frac{1}{2}x - \frac{1}{8}x^2 + \cdots + (-1)^{n-1} \frac{1 \cdot 3 \cdot \cdots \cdot (2n-3)}{2 \cdot 4 \cdot \cdots \cdot 2n} x^n +$$

$$(-1)^n \frac{1 \cdot 3 \cdot \cdots \cdot (2n-1)}{2 \cdot 4 \cdot \cdots \cdot (2n+2)} \frac{x^{n+1}}{(1+\theta x)^{n+\frac{1}{2}}},$$

$$\frac{1}{\sqrt{1+x}} = 1 - \frac{1}{2}x + \frac{3}{8}x^2 - \cdots + (-1)^n \frac{1 \cdot 3 \cdot \cdots \cdot (2n-1)}{2 \cdot 4 \cdot \cdots \cdot 2n} x^n +$$

$$(-1)^{n+1} \frac{1 \cdot 3 \cdot \cdots \cdot (2n+1)}{2 \cdot 4 \cdot \cdots \cdot (2n+2)} \frac{x^{n+1}}{(1+\theta x)^{n+\frac{3}{2}}}.$$

仿照上面的方法,读者不难写出上述几个初等函数带 Peano 余项的 Maclaurin 公式.

5.3 Taylor 公式的应用

Taylor 公式有重要的理论意义和应用价值.下面仅举例说明它在近似计算函数值、求极限和证明不等式方面的应用.它在研究函数性态(极值的充分条件)方面的应用在第六节中再作说明.

1. 近似计算函数值

在近似计算函数值的时候,利用带 Lagrange 余项的 Taylor 公式较之利用微分精确度更高,适用的范围更广,而且可以估计误差.如果当 $n \to \infty$ 时,$R_n(x) \to 0$,那么可以把函数值计算到任何精度.

例 5.1 近似计算 e 的值,并估计误差.

解 在 e^x 的 Taylor 公式(5.7)中取 $x=1$,得

$$e = 1 + 1 + \frac{1}{2!} + \cdots + \frac{1}{n!} + \frac{e^\theta}{(n+1)!}, \quad \theta \in (0,1).$$

由于 $e^\theta < e < 3$,故

$$R_n(1) = \frac{e^\theta}{(n+1)!} < \frac{3}{(n+1)!} \to 0 \quad (n \to \infty).$$

因此,只要 n 取得充分大,用近似公式

$$e \approx 2 + \frac{1}{2!} + \cdots + \frac{1}{n!}$$

来计算 e 的近似值可以达到所需要的任何精度. 例如, 要使误差小于 10^{-5}, 即要

$$R_n(1) < \frac{3}{(n+1)!} < 10^{-5},$$

只要取 $n=8$ 就行了, 因为 $R_8(1) < \frac{3}{9!} < 10^{-5}$. 于是 e 的误差小于 10^{-5} 的近似值为

$$e \approx 2 + \frac{1}{2!} + \cdots + \frac{1}{8!} \approx 2.71828. \quad\blacksquare$$

二维码 2.5.2
Taylor 定理的应用.

*例 5.2 求方程

$$x^5 + \varepsilon x - 32 = 0$$

的一个近似实根, 其中 ε 是一个很小的实参数.

解 根据本书习题 1.5(A) 第 14 题, 此方程至少有一个依赖于 ε 的实根 $x = f(\varepsilon)$. 由于五次方程没有精确的求根公式, 所以只能求根的近似表达式. 大家知道, 数学中的方程是实际问题的近似抽象. 但在实际问题中, 对参数 ε 的测量总是有误差的, 因而方程根也会因之产生误差. 通常人们总希望参数的微小变化所引起的方程根的变化也很微小, 否则, 很难利用该方程对问题进行有效的研究. 假定由该方程所确定的隐函数 $x = f(\varepsilon)$ (即该方程的根) 是连续的, 而且具有足够的可微性. 利用 Taylor 公式 (5.6) 该方程的根就近似表示为 (仅取 $n=2$)

$$x = f(\varepsilon) \approx f(0) + f'(0)\varepsilon + \frac{f''(0)}{2!}\varepsilon^2. \qquad (5.12)$$

为确定上式右端的诸系数, 在已知方程中取 $\varepsilon = 0$, 得 $x = 2$, 故 $f(0) = 2$. 为求 $f'(0)$ 与 $f''(0)$, 利用隐函数求导法对原方程两端关于 ε 求导得

$$5x^4 \frac{dx}{d\varepsilon} + \varepsilon \frac{dx}{d\varepsilon} + x = 0, \qquad (5.13)$$

从而有

$$f'(0) = \frac{dx}{d\varepsilon}\bigg|_{\varepsilon=0} = -\frac{x}{5x^4 + \varepsilon}\bigg|_{\varepsilon=0} = -\frac{1}{40}.$$

再对方程 (5.13) 关于 ε 求导得

$$(5x^4 + \varepsilon) \frac{d^2 x}{d\varepsilon^2} + 20x^3 \left(\frac{dx}{d\varepsilon}\right)^2 + 2\frac{dx}{d\varepsilon} = 0,$$

从而解得

$$f''(0) = \left.\frac{\mathrm{d}^2 x}{\mathrm{d}\varepsilon^2}\right|_{\varepsilon=0} = -\left.\frac{20x^3\left(\dfrac{\mathrm{d}x}{\mathrm{d}\varepsilon}\right)^2 + 2\dfrac{\mathrm{d}x}{\mathrm{d}\varepsilon}}{5x^4 + \varepsilon}\right|_{\varepsilon=0} = -\frac{1}{1\,600}.$$

于是得到所求方程实根的二阶近似表达式

$$x \approx 2 - \frac{\varepsilon}{40} - \frac{\varepsilon^2}{3\,200}.$$

根据实际问题的精度要求,还可以求出该方程更高阶的近似根的表达式.这种利用 Taylor 公式求方程的关于小参数 ε 的近似根的方法就是所谓**摄动法**.

2. 求极限

带 Peano 余项的 Taylor 公式也是求函数极限的一种常用方法.

例 5.3 求极限 $\lim\limits_{x\to 0}\dfrac{\sin x - x}{x^3}$.

解 原式 $= \lim\limits_{x\to 0}\dfrac{x - \dfrac{x^3}{3!} + o(x^4) - x}{x^3}$

$= \lim\limits_{x\to 0}\left[-\dfrac{1}{3!} + \dfrac{o(x^4)}{x^3}\right] = -\dfrac{1}{6}.$

想一想:

在例 5.3 与例 5.4 中,对分子利用 Taylor 公式时,是根据什么确定 Taylor 公式的阶数的?

例 5.4 求 $\lim\limits_{x\to 0}\dfrac{\cos x - \mathrm{e}^{-\frac{x^2}{2}}}{x^4}$.

解 原式 $= \lim\limits_{x\to 0}\dfrac{\left[1 - \dfrac{x^2}{2!} + \dfrac{x^4}{4!} + o_1(x^5)\right] - \left[1 - \dfrac{x^2}{2} + \dfrac{1}{2!}\dfrac{x^4}{4} + o_2(x^4)\right]}{x^4}$

$= \lim\limits_{x\to 0}\left[-\dfrac{1}{12} + \dfrac{o_1(x^5)}{x^4} - \dfrac{o_2(x^4)}{x^4}\right] = -\dfrac{1}{12}.$

3. 证明不等式

例 5.5 设 $f''(x) > 0$,当 $x \to 0$ 时,$f(x)$ 与 x 是等价无穷小.证明:当 $x \neq 0$ 时,$f(x) > x$.

证 由于题中函数二阶可导,所以利用二阶 Taylor 公式来证明可能更方便(若用 Lagrange 定理,可能要用两次).取 $x_0 = 0$,由 Taylor 公式(5.5)得

$$f(x) = f(0) + f'(0)x + \frac{f''(\xi)}{2!}x^2 \quad (\xi \text{ 在 } x \text{ 与 } 0 \text{ 之间}).$$

又已知当 $x \to 0$ 时,$f(x)$ 与 x 是等价无穷小,故又有 $f(x) = x + o(x)$.将 $f(x)$ 两个表达式比较可得 $f(0) = 0$,$f'(0) = 1$,所以

$$f(x) = x + \frac{f''(\xi)}{2}x^2.$$

又 $f''(x) > 0$,因此当 $x \neq 0$ 时有 $f(x) > x$.

用同样的方法可证,若此例中 $f''(x) < 0$,则有不等式 $f(x) < x$.

由例 5.5 及上面的结论容易得到下列不等式:

$$e^x > 1 + x \ (x \neq 0), \quad \sin x < x \ (0 < x \leq \pi);$$

$$\ln(1+x) < x \ (x > -1, x \neq 0), \quad \arcsin x > x \ (-1 < x < 1, x \neq 0) \text{ 等.}$$

习题 2.5

(A)

1. 设 $f(x) = 2x^3 - x^2 + x - 3$,写出它在 $x_0 = 1$ 处的三阶 Taylor 多项式.

2. 写出下列函数的 Maclaurin 公式:

   (1) $f(x) = \dfrac{1}{1-x}$;　　　　(2) $f(x) = \ln(1-x)$;

   (3) $f(x) = \operatorname{ch} x$;　　　　(4) $f(x) = \dfrac{1}{\sqrt{1-2x}}$.

3. 求下列函数在指定点处带 Peano 余项的 Taylor 公式:

   (1) $f(x) = \dfrac{1}{x}, x_0 = -1$;　　　　(2) $f(x) = \ln x, x_0 = 1$;

   (3) $f(x) = e^{2x}, x_0 = 1$;　　　　(4) $f(x) = \sin x, x_0 = \dfrac{\pi}{4}$.

4. 设 $f(x) = x^2 \sin x$,求 $f^{(99)}(0)$.

5. 证明:当 $0 < x \leq \dfrac{1}{2}$ 时,按公式 $e^x \approx 1 + x + \dfrac{x^2}{2} + \dfrac{x^3}{6}$ 计算 e^x 的近似值时所产生的误差小于 0.01,并求 $\sqrt{e}$ 的近似值,使误差小于 0.01.

6. 应用三阶 Taylor 公式求下列各数的近似值,并估计误差:

   (1) $\sqrt[3]{30}$;　　　　(2) $\sin 18°$.

7. 求下列极限:

   (1) $\lim\limits_{x \to 0} \dfrac{e^x \sin x - x(1+x)}{x^3}$;　　　　(2) $\lim\limits_{x \to +\infty} \left[\left(x^3 - x^2 + \dfrac{x}{2} \right) e^{\frac{1}{x}} - \sqrt{x^6 + 1} \right]$;

   (3) $\lim\limits_{x \to \infty} \left[x - x^2 \ln\left(1 + \dfrac{1}{x}\right) \right]$;　　　　(4) $\lim\limits_{x \to 0} \dfrac{\dfrac{x^2}{2} + 1 - \sqrt{1+x^2}}{x^2 \sin x^2}$.

8. 设 $f(0) = 0, f'(0) = 1, f''(0) = 2$,求 $\lim\limits_{x \to 0} \dfrac{f(x) - x}{x^2}$.

(B)

1. 设函数 $f:[0,2]\to\mathbf{R}$ 在 $[0,2]$ 上二阶可导,并且满足 $|f(x)|\leqslant 1$, $|f''(x)|\leqslant 1$,证明:在 $[0,2]$ 上必有 $|f'(x)|\leqslant 2$.

2. 设 $f:\mathbf{R}\to\mathbf{R}$ 二阶可导,并且 $|f(x)|<k_0$, $|f''(x)|<k_2$,其中 k_0,k_2 为常数.

   (1) 写出 $f(x+h)$ 与 $f(x-h)$ 的 Taylor 公式 ($h>0$);

   (2) 证明:$\forall h>0$, $|f'(x)|\leqslant \dfrac{k_0}{h}+\dfrac{h}{2}k_2$;

   (3) 求 $\varphi(h)=\dfrac{k_0}{h}+\dfrac{h}{2}k_2$ 在 $(0,+\infty)$ 上的最小值;

   (4) 证明:$k_1\leqslant\sqrt{2k_0k_2}$,其中 $k_1=\sup\limits_{x\in\mathbf{R}}|f'(x)|$.

3. 设 $f\in C^{(3)}[0,1]$, $f(0)=1$, $f(1)=2$, $f'\left(\dfrac{1}{2}\right)=0$. 证明:至少存在一点 $\xi\in(0,1)$,使 $|f'''(\xi)|\geqslant 24$.

4. 设函数 f 在 $x=0$ 的某邻域内有二阶导数,且

$$\lim_{x\to 0}\left(1+x+\dfrac{f(x)}{x}\right)^{\frac{1}{x}}=\mathrm{e}^3.$$

试求 $f(0),f'(0),f''(0)$ 及 $\lim\limits_{x\to 0}\left(1+\dfrac{f(x)}{x}\right)^{\frac{1}{x}}$.

第六节　函数性态的研究

有了微分中值定理和 Taylor 公式,就可以利用导数来研究函数在区间上的变化性态.本节主要介绍它们在研究函数的单调性、极值与最值以及曲线的凹凸性等方面的应用.

6.1　函数的单调性

单调性是函数的重要性态.然而,利用定义来判定函数的单调性往往是非常困难的.下面介绍一种利用 Lagrange 定理建立的判断可导函数单调性的简便方法.

定理 6.1　设 $f:I\to\mathbf{R}$ 在 I 上连续,在 I 内可导,则下述命题成立:

(1) f 在 I 上单调增(减)的充要条件是在 I 内 $f'\geqslant 0$ ($f'\leqslant 0$);

(2) 若在 I 内 $f'>0$ ($f'<0$),则 f 在 I 上严格单调增(减).

想一想:
定理 6.1 命题(2)的条件改为"若在 I 内 $f'\geqslant 0$ ($f'\leqslant 0$),但仅在有限个离散点处有 $f'=0$",结论是否成立?

证 (1) 充分性 任取 $x_1, x_2 \in I$, 不妨设 $x_2 > x_1$, 根据 Lagrange 定理,
$$f(x_2) - f(x_1) = f'(\xi)(x_2 - x_1) \geq 0 \ (\leq 0), \xi \in (x_1, x_2),$$
因此, f 在 I 上单调增(减).

必要性 设 f 在 I 上单调增(减), 对 I 内的任何 x, 取 Δx, 使 $x + \Delta x$ 仍在 I 内, 则有
$$\frac{f(x + \Delta x) - f(x)}{\Delta x} \geq 0 \ (\leq 0),$$
从而
$$f'(x) = \lim_{\Delta x \to 0} \frac{f(x + \Delta x) - f(x)}{\Delta x} \geq 0 \ (\leq 0).$$

(2) 的证明类似于(1)的充分性, 由读者自己去完成. ∎

为了判定给定函数 f 的单调区间, 应先求出方程 $f'(x) = 0$ 的根(若 f 有不可导的点, 还应求出这些不可导的点), 它们将 f 的定义区间分成若干子区间, 确定 f' 在各子区间上的符号, 再根据定理 6.1 判定 f 在各子区间上的单调性.

二维码 2.6.1
用导函数在一点的正负能判定该点邻域内函数的单调性吗?

想一想:
试完成定理 6.1 中结论(2)的证明.

注意: 若 f 在 I 上严格单调增(减), f' 在 I 内不一定处处为正(负). 例如, $f(x) = x^3$ 在 $(-\infty, +\infty)$ 上是严格单调增的, 但是 $f'(0) = 0$, 即在 $(-\infty, +\infty)$ 内存在着导数为 0 的点.

例 6.1 讨论函数 $f(x) = x^3 - 3x^2 - 9x + 5$ 的单调性.

解 由于 $f'(x) = 3x^2 - 6x - 9 = 3(x+1)(x-3)$, 解方程 $f'(x) = 0$ 得 $x_1 = -1, x_2 = 3$. 当 $x \in (-\infty, -1)$ 时, $f'(x) > 0$, 所以 f 在 $(-\infty, -1)$ 内严格单调增; 当 $x \in (-1, 3)$ 时, $f'(x) < 0$, 所以 f 在 $(-1, 3)$ 内严格单调减; 当 $x \in (3, +\infty)$ 时, $f'(x) > 0$, 所以 f 在 $(3, +\infty)$ 内严格单调增. ∎

利用函数的单调性, 可以证明一些不等式.

例 6.2 证明: 当 $x \in \left(0, \dfrac{\pi}{2}\right)$ 时, $\tan x > x$.

证 令 $f(x) = \tan x - x, x \in \left[0, \dfrac{\pi}{2}\right)$, 则
$$f'(x) = \sec^2 x - 1 = \tan^2 x > 0, \quad x \in \left(0, \dfrac{\pi}{2}\right),$$
故 f 在 $\left[0, \dfrac{\pi}{2}\right)$ 上严格单调增. 又 $f(0) = 0$, 所以在 $\left(0, \dfrac{\pi}{2}\right)$ 内, $f(x) = \tan x - x > f(0) = 0$, 即

$$\tan x > x.$$

例 6.3 证明:当 $0<x<1$ 时,$e^{2x}<\dfrac{1+x}{1-x}$.

证 为了证明此题中的不等式,只要证明
$$(1-x)e^{2x} < 1+x \quad (0<x<1).$$
令 $f(x)=(1-x)e^{2x}-1-x, x\in[0,1)$,则
$$f'(x)=(1-2x)e^{2x}-1, \quad f''(x)=-4xe^{2x}.$$
由于在 $(0,1)$ 内,$f''(x)<0$,故 f' 在 $[0,1)$ 上严格单调减,从而在 $(0,1)$ 内 $f'(x)<f'(0)=0$. 由此又知 f 在 $[0,1)$ 内严格单调减,得
$$f(x) < f(0) = 0 \quad \text{或} \quad (1-x)e^{2x} < 1+x,$$
因此原不等式成立.

> **注意**:利用函数的单调性证明不等式,是很常用也很重要的方法. 一般先将要证的不等式恒等变形,从而构造适当的辅助函数,并证明它的单调性.

6.2 函数的极值

由 Fermat 定理(定理 4.1)知,若函数 f 在 x_0 处可导,则 f 在 x_0 处取得极值的必要条件是 $f'(x_0)=0$. 使 $f'(x)=0$ 的点称为 f 的**驻点**. 因此,可导函数的极值点必定是它的驻点. 但是,反过来不一定成立. 例如,$x=0$ 是 $f(x)=x^3$ 的驻点,但不是 f 的极值点.

哪些驻点才是极值点呢? 通常可用下面两个定理来判定.

定理 6.2 设 f 在 x_0 的某邻域 $U(x_0)$ 内可导,并且 $f'(x_0)=0$.
(1) 若 $x<x_0$ 时 $f'(x)\geq 0$,$x>x_0$ 时 $f'(x)\leq 0$,则 f 在 x_0 处取极大值;
(2) 若 $x<x_0$ 时 $f'(x)\leq 0$,$x>x_0$ 时 $f'(x)\geq 0$,则 f 在 x_0 处取极小值;
(3) 若 $f'(x)$ 在 x_0 的左右两侧符号不变,则 f 在 x_0 处不取极值.

证 (1) 由定理 6.1,当 $x<x_0$ 时,f 单调增;当 $x>x_0$ 时,f 单调减,故 f 在 x_0 处取极大值.
(2) 的证法与(1)类似,(3) 由读者补证.

> **想一想:**
> 试证明定理 6.2 的结论(3).

由证明过程易见,若 f 在 x_0 的去心邻域内可导,在 x_0 处连续,则定理的结论仍成立. 因此,不可导点也可能是函数的极值点. 在研究函数极值的时候,应当一并考虑.

由定理 6.2,我们得到确定函数极值的第一种方法,步骤如下:
(1) 求出函数 f 在所讨论区间内的所有驻点与不可导的点;
(2) 考察导函数 f' 在各驻点与不可导点左、右两侧符号的变化,判定它们是否为 f 的极值点,是极大值点还是极小值点;

☞二维码 2.6.2 函数在极值点的左右邻域内一定单调吗?

(3) 求出 f 的极值.

例 6.4 求函数 $f(x) = \sqrt[3]{6x^2 - x^3}$ 的极值.

解 按照上述步骤,我们有

(1) $f'(x) = \dfrac{4-x}{\sqrt[3]{x}\sqrt[3]{(6-x)^2}}$,由 $f'(x) = 0$ 解得驻点 $x = 4$,并且易见 f 在 $x = 0$ 与 $x = 6$ 处连续但导数不存在.

(2) 将 f' 在驻点与不可导点两侧符号的变化与 f 的极值点列表如下:

x	$(-\infty, 0)$	0	$(0,4)$	4	$(4,6)$	6	$(6,+\infty)$
$f'(x)$	$-$	∞	$+$	0	$-$	∞	$-$
$f(x)$	严格单调减	极小	严格单调增	极大	严格单调减	非极值点	严格单调减

(3) f 的极大值为 $f(4) = 2\sqrt[3]{4}$,极小值为 $f(0) = 0$. ∎

如果由函数 f 的一阶导数 f' 的表达式不易确定它在驻点两侧的符号,但函数 f 在驻点处二阶可导,则可根据下面的定理利用二阶导数来判定该驻点是否为极值点.

定理 6.3 设 f 在 x_0 处二阶可导,并且 $f'(x_0) = 0$, $f''(x_0) \neq 0$,则当 $f''(x_0) > 0$ (<0) 时,f 在 x_0 处取极小(大)值.

证 由于 f 在 x_0 处二阶可导,故由带 Peano 余项的二阶 Taylor 公式得

$$f(x) = f(x_0) + f'(x_0)(x-x_0) + \frac{1}{2!}f''(x_0)(x-x_0)^2 + o((x-x_0)^2)$$

$$= f(x_0) + \frac{1}{2}f''(x_0)(x-x_0)^2 + o((x-x_0)^2),$$

从而有

$$f(x) - f(x_0) = \frac{1}{2}f''(x_0)(x-x_0)^2 + o((x-x_0)^2).$$

由于右端第二项是第一项的高阶无穷小,因此,在 x_0 的充分小邻域内,$f(x) - f(x_0)$ 的符号取决于第一项.所以,若 $f''(x_0) > 0$,则 $f(x) - f(x_0) > 0$,即 $f(x) > f(x_0)$,f 在 x_0 取极小值.类似可证明 $f''(x_0) < 0$ 的情况. ∎

由定理 6.3 又可得到确定函数极值的第二种方法,步骤如下:

(1) 求出 f' 与 f'',由方程 $f'(x) = 0$ 解得 f 的所有驻点;

(2) 考察 f'' 在各驻点处的符号,判定它们是极大值点还是极小值点;

(3) 求出 f 的极值.

例 6.5 求函数 $f(x) = \sin x + \cos x$ 的极值.

解 由于 f 是以 2π 为周期的周期函数,因此,只要考察 f 在一个周期 $[0, 2\pi]$ 内的

情况.

(1) $f'(x) = \cos x - \sin x$, $f''(x) = -(\sin x + \cos x)$, 解 $f'(x) = 0$ 得 f 的驻点 $x = \dfrac{\pi}{4}, \dfrac{5\pi}{4}$.

(2) 由于 $f''\left(\dfrac{\pi}{4}\right) = -\sqrt{2} < 0$, 所以 $x = \dfrac{\pi}{4}$ 为 f 的极大值点; 又由于 $f''\left(\dfrac{5\pi}{4}\right) = \sqrt{2} > 0$, 所以 $x = \dfrac{5\pi}{4}$ 为 f 的极小值点.

(3) f 的极大值为 $f\left(\dfrac{\pi}{4}\right) = \sqrt{2}$, 极小值为 $f\left(\dfrac{5\pi}{4}\right) = -\sqrt{2}$. ∎

如果在驻点 x_0 处, $f''(x_0) = 0$, 那么用定理 6.3 也不能判定 x_0 是否为极值点. 在这种情况下, 我们自然想到是否可求助于更高阶的导数. 事实上, 利用带 Peano 余项的 Taylor 公式, 可以证明下面的定理(证明留作习题).

定理 6.4 设函数 f 在 x_0 处 n ($n \geq 2$) 阶可导, 并且 $f'(x_0) = f''(x_0) = \cdots = f^{(n-1)}(x_0) = 0$, 而 $f^{(n)}(x_0) \neq 0$.

(1) 当 n 为偶数时, x_0 必为极值点. 若 $f^{(n)}(x_0) > 0$, 则 x_0 为极小值点; 若 $f^{(n)}(x_0) < 0$, 则 x_0 为极大值点.

(2) 当 n 为奇数时, x_0 不是极值点.

6.3 函数的最大(小)值

前面已经指出, 在闭区间上的连续函数一定能取得最大值与最小值. 在很多学科领域与实际问题中, 经常提出在一定条件下用料最省、成本最低、时间最短、效益最好等问题. 在数学上, 它们常归结为在一定条件下求一个函数(称为**目标函数**)在某区间上的最大(小)值问题, 称为**最优化问题**. 本段仅研究一些最简单的最优化问题.

根据闭区间上连续函数的性质以及函数取得极值的条件得知, 若 $f \in C[a, b]$, 则 f 在 $[a, b]$ 上必能取得最大(小)值, 并且最大(小)值点可能是: (1) f 在 (a, b) 内的极值点. 极值点可能是 f 的驻点, 也可能是 f 的不可导点; (2) 区间 $[a, b]$ 的端点. 因此, 我们只要求出 f 在 (a, b) 内的所有驻点与不可导点, 并将 f 在这些点上的值与端点值 $f(a)$ 与 $f(b)$ 加以比较, 就可以得到 f 在 $[a, b]$ 上的最大值与最小值.

例 6.6 求函数 $f(x) = x^p + (1-x)^p$ ($p > 1$) 在 $[0, 1]$ 上的最值.

解 由于
$$f'(x) = px^{p-1} - p(1-x)^{p-1}.$$

解方程 $f'(x) = 0$, 得 f 的驻点 $x = \dfrac{1}{2}$. 又 f 没有不可导点, 且 $f\left(\dfrac{1}{2}\right) = 2^{1-p}$, $f(0) = 1$,

$f(1) = 1$,比较得知 f 在 $[0,1]$ 上的最小值为 2^{1-p},最大值为 1. ∎

由此例立即可得下面的不等式：

$$\frac{1}{2^{p-1}} \leq x^p + (1-x)^p \leq 1 \quad (x \in [0,1], p > 1).$$
(6.1)

注：若求得函数 $f(x)$ 在一个区间 I 上的最大值 M（最小值 m）则有不等式

$$f(x) \leq M \ (f(x) \geq m), x \in I.$$

这种利用函数的最大最小值证明不等式也是证明不等式的常用方法之一.

在研究函数的最值问题的时候,常常会遇到一些特殊情况.此时,上述步骤可以适当简化.例如:(1) 若 f 是区间 $[a,b]$ 上的单调函数,则其最大(小)值必然在区间 $[a,b]$ 的端点上取得;(2) 设 f 在 $[a,b]$ 上连续,在 (a,b) 内可导,在 (a,b) 内有唯一的驻点 x_0,若 x_0 是极大(小)值点,则 x_0 就是 f 在 $[a,b]$ 上的最大(小)值点;(3) 在实际问题中,若目标函数 f 在 $[a,b]$ 上连续,在 (a,b) 内可导,且有唯一的驻点 x_0,如果能根据问题的实际意义,判定 f 在 (a,b) 内必有最大(小)值,那么 x_0 就是 f 的最大(小)值点.

例 6.7 用铁皮做成一个容积一定的圆柱形无盖的容器,问应当如何设计,才能使用料最省?

解 首先根据问题的要求建立目标函数.用料最省就是要使容器的表面积最小.设其表面积为 S,高为 H,底半径为 R,则

$$S = 2\pi RH + \pi R^2 \quad (0 < H, R < +\infty).$$

又设容器的体积为 V,由题目要求容积一定,得

$$\pi R^2 H = V \quad (V \text{ 为常数}).$$

由上式解得 $H = \dfrac{V}{\pi R^2}$,代入 S 的表达式即得目标函数

$$S = \frac{2V}{R} + \pi R^2 \quad (0 < R < +\infty).$$

下面求 S 的最小值.由于

$$\frac{dS}{dR} = -\frac{2V}{R^2} + 2\pi R,$$

解方程 $\dfrac{dS}{dR} = 0$,得驻点 $R = \sqrt[3]{\dfrac{V}{\pi}}$.又

$$\frac{d^2 S}{dR^2} = \frac{4V}{R^3} + 2\pi > 0,$$

故 $R = \sqrt[3]{\dfrac{V}{\pi}}$ 是极小值点.由于 $R = \sqrt[3]{\dfrac{V}{\pi}}$ 是函数 $S = \dfrac{2V}{R} + \pi R^2$ 在 $(0, +\infty)$ 内的唯一的驻

点(没有不可导点),而且是极小值点,所以它就是最小值点.

将 $R = \sqrt[3]{\dfrac{V}{\pi}}$ 代入 $H = \dfrac{V}{\pi R^2}$,易得 $H = \sqrt[3]{\dfrac{V}{\pi}} = R$. 因此,当高 H 和底面半径 R 相等时,用料最省. ∎

例 6.8 设海岛 A_1 与陆上城市 A_2 到海岸线(假设为直线)的垂直距离分别为 b_1 km 与 b_2 km,它们之间的水平距离为 a km (图 2.15),需要建立它们之间的运输线. 如果轮船的航速为 v_1 km/h,陆上汽车的速度为 v_2 km/h $(v_1 > v_2)$. 问转运站 P 设在海岸线上何处才能使运输时间最短?

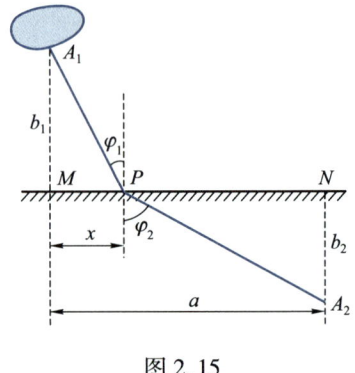

图 2.15

解 先建立目标函数. 设 $MP = x$,则海上运输时间为
$$T_1 = \frac{1}{v_1}\sqrt{b_1^2 + x^2},$$
陆上运输时间为
$$T_2 = \frac{1}{v_2}\sqrt{b_2^2 + (a-x)^2}.$$
因此,问题的目标函数为
$$T(x) = \frac{1}{v_1}\sqrt{b_1^2 + x^2} + \frac{1}{v_2}\sqrt{b_2^2 + (a-x)^2} \quad (0 \leqslant x \leqslant a).$$

下面求 $T(x)$ 的最小值. 由于
$$\frac{\mathrm{d}T}{\mathrm{d}x} = \frac{1}{v_1}\frac{x}{\sqrt{b_1^2 + x^2}} - \frac{1}{v_2}\frac{a-x}{\sqrt{b_2^2 + (a-x)^2}}, \tag{6.2}$$

$$\frac{\mathrm{d}^2 T}{\mathrm{d}x^2} = \frac{1}{v_1}\frac{b_1^2}{(b_1^2 + x^2)^{3/2}} + \frac{1}{v_2}\frac{b_2^2}{[b_2^2 + (a-x)^2]^{3/2}},$$

显然,在 $[0,a]$ 上,$\dfrac{\mathrm{d}^2 T}{\mathrm{d}x^2} > 0$,所以 $\dfrac{\mathrm{d}T}{\mathrm{d}x}$ 严格单调增,并且

$$\left.\frac{\mathrm{d}T}{\mathrm{d}x}\right|_{x=0} = -\frac{a}{v_2\sqrt{b_2^2 + a^2}} < 0, \qquad \left.\frac{\mathrm{d}T}{\mathrm{d}x}\right|_{x=a} = \frac{a}{v_1\sqrt{b_1^2 + a^2}} > 0.$$

根据零点定理,必有唯一的 $\xi \in (0,a)$,使
$$\left.\frac{\mathrm{d}T}{\mathrm{d}x}\right|_{x=\xi} = 0. \tag{6.3}$$

由于 $x = \xi$ 是 $T(x)$ 的唯一的驻点,根据定理 6.3,它就是 $T(x)$ 的最小值点.

由于难以直接从(6.3)式求驻点 $x=\xi$,因此,我们引入两个辅助角 φ_1,φ_2. 由图 2.15 易知,

$$\sin\varphi_1 = \frac{x}{\sqrt{b_1^2+x^2}}, \qquad \sin\varphi_2 = \frac{a-x}{\sqrt{b_2^2+(a-x)^2}}.$$

代入(6.2)式并解方程(6.3)可得 $\frac{1}{v_1}\sin\varphi_1 - \frac{1}{v_2}\sin\varphi_2 = 0$,即

$$\frac{\sin\varphi_1}{\sin\varphi_2} = \frac{v_1}{v_2}. \tag{6.4}$$

这就是说,当点 P 取在使(6.4)式成立之处,运输时间最短. ▮

实际上(6.4)式就是光学中的折射定理.根据光学中的 Fermat 原理,光线在两点之间传播必取用时最短的路线.若光线在两种不同媒质中的传播速度分别为 v_1 和 v_2,则光由一种媒质传播到另一种媒质所用时间最短的路线由(6.4)式确定.本例中,由于在海上与陆上两种不同的运输速度相当于光线在两种不同传播媒质中的速度,因而所得结论也与光的折射定理相同.这说明,有很多属于不同学科领域的问题,虽然它们的具体意义不同,但在数量关系上却可以用同一数学模型来描述.

6.4 函数图像的凹凸性与拐点

函数 $y=f(x)$ 图像(即平面曲线)的凹凸性也是函数变化的重要性态. 例如,$y=x^2$ 与 $y=\sqrt{x}$ 在 $x>0$ 处都是严格单调增的,但它们的图像却有着明显的差异.前者上凹(下凸),后者上凸(下凹)(图 2.16).为了区分它们,我们需要去判定函数所表示曲线的凹凸性.

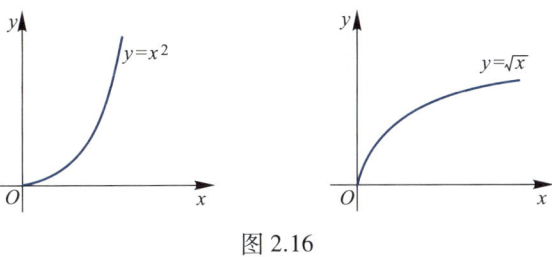

图 2.16

怎样来刻画曲线的凹凸呢?由图 2.17 我们看到,如果曲线 $\overset{\frown}{AB}$ 是上凹的,那么其上任意两点 P_1 与 P_2 间的弧段 $\overset{\frown}{P_1P_2}$ 必位于弦 $\overline{P_1P_2}$ 的下方;而对于上凸的曲线段 $\overset{\frown}{AB}$,其上任意两点 P_1 与 P_2 间的弧段 $\overset{\frown}{P_1P_2}$ 均位于弦 $\overline{P_1P_2}$ 的上方. 由此,我们可以给出以下定义:

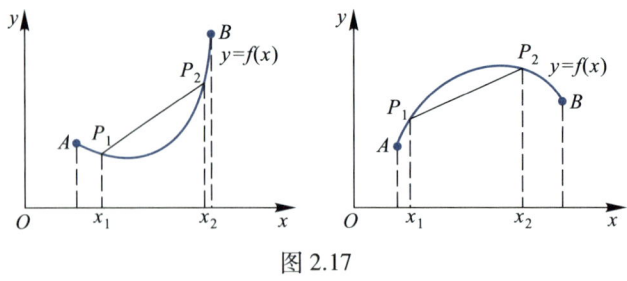

图 2.17

定义 6.1(函数图像的凹凸性) 设函数 $y=f(x)$ 在区间 I 上连续. 若对 I 中任意两点 x_1 与 x_2,曲线 $y=f(x)$ 上相应的弧段 $\overset{\frown}{P_1P_2}$ 始终位于弦 $\overline{P_1P_2}$ 的下(上)方(图 2.17),则称函数 $f(x)$ 在区间 I 中的图像是**凹(凸)**的,也称曲线 $y=f(x)$ 是**凹(凸)**的.

注意: 由定义 6.1 知, 若函数 $f(x)$ 的图像在区间 I 中是凹的, 则对于 $\forall x_1, x_2 \in I$, 且 $x_1 \neq x_2$, 有
$$f\left(\frac{x_1+x_2}{2}\right) < \frac{1}{2}[f(x_1)+f(x_2)].$$

直接利用定义来判断函数图像的凹凸性是比较困难的. 下面,我们利用导数来给出可导函数图像凹凸性的简便判别法.

对于可导函数 $f(x)$ 来说,其图像的凹凸性还可以通过切线来刻画. 由图 2.18 可见,若 $f(x)$ 的图像在区间 I 是凹(凸)的,则在 I 中对应曲线 $y=f(x)$ 上任一点处的切线除该点外总在此曲线 $y=f(x)$ 的下(上)方. 反过来也成立.

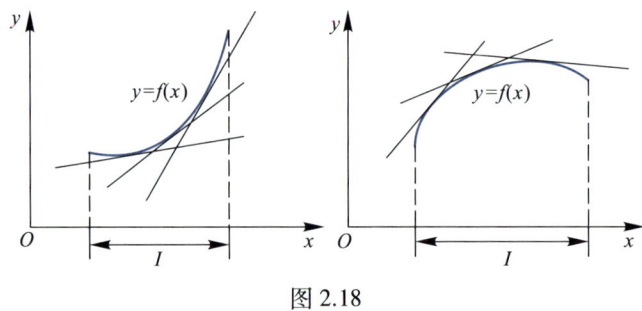

图 2.18

利用这一特性及函数导数的性质,我们可以得到函数图像凹凸性的下述判别法:

定理 6.5 设函数 $f(x)$ 在区间 I 中二阶可导,则

(1) 若在 I 内恒有 $f''(x)>0$,则 $f(x)$ 的图像在 I 中是凹的;

(2) 若在 I 内恒有 $f''(x)<0$,则 $f(x)$ 的图像在 I 中是凸的.

证 设 x_0 是 I 中的任意一点,则曲线 $y=f(x)$ 过点 $(x_0,f(x_0))$ 的切线方程为
$$Y = f(x_0) + f'(x_0)(x-x_0).$$

从而可知曲线 $y=f(x)$ 在 I 中任一点 x 处的纵坐标 $f(x)$ 与上述切线在相应点处纵坐标之差
$$f(x) - Y = f(x) - [f(x_0) + f'(x_0)(x-x_0)]$$

$$= (f(x) - f(x_0)) - f'(x_0)(x - x_0).$$

两次应用 Lagrange 定理,得

$$f(x) - Y = [f'(c_1) - f'(x_0)](x - x_0) = f''(c)(c_1 - x_0)(x - x_0). \quad (6.5)$$

其中 c_1 位于 x_0 与 x 之间,c 位于 c_1 与 x_0 之间,故 c 位于区间 I 内.

当 $x > x_0$ 时,$c_1 \in (x_0, x)$,于是 $(c_1 - x_0)(x - x_0) > 0$;

当 $x < x_0$ 时,$c_1 \in (x, x_0)$,于是仍有 $(c_1 - x_0)(x - x_0) > 0$.

因此,由(6.5)式可知,当 $f''(x) > 0$ (<0)时有 $f(x) - Y > 0$ (<0),从而切线在曲线 $y = f(x)$ 的下(上)方,因而 $y = f(x)$ 在区间 I 中是凹(凸)的. ∎

例 6.9 研究下列函数图像的凹凸性:

(1) $f(x) = x^\alpha$ ($x > 0, \alpha > 1$); (2) $f(x) = \ln x$ ($x > 0$).

解 (1) 由于当 $x \in (0, +\infty)$ 时

$$f''(x) = \alpha(\alpha - 1)x^{\alpha - 2} > 0,$$

所以幂函数 $f(x) = x^\alpha$ ($\alpha > 1$)的图像在 $(0, +\infty)$ 内是凹的.

(2) 由于当 $x \in (0, +\infty)$ 时

$$f''(x) = -\frac{1}{x^2} < 0,$$

故对数函数 $f(x) = \ln x$ 在 $(0, +\infty)$ 内是凸的. ∎

连续曲线上凹的图像段与凸的图像段的转变点称为此曲线的**拐点**,例如图 2.19 中的点 $P_1(x_1, f(x_1))$ 与点 $P_2(x_2, f(x_2))$ 都是此曲线 $y = f(x)$ 的拐点.

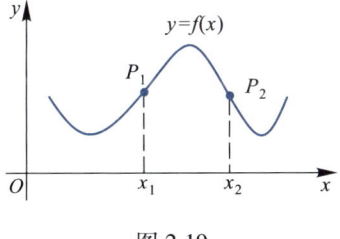

图 2.19

注意:曲线的拐点,是该曲线上一点,它的坐标是用平面有序数组 $(x, f(x))$ 来表示的,与极值点的坐标仅用一个数来表示不同.

容易看出,对二阶导数连续的函数 $f(x)$ 来说,曲线 $y = f(x)$ 在拐点 $P_1(x_1, f(x_1))$ 处必有 $f''(x_1) = 0$[①],因为若 $f''(x_1) \neq 0$,例如 $f''(x_1) > 0$,则由 $f''(x)$ 的连续性可知存在 $U(x_1)$ 使 $\forall x \in U(x_1)$ 有 $f''(x) > 0$,从而点 x_1 位于函数 $y = f(x)$ 图像凹的区间内,所以 $P_1(x_1, f(x_1))$ 点便不是拐点了.

注意:$f''(x_1) = 0$ 只是曲线 $y = f(x)$ 在点 $P_1(x_1, f(x_1))$ 处取得拐点的必要条件,并不是充分条件,例如 $y = x^4$ 与 $y = x^3$ 都有 $y''|_{x=0} = 0$,但显然 $O(0, 0)$ 仅仅是 $y = x^3$ 的拐点.

---

① 实际上这个结论对二阶可导函数就成立,这里要求二阶导数连续只是为了证明的方便.

还应指出,正像极值点一样,一般来说拐点除了在使二阶导数为零的点中寻求外,还有可能在使二阶导数不存在的点中出现,读者可自行举出例子.

对于可导函数 f 来说,由于拐点 $(x_0, f(x_0))$ 的横坐标 x_0 就是导函数 $f'(x)$ 单调增、减区间的分界点,所以 x_0 也就是导函数 $f'(x)$ 的极值点.

利用曲线的凹凸性也可以证明一些不等式.

例 6.10 设 x_1 与 x_2 为任意两个实数,且 $x_1 \neq x_2$,证明不等式

$$e^{\frac{x_1+x_2}{2}} < \frac{1}{2}(e^{x_1}+e^{x_2}).$$

二维码 2.6.3 利用导数证明不等式的常用方法.

证 设 $f(x) = e^x$,则欲证的不等式为 $f\left(\dfrac{x_1+x_2}{2}\right) < \dfrac{1}{2}[f(x_1)+f(x_2)]$. 由定义 6.1 的边框中的"注意"知,只要证明 $f(x)$ 的图像在整个实数轴上是凹的即可.

由于当 $x \in \mathbf{R}$ 时 $f''(x) = e^x > 0$,故 $f(x)$ 的图像在整个实数轴上是凹的,所以有

$$e^{\frac{x_1+x_2}{2}} < \frac{1}{2}(e^{x_1}+e^{x_2}). \quad \blacksquare$$

例 6.11 研究例 6.4 中函数 $f(x) = \sqrt[3]{6x^2-x^3}$ 图像的凹凸性,并作出该函数的草图.

解 易见,该函数的定义区间为 $(-\infty,+\infty)$. 又

$$f''(x) = -\frac{8}{x^{4/3}(6-x)^{5/3}},$$

所以,当 $x = 0, 6$ 时,$f''(x) = \infty$;当 $x \in (-\infty,0) \cup (0,6)$ 时,$f''(x) < 0$;当 $x \in (6,+\infty)$ 时,$f''(x) > 0$. 由此,可将该曲线 $y = \sqrt[3]{6x^2-x^3}$ 的凹凸性与拐点列表如下:

注意:点 $(0,0)$ 不是该曲线的拐点.

x	$(-\infty,0)$	0	$(0,4)$	4	$(4,6)$	6	$(6,+\infty)$
$f''(x)$	$-$	∞	$-$	$-$	$-$	∞	$+$
$f(x)$	凸		凸	凸	凸	拐点$(6,0)$	凹

在例 6.4 中我们已经知道了函数 $f(x) = \sqrt[3]{6x^2-x^3}$ 的单调区间和极值. 又因为 $f'(6) = \infty$,所以对应的曲线 $y = \sqrt[3]{6x^2-x^3}$ 在点 $(6,0)$ 处有一条平行于 y 轴的切线. 再利用习题 1.4(B)中的第 1 题,还可以求出该曲线的一条斜渐近线 $y = kx+b$. 事实上,由于

$$k = \lim_{x \to \infty} \frac{f(x)}{x} = \lim_{x \to \infty} \sqrt[3]{\frac{6}{x}-1} = -1,$$

$$b = \lim_{x\to\infty}[f(x) - kx] = \lim_{x\to\infty}(\sqrt[3]{6x^2 - x^3} + x)$$

$$= \lim_{x\to\infty}\frac{6x^2}{\sqrt[3]{(6x^2-x^3)^2} - x(\sqrt[3]{6x^2-x^3}) + x^2}$$

$$= \lim_{x\to\infty}\frac{6}{\sqrt[3]{\left(\frac{6}{x}-1\right)^2} - \sqrt[3]{\frac{6}{x}-1} + 1} = 2,$$

所以 $y = -x + 2$ 就是它的斜渐近线. 根据上述讨论, 可画出该曲线的草图(图 2.20).

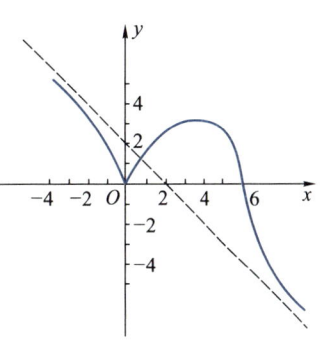

图 2.20

习题 2.6

(A)

1. 单调可微函数的导函数仍为单调可微函数, 对吗?

2. 证明定理 6.1(2).

3. 求下列函数的单调区间:

(1) $y = 2x + \dfrac{8}{x}\ (x>0)$;

(2) $y = 2x^2 - \ln x$;

(3) $y = \dfrac{10}{4x^3 - 9x^2 + 6x}$;

(4) $y = x + |\sin 2x|$.

4. 证明下列不等式:

(1) $\arctan x \leq x\quad (x \geq 0)$;

(2) $\ln(1+x) \geq \dfrac{\arctan x}{1+x}\quad (x \geq 0)$;

(3) $\dfrac{2}{\pi}x < \sin x < x\quad \left(0 < x < \dfrac{\pi}{2}\right)$;

(4) $e^{-x^2} < \dfrac{1}{1+x^2}\quad (x \neq 0)$.

5. 证明定理 6.2 的(2)与(3).

6. 如果函数 $y = f(x)$ 在 x_0 处取得极值, 是否一定有 $f'(x_0) = 0$?

7. 求下列函数的极值:

(1) $f(x) = 2x^3 - 3x^2 - 12x + 21$;

(2) $f(x) = \dfrac{x}{1+x^2}$;

(3) $f(x) = \dfrac{1}{2}x^2 e^{-x}$;

(4) $f(x) = |x+1|$;

(5) $f(x) = \left(1 + x + \cdots + \dfrac{x^n}{n!}\right)e^{-x}$;

(6) $f(x) = |x| e^{-|x-1|}$.

8. 试问 a 为何值时, 函数 $f(x) = a\sin x + \dfrac{1}{3}\sin 3x$ 在 $x = \dfrac{\pi}{3}$ 处取得极值? 是极大值还是极小值? 并求出此极值.

9. 求下列函数的单调区间与极值：

(1) $f(x)=x-\ln(1+x^2)$；　　　(2) $f(x)=x^{\frac{2}{3}}-\sqrt[3]{x^2-1}$；

(3) $f(x)=\dfrac{(x+1)^{\frac{2}{3}}}{x-1}$；　　　(4) $f(x)=\begin{cases} x^3, & x\geq 0, \\ \cos x-1, & -\pi\leq x<0, \\ -(x+2+\pi), & x<-\pi. \end{cases}$

10. 设 $3a^2-5b<0$，试证方程 $x^5+2ax^3+3bx+4c=0$ 有唯一实根.

11. 设常数 $k>0$，试确定 $f(x)=\ln x-\dfrac{x}{e}+k$ 在 $(0,+\infty)$ 内零点的个数.

12. 求下列函数在给定区间上的最大值和最小值：

(1) $f(x)=\dfrac{x-1}{x+1},\ x\in[0,4]$；　　　(2) $f(x)=\sin^3 x+\cos^3 x,\ x\in\left[\dfrac{\pi}{6},\dfrac{3\pi}{4}\right]$；

(3) $f(x)=x+\sqrt{1-x},\ x\in[-5,1]$；　　　(4) $f(x)=\max\{x^2,(1-x)^2\},\ x\in[0,1]$.

13. 证明下列不等式：

(1) $e^x\leq\dfrac{1}{1-x},\ x\in(-\infty,1)$；　　　(2) $|3x-x^3|\leq 2,\ x\in[-2,2]$；

(3) $x^x\geq e^{-\frac{1}{e}},\ x\in(0,+\infty)$.

14. 某铁路隧道的截面拟建成矩形加半圆的形状如图，截面积为 $a\ \text{m}^2$，问底宽 x 为多少时，才能使建造时所用的材料最省？

15. 甲乙两用户共用一台变压器（见图），问变压器设在输电干线何处时，所需输电线最短？

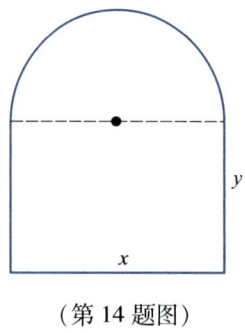

（第 14 题图）

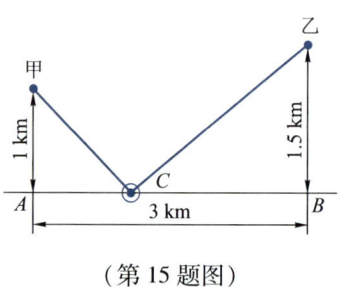

（第 15 题图）

16. 在 A,B 两城市间铺设铁路，如果两城市间为两种地质区，分界线为直线（见图）. 在区域 I 内铁路造价为 C_1 元/km，在区域 II 内的造价为 C_2 元/km. A,B 与直线的垂直距离分别为 b_1 km 与 b_2 km，A,B 间的水平距离为 a km，问点 P 选在何处造价最低？

17. 设某银行中的总存款量与银行付给存户利率的平方成正比，若银行以 20% 的年利率把总存款的 90% 贷出，问它给存户支付的年利率定为多少时才能获得最大利润？

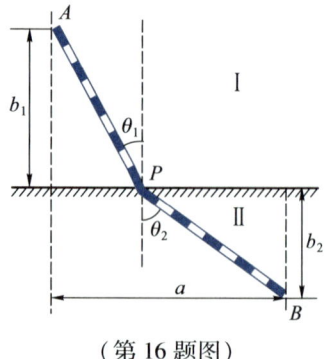

（第 16 题图）

18. 已知轮船的燃料费与速度的立方成正比,当速度为 10 km/h,每小时的燃料费为 80 元,又其他费用每小时需 480 元.问轮船的速度多大时,才能使 20 km 航程的总费用最少? 此时每小时的总费用等于多少?

19. 曲线 $y=4-x^2$ 与 $y=2x+1$ 相交于 A、B 两点,C 为弧段 AB 上的一点.问点 C 在何处时 $\triangle ABC$ 的面积最大? 并求此最大面积.

20. 用仪器测量某零件的长度 n 次,得到 n 个略有差别的数:$a_1, a_2, \cdots, a_n$.证明:用算术平均值

$$\bar{x} = \frac{1}{n}\sum_{i=1}^{n} a_i$$

作为该零件的长度 x 的近似值,能使

$$f(x) = (x-a_1)^2 + (x-a_2)^2 + \cdots + (x-a_n)^2$$

达到最小.

21. 证明函数 $f(x) = x\arctan x$ 的图像在 $-\infty < x < +\infty$ 上都是凹的.

22. 讨论下列函数图像的凹凸性与相应曲线的拐点:

(1) $f(x) = x^3(1-x)$; (2) $f(x) = x + \sin x$;

(3) $f(x) = \dfrac{x}{1+x^2}$; (4) $f(x) = \ln(1+x^2)$.

23. 证明下列不等式:

(1) $\dfrac{1}{2}(a^n + b^n) > \left(\dfrac{a+b}{2}\right)^n$ $(a, b > 0, a \neq b, n > 1)$;

(2) $x\ln x + y\ln y > (x+y)\ln\dfrac{x+y}{2}$ $(x, y > 0, x \neq y)$.

24. 求下列函数图形的渐近线:

(1) $y = \dfrac{(x-1)^3}{(x+1)^2}$; (2) $y = \dfrac{4(x+1)}{x^2} - 2$.

25. 图中三条曲线分别表示函数 $f(x), f'(x), f''(x)$ 所对应的曲线,试确定 $f(x), f'(x), f''(x)$ 分别在图中对应哪条曲线.

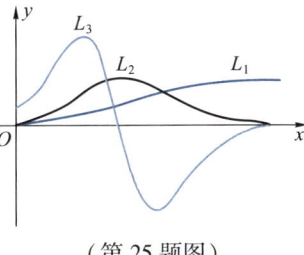

(第25题图)

26. 讨论下列函数的各种性态(包括单调性、极值、凹凸性、拐点与渐近线等),并画出它们的草图:

(1) $f(x) = e^{-x^2}$; (2) $f(x) = \dfrac{2x-1}{(x-1)^2}$.

(B)

1. 证明定理 6.4.

2. 证明下列不等式:

(1) $1 + \dfrac{1}{2}x > \sqrt{1+x}$ $(x > 0)$; (2) $1 + x\ln(x + \sqrt{1+x^2}) > \sqrt{1+x^2}$ $(x > 0)$;

(3) $\sin x + \tan x > 2x$ $\left(0 < x < \dfrac{\pi}{2}\right)$; (4) $\dfrac{|a+b|}{\pi + |a+b|} \leq \dfrac{|a|}{\pi + |a|} + \dfrac{|b|}{\pi + |b|}$ $(a, b \in \mathbf{R})$.

3. 证明:方程 $\sin x = x$ 只有一个实根.

4. 设 $0 \leqslant x_1 < x_2 < x_3 \leqslant \pi$,证明:

$$\frac{\sin x_2 - \sin x_1}{x_2 - x_1} > \frac{\sin x_3 - \sin x_2}{x_3 - x_2}.$$

5. 设 $f(x) = (x-x_0)^n g(x)$,$n \in \mathbf{N}_+$,$g(x)$ 在 x_0 处连续,且 $g(x_0) \neq 0$.问 $f(x)$ 在 x_0 处有无极值?

6. 求半径为 R 的球的外切直圆锥的最小体积.

7. 求常数 k 的取值范围,使当 $x>0$ 时,方程 $kx + \dfrac{1}{x^2} = 1$ 有且仅有一个根.

8. 设某产品的成本函数为 $C = aq^2 + bq + c$,需求函数为 $q = \dfrac{1}{e}(d-p)$,其中 C 为成本,q 为需求量(即产量),p 为单价;a,b,c,d,e 都是正的常数,且 $d>b$.求使利润最大的产量及最大的利润.

9. 一平底从动杆圆弧凸轮机构如图,当偏心轮以角速度 ω 绕 O 旋转时,从动杆上升的距离为 $h = e(1 - \cos\theta)$,其中 e 为偏心距,转角 $\theta = \omega t$.试求:

(1) $h(\theta)$ 的最大值和最小值;

(2) 转角 θ 为多少时,从动杆速度最大或最小?

(3) θ 为多少时,从动杆加速度最大或最小?

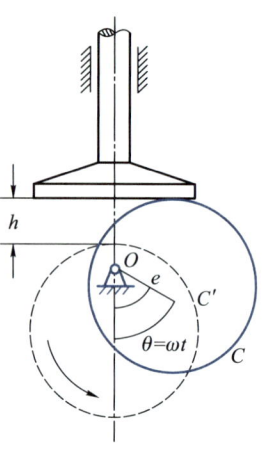

(第9题图)

10. 有人说"若 $f'(x_0) > 0$,则存在 x_0 的某邻域,在此邻域内 $f(x)$ 单调增".这种说法正确吗?如果正确,请给出证明;如果不正确,请举例说明并给出正确结论.

第 2 章习题

1. 选择题(在每小题给出的四个选项中只有一个是正确的,试选择正确的选项并说明理由.)

(1) 设 $f(x) = \begin{cases} \dfrac{1-\cos x}{\sqrt{x}}, & x > 0, \\ x^2 g(x), & x \leqslant 0, \end{cases}$ 其中 $g(x)$ 是有界函数,则 $f(x)$ 在 $x=0$ 处( ).

(A) 极限不存在   (B) 极限存在但不连续

(C) 连续但不可导   (D) 可导

(2) 设 $f(x)$ 可导,$F(x) = f(x)(1 + |\sin x|)$.若使 $F(x)$ 在 $x=0$ 处可导,则必有( ).

(A) $f(0) = 0$ (B) $f'(0) = 0$

(C) $f(0) + f'(0) = 0$ (D) $f(0) - f'(0) = 0$

(3) 设函数 $f(x)$ 在区间 $(-\delta, \delta)$ 内有定义.若当 $x \in (-\delta, \delta)$ 时,恒有 $|f(x)| \leqslant x^2$,则 $x=0$ 必是 $f(x)$ 的( ).

(A) 间断点   (B) 连续而不可导的点

(C) 可导的点,且 $f'(0)=0$ (D) 可导的点,且 $f'(0)\neq 0$

(4) 设 $F(x)=\begin{cases} \dfrac{f(x)}{x}, & x\neq 0, \\ 0, & x=0, \end{cases}$ 其中 $f(x)$ 在 $x=0$ 处可导,$f'(0)\neq 0$,$f(0)=0$,则 $x=0$ 是 $F(x)$ 的( ).

    (A) 连续点   (B) 第一类间断点

    (C) 第二类间断点   (D) 连续点或间断点不能确定

(5) 设 $f(x)$ 在 $(-\infty,+\infty)$ 内可导,且对任意的 x_1,x_2,当 $x_1>x_2$ 时,都有 $f(x_1)>f(x_2)$,则( ).

    (A) 对任意 $x,f'(x)>0$ (B) 对任意 $x,f'(-x)\leq 0$

    (C) 对任意的 $x,f'(x)\geq 0$ (D) 对任意的 $x,f'(-x)<0$

(6) 已知 $f(x)$ 在 $x=0$ 某个邻域内连续,且 $f(0)=0$,$\lim\limits_{x\to 0}\dfrac{f(x)}{1-\cos x}=2$,则在点 $x=0$ 处 $f(x)$ ( ).

    (A) 不可导   (B) 可导且 $f'(0)\neq 0$

    (C) 取得极大值   (D) 取得极小值

(7) 设 $f(x)$ 有二阶连续导数,且 $f'(0)=0$,$\lim\limits_{x\to 0}\dfrac{f''(x)}{|x|}=1$,则( ).

    (A) $f(0)$ 是 $f(x)$ 的极大值

    (B) $f(0)$ 是 $f(x)$ 的极小值

    (C) $(0,f(0))$ 是曲线 $y=f(x)$ 的拐点

    (D) $f(0)$ 不是 $f(x)$ 的极值,$(0,f(0))$ 也不是曲线 $y=f(x)$ 的拐点

(8) 设函数 $f(x)$ 在 $(-\infty,+\infty)$ 内连续,其导函数的图形如图所示,则 $f(x)$ 有( ).

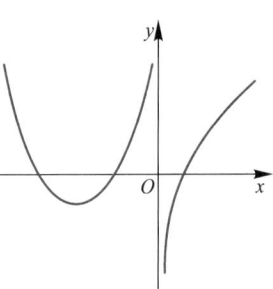

(第1(8)题图)

    (A) 一个极小值点和两个极大值点

    (B) 两个极小值点和一个极大值点

    (C) 两个极小值点和两个极大值点

    (D) 三个极小值点和一个极大值点

(9) 曲线 $y=(x-1)(x-2)^2(x-3)^3(x-4)^4$ 的拐点是( ).

    (A) $(1,0)$ (B) $(2,0)$ (C) $(3,0)$ (D) $(4,0)$

(10) 设函数 $f(x)$ 具有二阶连续导数,且 $f(x)>0$,$f'(0)=0$,则函数 $y=f(x)\ln f(x)$ 在点 $x=0$ 处取得极小值的一个充分条件是( ).

    (A) $f(0)>1,f''(0)>0$ (B) $f(0)>1,f''(0)<0$

    (C) $f(0)<1,f''(0)>0$ (D) $f(0)<1,f''(0)<0$

2. 设 $f(x)$ 二阶可导,且 $f(x)\neq 0$,$\varphi(x)=\lim\limits_{t\to 0}\left[\dfrac{f(x+t)}{f(x)}\right]^{\frac{x}{\sin t}}$,求 $\varphi'(x)$.

3. 设 $y=\sin^4 x+\cos^4 x$,求 $y^{(n)}$.

4. 设 $y=f(x+y)$，其中 f 具有二阶导数，且其一阶导数不等于 1，求 $\dfrac{d^2 y}{dx^2}$.

5. 设 $f(x)=3x^2+Ax^{-3}$，其中 $A>0$，$x>0$. 试问 A 至少应取何值时，才能使对一切的 $x>0$，都有 $f(x)\geq 20$.

6. 设函数 $y=y(x)$ 由参数方程 $\begin{cases} x=t^3+3t+1,\\ y=t^3-3t+1 \end{cases}$ 所确定，试求使曲线 $y=y(x)$ 为凸的区间.

7. 试证方程 $2^x-x^2=1$ 有且仅有三个实根.

8. 试确定方程 $xe^{-x}=a$ $(a>0)$ 的实根个数.

9. 试证下列不等式：

(1) $(x^2-1)\ln x \geq (x-1)^2$（其中 $x>0$）； (2) $\ln\dfrac{b}{a}>\dfrac{2(b-a)}{a+b}$（其中 $b>a>0$）.

10. 由 Lagrange 中值定理知，$e^x-1=xe^{\theta x}$ $(0<\theta<1)$，证明 $\lim\limits_{x\to 0}\theta=\dfrac{1}{2}$.

11. 求下列极限：

(1) $\lim\limits_{x\to 0}\dfrac{\sqrt{1+\tan x}-\sqrt{1+\sin x}}{x\ln(1+x)-x^2}$； (2) $\lim\limits_{x\to 0}\dfrac{\sqrt{1+x}+\sqrt{1-x}-2}{x^2}$；

(3) 若 $\lim\limits_{x\to 0}\dfrac{\sin 6x+xf(x)}{x^3}=0$，试求极限 $\lim\limits_{x\to 0}\dfrac{6+f(x)}{x^2}$；

(4) 设函数 $y=f(x)$ 由方程 $y-x=e^{x(1-y)}$ 确定，求 $\lim\limits_{n\to\infty} n\left[f\left(\dfrac{1}{n}\right)-1\right]$.

12. 已知当 $x\to 0$ 时，$e^x-1-\sin x$ 与 ax^n 为等价无穷小，试确定常数 a 和 n 的值.

13. 设 $f(x)$ 在 $[a,b]$ 上连续，在 (a,b) 内可导，且 $f(a)=f(b)=1$，试证存在 $\xi,\eta\in(a,b)$，使
$$e^{\eta-\xi}[f(\eta)+f'(\eta)]=1.$$

14. 设 $f(x)$ 在 $[0,1]$ 上有二阶连续导数，且 $f(0)=f(1)=0$，$\min\limits_{0\leq x\leq 1} f(x)=-1$，证明 $\max\limits_{0\leq x\leq 1}|f''(x)|\geq 8$.

15. 设 $f(x)$ 在 $[0,3]$ 上连续，在 $(0,3)$ 内可导，$f(0)+2f(1)+3f(2)=6$，$f(3)=1$，试证必存在 $\xi\in(0,3)$，使 $f'(\xi)=0$.

16. 设 $f(x)$ 在 $[0,+\infty)$ 上可微，$f(0)=0$，$|f'(x)|\leq|f(x)|$，试证明：在 $[0,+\infty)$ 上 $f(x)\equiv 0$.

17. 设奇函数 $f(x)$ 在 $[-1,1]$ 上具有 2 阶导数，且 $f(1)=1$. 证明：

(1) 存在 $\xi\in(0,1)$，使得 $f'(\xi)=1$；

(2) 存在 $\eta\in(-1,1)$，使得 $f''(\eta)+f'(\eta)=1$.

综合练习题

最优生产周期问题.

设某工厂既是生产型的又是销售型的，它的任务是把进来的原料加工成产品，再销售出去. 为保证生产就必须库存一定数量的原料，为保证销售就必须库存一定数量的产品. 设该厂生产线运转

时产品的生产速率为 K（常数），产品销售速率为 r（$r<K$）．每开动一次生产线的成本为 C，每件产品单位时间的储存费为 S_1，生产一件产品所需原料单位时间的储存费为 S_2．工厂的一个生产周期是指从开始生产起到所生产的产品全部销售完所需要的时间．试分别就下列情形讨论如何确定一个最优的生产周期 T，使得在单位时间内生产的总费用 W 最少．

（1）仓库只存放产品不存放原料，在这种情况下，开始一段时间内工厂边生产边销售，到某时刻 t 只销售不生产，直至库存量 Q 减少为零；

（2）仓库既存放产品，又存放原料，并且一个周期生产所需的原料在开始生产时就一次备足；

（3）仓库既存放产品，又存放原料，并且开始生产时就一次备足 p 个周期生产所需的原料．

第三章 一元函数积分学及其应用

> 本章讨论一元函数积分学,它是微积分中另一个主要内容.与微分学不同,积分是研究函数整体性态的.内容包括:在分析实例的基础上,建立定积分的概念、存在条件和性质;通过微积分基本定理和 Newton-Leibniz 公式,阐明微分与积分的联系,将定积分的计算转化为求被积函数的原函数或不定积分;介绍两种基本积分法——换元法与分部积分法;讲解应用定积分解决实际问题的常用方法——微元法.另外,本章还包含两类反常积分方面的内容.

第一节 定积分的概念、存在条件与性质

本节通过几个实例引出定积分的定义、几何意义以及定积分的存在条件,最后介绍定积分的几个常用性质.

1.1 定积分问题举例

在绪论中已经讲过求变速直线运动物体的位移问题.由于变速直线运动中位移随时间 t 的变化是非均匀的.为了在均匀变化的基础上求从 a 到 b 这段时间内物体通过的位移,先将时间区间 $[a,b]$ 任意划分为若干小区间;在每个小区间内将位移随时间的变化近似看成均匀的,用小区间上任一点 ξ_k 处的速度作为物体在该小区间上速度的近似值,求出位移的近似值;再将各小区间内通过的位移近似值相加,求得区间 $[a,b]$ 内总位移的近似值;然后,令最大小区间的长度 $d\to 0$,通过取极限,将求物体在 $[a,b]$ 内通过的总位移的精确值 s 归结为求下面的极限:

$$s = \lim_{d\to 0}\sum_{k=1}^{n} v(\xi_k)\Delta t_k. \tag{1.1}$$

在实际问题中,还有很多几何量与物理量的计算都归结为求与(1.1)式具有同

样形式的极限,下面再举两个例子:

例 1.1 **曲边梯形的面积问题** 如何计算曲边形的面积是一个古老而有实际意义的问题.大家知道,由平面上任一闭曲线所围成的曲边形(图 3.1)都可用一些互相垂直的直线将它划分为若干个如图 3.2 所示的所谓**曲边梯形**,即由曲线 $y=f(x)$ 与直线 $x=a,x=b$ 及 x 轴所围成的平面图形①(其中 f 是 $[a,b]$ 上的非负连续函数).因此,求曲边形面积的问题就归结为求曲边梯形的面积问题.

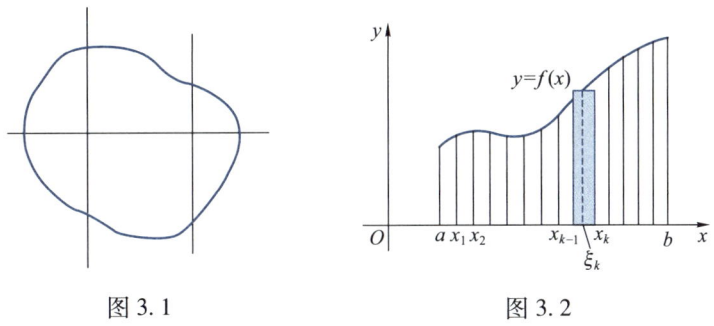

图 3.1　　　　　图 3.2

如果在区间 $[a,b]$ 上,$f(x)=H$(H 为正常数),那么曲边梯形便是一个高为 H 的长方形,它的面积 A 的大小仅与底边长度有关,随底边长度的变化而均匀变化.因此,只要用乘法就能求得面积 A:

$$A = 底 \times 高 = (b-a)H. \tag{1.2}$$

然而,如果 $f(x) \neq$ 常数,那么曲边梯形的"高"$f(x)$ 随 x 的变化而变化,因此,它的面积随底边长度的变化是非均匀的(即在不同点 x 处,底边长度的改变量 Δx 相同时,相应的曲边梯形面积的改变量 ΔA 不尽相同),不能直接用公式 (1.2) 来计算.怎么办呢?经过众多数学家的长期努力,终于找到了一种解决方法.这种方法的基本思路是:将曲边梯形任意分割成若干小曲边梯形(图 3.2),从而 $[a,b]$ 也被分割为若干子区间.由于 f 在 $[a,b]$ 上连续,所以在每个小曲边梯形中,"高"$f(x)$ 随 x 的变化很小,可以近似地看成常数.在每个小曲边梯形的底边上任取一点,以 $f(x)$ 在该点的值为高作小矩形.这样,每个小曲边梯形就可近似地看成面积随底边长度均匀变化的小矩形,于是可利用由乘法求得的小矩形面积作为小曲边梯形面积的近似值.从而,所求

注:早在公元前 3 世纪古希腊著名数学家 Archimedes 就采用内接多边形来逼近曲边形的方法计算由曲线 $y=x^2$、直线 $x=1$ 和 x 轴围成的曲边三角形的面积,他的方法已接近于现在的积分法.但他用的是等分底边 $[0,1]$ 为若干个小区间,取函数 $y=x^2$ 在每小区间右端点的值为小矩形的高,具有很大的特殊性和局限性.

---

① 若曲边梯形的一条底边退缩为一点,则称之为**曲边三角形**.

曲边梯形的面积就近似地等于所有小矩形面积之和. 而且, $[a,b]$ 被分割得越细, 近似的程度就越好. 当 $[a,b]$ 被无限细分, 每个小曲边梯形底边的长度都趋于零时, 这个近似值的极限就规定为曲边梯形的面积. 具体步骤如下:

分 在区间 (a,b) 内任意插入 $n-1$ 个分点

$$a = x_0 < x_1 < x_2 < \cdots < x_{n-1} < x_n = b,$$

则区间 $[a,b]$ 被分割成 n 个子区间. 第 k 个子区间的长度为

$$\Delta x_k = x_k - x_{k-1}, \quad k = 1, 2, \cdots, n.$$

过各分点作平行 y 轴的直线, 曲边梯形就被分成 n 个小曲边梯形;

匀 在第 k 个子区间 $[x_{k-1}, x_k]$ 上任取一点 ξ_k, 将对应小曲边梯形的面积 ΔA_k 用底为 Δx_k、高为 $f(\xi_k)$ 的小矩形面积近似替代(图 3.2), 则有

$$\Delta A_k \approx f(\xi_k) \Delta x_k, \quad k = 1, 2, \cdots, n;$$

合 将所有小曲边梯形面积的近似值相加得到曲边梯形面积 A 的近似值

$$A = \sum_{k=1}^{n} \Delta A_k \approx \sum_{k=1}^{n} f(\xi_k) \Delta x_k;$$

精 当 n 越大并且每个子区间的长度越小时, 上面的表达式越精确. 因此, 当所有子区间长度的最大值 $d = \max_{1 \leq k \leq n} \{\Delta x_k\}$ 趋于零时, 上述和式的极限就规定为曲边梯形的面积 A, 即

$$A = \lim_{d \to 0} \sum_{k=1}^{n} f(\xi_k) \Delta x_k. \quad \blacksquare \tag{1.3}$$

例 1.2 质量非均匀分布的细棒质量问题 设有一质量非均匀分布的细棒, 长为 l. 若已知细棒上各点的线密度 ρ, 试求该细棒的质量 m.

如果质量在细棒上的分布是均匀的, 就是说, 细棒上各点的线密度 ρ 是常数, 那么细棒的质量可以用乘法求得, 即

$$m = 线密度 \times 棒长 = \rho l.$$

现在, 问题的困难在于质量是非均匀分布的, 即密度 ρ 不是常数. 为了利用均匀分布情况的上述乘法公式来解决这个问题, 先建立坐标系如

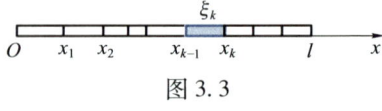

图 3.3

图 3.3. 此时, $\rho = \rho(x)$, 并设它在 $[0, l]$ 上是连续函数. 类似于例 1.1 的思路, 将 $[0, l]$ 任意分割为若干子区间, 在每个子区间上线密度 ρ 的变化很小, 可以近似地看成是常数. 因此, 可用每个子区间上任一点的密度作为该子区间上密度的近似值, 就是说, 质量的分布可近似看成均匀的. 从而可以利用乘法求出在每个子区间内细棒质量的近似值, 相加并通过取极限便可得到质量 m 的精确值. 求解步骤与例 1.1 类似.

分 在 $(0,l)$ 内任意插入 $n-1$ 个分点

$$0 = x_0 < x_1 < x_2 < \cdots < x_{n-1} < x_n = l,$$

则 $[0,l]$ 被分割成 n 个子区间.第 k 个子区间 $[x_{k-1}, x_k]$ 的长度为

$$\Delta x_k = x_k - x_{k-1}, \ k = 1, 2, \cdots, n;$$

匀 任取 $\xi_k \in [x_{k-1}, x_k]$,则该段细棒质量 Δm_k 的近似值为

$$\Delta m_k \approx \rho(\xi_k) \Delta x_k, \ k = 1, 2, \cdots, n;$$

合 将各段细棒质量的近似值相加,得到所求细棒总质量 m 的近似值

$$m \approx \sum_{k=1}^{n} \rho(\xi_k) \Delta x_k;$$

精 令 $d = \max\limits_{1 \leqslant k \leqslant n} \{\Delta x_k\} \to 0$,上述和式的极限就规定为细棒的质量,即

$$m = \lim_{d \to 0} \sum_{k=1}^{n} \rho(\xi_k) \Delta x_k. \quad\blacksquare \tag{1.4}$$

尽管上述各例中问题的实际意义完全不同,但解决问题的思想方法和步骤却是一样的,而且,都归结为求一个具有相同数学结构的和式极限,如(1.1),(1.3)和(1.4)式所示.抛开各个问题的具体含义,仅保留其数学结构,便抽象出定积分的定义.

1.2 定积分的定义

定义 1.1（定积分） 设函数 f 是定义在区间 $[a,b]$ 上的有界函数,在区间 (a,b) 内任意插入 $n-1$ 个分点

$$a = x_0 < x_1 < x_2 < \cdots < x_{n-1} < x_n = b,$$

把 $[a,b]$ 分割成 n 个子区间,第 k 个子区间的长度为

$$\Delta x_k = x_k - x_{k-1}, \ k = 1, 2, \cdots, n.$$

任取 $\xi_k \in [x_{k-1}, x_k]$,作乘积 $f(\xi_k)\Delta x_k$ ($k=1,2,\cdots,n$),把所有这些乘积相加得到和式

$$\sum_{k=1}^{n} f(\xi_k)\Delta x_k.$$

如果无论区间 $[a,b]$ 怎样分割,无论点 ξ_k 怎样选取,当 $d = \max\limits_{1 \leqslant k \leqslant n} \{\Delta x_k\} \to 0$ 时,该和式都趋于同一个常数,那么称函数 f 在区间 $[a,b]$ 上**可积**,且称此常数为 f 在区间 $[a,b]$ 上的**定积分**.记作 $\int_a^b f(x)\mathrm{d}x$,即

注:定积分定义中之所以要假设 f 在 $[a,b]$ 上有界,是因为若 f 无界,则和式极限(1.5)必不存在.事实上若 f 在 $[a,b]$ 上无界,则对任一给定的划分,f 必在某一子区间上无界,不妨设其为 $[x_0, x_1]$,而在其余子区间上 f 均有界.于是,对于给定的任意大的常数 $M>0$,可选取 $\xi_1 \in [x_0, x_1]$,使 $|f(\xi_1)\Delta x_1| > M$.于是

$$\left| f(\xi_1)\Delta x_1 + \sum_{k=2}^{n} f(\xi_k)\Delta x_k \right|$$
$$\geqslant |f(\xi_1)\Delta x_1| - \left|\sum_{k=2}^{n} f(\xi_k)\Delta x_k\right|.$$

由于上式右端第二项是一个有限数,而第一项可任意大,因此 $\left|\sum_{k=1}^{n} f(\xi_k)\Delta x_k\right|$ 可任意大,从而极限不存在.所以可证(1.5)式也不存在.

$$\int_a^b f(x)\,\mathrm{d}x = \lim_{d \to 0} \sum_{k=1}^{n} f(\xi_k)\Delta x_k. \tag{1.5}$$

称 f 为**被积函数**，x 为**积分变量**，$f(x)\mathrm{d}x$ 为**被积式**，$[a,b]$ 为**积分区间**，a,b 分别称为积分**下限**与**上限**，$\int$ 是**积分符号**.

对这个定义，还应注意以下几点：

(1) 在定义中，当所有子区间长度的最大值 $d\to 0$ 时，则子区间的个数 n 必然趋于无穷大. 但不能用 $n\to +\infty$ 来代替 $d\to 0$，因为对区间的分割是任意的，$n\to\infty$ 不能保证 $d\to 0$.

二维码 3.1.1
定积分定义中的和式极限与函数极限有什么不同.

(2) 在构造定义中的和式时，包含了两个任意性，即对区间的分割与 ξ_k 的选取都是任意的. 显然，对于区间的不同分割和 ξ_k 的不同选取，得到的和式一般并非相同. 定义要求无论区间如何分割以及点 ξ_k 怎样选取，只有得到的不同和式当 $d\to 0$ 时都要趋于同一个数，这样才说函数 f 在 $[a,b]$ 上可积. 换句话说，如果对区间的某两种不同分割或 ξ_k 的两种不同选取得到的和式趋于不同的数，或者存在一个和式不能趋于一个确定的数，那么 f 在该区间上必不可积. 例如，Dirichlet 函数

二维码 3.1.2
为什么定积分定义中要强调两个任意性.

$$D(x) = \begin{cases} 1, & x \text{ 为有理数}, \\ 0, & x \text{ 为无理数} \end{cases}$$

在区间 $[0,1]$ 上不可积. 事实上，将区间 $[0,1]$ 任意分割为 n 个子区间. 若取 ξ_k 为子区间 $[x_{k-1},x_k]$ 中的有理数，则 $D(\xi_k)=1$，从而有

$$\lim_{d\to 0}\sum_{k=1}^{n} D(\xi_k)\Delta x_k = \lim_{d\to 0}\sum_{k=1}^{n}\Delta x_k = 1;$$

注意：此例还表明有界是函数可积的必要条件，而不是充分条件.

若取 ξ_k 为 $[x_{k-1},x_k]$ 中的无理数，则 $D(\xi_k)=0$，从而有

$$\lim_{d\to 0}\sum_{k=1}^{n} D(\xi_k)\Delta x_k = 0.$$

因此，$D(x)$ 在 $[0,1]$ 上不可积.

(3) 函数 f 在区间 $[a,b]$ 上的定积分 $\int_a^b f(x)\mathrm{d}x$ 是一个确定的数，它的值仅与被积函数 f 和积分区间 $[a,b]$ 有关，而与积分变量 x 无关. 因此，若积分变量 x 改用其他字母（例如用 t）表示，它的值不会改变，即

$$\int_a^b f(x)\mathrm{d}x = \int_a^b f(t)\mathrm{d}t.$$

根据定积分的定义，例 1.1 中的曲边梯形的面积与例 1.2 中细棒的质量可分别

表示为定积分

$$A = \int_a^b f(x)\,\mathrm{d}x, \quad m = \int_0^l \rho(x)\,\mathrm{d}x,$$

做变速直线运动物体在时间区间$[a,b]$内通过的位移也可表示为定积分

$$s = \int_a^b v(t)\,\mathrm{d}t.$$

最后,对定积分再作两点补充规定:

(1) 当积分上限b小于下限a时,规定

$$\int_a^b f(x)\,\mathrm{d}x = -\int_b^a f(x)\,\mathrm{d}x,$$

这就是说,互换定积分的上、下限,它的值要改变正负号.

(2) 当$a=b$时,规定$\int_a^a f(x)\,\mathrm{d}x = 0.$

这样,对定积分上、下限的大小就没有什么限制了.

注意:在定义 1.1 的和式中,Δx_k表示子区间的长度,故 $\Delta x_k > 0$. 但当作了补充规定(1)之后,积分和式中的 Δx_k 可正可负,故从 a 到 b 与从 b 到 a 的积分是不同的,相差一个符号!

定积分的几何意义 由例 1.1 可知,当在$[a,b]$上$f(x) \geq 0$时,定积分$\int_a^b f(x)\,\mathrm{d}x$的值等于由曲线$y=f(x)$与直线$x=a, x=b$及$x$轴围成的曲边梯形的面积(图 3.4(a)),即

$$\int_a^b f(x)\,\mathrm{d}x = A.$$

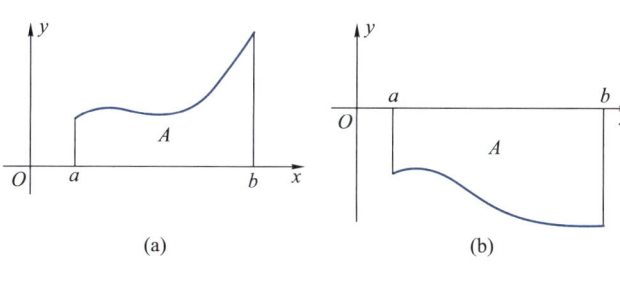

图 3.4

如果在$[a,b]$上$f(x) \leq 0$,那么由曲线$y=f(x)$,直线$x=a, x=b$及x轴围成的曲边梯形位于x轴下方(图 3.4(b)).此时,$f(\xi_k)\Delta x_k$的值为负,它的绝对值表示第k个子区间上小曲边梯形面积的近似值.由于曲边梯形的面积总是正的,所以

$$\int_a^b f(x)\,\mathrm{d}x = -A.$$

想一想:利用定积分的几何意义求下列定积分的值:

(1) $\int_0^1 (x+1)\,\mathrm{d}x$;

(2) $\int_0^\pi \cos x\,\mathrm{d}x$;

(3) $\int_0^1 \sqrt{1-x^2}\,\mathrm{d}x$.

当 $f(x)$ 在区间 $[a,b]$ 上变号时,以图 3.4(c) 为例,从直观上不难看出,定积分 $\int_a^b f(x)\mathrm{d}x$ 的值等于三个曲边梯形面积的代数和[①],即

$$\int_a^b f(x)\mathrm{d}x = A_1 - A_2 + A_3.$$

1.3 定积分的存在条件

下面讨论定义在区间 $[a,b]$ 上函数的可积条件.

由定积分定义知,f 是定义在区间 $[a,b]$ 上的有界函数.将 $[a,b]$ 任意分割为 n 个子区间 $[x_{k-1},x_k]$ $(k=1,2,\cdots,n)$,f 在 $[a,b]$ 上的定积分就是形如 (1.5) 式的和式极限.设 f 在子区间 $[x_{k-1},x_k]$ 上的上、下确界分别为 M_k 与 m_k,即

$$M_k = \sup\{f(x) \mid x \in [x_{k-1},x_k]\}, \quad m_k = \inf\{f(x) \mid x \in [x_{k-1},x_k]\},$$

称 $\omega_k = M_k - m_k$ 为 f 在子区间 $[x_{k-1},x_k]$ 上的**振幅**,和式

$$S_n = \sum_{k=1}^n M_k \Delta x_k, \quad s_n = \sum_{k=1}^n m_k \Delta x_k$$

分别称为 f 关于该分割的 **Darboux 大和**与 **Darboux 小和**.如果在 $[a,b]$ 上,$f(x) \geqslant 0$,那么 Darboux 大和 S_n 在几何上就表示在子区间 $[x_{k-1},x_k]$ 上以 M_k 为高所作的 n 个小矩形构成的阶梯形的面积,Darboux 小和则表示在 $[x_{k-1},x_k]$ 上以 m_k 为高所作的 n 个小矩形构成的阶梯形的面积,分别是以曲线 $y=f(x)$ 为曲边的曲边梯形的外包与内含的两个阶梯形的面积.它们的差

$$S_n - s_n = \sum_{k=1}^n \omega_k \Delta x_k$$

就是图 3.5 中的阴影部分面积.根据定义 1.1,函数 f 在 $[a,b]$ 上可积,在几何上就表示该曲边梯形的面积可以求得,并且等于当 $[a,b]$ 被无限细分时上述外包与内含两个阶梯形面积的共同极限.因此,这两个阶梯形面积之差的极限应为零;反之也成立.由此启发,得到如下定理.

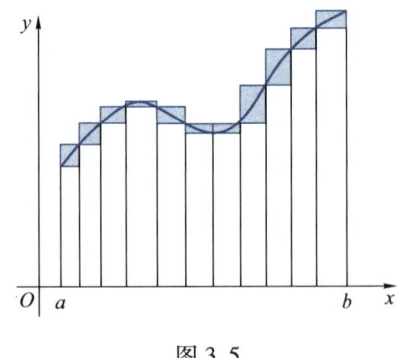

图 3.5

定理 1.1 (可积的充要条件) 设函数 f 在区间 $[a,b]$ 上有界,则 f 在 $[a,b]$ 上可积的充要条件是:$\forall \varepsilon > 0$,$\exists \delta > 0$,当 $d < \delta$ 时,

---

[①] 此结论的证明需要用到定积分对区间的可加性(见本节性质 1.4).

$$\sum_{k=1}^{n}\omega_k\Delta x_k < \varepsilon \tag{1.6}$$

(证明从略).

仔细分析不难发现,当 f 属于下面两种情况之一时,(1.6) 式成立,从而 f 在 $[a,b]$ 上可积.

第一种情况. 任意分割 $[a,b]$,使最大子区间的长度 d 充分小,f 在每个子区间上的振幅 ω_k 都能任意小,小于任意给定的 $\varepsilon>0$. 例如,当 f 是 $[a,b]$ 上的连续函数时就属于这种情况. 事实上,我们有

定理 1.2 若 $f\in C[a,b]$,则 f 在 $[a,b]$ 上可积.

证 因为 f 在 $[a,b]$ 上连续,所以它在 $[a,b]$ 上一致连续. 从而 $\forall \varepsilon>0, \exists \delta>0$,使得 $\forall x^{(1)}, x^{(2)} \in [a,b]$,当 $|x^{(1)}-x^{(2)}|<\delta$ 时,必有

> 想一想:
> 一致连续性在定理 1.2 的证明中起什么作用呢?

$$|f(x^{(1)}) - f(x^{(2)})| < \varepsilon.$$

任意分割 $[a,b]$ 为 n 个子区间 $[x_{k-1}, x_k]$ ($k=1,2,\cdots,n$),使 $d<\delta$. 根据闭区间上连续函数的性质,$\exists \xi_k^{(1)}, \xi_k^{(2)} \in [x_{k-1}, x_k]$,使

$$f(\xi_k^{(1)}) = M_k, \quad f(\xi_k^{(2)}) = m_k,$$

从而有

$$\omega_k = f(\xi_k^{(1)}) - f(\xi_k^{(2)}) < \varepsilon, \quad \forall k = 1, 2, \cdots, n.$$

故当 $d<\delta$ 时,必有

$$\sum_{k=1}^{n} \omega_k \Delta x_k < \varepsilon \sum_{k=1}^{n} \Delta x_k = \varepsilon(b-a),$$

由定理 1.1 知,f 在 $[a,b]$ 上可积. ∎

第二种情况. 当 d 充分小时,虽然不能保证 f 在每个子区间上的振幅 ω_k 都任意小,但使 ω_k 不能任意小的所有子区间长度之和可以小于任意给定的正数. 例如,f 在 $[a,b]$ 上只有有限个第一类间断点或者 f 是 $[a,b]$ 上的单调函数都属于这种情况. 事实上,可以证明下面的定理(证明从略).

定理 1.3 如果有界函数 f 在区间 $[a,b]$ 上只有有限个第一类间断点或者在 $[a,b]$ 上单调,则 f 在 $[a,b]$ 上可积.

如果 f 在区间 $[a,b]$ 上可积,那么在用定义计算它的定积分时,可对 $[a,b]$ 采用某些特殊的分割方法,ξ_k 也可选用某些特殊点.

例 1.3 用定义计算定积分 $\int_0^1 x^2 dx$.

解 由于 $f(x) = x^2$ 在区间 $[0,1]$ 上连续,因而可积. 将 $[0,1]$ 等分为 n 个子区间

$[x_{k-1}, x_k]$，取 ξ_k 为每个子区间的右端点，则有

$$\Delta x_k = \frac{1}{n}, \quad \xi_k = \frac{k}{n} \quad (k = 1, 2, \cdots, n).$$

所以

$$\int_0^1 x^2 \mathrm{d}x = \lim_{d \to 0} \sum_{k=1}^n \xi_k^2 \Delta x_k = \lim_{n \to +\infty} \sum_{k=1}^n \left(\frac{k}{n}\right)^2 \frac{1}{n} = \lim_{n \to +\infty} \frac{1}{n^3}(1^2 + 2^2 + \cdots + n^2)$$

$$= \lim_{n \to +\infty} \frac{n(n+1)(2n+1)}{6n^3} = \frac{1}{3}. \quad \blacksquare$$

在例 1.3 中，尽管被积函数 f 相当简单，然而计算过程仍然比较复杂. 可见，利用定义计算定积分是相当困难的. 因而，研究定积分的性质，寻求简单可行的积分方法，就是本章的主要任务之一.

1.4 定积分的性质

定积分的上述定义是由德国数学家 Riemann 给出的，因而称为 **Riemann 积分**，简称 **R 积分**. 为书写简便起见，将在区间 $[a,b]$ 上 Riemann 可积（即 Riemann 积分存在）的函数全体构成的集合记作 $\mathscr{R}[a,b]$. 下面介绍 R 积分的几个常用的重要性质.

性质 1.1（线性性质） 设 $f, g \in \mathscr{R}[a,b]$，$\alpha, \beta \in \mathbf{R}$，则 $\alpha f + \beta g \in \mathscr{R}[a,b]$，并且

$$\int_a^b [\alpha f(x) + \beta g(x)] \mathrm{d}x = \alpha \int_a^b f(x) \mathrm{d}x + \beta \int_a^b g(x) \mathrm{d}x. \tag{1.7}$$

这个性质可由定积分的定义和极限的运算法则直接得到.

性质 1.2（单调性） 设 $f, g \in \mathscr{R}[a,b]$，且 $f(x) \leqslant g(x)$，$\forall x \in [a,b]$，则

$$\int_a^b f(x) \mathrm{d}x \leqslant \int_a^b g(x) \mathrm{d}x.$$

想一想：

试证明定积分的线性性质和单调性.

这个性质也可由定积分的定义直接得到，由此还可立即得到下面的推论：

推论 1.1 设 $f \in \mathscr{R}[a,b]$，且

$$m \leqslant f(x) \leqslant M, \quad \forall x \in [a,b],$$

其中 m, M 是常数，则 $m(b-a) \leqslant \int_a^b f(x) \mathrm{d}x \leqslant M(b-a)$.

性质 1.3 设 $f \in \mathscr{R}[a,b]$，则 $|f| \in \mathscr{R}[a,b]$，且

$$\left| \int_a^b f(x) \mathrm{d}x \right| \leqslant \int_a^b |f(x)| \mathrm{d}x. \tag{1.8}$$

注：给定一个 $f \in \mathscr{R}[a,b]$，对应一个积分值 $\int_a^b f(x) \mathrm{d}x$，这就定义了 $\mathscr{R}[a,b]$ 到 $\mathbf{R}$ 的一个映射，即定义了 $\mathscr{R}[a,b]$ 上的一个泛函，记作

$$F(f) = \int_a^b f(x) \mathrm{d}x.$$

此时，性质 1.2 可表示为，设 $f, g \in \mathscr{R}[a,b]$，且 $f \leqslant g$，则

$$F(f) \leqslant F(g),$$

即 $F(f)$ 单调增.

证 首先,我们证明 $|f|$ 在 $[a,b]$ 上也可积. 任意分割区间 $[a,b]$, 用 $\omega_k(f)$ 与 $\omega_k(|f|)$ 分别表示 f 与 $|f|$ 在子区间 $[x_{k-1},x_k]$ 上的振幅. 由于

$$||f(x)|-|f(y)|| \leq |f(x)-f(y)|, \quad \forall x,y \in [x_{k-1},x_k],$$

并且不难证明

$$\omega_k(f) = \sup\{|f(x)-f(y)|, x,y \in [x_{k-1},x_k]\},$$

所以 $\omega_k(|f|) \leq \omega_k(f)$, 从而有

$$\sum_{k=1}^{n} \omega_k(|f|)\Delta x_k \leq \sum_{k=1}^{n} \omega_k(f)\Delta x_k.$$

又因为 f 在 $[a,b]$ 上可积,由定理 1.1 知, $\forall \varepsilon > 0$, $\exists \delta > 0$, 当 $d < \delta$ 时,必有 $\sum_{k=1}^{n} \omega_k(f)\Delta x_k < \varepsilon$, 从而

$$\sum_{k=1}^{n} \omega_k(|f|)\Delta x_k < \varepsilon,$$

故 $|f|$ 在 $[a,b]$ 上可积.

为了证明不等式(1.8),只要注意到不等式

$$-|f(x)| \leq f(x) \leq |f(x)|, \quad \forall x \in [a,b],$$

再利用性质 1.2 即得

$$-\int_a^b |f(x)|\,\mathrm{d}x \leq \int_a^b f(x)\,\mathrm{d}x \leq \int_a^b |f(x)|\,\mathrm{d}x,$$

从而知(1.8)式成立. ∎

性质 1.4(对区间的可加性) 设 I 是一个有限闭区间, $a,b,c \in I$. 若 f 在 I 上可积, 则 f 在 I 的任一闭子区间都可积, 且

$$\int_a^b f(x)\,\mathrm{d}x = \int_a^c f(x)\,\mathrm{d}x + \int_c^b f(x)\,\mathrm{d}x. \tag{1.9}$$

证 利用定理 1.1 不难证明 f 在区间 I 的任一个闭子区间上可积, 下面证明等式(1.9).

设 c 在 (a,b) 内. 由于 f 在 $[a,b]$ 上可积, 根据定义, 任意分割区间 $[a,b]$ 所作的积分和式都趋于同一个数. 因此, 可以始终把 c 作为一个分点. 这样, f 在 $[a,b]$ 上的和式就等于它在 $[a,c]$ 上的和式与 $[c,b]$ 上的和式之和, 即

$$\sum_{[a,b]} f(\xi_k)\Delta x_k = \sum_{[a,c]} f(\xi_k)\Delta x_k + \sum_{[c,b]} f(\xi_k)\Delta x_k.$$

由于 f 在子区间 $[a,c]$ 与 $[c,b]$ 上也可积, 所以令 $d \to 0$ 就得到等式(1.9).

若 c 在 $[a,b]$ 外, 不妨设 $a < b < c$, 则由上面已证明的结论有

$$\int_a^c f(x)\,dx = \int_a^b f(x)\,dx + \int_b^c f(x)\,dx,$$

从而得

$$\int_a^b f(x)\,dx = \int_a^c f(x)\,dx - \int_b^c f(x)\,dx = \int_a^c f(x)\,dx + \int_c^b f(x)\,dx.$$

对于其他情况,可用同样方法证明. ∎

利用定理 1.1,还可证明(从略)

性质 1.5(乘积性质) 设 $f,g \in \mathscr{R}[a,b]$,则 $fg \in \mathscr{R}[a,b]$.

性质 1.6(积分中值定理) 设 $f \in C[a,b]$,$g \in \mathscr{R}[a,b]$,且 g 在 $[a,b]$ 上不变号. 则至少存在一点 $\xi \in [a,b]$,使

$$\int_a^b f(x)g(x)\,dx = f(\xi)\int_a^b g(x)\,dx. \quad (1.10)$$

证 设在 $[a,b]$ 上 $g(x) \geq 0$,$M = \max\limits_{x \in [a,b]}\{f(x)\}$,$m = \min\limits_{x \in [a,b]}\{f(x)\}$,则 $m \leq f(x) \leq M$,$\forall x \in [a,b]$. 从而

$$mg(x) \leq f(x)g(x) \leq Mg(x), \quad \forall x \in [a,b].$$

故由性质 1.2 与性质 1.5,得

$$m\int_a^b g(x)\,dx \leq \int_a^b f(x)g(x)\,dx \leq M\int_a^b g(x)\,dx. \quad (1.11)$$

注意:由于 g 在 $[a,b]$ 上不变号,不妨设 $g \geq 0$. 若 $g(x) \equiv 0$,$x \in [a,b]$,(1.10) 式显然成立;若 $g(x) \not\equiv 0$,$x \in [a,b]$,则 $\int_a^b g(x)\,dx > 0$. 因此,证明的主要思想在于证明 $\dfrac{\int_a^b f(x)g(x)\,dx}{\int_a^b g(x)\,dx}$ 介于 f 在区间 $[a,b]$ 上的最大值与最小值之间,再利用连续函数的介值定理即可得结论.

若 $\int_a^b g(x)\,dx > 0$,上式两边同除以 $\int_a^b g(x)\,dx$,得

$$m \leq \frac{\int_a^b f(x)g(x)\,dx}{\int_a^b g(x)\,dx} \leq M.$$

由连续函数的介值定理知,至少存在一点 $\xi \in [a,b]$,使

$$f(\xi) = \frac{\int_a^b f(x)g(x)\,dx}{\int_a^b g(x)\,dx},$$

即

$$\int_a^b f(x)g(x)\,dx = f(\xi)\int_a^b g(x)\,dx.$$

若 $\int_a^b g(x)\mathrm{d}x = 0$，则由(1.11)式，$\int_a^b f(x)g(x)\mathrm{d}x = 0$. 因此，对于任何 $\xi \in [a,b]$，等式(1.10)都成立. 综合上述情况，定理得证. ∎

在性质 1.6 中取 $g(x) = 1$ 即得下面的推论.

推论 1.2　设 $f \in C[a,b]$，则至少存在一点 $\xi \in [a,b]$，使

$$\int_a^b f(x)\mathrm{d}x = f(\xi)(b-a). \tag{1.12}$$

二维码 3.1.3 改进积分中值定理(推论1.2).

当 $f(x) \geq 0$ 时，推论 1.2 有着简单的几何意义(图 3.6). 它表明，若 f 在 $[a,b]$ 上连续，则在区间 $[a,b]$ 中至少有一点 ξ，使得高为 $f(\xi)$ 底边长为 $b-a$ 的矩形面积恰好等于以 $y = f(x)$ 为曲边的曲边梯形的面积.

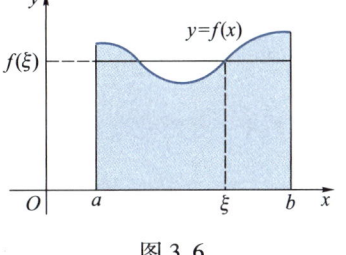

图 3.6

通常称

$$\frac{1}{b-a}\int_a^b f(x)\mathrm{d}x$$

为函数 f 在区间 $[a,b]$ 上的**积分中值**. 因此，很多书上也称推论 1.2 为**积分中值定理**，而把性质 1.6 称为**广义积分中值定理**.

积分中值也叫**积分均值**，它是有限个数的算术平均值概念对连续函数的推广. 大家知道，n 个数 $y_1, y_2, \cdots, y_n$ 的算术平均值为

$$\bar{y} = \frac{y_1 + y_2 + \cdots + y_n}{n} = \frac{1}{n}\sum_{k=1}^n y_k.$$

注意：(1) 积分中值是有限个数的算术平均值概念对连续函数在 $[a,b]$ 上平均值的推广；(2) 积分中值定理(推论 1.2)告诉我们，连续函数 $f(x)$ 在 $[a,b]$ 上的平均值一定可由该函数在 $[a,b]$ 上的某一点 ξ 取得；(3) 推出(1)中结论的方法也可用于推得可积函数在 $[a,b]$ 上的平均值，因此，对于可积函数也可定义积分中值的概念.

但是，在很多实际问题中，还需要求出函数 $y = f(x)$ 在某一区间 $[a,b]$ 上的平均值. 例如，求一周内的平均气温、一段时间内气体的平均压强、交流电的平均电流等. 如何定义并求出连续函数 $y = f(x)$ 在区间 $[a,b]$ 上的平均值呢？

设 $f \in C[a,b]$，则 $f \in \mathscr{R}[a,b]$. 将 $[a,b]$ 分割为 n 个等长的子区间

$$a = x_0 < x_1 < x_2 < \cdots < x_n = b,$$

每个子区间的长度为 $\Delta x_k = \dfrac{b-a}{n}$. 取 ξ_k 为各子区间的右端点 x_k ($k = 1, 2, \cdots, n$)，则对应的 n 个函数值 $y_k = f(x_k)$ 的算术平均值为

$$\bar{y}_n = \frac{1}{n}\sum_{k=1}^n y_k = \frac{1}{n}\sum_{k=1}^n f(x_k)$$

$$= \frac{1}{b-a} \sum_{k=1}^{n} f(x_k) \frac{b-a}{n} = \frac{1}{b-a} \sum_{k=1}^{n} f(x_k) \Delta x_k.$$

显然,n 增大,$\bar{y}_n$ 就表示函数 f 在 $[a,b]$ 上更多个点处函数值的平均值. 令 $n \to \infty$,$\bar{y}_n$ 的极限自然就定义为 f 在 $[a,b]$ 上的平均值 $\bar{y}$,即

$$\bar{y} = \lim_{n \to \infty} \bar{y}_n = \frac{1}{b-a} \lim_{n \to \infty} \sum_{k=1}^{n} f(x_k) \Delta x_k = \frac{1}{b-a} \int_a^b f(x) \, dx. \tag{1.13}$$

因此,连续函数 $y = f(x)$ 在区间 $[a,b]$ 上的平均值就等于该函数在 $[a,b]$ 上的积分中值.

例 1.4 求正弦交流电流 $i(t) = I_m \sin \omega t$ 在它的半个周期 $\left(\text{即从 } t = 0 \text{ 到 } t = \frac{\pi}{\omega}\right)$ 内的平均值.

解 根据 (1.13) 式,电流的平均值为

$$\bar{I} = \frac{1}{\frac{\pi}{\omega} - 0} \int_0^{\frac{\pi}{\omega}} i(t) \, dt = \frac{\omega I_m}{\pi} \int_0^{\frac{\pi}{\omega}} \sin \omega t \, dt. \quad \blacksquare$$

为了求得 $\bar{I}$ 的具体数值,必须计算右端的定积分. 但是,利用定义来求此定积分是比较复杂的(读者可尝试在 $\omega = 1$ 的情况下用定义来计算). 因此,寻求简洁的积分法势在必行!

习题 3.1

(A)

1. 用定积分的定义求下列积分的值:

(1) $\int_0^1 x \, dx$; (2) $\int_0^1 e^x \, dx$.

2. 设有一直的金属丝位于 x 轴上从 $x = 0$ 到 $x = a$ 处,其上各点 x 处的密度与 x 成正比,比例系数为 k,求该金属丝的质量.

3. 放置于坐标原点的一个带电量为 Q 的点电荷形成一个静电场. 在电场力的作用下,另一个带电量为 q 的点电荷沿 x 轴从 $x = a$ 移动到 $x = b$ 处,试用积分式表达该电场力所做的功.

4. 根据定积分的几何意义求下列定积分:

(1) $\int_{-\pi}^{\pi} \sin x \, dx$; (2) $\int_{-1}^{1} |x| \, dx$;

(3) $\int_0^a \sqrt{a^2 - x^2} \, dx$; (4) $\int_{-1}^{2} \left| x - \frac{1}{2} \right| dx$.

5. 设 $f \in \mathscr{R}[-a,a]$，根据定积分的几何意义说明：

$$\int_{-a}^{a} f(x)\mathrm{d}x = \begin{cases} 0, & f \text{ 为奇函数}, \\ 2\int_{0}^{a} f(x)\mathrm{d}x, & f \text{ 为偶函数}. \end{cases}$$

6. 设 f 是周期为 T 的周期函数，且在任一有限区间上可积. 根据定积分的几何意义说明：

$$\int_{a}^{a+T} f(x)\mathrm{d}x = \int_{0}^{T} f(x)\mathrm{d}x,$$

其中 a 为任一常数.

7. 设 $f \in C[a,b]$，试说明任意改变 f 在有限个点上的值不影响它的可积性和积分 $\int_{a}^{b} f(x)\mathrm{d}x$ 的值.

8. 研究下列函数在所给区间上的可积性，并说明理由：

(1) $f(x) = x^2 + \cos x, x \in (-\infty, +\infty)$；

(2) $f(x) = \mathrm{sgn}\, x, x \in [-1,1]$；

(3) $f(x) = \dfrac{1}{x^2 - 2}, x \in [-2,2]$；

(4) $f(x) = \tan x, x \in [0,2]$；

(5) $f(x) = \begin{cases} \dfrac{\sin x}{x}, & x \neq 0, \\ 1, & x = 0, \end{cases} x \in [-1,1]$；

(6) $f(x) = \begin{cases} 0, & x = 0, \\ \dfrac{1}{n}, & x \in \left(\dfrac{1}{n+1}, \dfrac{1}{n}\right], \end{cases} n \in \mathbf{N}_+$.

9. 下列命题是否正确？若正确，给予证明；否则，举出反例：

(1) 若 $\int_{a}^{b} f(x)\mathrm{d}x \geq 0$，则在 $[a,b]$ 上必有 $f(x) \geq 0$；

(2) 若 $f \in \mathscr{R}[a,b]$，则 f 在 $[a,b]$ 上有有限个间断点；

(3) 若 $|f| \in \mathscr{R}[a,b]$，则 $f \in \mathscr{R}[a,b]$；

(4) 若 f 与 g 在 $[a,b]$ 上都不可积，则 $f+g$ 在 $[a,b]$ 上也不可积；

(5) $f \in \mathscr{R}[a,b] \Leftrightarrow f^2 \in \mathscr{R}[a,b]$；

(6) 若 $f \in C[a,b], \int_{a}^{b} f(x)\mathrm{d}x = 0$，则 $\exists c \in (a,b)$，使 $f(c) = 0$ $(a \neq b)$.

10. 设 $f, g \in C[a,b]$.

(1) 如果在 $[a,b]$ 上 $f(x) \geq 0$，且 $f(x) \not\equiv 0$，证明：$\int_{a}^{b} f(x)\,\mathrm{d}x > 0$；

(2) 如果在 $[a,b]$ 上 $f(x) \geq 0$，且 $\int_{a}^{b} f(x)\mathrm{d}x = 0$，证明：$f(x) \equiv 0$；

(3) 如果在 $[a,b]$ 上 $f(x) \geq g(x)$，且 $f(x) \not\equiv g(x)$，证明：$\int_{a}^{b} f(x)\mathrm{d}x > \int_{a}^{b} g(x)\mathrm{d}x$.

11. 判别下列积分的大小：

(1) $\int_{0}^{1} \mathrm{e}^x \mathrm{d}x$ 和 $\int_{0}^{1} \mathrm{e}^{x^2} \mathrm{d}x$；

(2) $\int_{1}^{2} 2\sqrt{x}\,\mathrm{d}x$ 和 $\int_{1}^{2} \left(3 - \dfrac{1}{x}\right)\mathrm{d}x$；

(3) $\int_{0}^{1} \ln(1+x)\mathrm{d}x$ 和 $\int_{0}^{1} \dfrac{\arctan x}{1+x}\mathrm{d}x$.

12. 证明下列不等式：

(1) $1 < \int_0^1 e^{x^2} dx < e$;   (2) $84 < \int_{-6}^8 \sqrt{100 - x^2}\, dx < 140$.

13. 利用定理 1.1 证明：若有界函数 f 在有限区间 I 上可积，则 f 在 I 的任一子区间上也可积.

14. 设 f 在 $[a,b]$ 上二阶可导，$\forall x \in [a,b]$，$f'(x) > 0$，$f''(x) > 0$，证明：

$$(b-a)f(a) < \int_a^b f(x)\,dx < \frac{b-a}{2}[f(a) + f(b)].$$

(B)

1. 设函数 f 与 g 在任一有限区间上可积.

(1) 如果 $\int_a^b f(x)\,dx = \int_a^b g(x)\,dx$，那么 f 与 g 在 $[a,b]$ 上是否相等？

(2) 如果在任意一个区间 $[a,b]$ 上都有 $\int_a^b f(x)\,dx = \int_a^b g(x)\,dx$，那么 f 是否恒等于 g？

(3) 如果(2)中的 f 与 g 都是连续函数，那么又有怎样的结论？

2. 证明性质 1.1 与 1.2.

3. 设函数 f 在 $[0,a]$ 上连续，在 $(0,a)$ 内可导，且 $3\int_{\frac{2a}{3}}^a f(x)\,dx = f(0)a$. 证明：$\exists \xi \in (0,a)$，使 $f'(\xi) = 0$.

4. 设 f 与 g 在区间 $[a,b]$ 上连续，证明 Cauchy 不等式：

$$\int_a^b f(x)g(x)\,dx \leq \left(\int_a^b f^2(x)\,dx\right)^{\frac{1}{2}} \left(\int_a^b g^2(x)\,dx\right)^{\frac{1}{2}}.$$

5. 设 f 与 g 在区间 $[a,b]$ 上连续，利用 Cauchy 不等式证明 Minkowski 不等式：

$$\left(\int_a^b [f(x) + g(x)]^2 dx\right)^{\frac{1}{2}} \leq \left(\int_a^b f^2(x)\,dx\right)^{\frac{1}{2}} + \left(\int_a^b g^2(x)\,dx\right)^{\frac{1}{2}}.$$

6. 设 f 是 $[a,b]$ 上的连续函数，利用 Cauchy 不等式证明：

$$\int_a^b e^{f(x)}\,dx \int_a^b e^{-f(x)}\,dx \geq (b-a)^2.$$

第二节 微积分基本公式与基本定理

本节将在讲解微积分基本公式（即 Newton–Leibniz 公式）与基本定理的基础上，阐述微分与积分的关系，将定积分的计算问题转化为求被积函数的原函数或不定积分的问题，说明求积分是求微分的逆运算.

2.1 微积分基本公式

为了寻求计算定积分简便易行的方法，我们再来讨论已知速度求位移问题. 第一节中已经讲过，如果已知变速直线运动的速度 $v = v(t)$，那么物体从时刻 $t = a$ 到时刻

$t = b$ 所通过的位移为

$$s = \int_a^b v(t)\,\mathrm{d}t.$$

另一方面,如果已知物体运动的位移函数 $s = s(t)$,那么在时间区间 $[a,b]$ 内物体所通过的位移也可表示为

$$s = s(b) - s(a).$$

因此,如果能从速度函数 $v(t)$ 求出位移函数 $s(t)$,那么就有

$$\int_a^b v(t)\,\mathrm{d}t = s(b) - s(a).$$

这样,定积分 $\int_a^b v(t)\,\mathrm{d}t$ 的值就可由函数 $s = s(t)$ 在 $t = b$ 与 $t = a$ 的值之差得到.问题的关键在于如何从 $v(t)$ 求得 $s(t)$.由于 $s'(t) = v(t)$,所以由 $v(t)$ 求 $s(t)$ 是求导运算的逆运算.

受上述问题的启发,人们得到计算定积分的一个基本公式.为了建立这个公式,先引入下面的概念:

定义 2.1(原函数) 如果在区间 I 上,$F'(x) = f(x)$,那么称 F 是 f 在 I 上的一个**原函数**.

由定义 2.1 易知,位移函数 $s(t)$ 是速度函数 $v(t)$ 的一个原函数.从而,就可以从上述物理模型抽象出下面的著名公式:

定理 2.1(Newton–Leibniz 公式) 设 $f \in \mathscr{R}[a,b]$,且 f 在区间 $[a,b]$ 上有一个原函数 F,则

$$\int_a^b f(x)\,\mathrm{d}x = F(b) - F(a) = F(x)\Big|_a^b. \tag{2.1}$$

注:共性常寓于个性之中,从某些特例出发,分析、发掘某些共性和规律,探索它是否具有一般性及可否被推广,是一种"合情推理"的思想方法."合情推理"常用于"发现问题",是研究数学的一种重要方法.但是这种"合情推理"是否正确,在数学中尚要通过逻辑推理来加以验证.本小段就采用了这种思想方法.

证 在区间 $[a,b]$ 内任意插入 $n-1$ 个分点

$$a = x_0 < x_1 < \cdots < x_n = b,$$

那么,$[a,b]$ 就被分割为 n 个子区间 $[x_{k-1},x_k]$ ($k = 1,2,\cdots,n$).根据 Lagrange 中值定理,必存在 $\xi_k \in (x_{k-1},x_k)$,使

$$F(x_k) - F(x_{k-1}) = F'(\xi_k)\Delta x_k.$$

所以

$$F(b) - F(a) = \sum_{k=1}^n [F(x_k) - F(x_{k-1})]$$

$$= \sum_{k=1}^{n} F'(\xi_k) \Delta x_k = \sum_{k=1}^{n} f(\xi_k) \Delta x_k.$$

由于 $f \in \mathscr{R}[a,b]$，在上式中令 $d = \max\limits_{1 \leq k \leq n} \{\Delta x_k\} \to 0$，即得

$$F(b) - F(a) = \int_a^b f(x) \mathrm{d}x. \quad \blacksquare$$

Newton-Leibniz 公式 (2.1) 将定积分的计算问题归结为求被积函数 f 在区间 $[a,b]$ 上的一个原函数问题，而求 f 在 $[a,b]$ 上的原函数 F 是求导运算的逆运算，因此，该公式将定积分的计算与求导运算联系了起来，常称为**微积分基本公式**.

例 2.1 求下列定积分：

(1) $\int_0^1 \dfrac{\mathrm{d}x}{1+x^2}$；　　　(2) $\int_0^{\frac{\pi}{2}} \sin^2 \dfrac{x}{2} \mathrm{d}x$.

解 (1) 由于 $(\arctan x)' = \dfrac{1}{1+x^2}$，所以 $\arctan x$ 是 $\dfrac{1}{1+x^2}$ 的一个原函数. 根据 Newton-Leibniz 公式，

$$\int_0^1 \frac{\mathrm{d}x}{1+x^2} = \arctan x \Big|_0^1 = \frac{\pi}{4}.$$

(2) 由于 $\sin^2 \dfrac{x}{2} = \dfrac{1}{2}(1-\cos x)$，并且，$\dfrac{1}{2}(x - \sin x)$ 是 $\dfrac{1}{2}(1-\cos x)$ 的一个原函数，故由 Newton-Leibniz 公式，得

$$\int_0^{\frac{\pi}{2}} \sin^2 \frac{x}{2} \mathrm{d}x = \frac{1}{2} \int_0^{\frac{\pi}{2}} (1 - \cos x) \mathrm{d}x$$

$$= \frac{1}{2} (x - \sin x) \Big|_0^{\frac{\pi}{2}} = \frac{1}{2} \left(\frac{\pi}{2} - 1 \right). \quad \blacksquare$$

为了求出例 1.4 中的平均电流 $\bar{I}$，必须计算定积分 $\int_0^{\frac{\pi}{\omega}} \sin \omega t \, \mathrm{d}t$. 由于

$$\left(-\frac{1}{\omega} \cos \omega t \right)' = \sin \omega t,$$

所以 $-\dfrac{1}{\omega} \cos \omega t$ 是 $\sin \omega t$ 的一个原函数. 根据 Newton-Leibniz 公式，得知

$$\bar{I} = \frac{\omega I_\mathrm{m}}{\pi} \left(-\frac{1}{\omega} \cos \omega t \right) \Big|_0^{\frac{\pi}{\omega}} = \frac{2}{\pi} I_\mathrm{m}.$$

为了利用 Newton-Leibniz 公式计算定积分，被积函数 f 必须有原函数存在并且

能求出它的一个原函数.自然要问:f 满足什么条件才有原函数？如何求 f 的原函数？首先讨论第一个问题.

2.2 微积分基本定理

设函数 $f:[a,b]\to\mathbf{R}$ 可积,则对任意的 $x\in[a,b]$,f 在 $[a,x]$ 上也可积.对于区间 $[a,b]$ 上任取一值 x,定积分 $\int_a^x f(x)\mathrm{d}x$ 就有唯一确定的值与它相对应.因此,该积分在区间 $[a,b]$ 上确定了一个函数 $\Phi:[a,b]\to\mathbf{R}$,即

$$\Phi(x) = \int_a^x f(x)\mathrm{d}x.$$

注意,该积分的上限 x 与积分变量 x 的含义不同.积分上限 x 表示积分区间 $[a,x]$ 的右端点,而积分变量 x 则在区间 $[a,x]$ 中变化.为避免混淆,常把积分变量改用其他字母表示.例如换成 t,则上式变为

$$\Phi(x) = \int_a^x f(t)\mathrm{d}t, \quad x\in[a,b], \tag{2.2}$$

通常称它为**变上限积分**.

定理 2.2（微积分第一基本定理） 设 $f\in C[a,b]$,则由 (2.2) 式所确定的函数 $\Phi:[a,b]\to\mathbf{R}$ 在 $[a,b]$ 上可导,并且

$$\boxed{\Phi'(x) = \frac{\mathrm{d}}{\mathrm{d}x}\int_a^x f(t)\mathrm{d}t = f(x).} \tag{2.3}$$

若其中的 x 为区间 $[a,b]$ 的端点,则 $\Phi'(x)$ 是单侧导数.

证 设 $x\in(a,b)$,由于

$$\Delta\Phi = \Phi(x+\Delta x) - \Phi(x) = \int_a^{x+\Delta x} f(t)\mathrm{d}t - \int_a^x f(t)\mathrm{d}t$$

$$= \int_a^{x+\Delta x} f(t)\mathrm{d}t + \int_x^a f(t)\mathrm{d}t = \int_x^{x+\Delta x} f(t)\mathrm{d}t,$$

根据积分中值定理,在 x 与 $x+\Delta x$ 之间（含 x 和 $x+\Delta x$）至少存在一个 ξ,使得

$$\Delta\Phi = f(\xi)\Delta x.$$

已知 f 是 $[a,b]$ 上的连续函数,所以

$$\Phi'(x) = \lim_{\Delta x\to 0}\frac{\Delta\Phi}{\Delta x} = \lim_{\Delta x\to 0}f(\xi) = f(x).$$

若 x 是区间 $[a,b]$ 的端点,则可类似地证明. ∎

二维码 3.2.1
微积分第一基本定理的重要意义.

定理 2.2 的重要意义在于它建立了微分（导数）与积分之间的联系. 它表明，变上限积分是上限的一个函数，该积分对上限的导数等于被积函数在上限处的值. 由这个定理立即得到原函数存在的一个充分条件.

☞二维码 3.2.2
函数的连续性、可积性与其原函数的存在性之间的联系.

推论 2.1 设 $f \in C[a,b]$，则 f 在区间 $[a,b]$ 上必有原函数，且变上限积分 (2.2) 就是它的一个原函数.

例 2.2 设 $\Phi(x) = \int_0^{\sqrt{x}} \cos t^2 \mathrm{d}t$，求 $\Phi'(x)$.

解 由于函数 $\Phi(x)$ 可以看作 $g(u) = \int_0^u \cos t^2 \mathrm{d}t$ 与 $u = \varphi(x) = \sqrt{x}$ 的复合函数，根据链式法则与定理 2.2 得

$$\Phi'(x) = g'(u)\varphi'(x) = \frac{\mathrm{d}}{\mathrm{d}u}\left(\int_0^u \cos t^2 \mathrm{d}t\right) \cdot \frac{1}{2\sqrt{x}} = \cos u^2 \cdot \frac{1}{2\sqrt{x}} = \frac{1}{2\sqrt{x}}\cos x. \quad \blacksquare$$

一般地，若 $\varphi(x)$ 与 $\psi(x)$ 是可导函数，f 连续，不难证明：

$$\frac{\mathrm{d}}{\mathrm{d}x}\left(\int_{\psi(x)}^{\varphi(x)} f(t)\mathrm{d}t\right)$$
$$= f(\varphi(x))\varphi'(x) - f(\psi(x))\psi'(x). \quad (2.4)$$

例 2.3 求 $\displaystyle\lim_{x \to 0} \frac{\int_{\cos x}^1 \mathrm{e}^{-t^2}\mathrm{d}t}{\sin^2 x}$.

注意：变上限积分对上限的导数并不等于被积函数，而是等于被积函数在上限处的值. 例如
$$\frac{\mathrm{d}}{\mathrm{d}(x^2)}\int_0^{x^2} \mathrm{e}^t \mathrm{d}t = \mathrm{e}^{x^2},$$
这从定理 2.2 的证明中容易看出. 事实上，该定理在证明的最后一个等式 $\displaystyle\lim_{\Delta x \to 0} f(\xi) = f(x)$ 中的 x 是积分 $\int_x^{x+\Delta x} f(t)\mathrm{d}t$ 的下限，也就是原积分 $\int_a^x f(t)\mathrm{d}t$ 的上限.

解 此题为 $\dfrac{0}{0}$ 型不定式，可用 L'Hospital 法则计算. 由公式 (2.4)，

$$\frac{\mathrm{d}}{\mathrm{d}x}\left(\int_{\cos x}^1 \mathrm{e}^{-t^2}\mathrm{d}t\right) = -\mathrm{e}^{-\cos^2 x}(-\sin x) = \sin x\, \mathrm{e}^{-\cos^2 x}.$$

所以

$$\text{原式} = \lim_{x \to 0} \frac{\sin x\, \mathrm{e}^{-\cos^2 x}}{2\sin x \cos x} = \frac{1}{2\mathrm{e}}. \quad \blacksquare$$

根据原函数的定义，如果 F 是 f 在区间 I 上的一个原函数，C 是任意常数，那么 $F+C$ 也是 f 在 I 上的原函数. 因此，若 f 在 I 上有原函数，则其原函数就不止一个. 由于 C 的任意性，f 的原函数有无穷多个. 试问，$F+C$（C 为任意常数）是否包含了 f 的所有原函数呢？下面的定理回答了这个问题.

定理 2.3（微积分第二基本定理） 设 F 是 f 在区间 I 上的一个原函数，C 为任意常数，则 $F+C$ 就是 f 在 I 上的所有原函数.

证 用 A 表示 f 在 I 上的一切形如 $F+C$ 的原函数构成的集合,即

$$A = \{F + C \mid F \text{ 是 } f \text{ 在 } I \text{ 上的一个原函数}, C \text{ 为任意常数}\},$$

B 表示 f 在 I 上所有原函数构成的集合,即

$$B = \{G \mid G'(x) = f(x), x \in I\}.$$

为证明此定理,只需证明 $A=B$. 事实上, $A \subseteq B$ 是显然的, 下面证明 $B \subseteq A$. 任取 $G \in B$, 由于

$$[G(x) - F(x)]' = G'(x) - F'(x) = 0, \quad x \in I,$$

由 Lagrange 定理的推论 4.2, 可知 $G(x) - F(x)$ 在 I 上是一个常数, 即

$$G(x) - F(x) = C, \quad x \in I,$$

或 $G(x) = F(x) + C$, 故 $G \in A$, 从而 $B \subseteq A$.

根据集合相等的定义知 $A = B$. ∎

微积分第二基本定理给出了 f 在 I 上所有原函数的一般表达式. 只要求出 f 的一个原函数 F, 其他原函数都可由表达式 $F+C$ 通过适当选择常数 C 得到.

例 2.4 求 $f(x) = 2x$ 的一个原函数 $F(x)$, 使它满足条件 $F(0) = 1$.

解 由于 x^2 是 $2x$ 的一个原函数, 所以 $2x$ 的所有原函数可表示为

$$F(x) = x^2 + C \quad (C \text{ 为任意常数}).$$

代入条件 $F(0) = 1$, 得 $C = 1$, 故所求原函数为

$$F(x) = x^2 + 1. \quad ∎$$

二维码 3.2.3
能否用 Newton-Leibniz 公式求分段连续函数的定积分.

应当注意, 如果被积函数 f 在区间 $[a,b]$ 上是**分段连续的**(即除去有限个第一类间断点外, f 在 $[a,b]$ 上连续), 那么, 虽然 f 在 $[a,b]$ 上可积, 但是, 可以证明它在 $[a,b]$ 上不存在原函数(参见二维码 3.2.2). 因此, Newton-Leibniz 公式不能直接应用. 在这种情况下, 先利用 $f(x)$ 在 $[a,b]$ 上的间断点将该区间分为若干个子区间, 在使 f 连续的每个子区间上分别用 Newton-Leibniz 公式, 再利用定积分对区间的可加性, 把每个子区间上的积分值相加便可得到 $f(x)$ 在区间 $[a,b]$ 上的定积分.

例 2.5 设 $f(x) = \begin{cases} x^2, & x \in [0,1], \\ 1+x, & x \in [1,2], \end{cases}$ 求 $\int_0^2 f(x) \, dx$.

解 由于 $x=1$ 是该函数的跳跃间断点, 所以, f 是 $[0,2]$ 上的分段连续函数, 不能直接应用 Newton-Leibniz 公式, 而要用上述方法来计算.

想一想:

(1) $\frac{1}{3}x^3$ 是例 2.5 中的 $f(x)$ 在 $[0,1]$ 区间上的原函数吗?

(2) 等式 $\int_0^1 f(x) \, dx = \frac{1}{3}x^3 \Big|_0^1$ 为什么成立?

$$\int_0^2 f(x)\,dx = \int_0^1 f(x)\,dx + \int_1^2 f(x)\,dx$$

$$= \int_0^1 x^2\,dx + \int_1^2 (1+x)\,dx$$

$$= \frac{1}{3}x^3 \Big|_0^1 + \left(x + \frac{x^2}{2}\right)\Big|_1^2 = 2\frac{5}{6}. \quad \blacksquare$$

2.3 不定积分

定义 2.2（不定积分） 函数 f 在区间 I 上的所有原函数的一般表达式称为 f 在 I 上的**不定积分**，记作 $\int f(x)\,dx$，其中 f 称为**被积函数**，$f(x)\,dx$ 称为**被积式**.

若 F 是 f 在 I 上的一个原函数，则

$$\int f(x)\,dx = F(x) + C,$$

其中任意常数 C 称为**积分常数**. 例如，

$$\int 2x\,dx = x^2 + C, \quad \int \cos x\,dx = \sin x + C.$$

我们已经知道，求导数与求不定积分（或原函数）是两种互逆运算，前者是由原函数求导函数，后者是由导函数求原函数. 以变速直线运动为例，前者是已知物体的运动规律（位移函数 $s=s(t)$）求变化率（速度函数 $v=v(t)$），而后者则是已知变化率求运动规律. 不定积分的下述性质（证明留给读者）进一步揭示了这种互逆性.

性质 2.1 $\left(\int f(x)\,dx\right)' = f(x)$ 或 $d\int f(x)\,dx = f(x)\,dx,$ （2.5）

$\int f'(x)\,dx = f(x) + C$ 或 $\int df(x) = f(x) + C.$ （2.6）

根据积分和微分（或导数）的这种互逆关系，可以在求导公式和运算法则（有理运算与复合求导运算法则）的基础上反过来得到对应的积分公式和运算法则.

> **想一想：**
> $|x|$ 是分段函数
> $$f(x) = \begin{cases} -1, & x<0, \\ 1, & x \geq 0 \end{cases}$$
> 的原函数吗？

首先，由基本导数表可得基本积分表：

$\int k\,dx = kx + C$ （k 为常数）	$\int a^x\,dx = \dfrac{a^x}{\ln a} + C$ （$a>0, a \neq 1$）
$\int x^\alpha\,dx = \dfrac{x^{\alpha+1}}{\alpha+1} + C$ （$\alpha \neq -1$）	$\int e^x\,dx = e^x + C$
$\int \dfrac{dx}{x} = \ln|x| + C$	$\int \cos x\,dx = \sin x + C$

$$\int \sin x \, dx = -\cos x + C$$

$$\int \sec^2 x \, dx = \tan x + C$$

$$\int \csc^2 x \, dx = -\cot x + C$$

$$\int \sec x \tan x \, dx = \sec x + C$$

$$\int \csc x \cot x \, dx = -\csc x + C$$

$$\int \frac{dx}{\sqrt{1-x^2}} = \arcsin x + C$$

$$\int \frac{dx}{1+x^2} = \arctan x + C$$

$$\int \sh x \, dx = \ch x + C$$

$$\int \ch x \, dx = \sh x + C$$

这些基本积分公式是求不定积分的基础,读者必须熟记,切不可与求导公式混淆.

其次,与导数的线性运算法则对应,有不定积分的线性运算法则.

想一想:
怎样理解积分公式 $\int \frac{dx}{x} = \ln|x| + C$?

性质 2.2 设 f 与 g 在区间 I 上的原函数存在,则

$$\int [\alpha f(x) + \beta g(x)] dx = \alpha \int f(x) dx + \beta \int g(x) dx, \quad (2.7)$$

其中 α 与 β 为任意常数.

证 根据不定积分的定义,只要证明等式(2.7)两边求导后所得到的函数相同即可.事实上,由性质 2.1,

$$\left(\int [\alpha f(x) + \beta g(x)] dx\right)' = \alpha f(x) + \beta g(x).$$

又

$$\left(\alpha \int f(x) dx + \beta \int g(x) dx\right)' = \alpha \left(\int f(x) dx\right)' + \beta \left(\int g(x) dx\right)' = \alpha f(x) + \beta g(x),$$

故

$$\int [\alpha f(x) + \beta g(x)] dx = \alpha \int f(x) dx + \beta \int g(x) dx. \quad \blacksquare$$

例 2.6 求 $\int \frac{2x + \sqrt{x} + 1}{x} dx$.

解 由性质 2.2 和基本积分表得

$$\int \frac{2x + \sqrt{x} + 1}{x} dx = 2 \int dx + \int \frac{dx}{\sqrt{x}} + \int \frac{1}{x} dx$$

$$= 2x + 2\sqrt{x} + \ln|x| + C. \quad \blacksquare$$

例 2.7 求 $\int \frac{1 + 2x^2}{x^2(1+x^2)} dx$.

注意: 例 2.6 中的积分被分为三项后,每一个不定积分的结果中都应有一任意常数.由于三个任意常数之和仍是一个任意常数,所以最后的结果只写一个任意常数就行了.今后遇到这种情况均照此办理,不再一一说明,但应切记千万不能丢掉任意常数 C!

解 由于 $1+2x^2 = x^2+(1+x^2)$，所以

$$\int \frac{1+2x^2}{x^2(1+x^2)}dx = \int \frac{1}{1+x^2}dx + \int \frac{1}{x^2}dx = \arctan x - \frac{1}{x} + C.$$

例 2.8 求 $\int \frac{dx}{\sin^2 x \cos^2 x}$.

解 根据三角恒等式 $\sin^2 x + \cos^2 x = 1$ 得

$$\int \frac{dx}{\sin^2 x \cos^2 x} = \int \frac{\sin^2 x + \cos^2 x}{\sin^2 x \cos^2 x}dx = \int \sec^2 x dx + \int \csc^2 x dx = \tan x - \cot x + C.$$

由于定积分与不定积分的计算都归结为求被积函数的原函数，因此，求定积分与不定积分的方法统称为**积分法**.

习题 3.2

(A)

1. 函数 f 在区间 $[a,b]$ 上的定积分与原函数有何区别与联系？试通过在区间 $[0,1]$ 上的函数 $f(x)=x$ 的定积分与原函数说明之.

2. 证明：$\sin^2 x, -\cos^2 x$ 与 $-\frac{1}{2}\cos 2x$ 都是同一个函数的原函数. 你能解释为什么同一个函数的原函数在形式上的这种差异吗？

3. 用 Newton–Leibniz 公式计算下列定积分：

(1) $\int_0^1 4x^2 dx$；

(2) $\int_1^e \frac{dx}{x}$；

(3) $\int_0^\pi \sin x \, dx$；

(4) $\int_{-1}^1 |x| dx$；

(5) $\int_0^{\frac{\pi}{3}} \left(\frac{\sqrt{3}}{2}\cos x - \frac{1}{2}\sin x\right) dx$；

(6) 设 $f(x) = \begin{cases} x, & x \leq 0, \\ x^2, & x > 0, \end{cases}$ 求 $\int_{-1}^1 f(x) dx$；

(7) $\int_1^2 \left(x^2 + \frac{8}{x^2}\right) dx$；

(8) $\int_0^{\frac{\pi}{4}} \tan^2 t \, dt$.

4. 求下列各函数的导数：

(1) $f(x) = \int_0^x \arctan t \, dt$；

(2) $f(x) = \int_x^b \frac{dt}{1+t^4}$；

(3) $F(x) = \int_0^{\sqrt{x}} e^{t^2} dt$；

(4) $F(x) = \int_{\sin x}^0 \frac{t}{1-t^2} dt$；

(5) $y = \int_{\sqrt{x}}^{\sqrt[3]{x}} \ln(1+t^6) dt$；

(6) $y = \int_{\sin x}^{\cos x} \cos(\pi t^2) dt$；

(7) $y = \int_{x^2}^{x^3} (x+t)\varphi(t) dt$，其中 φ 为连续函数.

5. 指出下列运算中有无错误,错在何处:

(1) $\dfrac{d}{dx}\left(\int_0^{x^2}\sqrt{t+1}\,dt\right)=\sqrt{x^2+1}$; (2) $\int_0^{x^2}\left(\dfrac{d}{dt}\sqrt{t+1}\right)dt=\sqrt{x^2+1}$;

(3) $\int_{-1}^{1}\dfrac{dx}{x}=\ln|x|\Big|_{-1}^{1}=0$;

(4) $\int_0^{2\pi}\sqrt{1-\cos^2 x}\,dx=\int_0^{2\pi}\sin x\,dx=-\cos x\Big|_0^{2\pi}=0$.

6. 求由参数方程

$$x=\int_0^t \sin^2 u\,du,\qquad y=\int_0^{t^2}\cos\sqrt{u}\,du$$

所确定的函数 $y=f(x)$ 的一阶导数.

7. 求由方程

$$\int_0^y e^{t^2}dt+\int_0^{x^2}te^t dt=0$$

所确定的隐函数 $y=f(x)$ 的一阶导数.

8. 设 $y=f(x)$ 的图像如图所示,画出函数

$$F(x)=\int_0^x f(t)\,dt$$

的图像.

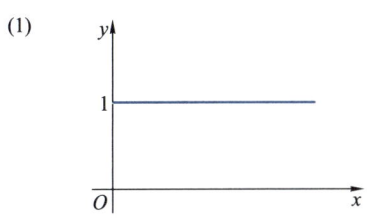
(1)

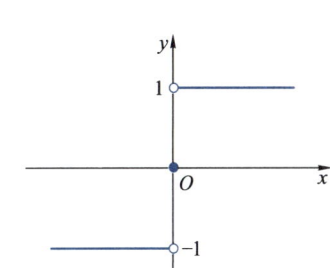
(2)

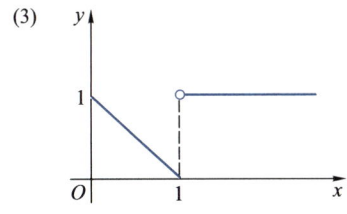
(3)

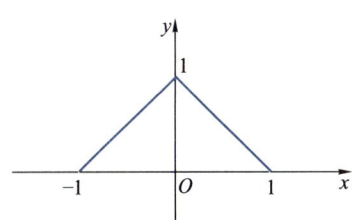
(4)

(第 8 题图)

9. 求下列极限:

(1) $\lim\limits_{x\to 0}\dfrac{\int_0^x \sin t^2\,dt}{\sin^3 x}$; (2) $\lim\limits_{x\to +\infty}\dfrac{\int_0^x (\arctan t)^2\,dt}{\sqrt{x^2+1}}$.

10. 求函数 $y=\int_0^x \sqrt{t(t-1)(t+1)^2}\,dt$ 的定义域、单调区间和极值点.

11. 设 $f(x) = \begin{cases} x^2, & x \leq 0, \\ \sin x, & x > 0. \end{cases}$

(1) 求函数 $F(x) = \int_0^x f(t)\mathrm{d}t$；　　　　(2) 讨论函数 $F(x)$ 连续性和可导性.

12. 如果函数 f 在有限区间 I 上连续，F 为 f 在 I 上的一个原函数，试问下列式子哪些正确？哪些不正确？为什么？

(1) $\int_a^x f(t)\mathrm{d}t = F(x) + C$　（其中 a 为 I 中一点，C 为一个常数）；

(2) $\dfrac{\mathrm{d}}{\mathrm{d}x}\int f(t)\mathrm{d}t = F'(x)$；　　　(3) $\int f(x)\mathrm{d}x = \int_a^x f(t)\mathrm{d}t + C$　（C 为任意常数）；

(4) $\dfrac{\mathrm{d}}{\mathrm{d}x}\int f(t)\mathrm{d}t = \dfrac{\mathrm{d}}{\mathrm{d}x}\int f(x)\mathrm{d}x$；　　　(5) $\int_a^x F'(x)\mathrm{d}x = \int F'(x)\mathrm{d}x$；

(6) $\int_0^x F'(x)\mathrm{d}x = F(x)$.

13. 求下列不定积分：

(1) $\int \dfrac{3x+5}{\sqrt{x}}\mathrm{d}x$；　　　　(2) $\int \dfrac{x^2-1}{x-1}\mathrm{d}x$；

(3) $\int \dfrac{3x^2}{1+x^2}\mathrm{d}x$；　　　　(4) $\int 2^{x-1}\mathrm{e}^x\mathrm{d}x$；

(5) $\int \tan^2 x\mathrm{d}x$；　　　　(6) $\int \dfrac{\cos 2t}{\cos^2 t \sin^2 t}\mathrm{d}t$.

14. 设 f 在 $[a,b]$ 上连续，在 (a,b) 内可导，并且在 (a,b) 内，$f'(x) \leq 0$. 证明

$$F(x) = \dfrac{1}{x-a}\int_a^x f(t)\mathrm{d}t \quad (x \in (a,b))$$

在 (a,b) 内单调减.

(B)

1. 设 f 在区间 $[a,b]$ 上可积，证明函数 $F(x) = \int_a^x f(t)\mathrm{d}t$ 在 $[a,b]$ 上连续.

2. 试确定 a,b 的值，使

$$\lim_{x \to 0} \dfrac{\int_0^x \dfrac{t^2}{\sqrt{a+t}}\mathrm{d}t}{bx - \sin x} = 1.$$

3. 设函数 f 在 $x=1$ 的邻域内可导，且 $f(1)=0$，$\lim\limits_{x \to 1} f'(x) = 1$，计算

$$\lim_{x \to 1} \dfrac{\int_1^x \left(t\int_t^1 f(u)\mathrm{d}u\right)\mathrm{d}t}{(1-x)^3}.$$

4. 证明推论 1.2 中的 ξ 可在开区间 (a,b) 内取得，即若 $f \in C[a,b]$，则至少存在一点 $\xi \in (a,b)$，使得

$$\int_a^b f(x)\,\mathrm{d}x = f(\xi)(b-a).$$

5. 设函数 f 在 $[a,c]$ 上连续，在 (a,c) 内可导，且 $\int_a^b f(x)\,\mathrm{d}x = \int_b^c f(x)\,\mathrm{d}x = 0$，其中 $b \in (a,c)$. 证明至少存在一点 $\xi \in (a,c)$，使 $f'(\xi) = 0$.

6. 设 $f, g \in C[a,b]$，证明至少存在一点 $\xi \in (a,b)$ 使

$$f(\xi)\int_\xi^b g(x)\,\mathrm{d}x = g(\xi)\int_a^\xi f(x)\,\mathrm{d}x.$$

第三节　两种基本积分法

利用积分的线性性质和基本积分表，只能计算某些简单函数的积分. 因此，还需要进一步寻求计算积分的其他方法. 本节介绍两种基本积分法，即换元法与分部积分法，它们分别对应于微分法中的复合函数求导法则与函数乘积的求导法则，也是其他各种特殊积分方法的基础，读者应当熟练掌握.

3.1　换元积分法

将复合函数求导法则反过来用于求积分就得到了所谓换元法，它是计算积分的最重要的方法.

1. 不定积分的换元法则（Ⅰ）

设 $F(u)$ 是 $f(u)$ 在区间 I 上的一个原函数，即 $F'(u) = f(u)$，$u \in I$. 若 $u = \varphi(x)$ 可微，且 $R(\varphi) \subseteq I$，则由链式法则，

$$(F[\varphi(x)])' = F'[\varphi(x)]\varphi'(x) = f[\varphi(x)]\varphi'(x).$$

又若 $f(u)$ 与 $\varphi'(x)$ 均连续，则有

$$\int f[\varphi(x)]\varphi'(x)\,\mathrm{d}x = F[\varphi(x)] + C.$$

又因为

$$\int f(u)\,\mathrm{d}u = F(u) + C,$$

所以

$$\left(\int f(u)\,\mathrm{d}u\right)_{u=\varphi(x)} = F[\varphi(x)] + C = \int f[\varphi(x)]\varphi'(x)\,\mathrm{d}x.$$

于是得到下述定理：

定理 3.1　设 f 是连续函数，φ 有连续的导数，且 φ 的值域含于 f 的定义域，则

$$\int f[\varphi(x)]\varphi'(x)\mathrm{d}x = \left(\int f(u)\mathrm{d}u\right)_{u=\varphi(x)}. \tag{3.1}$$

定理 3.1 表述的就是不定积分的**换元法则（Ⅰ）**. 按照这个法则，如果待求积分 $\int g(x)\mathrm{d}x$ 能够表示成 (3.1) 式左端的形式，也就是被积式 $g(x)\mathrm{d}x$ 能化成 $f[\varphi(x)]\varphi'(x)\mathrm{d}x = f[\varphi(x)]\mathrm{d}\varphi(x)$ 的形式，那么通过变量代换 $u=\varphi(x)$，待求积分就变为 (3.1) 式右端的形式. 如果积分 $\int f(u)\mathrm{d}u = F(u) + C$ 容易求得，那么将 $u=\varphi(x)$ 代入 $F(u)$ 便得所求积分

$$\int g(x)\mathrm{d}x = F[\varphi(x)] + C.$$

为了将 $g(x)\mathrm{d}x$ 化成 $f[\varphi(x)]\mathrm{d}\varphi(x)$ 的形式，设法将 $g(x)$ 分解成两个因子的乘积，使其中一个因子与 $\mathrm{d}x$ 的乘积凑成微分 $\mathrm{d}\varphi(x)$，而将另一个因子化成 $\varphi(x)$ 的函数 $f[\varphi(x)]$，必要时可以添加常数. 因此，换元法则（Ⅰ）也称为**凑微分法**. 用这种方法求积分并无一般的规律可循，读者应在熟记基本积分公式的基础上，通过不断练习、总结经验，才能灵活运用.

例 3.1 求下列积分

(1) $\int \cos(3x+1)\mathrm{d}x$； (2) $\int (ax+b)^{\alpha}\mathrm{d}x \quad (a\neq 0, \alpha\neq -1)$；

(3) $\int \dfrac{\mathrm{d}x}{a^2+x^2} \quad (a>0)$； (4) $\int \dfrac{\mathrm{d}x}{x^2+2x+3}$；

(5) $\int \dfrac{\mathrm{d}x}{\sqrt{a^2-x^2}} \quad (a>0)$； (6) $\int \dfrac{\mathrm{d}x}{a^2-x^2} \quad (a>0)$.

解 (1) 由于基本积分表中只有公式 $\int \cos x\mathrm{d}x = \sin x + C$，因此为了求出 (1) 中的积分，按照换元法则（Ⅰ），注意到 $\cos(3x+1)$ 是 $3x+1$ 的函数，而 $\mathrm{d}(3x+1)=3\mathrm{d}x$，于是可将该积分变成如下形式：

$$\int \cos(3x+1)\mathrm{d}x = \frac{1}{3}\int \cos(3x+1)\mathrm{d}(3x+1).$$

令 $u=3x+1$，得

$$\int \cos(3x+1)\mathrm{d}x = \frac{1}{3}\int \cos u\,\mathrm{d}u = \frac{1}{3}\sin u + C.$$

再将 $u=3x+1$ 代到上式中，得

$$\int \cos(3x+1)\,dx = \frac{1}{3}\sin(3x+1) + C.$$

(2) 在基本积分表中只有公式 $\int x^{\alpha}\,dx = \dfrac{x^{\alpha+1}}{\alpha+1} + C$，为了求出题中积分，与(1)类似，将它变成

$$\int (ax+b)^{\alpha}\,dx = \frac{1}{a}\int (ax+b)^{\alpha}\,d(ax+b).$$

令 $u = ax+b$，得

$$\int (ax+b)^{\alpha}\,dx = \left(\frac{1}{a}\int u^{\alpha}\,du\right)_{u=ax+b} = \left(\frac{1}{(\alpha+1)a}u^{\alpha+1} + C\right)_{u=ax+b}$$
$$= \frac{(ax+b)^{\alpha+1}}{(\alpha+1)a} + C.$$

(3) 为了应用积分公式 $\int \dfrac{dx}{1+x^2} = \arctan x + C$，将所求积分变为

$$\int \frac{dx}{a^2 + x^2} = \frac{1}{a}\int \frac{d\left(\dfrac{x}{a}\right)}{1 + \left(\dfrac{x}{a}\right)^2}.$$

令 $u = \dfrac{x}{a}$，则

$$\int \frac{dx}{a^2+x^2} = \left(\frac{1}{a}\int \frac{du}{1+u^2}\right)_{u=\frac{x}{a}} = \left(\frac{1}{a}\arctan u + C\right)_{u=\frac{x}{a}} = \frac{1}{a}\arctan\frac{x}{a} + C.$$

(4) 由于

$$\int \frac{dx}{x^2+2x+3} = \int \frac{dx}{2+(x+1)^2},$$

仿照上题的方法有

$$\int \frac{dx}{x^2+2x+3} = \frac{1}{\sqrt{2}}\int \frac{d\left(\dfrac{x+1}{\sqrt{2}}\right)}{1+\left(\dfrac{x+1}{\sqrt{2}}\right)^2} = \left(\frac{1}{\sqrt{2}}\int \frac{du}{1+u^2}\right)_{u=\frac{x+1}{\sqrt{2}}}$$
$$= \left(\frac{1}{\sqrt{2}}\arctan u + C\right)_{u=\frac{x+1}{\sqrt{2}}} = \frac{1}{\sqrt{2}}\arctan\frac{x+1}{\sqrt{2}} + C.$$

在解法比较熟练之后,解题步骤可以写得简单点.例如,变量代换 $u=\varphi(x)$ 可以不写出来,只需默记在心中.

(5) $\int \dfrac{\mathrm{d}x}{\sqrt{a^2-x^2}} = \int \dfrac{\mathrm{d}\left(\dfrac{x}{a}\right)}{\sqrt{1-\left(\dfrac{x}{a}\right)^2}} = \arcsin \dfrac{x}{a} + C.$

(6) 由于 $\dfrac{1}{a^2-x^2} = \dfrac{1}{2a}\left(\dfrac{1}{a-x}+\dfrac{1}{a+x}\right)$,所以

$$\int \frac{\mathrm{d}x}{a^2-x^2} = \frac{1}{2a}\int\left(\frac{1}{a-x}+\frac{1}{a+x}\right)\mathrm{d}x = \frac{1}{2a}\left[\int\frac{\mathrm{d}(a+x)}{a+x}-\int\frac{\mathrm{d}(a-x)}{a-x}\right]$$

$$= \frac{1}{2a}(\ln|a+x|-\ln|a-x|)+C = \frac{1}{2a}\ln\left|\frac{a+x}{a-x}\right|+C. \blacksquare$$

为了更好地掌握积分技术,读者在作题过程中应当不断积累经验,总结规律.

例 3.2 求下列积分:

(1) $\int \dfrac{\sin x}{\cos^2 x}\mathrm{d}x;$ \qquad (2) $\int \tan x \mathrm{d}x;$

(3) $\int \sin^3 x \mathrm{d}x;$ \qquad (4) $\int \sin^2 x \mathrm{d}x;$

(5) $\int \sin x \cos 2x \mathrm{d}x.$

解 (1) $\int \dfrac{\sin x}{\cos^2 x}\mathrm{d}x = -\int\dfrac{\mathrm{d}(\cos x)}{\cos^2 x} = \dfrac{1}{\cos x}+C.$

(2) $\int \tan x \mathrm{d}x = \int \dfrac{\sin x}{\cos x}\mathrm{d}x = -\int\dfrac{\mathrm{d}(\cos x)}{\cos x} = -\ln|\cos x|+C.$

(3) $\int \sin^3 x \mathrm{d}x = -\int(1-\cos^2 x)\mathrm{d}(\cos x) = -\cos x + \dfrac{1}{3}\cos^3 x + C.$

(4) $\int \sin^2 x \mathrm{d}x = \int \dfrac{1-\cos 2x}{2}\mathrm{d}x = \dfrac{1}{2}\int \mathrm{d}x - \dfrac{1}{4}\int \cos 2x \mathrm{d}(2x)$

$\qquad = \dfrac{x}{2} - \dfrac{1}{4}\sin 2x + C.$

(5) 根据积化和差公式得

$$\sin x \cos 2x = \frac{1}{2}(\sin 3x - \sin x),$$

所以

$$\int \sin x \cos 2x \mathrm{d}x = \frac{1}{2}\int (\sin 3x - \sin x)\mathrm{d}x$$

$$= -\frac{1}{6}\cos 3x + \frac{1}{2}\cos x + C. \quad \blacksquare$$

例 3.2 中五个积分的被积函数都是三角函数. 对这类积分, 在使用换元法时, 大都利用三角恒等式先将被积函数适当变形, 然后再进行变量代换. 实际上, 要熟练掌握积分技术, 中学已学过的各种代数和三角运算技巧都是不可少的, 读者在解题中应注意运用.

例 3.3 求下列积分:

(1) $\displaystyle\int \frac{\mathrm{d}x}{x(1+\ln x)}$; (2) $\displaystyle\int \frac{\sqrt{\arctan x}}{1+x^2}\mathrm{d}x$;

(3) $\displaystyle\int \frac{\arccos\sqrt{x}}{\sqrt{x(1-x)}}\mathrm{d}x$.

解 (1) $\displaystyle\int \frac{\mathrm{d}x}{x(1+\ln x)} = \int \frac{\mathrm{d}(1+\ln x)}{1+\ln x} = \ln|1+\ln x| + C$.

(2) $\displaystyle\int \frac{\sqrt{\arctan x}}{1+x^2}\mathrm{d}x = \int \sqrt{\arctan x}\,\mathrm{d}(\arctan x) = \frac{2}{3}(\arctan x)^{\frac{3}{2}} + C$.

(3) 表面上看, 这个积分似乎很复杂, 但是, 如果读者对微分公式 $\mathrm{d}\sqrt{x} = \dfrac{1}{2\sqrt{x}}\mathrm{d}x$

与 $\mathrm{d}(\arccos x) = -\dfrac{1}{\sqrt{1-x^2}}\mathrm{d}x$ 很熟悉, 那么这个积分便可以按如下步骤求解:

$$\int \frac{\arccos\sqrt{x}}{\sqrt{x(1-x)}}\mathrm{d}x = 2\int \frac{\arccos\sqrt{x}}{\sqrt{1-x}}\mathrm{d}\sqrt{x} = 2\left(\int \frac{\arccos u}{\sqrt{1-u^2}}\mathrm{d}u\right)_{u=\sqrt{x}}$$

$$= -2\left(\int \arccos u\,\mathrm{d}(\arccos u)\right)_{u=\sqrt{x}} = -(\arccos\sqrt{x})^2 + C. \quad \blacksquare$$

在解第 (3) 小题时, 用了两个变量代换: $u=\sqrt{x}$, $v=\arccos u$, 但第二个代换在解题过程中没有写出.

例 3.4 求 $\displaystyle\int \csc x\,\mathrm{d}x$.

解法一 $\displaystyle\int \csc x\,\mathrm{d}x = \int \frac{\mathrm{d}x}{\sin x} = \int \frac{\sin x}{\sin^2 x}\mathrm{d}x$

$$= -\int \frac{\mathrm{d}(\cos x)}{1-\cos^2 x} = -\frac{1}{2}\ln\left|\frac{1+\cos x}{1-\cos x}\right| + C,$$

其中最后一步利用了例 3.1(6) 的结果.

解法二 $\int \csc x \, dx = \int \dfrac{dx}{\sin x} = \int \dfrac{dx}{2\sin\dfrac{x}{2}\cos\dfrac{x}{2}} = \dfrac{1}{2}\int \dfrac{dx}{\tan\dfrac{x}{2}\cos^2\dfrac{x}{2}}$

$= \int \dfrac{1}{\tan\dfrac{x}{2}} d\left(\tan\dfrac{x}{2}\right) = \ln\left|\tan\dfrac{x}{2}\right| + C.$

解法三 $\int \csc x \, dx = \int \dfrac{\csc x(\csc x + \cot x)}{\csc x + \cot x} dx$

$= -\int \dfrac{d(\csc x + \cot x)}{\csc x + \cot x}$

$= -\ln|\csc x + \cot x| + C.$ ∎

想一想:
此例用三种解法得到了三种形式不同的答案. 同一个不定积分, 为什么答案不同呢? 你能解释这个问题吗?

2. 不定积分的换元法则(Ⅱ)

换元法则(Ⅰ)实际上就是将(3.1)式左端的积分通过变量代换 $u = \varphi(x)$ 化为右端的积分来计算的. 反过来, 如果左端的积分更容易求出, 那么右端的积分 $\int f(x) \, dx$ 就可以通过适当的变量代换 $x = \varphi(t)$ 化为左端的形式来计算, 即

$$\int f(x) \, dx = \int f[\varphi(t)] \varphi'(t) \, dt.$$

这就是不定积分的**换元法则(Ⅱ)**, 现叙述如下:

定理 3.2 设 f 是连续函数, φ 有连续的导数, 且 φ' 定号, 则

$$\boxed{\int f(x) \, dx = \left(\int f[\varphi(t)] \varphi'(t) \, dt\right)_{t = \varphi^{-1}(x)},} \tag{3.2}$$

其中 φ^{-1} 是 φ 的反函数.

证 由于 φ' 定号, 故 φ 存在反函数 φ^{-1}, 并且 $\dfrac{dt}{dx} = \dfrac{1}{\varphi'(t)}$. 为了证明等式(3.2), 只要证明两端的导函数相等就可以了. 对(3.2)两端分别关于 x 求导, 得

$$\dfrac{d}{dx}\left(\int f(x) \, dx\right) = f(x),$$

$$\dfrac{d}{dx}\left(\int f[\varphi(t)]\varphi'(t)dt\right) = \dfrac{d}{dt}\left(\int f[\varphi(t)]\varphi'(t)dt\right)\dfrac{dt}{dx}$$

$$= f[\varphi(t)]\varphi'(t) \cdot \dfrac{1}{\varphi'(t)}$$

$$= f[\varphi(t)] = f(x),$$

注意: 使用换元法则(Ⅱ)的关键在于选择满足定理 3.2 中条件的变换 $x = \varphi(t)$, 使所求积分变为 (3.2)式右端的积分, 并且右端积分容易积出. 选择什么样的变换, 与被积函数有关.

所以(3.2)式成立.∎

例 3.5 求 $\int \dfrac{\mathrm{d}x}{(a^2-x^2)^{3/2}}$ $(a>0)$.

解 由于所求积分的被积函数中含有根式函数,所以选择变换 $x=\varphi(t)$ 消去根式,使积分得到化简,变得容易积分.

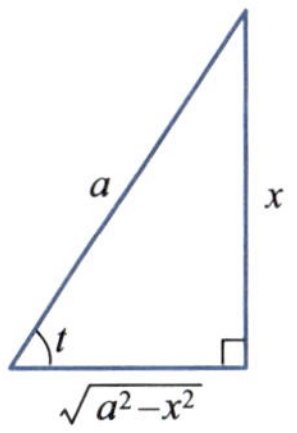

为了消去被积函数中的根式,令 $x=a\sin t$ $\left(t\in\left(-\dfrac{\pi}{2},\dfrac{\pi}{2}\right)\right)$, 则 $\mathrm{d}x=a\cos t\mathrm{d}t$,于是

$$\int \frac{\mathrm{d}x}{(a^2-x^2)^{3/2}} = \int \frac{\mathrm{d}t}{a^2\cos^2 t} = \frac{1}{a^2}\tan t + C.$$

图 3.7

由图 3.7 知,$\tan t = \dfrac{x}{\sqrt{a^2-x^2}}$,所以

$$\int \frac{\mathrm{d}x}{(a^2-x^2)^{3/2}} = \frac{1}{a^2}\frac{x}{\sqrt{a^2-x^2}} + C.\ ∎$$

二维码 3.3.1
两类换元法的比较.

例 3.6 求 $\int \dfrac{\mathrm{d}x}{\sqrt{x^2-a^2}}$ $(a>0)$.

解 为了消去根式,令 $x=a\sec t$. 当 $x\in(a,+\infty)$ 时,取 $t\in\left(0,\dfrac{\pi}{2}\right)$,则 $\mathrm{d}x=a\sec t\tan t\mathrm{d}t$,于是

$$\int \frac{\mathrm{d}x}{\sqrt{x^2-a^2}} = \int \sec t\mathrm{d}t = \ln(\sec t + \tan t) + C_1,$$

其中第二个等式可利用例 3.4 的类似解法三得到.

由图 3.8 知,$\sec t = \dfrac{x}{a}$,$\tan t = \dfrac{\sqrt{x^2-a^2}}{a}$,于是

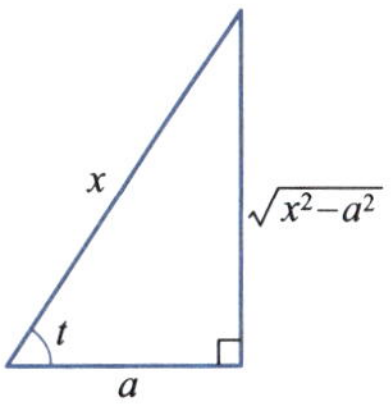

$$\int \frac{\mathrm{d}x}{\sqrt{x^2-a^2}} = \ln\left(\frac{x}{a}+\frac{\sqrt{x^2-a^2}}{a}\right) + C_1$$

$$= \ln(x+\sqrt{x^2-a^2}) + C,$$

图 3.8

其中 $C=C_1-\ln a$.

当 $x\in(-\infty,-a)$ 时,取 $t\in\left(\dfrac{\pi}{2},\pi\right)$,类似地可得

$$\int \frac{\mathrm{d}x}{\sqrt{x^2-a^2}} = \ln(-x-\sqrt{x^2-a^2}) + C.$$

两个区间的不定积分可写成统一的表达式

$$\int \frac{\mathrm{d}x}{\sqrt{x^2-a^2}} = \ln|x+\sqrt{x^2-a^2}| + C.\ \blacksquare$$

例 3.7 求 $\int \dfrac{\mathrm{d}x}{\sqrt{x^2+a^2}}\ (a>0)$.

解 为了消去被积函数中的根式,令 $x = a\tan t\ \left(t\in\left(-\dfrac{\pi}{2},\dfrac{\pi}{2}\right)\right)$,则 $\mathrm{d}x = a\sec^2 t\,\mathrm{d}t$,于是

$$\int \frac{\mathrm{d}x}{\sqrt{a^2+x^2}} = \int \sec t\,\mathrm{d}t = \ln|\sec t + \tan t| + C_1.$$

由图 3.9 知,$\tan t = \dfrac{x}{a}$,$\sec t = \dfrac{\sqrt{x^2+a^2}}{a}$,故

$$\int \frac{\mathrm{d}x}{\sqrt{a^2+x^2}} = \ln\left|\frac{x}{a} + \frac{\sqrt{x^2+a^2}}{a}\right| + C_1$$

$$= \ln(x+\sqrt{x^2+a^2}) + C,$$

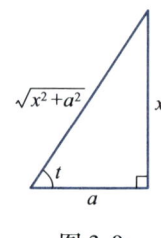

图 3.9

其中 $C = C_1 - \ln a$. $\blacksquare$

今后在做题时,不再指明变换 $x = \varphi(t)$ 的定义区间,总认为是在满足定理 3.2 中条件的区间内作的变换.

如果被积函数中含有根式 $\sqrt[n]{ax+b}$,则可直接令 $\sqrt[n]{ax+b} = t$,将根式消去.

注意:一般来说,如果被积函数中含有

(1) $\sqrt{a^2-x^2}$,可作变换 $x = a\sin t$ (或 $x = a\cos t$);

(2) $\sqrt{x^2+a^2}$,可作变换 $x = a\tan t$ (或 $x = a\operatorname{sh} t$);

(3) $\sqrt{x^2-a^2}$,可作变换 $x = a\sec t$ (或 $x = a\operatorname{ch} t$).

例 3.8 求 $\int \dfrac{\mathrm{d}x}{1+\sqrt[3]{x+2}}$.

解 令 $\sqrt[3]{x+2} = t$,则 $x = t^3 - 2$,$\mathrm{d}x = 3t^2\mathrm{d}t$,于是

$$\int \frac{\mathrm{d}x}{1+\sqrt[3]{x+2}} = \int \frac{3t^2\mathrm{d}t}{1+t} = 3\int\left(t-1+\frac{1}{t+1}\right)\mathrm{d}t$$

$$= 3\left(\frac{t^2}{2} - t + \ln|t+1|\right) + C$$

$$= \frac{3}{2}\sqrt[3]{(x+2)^2} - 3\sqrt[3]{x+2} + 3\ln|1+\sqrt[3]{x+2}| + C.\ \blacksquare$$

例 3.9 求 $I = \int \dfrac{\sin x}{5 + 4\cos x}\mathrm{d}x$.

解 令 $t = \tan\dfrac{x}{2}$，则由半角公式得

$$\sin x = \frac{2\tan\dfrac{x}{2}}{1 + \tan^2\dfrac{x}{2}} = \frac{2t}{1 + t^2}, \quad \cos x = \frac{1 - \tan^2\dfrac{x}{2}}{1 + \tan^2\dfrac{x}{2}} = \frac{1 - t^2}{1 + t^2},$$

$$\mathrm{d}x = \mathrm{d}(2\arctan t) = \frac{2}{1 + t^2}\mathrm{d}t.$$

代入所求积分并化简得

$$I = 4\int \frac{t}{(1 + t^2)(9 + t^2)}\mathrm{d}t = \frac{1}{2}\left(\int \frac{t}{1 + t^2}\mathrm{d}t - \int \frac{t}{9 + t^2}\mathrm{d}t\right)$$

$$= \frac{1}{4}[\ln(1 + t^2) - \ln(9 + t^2)] + C = \frac{1}{4}\ln\frac{1 + t^2}{9 + t^2} + C$$

$$= -\frac{1}{4}\ln(5 + 4\cos x) + C. \quad \blacksquare$$

此例中所用的变量代换称为**半角代换**，它是求解三角有理函数（即由正弦和余弦函数经过有限次的有理运算构成的函数）积分普遍适用的方法，所以也称之为**万能代换法**. 但是，它不一定是求这类积分最简便的方法. 例如，用这种方法来求积分 $I = \int \dfrac{\sin x}{5 + 4\cos x}\mathrm{d}x$ 就不如下述方法更简洁：

$$I = -\frac{1}{4}\int \frac{1}{5 + 4\cos x}\mathrm{d}(5 + 4\cos x) = -\frac{1}{4}\ln(5 + 4\cos x) + C.$$

3. 定积分换元法

第二节中已经指出，只要求出被积函数的一个原函数，就能用 Newton-Leibniz 公式计算定积分. 如果被积函数比较复杂，自然可以先用换元法求出它的原函数，再代入积分上、下限从而求出积分的值. 然而，在许多理论推导和实际计算中，直接利用下面的**定积分换元法**更为方便.

二维码 3.3.2
定积分换元法
与不定积分换
元法的区别.

定理 3.3 设函数 f 在有限区间 I 上连续，$x = \varphi(t)$ 在区间 $[\alpha, \beta]$（或 $[\beta, \alpha]$）上有连续的导数，并且 φ 的值域 $R(\varphi) \subseteq I$，则

$$\int_a^b f(x)\,\mathrm{d}x = \int_\alpha^\beta f[\varphi(t)]\varphi'(t)\,\mathrm{d}t, \tag{3.3}$$

其中 $a=\varphi(\alpha), b=\varphi(\beta)$（图 3.10）.

证 由已知条件易知,(3.3)式两端被积函数的原函数都存在. 设 F 是 f 在区间 I 上的一个原函数,则

$$\int_a^b f(x)\,\mathrm{d}x = F(b) - F(a). \tag{3.4}$$

另一方面,由于

$$\frac{\mathrm{d}}{\mathrm{d}t}F[\varphi(t)] = f[\varphi(t)]\varphi'(t),$$

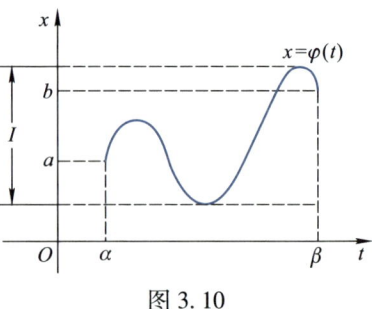

图 3.10

所以 $F[\varphi(t)]$ 是 $f[\varphi(t)]\varphi'(t)$ 在 $[\alpha,\beta]$ 上的一个原函数,故

$$\int_\alpha^\beta f[\varphi(t)]\varphi'(t)\,\mathrm{d}t = F[\varphi(\beta)] - F[\varphi(\alpha)] = F(b) - F(a). \tag{3.5}$$

于是由(3.4)与(3.5)两式知等式(3.3)成立. ∎

例 3.10 求 $\int_0^1 \sqrt{1-x^2}\,\mathrm{d}x$.

解 令 $x=\sin t\ \left(t\in\left[0,\dfrac{\pi}{2}\right]\right)$,则 $\mathrm{d}x=\cos t\,\mathrm{d}t$,且当 $x=0$ 时,$t=0$;当 $x=1$ 时,$t=\dfrac{\pi}{2}$. 于是

注意:利用定积分换元法时,积分变量 x 通过代换 $x=\varphi(t)$ 换成 t 后,积分上、下限必须同时换成对应的 t 的值.

$$\int_0^1 \sqrt{1-x^2}\,\mathrm{d}x = \int_0^{\frac{\pi}{2}} \cos^2 t\,\mathrm{d}t = \frac{1}{2}\left(t+\frac{1}{2}\sin 2t\right)\bigg|_0^{\frac{\pi}{2}} = \frac{\pi}{4}. \quad\blacksquare$$

此例也可先用不定积分换元法则(Ⅱ)求出相应的不定积分,即

$$\int \sqrt{1-x^2}\,\mathrm{d}x \xrightarrow[t\in\left[0,\frac{\pi}{2}\right]]{x=\sin t} \int \cos^2 t\,\mathrm{d}x = \frac{1}{2}\left(t+\frac{1}{2}\sin 2t\right) + C$$

$$= \frac{1}{2}(\arcsin x + x\sqrt{1-x^2}) + C.$$

再利用 Newton-Leibniz 公式求得定积分的值

$$\int_0^1 \sqrt{1-x^2}\,\mathrm{d}x = \frac{1}{2}(\arcsin x + x\sqrt{1-x^2})\bigg|_0^1 = \frac{\pi}{4}.$$

读者不难看出,这种方法比直接用定积分换元法复杂得多.

例 3.11 求 $\int_0^\pi \sqrt{\cos^2 x - \cos^4 x}\, dx$.

解 由于 $\sqrt{\cos^2 x - \cos^4 x} = \sqrt{\cos^2 x (1-\cos^2 x)} = |\cos x| \sin x$,并且当 $x \in \left[0, \dfrac{\pi}{2}\right]$ 时,$|\cos x| = \cos x$,当 $x \in \left[\dfrac{\pi}{2}, \pi\right]$ 时,$|\cos x| = -\cos x$,所以

> **注意**:因为 $\cos x$ 在积分区间 $[0, \pi]$ 上变号,所以 $\sqrt{\cos^2 x (1-\cos^2 x)} = |\cos x| \sin x$,而不等于 $\cos x \sin x$,这是一种易犯的错误!

$$\int_0^\pi \sqrt{\cos^2 x - \cos^4 x}\, dx = \int_0^\pi |\cos x| \sin x\, dx$$

$$= \int_0^{\frac{\pi}{2}} \sin x \cos x\, dx - \int_{\frac{\pi}{2}}^\pi \sin x \cos x\, dx.$$

令 $t = \sin x$,则 $dt = \cos x\, dx$,且当 $x = 0$ 时,$t = 0$;$x = \dfrac{\pi}{2}$ 时,$t = 1$;$x = \pi$ 时,$t = 0$. 由公式 (3.3) 得

$$\int_0^\pi \sqrt{\cos^2 x - \cos^4 x}\, dx = \int_0^1 t\, dt - \int_1^0 t\, dt = \left(\dfrac{t^2}{2}\right)\bigg|_0^1 - \left(\dfrac{t^2}{2}\right)\bigg|_1^0 = 1. \quad\blacksquare$$

在例 3.11 中,可类似于不定积分的换元法则(Ⅰ),不必写出变量代换 $t = \varphi(x)$,也不变换积分上、下限,直接求得被积函数的原函数后利用 Newton-Leibniz 公式来计算. 即

$$\int_0^\pi \sqrt{\cos^2 x - \cos^4 x}\, dx = \int_0^{\frac{\pi}{2}} \sin x\, d(\sin x) - \int_{\frac{\pi}{2}}^\pi \sin x\, d(\sin x)$$

$$= \left(\dfrac{1}{2} \sin^2 x\right)\bigg|_0^{\frac{\pi}{2}} - \left(\dfrac{1}{2} \sin^2 x\right)\bigg|_{\frac{\pi}{2}}^\pi = 1.$$

利用定积分换元法还可以证明一些积分等式.

例 3.12 证明 $\int_0^{\frac{\pi}{2}} \sin^n x\, dx = \int_0^{\frac{\pi}{2}} \cos^n x\, dx$($n$ 为正整数).

证 令 $x = \dfrac{\pi}{2} - t$,则

> **想一想**:
> 试将例 3.12 中的积分等式从右端推出等式左端.

$$\int_0^{\frac{\pi}{2}} \sin^n x\, dx = \int_{\frac{\pi}{2}}^0 \sin^n \left(\dfrac{\pi}{2} - t\right)(-dt)$$

$$= -\int_{\frac{\pi}{2}}^0 \cos^n t\, dt = \int_0^{\frac{\pi}{2}} \cos^n t\, dt = \int_0^{\frac{\pi}{2}} \cos^n x\, dx. \quad\blacksquare$$

例 3. 13 证明 $\int_0^\pi x f(\sin x)\,\mathrm{d}x = \dfrac{\pi}{2}\int_0^\pi f(\sin x)\,\mathrm{d}x$ （其中 $f \in C[0,1]$），并由此计算定积分 $\int_0^\pi \dfrac{x\sin x}{1+\cos^2 x}\mathrm{d}x$.

解 令 $x = \pi - t$，则

$$\int_0^\pi x f(\sin x)\,\mathrm{d}x = \int_\pi^0 (\pi - t) f[\sin(\pi - t)](-\mathrm{d}t) = \int_0^\pi (\pi - t) f(\sin t)\,\mathrm{d}t$$

$$= \pi \int_0^\pi f(\sin t)\,\mathrm{d}t - \int_0^\pi t f(\sin t)\,\mathrm{d}t.$$

注意到积分与积分变量无关，移项可得

$$\int_0^\pi x f(\sin x)\,\mathrm{d}x = \dfrac{\pi}{2}\int_0^\pi f(\sin x)\,\mathrm{d}x.$$

利用这个等式我们有

$$\int_0^\pi \dfrac{x\sin x}{1+\cos^2 x}\mathrm{d}x = \dfrac{\pi}{2}\int_0^\pi \dfrac{\sin x}{1+\cos^2 x}\mathrm{d}x = -\dfrac{\pi}{2}\arctan(\cos x)\Big|_0^\pi = \dfrac{\pi^2}{4}. \quad\blacksquare$$

3.2 分部积分法

分部积分法是与微分学中函数乘积的求导法则相对应的另一种基本积分法.

设 $u = u(x)$ 与 $v = v(x)$ 都是可微函数，则

$$(uv)' = u'v + uv' \quad \text{或} \quad \mathrm{d}(uv) = v\mathrm{d}u + u\mathrm{d}v,$$

移项得

$$u\mathrm{d}v = \mathrm{d}(uv) - v\mathrm{d}u.$$

若进而假定 u' 与 v' 都是连续的，对上式两端求不定积分，并将右端第一项的积分常数合并到第二项的不定积分中，立即可得

$$\boxed{\int u\mathrm{d}v = uv - \int v\mathrm{d}u,} \tag{3.6}$$

称它为**不定积分的分部积分公式**. 它表明，若积分 $\int u\mathrm{d}v$ 不易求得，而 $\int v\mathrm{d}u$ 容易求得，则可利用该公式来计算 $\int u\mathrm{d}v$.

注意：使用(3.6)式的关键在于恰当地选择 u 和 $\mathrm{d}v$，将待求积分的被积式 $f(x)\mathrm{d}x$ 化成 $u\mathrm{d}v$ 的形式，并且 $\int v\mathrm{d}u$ 容易求出.

例 3. 14 求下列积分：

(1) $\int x\cos x\,dx$; (2) $\int xe^x\,dx$;

(3) $\int x^2 e^x\,dx$.

解 (1) 令 $u=x, \cos x\,dx=dv$，则 $v=\sin x$. 根据公式(3.6)得

$$\int x\cos x\,dx = \int x\,d(\sin x) = x\sin x - \int \sin x\,dx = x\sin x + \cos x + C.$$

有的读者可能会问，此题能否选择 $u=\cos x, x\,dx=dv$ $\left(则 v=\dfrac{x^2}{2}\right)$ 呢？不妨试一下. 此时我们有

$$\int x\cos x\,dx = \int \cos x\,d\left(\dfrac{x^2}{2}\right) = \dfrac{x^2}{2}\cos x + \dfrac{1}{2}\int x^2 \sin x\,dx.$$

不难看到，上式的右端反而比原积分更复杂了(幂函数的次数增大了)，照这样继续做下去是无法得到结果的，因此这种选择不恰当.

(2) 令 $u=x, e^x\,dx=dv$，则 $v=e^x$，于是我们有

$$\int xe^x\,dx = \int x\,d(e^x) = xe^x - \int e^x\,dx = xe^x - e^x + C.$$

读者还可试一下，u 与 dv 有无其他选择方法. 当方法掌握得比较熟练之后，在解题中 u 与 dv 的选择不必具体写出.

(3) $\int x^2 e^x\,dx = \int x^2\,d(e^x) = x^2 e^x - \int 2xe^x\,dx = x^2 e^x - 2(xe^x - e^x) + C = (x^2 - 2x + 2)e^x + C$，

其中第三个等式利用了(2)题中的结果.

想一想：

对于下列类型的积分：

$\int x^n e^{ax}\,dx, \int x^n \sin ax\,dx, \int x^n \cos ax\,dx$

(其中 $n \in \mathbf{N}_+, a \in \mathbf{R}$ 为常数) 应当如何选择 u 和 dv 呢？

例 3.15 求下列积分：

(1) $\int x^2 \ln x\,dx$; (2) $\int x\arctan x\,dx$;

(3) $\int \arcsin x\,dx$.

解 (1) $\int x^2 \ln x\,dx = \int \ln x\,d\left(\dfrac{x^3}{3}\right) = \dfrac{x^3}{3}\ln x - \dfrac{1}{3}\int x^3 \cdot \dfrac{1}{x}\,dx = \dfrac{1}{3}x^3 \ln x - \dfrac{1}{9}x^3 + C.$

(2) $\int x\arctan x\,dx = \int \arctan x\,d\left(\dfrac{x^2}{2}\right) = \dfrac{x^2}{2}\arctan x - \dfrac{1}{2}\int \dfrac{x^2}{1+x^2}\,dx$

$= \dfrac{x^2}{2}\arctan x - \dfrac{1}{2}\int \left(1 - \dfrac{1}{1+x^2}\right)dx$

$= \dfrac{x^2}{2}\arctan x - \dfrac{x}{2} + \dfrac{1}{2}\arctan x + C.$

(3) $\int \arcsin x \, dx = x \arcsin x - \int \dfrac{x}{\sqrt{1-x^2}} dx = x \arcsin x + \sqrt{1-x^2} + C.$ ∎

例 3.16 求 $\int e^x \sin x \, dx$.

解 根据分部积分公式(3.6)，

$$\int e^x \sin x \, dx = \int \sin x \, d(e^x) = e^x \sin x - \int e^x \cos x \, dx.$$

对上式右端的积分再次应用分部积分法，又得

$$\int e^x \cos x \, dx = \int \cos x \, d(e^x) = e^x \cos x + \int e^x \sin x \, dx,$$

从而有

$$\int e^x \sin x \, dx = e^x \sin x - e^x \cos x - \int e^x \sin x \, dx.$$

移项并将等式两端的不定积分中的任意常数合并移至等式右端可得

$$\int e^x \sin x \, dx = \dfrac{1}{2} e^x (\sin x - \cos x) + C. \quad ∎$$

例 3.17 求 $I_n = \int \dfrac{dx}{(x^2+a^2)^n}$ $(n \in \mathbf{N}_+)$.

解 根据分部积分公式(3.6)，我们有 $\left(\text{取 } u = \dfrac{1}{(x^2+a^2)^n}, v = x \right)$

$$\begin{aligned}
I_n &= \int \dfrac{dx}{(x^2+a^2)^n} = \dfrac{x}{(x^2+a^2)^n} + \int \dfrac{2nx^2}{(x^2+a^2)^{n+1}} dx \\
&= \dfrac{x}{(x^2+a^2)^n} + 2n \int \dfrac{x^2+a^2-a^2}{(x^2+a^2)^{n+1}} dx \\
&= \dfrac{x}{(x^2+a^2)^n} + 2n \int \dfrac{dx}{(x^2+a^2)^n} - 2na^2 \int \dfrac{dx}{(x^2+a^2)^{n+1}} \\
&= \dfrac{x}{(x^2+a^2)^n} + 2n I_n - 2na^2 I_{n+1}.
\end{aligned}$$

从而得到一个递推公式

$$I_{n+1} = \dfrac{1}{2na^2} \left[\dfrac{x}{(x^2+a^2)^n} + (2n-1) I_n \right] \quad (n \in \mathbf{N}_+).$$

当 $n=1$ 时，由递推公式得

$$I_2 = \int \dfrac{dx}{(x^2+a^2)^2} = \dfrac{1}{2a^2} \left(\dfrac{x}{x^2+a^2} + \int \dfrac{dx}{x^2+a^2} \right)$$

$$= \frac{1}{2a^2}\left(\frac{x}{x^2+a^2} + \frac{1}{a}\arctan\frac{x}{a}\right) + C,$$

代入递推公式可以求得任何 I_n. ∎

例 3.18 求 $I = \int \frac{x^4 + 2x^2 - x + 1}{x^5 + 2x^3 + x}dx$.

解 由于

$$\frac{x^4 + 2x^2 - x + 1}{x^5 + 2x^3 + x} = \frac{(x^2+1)^2 - x}{x(x^2+1)^2} = \frac{1}{x} - \frac{1}{(x^2+1)^2},$$

所以

$$I = \int \frac{dx}{x} - \int \frac{dx}{(x^2+1)^2} = \ln|x| - \frac{x}{2(x^2+1)} - \frac{1}{2}\arctan x + C,$$

其中第二个积分直接利用了例 3.17 的结果. ∎

对于定积分,也有相应的分部积分法.

定积分分部积分公式 设函数 u, v 在区间 $[a, b]$ 上有连续的导数,则

$$\boxed{\int_a^b u\,dv = uv\Big|_a^b - \int_a^b v\,du.} \qquad (3.7)$$

证明由读者完成.

例 3.19 求 $\int_0^1 e^{\sqrt{x}}dx$.

解 令 $\sqrt{x} = t$,则 $x = t^2$, $dx = 2t\,dt$. 由 (3.7) 式得

$$\int_0^1 e^{\sqrt{x}}dx = 2\int_0^1 te^t dt = 2\int_0^1 t\,d(e^t) = 2(te^t\big|_0^1 - e^t\big|_0^1) = 2. \quad ∎$$

例 3.20 求 $\int_0^{\frac{1}{2}} \frac{x\arcsin x}{\sqrt{1-x^2}}dx$.

解 根据定积分分部积分公式 (3.7),

$$\int_0^{\frac{1}{2}} \frac{x\arcsin x}{\sqrt{1-x^2}}dx = -\int_0^{\frac{1}{2}} \arcsin x\,d(\sqrt{1-x^2})$$

$$= -\sqrt{1-x^2}\arcsin x\Big|_0^{\frac{1}{2}} + \int_0^{\frac{1}{2}}dx = \frac{1}{2} - \frac{\sqrt{3}}{12}\pi. \quad ∎$$

例 3.21 计算下列积分:(1)$I_n = \int_0^{\frac{\pi}{2}} \sin^n x\,dx = \int_0^{\frac{\pi}{2}} \cos^n x\,dx$ $(n = 0, 1, 2, \cdots)$;

想一想:

下面的做法错在何处?由分部积分法得

$$I = \int_2^3 \frac{dx}{x\ln x} = \int_2^3 \frac{1}{\ln x}d(\ln x)$$

$$= 1 - \int_2^3 \ln x\,d\left(\frac{1}{\ln x}\right)$$

$$= 1 + I,$$

从而 $0 = 1$.

(2) $\int_0^{\frac{\pi}{2}} \sin^4 x \cos^2 x dx$;   (3) $\int_0^1 x^4 \sqrt{1-x^2}\, dx$.

解 (1) 当 $n \geq 2$ 时,

$$I_n = \int_0^{\frac{\pi}{2}} \sin^n x dx = -\int_0^{\frac{\pi}{2}} \sin^{n-1} x d(\cos x)$$

$$= -\sin^{n-1} x \cos x \Big|_0^{\frac{\pi}{2}} + (n-1) \int_0^{\frac{\pi}{2}} \cos^2 x \sin^{n-2} x dx$$

$$= (n-1) \int_0^{\frac{\pi}{2}} \sin^{n-2} x dx - (n-1) \int_0^{\frac{\pi}{2}} \sin^n x dx$$

$$= (n-1) I_{n-2} - (n-1) I_n,$$

所以

$$I_n = \frac{n-1}{n} I_{n-2} \quad (n = 2, 3, \cdots).$$

当 n 为奇数时,

$$I_n = \frac{n-1}{n} I_{n-2} = \frac{n-1}{n} \cdot \frac{n-3}{n-2} I_{n-4} = \cdots = \frac{n-1}{n} \cdot \frac{n-3}{n-2} \cdot \cdots \cdot \frac{2}{3} I_1;$$

当 n 为偶数时,

$$I_n = \frac{n-1}{n} \cdot \frac{n-3}{n-2} \cdot \cdots \cdot \frac{3}{4} \cdot \frac{1}{2} I_0.$$

又因为

$$I_1 = \int_0^{\frac{\pi}{2}} \sin x dx = 1, \qquad I_0 = \int_0^{\frac{\pi}{2}} dx = \frac{\pi}{2},$$

故

$$I_n = \begin{cases} \dfrac{n-1}{n} \cdot \dfrac{n-3}{n-2} \cdot \cdots \cdot \dfrac{4}{5} \cdot \dfrac{2}{3}, & n \text{ 为奇数}, \\ \dfrac{n-1}{n} \cdot \dfrac{n-3}{n-2} \cdot \cdots \cdot \dfrac{3}{4} \cdot \dfrac{1}{2} \cdot \dfrac{\pi}{2}, & n \text{ 为偶数}. \end{cases}$$

(2) 利用(1)中的结果,我们有

$$\int_0^{\frac{\pi}{2}} \sin^4 x \cos^2 x dx = \int_0^{\frac{\pi}{2}} \sin^4 x dx - \int_0^{\frac{\pi}{2}} \sin^6 x dx$$

$$= \frac{3}{4} \cdot \frac{1}{2} \cdot \frac{\pi}{2} - \frac{5}{6} \cdot \frac{3}{4} \cdot \frac{1}{2} \cdot \frac{\pi}{2} = \frac{\pi}{32}.$$

(3) 令 $x = \sin t$，则 $dx = \cos t\, dt$，于是

$$\int_0^1 x^4 \sqrt{1-x^2}\, dx = \int_0^{\frac{\pi}{2}} \sin^4 t \cos^2 t\, dt = \frac{\pi}{32}.$$

3.3 初等函数的积分问题

由上面的例子可以看到，求积分比求微分要困难得多.有些积分要用很高的技巧才能算出，有些积分计算很麻烦，还有许多积分，即使被积函数很简单，其原函数也无法用初等函数表示.例如，

$$\int e^{x^2} dx, \quad \int \frac{\sin x}{x} dx, \quad \int \frac{dx}{\sqrt{1+x^4}}, \quad 等等.$$

虽然这些积分的被积函数都是初等函数，它们在定义区间内是连续的，因此原函数一定存在，但是，原函数却不能用初等函数表示出来.通常把被积函数的原函数能用初等函数表示的积分叫做**积得出的**，否则，叫做**积不出的**.究竟哪些积分积得出，哪些积分积不出，这是一个很复杂的问题，没有一般的判别方法.为了应用的方便，人们已将积得出的常用初等函数的积分编成积分表，供科技人员查阅.随着计算科学的发展，在计算机上已能进行符号运算，可以利用数学软件包在计算机上直接计算积得出的积分.对于积不出的，也可用数值方法求出其近似值.但是，不能认为就不需要掌握积分法了.在今后的继续学习和工作中，常常会碰到积分的演算和推导，还需要较熟练地掌握一些基本的积分方法，特别是换元法与分部积分法.况且，如果不掌握这些积分法，连积分表也无法查用.

习题 3.3

(A)

1. 利用不定积分换元法则（Ⅰ）计算下列不定积分：

(1) $\int \sin(\omega t + \varphi)\, dt$ （ω, φ 为常数）；

(2) $\int \frac{10}{\sqrt[3]{3-5x}}\, dx$；

(3) $\int \frac{dx}{\sqrt{1-16x^2}}$；

(4) $\int x^2 (3+2x^3)^{\frac{1}{6}}\, dx$；

(5) $\int \frac{3x^3 + x}{1+x^4}\, dx$；

(6) $\int \frac{\sqrt{1+\sqrt{x}}}{\sqrt{x}}\, dx$；

(7) $\int \frac{\cos \ln |x|}{x}\, dx$；

(8) $\int \frac{\ln \ln x}{x \ln x}\, dx$ （$x > e$）；

(9) $\int \dfrac{\cos^3 x}{\sin^2 x} dx$;

(10) $\int \cos^4 x dx$;

(11) $\int \sin^2 x \cos^2 x dx$;

(12) $\int \sec^4 x dx$;

(13) $\int \csc^3 x \cot x dx$;

(14) $\int \dfrac{dx}{e^x + 1}$;

(15) $\int \dfrac{dx}{1 + \sin^2 x}$;

(16) $\int \dfrac{x}{\sqrt{1 + x^2}} e^{-\sqrt{1+x^2}} dx$;

(17) $\int \dfrac{\sqrt{\arctan x}}{1 + x^2} dx$;

(18) $\int \dfrac{dx}{\sqrt{4 - x^2} \arccos \dfrac{x}{2}}$;

(19) $\int \tan^3 x \sec x dx$;

(20) $\int \dfrac{dx}{x^2 - 2x + 3}$;

(21) $\int \dfrac{dx}{\sqrt{1 + x - x^2}}$;

(22) $\int \dfrac{\sin x \cos x}{1 - \sin^4 x} dx$;

(23) $\int \dfrac{\sin x + \cos x}{\sqrt[5]{\sin x - \cos x}} dx$;

(24) $\int \dfrac{dx}{e^x + e^{\frac{x}{2}}}$.

2. 证明下列各式 $(m, n \in \mathbf{N}_+)$：

(1) $\int_{-\pi}^{\pi} \sin mx \sin nx dx = \begin{cases} 0, & m \neq n, \\ \pi, & m = n; \end{cases}$

(2) $\int_{-\pi}^{\pi} \cos mx \cos nx dx = \begin{cases} 0, & m \neq n, \\ \pi, & m = n; \end{cases}$

(3) $\int_{-\pi}^{\pi} \sin mx \cos nx dx = 0$.

3. 利用不定积分换元法则（Ⅱ）计算下列不定积分：

(1) $\int x \sqrt{3 - 2x} \, dx$;

(2) $\int \dfrac{dx}{1 + \sqrt{1 + x}}$;

(3) $\int \dfrac{dx}{(1 - x^2)^{3/2}}$;

(4) $\int \dfrac{x^2 dx}{\sqrt{a^2 - x^2}} \quad (a > 0)$;

(5) $\int \dfrac{dx}{x^2 \sqrt{x^2 - 9}}$;

(6) $\int \dfrac{x^3 dx}{(1 + x^2)^{3/2}}$;

(7) $\int \dfrac{\sqrt{x^2 + 2x}}{x^2} dx$;

(8) $\int \dfrac{dx}{(x + 1)\sqrt{x^2 + 2x + 3}}$;

(9) $\int \dfrac{\sqrt{1 + \ln x}}{x \ln x} dx$;

(10) $\int \dfrac{e^{2x}}{\sqrt{3e^x - 2}} dx$;

(11) $\int \dfrac{dx}{1 + \sin x + \cos x}$;

(12) $\int x \sqrt{\dfrac{1 - x}{1 + x}} \, dx$;

(13) $\int \sqrt{e^{2x} + 5} \, dx$;

(14) $\int \dfrac{dx}{(x^2 - 2x + 4)^{3/2}}$.

4. 求下列定积分的值：

(1) $\int_0^{\frac{\pi}{2}} \sin x \sqrt{\cos x}\, dx$;

(2) $\int_0^1 \frac{dx}{e^x + e^{-x}}$;

(3) $\int_1^e \frac{2 + 3\ln x}{x} dx$;

(4) $\int_{-\frac{\pi}{2}}^{\frac{\pi}{2}} \sqrt{\cos x - \cos^3 x}\, dx$;

(5) $\int_0^4 \frac{dx}{1 + \sqrt{x}}$;

(6) $\int_{\frac{1}{\sqrt{2}}}^1 \frac{\sqrt{1 - x^2}}{x^2} dx$;

(7) $\int_1^2 \frac{\sqrt{x^2 - 1}}{x^2} dx$;

(8) $\int_0^\pi \sqrt{1 + \cos 2x}\, dx$.

5. 设 $f(x)$ 在 $[-a, a]$ 上连续,利用定积分的换元法证明:

(1) 如果 $f(x)$ 为奇函数,那么 $\int_{-a}^a f(x) dx = 0$;

(2) 如果 $f(x)$ 为偶函数,那么 $\int_{-a}^a f(x) dx = 2\int_0^a f(x) dx$;

(3) 计算 $\int_{-1}^1 |x| \left(x^2 + \frac{\sin^3 x}{1 + \cos x}\right) dx$.

6. 设 $f(x)$ 为连续的周期函数,其周期为 T,利用定积分的换元法证明:

$$\int_a^{a+T} f(x) dx = \int_0^T f(x) dx \quad (a \text{ 为常数}).$$

7. 利用分部积分法计算下列积分:

(1) $\int x\sin 3x\, dx$;

(2) $\int x^3 \text{ch}\, x\, dx$;

(3) $\int x^2 \arctan x\, dx$;

(4) $\int x\ln(1 + x^2) dx$;

(5) $\int \frac{xe^x}{(1 + e^x)^2} dx$;

(6) $\int \frac{\arcsin x}{\sqrt{1 - x}} dx$;

(7) $\int \frac{x}{\cos^2 x} dx$;

(8) $\int \sqrt{x} \sin\sqrt{x}\, dx$;

(9) $\int_0^{e-1} \ln(1 + x) dx$;

(10) $\int_0^\pi x^2 \cos x\, dx$;

(11) $\int x\sin x\cos x\, dx$;

(12) $\int \sin(\ln x) dx$;

(13) $\int \left(\ln x + \frac{1}{x}\right) e^x dx$;

(14) $\int (\arccos x)^2 dx$.

8. 证明下列递推公式 $(n = 2, 3, \cdots)$:

(1) 设 $I_n = \int \tan^n x\, dx$,则 $I_n = \frac{1}{n - 1} \tan^{n-1} x - I_{n-2}$;

(2) 设 $I_n = \int \frac{dx}{\sin^n x}$,则 $I_n = \frac{1}{1 - n} \cdot \frac{\cos x}{\sin^{n-1} x} + \frac{n - 2}{n - 1} I_{n-2}$.

9. 计算下列积分:

(1) $\int \dfrac{\mathrm{d}x}{x^4 + 3x^2}$;

(2) $\int \dfrac{t}{t^4 + 10t^2 + 9}\mathrm{d}t$;

(3) $\int \dfrac{x^2}{(x-1)^{100}}\mathrm{d}x$;

(4) $\int \dfrac{1 - x^7}{x(1 + x^7)}\mathrm{d}x$;

(5) $\int \dfrac{\mathrm{d}x}{3 + 2\cos x}$;

(6) $\int \dfrac{\cos x - \sin x}{\cos x + \sin x}\mathrm{d}x$;

(7) $\int \dfrac{x^2}{a^2 - x^6}\mathrm{d}x \ (a > 0)$;

(8) $\int \dfrac{x^{11}}{x^8 + 4x^4 + 5}\mathrm{d}x$;

(9) $\int \dfrac{\ln \tan x}{\sin x \cos x}\mathrm{d}x$;

(10) $\int \dfrac{\cos 2x}{1 + \sin x \cos x}\mathrm{d}x$;

(11) $\int \dfrac{x + \sin x}{1 + \cos x}\mathrm{d}x$;

(12) $\int \dfrac{x^2 + 1}{x^4 + 1}\mathrm{d}x$;

(13) $\int \dfrac{\ln x}{(1 + x^2)^{3/2}}\mathrm{d}x$;

(14) $\int \dfrac{\sin x}{\sin x + \cos x}\mathrm{d}x$;

(15) $\int \dfrac{x^2 + 2}{(x-1)^4}\mathrm{d}x$;

(16) $\int \dfrac{1}{x}\sqrt{\dfrac{1+x}{x}}\ \mathrm{d}x$.

10. 证明下列积分等式(其中 f 为连续函数):

(1) $\int_0^{\frac{\pi}{2}} f(\sin x)\mathrm{d}x = \int_0^{\frac{\pi}{2}} f(\cos x)\mathrm{d}x$;

(2) $\int_a^b f(x)\mathrm{d}x = (b-a)\int_0^1 f[a + (b-a)x]\mathrm{d}x$;

(3) $\int_0^1 x^m(1-x)^n\mathrm{d}x = \int_0^1 x^n(1-x)^m\mathrm{d}x$;

(4) $\int_0^a x^3 f(x^2)\mathrm{d}x = \dfrac{1}{2}\int_0^{a^2} x f(x)\mathrm{d}x$.

(B)

1. 证明: $\int_0^{\frac{\pi}{2}} \sin^m x \cdot \cos^m x\mathrm{d}x = \dfrac{1}{2^m}\int_0^{\frac{\pi}{2}} \cos^m x\mathrm{d}x \ (m = 0,1,2,\cdots)$.

2. 计算 $\int_0^{n\pi} \sqrt{1 - \sin 2x}\ \mathrm{d}x \ (n \in \mathbf{N}_+)$.

3. 计算 $\int_0^{10\pi} \dfrac{\sin^3 x + \cos^3 x}{2\sin^2 x + \cos^4 x}\mathrm{d}x$.

4. 计算 $\int_0^{n\pi} x|\sin x|\mathrm{d}x \ (n \in \mathbf{N}_+)$.

5. 计算 $\int_{\frac{1}{2}}^2 \left(1 + x - \dfrac{1}{x}\right)\mathrm{e}^{x + \frac{1}{x}}\mathrm{d}x$.

6. 计算 $\int \dfrac{x\mathrm{e}^x}{(1+x)^2}\mathrm{d}x$.

第四节　定积分的应用

在科学技术中有很多量都需要用定积分来表达.本节重点阐述建立这些量的积分表达式的常用方法——微元法,通过几何与物理方面的例子说明运用这种方法的思想和步骤.

4.1 建立积分表达式的微元法

应用定积分解决实际问题需要解决两个问题:第一,具备哪些特征的量能用定积分来表达? 第二,怎样建立计算这些量的积分表达式?

在本章第一节中我们已经看到,曲边梯形的面积 A、细棒的质量 m 以及做变速直线运动物体的位移 s 等都可用定积分来表达.这些量具有如下共同特征:(1) 都是区间 $[a,b]$ 上的非均匀连续分布的量;(2) 都具有对区间的可加性,即分布在 $[a,b]$ 上的总量等于分布在 $[a,b]$ 各子区间上的局部量之和.一般情况下,具备这些特征的量都可以用定积分来描述.

在第一节中,上述诸量的积分表达式都是通过"分""匀""合""精"四个步骤来建立的.例如,对于区间 $[a,b]$ 上以 $y=f(x)$ ($f\in C[a,b]$, $f(x)\geqslant 0$) 为曲边的曲边梯形,通过这四步得到的面积 A 的积分表达式为

$$A = \lim_{d\to 0}\sum_{k=1}^{n} f(\xi_k)\Delta x_k = \int_a^b f(x)\,dx.$$

这是建立所求量积分表达式的基本方法.但是,这些步骤书写烦琐,不便于应用.通过分析这种方法实质,不难将四个步骤简化为两步.第一步,包含"分""匀"两个步骤,也就是通过将 $[a,b]$ 分割为子区间,在每个子区间上用均匀变化近似代替非均匀变化(简称为以"匀"代"非匀"),求得局部量的近似值

$$\Delta A_k \approx f(\xi_k)\Delta x_k,$$

上式右端对应着积分表达式中的被积式 $f(x)\,dx$;第二步,就是将"合""精"两个步骤合而为一,通过将各个局部量的近似值相加并取极限得到整体量的精确值,即对被积式 $f(x)\,dx$ 作积分

$$A = \int_a^b f(x)\,dx.$$

上述简化具有一般性.设 $f\in C[a,b]$, Q 为由 $y=f(x)$ 所确定的在区间 $[a,b]$ 上非均匀连续分布的量,并且对区间具有可加性.为简单计,省略各子区间的下标 k,记第 k 个子区间为 $[x,x+dx]$.由于 f 为连续函数,因而可积,可取子区间的左端点 x 为 ξ_k.这样,建立所求量 Q 的积分表达式的步骤就可归纳为如下两步:

(1) 任意分割区间 $[a,b]$ 为若干子区间,任取一个子区间 $[x,x+dx]$,求 Q 在该子区间上局部量 ΔQ 的近似值

$$dQ = f(x)\,dx;$$

(2) 以 $f(x)dx$ 为被积式，在 $[a,b]$ 上作积分即得总量 Q 的精确值

$$Q = \int_a^b dQ = \int_a^b f(x)dx. \tag{4.1}$$

这种建立积分表达式的方法，通常称为**微元法**. 其中 $dQ=f(x)dx$ 称为**积分微元**，简称**微元**.

上述两步中，求子区间 $[x,x+dx]$ 上局部量 ΔQ 的近似值是微元法的关键步骤. 怎样才能求得局部量 ΔQ 所需要的近似值呢？为了说明这个问题，我们把分布在区间 $[a,x]$ ($x\in[a,b]$) 上的量 Q 记作 $Q(x)$，对比(4.1)式可知

$$Q(x) = \int_a^x f(t)dt \quad (x\in[a,b]).$$

由于 f 在 $[a,b]$ 上连续，根据微积分学第一基本定理，函数 $Q(x)$ 的微分为

$$dQ = f(x)dx. \tag{4.2}$$

而 ΔQ 就是 $Q(x)$ 在区间 $[x,x+dx]$ 上的改变量，因而局部量 ΔQ 所需要的近似值就是由(4.2)式所表示的 $Q(x)$ 的微分，这就为寻求 ΔQ 所需要的近似值确立了标准. 根据改变量 ΔQ 与微分的关系，只要能找到与 dx 成线性关系并且与 ΔQ 之差为 dx 高阶无穷小的量 $dQ=f(x)dx$，那么，它就是 ΔQ 所需要的近似值. 在实际应用中，通过在子区间 $[x,x+dx]$ 上以"匀"代"非匀"或者把子区间 $[x,x+dx]$ 近似看成一点，用乘法所求得的近似值往往就符合上述要求，可以作为 ΔQ 所需要的近似值，即为所寻求的积分微元 $dQ=f(x)dx$. 下面再通过一些实例来说明微元法.

☞二维码 3.4.1 用微元法建立积分表达式的思想剖析.

4.2 定积分在几何中的应用举例

例 4.1 求由抛物线 $y=x^2-1$ 与 $y=7-x^2$ 所围成的平面图形(图 3.11)的面积 A.

解 联立两抛物线的方程，容易求得它们的交点的横坐标为 $x=\pm 2$.

容易看出，所求面积 A 是非均匀连续分布在区间 $[-2,2]$ 上且对区间具有可加性的量，因此，可以用定积分来计算.

根据微元法，为求面积微元 dQ，任意分割 $[-2,2]$，任取子区间 $[x,x+dx]$. 在此子区间上，图形(可以看成由两个小曲边梯形构成)的"高"可以近似看成不变的(即在此小区间上

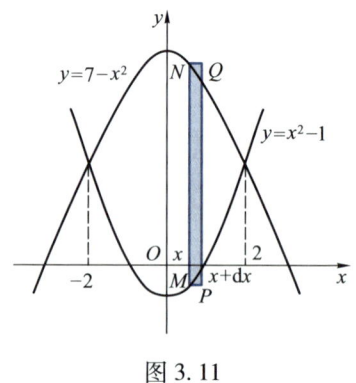

图 3.11

图形面积可看成均匀分布的),它的面积 ΔA 可以用在点 x 所对应的 MN 为高、dx 为底的小矩形面积近似代替,从而得

$$\Delta A \approx [(7-x^2)-(x^2-1)]dx = 2(4-x^2)dx.$$

可以证明(从略),小矩形面积与 ΔA 之差是关于 dx 的高阶无穷小,因而它就是所求的面积微元 dA,即

$$dA = 2(4-x^2)dx.$$

将面积微元在区间 $[-2,2]$ 上作积分,便得所求图形面积

$$A = \int_{-2}^{2} dA = 2\int_{-2}^{2}(4-x^2)dx = \frac{64}{3}.$$

例 4.2 求由抛物线 $\sqrt{y}=x$,直线 $y=-x$ 及 $y=1$ 围成的平面图形(图 3.12)的面积.

解 此图形的面积是非均匀连续分布在 y 轴上的区间 $[0,1]$ 上的可加量 A. 任意分割此区间 $[0,1]$,任取一个子区间 $[y,y+dy]$. 在此子区间上,将图形的"宽度"近似看作是不变的(即将图形的面积在此小区间上看成均匀分布的),它的面积可用图 3.12 中阴影部分的面积来代替,则面积微元为

$$dA = (\sqrt{y}+y)dy.$$

在区间 $[0,1]$ 上积分即得所求图形的面积为

$$A = \int_0^1 dA = \int_0^1(\sqrt{y}+y)dy = \frac{7}{6}.$$

例 4.3 求心形线 $\rho = a(1+\cos\theta)$ ($a>0$) 所围成图形(图 3.13)的面积.

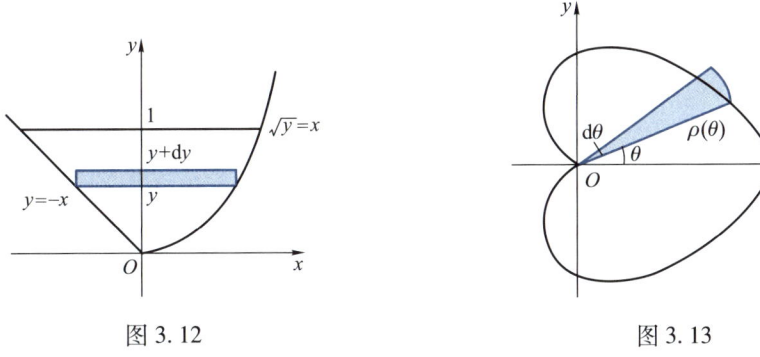

图 3.12　　　　　图 3.13

解 由图形的对称性知,所求面积等于它在上半平面部分面积的 2 倍.

由于心形线的方程是用极坐标给出的,它上面每点处的极径 ρ 随 θ 而变,故其所围成图形的面积可以看作是非均匀连续分布在关于量 θ 的区间 $[0,\pi]$ 上的可加量.

以 θ 作积分变量,任意分割区间 $[0,\pi]$,任取子区间 $[\theta,\theta+\mathrm{d}\theta]$。在该子区间上,可以把 ρ 的值近似看成不变的,也就是将此子区间上图形的面积看成关于 θ 是均匀分布的,用以 $\rho(\theta)$ 为半径、圆心角为 $\mathrm{d}\theta$ 的圆扇形(图 3.13 中的阴影部分)面积近似代替,从而面积微元为

$$\mathrm{d}A = \frac{1}{2}\rho^2(\theta)\mathrm{d}\theta = \frac{1}{2}a^2(1+\cos\theta)^2\mathrm{d}\theta.$$

故所求图形的面积为

$$A = 2\int_0^\pi \mathrm{d}A = 2\cdot\frac{1}{2}\int_0^\pi \rho^2(\theta)\mathrm{d}\theta = a^2\int_0^\pi (1+\cos\theta)^2\mathrm{d}\theta = \frac{3}{2}\pi a^2.$$ ∎

例 4.4 两个半径为 R 的圆柱体中心轴垂直相交,求它们公共部分的体积 V.

解 由对称性,我们只画出该图形的 1/8 并建立坐标系如图 3.14 所示。过 x 轴上区间 $[0,R]$ 中任一点 x 处作垂直于 x 轴的横截面,则该截面为一个正方形(图 3.14 中阴影部分),其边长为 $y=\sqrt{R^2-x^2}$,面积为

$$A(x) = y^2 = (R^2 - x^2).$$

容易看出,该图形在第一卦限中部分的体积 V_1 是非均匀连续分布在区间 $[0,R]$ 上的可加量,因此可以用定积分来计算.

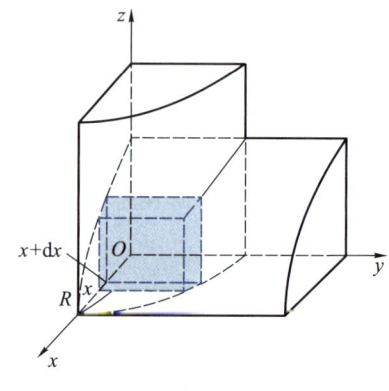

图 3.14

任意分割区间 $[0,R]$,任取子区间 $[x,x+\mathrm{d}x]$。过子区间 $[x,x+\mathrm{d}x]$ 的两端点分别作垂直于 x 轴的平面,则介于这两个平面间的"薄片"的上、下底面均为正方形。当 $\mathrm{d}x$ 很小时,该"薄片"的上、下底面的面积可近似看作是相等的,也就是将该子区间上"薄片"的体积看成均匀分布的,近似用柱体的体积代替得体积微元为

$$\mathrm{d}V = A(x)\mathrm{d}x = (R^2 - x^2)\mathrm{d}x,$$

从而

$$V_1 = \int_0^R A(x)\mathrm{d}x = \int_0^R (R^2 - x^2)\mathrm{d}x = \frac{2}{3}R^3.$$

整个立体体积 V 是该部分体积的 8 倍,因而

$$V = 8V_1 = \frac{16}{3}R^3.$$ ∎

例 4.5 一个平面图形由双曲线 $xy=a$ $(a>0)$ 与直线 $x=a$、$x=2a$ 及 x 轴围成(图 3.15(a)).计算该图形绕下列直线旋转一周所产生的旋转体体积:

(1) x 轴(图 3.15(b));

(2) 直线 $y=1$(图 3.15(c));

(3) y 轴(图 3.15(d)).

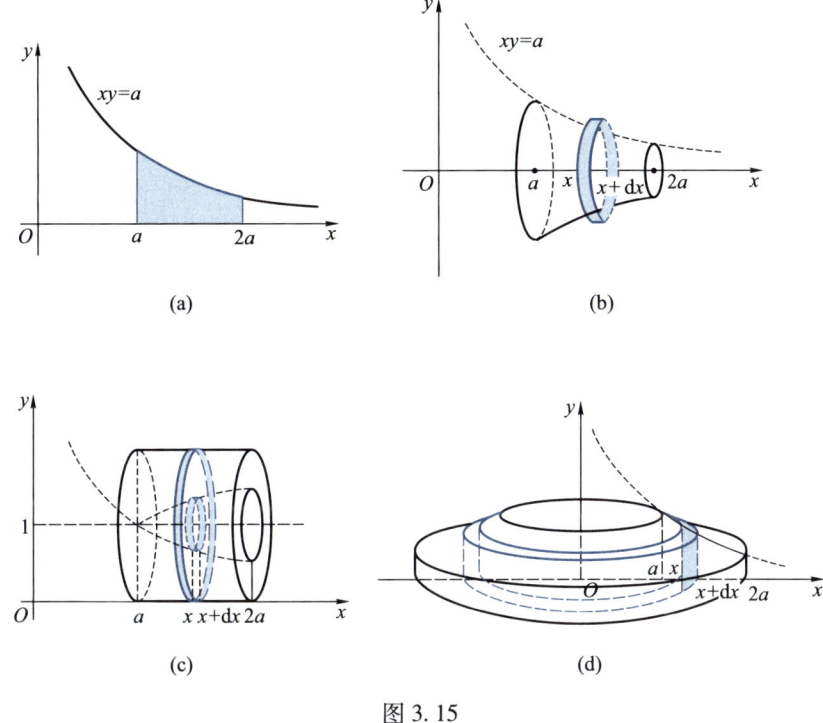

图 3.15

解 此题也是求立体体积问题,类似于例 4.4 的分析,它们都能用定积分来计算,而且建立积分表达式的思路和步骤也相似.

(1) 分割区间 $[a,2a]$,任取子区间 $[x,x+dx]$.过点 x 与 $x+dx$ 分别作垂直于 x 轴的平面,则该立体被这两个平面截出一个"薄片".该"薄片"的上、下底面积近似相等,所以可以把它近似地看成一圆柱体.其底面积为

$$A(x) = \pi y^2 = \pi \left(\frac{a}{x}\right)^2,$$

高为 dx,于是体积微元

$$dV_1 = A(x)dx = \pi \left(\frac{a}{x}\right)^2 dx,$$

所求旋转体的体积为

$$V_1 = \int_a^{2a} dV_1 = \int_a^{2a} A(x)dx = \pi \int_a^{2a} \left(\frac{a}{x}\right)^2 dx = \frac{\pi a}{2}.$$

(2) 过 x 与 $x+dx$ 且垂直于 x 轴的两平面截出该立体的一块"薄片",该薄片上、

下底面均为圆环,它们的面积可以近似地看成相等.因此,该"薄片"体积的近似值,即所求的体积微元为

$$dV_2 = A(x)dx = \left[\pi \cdot 1^2 - \pi\left(1 - \frac{a}{x}\right)^2\right]dx = \pi\left(2\frac{a}{x} - \frac{a^2}{x^2}\right)dx,$$

积分即得所求旋转体的体积

$$V_2 = \int_a^{2a} A(x)dx = \pi \int_a^{2a}\left(2\frac{a}{x} - \frac{a^2}{x^2}\right)dx = \pi a\left(2\ln 2 - \frac{1}{2}\right).$$

(3) 分割区间$[a,2a]$,任取子区间$[x,x+dx]$,把该子区间对应的小曲边梯形近似地看成是小矩形(图3.15(d)中阴影部分).因而它绕y轴旋转一周产生的立体可以看成是一个内半径为x,外半径为$x+dx$,高为$y=\frac{a}{x}$的"圆柱壳".从而所求的体积微元为

$$dV_3 = 2\pi xydx = 2\pi adx,$$

积分得所求立体的体积

$$V_3 = \int_a^{2a} 2\pi adx = 2\pi a^2. \blacksquare$$

4.3 定积分在物理中的应用举例

例4.6 有一等腰梯形闸门,其上底长10 m,下底长6 m,高为20 m.该闸门所在的面与水面垂直,且上底与水面相齐.求该闸门一侧所受到的水的压力.

解 首先建立坐标系如图3.16所示,则图中直线段AB的方程为$y = 5 - \frac{x}{10}$.

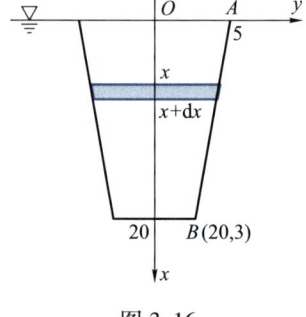

图 3.16

问题中闸门受到的压力不能直接用公式"压强×受力面积"来计算,其主要原因在于闸门上各点处压强随该闸门在水下的深度不同而变化.也就是说,闸门所受的水压力在区间$[0,20]$上的分布是非均匀的,并且关于区间具有可加性,因此,闸门所受到的水压力可用定积分来计算.将深度区间$[0,20]$进行分割,把闸门分成许多水平细条.由于各细条上的点到水面的距离近似相等,因而细条上各点处压强也近似相等,即在细条上压力分布可近似看成均匀的,可用公式"压强P×受力面积A"算出各细条所受压

想一想:

如果将闸门底边的中点选作坐标原点,x轴正向朝上,试建立闸门所受压力的积分式.

力的近似值,将其积分即得整个闸门所受的压力.具体做法如下:

(1) 分割 x 轴上的区间 $[0,20]$,任取子区间 $[x,x+\mathrm{d}x]$.该子区间所对应的闸门上的水平细条可近似看作是宽为 $2y$,高为 $\mathrm{d}x$ 的小矩形,其上各点到水面的距离可近似地看作为 x.于是该细条所受到水压力的近似值(即压力微元)为

$$\mathrm{d}F = P\mathrm{d}A = \rho g x \cdot 2y\mathrm{d}x = 2gx\left(5 - \frac{x}{10}\right)\mathrm{d}x,$$

其中 P 为该细条上各点处压强的近似值,它等于 ρg (ρ 为液体密度,g 为重力加速度.此处 $\rho = 1$ t/m^3,$g = 10$ m/s^2)乘深度 x,$\mathrm{d}A = 2y\mathrm{d}x$ 为该细条面积的近似值.

(2) 在 $[0,20]$ 上作积分就得到整个闸门所受的压力

$$F = \int_0^{20} \mathrm{d}F = \int_0^{20} 2gx\left(5 - \frac{x}{10}\right)\mathrm{d}x = \frac{44}{3} \times 10^6 (\mathrm{N}).\ \blacksquare$$

例 4.7 一个半球形容器,其半径为 R m,容器中盛满了水,若将容器中水全部从容器口抽出,问需做功多少?

解 我们知道,在 K N 常力的作用下物体通过的位移为 H m 时,力所做的功为 $W = KH$ J.

由于不同深度的水层与容器口的距离不同,不同深度处水层的体积不相同,因而抽出各层水所做的功也不同.也就是说,抽完水需要做的功在 $[0,R]$ 上的分布是非均匀的,并且关于区间具有可加性,因此,不能直接利用上述乘法公式,而要采用积分的方法.在过该容器球心的断面上建立坐标系如图 3.17 所示,则该断面边界上半圆弧的方程为

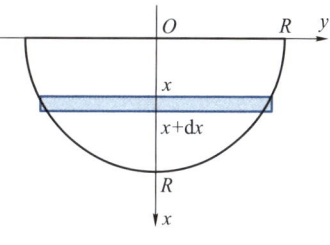

图 3.17

$$x^2 + y^2 = R^2 \quad (x \geq 0).$$

分割 x 轴上的区间 $[0,R]$,任取子区间 $[x, x+\mathrm{d}x]$,则与该子区间对应的一薄层水体积的近似值为

想一想:

如果将此半球的最低点选为坐标原点,x 轴正向朝上,如何建立所做功的积分式?

$$\mathrm{d}V = \pi y^2 \mathrm{d}x = \pi(R^2 - x^2)\mathrm{d}x.$$

水的密度 $\rho = 1$ t/m^3,将这一薄层水抽到容器口所经过的位移可近似地看作是相同的,均为 $-x$.就是说,在该子区间上抽水需做功的分布可看成是均匀的,因而,把这一薄层水抽到容器口克服重力所做的功微元为

$$\mathrm{d}W = (-x)(-\rho g \mathrm{d}V) = x \cdot g\pi y^2 \mathrm{d}x = x \cdot g\pi(R^2 - x^2)\mathrm{d}x,$$

在区间 $[0,R]$ 上积分便得抽完水所需要做的功(取 $g = 10$ m/s^2)

$$W = \int_0^R dW = g\pi \int_0^R x(R^2 - x^2) dx = \frac{\pi R^4}{4} \cdot 10^4 (\text{J}). \blacksquare$$

例 4.8 有一长为 l 的均匀带电直导线,电荷线密度(即单位长度导线的带电量)为 δ,与该导线位于同一直线上相距为 a 处放置一个带电量为 q 的点电荷,求它们之间的作用力.

解 根据 Coulomb 定律,两个带电量分别为 q_1, q_2 且相距为 r 的点电荷之间的作用力为

$$F = k\frac{q_1 q_2}{r^2}.$$

现在与点电荷 q 作用的是一段带电直导线,其上各点与电点荷 q 间的距离不同,作用力将随点在导线上的位置不同而变化.也就是说,点电荷与导线间的作用力在 $[a, a+l]$ 上是非均匀分布的,因此不能直接运用 Coulomb 定律.由于导线与点电荷之间的作用力关于区间具有可加性,所以可用定积分来计算.建

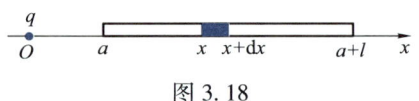

图 3.18

立坐标系如图 3.18 所示,分割区间 $[a, a+l]$,把子区间 $[x, x+dx]$ 上一小段导线近似地看成是一个点电荷,其带电量近似等于 δdx.应用 Coulomb 定律,这一小段导线与点电荷 q 之间作用力的近似值(作用力微元)为

$$dF = k\frac{q\delta dx}{x^2},$$

在 $[a, a+l]$ 上作积分得到整个导线与点电荷 q 的作用力为

$$F = \int_a^{a+l} kq\delta \frac{1}{x^2} dx = kq\delta \left(\frac{1}{a} - \frac{1}{a+l}\right). \blacksquare$$

例 4.9 在例 4.8 中,如果点电荷 q 位于导线的中垂线上,且与导线相距为 a(图 3.19),求它们之间的作用力.

解 建立坐标系如图 3.19 所示.类似于例 4.8 中的分析可知,若分割 x 轴上的区间 $\left[-\frac{l}{2}, \frac{l}{2}\right]$,则子区间 $[x, x+dx]$ 上一小段导线与点电荷 q 的作用力的大小近似等于

$$dF = k\frac{q\delta dx}{r^2} = kq\delta \frac{dx}{a^2 + x^2}.$$

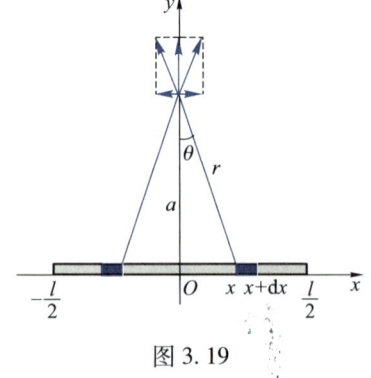

图 3.19

值得注意的是,不能直接对上式作积分求导线与点电荷之间的作用力.这是因为各小段与点电荷作用力的方向不在同一直线上,

它们的合力应是"向量和"而不是"代数和",因而所求作用力对区间不具有可加性. 对这种情况,一般的处理方法是,把各小段与 q 的作用力都沿 x 轴与 y 轴分解,由于两个分力都具有对区间的可加性,分别把各小段与 q 的作用力的分力相加,从而求出合力在两坐标轴上的分力. 由对称性不难看出,合力 F 在 x 轴上分力 $F_x = 0$,因而,只要计算 F 在 y 轴上的分力 F_y. 由于

$$\mathrm{d}F_y = \mathrm{d}F\cos\theta = kq\delta\frac{\mathrm{d}x}{a^2+x^2}\frac{a}{\sqrt{a^2+x^2}} = kq\delta a\frac{\mathrm{d}x}{(a^2+x^2)^{3/2}},$$

积分得所求作用力为

$$F = F_y = \int_{-\frac{l}{2}}^{\frac{l}{2}} \mathrm{d}F_y = kq\delta a\int_{-\frac{l}{2}}^{\frac{l}{2}} \frac{\mathrm{d}x}{(a^2+x^2)^{3/2}} = \frac{2kq\delta l}{a\sqrt{4a^2+l^2}}.$$

习题 3.4

(A)

1. 求由下列各曲线所围成平面图形的面积:

(1) 曲线 $y = 9-x^2$, $y = x^2$ 与直线 $x = 0$, $x = 1$;

(2) 抛物线 $y = \dfrac{1}{4}x^2$ 与直线 $3x-2y-4 = 0$;

(3) 曲线 $\sqrt{x}+\sqrt{y} = \sqrt{a}$ ($a>0$) 与坐标轴;

(4) 曲线 $y = e^x$, $y = e^{2x}$ 与直线 $y = 2$;

(5) $y = x(x-1)(x-2)$ 与直线 $y = 3(x-1)$;

(6) 闭曲线 $y^2 = x^2-x^4$;

(7) 双纽线 $\rho^2 = 4\sin 2\theta$;

(8) 双纽线 $\rho^2 = 2\cos 2\theta$ 与圆 $\rho = 1$ 围成图形的公共部分;

(9) 摆线 $\begin{cases} x = a(t-\sin t), \\ y = a(1-\cos t) \end{cases}$ 的一拱 ($0 \leqslant t \leqslant 2\pi$) 与 x 轴;

(10) 星形线 $\begin{cases} x = a\cos^3 t, \\ y = a\sin^3 t \end{cases}$ 外与圆 $x^2+y^2 = a^2$ 内的部分.

2. 求下列各曲线围成的图形按指定轴旋转所产生旋转体的体积:

(1) $\dfrac{x^2}{a^2}+\dfrac{y^2}{b^2} = 1$ ($a>0, b>0$),分别绕 x 轴与 y 轴;

(2) $y = \sin x$ ($0 \leqslant x \leqslant \pi$) 与 x 轴,分别绕 x 轴、y 轴与直线 $y = 1$;

(3) $x^2+y^2 = a^2$ 绕直线 $x = -b$ ($b>a>0$);

(4) 心形线 $\rho = 4(1+\cos\theta)$、射线 $\theta = 0$ 及 $\theta = \dfrac{\pi}{2}$,绕极轴;

(5) 摆线 $\begin{cases} x=a(t-\sin t) \\ y=a(1-\cos t) \end{cases}$ 的一拱($0 \leq t \leq 2\pi$)与 x 轴,绕 y 轴,其中 $a>0$.

3. 立体底面为抛物线 $y=x^2$ 与直线 $y=1$ 围成的图形,而任一垂直于 y 轴的截面分别是:

(1) 正方形; (2) 等边三角形; (3) 半圆形.

求各种情况下立体的体积.

4. 两质点的质量分别为 M 和 m,相距为 a.现将质点 m 沿两质点连线向外移动距离 l,求克服引力所做的功.

5. 有一直角三角形板,其直角顶点到斜边的高为 h,将其铅直放入水中.

(1) 如果直角顶点在水面,斜边在水下且与水面平行;

(2) 如果斜边与水面相齐.

分别求出这两种情况下该板一侧所受到的水压力.

6. 将长、短半轴分别为 a 与 b 的一椭圆板铅直放入水中,长为 $2a$ 的轴与水面平行.

(1) 如果水面刚好淹没该板的一半; (2) 如果水面刚好淹没该板.

分别求两种情况下该板一侧受到的水压力.

7. 以下各种容器中均装满水,分别求把各容器中的水全部从容器口抽出克服重力所做的功:

(1) 容器为圆柱形,高为 H,底半径为 R;

(2) 容器为圆锥形,高为 H,底半径为 R;

(3) 容器为圆台形,高为 H,上底半径为 R,下底半径为 r,且 $R>r$;

(4) 容器表面为抛物线 $y=x^2$($0 \leq x \leq 2$)的弧段绕 y 轴旋转所产生的旋转面.

8. 一圆柱形物体,底半径为 R,高为 H,该物体铅直立于水中,且上底面与水面相齐.现将它铅直打捞出来,试对下列两种情况分别计算使该物体刚刚脱离水面时需要做的功:

(1) 该物体的密度 $\rho=1$(与水的密度相等);

(2) 该物体的密度 $\rho>1$.

9. 一个半径为 R 的半圆环导线,均匀带电,电荷密度为 δ.在圆心处放置一个带电量为 q 的点电荷,求它们之间的作用力.

10. 一个半径为 R 的圆环导线,均匀带电,电荷密度为 δ.在过圆心且垂直于环所在平面的直线上与圆心相距为 a 之处有一个带电量为 q 的点电荷.求导线与点电荷之间的作用力.

11. 曲线 $a^2 y = x^2$($0<a<1$)将图中边长为 1 的正方形分成 A,B 两部分.

(1) 分别求 A 绕 y 轴旋转一周与 B 绕 x 轴旋转一周所得两旋转体的体积 V_A 与 V_B;

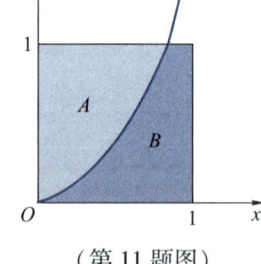

(第 11 题图)

(2) 当 a 取何值时,$V_A = V_B$?

(3) 当 a 取何值时,$V_A + V_B$ 取得最小值?

12. 设有立体,过 x 轴上点 $x(a \leq x \leq b)$ 处作垂直于 x 轴的平面截该立体的截面面积为已知连

续函数 $S(x)$,立体两端点处的截面(可以缩为一点)分别对应于 $x=a$ 与 $x=b$.证明:该立体的体积 $V=\int_a^b S(x)\mathrm{d}x$.

(B)

1. 由曲线 $y=f(x)$ $(f(x)\geq 0)$,$x=a$,$x=b$ 与 x 轴围成的平面图形绕 y 轴旋一周产生一个旋转体,试用微元法推导出该旋转体的体积公式.

2. 一开口容器的侧面与底面分别是由曲线段 $y=x^2-1$ $(1\leq x\leq 2)$ 和直线段 $y=0$ $(0\leq x\leq 1)$ 绕 y 轴旋转而成.现以 $2\text{ m}^3/\text{min}$ 的速度向容器内注水.试求当水面高度上升到容器深度一半时水面上升的速度.设坐标轴上长度单位为 m.

3. (人口统计模型) 我们知道,一般来说城市人口的分布密度 $P(r)$ 随着与市中心距离 r 的增加而减小.设某城市 1990 年的人口密度为 $P(r)=\dfrac{40}{r^2+20}$ 万人$/\text{km}^2$,试求该市距市中心 2 km 的范围内的人口数.

4. 设一半径为 1 的球有一半浸入水中,球的体密度为 1,问将此球从水中取出需做多少功?

第五节 反常积分

根据定积分的定义,要使函数 f 在区间 $[a,b]$ 上的定积分有意义,至少要满足两个条件:(1) 积分区间 $[a,b]$ 是有限的;(2) f 是 $[a,b]$ 上的有界函数.但在许多理论和实际问题的研究中,往往要求把定积分的概念加以推广,研究无穷区间上或者无界函数的积分问题,这种积分称为反常积分.反常积分有两种,它们都可以通过对定积分再取一次极限来定义.本节讨论两种反常积分的概念及其审敛准则.

5.1 无穷区间上的积分

例 5.1 在一个由带电量为 Q 的点电荷形成的电场中,求与该点电荷相距为 a 处的电位.

解 根据物理学知识,该点处的电位 V_a 等于位于该点处的单位正电荷移至无穷远处电场力所做的功.不妨设点电荷 Q 位于坐标原点,单位正电荷在 x 轴上,它与坐标原点相距为 a(图 3.20).则当单位正电荷由 x 移至 $x+\mathrm{d}x$ 处,电场力 $F(x)$ 所做功的近似值(即功微元)为

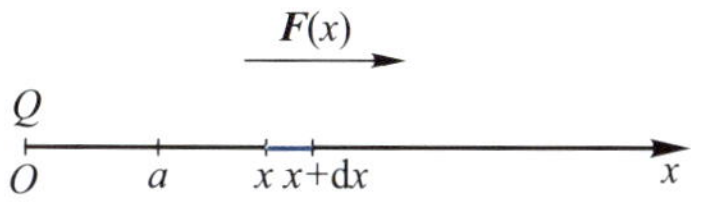

$$\mathrm{d}W=F(x)\mathrm{d}x=k\dfrac{Q}{x^2}\mathrm{d}x,$$

图 3.20

其中 k 为常数.该电荷从 $x=a$ 移到 $x=b$ 处电场力所做的功为

$$W = \int_a^b k \frac{Q}{x^2} \mathrm{d}x = kQ\left(\frac{1}{a} - \frac{1}{b}\right).$$

令 $b \to +\infty$,则电场在 $x = a$ 处的电位为

$$V_a = \lim_{b \to +\infty} W = \lim_{b \to +\infty} kQ\left(\frac{1}{a} - \frac{1}{b}\right) = \frac{kQ}{a},$$

也就是

$$V_a = \lim_{b \to +\infty} \int_a^b F(x) \mathrm{d}x = \frac{kQ}{a}. \quad \blacksquare \tag{5.1}$$

(5.1)式所包含的定积分的极限,可以看作是 $F(x)$ 在区间 $[a, +\infty)$ 上的积分,称为 $F(x)$ 在无穷区间 $[a, +\infty)$ 上的积分.

定义 5.1(无穷积分) 设函数 f 定义在 $[a, +\infty)$ 上.若对任何 $b > a$,f 在 $[a, b]$ 上 Riemann 可积,则称 $\lim_{b \to +\infty} \int_a^b f(x) \mathrm{d}x$ 为 f 在**无穷区间** $[a, +\infty)$ **上的积分**,简称**无穷积分**,记作

$$\int_a^{+\infty} f(x) \mathrm{d}x = \lim_{b \to +\infty} \int_a^b f(x) \mathrm{d}x. \tag{5.2}$$

若极限

$$\lim_{b \to +\infty} \int_a^b f(x) \mathrm{d}x$$

存在,则称 f 在 $[a, +\infty)$ 上的**积分收敛**,此时,称该极限为 f 在 $[a, +\infty)$ 上积分的值.若极限不存在,则称 f 在 $[a, +\infty)$ 上的**积分发散**.收敛与发散统称为**敛散性**.

类似地,可以定义 f 在无穷区间 $(-\infty, b]$ 上的积分 $\int_{-\infty}^b f(x) \mathrm{d}x$ 及其敛散性.f 在无穷区间 $(-\infty, +\infty)$ 上的积分 $\int_{-\infty}^{+\infty} f(x) \mathrm{d}x$ 定义如下:

$$\int_{-\infty}^{+\infty} f(x) \mathrm{d}x = \lim_{a \to -\infty} \int_a^c f(x) \mathrm{d}x + \lim_{b \to +\infty} \int_c^b f(x) \mathrm{d}x, \tag{5.3}$$

其中 c 为任一实数,a 与 b 各自独立地分别趋于 $-\infty$ 与 $+\infty$.若极限

$$\lim_{a \to -\infty} \int_a^c f(x) \mathrm{d}x \quad 与 \quad \lim_{b \to +\infty} \int_c^b f(x) \mathrm{d}x$$

同时存在,则称 f 在 $(-\infty, +\infty)$ 上的**积分收敛**;若其中有一个不存在,则称**积分发散**.

例 5.2 证明积分 $\int_1^{+\infty} \frac{1}{x^p} \mathrm{d}x \ (p > 0)$ 当 $p > 1$ 时收敛,$p \leqslant 1$ 时发散.

证 当 $p \neq 1$ 时,

$$\int_1^b \frac{1}{x^p} dx = \frac{1}{1-p} x^{-p+1} \Big|_1^b = \frac{1}{1-p}(b^{-p+1} - 1),$$

所以

$$\lim_{b \to +\infty} \int_1^b \frac{1}{x^p} dx = \lim_{b \to +\infty} \frac{1}{1-p}(b^{-p+1} - 1).$$

当 $p<1$ 时,该极限为正无穷大,故积分发散;当 $p>1$ 时,该极限为 $\frac{1}{p-1}$,故积分收敛,并且

$$\int_1^{+\infty} \frac{1}{x^p} dx = \frac{1}{p-1} \quad (p>1).$$

当 $p=1$ 时,由于

$$\int_1^b \frac{1}{x} dx = \ln b,$$

所以,当 $b \to +\infty$ 时,它的极限为 $+\infty$,故积分 $\int_1^{+\infty} \frac{dx}{x}$ 发散.

综上所述,该积分在 $p>1$ 时收敛,$p \leq 1$ 时发散.习惯上,常称此积分为 p 积分. ∎

注: 在(5.3)式中,积分 $\int_{-\infty}^{+\infty} f(x) dx$ 的敛散性及其收敛时的值与 c 的选择无关.事实上,若另取实数 $d>c$,则显然有

$$\lim_{a \to -\infty} \int_a^d f(x) dx + \lim_{b \to +\infty} \int_d^b f(x) dx$$

$$= \lim_{a \to -\infty} \left(\int_a^c f(x) dx + \int_c^d f(x) dx \right) +$$

$$\lim_{b \to +\infty} \left(\int_d^c f(x) dx + \int_c^b f(x) dx \right).$$

由于 $\int_c^d f(x) dx = -\int_d^c f(x) dx$ 是一个确定的积分,不影响无穷积分的敛散性,且若无穷积分收敛,因 $\int_c^d f(x) dx$ 与 $\int_d^c f(x) dx$ 抵消,故 $\int_{-\infty}^{+\infty} f(x) dx$ 收敛的值不变.

例 5.3 求 $\int_{-\infty}^0 x e^x dx$ 的值.

解 由于

$$\int_{-b}^0 x e^x dx = [x e^x - e^x] \Big|_{-b}^0 = \frac{b+1}{e^b} - 1,$$

所以

$$\int_{-\infty}^0 x e^x dx = \lim_{b \to +\infty} \int_{-b}^0 x e^x dx = \lim_{b \to +\infty} \left(\frac{b+1}{e^b} - 1 \right) = -1. \quad ∎$$

例 5.4 求 $\int_{-\infty}^{+\infty} \frac{dx}{1+x^2}$ 的值.

解 由于该积分的值与 c 的选取无关,故可在(5.3)式中,取 $c=0$,则

$$\int_{-\infty}^{+\infty} \frac{dx}{1+x^2} = \lim_{a \to -\infty} \int_a^0 \frac{dx}{1+x^2} + \lim_{b \to +\infty} \int_0^b \frac{dx}{1+x^2}$$

$$= \lim_{a \to -\infty} \arctan x \Big|_a^0 + \lim_{b \to +\infty} \arctan x \Big|_0^b = -\left(-\frac{\pi}{2}\right) + \frac{\pi}{2} = \pi. \quad ∎$$

为了书写简便,经常省略极限符号,直接把+∞（或-∞）作上（下）限代入.按照这样做法,例5.3的运算过程可改写为

$$\int_{-\infty}^{0} xe^x dx = [xe^x - e^x]\Big|_{-\infty}^{0} = -1,$$

其中将下限-∞代入的含义就是：求 $x \to -\infty$ 时函数 $xe^x - e^x$ 的极限.

无穷区间上的积分有简单的几何意义.设在区间 $[a, +\infty)$ 上, $f(x) \geq 0$. 若 $\int_{a}^{+\infty} f(x) dx$ 收敛,它的值就是曲边梯形（图3.21中的阴影部分）的面积 $\int_{a}^{b} f(x) dx$ 当 $b \to +\infty$ 时的极限,也就是图3.21中阴影部分沿 x 轴正向向右无限伸展的平面图形的面积,是个有限值;若 $\int_{a}^{+\infty} f(x) dx$ 发散,则上述无限伸展的平面图形没有有限的面积.

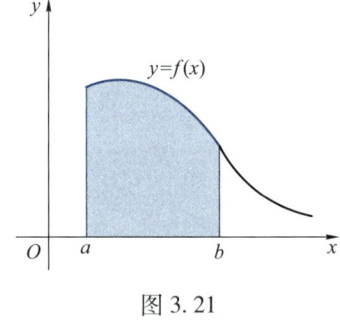

图 3.21

收敛的无穷积分有与定积分相类似的性质.例如,线性性质、对区间的可加性等.定积分中的换元法与分部积分法也可推广到这种反常积分,此处均不一一罗列,读者可直接应用.

5.2 无界函数的积分

定义 5.2（无界函数的积分） 设函数 f 定义在区间 $(a, b]$ 上, f 在 a 附近无界（此时称 a 为 f 的**奇点**）,并且对任意的 $\varepsilon > 0$, f 在 $[a+\varepsilon, b]$ 上 Riemann 可积,则称 $\lim_{\varepsilon \to 0^+} \int_{a+\varepsilon}^{b} f(x) dx$ 为**无界函数** f **在** $(a, b]$ **上的积分**,记作

$$\int_{a}^{b} f(x) dx = \lim_{\varepsilon \to 0^+} \int_{a+\varepsilon}^{b} f(x) dx. \tag{5.4}$$

若极限

$$\lim_{\varepsilon \to 0^+} \int_{a+\varepsilon}^{b} f(x) dx$$

存在,则称无界函数 f 在 $(a, b]$ 上的**积分收敛**,此时,称该极限为无界函数 f 在 $(a, b]$ 上**积分的值**;若极限不存在,则称该**积分发散**.收敛与发散统称为**敛散性**.

若 f 定义在 $[a, b)$ 上, b 为 f 的奇点,可类似地定义无界函数 f 在 $[a, b)$ 上的积分 $\int_{a}^{b} f(x) dx$ 及其敛

注意：两种反常积分（无穷区间上的积分和无界函数的积分）都是定义在定积分的基础上的,体现了人类通过已知（定积分）来认识未知（反常积分）的科学思想方法！而且还应注意,两类不同的反常积分及其敛散性用定积分定义的具体方法稍有不同！

散性.

设 f 定义在 $[a,c) \cup (c,b]$ 上, c 为 f 的奇点, 定义 f 在 $[a,b]$ 上的积分为

$$\int_a^b f(x)\,dx = \lim_{\varepsilon \to 0^+} \int_a^{c-\varepsilon} f(x)\,dx + \lim_{\delta \to 0^+} \int_{c+\delta}^b f(x)\,dx, \tag{5.5}$$

其中 ε 与 δ 为任意的不同正数,并且各自独立地趋于零. 若极限

$$\lim_{\varepsilon \to 0^+} \int_a^{c-\varepsilon} f(x)\,dx \ \text{与}\ \lim_{\delta \to 0^+} \int_{c+\delta}^b f(x)\,dx$$

同时存在,则称无界函数 f 在 $[a,b]$ 上的**积分收敛**;若其中有一个不存在,则称**积分发散**.

无穷区间上的积分与无界函数的积分统称为**反常积分**.

例 5.5 求积分 $\int_0^a \dfrac{dx}{\sqrt{a^2-x^2}}$ $(a>0)$ 的值.

解 由于 a 是 $\dfrac{1}{\sqrt{a^2-x^2}}$ 的奇点, 所以题中的积分是无界函数的积分. 由定义,

$$\int_0^a \frac{dx}{\sqrt{a^2-x^2}} = \lim_{\varepsilon \to 0^+} \int_0^{a-\varepsilon} \frac{dx}{\sqrt{a^2-x^2}} = \lim_{\varepsilon \to 0^+} \left(\arcsin \frac{x}{a} \Big|_0^{a-\varepsilon} \right) = \frac{\pi}{2}. \ \blacksquare$$

例 5.6 讨论积分 $\int_a^b \dfrac{dx}{(x-a)^p}$ $(a<b, p>0)$ 的敛散性.

解 由于 a 是 $\dfrac{1}{(x-a)^p}$ 的奇点, 所以题中的积分是无界函数的积分. 当 $p=1$ 时, 对于任意的 $\varepsilon>0$,

$$\int_{a+\varepsilon}^b \frac{dx}{x-a} = \ln(x-a) \Big|_{a+\varepsilon}^b = \ln(b-a) - \ln \varepsilon.$$

由于当 $\varepsilon \to 0$ 时, 此定积分的极限不存在, 故积分 $\int_a^b \dfrac{dx}{x-a}$ 发散. 当 $p \neq 1$ 时, 由于

$$\lim_{\varepsilon \to 0^+} \int_{a+\varepsilon}^b \frac{dx}{(x-a)^p} = \lim_{\varepsilon \to 0^+} \left[\frac{(x-a)^{1-p}}{1-p} \Big|_{a+\varepsilon}^b \right] = \lim_{\varepsilon \to 0^+} \left[\frac{(b-a)^{1-p}}{1-p} - \frac{\varepsilon^{1-p}}{1-p} \right]$$

$$= \begin{cases} \dfrac{(b-a)^{1-p}}{1-p}, & p<1, \\ +\infty, & p>1. \end{cases}$$

所以当 $p<1$ 时, 积分 $\int_a^b \dfrac{dx}{(x-a)^p}$ 收敛, 并且其值为 $\dfrac{(b-a)^{1-p}}{1-p}$; 当 $p>1$ 时, 该积分

发散.

综合上面的讨论得知：当 $p<1$ 时,该积分收敛；当 $p\geq 1$ 时,该积分发散.

由类似的讨论可知,积分 $\int_a^b \dfrac{\mathrm{d}x}{(b-x)^p}$ $(a<b,p>0)$ 当 $p<1$ 时收敛,当 $p\geq 1$ 时发散.

通常也把这两个积分叫做**无界函数的 p 积分**.

无界函数的积分也有简单的几何意义,读者可参照无穷区间上积分的几何意义去讨论,此处不再赘述.另外,定积分的性质以及定积分的换元法和分部积分法,也能推广到收敛的无界函数的积分中来.

为了书写简单起见,对于无界函数的积分,也可以用类似于定积分的 Newton-Leibniz 公式的表达形式来讨论它的敛散性,计算收敛积分的值,现说明如下：设 $f \in C[a,b)$,$x=b$ 为它的奇点,F 为 f 的一个原函数.由于

$$\lim_{\varepsilon \to 0^+}\int_a^{b-\varepsilon} f(x)\mathrm{d}x = \lim_{\varepsilon \to 0^+}\left(F(x)\Big|_a^{b-\varepsilon}\right) = \lim_{\varepsilon \to 0^+} F(b-\varepsilon) - F(a),$$

所以,积分 $\int_a^b f(x)\mathrm{d}x$ 收敛的充要条件是 $\lim_{\varepsilon \to 0^+} F(b-\varepsilon) = F(b-0)$ 存在.故若原函数 F 在 $x=b$ 处的左极限存在,则有

$$\int_a^b f(x)\mathrm{d}x = F(b-0) - F(a). \tag{5.6}$$

特别地,若原函数 F 在 $x=b$ 处左连续,则有

$$\int_a^b f(x)\mathrm{d}x = F(b) - F(a). \tag{5.7}$$

例如,在例 5.5 中,由于 $\arcsin \dfrac{x}{a}$ 是被积函数的一个原函数,并且它在 $x=a$ 处左连续,故例 5.5 的运算过程可直接写成

$$\int_0^a \dfrac{\mathrm{d}x}{\sqrt{a^2-x^2}} = \arcsin \dfrac{x}{a}\bigg|_0^a = \dfrac{\pi}{2}.$$

例 5.7 计算 $\int_0^1 \ln x \mathrm{d}x$.

解 由分部积分法容易求得 $\ln x$ 的一个原函数 $x\ln x - x$,它在 $x=0$ 处没有定义.但是利用 L'Hospital 法则可知

$$\lim_{x \to 0^+}(x\ln x - x) = 0,$$

故

$$\int_0^1 \ln x \, dx = x(\ln x - 1) \Big|_{0+0}^1 = -1. \blacksquare$$

如果函数 f 的奇点在 $[a,b]$ 之内,或者在 $[a,b]$ 上有几个奇点,除这些奇点外均连续,只要 f 的原函数 F 在这些点上都连续,那么公式(5.7)仍然成立.

例 5.8 计算 $\int_{-1}^{8} \dfrac{dx}{\sqrt[3]{x}}$.

解 $x = 0$ 是被积函数的奇点,但由于原函数 $F(x) = \dfrac{3}{2} x^{\frac{2}{3}}$ 在该点连续,故

$$\int_{-1}^{8} \dfrac{dx}{\sqrt[3]{x}} = \dfrac{3}{2} x^{\frac{2}{3}} \Big|_{-1}^{8} = \dfrac{9}{2}. \blacksquare$$

5.3 无穷区间上积分的审敛准则

上面已经看到,利用定义来判断反常积分的敛散性是比较困难的.因为用这种方法不但要求出被积函数的原函数,而且还要求极限.当原函数不能用初等函数来表示时,这种方法就更加无能为力了.因此,需要另外寻求判定反常积分敛散性的简便方法.下面的方法都是直接利用被积函数的性态来进行判定的.为了简便,我们只讨论无穷区间 $[a, +\infty)$ 上的积分,所得结论不难推广到其他情况.

定理 5.1(比较准则Ⅰ) 设 f, g 在 $[a, +\infty)$ 上连续,并且

$$0 \leqslant f(x) \leqslant g(x), \quad \forall x \in [a, +\infty), \tag{5.8}$$

则

(1) 当 $\int_a^{+\infty} g(x) \, dx$ 收敛时,$\int_a^{+\infty} f(x) \, dx$ 收敛;

(2) 当 $\int_a^{+\infty} f(x) \, dx$ 发散时,$\int_a^{+\infty} g(x) \, dx$ 发散.

证 (1) 对大于 a 的任意实数 b,由 $0 \leqslant f(x) \leqslant g(x)$ 知

$$\int_a^b f(x) \, dx \leqslant \int_a^b g(x) \, dx \leqslant \int_a^{+\infty} g(x) \, dx.$$

由于不等式右边的积分 $\int_a^{+\infty} g(x) \, dx$ 收敛,因而函数 $F(b) = \int_a^b f(x) \, dx$ 在 $[a, +\infty)$ 上有界.又因为 $f(x) \geqslant 0$,所以 $F(b)$ 是 b 的单调增函数,故极限

$$\lim_{b \to +\infty} \int_a^b f(x) \, dx$$

存在,即 $\int_a^{+\infty} f(x) \, dx$ 收敛.

(2) 结论(2)可用反证法直接从结论(1)得到. $\blacksquare$

容易看出,若将不等式(5.8)成立的区间换成 $[c,+\infty)$,其中 c 为大于 a 的任一实数,结论仍然成立.

例 5.9 证明无穷积分 $\int_0^{+\infty} e^{-x^2} dx$ 收敛.

证 由于 $x>1$ 时,$0<e^{-x^2}<e^{-x}$,而积分

$$\int_1^{+\infty} e^{-x} dx = -e^{-x}\Big|_1^{+\infty} = e^{-1}$$

收敛,所以 $\int_1^{+\infty} e^{-x^2} dx$ 收敛,从而无穷积分

$$\int_0^{+\infty} e^{-x^2} dx = \int_0^1 e^{-x^2} dx + \int_1^{+\infty} e^{-x^2} dx$$

也收敛. ∎

定理 5.2(比较准则 Ⅱ) 如果 f,g 为 $[a,+\infty)$ 上的非负连续函数,而且 $g(x)>0$,设 $\lim\limits_{x\to+\infty}\dfrac{f(x)}{g(x)}=\lambda$ (有限或 $+\infty$),那么

(1) 当 $\lambda>0$ 时,$\int_a^{+\infty} f(x) dx$ 与 $\int_a^{+\infty} g(x) dx$ 同时收敛或同时发散;

(2) 当 $\lambda=0$ 时,若 $\int_a^{+\infty} g(x) dx$ 收敛,则 $\int_a^{+\infty} f(x) dx$ 也收敛;

(3) 当 $\lambda=+\infty$ 时,若 $\int_a^{+\infty} g(x) dx$ 发散,则 $\int_a^{+\infty} f(x) dx$ 也发散.

证 (1) 由于 $\lim\limits_{x\to+\infty}\dfrac{f(x)}{g(x)}=\lambda>0$,所以存在正数 $c\geqslant a$,使当 $x\geqslant c$ 时,恒有

$$-\frac{\lambda}{2} < \frac{f(x)}{g(x)} - \lambda < \frac{\lambda}{2}.$$

注意到 $g(x)>0$,从而有

$$0 < \frac{\lambda}{2} g(x) < f(x) < \frac{3}{2}\lambda g(x).$$

由比较准则 Ⅰ 及其后面的说明易知,$\int_a^{+\infty} f(x) dx$ 与 $\int_a^{+\infty} g(x) dx$ 同敛散.

(2) 由于 $\lim\limits_{x\to+\infty}\dfrac{f(x)}{g(x)}=0$,故 $\forall \varepsilon>0$,$\exists$ 正数 $c\geqslant a$,使当 $x\geqslant c$ 时,恒有

$$-\varepsilon < \frac{f(x)}{g(x)} < \varepsilon,$$

从而有

$$-\varepsilon g(x) < f(x) < \varepsilon g(x).$$

为了利用比较准则 I，在上式中同加 $\varepsilon g(x)$，得

$$0 < f(x) + \varepsilon g(x) < 2\varepsilon g(x).$$

由于 $\int_a^{+\infty} g(x)\mathrm{d}x$ 收敛，故由比较准则 I 知积分 $\int_a^{+\infty} [f(x) + \varepsilon g(x)]\mathrm{d}x$ 也收敛. 又因为

$$\int_a^{+\infty} f(x)\mathrm{d}x = \int_a^{+\infty} [f(x) + \varepsilon g(x)]\mathrm{d}x - \int_a^{+\infty} \varepsilon g(x)\mathrm{d}x,$$

所以 $\int_a^{+\infty} f(x)\mathrm{d}x$ 收敛.

(3) 证明留给读者. ∎

由于 p 积分的敛散性已经知道，因而在利用比较准则 II 时，经常取 $\dfrac{1}{x^p}$ 作为 $g(x)$ 来判定积分 $\int_a^{+\infty} f(x)\mathrm{d}x$ 的敛散性.

例 5.10 判定下列积分的敛散性：

(1) $\int_0^{+\infty} \dfrac{\mathrm{d}x}{x^2 + x + 1}$； (2) $\int_0^{+\infty} \dfrac{\mathrm{d}x}{3x + \sqrt{x} + 2}$.

解 (1) 设 $f(x) = \dfrac{1}{x^2+x+1}, g(x) = \dfrac{1}{x^2}$. 因为

$$\lim_{x \to +\infty} \frac{f(x)}{g(x)} = \lim_{x \to +\infty} \frac{x^2}{x^2+x+1} = 1,$$

二维码 3.5.1
函数奇偶性在
反常积分中的
应用.

而 $\int_1^{+\infty} \dfrac{\mathrm{d}x}{x^2}$ 收敛，所以 $\int_1^{+\infty} \dfrac{\mathrm{d}x}{x^2+x+1}$ 也收敛，从而知

$$\int_0^{+\infty} \frac{\mathrm{d}x}{x^2+x+1} = \int_0^1 \frac{\mathrm{d}x}{x^2+x+1} + \int_1^{+\infty} \frac{\mathrm{d}x}{x^2+x+1}$$

收敛.

(2) 设 $f(x) = \dfrac{1}{3x+\sqrt{x}+2}, g(x) = \dfrac{1}{x}$. 因为 $\lim\limits_{x \to +\infty} \dfrac{f(x)}{g(x)} = \dfrac{1}{3}$, $\int_1^{+\infty} \dfrac{1}{x}\mathrm{d}x$ 发散，所以

$$\int_0^{+\infty} \frac{\mathrm{d}x}{3x+\sqrt{x}+2} = \int_0^1 \frac{\mathrm{d}x}{3x+\sqrt{x}+2} + \int_1^{+\infty} \frac{\mathrm{d}x}{3x+\sqrt{x}+2}$$ 也发散. ∎

上面两个准则仅适用于 f 在 $[a, +\infty)$ 上是定号函数（非负或非正）的情形，下面我们再考虑 f 变号的情形.

定理 5.3（绝对收敛准则） 设 $f \in C[a, +\infty)$，如果 $\int_a^{+\infty} |f(x)|\mathrm{d}x$ 收敛，那么

$\int_a^{+\infty} f(x)\mathrm{d}x$ 也收敛(此时称积分 $\int_a^{+\infty} f(x)\mathrm{d}x$ **绝对收敛**.).

证 由于 $0 \leqslant |f(x)| - f(x) \leqslant 2|f(x)|$,又已知

$$\int_a^{+\infty} 2|f(x)|\mathrm{d}x = 2\int_a^{+\infty} |f(x)|\mathrm{d}x$$

收敛,由比较准则 I 知 $\int_a^{+\infty} [|f(x)| - f(x)]\mathrm{d}x$ 收敛,所以

$$\int_a^{+\infty} f(x)\mathrm{d}x = \int_a^{+\infty} |f(x)|\mathrm{d}x - \int_a^{+\infty} [|f(x)| - f(x)]\mathrm{d}x$$

也收敛. ∎

☞二维码 3.5.2
绝对收敛与收敛的关系.

例 5.11 判断 $\int_0^{+\infty} \mathrm{e}^{-x}\sin x\,\mathrm{d}x$ 的敛散性.

解 由于 $|\mathrm{e}^{-x}\sin x| \leqslant \mathrm{e}^{-x}$,而 $\int_0^{+\infty} \mathrm{e}^{-x}\mathrm{d}x$ 收敛,所以 $\int_0^{+\infty} |\mathrm{e}^{-x}\sin x|\mathrm{d}x$ 收敛,即原积分绝对收敛. ∎

5.4 无界函数积分的审敛准则

无界函数积分也有与无穷积分类似的审敛准则,这些准则的证明读者可仿照无穷积分的相应准则完成.下面仅列出 f,g 在 $(a,b]$ 连续,a 为奇点的无界函数积分的审敛准则.

定理 5.4(比较准则 I) 设 f,g 在 $(a,b]$ 连续,a 是它们的奇点,且在 $(a,b]$ 上有

$$0 \leqslant f(x) \leqslant g(x),$$

则

(1) 当 $\int_a^b g(x)\mathrm{d}x$ 收敛时,$\int_a^b f(x)\mathrm{d}x$ 收敛;

(2) 当 $\int_a^b f(x)\mathrm{d}x$ 发散时,$\int_a^b g(x)\mathrm{d}x$ 发散.

定理 5.5(比较准则 II) 设 f,g 在 $(a,b]$ 上非负连续,a 是它们的奇点,且 $g(x)>0$.又 $\lim\limits_{x\to a^+}\dfrac{f(x)}{g(x)} = \lambda$ (有限或 $+\infty$),则

(1) 当 $\lambda>0$ 时,$\int_a^b f(x)\mathrm{d}x$ 与 $\int_a^b g(x)\mathrm{d}x$ 同时收敛或同时发散;

(2) 当 $\lambda=0$ 时,若 $\int_a^b g(x)\mathrm{d}x$ 收敛,则 $\int_a^b f(x)\mathrm{d}x$ 也收敛;

(3) 当 $\lambda=+\infty$ 时,若 $\int_a^b g(x)\mathrm{d}x$ 发散,则 $\int_a^b f(x)\mathrm{d}x$ 也发散.

定理 5.6（绝对收敛准则） 设 f 在 $(a,b]$ 上连续，a 是奇点. 若 $\int_a^b |f(x)| \, dx$ 收敛，则 $\int_a^b f(x) \, dx$ 也收敛（此时称 $\int_a^b f(x) \, dx$ **绝对收敛**.）.

例 5.12 判定下列积分的敛散性：

(1) $\int_0^1 \dfrac{dx}{\sqrt{(1-x^2)(1-k^2x^2)}} \quad (k^2 < 1)$；

(2) $\int_0^1 \dfrac{\sin x}{x^{3/2}} dx$；

(3) $\int_0^1 \dfrac{dx}{(\sqrt{x})^3 + 3x^2}$；

(4) $\int_0^1 \dfrac{1}{\sqrt{x}} \sin \dfrac{1}{x} dx$.

解 (1) 当 $x \in [0,1)$ 时，

$$0 < \frac{1}{\sqrt{(1-x^2)(1-k^2x^2)}} = \frac{1}{\sqrt{1-x}\sqrt{(1+x)(1-k^2x^2)}}$$

$$< \frac{1}{\sqrt{1-k^2}} \cdot \frac{1}{\sqrt{1-x}},$$

而积分

$$\int_0^1 \frac{1}{\sqrt{1-k^2}} \cdot \frac{1}{\sqrt{1-x}} dx = \frac{1}{\sqrt{1-k^2}} \int_0^1 \frac{dx}{\sqrt{1-x}}$$

收敛，由比较准则 I 知原积分收敛.

(2) 取 $f(x) = \dfrac{\sin x}{x^{3/2}}$，$g(x) = \dfrac{1}{\sqrt{x}}$，则

$$\lim_{x \to 0^+} \frac{f(x)}{g(x)} = \lim_{x \to 0^+} \frac{\sin x}{x} = 1.$$

又 $\int_0^1 \dfrac{1}{\sqrt{x}} dx$ 收敛，由比较准则 II 知原积分收敛.

(3) 取 $f(x) = \dfrac{1}{(\sqrt{x})^3 + 3x^2}$，$g(x) = \dfrac{1}{(\sqrt{x})^3}$，则

$$\lim_{x \to 0^+} \frac{f(x)}{g(x)} = \lim_{x \to 0^+} \frac{x^{3/2}}{x^{3/2} + 3x^2} = 1.$$

又 $\int_0^1 \dfrac{1}{x^{3/2}} dx$ 发散，由比较准则 II 知原积分发散.

(4) 由于 $|f(x)| = \left| \dfrac{1}{\sqrt{x}} \sin \dfrac{1}{x} \right| \leq \dfrac{1}{\sqrt{x}}$，而 $\int_0^1 \dfrac{1}{\sqrt{x}} dx$ 收敛，由比较准则 I 知

$\int_0^1 |f(x)| \, dx$ 收敛，因而原积分绝对收敛. ∎

5.5 Γ 函数

作为反常积分的一个具体例子，我们来介绍在工程技术中有重要应用的一个特殊函数——Γ(Gamma)函数，它是用含有参数的反常积分来定义的非初等函数.

在说明什么是 Γ 函数之前，先证明含参数 α 的反常积分 $\int_0^{+\infty} x^{\alpha-1} e^{-x} dx$ 当 $\alpha > 0$ 时收敛.

事实上，由于这个反常积分的积分区间 $[0, +\infty)$ 是无穷的，并且当 $\alpha - 1 < 0$ 时，$x = 0$ 是 $x^{\alpha-1} e^{-x}$ 的奇点，因此，它既是无穷积分，又是无界函数的积分. 为了讨论它的收敛性，将它改写成

$$\int_0^{+\infty} x^{\alpha-1} e^{-x} dx = \int_0^1 x^{\alpha-1} e^{-x} dx + \int_1^{+\infty} x^{\alpha-1} e^{-x} dx.$$

对于积分 $\int_0^1 x^{\alpha-1} e^{-x} dx$，当 $\alpha \geq 1$ 时为定积分. 当 $0 < \alpha < 1$ 时，由于反常积分 $\int_0^1 x^{\alpha-1} dx$ 收敛（它属于例 5.6 中的无界函数 p 积分），而

$$\lim_{x \to 0^+} \frac{x^{\alpha-1} e^{-x}}{x^{\alpha-1}} = 1,$$

由无界函数积分的比较审敛准则 Ⅱ 可知，当 $0 < \alpha < 1$ 时，积分 $\int_0^1 x^{\alpha-1} e^{-x} dx$ 收敛. 故当 $\alpha > 0$ 时，该积分收敛.

又因为无穷积分 $\int_1^{+\infty} e^{-\frac{x}{2}} dx$ 显然收敛，而对任何实数 α，

$$\lim_{x \to +\infty} \frac{x^{\alpha-1} e^{-x}}{e^{-\frac{x}{2}}} = 0,$$

由无穷积分的比较准则 Ⅱ 可知，对于任何实数 α，积分 $\int_1^{+\infty} x^{\alpha-1} e^{-x} dx$ 都收敛.

综上所述，当 $\alpha > 0$ 时，反常积分 $\int_0^{+\infty} x^{\alpha-1} e^{-x} dx$ 收敛.

定义 5.3（Γ 函数） 由反常积分 $\int_0^{+\infty} x^{\alpha-1} e^{-x} dx$ 在区间 $(0, +\infty)$ 内确定的以 α 为自变量的函数，称为 **Γ 函数**，记作

$$\Gamma(\alpha) = \int_0^{+\infty} x^{\alpha-1} e^{-x} dx, \quad \alpha \in (0, +\infty). \tag{5.9}$$

利用分部积分法不难得知，Γ 函数满足如下的递推关系：

$$\Gamma(\alpha + 1) = \alpha\Gamma(\alpha). \tag{5.10}$$

事实上,

$$\Gamma(\alpha + 1) = \int_0^{+\infty} x^\alpha e^{-x} dx = -x^\alpha e^{-x}\Big|_0^{+\infty} + \alpha \int_0^{+\infty} x^{\alpha-1} e^{-x} dx$$

$$= \alpha \int_0^{+\infty} x^{\alpha-1} e^{-x} dx = \alpha\Gamma(\alpha).$$

在递推关系式(5.10)中取 $\alpha = n \in \mathbf{N}_+$,并连续使用 n 次得

$$\Gamma(n + 1) = n\Gamma(n) = \cdots = n!\ \Gamma(1).$$

而

$$\Gamma(1) = \int_0^{+\infty} e^{-x} dx = -e^{-x}\Big|_0^{+\infty} = 1,$$

故

$$\Gamma(n + 1) = \int_0^{+\infty} x^n e^{-x} dx = n!.$$

习题 3.5

(A)

1. 利用定义判定下列无穷积分的敛散性. 如果收敛,计算它的值.

(1) $\int_1^{+\infty} \dfrac{dx}{(1+x)\sqrt{x}}$;

(2) $\int_5^{+\infty} \dfrac{dx}{x(x+15)}$;

(3) $\int_0^{+\infty} e^{-\sqrt{x}} dx$;

(4) $\int_1^{+\infty} \dfrac{\arctan x}{x^2} dx$;

(5) $\int_{-\infty}^{+\infty} \dfrac{dx}{x^2 + 2x + 2}$;

(6) $\int_{-\infty}^{+\infty} \dfrac{x}{\sqrt{1+x^2}} dx$.

2. 利用定义判定下列无界函数积分的敛散性. 如果收敛,计算它的值.

(1) $\int_0^1 \dfrac{x dx}{\sqrt{1-x^2}}$;

(2) $\int_1^2 \dfrac{dx}{(x-1)^2}$;

(3) $\int_1^2 \dfrac{x}{\sqrt{x-1}} dx$;

(4) $\int_0^2 \dfrac{dx}{x^2 - 4x + 3}$;

(5) $\int_a^b \dfrac{dx}{\sqrt{(x-a)(b-x)}}\ (a < b)$;

(6) $\int_0^1 \ln x\, dx$;

(7) $\int_1^e \dfrac{dx}{x\sqrt{1-(\ln x)^2}}$;

(8) $\int_1^3 \ln\sqrt{\dfrac{\pi}{|2-x|}}\, dx$.

3. 利用定义判定下列反常积分的敛散性. 如果收敛,计算它的值.

(1) $\int_{-\frac{\pi}{4}}^{-\infty} \frac{1}{x^2} \sin \frac{1}{x} dx$;　　　　　　(2) $\int_{1}^{+\infty} \frac{dx}{x\sqrt{x-1}}$.

4. 当 k 取何值时,反常积分 $\int_{e}^{+\infty} \frac{dx}{x(\ln x)^k}$ 收敛? k 为何值时它发散?

5. 利用各种判别准则,讨论下列无穷积分的敛散性:

(1) $\int_{0}^{+\infty} \frac{xdx}{x^3+x^2+1}$;　　　　(2) $\int_{1}^{+\infty} \frac{dx}{x\sqrt{x+1}}$;

(3) $\int_{1}^{+\infty} \frac{dx}{\sqrt{x\sqrt{x}}}$;　　　　　(4) $\int_{0}^{+\infty} e^{-kx} \cos x dx \quad (k>0)$.

6. 利用各种判别准则,讨论下列反常积分的敛散性:

(1) $\int_{0}^{2} \frac{dx}{\ln x}$;　　　　　　(2) $\int_{0}^{1} \frac{dx}{\sqrt{1-x^4}}$;

(3) $\int_{0}^{1} \frac{dx}{\sqrt{x}\sqrt{1-x^2}}$;　　　　(4) $\int_{0}^{1} \frac{dx}{\sqrt[3]{x}(1-x)^2}$;

(5) $\int_{2}^{+\infty} \frac{dx}{x^3\sqrt{x^2-3x+2}}$.

7. 下列两种判定积分 $\int_{-\infty}^{+\infty} \frac{x}{1+x^2} dx$ 敛散性的做法哪一种是错误的? 为什么?

解法一

$$\int_{-\infty}^{+\infty} \frac{x}{1+x^2} dx = \lim_{a \to +\infty} \int_{-a}^{+a} \frac{x}{1+x^2} dx = \lim_{a \to +\infty} \frac{1}{2} \ln(1+x^2) \Big|_{-a}^{a}$$

$$= \lim_{a \to +\infty} \frac{1}{2} \{\ln(1+a^2) - \ln[1+(-a)^2]\} = 0,$$

故该积分收敛.

解法二

$$\int_{-\infty}^{+\infty} \frac{x}{1+x^2} dx = \int_{-\infty}^{0} \frac{x}{1+x^2} dx + \int_{0}^{+\infty} \frac{x}{1+x^2} dx$$

$$= \lim_{a \to -\infty} \frac{1}{2} \ln(1+x^2) \Big|_{a}^{0} + \lim_{b \to +\infty} \frac{1}{2} \ln(1+x^2) \Big|_{0}^{b},$$

由于两个极限都不存在,所以该积分发散.

8. 下列两种判定积分 $\int_{1}^{+\infty} \frac{1}{x(1+x)} dx$ 敛散性的做法哪一种是错误的? 为什么?

解法一

$$\int_{1}^{+\infty} \frac{1}{x(1+x)} dx = \int_{1}^{+\infty} \left(\frac{1}{x} - \frac{1}{1+x}\right) dx = \lim_{b \to +\infty} \ln \frac{x}{1+x} \Big|_{1}^{b} = \ln 2,$$

因而收敛.

解法二

$$\int_{1}^{+\infty} \frac{1}{x(1+x)} dx = \lim_{b \to +\infty} \ln x \Big|_{1}^{b} - \lim_{b \to +\infty} \ln(1+x) \Big|_{1}^{b},$$

两个极限都不存在,因而发散.

(B)

1. 设 f 在 $[a,c) \cup (c,b]$ 连续,且 $\lim\limits_{x \to c} f(x) = \infty$,那么反常积分 $\int_a^b f(x) \mathrm{d}x$ 能否用极限

$$\lim_{\varepsilon \to 0^+} \left\{ \int_a^{c-\varepsilon} f(x) \mathrm{d}x + \int_{c+\varepsilon}^b f(x) \mathrm{d}x \right\}$$

来定义？为什么？讨论积分 $\int_0^2 \dfrac{\mathrm{d}x}{1-x}$ 的敛散性.

2. 讨论下列反常积分的敛散性：

(1) $\int_0^{\frac{\pi}{2}} \dfrac{\mathrm{d}x}{\sin^p x \cos^q x}$ $(p,q>0)$; (2) $\int_1^{+\infty} \dfrac{\mathrm{d}x}{x^p \ln^q x}$ $(p,q>0)$;

(3) $\int_0^{+\infty} \dfrac{\ln(1+x)}{x^\alpha} \mathrm{d}x$ $(0<\alpha<+\infty)$; (4) $\int_0^{\frac{\pi}{2}} \dfrac{\ln \sin x}{\sqrt{x}} \mathrm{d}x$.

3. 证明：当 $p>0, q>0$ 时,反常积分 $\int_0^1 x^{p-1}(1-x)^{q-1} \mathrm{d}x$ 收敛.此时,该积分是参数 p,q 的函数,称为 **Beta 函数**,记作

$$\beta(p,q) = \int_0^1 x^{p-1}(1-x)^{q-1} \mathrm{d}x \quad (p>0, q>0).$$

进而证明 Beta 函数有下列性质：

(1) $\beta(p,q) = \beta(q,p)$;

(2) 当 $q>1$ 时,$\beta(p,q) = \dfrac{q-1}{p+q-1} \beta(p,q-1)$;

当 $p>1$ 时,$\beta(p,q) = \dfrac{p-1}{p+q-1} \beta(p-1,q)$;

(3) 若 $m,n \in \mathbf{N}_+$,则 $\beta(n,m) = \dfrac{\Gamma(n)\Gamma(m)}{\Gamma(m+n)}$.

第 3 章习题

1. 选择题（在每小题给出的四个选项中只有一个是正确的,试选择正确的选项并说明理由.）

(1) 设函数 $f(x)$ 在 $[a,b]$ 上存在原函数 $F(x)$,则(　　).

　　(A) $f(x)$ 在 $[a,b]$ 上可积　　　　　　(B) $f(x)$ 在 $[a,b]$ 上连续

　　(C) $\int_a^b f(x) \mathrm{d}x = F(b) - F(a)$　　　(D) $F(x)$ 在 $[a,b]$ 上可导

(2) 设函数 $f(x)$ 在 $[a,b]$ 上可积,则(　　).

　　(A) $f(x)$ 在 $[a,b]$ 上存在原函数　　　(B) $f(x)$ 在 $[a,b]$ 上连续

　　(C) $f(x)$ 在 $[a,b]$ 上最多只能有有限个间断点　　(D) $f(x)$ 在 $[a,b]$ 上有界

(3) 设 $f(x)$ 是连续函数，$F(x)$ 是 $f(x)$ 的原函数，则( ).

(A) 当 $f(x)$ 是奇函数时，$F(x)$ 必是偶函数

(B) 当 $f(x)$ 是偶函数时，$F(x)$ 必是奇函数

(C) 当 $f(x)$ 是周期函数时，$F(x)$ 必是周期函数

(D) 当 $f(x)$ 是单调增函数时，$F(x)$ 必是单调增函数

(4) 为了利用换元法计算下列各题中的定积分，都给出了变量代换. 其中正确的是( ).

(A) $\int_0^1 x^2 dx$，设 $t = x^2$

(B) $\int_{-1}^1 \frac{dx}{1+x^2}$，设 $x = \frac{1}{t}$

(C) $\int_0^\pi \frac{dx}{1+\sin^2 x}$，设 $t = \tan x$

(D) $\int_1^4 \frac{dx}{1+\sqrt{x}}$，设 $x = t^2$

2. 讨论函数

$$f(x) = \begin{cases} \dfrac{\sin 2(e^x - 1)}{\int_0^x \sqrt{1+t^3} dt}, & x > 0, \\ 2, & x = 0, \\ \dfrac{1}{x}\int_0^x \cos^2 t \, dt, & x < 0 \end{cases}$$

的连续性.

3. 设 $g(x)$ 是可微函数 $f(x)$ 的反函数，其中 $x>0$，且 $\int_1^{f(x)} g(t) dt = \frac{1}{3}(x^{\frac{3}{2}} - 8)$，求 $f(x)$.

4. 求下列极限：

(1) $\lim\limits_{n\to+\infty} \sum\limits_{k=1}^n \dfrac{1}{n+k}$;

(2) $\lim\limits_{n\to+\infty} \sum\limits_{k=1}^n \dfrac{2^{\frac{k}{n}}}{n+\frac{1}{k}}$;

(3) $\lim\limits_{n\to+\infty} \dfrac{1^p + 2^p + \cdots + n^p}{n^{p+1}} \quad (p>0)$;

(4) $\lim\limits_{n\to+\infty} \int_0^{\frac{1}{2}} \dfrac{x^n}{1+x^n} dx$.

5. 求下列积分：

(1) $\int \dfrac{x\ln(x+\sqrt{1+x^2})}{\sqrt{1+x^2}} dx$;

(2) $\int \dfrac{\arctan e^x}{e^x} dx$;

(3) $\int \dfrac{\arctan x}{x^2(1+x^2)} dx$;

(4) $\int \cos^2 \sqrt{x} \, dx$;

(5) $\int \cos \ln x \, dx$;

(6) $\int \sqrt{\dfrac{1+x}{1-x}} \, dx$;

(7) $\int \dfrac{dx}{\sin x \sqrt{1+\cos x}}$;

(8) $\int_0^\pi \dfrac{\sin x}{\sqrt{1+\sin x}} dx$;

(9) $\int_{-\frac{\pi}{4}}^{\frac{\pi}{4}} \dfrac{dx}{1+\sin x}$;

(10) $\int_0^a \dfrac{dx}{x+\sqrt{a^2-x^2}}$;

(11) 设 $\int_{\alpha}^{2\ln 2} \dfrac{dt}{\sqrt{e^t - 1}} = \dfrac{\pi}{6}$,求 α; (12) $\int_0^{\pi} \sqrt{\sin x - \sin^3 x}\,dx$;

(13) 设 $f(x) = \begin{cases} \dfrac{1}{1+x}, & x \geq 0, \\ \dfrac{1}{1+e^x}, & x < 0, \end{cases}$ 求 $\int_0^2 f(x-1)\,dx$;

(14) $\int \dfrac{dx}{\sqrt{e^x - 1}}$; (15) $\int_{\frac{1}{e}}^{e} |\ln x|\,dx$;

(16) $\int_1^e \ln^3 x\,dx$; (17) $\int_0^{2n\pi} \dfrac{dx}{\sin^4 x + \cos^4 x}$ $(n \in \mathbf{N}_+)$;

(18) $\int_0^1 x^{m-1}(1-x)^{n-1}\,dx$ $(n, m \in \mathbf{N}_+)$;

(19) $\int \sqrt{\dfrac{x}{1 + x\sqrt{x}}}\,dx$; (20) $\int x(1+x^2)\operatorname{arccot} x\,dx$;

(21) $\int x\tan x\sec^4 x\,dx$; (22) $\int \dfrac{x+1}{\sqrt{x - x^2}}\,dx$.

6. 设 $f(x)$ 为连续函数,证明:

$$\int_0^{2\pi} f(a\cos x + b\sin x)\,dx = 2\int_{-\frac{\pi}{2}}^{\frac{\pi}{2}} f(\sqrt{a^2 + b^2}\sin x)\,dx \quad (\text{其中 } a, b \text{ 为常数}).$$

7. 设 $f(n) = \int_0^{\frac{\pi}{4}} \tan^n x\,dx$ $(n > 2, n \in \mathbf{N}_+)$,证明: $f(n) + f(n-2) = \dfrac{1}{n-1}$.

8. 设 $f(x)$ 在 $[0,1]$ 上连续且单调减,证明:对任何 $\alpha \in (0,1)$ 有

$$\int_0^{\alpha} f(x)\,dx \geq \alpha \int_0^1 f(x)\,dx.$$

9. 设 $f(x) = \int_1^x \dfrac{\ln x}{1+x}\,dx$,求 $f(x) + f\left(\dfrac{1}{x}\right)$.

10. 设 $f(x)$ 连续, $f(\pi) = 2$, $\int_0^{\pi} [f(x) + f''(x)]\sin x\,dx = 5$, 求 $f(0)$.

11. 求 $\int_{-1}^1 |x-y| e^x\,dx$, 其中 $|y| < 1$.

12. 已知 $\lim\limits_{x \to +\infty} \left(\dfrac{x+c}{x-c}\right)^x = \int_{-\infty}^{c} xe^{2x}\,dx$, 求 c.

13. 求直线 $y = \dfrac{x}{2}$, $x = 1$ 及曲线 $y = \lim\limits_{\alpha \to +\infty} \dfrac{x}{1 + x^2 - e^{\alpha x}}$ 所围成平面图形的面积.

14. 求曲线 $y = e^{-x}\sqrt{\sin x}$ $(0 \leq x \leq \pi)$ 与 x 轴围成图形绕 x 轴旋转一周所得旋转体的体积.

15. 在曲线 $y = 1 - x^2$ 上找一点 $P(x_0, y_0)$, 其中 $x_0 \neq 0$, 过 P 作该曲线的切线,使切线与该曲线及两坐标轴围成平面图形面积最小.

16. 设 $f(x)$ 在 $[0,1]$ 上可微, 且 $f(1) = 2\int_0^{\frac{1}{2}} xf(x)\,dx$. 证明: 存在 $\xi \in (0,1)$, 使 $f(\xi) +$

$\xi f'(\xi) = 0.$

综合练习题

某工厂生产某产品经过两道工序.第一道工序在甲车间进行,第二道工序在乙车间进行,甲车间的产品作为乙车间的原料.甲车间的生产速度为每月 500 件,乙车间的生产速度为每月 100 件.由于受到乙车间生产能力的限制,甲车间要进行等周期的有间断的生产,同时还必须保证乙车间不停工待料.甲的产品运到乙之前要包装,平均每批产品(即一个周期内生产的产品)的包装费为 5 元.如果甲车间的产品运送到乙车间后暂时来不及加工,则要花储存费用,每件产品每天的储存费为 0.006 元.

(1) 试将一个月内用于包装和储存产品的总费用 y 表示为生产周期 T(天)的函数 $y=f(T)$;

(2) 求最优生产周期 T_0,使 $f(T)$ 最小,并求甲车间在一个周期 $[0, T_0]$ 内的实际生产的天数 t_0.

第四章 常微分方程

> 微分方程是运用数学理论,特别是微积分去解决实际问题的一个重要数学工具.人们在探索事物运动变化规律时,首先要建立数学模型,有关连续量变化规律的数学模型往往是含有未知函数导数的方程,也就是本章要讨论的微分方程,包括一阶微分方程、高阶线性微分方程和线性微分方程组.
>
> 本章将介绍微分方程的一些基本概念和线性微分方程(方程组)解的性质与结构,重点讲解各类方程的求解方法.我们首先讨论几类一阶微分方程的求解方法;然后在高阶微分方程中,讨论几种可降阶的方程,特别是高阶常系数线性方程的求解问题;最后简要介绍常系数线性微分方程组的求解问题.

第一节 几类简单的微分方程

为了研究事物的运动变化规律,必须建立描述运动变化规律的函数关系.然而,在实际问题中,与问题有关的变量之间的函数关系往往很难直接建立,常常只能根据问题的具体含义和有关知识,得到未知函数及其导数(或微分)的关系式,然后再设法由此关系式求出未知函数.这样的关系式就是微分方程,由此关系式求出未知函数就是解微分方程.前面讲过的已知导函数 $f(x)$ 求其原函数 $y=F(x)$ (或不定积分 $\int f(x)\mathrm{d}x = F(x) + C$)的问题,实际上就是求解最简单的微分方程

$$\frac{\mathrm{d}y}{\mathrm{d}x} = f(x)$$

的问题.在实际问题中所遇到的微分方程大都比较复杂,因此,研究微分方程理论及其求解方法就是我们面临的一个重要课题.本节主要讨论几类能直接利用积分方法求解的简单微分方程及其应用.

1.1 几个基本概念

首先,通过两个简单的例子来说明有关微分方程的几个基本概念.

例 1.1 设一平面曲线通过 xOy 平面上的点 $(1,2)$,曲线上任一点 (x,y) 处的切线斜率为 $2x$,求该曲线的方程.

解 设所求曲线的方程为 $y=y(x)$,根据导数的几何意义,它应满足

$$\frac{dy}{dx}=2x \quad (\text{或 } dy=2xdx),$$

这是一个含未知函数 $y=y(x)$ 的导数(或微分)的关系式.两端对 x 积分得

$$y=\int 2xdx = x^2+C,$$

其中 C 是任意常数.根据题目要求,它还应满足附加条件

$$y\big|_{x=1}=2.$$

将此条件代入上式即得 $C=1$,因此所求曲线的方程为

$$y=x^2+1. \quad \blacksquare$$

例 1.2 设质量为 m 的质点从高为 H 的地方自由下落(图 4.1),其初速度为 v_0.不考虑空气的阻力,试求质点在下落过程中高度 h 与时间 t 的关系.

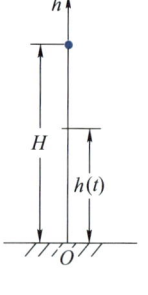

图 4.1

解 设质点开始下落的时刻为 $t=0$,在任意时刻 t,质点的高度为 $h=h(t)$,则由 Newton 第二定律,h 应满足

$$m\frac{d^2h}{dt^2}=-mg \quad \text{或} \quad \frac{d^2h}{dt^2}=-g.$$

对上式两次积分可得

$$h(t)=-\frac{1}{2}gt^2+C_1t+C_2,$$

其中 C_1 与 C_2 是两个任意常数.根据题意,还应满足两个附加条件

$$h\big|_{t=0}=H, \quad v=\frac{dh}{dt}\bigg|_{t=0}=v_0.$$

将它们代入上式可得 $C_1=v_0$,$C_2=H$,因此所求的 $h(t)$ 应为

$$h(t)=H-\frac{1}{2}gt^2+v_0t. \quad \blacksquare$$

一般地,称含有未知函数导数(或微分)的方程为**微分方程**.上面两个例子中的方

程 $\dfrac{dy}{dx}=2x$ 与 $\dfrac{d^2h}{dt^2}=-g$ 就是两个简单的微分方程. 又如

$$ydx+xdy=0,\quad y''+2y'+3y=e^x,\quad y''+(y')^3=x$$

等都是微分方程. 如果方程中的未知函数 y 是自变量 x 的一元函数,则称该方程为**常微分方程**.

微分方程中所含未知函数的最高阶导数(或微分)的阶数,称为该方程的**阶**. 例如, $\dfrac{dy}{dx}=2x$, $ydx+xdy=0$ 都是一阶微分方程, 而 $\dfrac{d^2h}{dt^2}=-g$, $y''+2y'+3y=e^x$ 与 $y''+(y')^3=x$ 都是二阶微分方程.

满足微分方程的函数 $y=y(x)$ 称为该方程的**解**. 换句话说,如果将函数 $y=y(x)$ 及其导数(或微分)代入微分方程,能使方程变为恒等式,那么,函数 $y=y(x)$ 称为该方程的**解**. 例如 $y=x^2+C$ 与 $y=x^2+1$ 都是方程 $\dfrac{dy}{dx}=2x$ 的解;而 $h=H-\dfrac{1}{2}gt^2+v_0t$ 与 $h=-\dfrac{1}{2}gt^2+C_1t+C_2$ 都是方程 $\dfrac{d^2h}{dt^2}=-g$ 的解.

如果微分方程的解中含有任意常数,并且其中独立的任意常数的个数等于该方程的阶数,则称这样的解为微分方程的**通解**. 两个任意常数称为是独立的,是指它们不能通过运算合并成一个. 例如, $y=x^2+C$ 与 $h=-\dfrac{1}{2}gt^2+C_1t+C_2$ 分别是方程 $\dfrac{dy}{dx}=2x$ 与 $\dfrac{d^2h}{dt^2}=-g$ 的通解. 不难验证, $h=-\dfrac{1}{2}gt^2+C_1t$ 与 $h=-\dfrac{1}{2}gt^2+C_1+2C_2$ 虽然都是二阶方程 $\dfrac{d^2h}{dt^2}=-g$ 的解,但不是通解. 这是因为前者只含一个任意常数,后者形式上虽然含有两个任意常数,但它们不独立,只要令 $C=C_1+2C_2$ 就合并成为一个任意常数了.

注:并非任何微分方程都有通解,例如, 方程 $|y'|+y^2=0$ 只有解 $y=0$,而 $(y')^2+1=0$ 与 $(y')^2+y^2=-1$ 没有实数解. 今后若无特别声明,本书仅讨论微分方程的实数解.

注意:微分方程的通解不一定能包含方程的所有解. 例如,读者不难验证, $y=\sin(x+C)$ 是方程 $y'=\sqrt{1-y^2}$ 的通解, $y=\pm 1$ 也是该方程的解,但不包含在上述通解中.

微分方程的通解反映了由该方程所描写的某一类运动过程的一般变化规律(例 1.2 中的通解反映了自由落体运动在物体下落过程中高 h 随时间 t 的一般变化规律),要确定某一具体运动过程的特定规律(例 1.2 中质点自高为 H 处以初速度 v_0 自由下落的运动规律),还必须根据问题的具体情况,提出一些附加条件来确定通解中任意常数,这种附加条件叫做**定解条件**. 像例 1.2 与例 1.1 中的那种反映运动初始状态或曲线在某一点特定状态的定解条件,叫做**初值条件**或**初始条件**. 一般地, n 阶微分方程的初值条件有 n 个,就是当自变量 x 取某确定的值 x_0 时,未知函数及其从一

阶直到 $n-1$ 阶导数的值，即

$$y|_{x=x_0} = y_0, \quad y'|_{x=x_0} = y_1, \quad \cdots, \quad y^{(n-1)}|_{x=x_0} = y_{n-1}.$$

微分方程的不含任意常数的解，称为**特解**。一般地，它可利用定解条件（例如初值条件）由通解确定出其中的任意常数后得到。例如，$y = x^2 + 1$ 是方程 $\dfrac{\mathrm{d}y}{\mathrm{d}x} = 2x$ 满足初值条件 $y|_{x=1} = 2$ 的特解，而 $h = H - \dfrac{1}{2}gt^2 + v_0 t$ 是方程 $\dfrac{\mathrm{d}^2 h}{\mathrm{d}t^2} = -g$ 满足初值条件 $h|_{t=0} = H$ 与 $\left.\dfrac{\mathrm{d}h}{\mathrm{d}t}\right|_{t=0} = v_0$ 的特解。

一阶微分方程及其解的几何意义

为了更直观地理解微分方程及其解的含义，下面以例 1.1 中的一阶微分方程为例，对微分方程及其解作简单的几何解释。

考察例 1.1 中的微分方程 $\dfrac{\mathrm{d}y}{\mathrm{d}x} = 2x$。给定了这样一个微分方程，就意味着在 xOy 平面内的任一点 $P(x,y)$，确定了唯一的值 $\left.\dfrac{\mathrm{d}y}{\mathrm{d}x}\right|_{(x,y)} = 2x$。在几何上，就相当于在 xOy 平面上任一点 P 处确定了一条斜率为 $2x$ 的小线段，称为点 P 处的**线素**，从而在 xOy 平面上确定了一个**线素场**（图 4.2(a)）。求该方程的通解，就是求无穷多条抛物线 $y = x^2 + C$，使得它们在 xOy 平面内的任一点 $P(x,y)$ 处的切线都恰好与该点的线素重合（图 4.2(b)），称为微分方程所确定的**积分曲线族**。求该方程满足初值条件 $y|_{x=x_0} = y_0$ 的特解，就是从通解所表示的积分曲线族中找出一条通过点 $P_0(x_0, y_0)$ 的**积分曲线**。例如满足初值条件 $y|_{x=0} = 1$ 的特解就是通过点 $(0,1)$ 的抛物线 $y = x^2 + 1$。

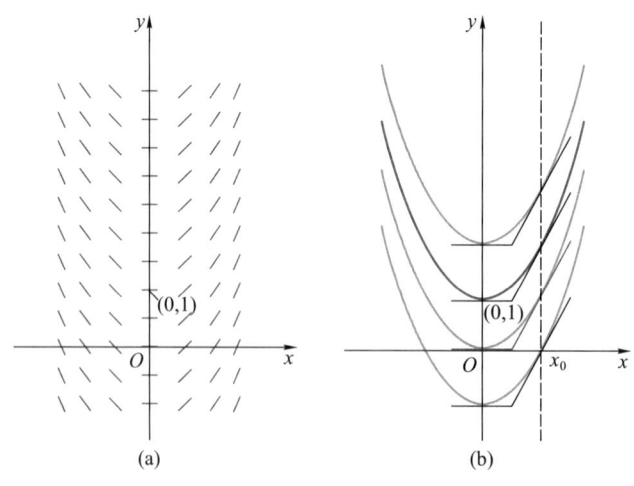

图 4.2

一般地,给定一个一阶微分方程,就在一个平面区域上确定了一个线素场.求微分方程的通解,就是求一族积分曲线,使它们在此平面区域内任一点处的切线都与该点的线素相重合.求该方程满足初值条件$y|_{x=x_0}=y_0$的特解,就是在积分曲线族中求出通过点(x_0,y_0)的那一条积分曲线.

1.2 可分离变量的一阶微分方程

形如
$$\frac{dy}{dx}=f(x)g(y) \tag{1.1}$$

的一阶微分方程称为**可分离变量方程**.对于这类方程,如果$g(y)\neq 0$,那么它就可写成

$$\frac{dy}{g(y)}=f(x)dx. \tag{1.2}$$

此时,变量x与y已被分离在等号两边.下面讨论这类方程的解法.

设f与g都是连续函数,$y=y(x)$是原方程的任一解,将它代入(1.2)式,则有恒等式

$$\frac{y'(x)dx}{g[y(x)]}\equiv f(x)dx,$$

两端对x积分,得

$$\int\frac{y'(x)}{g[y(x)]}dx\equiv\int f(x)dx+C.$$

注意:在解微分方程时,为了突出任意常数C,常把$\int f(x)dx$中所含的任意常数C明确写出来.

根据不定积分的换元积分法则(Ⅰ),得

$$\int\frac{dy}{g(y)}=\int f(x)dx+C. \tag{1.3}$$

不难说明,由此式所确定的隐函数$y=y(x)$就是方程(1.2)的通解.事实上,将它两边对x求微分即得(1.2)式,所以它是方程(1.2)的解,其中含有一个任意常数C,所以是方程(1.2)的通解.又因为,凡方程(1.2)的解都是方程(1.1)的解,所以(1.3)式就是原方程(1.1)的通解.今后,我们就用对(1.2)式两端积分得到(1.3)式来求得方程(1.1)的通解.这种通过分离变量来求解微分方程的方法叫做**分离变量法**.

如果存在常数y_0,使$g(y_0)=0$,那么,$y=y_0$显然满足方程(1.1),从而也是原方程(1.1)的解.如果$y=y_0$包含在(1.3)式中(即它可由(1.3)式中C取某特定常数得到),那么,我们也把包含$y=y_0$的(1.3)式理解为方程(1.1)的通解;如果$y=y_0$不含在(1.3)式中,那么我们就把(1.3)式理解为原方程的通解.

例 1.3 求微分方程 $\dfrac{\mathrm{d}y}{\mathrm{d}x}=2xy$ 的通解.

解 该方程是变量可分离方程.设 $y\neq 0$,分离变量得

$$\dfrac{\mathrm{d}y}{y}=2x\mathrm{d}x.$$

两端积分,则

$$\int\dfrac{\mathrm{d}y}{y}=\int 2x\mathrm{d}x+C_1,$$

从而得

$$\ln|y|=x^2+C_1.$$

故

$$|y|=\mathrm{e}^{x^2+C_1}=\mathrm{e}^{C_1}\mathrm{e}^{x^2} \quad \text{或} \quad y=C\mathrm{e}^{x^2},$$

其中 $C=\pm\mathrm{e}^{C_1}$ 是非零的任意常数.

由于 $y=0$ 显然也是原方程的解,只要允许 C 可以取 0,那么它就可以包含在 $y=C\mathrm{e}^{x^2}$ 中.因此,所求方程的通解可以写成 $y=C\mathrm{e}^{x^2}$,其中 C 为任意常数. ∎

注意:与解代数方程时出现丢根问题类似,在利用分离变量法求解微分方程时容易出现丢解问题.为避免这种情况,切记在将方程 (1.1) 分离变量为 (1.2) 式时要分别讨论 $g(y)\neq 0$ 和存在 y_0 使 $g(y_0)=0$ 两种情形.若只讨论前一情形就可能丢解.如例 1.3 中,只能求得 $y=\pm\mathrm{e}^{C_1}\mathrm{e}^{x^2}$,它虽是通解,但 $\pm\mathrm{e}^{C_1}\neq 0$,丢失了 $y=0$ 这个解.

例 1.4 求微分方程 $xy\mathrm{d}x+(x^2+1)\mathrm{d}y=0$ 满足初值条件 $y|_{x=0}=1$ 的特解.

解 先求方程的通解.分离变量得

$$\dfrac{\mathrm{d}y}{y}=-\dfrac{x}{x^2+1}\mathrm{d}x,$$

两端积分得

$$\ln|y|=-\dfrac{1}{2}\ln(x^2+1)+C_1,$$

所以

$$y=\dfrac{C}{\sqrt{x^2+1}}$$

注:由于本题仅求满足初值条件 $y|_{x=0}=1$ 的特解,故这里不必讨论 $y=0$ 的情形.否则,也应讨论 $y=0$ 的情形.

(其中 $C=\pm\mathrm{e}^{C_1}$)就是所求方程的通解.将初值条件代入,得知 $C=1$,故 $y=\dfrac{1}{\sqrt{x^2+1}}$ 即为所求特解. ∎

1.3 一阶线性微分方程

未知函数及其导数都是一次的一阶微分方程称为**一阶线性微分方程**,它的一般形式是

$$y'+P(x)y=Q(x). \tag{1.4}$$

若 $Q(x) \equiv 0$ 上式变为

$$y' + P(x)y = 0, \tag{1.5}$$

称它为与方程(1.4)对应的**齐次线性微分方程**,而方程(1.4)称为**非齐次线性微分方程**,其中 $P(x)$ 与 $Q(x)$ 为连续函数.

齐次线性微分方程(1.5)是可分离变量方程.若 $y \neq 0$,分离变量后得

$$\frac{\mathrm{d}y}{y} = -P(x)\mathrm{d}x,$$

两端积分即得其通解为

$$\ln|y| = -\int P(x)\mathrm{d}x + C_1,$$

或

$$y = C\mathrm{e}^{-\int P(x)\mathrm{d}x}. \tag{1.6}$$

显然,$y = 0$ 也是方程(1.5)的解,并且能包含在通解(1.6)中.今后在解题中不再一一说明.

下面讨论如何求对应的非齐次线性微分方程的解.设方程(1.4)的解为 $y = y(x)$,则

$$y(x)/\mathrm{e}^{-\int P(x)\mathrm{d}x}$$

必是 x 的函数,记之为 $h(x)$.事实上,若 $h(x)$ 是一个常数 C,则由(1.6)式,$y(x) = C\mathrm{e}^{-\int P(x)\mathrm{d}x}$ 必是齐次线性方程(1.5)的解,而不可能是非齐次方程(1.4)的解.因此,非齐次线性微分方程(1.4)的解应为如下形式:

$$y = h(x)\mathrm{e}^{-\int P(x)\mathrm{d}x}. \tag{1.7}$$

为了求得方程(1.4)的解,只要将它代入(1.4)式确定 $h(x)$ 就行了.由于

$$y' = h'(x)\mathrm{e}^{-\int P(x)\mathrm{d}x} - h(x)P(x)\mathrm{e}^{-\int P(x)\mathrm{d}x}$$
$$= h'(x)\mathrm{e}^{-\int P(x)\mathrm{d}x} - P(x)y,$$

代入(1.4)式,得

$$h'(x)\mathrm{e}^{-\int P(x)\mathrm{d}x} - P(x)y + P(x)y = Q(x),$$

从而有

$$h'(x) = Q(x)\mathrm{e}^{\int P(x)\mathrm{d}x},$$

所以

注意:不要混淆"阶"和"次".微分方程的"阶"是指未知函数最高阶导数的阶数,"次"是指未知函数或其导数的最高幂次数.它们都与自变量无关.

例如:$y' + x^3 y^2 + x^3 = 0$ 是一阶二次方程,$y'' + x^3 y + \sin x = 0$ 是二阶线性方程.

注:常数变易法(将齐次线性微分方程通解中的任意常数 C 变成待定函数 $h(x)$)体现了利用齐次线性微分方程的通解(已知)求对应非齐次方程通解(未知)的重要思想方法,后面还将利用这种思想方法讨论高阶非齐次线性方程与方程组的求解问题.

$$h(x) = \int Q(x) e^{\int P(x) dx} dx + C.$$

将它代入(1.7)式,便得到非齐次线性微分方程(1.4)的通解

$$y = e^{-\int P(x) dx} \left(\int Q(x) e^{\int P(x) dx} dx + C \right). \tag{1.8}$$

上述通过将齐次线性微分方程通解中的任意常数 C 换成待定函数 $h(x)$ 求对应非齐次线性微分方程通解的方法称为**常数变易法**. 如果将通解公式(1.8)写成如下形式:

$$y = C e^{-\int P(x) dx} + e^{-\int P(x) dx} \int Q(x) e^{\int P(x) dx} dx,$$

那么易见,右端第一项就是齐次线性微分方程(1.5)的通解,第二项是非齐次线性微分方程(1.4)的一个特解(因为它可由在(1.8)式中取 $C=0$ 得到). 从而得知, 非齐次线性微分方程的通解等于它的一个特解与它所对应的齐次线性微分方程的通解之和.

注: 这段带波纹的话给出了非齐次线性微分方程的解的结构, 称为非齐次线性微分方程**解的结构定理**. 若能用某种特殊方法(包括观察验证)求得非齐次方程的一个特解, 可直接用该定理求得非齐次方程的通解.

在求解非齐次线性微分方程的时候,不必套用通解公式(1.8), 最好直接使用常数变易法.

例 1.5 求微分方程 $\dfrac{dx}{dt} + x = t$ 的通解.

解 由分离变量法易得对应的齐次线性微分方程

$$\frac{dx}{dt} + x = 0$$

的通解为 $x = C e^{-t}$. 再用常数变易法求原方程的通解. 设其通解为

$$x = h(t) e^{-t}, \tag{1.9}$$

则

$$\frac{dx}{dt} = h'(t) e^{-t} - h(t) e^{-t}.$$

代入原方程并化简得

$$h'(t) = t e^{t},$$

从而有

$$h(t) = \int t e^{t} dt = t e^{t} - e^{t} + C.$$

将它代入(1.9)式,得原方程的通解

$$x = (t e^{t} - e^{t} + C) e^{-t} = C e^{-t} + t - 1. \quad \blacksquare$$

例 1.6 求微分方程 $\dfrac{dy}{dx}=\dfrac{y}{y^3+x}$ 的通解和满足初值条件 $y|_{x=0}=1$ 的特解.

解 表面上看,此方程不是线性微分方程.但是,如果把 y 看作是自变量,x 看作是因变量,利用反函数求导法则,可把原方程改写成

$$\frac{dx}{dy}=\frac{y^3+x}{y}=\frac{1}{y}x+y^2, \tag{1.10}$$

那么,就得到一个关于未知函数 x 的一阶非齐次线性微分方程了.

先求解对应的齐次线性微分方程

$$\frac{dx}{dy}=\frac{1}{y}x.$$

分离变量后积分得

$$\ln|x|=\ln|y|+\ln|C|^{①},$$

从而得齐次线性微分方程的通解为 $x=Cy$.

下面用常数变易法求非齐次线性微分方程的通解.令 $x=h(y)y$,则

$$\frac{dx}{dy}=h'(y)y+h(y).$$

代入方程(1.10)并化简,得 $h'(y)=y$,从而

$$h(y)=\frac{1}{2}y^2+C,$$

于是原方程通解为

$$x=\frac{1}{2}y^3+Cy.$$

代入初值条件 $y|_{x=0}=1$ 得 $C=-\dfrac{1}{2}$.这样,所求特解为 $x=\dfrac{1}{2}y(y^2-1)$. ∎

1.4 可用变量代换法求解的一阶微分方程

有些一阶微分方程不属于可分离变量的,也不是线性微分方程,不能直接用前面介绍的方法求解.但是,只要通过一个适当的变量代换,就能化为变量分离方程或线性微分方程.下面介绍几类常见的类型.

---

① 此处把积分常数写成 $\ln|C|$ 是为了合并后形式简洁.

1. 齐次微分方程

形如

$$\frac{dy}{dx} = f\left(\frac{y}{x}\right) \tag{1.11}$$

的一阶微分方程称为**齐次微分方程**,其中 f 是连续函数.

例如,方程 $\frac{dy}{dx} = 2\left(\frac{y}{x}\right)^2 + 1$, $\frac{dy}{dx} = \sin\frac{y}{x}$ 都是齐次方程;方程 $\frac{dy}{dx} = \frac{2x+3y}{x-4y}$ 也是一个齐次方程,因为它能化为 $\frac{dy}{dx} = \frac{2+3\frac{y}{x}}{1-4\frac{y}{x}}$. 对于这类方程,通过一个变量代换就可以化为变量分离方程.事实上,令 $u = \frac{y}{x}$ 或 $y = ux$,则 $\frac{dy}{dx} = u + x\frac{du}{dx}$,代入(1.11)式便得

$$u + x\frac{du}{dx} = f(u),$$

或

$$x\frac{du}{dx} = f(u) - u,$$

这就是一个变量分离方程.利用分离变量法求得通解后,再将 $u = \frac{y}{x}$ 代回便得齐次方程(1.11)的通解.

注意:采用通过变量代换将待求解的微分方程化为求解方法已知的某些类型的方程,这是数学中一种常用的方法.读者应分析和学习其中所采用的不同变量代换方法的特点,尝试可否用其他的变量代换,培养自己的分析研究能力和创新精神!

例 1.7 求方程 $x\frac{dy}{dx} - y = 2\sqrt{xy}$ 的通解.

解 方程两端同除以 x,便得一齐次微分方程

$$\frac{dy}{dx} - \frac{y}{x} = 2\sqrt{\frac{y}{x}}.$$

令 $u = \frac{y}{x}$,则 $\frac{dy}{dx} = u + x\frac{du}{dx}$. 代入上式,方程变为

$$x\frac{du}{dx} = 2\sqrt{u}. \tag{1.12}$$

分离变量(若 $u \neq 0$),

$$\frac{du}{2\sqrt{u}} = \frac{dx}{x},$$

两端积分得

$$\sqrt{u} = \ln|x| + C_1,$$

或

$$e^{\sqrt{u}} = Cx.$$

将 $u = \dfrac{y}{x}$ 代入便得所求方程的通解为 $e^{\sqrt{\frac{y}{x}}} = Cx$.

注意：例 1.7 中又给出了说明微分方程通解不一定能包括它的所有解的例子.

易见 $u = 0$ 是方程(1.12)的一个解,因而 $y = 0$ 也是原方程的一个解,但它不能包含在通解的表达式中. ∎

2. Bernoulli 方程

形如

$$\frac{\mathrm{d}y}{\mathrm{d}x} + P(x)y = Q(x)y^{\alpha} \quad (\alpha \neq 0, 1) \tag{1.13}$$

的方程称为 **Bernoulli 方程**,其中 $P(x), Q(x)$ 为连续函数.

这类方程可以通过一类变量代换化为线性微分方程.事实上,用 y^{α} 同除方程(1.13)的两端,我们得

$$y^{-\alpha}\frac{\mathrm{d}y}{\mathrm{d}x} + P(x)y^{1-\alpha} = Q(x).$$

作变量代换 $u = y^{1-\alpha}$,则 $\dfrac{\mathrm{d}u}{\mathrm{d}x} = (1-\alpha)y^{-\alpha}\dfrac{\mathrm{d}y}{\mathrm{d}x}$,从而上式变为线性微分方程

$$\frac{\mathrm{d}u}{\mathrm{d}x} + (1-\alpha)P(x)u = (1-\alpha)Q(x). \tag{1.14}$$

只要求得方程(1.14)的通解,再将 $u = y^{1-\alpha}$ 代入便得到方程(1.13)的通解.

例 1.8 求方程 $\dfrac{\mathrm{d}x}{\mathrm{d}t} - tx = t^3 x^2$ 的通解.

解 这是一个 Bernoulli 方程.令 $u = x^{-1}$,则 $\dfrac{\mathrm{d}u}{\mathrm{d}t} = -x^{-2}\dfrac{\mathrm{d}x}{\mathrm{d}t}$.于是原方程变为非齐次线性方程

$$\frac{\mathrm{d}u}{\mathrm{d}t} + tu = -t^3.$$

不难求得它的通解为

$$u = 2 - t^2 - Ce^{-\frac{1}{2}t^2},$$

从而得原方程的通解为

$$x = \frac{1}{2 - t^2 - Ce^{-\frac{1}{2}t^2}}.$$

易见 $x=0$ 也是给定方程的解,但它不能包含在通解中.

3. 其他可用变量代换法求解的一阶微分方程举例

例 1.9 求方程 $y'=\cos(x+y)$ 的通解.

解 令 $u=x+y$,则 $\dfrac{\mathrm{d}u}{\mathrm{d}x}=1+y'$.于是原方程变为

$$\frac{\mathrm{d}u}{\mathrm{d}x}=\cos u+1=2\cos^2\frac{u}{2}.$$

当 $\cos\dfrac{u}{2}\neq 0$ 时,分离变量并积分得

$$\int\frac{\mathrm{d}u}{2\cos^2\dfrac{u}{2}}=\int\mathrm{d}x,$$

从而有

$$\tan\frac{u}{2}=x+C,$$

所以原方程的通解为

$$\tan\frac{x+y}{2}=x+C.$$

当 $\cos\dfrac{u}{2}=0$ 时,$u=\pi+2k\pi$ ($k=0,\pm 1,\pm 2,\cdots$),即 $y=-x+\pi+2k\pi$ ($k=0,\pm 1,\pm 2,\cdots$),显然满足原方程,故也是解.但不含在通解中.

例 1.10 求方程 $\dfrac{\mathrm{d}y}{\mathrm{d}x}=\dfrac{x}{\cos y}-\tan y$ 满足初值条件 $y\big|_{x=0}=\dfrac{\pi}{4}$ 的特解.

解 先将所给方程化为如下形式:

$$\cos y\cdot\frac{\mathrm{d}y}{\mathrm{d}x}+\sin y=x.$$

令 $u=\sin y$,则 $\dfrac{\mathrm{d}u}{\mathrm{d}x}=\cos y\cdot\dfrac{\mathrm{d}y}{\mathrm{d}x}$,从而该方程又变为一阶线性方程

$$\frac{\mathrm{d}u}{\mathrm{d}x}+u=x.$$

不难求得它的通解为

$$u=Ce^{-x}+x-1.$$

从而得所给方程的通解为

$$\sin y=Ce^{-x}+x-1 \text{ 或 } y=\arcsin(Ce^{-x}+x-1).$$

代入初值条件得 $C=\frac{\sqrt{2}}{2}+1$,故所求特解为

$$y = \arcsin\left[\left(\frac{\sqrt{2}}{2}+1\right)\mathrm{e}^{-x} + x - 1\right].\quad\blacksquare$$

二维码 4.1.1
一阶微分方程
求解方法小结.

1.5 可降阶的高阶微分方程

一般来说,方程的阶数越高,求解也越复杂.下面仅以二阶微分方程为主,介绍可以用适当的变量代换降低方程的阶数(称为**降阶法**)求解的三类可降阶微分方程.

1. $y^{(n)}=f(x)$ **型方程**

这类方程的特征是右端仅含自变量 x.因此,通过 n 次积分就能得到它的通解.应当注意的是,每次积分都要出现一个任意常数,因而通解中含有 n 个独立的任意常数.例 1.2 中的方程就属于这种类型,这里不再举例.

2. $y''=f(x,y')$ **型方程**

这类方程的特征是方程中不显含未知函数 y.因此,只要作变量代换 $y'=p$,则 $y''=\frac{\mathrm{d}p}{\mathrm{d}x}$,原方程就化成以 p 为未知函数的一阶微分方程

$$\frac{\mathrm{d}p}{\mathrm{d}x}=f(x,p).$$

若能求出其通解 $p=F(x,C_1)$,代入 $\frac{\mathrm{d}y}{\mathrm{d}x}=p$ 便得

$$\frac{\mathrm{d}y}{\mathrm{d}x}=F(x,C_1),$$

再积分一次即得原方程的通解

$$y=\int F(x,C_1)\mathrm{d}x + C_2.$$

例 1.11 求微分方程 $(1+x^2)y''=2xy'$ 满足初值条件 $y|_{x=0}=1, y'|_{x=0}=3$ 的特解.

解 令 $y'=p$,则 $y''=\frac{\mathrm{d}p}{\mathrm{d}x}$,代入方程得

$$(1+x^2)\frac{\mathrm{d}p}{\mathrm{d}x}=2xp.$$

当 $p\neq 0$ 时,分离变量得

$$\frac{\mathrm{d}p}{p}=\frac{2x}{1+x^2}\mathrm{d}x,$$

两端积分,得
$$\ln|p| = \ln(1+x^2) + \ln|C_1|,$$
从而
$$p = C_1(1+x^2),$$
即
$$\frac{\mathrm{d}y}{\mathrm{d}x} = C_1(1+x^2).$$

注:$p=0$ 时,$y=C$ 也是方程的解. 但它不能满足初值条件 $p|_{x=0} = y'|_{x=0} = 3$.

两端再次积分,得
$$y = C_1\left(x + \frac{x^3}{3}\right) + C_2.$$

代入初值条件,得 $C_1 = 3$, $C_2 = 1$,故所求特解为
$$y = x^3 + 3x + 1. \quad \blacksquare$$

3. $y''=f(y,y')$ 型方程

这类方程的特征是方程中不显含自变量 x. 作变换 $y'=p$,以 p 为未知函数,y 为自变量,则由复合函数求导法则,
$$y'' = \frac{\mathrm{d}p}{\mathrm{d}x} = \frac{\mathrm{d}p}{\mathrm{d}y} \cdot \frac{\mathrm{d}y}{\mathrm{d}x} = p\frac{\mathrm{d}p}{\mathrm{d}y},$$

于是原方程化为关于 p 与 y 的一阶微分方程
$$p\frac{\mathrm{d}p}{\mathrm{d}y} = f(y,p).$$

若能求出它的通解 $p = F(y, C_1)$,代入 $y'=p$,得
$$\frac{\mathrm{d}y}{\mathrm{d}x} = F(y, C_1),$$

解此方程就可以得到原方程的通解.

例 1.12 求微分方程 $yy'' - (y')^2 = 0$ 的通解.

解 令 $y'=p$,则 $y''=p\dfrac{\mathrm{d}p}{\mathrm{d}y}$,代入方程得
$$yp\frac{\mathrm{d}p}{\mathrm{d}y} - p^2 = 0,$$

即
$$p\left(y\frac{\mathrm{d}p}{\mathrm{d}y} - p\right) = 0.$$

由 $p=0$ 解得 $y=C$；由方程 $y\dfrac{\mathrm{d}p}{\mathrm{d}y}=p$ 通过分离变量法解得 $p=C_1 y$. 再次使用分离变量法可以求得

$$y = C_2 \mathrm{e}^{C_1 x},$$

它就是原方程的通解（$y=C$ 包含在该通解中）. ▍

例 1.13 求微分方程 $y'y'''-2(y'')^2=0$ 的通解.

解 此方程既不含未知函数 y，也不含自变量 x，因此可用解第 2、3 两类方程的两种不同方法求解. 但在解题过程中应当根据具体情况，灵活运用.

先令 $y'=p$，按照第 2 类方程的解法，则有

$$y'' = \frac{\mathrm{d}p}{\mathrm{d}x}, \quad y''' = \frac{\mathrm{d}^2 p}{\mathrm{d}x^2},$$

代入方程得

$$p\frac{\mathrm{d}^2 p}{\mathrm{d}x^2} - 2\left(\frac{\mathrm{d}p}{\mathrm{d}x}\right)^2 = 0. \tag{1.15}$$

易见它是不显含 x 的第 3 类方程，因此令 $\dfrac{\mathrm{d}p}{\mathrm{d}x}=q$，则 $\dfrac{\mathrm{d}^2 p}{\mathrm{d}x^2}=q\dfrac{\mathrm{d}q}{\mathrm{d}p}$. 代入 (1.15) 式，得

$$pq\frac{\mathrm{d}q}{\mathrm{d}p} - 2q^2 = 0.$$

当 $q=\dfrac{\mathrm{d}p}{\mathrm{d}x}=y''\neq 0$ 且 $p\neq 0$ 时，有

$$\frac{\mathrm{d}q}{q} = \frac{2\mathrm{d}p}{p},$$

解之易得 $q(p)=\widetilde{C}_1 p^2$. 再由

$$\frac{\mathrm{d}p}{\mathrm{d}x} = q(p) = \widetilde{C}_1 p^2$$

可以解得 $p=\dfrac{1}{C_1 x+C_2}$，其中 $C_1=-\widetilde{C}_1$. 最后，由方程

$$\frac{\mathrm{d}y}{\mathrm{d}x} = p = \frac{1}{C_1 x + C_2}$$

就能求得原方程的通解

$$y = \frac{1}{C_1}\ln|C_1 x + C_2| + C_3. \tag{1.16}$$

当 $q = \dfrac{\mathrm{d}p}{\mathrm{d}x} = y'' = 0$ 时, 则知

$$y = A_1 x + A_2 \quad (\text{其中 } A_1, A_2 \text{ 为任意常数}) \tag{1.17}$$

也是原方程的解,但不含在通解(1.16)中.若 $p = y' = 0$,则有 $y = A$(任意常数),它包含在解(1.17)中. ∎

值得注意的是,如果要求例 1.13 中方程的特解,那么,当初值条件 $y'' \neq 0$ 时,应当将它代入(1.16)式来求;当 $y'' = 0$ 时,则应代入(1.17)式来求.

1.6 微分方程应用举例

用微分方程解决实际问题的一般步骤如下:

(1) 根据问题的实际背景,利用数学和有关学科的知识,建立微分方程与定解条件,也就是建立问题的数学模型;

(2) 根据方程的类型,用适当的方法求出方程的通解,并根据定解条件确定特解;

(3) 对所得结果进行具体分析,解释它的实际意义.如果它与实际相差甚远,那么就应修改模型,重新求解.

上述步骤中的关键和难点是第(1)步.通常有两种方法,一种是根据给定的几何条件或已知的物理等其他学科的定律;另一种是微小增量法或称微元法,但都需要根据实际问题作具体分析.所以读者应在不断的练习和实践中,逐步培养综合运用所学的知识分析和解决实际问题的能力.至于第(3)步,由于它与有关学科知识密切相关,这里不能多作讨论.下面举一些例子.

例 1.14 设自坐标原点到一曲线上任意一点的距离,等于曲线在该点的切线与 x 轴的交点到该点的距离.若此曲线通过点 $(1,2)$,试求它的方程.

解 (1) 建立微分方程与定解条件.设所求曲线的方程为 $y = y(x)$,$P(x, y)$ 为曲线上的任意一点,PQ 为曲线在点 P 处的切线.按题意,线段 $\overline{OP}$ 与 $\overline{PQ}$ 的长度相等(图 4.3),即

$$|\overline{OP}| = |\overline{PQ}|.$$

为求 $|\overline{PQ}|$ 的长度,先写出切线的方程

$$Y - y = y'(X - x).$$

当 $Y = 0$ 时,得点 Q 的横坐标为 $X = x - \dfrac{y}{y'}$.所以

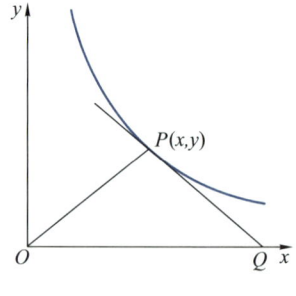

图 4.3

$$|\overline{PQ}| = \sqrt{(x-X)^2 + y^2} = \sqrt{\left(\frac{y}{y'}\right)^2 + y^2}.$$

由 $|\overline{OP}| = |\overline{PQ}|$ 得

$$\sqrt{x^2 + y^2} = \sqrt{\left(\frac{y}{y'}\right)^2 + y^2},$$

化简得微分方程

$$x^2 = \left(\frac{y}{y'}\right)^2 \quad \text{或} \quad y' = \pm\frac{y}{x}.$$

由已知,曲线通过点$(1,2)$,所以初值条件为 $y|_{x=1} = 2$.

(2) 解微分方程.用分离变量法容易解得方程的通解为 $y = C_1 x$ 或 $y = \frac{C_2}{x}$ (C_1 与 C_2 为任意常数).代入初值条件可得所求曲线的方程为

$$y = 2x \quad \text{或} \quad y = \frac{2}{x}.$$

容易验证,直线 $y = 2x$ 与双曲线 $y = \frac{2}{x}$ 都是所求的曲线. ∎

例 1.15(放射性同位素的衰变与考古问题) 根据原子物理学理论,放射性同位素碳-14(记作^{14}C)在时刻 t 的衰变速度与该时刻 ^{14}C 的含量成正比.生物体在未死亡时通过新陈代谢能不断地摄取^{14}C,使得生物体内的^{14}C与空气中的^{14}C百分含量相同.生物死亡后立即停止摄取^{14}C,并且尸体中的^{14}C开始衰变.假定生物死亡时刻(设为 $t=0$)体内^{14}C的含量为 x_0,试求死亡生物体内^{14}C含量随时间 t 的变化规律.

解 (1) 建立微分方程与定解条件.设生物在死亡后的时刻 t 体内^{14}C的含量为 $x(t)$,则 t 时刻^{14}C的衰变速度为 $\frac{dx}{dt}$.根据假设

$$\frac{dx}{dt} = -kx,$$

其中 $k>0$ 为比例常数,负号表示^{14}C的含量是不断递减的.由已知初值条件为 $x|_{t=0} = x_0$.

(2) 解方程.分离变量得

$$\frac{dx}{x} = -k\,dt,$$

两边积分可得方程的通解为 $x = Ce^{-kt}$,代入初值条件便得所求特解为

$$x = x_0 e^{-kt}.$$

(3) 由所得结果可知,死亡生物体内^{14}C的含量随时间 t 按指数规律不断衰减.据

此,人们既可以由生物死亡的时间估算出某时刻尸体内^{14}C的含量,也可以由死亡生物体内^{14}C的现存量估算生物死亡的时间.下面来讨论后面这个问题.

设^{14}C的半衰期(由给定数量的^{14}C衰减到一半所需的时间)为T,即$x(T) = \dfrac{x_0}{2}$.将它代入到$x(t) = x_0 e^{-kt}$中得$k = \dfrac{\ln 2}{T}$,故

$$x(t) = x_0 e^{-\frac{\ln 2}{T}t}.$$

由此解得死亡生物体内^{14}C的存量与死亡时间t的关系为

$$t = \frac{T}{\ln 2} \ln \frac{x_0}{x}. \tag{1.18}$$

由于x_0与x不便于测量,而表示^{14}C含量的变化率是容易测量的,因此,为求得死亡时间t,我们可将(1.18)式中的x与x_0通过导数表示.由$x = x_0 e^{-kt}$可知,

$$x'(t) = -k x_0 e^{-kt} = -k x(t), \quad x'(0) = -k x_0,$$

所以

$$\frac{x'(0)}{x'(t)} = \frac{x_0}{x},$$

代入t的表达式(1.18),得

$$t = \frac{T}{\ln 2} \ln \frac{x'(0)}{x'(t)}.$$

考古学家与地质学家就是利用上面的公式来估算文物或化石的年代的.例如,长沙马王堆一号墓于1972年8月出土时,测得出土木炭标本中^{14}C平均原子衰变速度为29.78次/min.人在刚死亡时体内所含^{14}C平均原子衰变速度与新砍伐木材烧成的木炭中^{14}C的平均原子衰变速度相同,为38.37次/min.又知^{14}C的半衰期为5 568年,将它们代入上式,可以算得

$$t = \frac{5\ 568}{\ln 2} \ln \frac{38.37}{29.78} \approx 2\ 036 \text{ 年},$$

因此马王堆一号墓大约是2 000多年前的汉墓. ∎

例1.16 生物种群繁殖的数学模型

1. Malthus 模型

1798年,Malthus 对生物种群的繁殖规律提出一种看法.他认为,一种群中个体数量的增长率与该时刻种群的个体数量成正比.设$x(t)$表示该种群在时刻t个体的数量,则其增长率为

$$\frac{\mathrm{d}x}{\mathrm{d}t} = rx(t), \tag{1.19}$$

或相对增长率为

$$\frac{1}{x} \cdot \frac{\mathrm{d}x}{\mathrm{d}t} = r,$$

其中常数 $r = B - D$，B 和 D 分别为该种群个体的平均生育率与死亡率.

模型(1.19)是一个很简单的微分方程.用分离变量法可求得其满足初值条件 $x(0) = x_0$ 的特解为

$$x(t) = x_0 \mathrm{e}^{rt}. \tag{1.20}$$

由(1.20)式可见，个体的数量 $x(t)$ 将随 t 呈指数形式增长.这一变化规律，在短时期内是与实验数据大致符合的.但当 $t \to +\infty$ 时，则有 $x(t) \to +\infty$，这与客观现实不符.因此，需要分析原因，修改数学模型.

2. logistic 模型

1838 年 Verhulst 指出，导致上述不符合现实情况的主要原因在于 Malthus 模型未能考虑"密度制约"因素.事实上，种群生活在一定的环境中，在资源给定的情况下，个体数目越多，每一个个体所获得资源就越少，这将抑制其生育率，增加其死亡率.因而相对增长率 $\frac{1}{x} \cdot \frac{\mathrm{d}x}{\mathrm{d}t}$ 不应是一常数 r，而应该是 r 乘上一个"密度制约"因子.这个因子是一个随 x 增大而单调减小的函数，设其为 $1 - \frac{x}{k}$，其中 k 称为环境的容纳量，它反映资源的丰富程度.于是 Verhulst 提出下述的 logistic 模型：

$$\frac{\mathrm{d}x}{\mathrm{d}t} = rx\left(1 - \frac{x}{k}\right), \tag{1.21}$$

这也是一个可分离变量的微分方程.

注：由(1.21)式可见，x 由小于 k 而接近 k 的 $\frac{\mathrm{d}x}{\mathrm{d}t}$ 逐渐减小，即种群数量 x 增长变慢，$x = k$ 时，不再增长，$x > k$ 时，负增长.这说明此环境对此种群个体的最大容纳量为 k.

分离变量后积分得

$$\int r\,\mathrm{d}t = \int \frac{\mathrm{d}x}{x\left(1 - \frac{x}{k}\right)} = \int \frac{1}{x}\mathrm{d}x + \frac{1}{k}\int \frac{1}{1 - \frac{x}{k}}\mathrm{d}x,$$

从而可求得方程(1.21)的通解为

$$x = \frac{k}{1 + C\mathrm{e}^{-rt}}.$$

设初值条件为 $x(0) = x_0$，则相应的特解为

$$x = \frac{kx_0}{(k - x_0)\mathrm{e}^{-rt} + x_0}. \tag{1.22}$$

由(1.22)式可以算得不同时刻 t 该环境内此种群个体的数量. 并且可见, 当 $t\to+\infty$ 时, $x(t)\to k$. 这说明随着时间的增长, 此种群个体数量将最终稳定为 k, 它就是环境对该种群的容纳量. ∎

例 1.17 (减肥问题) 减肥的问题实际上是减少体重的问题. 假定某人每天的饮食可产生热量 A J, 用于基本新陈代谢每天所消耗的热量为 B J, 用于锻炼、学习、工作所消耗的热量为 C J/d·kg. 为简单计, 假定增加(或减少)体重所需热量全由脂肪提供, 脂肪的含热量为 D J/kg. 求此人体重随时间的变化规律.

☞二维码 4.1.2
建立微分方程的微小增量法.

解 (1) 建立微分方程与定解条件. 设 t 时刻(单位: d(天))的体重为 $w(t)$, 根据热量平衡原理, 在 Δt 时间内,

人体热量的改变量 = 吸收的热量 − 消耗的热量.

Δt 时间内人体热量的改变量 $\Delta Q=D\Delta w$, 吸收的热量为 $A\Delta t$, 用于锻炼等所消耗的热量与体重有关, 因此随时间而变. 当 $|\Delta t|$ 很小时, 将其看作不变, 从而有

$$D\Delta w \approx [A-B-Cw(t)]\Delta t,$$

或

$$D\frac{\Delta w}{\Delta t} \approx A-B-Cw(t).$$

令 $\Delta t \to 0$ 取极限得

$$D\frac{\mathrm{d}w}{\mathrm{d}t} = A-B-Cw(t).$$

设开始减肥时体重为 w_0, 于是所建立的微分方程的初值问题为

$$\begin{cases} \dfrac{\mathrm{d}w}{\mathrm{d}t}=a-bw(t), \\ w(0)=w_0, \end{cases} \quad \text{其中 } a=\frac{A-B}{D}, b=\frac{C}{D}.$$

(2) 求解微分方程. 由分离变量法容易解得方程的通解为

$$w(t)=\mathrm{e}^{-bt}\left(c+\frac{a}{b}\mathrm{e}^{bt}\right).$$

代入初值条件可得特解为

$$w(t)=\frac{a}{b}+\left(w_0-\frac{a}{b}\right)\mathrm{e}^{-bt}.$$

(3) 由上面的结果易得如下结论:

1° 由于 $\lim\limits_{t\to\infty}w(t)=\dfrac{a}{b}$, 因此, 随着时间的增加体重将逐渐趋于常数 $\dfrac{a}{b}$. 又 $\dfrac{a}{b}=\dfrac{A-B}{C}$, 因此只要节制饮食, 加强锻炼, 调节新陈代谢, 使体重达到你所希望的值是可能的.

2° 若 $a=0$, 即 $A=B$, 则 $w=w_0\mathrm{e}^{-bt}$. 这就是说, 如果吃得太少, 摄取的热量仅够维

持新陈代谢的需要,那么,$\lim\limits_{t\to\infty} w(t)=0$.因此,长此以往,就有生命危险!

3° 若 $b=0$,即 $C=0$,则方程变为 $\dfrac{\mathrm{d}w}{\mathrm{d}t}=a$,解得 $w=at+w_0$.当 $t\to\infty$ 时,$w\to\infty$.这表明,如果只吃饭,不活动,不锻炼,身体就会越来越胖,也是非常危险的!

4° 可以进一步讨论限时减肥(例如举重运动员参赛前体重要降到规定的数值)或限时增肥(例如养猪场要在一定时间内使猪的重量达到一定值)问题.为此,就要设计出 a 与 b 的最佳组合,使体重在限期 $t=T$ 时达到允许的体重 $\widetilde{\omega}$,即

$$\widetilde{\omega}=\frac{a}{b}+\left(w_0-\frac{a}{b}\right)\mathrm{e}^{-bT}.$$

这个问题比较复杂,我们不再详细讨论.

习题 4.1

(A)

1. 用分离变量法求下列微分方程的解:

(1) $\dfrac{\mathrm{d}y}{\mathrm{d}x}=\dfrac{x}{y}$;

(2) $x\mathrm{d}y-y\ln y\mathrm{d}x=0$;

(3) $\dfrac{\mathrm{d}y}{\mathrm{d}x}=\dfrac{\sqrt{1-y^2}}{\sqrt{1-x^2}}$;

(4) $\dfrac{x}{1+y}\mathrm{d}x-\dfrac{y}{1+x}\mathrm{d}y=0, y\big|_{x=0}=1$;

(5) $(xy^2+x)\mathrm{d}x+(y-x^2y)\mathrm{d}y=0$;

(6) $\arctan y\mathrm{d}y+(1+y^2)x\mathrm{d}x=0$.

2. 求下列一阶线性微分方程的通解:

(1) $y'-2y=x+2$;

(2) $xy'-3y=x^4\mathrm{e}^x$;

(3) $(1+x^2)y'-2xy=(1+x^2)^2$;

(4) $\cos^2 x\dfrac{\mathrm{d}y}{\mathrm{d}x}+y=\tan x$;

(5) $x\ln x\mathrm{d}y+(y-\ln x)\mathrm{d}x=0$;

(6) $xy'-y=\dfrac{x}{\ln x}$.

3. 求下列齐次微分方程的解:

(1) $(2x^2-y^2)+3xy\dfrac{\mathrm{d}y}{\mathrm{d}x}=0$;

(2) $xy'=y\ln\dfrac{y}{x}$;

(3) $(x^3+y^3)\mathrm{d}x-3xy^2\mathrm{d}y=0$;

(4) $y'=\dfrac{x}{y}+\dfrac{y}{x}, y\big|_{x=-1}=2$.

4. 用适当方法求下列微分方程的通解:

(1) $y'-x^2y^2=y$;

(2) $3y^2y'-y^3=x+1$;

(3) $y'=\dfrac{1}{\mathrm{e}^y+x}$;

(4) $(\cos y-2x)'=1$;

(5) $\dfrac{\mathrm{d}y}{\mathrm{d}x}=(x+y)^2$;

(6) $y'=\sin^2(x-y+1)$;

(7) $yy'-y^2=x^2$;

(8) $xy'+y=y(\ln x+\ln y)$.

(9) $\cos y\,dx+(x-2\cos y)\sin y\,dy=0$;

(10) $(x^2+y^2+2x)\,dx+2y\,dy=0$.

5. 设有微分方程 $\dfrac{dy}{dx}=\varphi\left(\dfrac{ax+by+c}{dx+ey+f}\right)$,其中 $\varphi(u)$ 为连续函数,a,b,c,d,e,f 为常数.

(1) 若 $ae\neq bd$,证明:可适当选取常数 h 与 k,使变换 $x=u+h,y=v+k$ 把该方程化为齐次微分方程;

(2) 若 $ae=bd$,证明:可用一适当的变换把该方程化为变量分离方程;

(3) 用(1)或(2)中的方法分别求微分方程

$$\frac{dy}{dx}=\frac{x+y+4}{x-y-6} \quad \text{与} \quad \frac{dy}{dx}=\frac{1+x-y}{x-y}$$

的通解.

6. 求下列微分方程的解:

(1) $y''=\dfrac{1}{1+x^2}$;

(2) $y''=y'+x$;

(3) $y'''=y''$;

(4) $y''=1+(y')^2$;

(5) $yy''-1=(y')^2, y(1)=1, y'(1)=0$.

7. 设一曲线过点 $(1,0)$,曲线上任一点 $P(x,y)$ 处的切线在 y 轴上的截距等于原点到 P 点的距离,求此曲线方程.

8. 一曲线经过点 $(2,8)$,曲线上任一点到两坐标轴的垂线与两坐标轴构成的矩形被该曲线分为两部分,其中一部分的面积恰好是另一部分面积的两倍,求该曲线的方程.

9. 设有质量为 m 的降落伞以初速 v_0 开始降落,若空气的阻力与速度成正比,求降落伞下降的速度与时间的关系.

10. 容器内装有 10 L 盐水,其中含盐 1 kg.现以 3 L/min 的速度注入净水,同时以 2 L/min 的速度抽出盐水.试求 1 h 后容器内溶液的含盐量.

11. 由经济学知,市场上的商品价格的变化率与商品的过剩需求量(即需求量与供给量的差)成正比.假设某种商品的供给量 Q_1 与需求量 Q_2 都是价格 p 的线性函数:

$$Q_1=-a+bp,\quad Q_2=c-dp,$$

其中 a,b,c,d 都是正常数,试求该商品价格随时间的变化规律.

12. 海上的一只游船上有 800 人,其中一人患了某种传染病,12 小时后有 3 人被感染发病.由于这种传染病没有早期症状,所以感染者未被及时隔离.若疫苗能在 60 至 72 小时运到船上,传染病的传播速度与受感染的人数和未感染人数之积成正比,试估算疫苗运到时的发病人数.

(B)

1. 研究肿瘤细胞增殖动力学,能为肿瘤的临床治疗提供一定的理论依据.试按下述两种假设分别建立肿瘤生长的数学模型并求解:

(1) 设肿瘤体积 V 随时间 t 增大的速率与 V^b 成正比,其中 b 为常数(称为形状参数).开始测得

肿瘤体积为 V_0, 试分别求当 $b=\dfrac{2}{3}$ 与当 $b=1$ 时 V 随时间变化的规律, 以及当 $b=1$ 时肿瘤体积增加一倍所需的时间(称为倍增时间).

(2) 设肿瘤体积 V 随时间 t 增大的速率与 V 成正比, 但比例系数 k 不是常数, 它随时间 t 的增大而减少, 并且减小的速率与当时 k 的值成正比, 比例系数为常数. 试求 V 随时间 t 的变化规律、倍增时间及肿瘤体积的理论上限值.

2. (冷却定律与破案问题) 按照 Newton 冷却定律, 温度为 T 的物体在温度为 T_0 ($T_0<T$) 的环境中冷却的速度与温差 $T-T_0$ 成正比. 请你用该定律分析下面的问题. 某公安局于晚上 7 时 30 分发现一具女尸, 当晚 8 时 20 分法医测得尸体温度为 32.6℃. 一小时后, 尸体被抬走时又测得尸体温度为 31.4℃, 假定室温在几个小时内均为 21.1℃. 由案情分析得知张某是此案的主要犯罪嫌疑人, 但张某矢口否认, 并有证人说:"下午张某一直在办公室, 下午 5 时打了一个电话后才离开办公室". 从办公室到凶案现场步行需 5 min, 问张某是否能被排除在犯罪嫌疑人之外?

3. 设函数 $y=y(x)$ 在 $(0,+\infty)$ 内可微, 求 $y=y(x)$, 使它满足
$$x\int_0^x y(t)\,\mathrm{d}t = (x+1)\int_0^x ty(t)\,\mathrm{d}t.$$

4. 设 f 是 $C^{(1)}$ 类函数, 且
$$f(x+t) = \dfrac{f(x)+f(t)}{1-f(x)f(t)}, \quad f'(0) = 3,$$
试导出 $f(x)$ 所满足的微分方程, 并求 $f(x)$.

第二节 高阶线性微分方程

上一节讨论了几种一阶方程以及三种可降阶的高阶方程的求解问题. 本节要讨论的是另一种在科学技术中经常遇到的高阶方程——高阶线性微分方程. 主要内容有: 高阶线性微分方程的有关概念以及解的性质和结构, 常系数高阶线性微分方程的求解方法.

2.1 高阶线性微分方程举例

例 2.1 弹簧的机械振动 图 4.4 表示一个简单的减振装置. 质量为 m 的物体安置在弹簧上, 当物体稳定在位置 O 时, 作用在物体上的重力和弹性力大小相等、方向相反, 这个位置是物体的平衡位置. 设在垂直方向有一随时间周期变化的外界强迫力 $f_1(t)=H\sin pt$ 作用在物体上, 物体将受外力驱使而上下振动, 求振动过程中位移与时间所满足的关系方程.

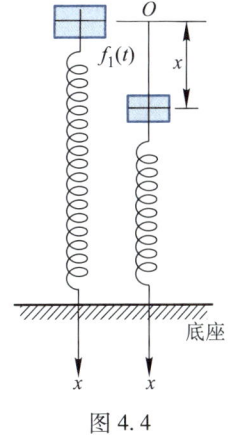

图 4.4

解 取物体的平衡位置为坐标原点,x 轴的方向垂直向下.设振动开始时刻 $t=0$,时刻 t 物体离开平衡位置的位移为 $x(t)$,先来建立 $x(t)$ 所应满足的方程.

物体在运动过程中受到外界强迫力、弹性力和介质阻力三个力的作用.

由 Hooke 定律知弹性力

$$f = -kx,$$

其中 k 为弹簧的劲度系数.设物体在振动过程中所受介质(如空气)的阻力 f_0 与运动速度 v 成正比,即

$$f_0 = -\mu v = -\mu \frac{\mathrm{d}x}{\mathrm{d}t},$$

其中 μ 为介质的阻尼系数,负号表示阻力方向与速度方向相反.于是根据 Newton 第二定律可得公式

$$ma = -kx - \mu \frac{\mathrm{d}x}{\mathrm{d}t} + f_1(t).$$

由于加速度 $a = \dfrac{\mathrm{d}^2 x}{\mathrm{d}t^2}$,故 $x(t)$ 应满足的微分方程为

$$m\frac{\mathrm{d}^2 x}{\mathrm{d}t^2} + \mu \frac{\mathrm{d}x}{\mathrm{d}t} + kx = H\sin pt,$$

将微分方程改写为

$$\frac{\mathrm{d}^2 x}{\mathrm{d}t^2} + 2\delta \frac{\mathrm{d}x}{\mathrm{d}t} + \omega^2 x = h\sin pt, \tag{2.1}$$

其中 $\delta = \dfrac{\mu}{2m}, \omega = \sqrt{\dfrac{k}{m}}, h = \dfrac{H}{m}$.

由于已取物体由平衡位置开始运动的时刻为 $t=0$ 且平衡位置为原点,因此运动还应满足条件

$$x\big|_{t=0} = 0, \quad v\big|_{t=0} = \frac{\mathrm{d}x}{\mathrm{d}t}\bigg|_{t=0} = 0. \tag{2.2}$$

于是,振动过程中位移随时间的变化规律应满足微分方程(2.1)与初值条件(2.2),方程(2.1)是一个二阶线性微分方程. ∎

例 2.2 *RLC* 电路中的电压变化规律

图 4.5 是 *RLC* 电路图,其中 R 为电阻,L 为电感,C 为电容.设电容器已经充电,它的两极板间电压为 E.当开关 S 闭合后,电容器放电,此时电路中将有电流 i 通过,产生电磁振荡.求电容器两极板间电压 u_C 随时间变化规

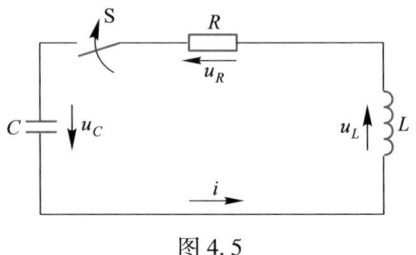

图 4.5

律所满足的方程.

解 根据回路电压定律可知,电容、电感、电阻上的电压 u_C, u_L, u_R 应有如下关系:

$$u_L + u_R + u_C = 0. \tag{2.3}$$

由于 $i = C\dfrac{\mathrm{d}u_C}{\mathrm{d}t}$,故

$$u_R = Ri = RC\frac{\mathrm{d}u_C}{\mathrm{d}t}, \quad u_L = L\frac{\mathrm{d}i}{\mathrm{d}t} = LC\frac{\mathrm{d}^2 u_C}{\mathrm{d}t^2},$$

代入(2.3)式,得

$$LC\frac{\mathrm{d}^2 u_C}{\mathrm{d}t^2} + RC\frac{\mathrm{d}u_C}{\mathrm{d}t} + u_C = 0,$$

或

$$\frac{\mathrm{d}^2 u_C}{\mathrm{d}t^2} + \frac{R}{L}\frac{\mathrm{d}u_C}{\mathrm{d}t} + \frac{1}{LC}u_C = 0. \tag{2.4}$$

这也是一个二阶线性微分方程.设开关闭合时刻 $t=0$,按所给条件 u_C 尚应满足下列初值条件

$$u_C\big|_{t=0} = E, \quad \frac{\mathrm{d}u_C}{\mathrm{d}t}\bigg|_{t=0} = \frac{1}{C}i\bigg|_{t=0} = 0. \quad \blacksquare$$

二阶线性微分方程的一般形式为

$$\frac{\mathrm{d}^2 x}{\mathrm{d}t^2} + P_1(t)\frac{\mathrm{d}x}{\mathrm{d}t} + P_2(t)x = F(t), \tag{2.5}$$

其中未知函数 $x(t)$ 及其一阶、二阶导数均为一次的.当 $F(t) \equiv 0$ 时,方程(2.5)称为**二阶线性齐次微分方程**;当 $F(t)$ 不恒为零时,称为**二阶线性非齐次微分方程**.例如,方程(2.1)就是一个二阶线性非齐次微分方程,而方程(2.4)是一个二阶线性齐次微分方程.

一般来说,一个 n 阶微分方程,如果其中的未知函数及其各阶导数都是一次的,则称其为 n **阶线性微分方程**,简称为 n **阶线性方程**.它的一般形式为

$$p_0(t)x^{(n)}(t) + p_1(t)x^{(n-1)}(t) + \cdots + p_{n-1}(t)\dot{x}(t) + p_n(t)x(t) = f(t).$$

若 $p_0(t) \neq 0$,则上式可写成

$$x^{(n)} + P_1(t)x^{(n-1)} + \cdots + P_{n-1}(t)\dot{x} + P_n(t)x = F(t), \tag{2.6}$$

其中

$$P_i(t) = \frac{p_i(t)}{p_0(t)}, \quad i = 1, 2, \cdots, n; \quad F(t) = \frac{f(t)}{p_0(t)}.$$

当 $F(t)$ 不恒为零时,方程(2.6)称为 n 阶线性**非齐次**方程;当 $F(t)\equiv 0$ 时,方程(2.6)变为

$$x^{(n)}+P_1(t)x^{(n-1)}+\cdots+P_{n-1}(t)\dot{x}+P_n(t)x=0, \tag{2.7}$$

称为与方程(2.6)对应的线性**齐次**方程.

在本章第一节中我们已经指出,n 阶微分方程的初值条件由未知函数及其从一阶到 $n-1$ 阶的导数在初始点的值所构成.对于方程(2.6)与(2.7)而言,其初值条件的一般形式可写成

$$x(t_0)=x_0,\quad \dot{x}(t_0)=\dot{x}_0,\quad \cdots,\quad x^{(n-1)}(t_0)=x_0^{(n-1)}, \tag{2.8}$$

其中 t_0 为初始时刻,$x_0,\dot{x}_0,\cdots,x_0^{(n-1)}$ 为一组确定的常数.

可以证明(从略):若方程(2.6)中的系数 $P_1(t),P_2(t),\cdots,P_n(t)$ 以及 $F(t)$ 均在区间 (a,b) 内连续,则方程(2.6)存在唯一的满足初值条件(2.8)的解 $x(t)$,$t\in(a,b)$,其中 $t_0\in(a,b)$,$(x_0,\dot{x}_0,\cdots,x_0^{(n-1)})\in\mathbf{R}^n$.此结论称为 n 阶线性微分方程**解的存在唯一性定理**.

2.2 线性微分方程解的结构

1. 线性齐次微分方程解的结构

为书写简便起见,我们引入记号

$$L(x)=\frac{\mathrm{d}^n x}{\mathrm{d}t^n}+P_1(t)\frac{\mathrm{d}^{n-1}x}{\mathrm{d}t^{n-1}}+\cdots+P_{n-1}(t)\frac{\mathrm{d}x}{\mathrm{d}t}+P_n(t)x, \tag{2.9}$$

从而 n 阶线性齐次方程(2.7)可简洁地写为

$$L(x)=0, \tag{2.10}$$

这里

$$L(\ )=\frac{\mathrm{d}^n}{\mathrm{d}t^n}+P_1(t)\frac{\mathrm{d}^{n-1}}{\mathrm{d}t^{n-1}}+\cdots+P_{n-1}(t)\frac{\mathrm{d}}{\mathrm{d}t}+P_n(t)$$

称为**线性微分算子**,它的含义是如果将它作用于某一函数 $x(t)$,就意味着对 $x(t)$ 求出直到 n 阶的各阶导数 $x^{(0)},x^{(1)},\cdots,x^{(n)}$,再分别乘 $P_n(t),P_{n-1}(t),\cdots,P_1(t)$,1 后相加,即得(2.9)式(这里零阶导数 $x^{(0)}$ 即为 x 自身).

容易看出,线性微分算子具有以下性质:

(1) $L(0)=0$;

(2) $L(C_1x_1+C_2x_2+\cdots+C_nx_n)=C_1L(x_1)+C_2L(x_2)+\cdots+C_nL(x_n)$,

其中 $C_1,C_2,\cdots,C_n$ 为任意常数.

定理 2.1(解的叠合性) 若 $x_1,x_2,\cdots,x_n$ 均是线性齐次方程(2.10)(或方程(2.7))的解,则

$$x = C_1 x_1 + C_2 x_2 + \cdots + C_n x_n \qquad (2.11)$$

也是方程(2.10)的解,其中 $C_1, C_2, \cdots, C_n$ 为任意常数(可以是复数).

证 将由(2.11)式所表示的函数 $x(t)$ 代入线性齐次方程(2.10),得

$$L(x) = L(C_1 x_1 + C_2 x_2 + \cdots + C_n x_n)$$
$$= C_1 L(x_1) + C_2 L(x_2) + \cdots + C_n L(x_n),$$

由于 x_i $(i=1,2,\cdots,n)$ 是方程(2.10)的解,故有 $L(x_i)=0$ $(i=1,2,\cdots,n)$,从而 $L(x)=0$,即由(2.11)式所表示的函数 $x(t)$ 也是方程(2.10)的解. ■

注:由线性微分算子 $L(\ )$ 的性质(1)可知,$x(t)\equiv 0$ 必定是线性齐次微分方程的解,称为**平凡解**. 线性齐次方程必有平凡解以及解的叠合性是此类方程解的两个重要特性.

对于 n 阶线性齐次方程(2.10)而言,既然解(2.11)中含有 n 个任意常数 $C_1, C_2, \cdots, C_n$,是否它就是方程(2.10)的通解呢?一般说来,这是不一定的.例如,容易验证 $x_1=\sin t$ 与 $x_2=2\sin t$ 都是二阶线性齐次方程 $\ddot{x}+x=0$ 的解,由定理 2.1 知

$$x = C_1 \sin t + C_2 2\sin t = (C_1 + 2C_2)\sin t \qquad (2.12)$$

也是其解.表达式(2.12)表面上含有两个任意常数 C_1, C_2,但是它们可以合并成为一个任意常数 $C=C_1+2C_2$,因而它并非 $\ddot{x}+x=0$ 的通解.那么具有 n 个任意常数的解在什么情况下才是通解呢?要回答这一问题,我们还得引入下列关于函数组线性无关的新概念.

定义 2.1(线性相关与线性无关) 设 $f_i(t)$ $(i=1,2,\cdots,n)$ 是定义在区间 I 上的 n 个函数,若存在 n 个不全为零的常数 C_i $(i=1,2,\cdots,n)$ 使关系式

$$C_1 f_1(t) + C_2 f_2(t) + \cdots + C_n f_n(t) = 0 \qquad (2.13)$$

对区间 I 上任何 t 值均成立,则称函数组 $f_i(t)$ $(i=1,2,\cdots,n)$ 在区间 I 上**线性相关**;若(2.13)式仅当 C_i $(i=1,2,\cdots,n)$ 全为零时成立,则称函数组 $f_i(t)$ $(i=1,2,\cdots,n)$ 在 I 上**线性无关**或**线性独立**.

注意:函数组线性相关(无关)的定义与线性代数中向量组线性相关(无关)的定义在形式上是一样的.但是向量组 $\boldsymbol{\alpha}_i, i=1,\cdots,n$ 线性相关是要求存在不全为零的 $C_i, i=1,2,\cdots,n$,使

$$C_1 \boldsymbol{\alpha}_1 + C_2 \boldsymbol{\alpha}_2 + \cdots + C_n \boldsymbol{\alpha}_n = 0$$

对向量的每一分量均成立;而函数组 $f_i(t), t\in I, i=1,\cdots,n$ 线性相关是要求(2.13)式在区间 I 上恒成立,线性无关也具有这样的差异.

当 f_i 在 I 上线性相关时,由于(2.13)式中 C_i 不全为零,不妨假设 $C_n\neq 0$,从而(2.13)式可改写为

$$f_n(t) = -\frac{C_1}{C_n} f_1(t) - \frac{C_2}{C_n} f_2(t) - \cdots - \frac{C_{n-1}}{C_n} f_{n-1}(t), \qquad (2.14)$$

也就是 $f_i(t)$ 中的某一个函数可由其他 $n-1$ 个函数的线性组合来表示.反之若(2.14)成立,则(2.13)式成立.因此,n 个函数是否线性相关与是否能将其中一个函数表示为其他 $n-1$ 个函数的线性组合是等价的.

例 2.3 证明函数组 $1, x, x^2, \cdots, x^{n-1}$ 在任何区间 I 上线性无关.

证 使用反证法,若它们线性相关,则必存在 n 个不全为零的常数 C_i ($i=0,1,\cdots,n-1$),使

$$C_0 + C_1 x + C_2 x_2 + \cdots + C_{n-1} x^{n-1} = 0 \tag{2.15}$$

对区间 I 上的一切 x 值成立.但由于方程(2.15)是 x 的 $n-1$ 次代数方程,由代数学基本定理可知,它至多只有 $n-1$ 个实根,也就是说,至多只有 I 上的 $n-1$ 个点使(2.15)式成立.这一矛盾说明,要使(2.15)式在区间 I 上成立,只能是所有 C_i ($i=0,1,\cdots,n-1$)均为零.故所给函数组在任何区间 I 线性无关. ∎

由(2.14)式可见,对于两个函数 $f_1(t)$ 与 $f_2(t)$, $t \in I$ 而言,它们线性相关还是线性无关是很容易判别的.若它们线性相关,则其中至少有一个函数可由另一函数线性表示,比如 $f_2(t) = Cf_1(t)$,其中 C 为常数,$\forall t \in I$,即

$$\frac{f_2(t)}{f_1(t)} = C, \quad \forall t \in I. \tag{2.16}$$

因此,若两函数之比在某一区间 I 上为一常数,则此两函数在区间 I 上线性相关;若 $\dfrac{f_2}{f_1}$ 在 I 上不等于常数,则在区间 I 上线性无关.

例如,函数 e^{2t} 与 e^{3t} 在任何区间线性无关,因为

$$\frac{e^{2t}}{e^{3t}} = e^{-t} \neq C.$$

当函数组 f_1 与 f_2 在 I 上线性相关时,由(2.16)式可见

$$C_1 f_1 + C_2 f_2 = C_1 f_1 + C_2 C f_1 = (C_1 + C_2 C) f_1,$$
$$\forall t \in I.$$

即表达式 $C_1 f_1 + C_2 f_2$ 中的两个任意常数 C_1, C_2 可以合并成一个.若 f_1 与 f_2 在 I 上线性无关,则由于其中任何一个函数都不是另一个函数的倍数,故表达式 $C_1 f_1 + C_2 f_2$ 中的两个任意常数不能合并,或者说 C_1 与 C_2 是两个独立的任意常数.因此,对于二阶线性齐次方程

$$\ddot{x} + P_1(t)\dot{x} + P_2(t)x = 0,$$

如果我们能求得它的任意两个线性无关的特解 $x_1(t), x_2(t)$,那么它的通解就可表示为

$$x(t) = C_1 x_1(t) + C_2 x_2(t),$$

注:由此可见,对于任一线性表达式 $C_1 \varphi_1(t) + C_2 \varphi_2(t)$ 来说,常数 C_1 与 C_2 能否合并成一个,即 $C_1 \varphi_1(t) + C_2 \varphi_2(t) \equiv \overline{C} \varphi_1(t)$ 并不决定于这两个常数本身,而取决于函数 φ_1 与 φ_2 线性相关与否,即 C_1 与 C_2 能合并为一个常数的充要条件是 φ_1 与 φ_2 线性相关,此结论可以推广到有限个常数.

其中 C_1 与 C_2 为任意常数.所以求线性齐次方程通解的关键在于寻找它的线性无关的特解.

证明这一结论对于 n 阶线性齐次方程也是正确的.易得

定理 2.2 对于 n 阶线性齐次微分方程(2.7),若求得它 n 个线性无关的特解 $x_1(t), x_2(t), \cdots, x_n(t)$,则它的通解就是

$$x(t) = C_1 x_1(t) + C_2 x_2(t) + \cdots + C_n x_n(t),$$

其中 $C_1, \cdots, C_n$ 为任意常数.

证 由解的叠合性(定理 2.1)知,$x(t)$ 也是方程(2.7)的解.要说明它是通解,只需证明常数 $C_1, \cdots, C_n$ 中任意多个都不能合并.用反证法,不妨假设 $C_k \neq 0$ 且 $C_1, C_2, \cdots, C_k$ ($1 < k < n$) 可以合并为 $\overline{C}_k$ (否则可调整解的顺序),这意味着

$$C_1 x_1(t) + C_2 x_2(t) + \cdots + C_k x_k(t) \equiv \overline{C}_k x_k(t).$$

于是有

$$(\overline{C}_k - C_k) x_k(t) \equiv C_1 x_1(t) + C_2 x_2(t) + \cdots + C_{k-1} x_{k-1}(t).$$

若 $\overline{C}_k - C_k = 0$,则 $x_1(t), \cdots, x_{k-1}(t)$ 线性相关,从而 $x_1(t), \cdots, x_n(t)$ 也必线性相关,矛盾.若 $\overline{C}_k - C_k \neq 0$,则 $x_k(t) \equiv \dfrac{1}{\overline{C}_k - C_k}[C_1 x_1(t) + \cdots + C_{k-1} x_{k-1}(t)]$,从而 $x_1(t), x_2(t), \cdots, x_k(t)$ 线性相关,同样矛盾. ∎

然而对于线性齐次方程(2.7),当我们求得它的 n 个特解后,怎样来判别它们是否线性无关呢?下面的定理将给出一个简便的方法.

定理 2.3 (解的线性无关判别法) 设 $x_1(t), \cdots, x_n(t)$ 是 n 阶线性齐次方程(2.7)的 n 个定义在区间 I 上的解,则它们在 I 上线性无关的充要条件是,在 I 上存在一点 t_0,使由这 n 个解及其各阶导数在 t_0 处所构成的行列式

$$w(t_0) = \begin{vmatrix} x_1(t_0) & x_2(t_0) & \cdots & x_n(t_0) \\ \dot{x}_1(t_0) & \dot{x}_2(t_0) & \cdots & \dot{x}_n(t_0) \\ \vdots & \vdots & & \vdots \\ x_1^{(n-1)}(t_0) & x_2^{(n-1)}(t_0) & \cdots & x_n^{(n-1)}(t_0) \end{vmatrix} \neq 0^{[①]},$$

$w(t_0)$ 称为解组 $x_1(t), \cdots, x_n(t)$ 在 t_0 处的 **Wronski 行列式**.

证 **充分性** 设 $w(t_0) \neq 0$,欲证 $x_1(t), \cdots, x_n(t)$ 在 I 上线性无关.设有 n 个常数 C_i ($i = 1, 2, \cdots, n$) 使

$$C_1 x_1(t) + C_2 x_2(t) + \cdots + C_n x_n(t) \equiv 0, \quad \forall t \in I.$$

---

① 实际上,可以证明若 $x_1, \cdots, x_n$ 在 I 上线性无关,则 $w(t) \neq 0, \forall t \in I$.

注意到 $x_i(t)$ 为方程(2.7)的解,它们必 n 阶可导,上式两端对 t 逐次求导,得

$$C_1\dot{x}_1(t)+C_2\dot{x}_2(t)+\cdots+C_n\dot{x}_n(t)\equiv 0, \quad \forall\, t\in I,$$

$$C_1\ddot{x}_1(t)+C_2\ddot{x}_2(t)+\cdots+C_n\ddot{x}_n(t)\equiv 0, \quad \forall\, t\in I,$$

$$\cdots\cdots\cdots\cdots$$

$$C_1 x_1^{(n-1)}(t)+C_2 x_2^{(n-1)}(t)+\cdots+C_n x_n^{(n-1)}(t)\equiv 0, \forall\, t\in I.$$

特别地,对于 $t_0\in I$ 有

$$\begin{cases} C_1 x_1(t_0)+C_2 x_2(t_0)+\cdots+C_n x_n(t_0)=0,\\ C_1\dot{x}_1(t_0)+C_2\dot{x}_2(t_0)+\cdots+C_n\dot{x}_n(t_0)=0,\\ \cdots\cdots\cdots\\ C_1 x_1^{(n-1)}(t_0)+C_2 x_2^{(n-1)}(t_0)+\cdots+C_n x_n^{(n-1)}(t_0)=0. \end{cases}$$

将这一方程组看作是以 $C_1,\cdots,C_n$ 为未知数的 n 元线性齐次代数方程组,由于其系数行列式为 $w(t_0)\neq 0$,由 Cramer 法则知仅有零解,即 $C_1=C_2=\cdots=C_n=0$,所以 $x_1(t),\cdots,x_n(t)$ 在 I 线性无关.

必要性 只需证明若 $w(t)\equiv 0$($\forall\, t\in I$),则 $x_1(t),\cdots,x_n(t)$ 必在 I 上线性相关即可.实际上,我们可以证明只要存在一点 $t_0\in I$ 使 $w(t_0)=0$,则 $x_1(t),\cdots,x_n(t)$ 必在 I 上线性相关.考察以 $C_1,C_2,\cdots,C_n$ 为未知数的线性代数方程组

$$\begin{cases} C_1 x_1(t_0)+C_2 x_2(t_0)+\cdots+C_n x_n(t_0)=0,\\ C_1\dot{x}_1(t_0)+C_2\dot{x}_2(t_0)+\cdots+C_n\dot{x}_n(t_0)=0,\\ \cdots\cdots\cdots\\ C_1 x_1^{(n-1)}(t_0)+C_2 x_2^{(n-1)}(t_0)+\cdots+C_n x_n^{(n-1)}(t_0)=0. \end{cases}$$

(2.17)

由于其系数行列式 $w(t_0)=0$,故此方程组有非零解,设 $C_1^0,C_2^0,\cdots,C_n^0$ 为其一组非零解,其中 C_i^0($i=1,2,\cdots,n$)不全为零.

构造解 $x_1(t),x_2(t),\cdots,x_n(t)$ 的线性组合

$$x(t)=C_1^0 x_1(t)+C_2^0 x_2(t)+\cdots+C_n^0 x_n(t), \quad t\in I,$$

由定理 2.1 可知,它是方程(2.7)的解,而且由(2.17)知

$$x(t_0)=C_1^0 x_1(t_0)+C_2^0 x_2(t_0)+\cdots+C_n^0 x_n(t_0)=0,$$

注意: 定理 2.3 的充要条件,仅当 $x_i(t), i=1,\cdots,n$ 是 n 阶线性方程的解时才成立.对于一般的 $n-1$ 阶可导函数组 $x_i(t), t\in I, i=1,\cdots,n$. $\exists\, t_0\in I$ 有 $w(t_0)\neq 0$ 只是 $x_i(t)$ 线性无关的充分条件,而非必要条件.换句话说,即使 $w(t)\equiv 0, t\in I$,函数组 $x_i(t)$ 也可能在 I 上线性无关.本章定理 2.3 之后给出了例子.其原因在于,若 $w(t_0)=0$ 由(2.17)式求得的非零解 C_i($i=1,\cdots,n$)只说明 $x_i(t)$ 在 t_0 处所构成的向量组 $x_i(t_0), i=1,\cdots,n$ 线性相关.尽管 $w(t)\equiv 0, t\in I$,对 $\forall\, t_0\in I$ 均可求得不全为零的常数 C_i,但对不同的 t_0,所求得的 C_i 可能不同,不能保证对同一组 C_i,使 $C_1 x_1+\cdots+C_n x_n\equiv 0$ 在 I 上成立.当 $x_i(t)$ 是方程的解时,上述结论是由解的唯一性所保证的.

$$x^{(k)}(t_0) = C_1^0 x_1^{(k)}(t_0) + C_2^0 x_2^{(k)}(t_0) + \cdots + C_n^0 x_n^{(k)}(t_0) = 0, k = 1, 2, \cdots, n-1.$$

所以,解 $x(t)$ 满足初值条件

$$x(t_0) = \dot{x}(t_0) = \ddot{x}(t_0) = \cdots = x^{(n-1)}(t_0) = 0. \tag{2.18}$$

但是,显然 $x \equiv 0$ 也是方程(2.7)的解,且满足初值条件(2.18).由解的唯一性可知

$$x(t) = C_1^0 x_1(t) + C_2^0 x_2(t) + \cdots + C_n^0 x_n(t) \equiv 0, \forall t \in I,$$

从而 $x_1(t), \cdots, x_n(t)$ 在 I 线性相关. ∎

由此定理的证明可见,对于由方程(2.7)的 n 个解 $x_1(t), x_2(t), \cdots, x_n(t)$ 所构成的 Wronski 行列式 $w(t)$ 只有两种可能,或者 $w(t) \neq 0, \forall t \in I$;或者 $w(t) \equiv 0, \forall t \in I$.换句话说,只要存在一点 $t_0 \in I$ 使 $w(t_0) = 0$,则必有 $w(t) \equiv 0, \forall t \in I$.因为在必要性的证明中,我们实际上已证得:只要 $w(t_0) = 0$,则 $x_1(t), \cdots, x_n(t)$ 在 I 上线性相关,若同时还存在 $t_1 \in I$ 使 $w(t_1) \neq 0$,由充分性知 $x_1(t), \cdots, x_n(t)$ 在 I 上线性无关,这将产生矛盾.但要特别指出,这一结论仅当 $x_1(t), \cdots, x_n(t)$ 为线性齐次方程的解时才正确.例如对于函数组

$$x_1 = \begin{cases} t^2, & t \geq 0, \\ 0, & t < 0, \end{cases} \qquad x_2 = \begin{cases} 0, & t \geq 0, \\ t^2, & t < 0, \end{cases}$$

尽管

$$w(t) = \begin{cases} \begin{vmatrix} t^2 & 0 \\ 2t & 0 \end{vmatrix} = 0, & t \geq 0, \\ \begin{vmatrix} 0 & t^2 \\ 0 & 2t \end{vmatrix} = 0, & t < 0, \end{cases}$$

即 $w(t) \equiv 0, \forall t \in \mathbf{R}$,但不难证明(留作练习)$x_1(t)$ 与 $x_2(t)$ 在 $(-\infty, +\infty)$ 却是线性无关的.

定理 2.4(线性齐次方程的通解结构) 若 $x_1, x_2, \cdots, x_n$ 是 n 阶线性齐次方程(2.7)的 n 个线性无关的特解,则它的任一解 x 均可表示为

$$x = C_1 x_1 + C_2 x_2 + \cdots + C_n x_n, \tag{2.19}$$

其中 $C_1, C_2, \cdots, C_n$ 为任意常数.

证 首先,由解的叠合性(定理 2.1)知表示式(2.19)中的 x 为方程(2.7)的解.

其次,我们证明它包括了方程(2.7)的所有解.设方程(2.7)满足任一初值条件:

$$x(t_0) = x_0, \quad \dot{x}(t_0) = \dot{x}_0, \cdots, \quad x^{(n-1)}(t_0) = x_0^{(n-1)}, \tag{2.20}$$

(其中 $x_0, \dot{x}_0, \cdots, x_0^{(n-1)}$ 为任一组常数)的解为 $x(t)$.我们要证,可适当选取常数

$C_1,\cdots,C_n$ 使此解 $x(t)$ 可表示为(2.19)的形式. 对解 (2.19)求直至 $n-1$ 阶导数, 并将初值条件代入得:

$$\begin{cases} x_0 = C_1 x_1(t_0) + C_2 x_2(t_0) + \cdots + C_n x_n(t_0), \\ \dot{x}_0 = C_1 \dot{x}_1(t_0) + C_2 \dot{x}_2(t_0) + \cdots + C_n \dot{x}_n(t_0), \\ \cdots\cdots\cdots\cdots \\ x_0^{(n-1)} = C_1 x_1^{(n-1)}(t_0) + C_2 x_2^{(n-1)}(t_0) + \cdots + C_n x_n^{(n-1)}(t_0). \end{cases}$$

(2.21)

注意: 由定理的结论可见, 形如 (2.19)的解中包含了 n 个独立的任意常数, 所以它就是方程(2.7) 的通解. 该定理还表明: 线性齐次方程的通解包括了它的全部解. 所以, 我们也可用包括全部解的表达式去定义齐次线性方程的通解. 不仅如此, 后面我们即将看到, 非齐次线性方程的通解也包括它的全部解. 这是线性方程所特有的性质.

这是一个以 $C_1,\cdots,C_n$ 为未知数的线性代数方程组, 它的系数行列式为 Wronski 行列式 $w(t_0)$. 由于 $x_1,\cdots,x_n$ 是(2.7)的线性无关的解, 由定理 2.3 及其脚注知 $w(t_0)\neq 0$, 从而由 Cramer 法则知, 方程组(2.21)存在唯一一组解 $C_1^0, C_2^0, \cdots, C_n^0$. 于是

$$x = C_1^0 x_1 + C_2^0 x_2 + \cdots + C_n^0 x_n \tag{2.22}$$

便是方程(2.7)满足初值条件(2.20)的解. ∎

2. 线性非齐次微分方程解的结构

定理 2.5（线性非齐次方程解的结构） 设 $\bar{x}$ 是 n 阶线性非齐次方程(2.6)的任一特解, $X = C_1 x_1 + C_2 x_2 + \cdots + C_n x_n$ 是(2.6)所对应的齐次方程(2.7)的通解, 则方程(2.6)的通解为

$$x = X + \bar{x}, \tag{2.23}$$

而且通解(2.23)包括了此方程的全部解.

我们看到, 与一阶线性非齐次方程解的结构相同, 高阶线性非齐次方程的通解等于它的任一特解与其对应的齐次方程的通解之和.

证 首先, 证明由(2.23)所表示的 x 是方程(2.6)的解. 将表达式(2.23)代入方程(2.6), 注意到 X 与 $\bar{x}$ 分别为方程(2.7)与(2.6)的解, 得

$$L(x) = L(X+\bar{x}) = L(X) + L(\bar{x}) = 0 + F(t) = F(t),$$

故 x 为方程(2.6)的解.

由于表达式(2.23)中含有 n 个独立的任意常数, 故它是方程(2.6)的通解.

其次, 证明非齐次方程(2.6)包括了它的全部解. 即方程(2.6)的任一解 $\tilde{x}$ 均可由(2.23)式表示. 换句话说, 要证明 $\tilde{x}$ 可从(2.23)式中适当选取 X 中的常数 $C_1,\cdots,C_n$ 获得. 由于 $\tilde{x}$ 与 $\bar{x}$ 均为非齐次方程(2.6)的解, 故有

$$L(\tilde{x} - \bar{x}) = L(\tilde{x}) - L(\bar{x}) = F - F \equiv 0,$$

从而 $\tilde{x}-\bar{x}$ 是齐次方程(2.7)的一个解.由定理 2.4 可知,它可以由其通解 X 中适当选取常数 $C_1,\cdots,C_n$ 得到,即

$$\tilde{x}-\bar{x}=X, \quad 或 \quad \tilde{x}=\bar{x}+X. \quad \blacksquare$$

定理 2.6 若 x_1 与 x_2 分别为线性非齐次方程

$$L(x)=F_1 \quad 与 \quad L(x)=F_2$$

的解,则 x_1+x_2 必为方程

$$L(x)=F_1+F_2 \tag{2.24}$$

的解.

证 将 x_1+x_2 代入方程(2.24),得

$$L(x_1+x_2)=L(x_1)+L(x_2)=F_1+F_2.$$

这就表示 x_1+x_2 满足方程(2.24). $\blacksquare$

应当指出,对于线性微分方程,尽管解的结构已十分清楚,有关理论也颇为完整,但是要把解具体求出来,一般来说是很困难的,这是因为要求得 $n\,(n\geqslant 2)$ 阶线性齐次方程的那些线性无关的特解是难以做到的.即使对于二阶线性齐次方程也只能对某些特殊情况,才能求出其通解.然而,可喜的是,对于自然科学和工程技术中经常碰到的常系数线性微分方程,我们找到了一种非常简便的方法,只需要通过代数运算就能求出它的通解.

☞二维码 4.2.1
已知二阶齐次线性方程的一个特解求另一线性无关特解的 Liouville 公式.

2.3 高阶常系数线性齐次微分方程的解法

当方程(2.6)中的系数 $P_1,\cdots,P_n$ 均为常数时,此方程称为**常系数线性微分方程**,简称为**常系数线性方程**,常记为

$$x^{(n)}+a_1 x^{(n-1)}+a_2 x^{(n-2)}+\cdots+a_n x=f(t),$$

其中 $a_1,a_2,\cdots,a_n$ 均为常数.本段我们将根据 2.2 段中所述的线性方程的一般理论来讨论常系数线性齐次方程的求解法.为简洁起见,我们仅以二阶方程为例来进行讲解,所述方法可类似地推广至 n 阶方程.

☞二维码 4.2.2
求高阶非齐次线性方程特解的常数变易法.

常系数二阶线性齐次方程的一般形式为

$$\ddot{x}+a_1\dot{x}+a_2 x=0, \tag{2.25}$$

其中 a_1,a_2 为常数.我们欲用待定系数法来求解,即选用适当的函数 $x(t)$ 代入方程(2.25),确定该函数中的系数使其满足此方程.

由于指数函数求导后仍为指数函数,利用这一性质,可设方程(2.25)的解为 $x=$

$e^{\lambda t}$（λ 为待定的实的或复的常数）. 于是 $\dot{x}=\lambda e^{\lambda t}$①, $\ddot{x}=\lambda^2 e^{\lambda t}$, 代入方程(2.25)得
$$e^{\lambda t}(\lambda^2+a_1\lambda+a_2)=0.$$

由于 $e^{\lambda t}\neq 0$, 故有
$$\lambda^2+a_1\lambda+a_2=0. \tag{2.26}$$

显然, 对于二次代数方程(2.26)的每一个根 λ, 就有微分方程(2.25)的一个解 $e^{\lambda t}$. 代数方程(2.26)称为线性齐次微分方程(2.25)的**特征方程**. 它的根称为**特征根**或**特征值**. 下面根据(2.26)式根的不同情况分别讨论.

注意: 对比(2.26)与(2.25)两式可见, 求方程(2.25)的特征方程只需将(2.25)中的 x 换成 λ, 将 x 的 i ($i=1,2$)阶导数换成 λ 的 i 次方即可.

（1）设特征方程(2.26)有两个不相等的实根 λ_1 与 λ_2. 这时, 所得到的微分方程(2.25)的两个特解为
$$x_1=e^{\lambda_1 t},\quad x_2=e^{\lambda_2 t}.$$

由于它们之比
$$\frac{e^{\lambda_1 t}}{e^{\lambda_2 t}}=e^{(\lambda_1-\lambda_2)t}\neq C\quad (\text{常数}),$$

所以, 这两个解线性无关. 于是由定理 2.4 知, 方程(2.25)的通解为
$$x=C_1 e^{\lambda_1 t}+C_2 e^{\lambda_2 t},$$

其中 C_1, C_2 为任意常数.

（2）设特征方程(2.26)有重根. 这时有 $\lambda_1=\lambda_2=-\frac{1}{2}a_1$. 从而, 只能得到微分方程(2.25)的一个特解 $x_1=e^{\lambda_1 t}$. 我们用待定函数法来求与其线性无关的另一个特解 $x_2(t)$. 由于 x_2 与 x_1 必须线性无关, 故 x_2 与 x_1 之比不为常数, 从而必为一个 t 的函数, 设其为 $h(t)$. 于是
$$\frac{x_2}{x_1}=h(t)\quad \text{或}\quad x_2=h(t)x_1.$$

由于
$$\dot{x}_2=\dot{h}x_1+h\dot{x}_1,\quad \ddot{x}_2=\ddot{h}x_1+2\dot{h}\dot{x}_1+h\ddot{x}_1,$$

代入方程(2.25), 注意到 $L(x_1)=\ddot{x}_1+a_1\dot{x}_1+a_2 x_1=0$, 可得
$$(2\dot{x}_1+a_1 x_1)\dot{h}+x_1\ddot{h}=0.$$

将 $x_1=e^{\lambda_1 t}$ 代入上式并消去因式 $e^{\lambda_1 t}$, 得
$$(2\lambda_1+a_1)\dot{h}+\ddot{h}=0.$$

---

① 当 $\lambda=\alpha+i\beta$ 时, $(e^{\lambda t})'=\lambda e^{\lambda t}$ 仍然成立.

由 λ_1 是方程的重根可知 $2\lambda_1 + a_1 = 0$,故有
$$\ddot{h} = 0,$$
从而
$$h = C_1 t + C_2.$$
取 $C_1 = 1, C_2 = 0$ 便得到方程(2.25)的另一个与 $e^{\lambda_1 t}$ 线性无关的特解

$$x_2 = t e^{\lambda_1 t}.$$

注意:在 $h = C_1 t + C_2$ 中,只要 $C_1 \neq 0$,可以任选 C_1 与 C_2 的值均可得另一线性无关特解,这里取 $C_2 = 0, C_1 = 1$ 可使特解最为简单.

因此,齐次方程(2.25)的通解为
$$x = C_1 x_1 + C_2 x_2 = (C_1 + C_2 t) e^{\lambda_1 t},$$
其中 C_1, C_2 为任意常数.

(3) 设特征方程(2.26)有一对共轭复根 $\lambda_1 = \alpha + i\beta, \lambda_2 = \alpha - i\beta$. 此时,齐次方程(2.25)有两个特解
$$x_1 = e^{(\alpha + i\beta)t}, \quad x_2 = e^{(\alpha - i\beta)t}.$$
它们显然线性无关.但是这种复数形式的解不便使用,为了得到便于使用的实数形式的解,我们利用 Euler 公式(参见附录5),可知
$$x_1 = e^{\alpha t}(\cos\beta t + i\sin\beta t), \quad x_2 = e^{\alpha t}(\cos\beta t - i\sin\beta t).$$
由解的叠合性可知
$$\frac{1}{2}(x_1 + x_2) = e^{\alpha t}\cos\beta t, \quad \frac{1}{2i}(x_1 - x_2) = e^{\alpha t}\sin\beta t$$
均仍为方程(2.25)的解.它们显然线性无关,故此时齐次方程(2.25)实值形式的通解为
$$x = e^{\alpha t}(C_1 \cos\beta t + C_2 \sin\beta t),$$
其中 C_1, C_2 为任意常数.

综上所述,求二阶常系数线性齐次方程
$$\ddot{x} + a_1 \dot{x} + a_2 x = 0$$
通解的步骤可归纳如下:

第一步,根据微分方程写出它的特征方程 $\lambda^2 + a_1 \lambda + a_2 = 0$;

第二步,求解特征方程得两个特征根 λ_1 与 λ_2;

第三步,根据特征根的不同情况参照下表写出微分方程的通解:

特征根 λ_1, λ_2	二阶常系数齐次方程的通解
两个不同实根 λ_1, λ_2	$x = C_1 e^{\lambda_1 t} + C_2 e^{\lambda_2 t}$
两个相等的实根 $\lambda_1 = \lambda_2$	$x = e^{\lambda_1 t}(C_1 t + C_2)$
一对共轭复根 $\lambda_{1,2} = \alpha \pm i\beta$	$x = e^{\alpha t}(C_1 \cos \beta t + C_2 \sin \beta t)$

例 2.4 求方程 $\ddot{x} + 7\dot{x} + 12x = 0$ 的通解.

解 所给方程的特征方程为
$$\lambda^2 + 7\lambda + 12 = 0,$$
其特征根为 $\lambda_1 = -3, \lambda_2 = -4.$ 于是原方程的通解为
$$x = C_1 e^{-3t} + C_2 e^{-4t}. \quad\blacksquare$$

例 2.5 求方程 $\ddot{x} - 12\dot{x} + 36x = 0$ 的通解与满足初值条件 $x(0) = 1, \dot{x}(0) = 0$ 的特解.

解 其特征方程为
$$\lambda^2 - 12\lambda + 36 = 0,$$
解之得
$$\lambda_1 = \lambda_2 = 6.$$
所以,通解为
$$x = e^{6t}(C_1 + C_2 t).$$
将初值条件代入,得
$$\begin{cases} 1 = e^0(C_1 + C_2 \cdot 0) = C_1, \\ 0 = 6e^0(C_1 + C_2 \cdot 0) + C_2 e^0 = 6C_1 + C_2, \end{cases}$$
解得 $C_1 = 1, C_2 = -6.$ 从而所求特解为
$$x = e^{6t}(1 - 6t). \quad\blacksquare$$

例 2.6 求方程 $\ddot{x} + 2\dot{x} + 5x = 0$ 的通解.

解 其特征方程为
$$\lambda^2 + 2\lambda + 5 = 0,$$
解之得, $\lambda_1 = -1 + 2i, \lambda_2 = -1 - 2i.$ 于是通解为
$$x = e^{-t}(C_1 \cos 2t + C_2 \sin 2t). \quad\blacksquare$$

例 2.7 求方程 $x^{(4)} - 2\dddot{x} - 3\ddot{x} + 8\dot{x} - 4x = 0$ 的通解.

解 其特征方程为
$$\lambda^4 - 2\lambda^3 - 3\lambda^2 + 8\lambda - 4 = 0,$$
解之可得特征根为

$$\lambda_1 = 2, \quad \lambda_2 = -2, \quad \lambda_3 = 1, \quad \lambda_4 = 1.$$

对应于 λ_1 与 λ_2 可得原方程的两个特解为 e^{2t}, e^{-2t}；对应于重根 $\lambda_3 = \lambda_4 = 1$，利用情形 (2) 中所用的待定函数法，可得两个特解 e^t, te^t. 解组 $\{e^{2t}, e^{-2t}, e^t, te^t\}$ 的 Wronski 行列式为

$$w(t) = \begin{vmatrix} e^{2t} & e^{-2t} & e^t & te^t \\ 2e^{2t} & -2e^{-2t} & e^t & e^t(1+t) \\ 4e^{2t} & 4e^{-2t} & e^t & e^t(2+t) \\ 8e^{2t} & -8e^{-2t} & e^t & e^t(3+t) \end{vmatrix},$$

易见

$$w(0) = \begin{vmatrix} 1 & 1 & 1 & 0 \\ 2 & -2 & 1 & 1 \\ 4 & 4 & 1 & 2 \\ 8 & -8 & 1 & 3 \end{vmatrix} = \begin{vmatrix} 1 & 0 & 0 & 0 \\ 2 & -4 & -1 & 1 \\ 4 & 0 & -3 & 2 \\ 8 & -16 & -7 & 3 \end{vmatrix} = \begin{vmatrix} -4 & -1 & 1 \\ 0 & -3 & 2 \\ -16 & -7 & 3 \end{vmatrix}$$

$$= \begin{vmatrix} -4 & -1 & 1 \\ 0 & -3 & 2 \\ 0 & -3 & -1 \end{vmatrix} = -4 \begin{vmatrix} -3 & 2 \\ -3 & -1 \end{vmatrix} = -36 \neq 0.$$

所以这四个解线性无关. 从而原方程的通解为

$$x = C_1 e^{2t} + C_2 e^{-2t} + C_3 e^t + C_4 te^t. \quad \blacksquare$$

一般来说，为求解 n 阶线性齐次方程

$$x^{(n)} + a_1 x^{(n-1)} + a_2 x^{(n-2)} + \cdots + a_n x = 0,$$

可先写出它的特征方程

$$\lambda^n + a_1 \lambda^{n-1} + a_2 \lambda^{n-2} + \cdots + a_n = 0,$$

求出其特征根，然后求出与这些特征根相对应的线性无关的 n 个特解，将所有特征根对应的线性无关的特解与任意常数线性组合便得线性齐次方程的通解.

为方便于我们将各种类型特征根及其在通解中的对应项列表如下：

特征根	通解中的对应项
单实根 λ	$Ce^{\lambda t}$
k 重实根 λ	$e^{\lambda t}(C_1 + C_2 t + \cdots + C_k t^{k-1})$
一对共轭单复根 $\lambda_{1,2} = \alpha \pm i\beta$	$e^{\alpha t}(C_1 \cos \beta t + C_2 \sin \beta t)$
一对 k 重共轭复根 $\alpha \pm i\beta$	$e^{\alpha t}[(C_{11} + C_{12} t + \cdots + C_{1k} t^{k-1})\cos \beta t + (C_{21} + C_{22} t + \cdots + C_{2k} t^{k-1})\sin \beta t]$

例 2.8 求方程 $y^{(4)}(x)-4y'''(x)+10y''(x)-12y'(x)+5y(x)=0$ 的通解.

解 其特征方程为
$$\lambda^4 - 4\lambda^3 + 10\lambda^2 - 12\lambda + 5 = 0.$$
全部特征根为 $1,1,1\pm 2i$. 于是所对应的线性无关的特解为
$$e^x,\ xe^x,\ e^x\cos 2x,\ e^x\sin 2x,$$
所以所求通解为
$$y = (C_1 + C_2 x)e^x + e^x(C_3\cos 2x + C_4\sin 2x)$$
$$= e^x(C_1 + C_2 x + C_3\cos 2x + C_4\sin 2x). \blacksquare$$

2.4 高阶常系数线性非齐次微分方程的解法

我们由定理 2.5 已经知道,线性非齐次方程的通解等于它的任一特解与对应齐次方程通解之和.齐次方程通解的求法已由上段解决,因此求线性非齐次方程通解的关键在于寻求它的一个特解.对于常系数方程而言,当非齐次项 $F(t)$ 是某些特殊类型的函数时,其特解可用待定系数法获得.为简洁起见,我们仍以二阶方程为例来讲解.

二阶常系数线性非齐次方程的一般形式为
$$\ddot{x} + a_1\dot{x} + a_2 x = F(t), \tag{2.27}$$
下面对 $F(t)$ 的几种常见的特殊形式分别进行讨论.

1. $F(t) = \varphi(t)e^{\mu t}$

其中 μ 为常数,$\varphi(t)$ 是一个 m ($m\geq 0$) 次多项式,即
$$\varphi(t) = b_m t^m + b_{m-1}t^{m-1} + \cdots + b_1 t + b_0.$$
要寻求方程 (2.27) 的一个特解,就是要找一个函数 $x^*(t)$,使它满足方程 (2.27). 由于方程 (2.27) 的右端是一多项式与 $e^{\mu t}$ 的乘积,所以 $x^*(t)$ 中应含有 $e^{\mu t}$;又由于多项式与指数函数乘积的导数仍是多项式与指数函数的乘积,因此,我们想到应令
$$x^*(t) = Z(t)e^{\mu t}, \tag{2.28}$$
其中 $Z(t)$ 是一个待定的多项式.将 (2.28) 式求导后代入方程 (2.27) 消去 $e^{\mu t}$ 后可得
$$(\mu^2 + a_1\mu + a_2)Z(t) + (2\mu + a_1)Z'(t) + Z''(t) = \varphi(t). \tag{2.29}$$
如果 (2.28) 式是方程 (2.27) 的解,那么 (2.29) 式应是一个恒等式.因此,应选取 $Z(t)$ 的次数,使 (2.29) 式左端多项式的次数与右端多项式的次数相等,然后比较两端 t 的同次幂的系数,从而确定待定多项式 $Z(t)$. 以下分三种情形讨论:

(1) μ 不是特征方程的根.这时 $\mu^2 + a_1\mu + a_2 \neq 0$,于是可令 $Z(t)$ 是一个与 $\varphi(t)$ 同次数的多项式
$$Z(t) = B_m t^m + B_{m-1}t^{m-1} + \cdots + B_1 t + B_0. \tag{2.30}$$

把(2.30)式代入(2.29)式并比较(2.29)式两端 t 的同次幂系数,定出 B_i ($i=0, 1, \cdots, m$)后代入(2.28)式,便得到常系数线性非齐次微分方程(2.27)的一个特解.

(2) μ 是特征方程的单根.这时有
$$\mu^2 + a_1\mu + a_2 = 0, \quad 2\mu + a_1 \neq 0.$$
要使(2.29)式两端多项式的次数相等,$Z(t)$ 应是一个 $m+1$ 次的多项式,因此可令
$$Z(t) = t(B_m t^m + B_{m-1}t^{m-1} + \cdots + B_1 t + B_0).$$

(3) μ 是特征方程的重根.这时有
$$\mu^2 + a_1\mu + a_2 = 0, \quad 2\mu + a_1 = 0,$$
按照上面同样的想法,可令
$$Z(t) = t^2(B_m t^m + B_{m-1}t^{m-1} + \cdots + B_1 t + B_0).$$

综上所述,为求二阶常系数线性非齐次方程
$$\ddot{x} + a_1\dot{x} + a_2 x = \varphi(t)e^{\mu t}$$
的一个特解 $x^*(t)$,可令
$$x^*(t) = t^k e^{\mu t}\Phi(t),$$
其中 $\Phi(t) = B_m t^m + B_{m-1}t^{m-1} + \cdots + B_1 t + B_0$ 是与 $\varphi(t)$ 同次数的多项式.当 μ 不是特征根时,取 $k=0$;当 μ 是单重特征根时,取 $k=1$;当 μ 是重特征根时,取 $k=2$.

例 2.9 求微分方程 $\ddot{x} - 5\dot{x} + 6x = te^{2t}$ 的通解.

解 对应于齐次线性方程的特征方程为
$$\lambda^2 - 5\lambda + 6 = 0,$$
故特征根为 $\lambda_1 = 2, \lambda_2 = 3$,从而齐次方程的通解为
$$x = C_1 e^{2t} + C_2 e^{3t}.$$
现求非齐次线性方程的一个特解,由于 $\mu = 2$ 是特征方程的单根,故应令
$$x^* = t(B_0 + B_1 t)e^{2t},$$
求导后代入原方程,化简得
$$-2B_1 t + 2B_1 - B_0 \equiv t,$$
比较同次幂的系数,得
$$-2B_1 = 1, \quad 2B_1 - B_0 = 0,$$
从而
$$B_0 = -1, \quad B_1 = -\frac{1}{2},$$
于是,特解为
$$x^* = -\left(t + \frac{1}{2}t^2\right)e^{2t}.$$

所以,原方程的通解为

$$x = C_1 e^{2t} + C_2 e^{3t} - \left(t + \frac{1}{2}t^2\right) e^{2t}. \quad \blacksquare$$

2. $F(t) = e^{\mu t}\varphi(t)\cos \nu t$ 或 $F(t) = e^{\mu t}\varphi(t)\sin \nu t$

读者容易证明,若函数 $x = x_R(t) \pm i x_I(t)$ 是方程

$$\ddot{x} + a_1(t)\dot{x} + a_2(t)x = f_1(t) \pm i f_2(t)$$

的解,其中 i 为虚数单位,则其实部 $x_R(t)$ 与虚部 $x_I(t)$ 分别是方程

$$\ddot{x} + a_1(t)\dot{x} + a_2(t)x = f_1(t) \quad 与 \quad \ddot{x} + a_1(t)\dot{x} + a_2(t)x = f_2(t)$$

的解.

因此,我们可以先求微分方程

$$\ddot{x} + a_1\dot{x} + a_2 x = e^{\mu t}\varphi(t)\cos \nu t \pm i e^{\mu t}\varphi(t)\sin \nu t = e^{(\mu \pm i\nu)t}\varphi(t) \tag{2.31}$$

的特解,然后分出其实部、虚部便可得出所求微分方程的特解,这样,就把类型 2 化成了类型 1.

例 2.10 求方程 $\ddot{x} + x = t e^t \cos t$ 的通解.

解 对应线性齐次方程的特征方程为

$$\lambda^2 + 1 = 0,$$

故特征根为

$$\lambda = \pm i,$$

从而线性齐次方程的通解为

$$x = C_1 \cos t + C_2 \sin t.$$

为求原方程的一个特解,先求微分方程

$$\ddot{x} + x = t e^{(1+i)t} \tag{2.32}$$

的特解,由于 1+i 不是特征根,故令

$$x^* = (B_0 + B_1 t) e^{(1+i)t}.$$

求导后代入相应方程(2.32)并化简得

$$B_1(1 + 2i)t + [2B_1(1 + i) + 2B_0 i + B_0] \equiv t.$$

比较系数得

$$B_1 = \frac{1}{1 + 2i} = \frac{1 - 2i}{5}, \quad B_0 = -\frac{2(1 + i)}{1 + 2i}B_1 = \frac{-2 + 14i}{25},$$

从而

$$x^* = e^t\left(\frac{1 - 2i}{5}t + \frac{-2 + 14i}{25}\right)(\cos t + i\sin t).$$

它的实部

$$x_R^* = e^t\left[\left(\frac{1}{5}t - \frac{2}{25}\right)\cos t + \left(\frac{2}{5}t - \frac{14}{25}\right)\sin t\right] = \frac{e^t}{25}[(5t-2)\cos t + (10t-14)\sin t]$$

就是原方程的一个特解,于是原方程的通解为

$$x(t) = C_1\cos t + C_2\sin t + \frac{e^t}{25}[(5t-2)\cos t + (10t-14)\sin t]. \quad ▮$$

由此例可见,当非齐次项如类型 **2** 所示时,用上述方法求特解时要进行复数运算,颇不方便,下面我们由此导出另一种待定系数法,它可以仅在实数域内作运算.

实数域内的待定系数法. 由例 2.10 我们看到为求方程(2.31)的特解,可令

$$x^* = t^k Z(t) e^{(\mu \pm i\nu)t},$$

其中当 $\mu \pm i\nu$ 不是特征根时,取 $k=0$;当 $\mu + i\nu$ 是特征根时,取 $k=1$.通过代入方程,比较系数可定出与 $\varphi(t)$ 同次数的复值多项式

$$Z(t) = R(t) \pm iI(t).$$

于是

$$\begin{aligned}x^* &= t^k[R(t) + iI(t)]e^{\mu t}(\cos\nu t + i\sin\nu t)\\&= t^k e^{\mu t}\{[R(t)\cos\nu t - I(t)\sin\nu t] + i[I(t)\cos\nu t + R(t)\sin\nu t]\},\end{aligned}$$

从而其实部与虚部分别为

$$x_R^* = t^k e^{\mu t}[R(t)\cos\nu t - I(t)\sin\nu t] \quad (2.33)$$

与

$$x_I^* = t^k e^{\mu t}[I(t)\cos\nu t + R(t)\sin\nu t], \quad (2.34)$$

它们分别是方程

$$\ddot{x} + a_1\dot{x} + a_2 x = e^{\mu t}\varphi(t)\cos\nu t \quad \text{与} \quad \ddot{x} + a_1\dot{x} + a_2 x = e^{\mu t}\varphi(t)\sin\nu t \quad (2.35)$$

的特解.

(2.33)与(2.34)右端方括号内的表达式都是 $\cos\nu t$ 和 $\sin\nu t$ 分别乘与 $\varphi(t)$ 同次数的实值多项式后的代数和.由此可见,<u>对于形如(2.35)的线性非齐次微分方程,我们可以直接令其特解为</u>

$$x^* = t^k e^{\mu t}[Z_1(t)\cos\nu t + Z_2(t)\sin\nu t],$$

其中 $Z_1(t)$ 与 $Z_2(t)$ 均为与 $\varphi(t)$ 同次数的实系数多项式.当 $\mu \pm i\nu$ 不是特征根时,取 $k=0$;当 $\mu + i\nu$ 是特征根时,取 $k=1$.

例 2.11 求方程 $\ddot{x} - 3\dot{x} + 2x = t\cos t$ 满足初值条件 $x(0) = \dfrac{22}{25}, \dot{x}(0) = \dfrac{19}{25}$ 的特解.

解 容易求得对应线性齐次方程的通解为

$$x(t) = C_1 e^t + C_2 e^{2t}.$$

由于 $\mu + i\nu = i$ 不是特征根,故令原方程的一个特解为

$$x^* = (A_0 + A_1 t)\cos t + (B_0 + B_1 t)\sin t.$$

代入原方程后整理得

$$(A_0 - 3A_1 - 3B_0 + 2B_1)\cos t + (3A_0 + B_0 - 2A_1 - 3B_1)\sin t +$$
$$(A_1 - 3B_1)t\cos t + (3A_1 + B_1)t\sin t \equiv t\cos t,$$

比较两端同类项系数,得

$$A_0 - 3A_1 - 3B_0 + 2B_1 = 0, \quad 3A_0 + B_0 - 2A_1 - 3B_1 = 0,$$
$$A_1 - 3B_1 = 1, \quad 3A_1 + B_1 = 0.$$

从而解得

$$A_1 = \frac{1}{10}, \quad B_1 = -\frac{3}{10}, \quad A_0 = -\frac{3}{25}, \quad B_0 = -\frac{17}{50},$$

所以得

$$x^* = \left(-\frac{3}{25} + \frac{1}{10}t\right)\cos t - \left(\frac{17}{50} + \frac{3}{10}t\right)\sin t,$$

故原方程的通解为

$$x = C_1 e^t + C_2 e^{2t} + \left(-\frac{3}{25} + \frac{1}{10}t\right)\cos t - \left(\frac{17}{50} + \frac{3}{10}t\right)\sin t.$$

为求适合初值条件的特解,先将上式求导,得

$$\dot{x} = C_1 e^t + 2C_2 e^{2t} - \frac{12}{50}\cos t - \frac{9}{50}\sin t - \frac{3}{10}t\cos t - \frac{1}{10}t\sin t.$$

将初值条件代入上面两式,得

$$\begin{cases} C_1 + C_2 - \dfrac{3}{25} = x(0) = \dfrac{22}{25}, \\ C_1 + 2C_2 - \dfrac{6}{25} = \dot{x}(0) = \dfrac{19}{25}, \end{cases}$$

解得 $C_1 = 1, C_2 = 0$.

于是,所求特解为

$$x = e^t + \left(-\frac{3}{25} + \frac{1}{10}t\right)\cos t - \left(\frac{17}{50} + \frac{3}{10}t\right)\sin t. \quad \blacksquare$$

例 2.12 求微分方程 $\ddot{x} + 3x = \sin 2t$ 的一个特解.

解 我们可以利用例 2.11 的方法来求解,然而,这个方程不含 $\dot{x}$ 项,由于正弦函数的二阶导数仍是正弦函数,容易看出,可令特解为

$$x^* = A\sin 2t.$$

代入原方程,得
$$(-4A + 3A)\sin 2t \equiv \sin 2t,$$
由此得
$$A = -1,$$
从而原方程的一个特解为
$$x^* = -\sin 2t.\ \blacksquare$$

上述求特解的待定系数法,可以推广到一般的 n 阶常系数线性微分方程
$$x^{(n)} + a_1 x^{(n-1)} + a_2 x^{(n-2)} + \cdots + a_{n-1}\dot{x} + a_n x = F(t),$$
其中 $F(t)$ 是类型 1(或类型 2)中所示的函数.若 μ(或 $\mu+i\nu$)是对应特征方程的 k 重根,$k = 0,1,\cdots,n$ $\left(\text{或 } k = 0,1,\cdots,\left[\dfrac{n}{2}\right]\right)$,则可令特解为
$$x^* = t^k Z(t)e^{\mu t} \quad (\text{或 } x^* = t^k e^{\mu t}[Z_1(t)\cos \nu t + Z_2(t)\sin \nu t]),$$
其中 $Z(t)$ ($Z_1(t)$ 与 $Z_2(t)$)均是与 $\varphi(t)$ 同次数的待定多项式.

为方便读者使用,现就 $F(t)$ 的常见类型,针对不同情况将用待定系数法应设置的特解的形式列表如下(其中 $Z(t),Z_1(t),Z_2(t)$ 均为与 φ 同次数的多项式):

$F(t)$ 的类型		应设置特解 $x^*(t)$ 的形式
m 次多项式 $\varphi(t)$	0 不是特征值	$x^* = Z(t)$
	0 是 k 重特征值	$x^* = t^k Z(t)$
$\varphi(t)e^{\mu t}$	μ 不是特征值	$x^* = Z(t)e^{\mu t}$
	μ 是 k 重特征值	$x^* = t^k Z(t)e^{\mu t}$
$\varphi(t)e^{\mu t}\cos \nu t$ 或 $\varphi(t)e^{\mu t}\sin \nu t$	$\mu+i\nu$ 不是特征值	$x^* = e^{\mu t}[Z_1(t)\cos \nu t + Z_2(t)\sin \nu t]$
	$\mu+i\nu$ 是 k 重特征值 $\left(1 \leqslant k \leqslant \left[\dfrac{n}{2}\right]\right)$	$x^* = t^k e^{\mu t}[Z_1(t)\cos \nu t + Z_2(t)\sin \nu t]$

例 2.13 求微分方程 $y^{(6)} + y^{(5)} - 2y^{(4)} = x - 1$ 的通解.

解 对应于线性齐次方程的特征方程为
$$\lambda^6 + \lambda^5 - 2\lambda^4 = \lambda^4(\lambda - 1)(\lambda + 2) = 0,$$
故特征根为 $\lambda_1 = 0$(4 重根),$\lambda_2 = 1$(单根),$\lambda_3 = -2$(单根).于是齐次线性方程的通解为
$$y = C_1 e^x + C_2 e^{-2x} + C_3 x^3 + C_4 x^2 + C_5 x + C_6.$$
由于 $\mu = 0$ 是 4 重特征根,故令线性非齐次方程的特解为
$$y^* = x^4(Ax + B),$$
代入原方程,得
$$120A - 240Ax - 48B \equiv x - 1.$$

比较同次幂系数,得
$$-240A = 1, \quad 120A - 48B = -1,$$
从而
$$A = -\frac{1}{240}, \quad B = \frac{1}{96}.$$
于是原方程的通解为
$$y = C_1 e^x + C_2 e^{-2x} + C_3 x^3 + C_4 x^2 + C_5 x + C_6 + \frac{1}{96}x^4 - \frac{1}{240}x^5.$$

例 2.14 求解在本章例 2.1 中所建立的关于弹簧机械振动的微分方程并加以讨论.

解 在例 2.1 中我们所建立的微分方程为
$$\ddot{x} + 2\delta \dot{x} + \omega^2 x = h\sin pt, \tag{2.36}$$
其中 $\delta = \frac{\mu}{2m}, \omega = \sqrt{\frac{k}{m}}, h = \frac{H}{m}, \mu$ 为介质的阻尼系数,m 为物体的质量,k 为弹簧的劲度系数,$H\sin pt$ 为周期变化的外界强迫力.(2.36)是一个二阶常系数线性非齐次微分方程,称为**强迫振动的微分方程**.它所对应的齐次方程是被称为**自由振动的微分方程**
$$\frac{d^2 x}{dt^2} + 2\delta \frac{dx}{dt} + \omega^2 x = 0. \tag{2.37}$$

首先,我们来求线性齐次方程(2.37)的通解,它的特征方程为
$$\lambda^2 + 2\delta\lambda + \omega^2 = 0,$$
故特征根为
$$\lambda_1 = -\delta + \sqrt{\delta^2 - \omega^2}, \quad \lambda_2 = -\delta - \sqrt{\delta^2 - \omega^2}.$$

下面分三种情况讨论:

(1) $\delta^2 - \omega^2 > 0$.这时,线性齐次方程的通解为
$$x = C_1 e^{-(\delta - \sqrt{\delta^2 - \omega^2})t} + C_2 e^{-(\delta + \sqrt{\delta^2 - \omega^2})t}.$$
由此可见,当 $t \to +\infty$ 时,$x(t) \to 0$.这说明当外力为零且阻尼 μ 很大时,有 $\delta > \omega$,物体运动按指数函数规律迅速衰减,不会产生振动,如图 4.6 所示.

(2) $\delta^2 - \omega^2 = 0$.这时,特征方程有重根 $\lambda_1 = \lambda_2 = -\delta$.于是线性齐次方程的通解为
$$x = (C_1 + C_2 t)e^{-\delta t},$$
物体仍按指数规律衰减,图形与图 4.6 相似,这时

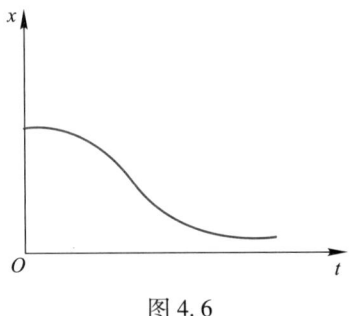

图 4.6

的阻尼 μ 称为临界阻尼.

(3) $\delta^2-\omega^2<0$. 这时,特征根是共轭复根

$$\lambda_{1,2} = -\delta \pm i\sqrt{\omega^2-\delta^2},$$

线性齐次方程的通解为

$$x = e^{-\delta t}\left(C_1\cos\sqrt{\omega^2-\delta^2}\,t + C_2\sin\sqrt{\omega^2-\delta^2}\,t\right) = Ae^{-\delta t}\sin\left(\sqrt{\omega^2-\delta^2}\,t+\varphi\right).$$

其中 $A=\sqrt{C_1^2+C_2^2}$ 与 $\varphi=\arctan\dfrac{C_1}{C_2}$ 是两个任意常数.

由通解可见,一方面,运动的振幅 $Ae^{-\delta t}$ 随时间的增大而减少,所以运动是衰减的;另一方面,由于通解中含有正弦函数,所以运动又是振荡的.因此,当阻尼 μ 很小时,$\delta<\omega$,物体做衰减振荡运动,如图 4.7 所示.

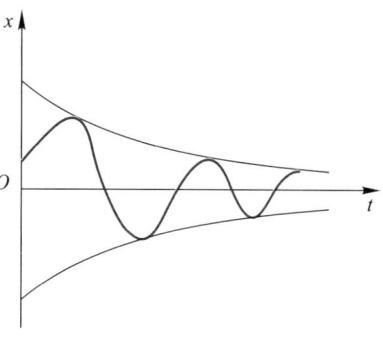

图 4.7

为求解线性非齐次方程(2.36),关键在于求它的任意一个特解.设阻尼 $\mu\neq 0$,从而 ip 不是特征根,于是令特解为

$$x^* = A_1\cos pt + A_2\sin pt,$$

代入方程(2.36),比较同类项系数,得

$$\begin{cases}(\omega^2-p^2)A_1 + 2\delta pA_2 = 0,\\ (\omega^2-p^2)A_2 - 2\delta pA_1 = h.\end{cases}$$

解之得

$$A_1 = -\frac{2\delta ph}{(\omega^2-p^2)^2+4\delta^2p^2},\quad A_2 = \frac{h(\omega^2-p^2)}{(\omega^2-p^2)^2+4\delta^2p^2}.$$

于是

$$x^* = \frac{h(\omega^2-p^2)}{(\omega^2-p^2)^2+4\delta^2p^2}\sin pt - \frac{2\delta ph}{(\omega^2-p^2)^2+4\delta^2p^2}\cos pt$$

$$= B\sin(pt-\psi),$$

其中

$$B = \frac{h}{\sqrt{(\omega^2-p^2)^2+4\delta^2p^2}},\quad \psi = \arctan\left(\frac{2p\delta}{\omega^2-p^2}\right).$$

所以强迫振动方程(2.36)的通解为

$$x = Ae^{-\delta t}\sin\left(\sqrt{\omega^2-\delta^2}\,t+\varphi\right) + B\sin(pt-\psi),\quad \delta<\omega.$$

容易看出,随时间 t 增大,上式右端第一项很快地衰减为零,故称它为暂态项;第二项

不随时间衰减,故称它为稳态项.由此可见,弹簧的强迫振动规律,主要取决于特解,即

$$x \approx x^* = B\sin(pt - \psi), \text{当 } t \gg 1 \text{ 时}.$$

换句话说,主要取决于外界强迫力的作用,其中 p 就是强迫力周期运动的频率.

当阻尼很小时,振动的振幅为

$$B = \frac{h}{\sqrt{(\omega^2 - p^2)^2 + 4\delta^2 p^2}} \approx \frac{h}{|\omega^2 - p^2|}.$$

由此可见,当外界强迫力的频率 p 与弹簧的固有频率 $\omega = \sqrt{\dfrac{k}{m}}$ 相差不大时,振幅 B 将会很大,这时就会产生所谓共振现象.

共振现象在很多问题中有很大的破坏作用,它可能引起机器损坏、桥梁折断、建筑物倒塌等严重事故.例如,1831 年一队士兵以整齐的步伐通过英国 Lanchester 附近的布劳顿吊桥时,由于整齐的步伐产生了周期性的外力,而且这个力的频率非常接近于吊桥振动的固有频率,从而引起了共振,导致了吊桥倒塌.因此,在一些工程问题中,常需算出固有频率,调整有关参数和采取各种措施,以避免共振现象的发生.但是,事物都是一分为二的,有时人们却恰恰需要利用共振.例如,收音机、电视机必须要调节频率使之与所接收电台、电视台的发射频率相同,产生共振,才能收到需要的信息.

2.5　高阶变系数线性微分方程的求解问题

高于一阶的变系数线性微分方程,一般来说是难以用初等方法求解的.但是,对于某些特殊类型的微分方程,我们可以通过适当的变换把它化成常系数线性微分方程,从而使求解问题得到解决.下面将要介绍的后继课中颇有用处的 Euler 微分方程就是其中的一种.

Euler 微分方程　Euler 微分方程的一般形式是

$$t^n \frac{d^n x}{dt^n} + a_1 t^{n-1} \frac{d^{n-1} x}{dt^{n-1}} + \cdots + a_{n-1} t \frac{dx}{dt} + a_n x = f(t),$$

其中 $a_1, a_2, \cdots, a_n$ 都是常数.对于这类微分方程,通过变换

$$t = e^{\tau} ① \quad \text{或} \quad \tau = \ln t \quad (t > 0)$$

就可化为常系数线性微分方程,下面通过例子来具体说明.

例 2.15　求微分方程 $t^2 \ddot{x} - t\dot{x} + x = 0$ 的通解.

---

① 当 $t < 0$ 时,可令 $-t = e^{\tau}$ 或 $\tau = \ln(-t)$.

解 这是一个 Euler 微分方程, 令 $t=\mathrm{e}^\tau$, 即 $\tau=\ln t$, 从而有

$$\frac{\mathrm{d}x}{\mathrm{d}t}=\frac{\mathrm{d}x}{\mathrm{d}\tau}\cdot\frac{\mathrm{d}\tau}{\mathrm{d}t}=\frac{1}{t}\frac{\mathrm{d}x}{\mathrm{d}\tau}, \quad \frac{\mathrm{d}^2x}{\mathrm{d}t^2}=\frac{1}{t^2}\left(\frac{\mathrm{d}^2x}{\mathrm{d}\tau^2}-\frac{\mathrm{d}x}{\mathrm{d}\tau}\right),$$

代入原方程, 化简得

$$\frac{\mathrm{d}^2x}{\mathrm{d}\tau^2}-2\frac{\mathrm{d}x}{\mathrm{d}\tau}+x=0.$$

这是一个二阶常系数线性齐次微分方程, 容易求得它的通解为

$$x=(C_1\tau+C_2)\mathrm{e}^\tau,$$

把 τ 代换成 $\ln t$, 即得原方程的通解为

$$x=(C_1\ln t+C_2)t. \quad \blacksquare$$

例 2.16 求微分方程 $(x+2)^2\dfrac{\mathrm{d}^3y}{\mathrm{d}x^3}+(x+2)\dfrac{\mathrm{d}^2y}{\mathrm{d}x^2}+\dfrac{\mathrm{d}y}{\mathrm{d}x}=1$ 的通解.

解 令 $x+2=t$, 原方程变为

$$t^2\frac{\mathrm{d}^3y}{\mathrm{d}t^3}+t\frac{\mathrm{d}^2y}{\mathrm{d}t^2}+\frac{\mathrm{d}y}{\mathrm{d}t}=1,$$

这不是 Euler 方程, 但两端乘 t, 即得 Euler 微分方程

$$t^3\frac{\mathrm{d}^3y}{\mathrm{d}t^3}+t^2\frac{\mathrm{d}^2y}{\mathrm{d}t^2}+t\frac{\mathrm{d}y}{\mathrm{d}t}=t.$$

再令 $t=\mathrm{e}^\tau$, 上方程可化为

$$\frac{\mathrm{d}^3y}{\mathrm{d}\tau^3}-2\frac{\mathrm{d}^2y}{\mathrm{d}\tau^2}+2\frac{\mathrm{d}y}{\mathrm{d}\tau}=\mathrm{e}^\tau,$$

容易求得它的通解为

$$y=C_0+\mathrm{e}^\tau(C_1\cos\tau+C_2\sin\tau)+\mathrm{e}^\tau.$$

所以, 原方程的通解为

$$y=C_0+(x+2)[C_1\cos\ln(x+2)+C_2\sin\ln(x+2)+1]. \quad \blacksquare$$

习题 4.2

(A)

1. 证明: n 阶线性微分方程 $x^{(n)}(t)+p_1(t)x^{(n-1)}(t)+\cdots+p_{(n-1)}(t)\dot{x}(t)+p_n(t)x(t)=F(t)$ 在自变量的变换 $t=\varphi(\tau)$ 下, 仍为 n 阶线性微分方程, 并且线性齐次微分方程仍变为线性齐次微分方程, 其中 $t=\varphi(\tau)$ 具有 n 阶连续导数, 并且 $\varphi'(\tau)\neq 0$.

2. 验证 $x_1=t$ 与 $x_2=\sin t$ 是微分方程 $(\dot{x})^2-x\ddot{x}=1$ 的两个线性无关的解, 问 $x=C_1t+C_2\sin t$ 是否为该方程的通解?

3. 设 x_1 与 x_2 线性无关,证明:$A_1x_1+A_2x_2$ 与 $B_1x_1+B_2x_2$ 当 $A_1B_2-A_2B_1 \neq 0$ 时也线性无关.

4. 已知 $y_1=x, y_2=x+\mathrm{e}^x, y_3=1+x+\mathrm{e}^x$ 是微分方程
$$y'' + a_1(x)y' + a_2(x)y = Q(x)$$
的解,试求此方程的通解.

5. 求下列各微分方程的通解:

(1) $\ddot{x}+8\dot{x}+15x=0$;   (2) $\ddot{x}-6\dot{x}+9x=0$;   (3) $\ddot{x}+9x=0$;

(4) $\dfrac{\mathrm{d}^2y}{\mathrm{d}x^2}+y=0$;   (5) $\dfrac{\mathrm{d}^2y}{\mathrm{d}x^2}-5\dfrac{\mathrm{d}y}{\mathrm{d}x}+6y=0$;   (6) $y''+4y'+5y=0$.

6. 求下列微分方程满足所给初值条件的特解:

(1) $\ddot{x}+2\dot{x}+2x=0, x(0)=1, \dot{x}(0)=-1$;   (2) $4\dfrac{\mathrm{d}^2y}{\mathrm{d}x^2}+4\dfrac{\mathrm{d}y}{\mathrm{d}x}+y=0, y(0)=2, y'(0)=0$;

(3) $y''+4y'+29y=0, y(0)=0, y'(0)=15$.

7. 写出下列微分方程待定特解的形式:

(1) $\ddot{x}-5\dot{x}+4x=(t^2+1)\mathrm{e}^t$;   (2) $\ddot{x}-6\dot{x}+9x=(2t+1)\mathrm{e}^{3t}$;

(3) $y''-4y'+8y=3\mathrm{e}^x\sin x$;   (4) $y''+a_1y'+a_2y=A$,其中 a_1,a_2,A 均为常数.

8. 求下列微分方程的通解或满足给定初值条件的特解:

(1) $2\ddot{x}+\dot{x}-x=2\mathrm{e}^t$;   (2) $\ddot{x}+a^2x=\mathrm{e}^t$;

(3) $2\ddot{x}+5\dot{x}=5t^2-2t-1$;   (4) $\ddot{x}+3\dot{x}+2x=3t\mathrm{e}^{-t}$;

(5) $y''-2y'+5y=\mathrm{e}^x\sin 2x$;   (6) $y''+4y=x\cos x$;

(7) $y''-3y'+2y=5, y(0)=1, y'(0)=2$; (8) $\ddot{x}-10\dot{x}+9x=\mathrm{e}^{2t}, x(0)=\dfrac{6}{7}, \dot{x}(0)=\dfrac{33}{7}$.

9. 设一物体以初速度 v_0 沿斜面下滑.设斜面的倾角为 θ,且物体与斜面的摩擦系数为 μ,证明:物体下滑的距离随时间 t 的变化规律为
$$\delta = \frac{1}{2}g(\sin\theta - \mu\cos\theta)t^2 + v_0t.$$

10. 一质量为 m 的质点,由静止初始状态沉入液体.下沉时液体的阻力与下沉的速度成正比,求质点的运动规律.

11. 设 $f(x) = \sin x - \int_0^x (x-t)f(t)\mathrm{d}t$,其中 f 为连续函数,求 $f(x)$.

12. 设曲线 L 的极坐标方程为 $r=r(\theta)$,$M(r,\theta)$ 为 L 上任一点,$M_0(2,0)$ 为 L 上一定点.若极径 OM_0、OM 与曲线 L 所围成的曲边扇形面积值等于 L 上 M_0、M 两点间弧长值的一半,求曲线 L 的方程.(提示:曲线 $r=r(\theta)(\alpha\leq\theta\leq\beta)$ 的弧长为 $s=\int_\alpha^\beta\sqrt{r^2(\theta)+r'^2(\theta)}\mathrm{d}\theta$.)

13. 求下列微分方程的通解:

(1) $t^2\ddot{x}+5t\dot{x}+13x=0$;   (2) $x^3y'''-x^2y''+2xy'-2y=x^3+3x$;

(3) $x^3y'''+xy'-y=3x^4$.

(B)

1. 证明:函数组

$$\varphi_1(x) = \begin{cases} x^2, & x \geq 0, \\ 0, & x < 0 \end{cases} \quad \text{与} \quad \varphi_2 = \begin{cases} 0, & x \geq 0, \\ x^2, & x < 0 \end{cases}$$

在区间$(-\infty, +\infty)$内线性无关,但它们的 Wronski 行列式却恒等于零,这与本节关于 Wronski 行列式的结论是否矛盾?为什么?

2. 使用在求解二阶常系数线性齐次方程时,对特征根为重根时所用过的待定函数法,证明:若$x_1(t)$为二阶线性齐次微分方程$\ddot{x} + a_1(t)\dot{x} + a_2(t)x = 0$的一个非零解,则其通解为

$$x = x_1(t)\left[C_1 \int \frac{e^{-\int a_1(t)dt}}{(x_1(t))^2}dt + C_2\right].$$

3. 验证$x = \dfrac{\sin t}{t}$是微分方程

$$\ddot{x} + \frac{2}{t}\dot{x} + x = 0$$

的解,并求此方程的通解.

*第三节 线性微分方程组

本节我们研究形式比较简单而且应用非常广泛的线性微分方程组.借助于线性代数的知识,我们将着重对线性微分方程组解的结构、常系数线性微分方程组的求解方法作比较系统的介绍.

3.1 线性微分方程组的基本概念

设$a_{ij}(t)$与$f_i(t)$ $(i=1,2,\cdots,n; j=1,2,\cdots,n)$是区间$(a,b)$内的连续函数,形式为

$$\frac{dx_i(t)}{dt} = \sum_{j=1}^{n} a_{ij}(t)x_j(t) + f_i(t), \quad i = 1, 2, \cdots, n \tag{3.1}$$

的常微分方程组称为关于未知函数组$x_1(t), x_2(t), \cdots, x_n(t)$的一阶线性常微分方程组,简称为**线性微分方程组**.

为了将这个方程组写成更为简洁的向量形式,我们先引入矩阵函数导数与积分的概念及有关的基本运算法则.

定义 3.1 设有矩阵函数

$$\boldsymbol{A}(t) = (a_{ij}(t))_{n \times m}, \quad t \in I.$$

(1) 若所有函数$a_{ij}(t)$ $(i=1,2,\cdots,n; j=1,2,\cdots,m)$均在区间$I$上连续,则称矩阵函数$\boldsymbol{A}(t)$在$I$上连续;

(2) 若所有函数$a_{ij}(t)$ $(i=1,2,\cdots,n; j=1,2,\cdots,m)$均在区间$I$上可导(可积),

则称矩阵函数 $A(t)$ 在 I 上可导(可积),且定义

$$\dot{A}(t) = \frac{\mathrm{d}}{\mathrm{d}t} A(t) = (\dot{a}_{ij}(t))_{n \times m}, \quad t \in I,$$

$$\int_a^b A(t) \mathrm{d}t = \left(\int_a^b a_{ij}(t) \mathrm{d}t \right)_{n \times m}.$$

例如,设

$$A(t) = \begin{bmatrix} \sin t & t \\ 1 & \cos t \end{bmatrix}, \quad t \in [0, \pi],$$

则

$$\dot{A}(t) = \begin{bmatrix} \cos t & 1 \\ 0 & -\sin t \end{bmatrix} (t \in [0, \pi]), \quad \int_0^\pi A(t) \mathrm{d}t = \begin{bmatrix} 2 & \frac{\pi^2}{2} \\ \pi & 0 \end{bmatrix}.$$

由定义 3.1 容易验证矩阵函数的导数满足以下运算法则:

(1) $\frac{\mathrm{d}}{\mathrm{d}t}(CA) = C \frac{\mathrm{d}A}{\mathrm{d}t}$,其中 C 是一可与 A 相乘的常数矩阵;

(2) 若 A 与 B 为同阶矩阵函数,则 $\frac{\mathrm{d}}{\mathrm{d}t}(A \pm B) = \frac{\mathrm{d}A}{\mathrm{d}t} \pm \frac{\mathrm{d}B}{\mathrm{d}t}$;

(3) 若矩阵函数 A 与 B 可以相乘,则 $\frac{\mathrm{d}}{\mathrm{d}t}(AB) = A \frac{\mathrm{d}B}{\mathrm{d}t} + \frac{\mathrm{d}A}{\mathrm{d}t} B$.

由于向量值函数 $x(t) = (x_1(t), x_2(t), \cdots, x_n(t))^{\mathrm{T}}$ 可以看成一个列矩阵,是上述 $n \times m$ 矩阵 $A(t)$ 的一个特例,因此它的导数、积分的定义和运算法则都可用上述方法进行,例如,

$$\frac{\mathrm{d}x(t)}{\mathrm{d}t} = (\dot{x}_1(t), \dot{x}_2(t), \cdots, \dot{x}_n(t))^{\mathrm{T}}$$

等.

有了向量值函数与矩阵函数导数的概念,我们可将线性微分方程组(3.1)式写成如下向量形式(也称矩阵形式):

$$\frac{\mathrm{d}x(t)}{\mathrm{d}t} = A(t) x(t) + f(t), \tag{3.2}$$

其中 $x(t) = (x_1(t), x_2(t), \cdots, x_n(t))^{\mathrm{T}}$ 与 $f(t) = (f_1(t), f_2(t), \cdots, f_n(t))^{\mathrm{T}}$ 为 n 维向量值函数,$A(t) = (a_{ij}(t))_{n \times n}$ 为 n 阶函数方阵.

当 $f(t) \equiv 0$ 时,(3.2)式化为

$$\frac{\mathrm{d}x(t)}{\mathrm{d}t} = A(t) x(t), \tag{3.3}$$

称为**齐次线性微分方程组**.当 $f(t) \not\equiv 0$ 时,线性微分方程组(3.2)称为**非齐次线性微**

分方程组,$f(t)$ 称为**非齐次项**或**自由项**.

显然,$n=1$ 时方程组(3.2)化为 $\dfrac{\mathrm{d}x}{\mathrm{d}t}=a(t)x+f(t)$,这就是我们已经研究过的一阶线性微分方程.关于它的解的概念、解的结构和求法,我们已作过比较详细的介绍和讨论,其中的一些概念、结构和方法可以推广到一般的 n 阶线性方程组.

与一阶方程类似,若存在区间 $(\alpha,\beta)\subseteq(a,b)$ 内的连续可微向量值函数 $x=x(t)$,使方程组(3.2)在 (α,β) 上成为恒等式,则称向量值函数 $x=x(t)$ 为方程组(3.2)在 (α,β) 上的**解**.

由于方程组(3.2)的左端由 x 的 n 个分量的导数组成,故它的解中可以含有 n 个独立的任意常数.称含有 n 个独立常数的解为方程组(3.2)的**通解**,不含任意常数的解为**特解**.要确定通解中的 n 个任意常数,需要 n 个独立的附加条件,这种条件称为定解条件.若定解条件是由函数 $x(t)$ 在一点 $t=t_0$ 的值给出:$x(t_0)=x_0=(x_{0,1},\cdots,x_{0,n})^{\mathrm{T}}$,则此条件称为**初值条件**.在给定的初值条件下求解方程组(3.2)的问题,即求解

$$\begin{cases} \dfrac{\mathrm{d}x(t)}{\mathrm{d}t}=A(t)x(t)+f(t), \\ x(t_0)=x_0 \end{cases} \tag{3.4}$$

的问题,称为**初值问题**,或 **Cauchy 问题**.

可以证明(从略),对于方程组的初值问题(3.4),也有与方程式类似的**解的存在唯一性定理**,即当系数矩阵 $A(t)$ 与非齐次项 $f(t)$ 在 (a,b) 内连续时,初值问题(3.4)的解在 (a,b) 内是存在且唯一的,其中 $t_0\in(a,b)$,$x_0\in\mathbf{R}^n$,即一定存在唯一的一个定义在 (a,b) 内的 n 维向量值函数 $x=x(t)$,使当 $t\in(a,b)$ 时(3.4)恒成立.但是,一般情况下用初等积分的方法来求出它的解是不大可能的.因此在讨论它的求解问题之前,我们先介绍解的一些性质和解的结构.

3.2 线性微分方程组解的结构

1. 齐次线性微分方程组

对于齐次线性微分方程组(3.3),容易看出,它具有以下简单性质:

1° $x(t)\equiv\mathbf{0}$ 是方程组(3.3)的解,称为**平凡解**或**零解**;

2° 若方程组(3.3)的解 $x(t)$ 满足初值条件 $x(t_0)=\mathbf{0}$,则由解的存在唯一性定理可知必有 $x(t)\equiv\mathbf{0}$;

3° 若 $x_i(t)$ ($i=1,\cdots,n$,$t\in(a,b)$)均为方程组(3.3)的解,$C_1,\cdots,C_n$ 皆为常数,则其线性组合 $\sum\limits_{i=1}^{n}C_i x_i(t)$ ($t\in(a,b)$)也是方程组(3.3)的解.

线性代数知识告诉我们,n 维常向量的全体构成一个 n 维线性空间,它的基由任意 n 个线性独立的常向量构成.这时,任意一个 n 维常向量均可用此空间的基线性表示.从上述性质 1° 和 3° 我们想到:齐次线性微分方程组(3.3)的所有的解(向量值函数)是否也能够构成一个 n 维线性空间呢?它的基是否也可通过把常向量的线性无关概念推广后得到呢?若能做到这一点,则方程组(3.3)的任一解都可表示成基的线性组合.这样,我们就得到了方程组(3.3)通解的表达式.为研究这一问题,我们首先把第二节中函数组线性相关与线性无关的概念推广到向量值函数组.

定义 3.2　设有 m 个 n 维向量值函数 $\boldsymbol{x}_1(t),\cdots,\boldsymbol{x}_m(t)$ 均在区间 (a,b) 内有定义.如果存在不全为零的常数 $C_1,\cdots,C_m$ 使在 (a,b) 内成立恒等式

$$\sum_{i=1}^{m} C_i \boldsymbol{x}_i(t) = C_1 \boldsymbol{x}_1(t) + \cdots + C_m \boldsymbol{x}_m(t) \equiv \boldsymbol{0},$$

那么称 $\boldsymbol{x}_1(t),\cdots,\boldsymbol{x}_m(t)$ 在区间 (a,b) 内**线性相关**.如果 $\boldsymbol{x}_1(t),\cdots,\boldsymbol{x}_m(t)$ 在 (a,b) 内不是线性相关的,那么就称这 m 个向量值函数在 (a,b) 内**线性无关**或**线性独立**.

由定义可见,向量值函数的线性相关与否是对区间内的所有点来说的.当任意固定一点时,它就是一个常向量,因而自然产生与函数组线性相关同样的问题,即它们会不会对在某个点 $t_1 \in (a,b)$ 处所形成的常向量组 $\boldsymbol{x}_1(t_1),\cdots,\boldsymbol{x}_m(t_1)$ 线性相关,而在另一点 $t_2 \in (a,b)$ 处所形成的常向量组又线性无关呢?一般说来,这种情况是可能发生的.但是下列定理表明,正像函数组那样,若 $\boldsymbol{x}_i(t)$ $(i=1,2,\cdots,m)$ 是齐次线性微分方程组(3.3)的解时,这种情况不会发生.

定理 3.1　设 $\boldsymbol{x}_i(t)$ $(t \in (a,b), i=1,2,\cdots,m)$ 是方程组(3.3)的任意 m 个解,则这 m 个解在区间 (a,b) 内线性相关的充要条件是:$\exists t_0 \in (a,b)$,使常向量组 $\boldsymbol{x}_i(t_0)$ $(i=1,2,\cdots,m)$ 线性相关.

证　由定义 3.2,必要性是显然的.

现证充分性.设存在 $t_0 \in (a,b)$,使向量组 $\boldsymbol{x}_i(t_0)$ $(i=1,2,\cdots,m)$ 线性相关,即存在不全为零的常数 $C_1,\cdots,C_m$,使 $\sum_{i=1}^{m} C_i \boldsymbol{x}_i(t_0) = \boldsymbol{0}$.考虑向量值函数 $\boldsymbol{x}(t) = \sum_{i=1}^{m} C_i \boldsymbol{x}_i(t)$,$t \in (a,b)$,由性质 3° 可知,$\boldsymbol{x}(t)$ 也是方程组(3.3)的解.但由于 $\boldsymbol{x}(t_0) = \sum_{i=1}^{m} C_i \boldsymbol{x}_i(t_0) = \boldsymbol{0}$,由性质 2° 可知,必有 $\boldsymbol{x}(t) = \sum_{i=1}^{m} C_i \boldsymbol{x}_i(t) \equiv \boldsymbol{0}$,$t \in (a,b)$,即 $\boldsymbol{x}_i(t)$ $(i=1,\cdots,m)$ 在 (a,b) 线性相关. ∎

从这个定理我们可以看出,对于方程组(3.3)在 (a,b) 内存在的解 $\boldsymbol{x}_i(t)$ $(i=1,\cdots,n)$ 来说,如果在 (a,b) 内一点 t_0 处线性无关,则必在整个区间 (a,b) 内线性无关.

由此,我们容易证明下述定理.

定理 3.2 方程组(3.3)必存在 n 个线性无关的解;此方程组的通解就是这 n 个线性无关解的线性组合,即

$$x(t)=\sum_{i=1}^{n}C_i x_i(t), \quad t\in(a,b) \tag{3.5}$$

其中 $C_i(i=1,\cdots,n)$ 是任意常数,而且此方程组的任一解均可表示为(3.5)形式.

证 在 $\mathbf{R}^n$ 中任取一个基,例如取标准基 $e_1,e_2,\cdots,e_n$ 分别以它们作为初值,即令

$$x_1(t_0)=e_1=\begin{bmatrix}1\\0\\\vdots\\0\\0\end{bmatrix},\quad x_2(t_0)=e_2=\begin{bmatrix}0\\1\\0\\\vdots\\0\end{bmatrix},\quad\cdots,\quad x_n(t_0)=e_n=\begin{bmatrix}0\\0\\\vdots\\0\\1\end{bmatrix}$$

根据解的存在唯一性定理,方程组(3.3)适合上述初值的 n 个解 $x_i(t)$ $(i=1,2,\cdots,n)$ 都必在 (a,b) 内存在.由于初始向量组线性无关,由定理 3.1 知 $x_1(t),\cdots,x_n(t)$ 在 (a,b) 内也线性无关.

注:由定理 3.2 可见,我们也可以将线性齐次微分方程组(3.3)的通解定义为它的全部解的表达式.

于是类似于定理 2.2 与 2.4 可证表达式(3.5)为方程组(3.3)的通解,而且包含了它的所有解. ∎

定理 3.2 也表明:齐次线性微分方程组(3.3)的全部解构成一个 n 维线性空间,称为此方程组的**解空间**.同时,(3.5)式也给出了齐次线性微分方程组通解的结构:<u>齐次线性微分方程组的通解 $x(t)$ 是它的任意 n 个线性无关的特解 $x_i(t)(i=1,2,\cdots,n)$ 与 n 个任意常数 C_i 的线性组合</u>,即(3.5)式.

基解矩阵及其判别法

定义 3.3 齐次线性微分方程组(3.3)的任意 n 个线性无关的特解 $x_1(t),\cdots,x_n(t)$ 称为方程组(3.3)的一个**基本解组**,它也就是由方程组(3.3)全部解所构成的解空间的一个基.以这些解的分量为列所形成的矩阵称为方程组(3.3)的**基解矩阵**,记为

$$X(t)=\begin{bmatrix}x_{11}(t)&x_{21}(t)&\cdots&x_{n1}(t)\\\vdots&\vdots&&\vdots\\x_{1n}(t)&x_{2n}(t)&\cdots&x_{nn}(t)\end{bmatrix}=(x_1(t),\cdots,x_n(t)).$$

定义 3.4 由 n 个 n 维向量值函数 $x_i(t)$ $(t\in I, i=1,2,\cdots,n)$ 的分量 x_{ij} $(i,j=1,2,\cdots,n)$ 依次为列所构成的行列式,称为这 n 个向量值函数的 **Wronski 行列式**,记作 $W(t)=\det(x_{ij}(t)), t\in I$.

利用基解矩阵可将方程组(3.3)的通解表示为
$$x(t) = X(t)C, \quad t \in (a, b), \tag{3.6}$$
其中, $C = (C_1, \cdots, C_n)^T$ 是一由任意常数 $C_1, \cdots, C_n$ 所组成的列向量.

由此可见,求解齐次线性微分方程组(3.3)的关键在于求出它的基解矩阵,或者说求出它的任意 n 个线性无关的特解. 然而,当找到方程组(3.3)在 (a,b) 内的 n 个特解 $x_1(t), \cdots, x_n(t)$ 后,怎样来判断它们在 (a,b) 内是否线性无关呢? 我们有下列简单的判别法.

二维码 4.3.1
线性高阶方程式与其对应一阶方程组解的 Wronski 行列式的一致性.

定理 3.3 齐次线性微分方程组(3.3)的 n 个解 $x_i(t)$ ($i = 1, 2, \cdots, n$)在 (a,b) 内线性无关的充要条件是存在一点 $t_0 \in (a, b)$,使得这 n 个解的 Wronski 行列式在 t_0 处的值 $W(t_0) \neq 0$.

证 由定理 3.1 可知,方程组(3.3)的 n 个解 $x_i(t)$ ($i = 1, 2, \cdots, n$)在 (a,b) 内线性无关的充要条件是: $\exists t_0 \in (a, b)$ 使 $x_i(t_0)$ ($i = 1, 2, \cdots, n$)线性无关; 而由线性代数知识可知, n 个 n 维向量 $x_i(t_0)$ ($i = 1, 2, \cdots, n$)线性无关的充要条件是: 由它们的分量所构成的行列式
$$W(t_0) = \det(x_{ij}(t_0)) \neq 0. \quad \blacksquare$$

实际上,不难看出,由方程组(3.3)的 n 个解所构成的 Wronski 行列式在解的存在区间 (a,b) 内或者恒为零,或者恒不为零.

基解矩阵的性质 方程组(3.3)的基解矩阵具有以下重要性质:

$1°$ 基解矩阵 $X(t)$ 满足矩阵方程
$$\frac{dX}{dt} = A(t)X.$$

事实上,
$$\frac{d}{dt}X(t) = \left(\frac{dx_{ij}(t)}{dt}\right)_{n \times n} = \left(\sum_{k=1}^{n} a_{ik}(t)x_{kj}(t)\right)_{n \times n}$$
$$= (a_{ij}(t))_{n \times n} \cdot (x_{ij}(t))_{n \times n} = A(t)X(t).$$

$2°$ 若 $X(t)$ 是方程组(3.3)在 (a,b) 内的任一基解矩阵, B 是任一 n 阶非奇异常数矩阵,则 $X(t)B$ 也是(3.3)在 (a,b) 内的一个基解矩阵(习题 4.3(B)1).

$3°$ 若 $X(t)$ 与 $X^*(t)$ 是方程组(3.3)在 (a,b) 内的任意两个基解矩阵,则必存在一 n 阶非奇异常数矩阵 B,使
$$X(t) = X^*(t)B, \quad t \in (a, b).$$

事实上,因为 $X^*(t)$ 是一基解矩阵,而 $X(t)$ 的列向量 $x_1(t), \cdots, x_n(t)$ 都是解,所以由(3.6),必 $\exists b_i \in \mathbf{R}^n$ 使
$$x_i(t) = X^*(t)b_i, \quad i = 1, 2, \cdots, n,$$

其中 b_i 为非零向量,从而
$$X(t)=(X^*(t)b_1,\cdots,X^*(t)b_n)=X^*(t)(b_1,\cdots,b_n)=X^*(t)B.$$
其中,矩阵 $B=(b_1,\cdots,b_n)$,且由
$$\det X^*(t)\cdot\det B=\det X(t)\neq 0,$$
可知 $\det B\neq 0$,即 B 是非奇异矩阵.

例 3.1 验证微分方程组
$$\frac{\mathrm{d}}{\mathrm{d}t}\begin{bmatrix}x_1\\x_2\end{bmatrix}=\begin{bmatrix}\cos^2 t & \dfrac{1}{2}\sin 2t-1\\ \dfrac{1}{2}\sin 2t+1 & \sin^2 t\end{bmatrix}\begin{bmatrix}x_1\\x_2\end{bmatrix}$$
的通解为
$$x=C_1\begin{bmatrix}\mathrm{e}^t\cos t\\ \mathrm{e}^t\sin t\end{bmatrix}+C_2\begin{bmatrix}-\sin t\\ \cos t\end{bmatrix},\quad t\in\mathbf{R}.$$

证 代入微分方程组直接验证可知:当 $t\in\mathbf{R}$ 时, $\begin{bmatrix}\mathrm{e}^t\cos t\\ \mathrm{e}^t\sin t\end{bmatrix}$ 与 $\begin{bmatrix}-\sin t\\ \cos t\end{bmatrix}$ 是该方程组的两个特解,由于当 $t=0$ 时 Wronski 行列式
$$W(t)=\begin{vmatrix}1 & 0\\ 0 & 1\end{vmatrix}\neq 0,$$
所以,此两特解在 $t\in\mathbf{R}$ 线性无关,于是其通解如题中所示. ∎

2. 非齐次线性微分方程组

由本章第二节,我们知道,非齐次线性微分方程的通解是由它的任一特解与对应齐次线性微分方程的通解之和组成的.完全类似的证明可知,非齐次线性微分方程组 (3.2)的通解仍然具有同样的结构.

定理 3.4(非齐次线性微分方程组解的结构) 非齐次线性微分方程组(3.2)的任一解 $x(t)$ 可以表示成它的任一特解 $x^*(t)$ 与它所对应的齐次线性微分方程组(3.3)的通解(3.6)之和的形式,即
$$x(t)=X(t)C+x^*(t),\quad t\in(a,b),\quad(3.7)$$
其中 $X(t)$ 是齐次线性微分方程组(3.3)的一个基解矩阵, $C\in\mathbf{R}^n$ 为常向量.

证明留给读者.

由定理 3.4 可知,在已知齐次线性微分方程组(3.3)的基解矩阵的情况下,要求非齐次线性微分方程组(3.2)的通解,关键在于找到它的任一特解,下

注意:由于(3.7)式中的 $C\in\mathbf{R}^n$ 可以是任意常向量,因此,该式也是非齐次线性微分方程组(3.2)通解的表达式.由定理 3.4 可见,与齐次线性微分方程组一样,非齐次线性微分方程组的通解也包括了它的全部解.故也可用后一特征去定义非齐次线性微分方程组的通解.

述定理给出了此特解的表达式,而其证明给出了求此特解的一种方法.

定理 3.5 设 $X(t)$ $(t\in(a,b))$ 是齐次线性微分方程组(3.3)的一个基解矩阵,则

$$x^*(t) = X(t)\int_{t_0}^{t} X^{-1}(\tau)f(\tau)\mathrm{d}\tau, \quad t\in(a,b) \tag{3.8}$$

就是非齐次线性微分方程组(3.2)适合初值条件 $x^*(t_0)=0$ 的特解.

证 我们采用在一阶线性微分方程中曾经用过的常数变易法来证明公式(3.8). 假设方程组(3.2)有如下形式的特解

$$x^*(t) = X(t)C(t), \tag{3.9}$$

其中 $C(t)$ 为 n 维向量值函数. 我们期望把(3.9)代入非齐次方程组(3.2)后可将待定的向量值函数 $C(t)$ 确定出来. 为此,把(3.9)代入方程组(3.2),把 $C(t)$ 看作是 n 行一列矩阵函数,得

$$\dot{X}(t)C(t) + X(t)\dot{C}(t) = A(t)X(t)C(t) + f(t). \tag{3.10}$$

由于 $X(t)$ 为齐次方程组(3.3)的基解矩阵,由基解矩阵的性质 1° 可知,它应满足矩阵方程,即

$$\dot{X}(t) = A(t)X(t),$$

代入(3.10)式后化简得

$$X(t)\dot{C}(t) = f(t). \tag{3.11}$$

由于 $X(t)$ 是基解矩阵,故 Wronski 行列式

$$W(t) = \det X(t) \neq 0, \quad t\in(a,b).$$

从而逆矩阵 $X^{-1}(t)$ $(t\in(a,b))$ 存在. 用 $X^{-1}(t)$ 左乘(3.11)式两端得

$$\dot{C}(t) = X^{-1}(t)f(t),$$

积分得

$$C(t) = \int X^{-1}(t)f(t)\mathrm{d}t = \int_{t_0}^{t} X^{-1}(\tau)f(\tau)\mathrm{d}\tau + C_1,$$

注意:此处积分中的被积函数为向量值函数,因此,它们的积分应等于对每个分量积分所构成的向量值函数.

其中 C_1 为任意常向量,代入(3.9)式得

$$x^*(t) = X(t)\left(\int_{t_0}^{t} X^{-1}(\tau)f(\tau)\mathrm{d}\tau + C_1\right),$$

由初值条件 $x^*(t_0) = \mathbf{0}$ 可得 $C_1 = \mathbf{0}$,于是定理得证. ∎

综合定理 3.4 与 3.5 可得非齐次线性微分方程组(3.2)通解的表达式

$$x(t) = X(t)C + X(t)\int_{t_0}^{t} X^{-1}(\tau)f(\tau)\mathrm{d}\tau. \tag{3.12}$$

若将初值条件 $x(t_0)=x_0$ 代入,可得
$$C = X^{-1}(t_0)x_0,$$
于是,方程组满足初值条件 $x(t_0)=x_0$ 的特解为

$$\boxed{x(t) = X(t)X^{-1}(t_0)x_0 + X(t)\int_{t_0}^{t} X^{-1}(\tau)f(\tau)\mathrm{d}\tau.} \tag{3.13}$$

例 3.2 求微分方程组
$$\begin{cases} \dfrac{\mathrm{d}x_1}{\mathrm{d}t} = x_1\cos^2 t + x_2\left(\dfrac{1}{2}\sin 2t - 1\right) + \cos t, \\ \dfrac{\mathrm{d}x_2}{\mathrm{d}t} = x_1\left(\dfrac{1}{2}\sin 2t + 1\right) + x_2\sin^2 t + \sin t \end{cases}$$
的通解与适合初值条件 $x_1(0)=0, x_2(0)=1$ 的特解.

解 由例 3.1 可知,对应的齐次线性微分方程组的基解矩阵为
$$X(t) = \begin{bmatrix} \mathrm{e}^t\cos t & -\sin t \\ \mathrm{e}^t\sin t & \cos t \end{bmatrix},$$
于是对应齐次方程组的通解为
$$X(t) = \begin{bmatrix} \mathrm{e}^t\cos t & -\sin t \\ \mathrm{e}^t\sin t & \cos t \end{bmatrix}\begin{bmatrix} C_1 \\ C_2 \end{bmatrix}.$$

为了求出非齐次方程组的一个特解,先求
$$X^{-1}(t) = \begin{bmatrix} \mathrm{e}^{-t}\cos t & \mathrm{e}^{-t}\sin t \\ -\sin t & \cos t \end{bmatrix},$$
从而
$$\int_0^t X^{-1}(\tau)f(\tau)\mathrm{d}\tau = \int_0^t \begin{bmatrix} \mathrm{e}^{-\tau}\cos\tau & \mathrm{e}^{-\tau}\sin\tau \\ -\sin\tau & \cos\tau \end{bmatrix}\begin{bmatrix} \cos\tau \\ \sin\tau \end{bmatrix}\mathrm{d}\tau,$$
$$= \int_0^t \begin{bmatrix} \mathrm{e}^{-\tau} \\ 0 \end{bmatrix}\mathrm{d}\tau = \begin{bmatrix} 1-\mathrm{e}^{-t} \\ 0 \end{bmatrix},$$

于是, $\begin{bmatrix} \mathrm{e}^t\cos t & -\sin t \\ \mathrm{e}^t\sin t & \cos t \end{bmatrix}\begin{bmatrix} 1-\mathrm{e}^{-t} \\ 0 \end{bmatrix}$ 便是非齐次方程组的一个特解.从而由通解的结构可知非齐次方程组的通解为

注:我们当然也可以求出 $X^{-1}(t)$ 后直接代入非齐次方程组的特解公式(3.13)来求出所求特解.

$$x(t) = \begin{bmatrix} e^t\cos t & -\sin t \\ e^t\sin t & \cos t \end{bmatrix} \begin{bmatrix} C_1 \\ C_2 \end{bmatrix} + \begin{bmatrix} 1-e^{-t} \\ 0 \end{bmatrix}$$

$$= \begin{bmatrix} C_1 e^t\cos t - C_2\sin t + (e^t-1)\cos t \\ C_1 e^t\sin t + C_2\cos t + (e^t-1)\sin t \end{bmatrix}.$$

(3.14)

注意到

$$X^{-1}(0) = \begin{bmatrix} 1 & 0 \\ 0 & 1 \end{bmatrix},$$

把初值条件代入所求得的通解(3.14)中,确定出 $C_1=0, C_2=1$,从而得出特解为

$$X(t) = \begin{bmatrix} e^t\cos t & -\sin t \\ e^t\sin t & \cos t \end{bmatrix} \left(\begin{bmatrix} 1 & 0 \\ 0 & 1 \end{bmatrix} \begin{bmatrix} 0 \\ 1 \end{bmatrix} + \begin{bmatrix} 1-e^{-t} \\ 0 \end{bmatrix} \right)$$

$$= \begin{bmatrix} (e^t-1)\cos t - \sin t \\ (e^t-1)\sin t + \cos t \end{bmatrix}. \quad \blacksquare$$

注意:对于线性微分方程组来说,如果知道了对应齐次线性微分方程组的基解矩阵,那么非齐次线性微分方程组的通解一定可以求出,但这并不意味着线性微分方程组的解一定可用初等积分法得到.因为齐次线性微分方程组的解,一般说来是很难求得的.即使对于仅由两个方程构成的齐次线性微分方程组

$$\begin{cases} \dfrac{\mathrm{d}x_1}{\mathrm{d}t} = a_1(t)x_1 + b_1(t)x_2, \\ \dfrac{\mathrm{d}x_2}{\mathrm{d}t} = a_2(t)x_1 + b_2(t)x_2, \end{cases}$$

它的解一般也是无法通过初等积分法获得的.

3.3 常系数线性齐次微分方程组的求解方法

3.2段中,我们已经对微分方程组的解的结构,建立了一套比较完整的理论.然而,上面我们已经指出,正像线性微分方程那样,线性微分方程组的解,一般说来也是难以求得的.但是,也正如线性微分方程那样,当线性微分方程组(3.2)中的系数 $a_{ij}(t)(i=1,2,\cdots,n;j=1,2,\cdots,n)$ 全为常数,即 $a_{ij}(t) \equiv a_{ij}$(常数)时,它的解却可以利用线性代数的方法求出.这种系数全为常数的线性微分方程组称为**常系数线性微分方程组**.相应的非齐次和齐次线性微分方程组,分别称为**常系数非齐次线性微分方程组**和**常系数齐次线性微分方程组**,简称为**常系数非齐次方程组**和**常系数齐次方程组**.

下面,我们就来讨论这类应用中最常见的常系数线性微分方程组的求解问题,着重介绍方法.本段先对齐次方程组的情形进行讨论.

对于一阶常系数齐次线性微分方程

$$\frac{\mathrm{d}x}{\mathrm{d}t} = ax,$$

利用分离变量法,我们立即就可得到它的通解

$$x = Ce^{at}.$$

现在,考察常系数齐次线性微分方程组

$$\frac{\mathrm{d}x_i}{\mathrm{d}t} = \sum_{j=1}^{n} a_{ij} x_j, \quad i = 1, 2, \cdots, n,$$

或其向量形式

$$\frac{\mathrm{d}\boldsymbol{x}}{\mathrm{d}t} = \boldsymbol{A}\boldsymbol{x}, \tag{3.15}$$

其中 $\boldsymbol{A} = (a_{ij})_{n \times n}$ 为一常数矩阵. 由解的存在唯一性定理可知,方程组(3.15)的任一解的存在区间均为 $(-\infty, +\infty)$. 注意到一阶常系数齐次线性方程的解为指数函数以及指数函数的导数仍为指数函数,为求解方程组(3.15),我们可以设想方程组(3.15)有形如

$$\boldsymbol{x} = \boldsymbol{r} \mathrm{e}^{\lambda t} \tag{3.16}$$

的特解,其中 λ 为待定常数,$\boldsymbol{r}$ 为待定常向量. 然后把(3.16)式代入方程组(3.15)去确定 λ 与 $\boldsymbol{r}$. 这种方法称为**待定系数法**. 将(3.16)式代入方程组(3.15)得

$$\boldsymbol{r}\lambda \mathrm{e}^{\lambda t} = \boldsymbol{A}\boldsymbol{r} \mathrm{e}^{\lambda t},$$

从而

$$\boldsymbol{r}\lambda = \boldsymbol{A}\boldsymbol{r} \quad \text{或} \quad (\boldsymbol{A} - \lambda \boldsymbol{E})\boldsymbol{r} = \boldsymbol{0},$$

其中 $\boldsymbol{E}$ 为 n 阶单位方阵. 可见,当且仅当 λ 为系数矩阵 $\boldsymbol{A}$ 的特征值时,方程组(3.15)有形如(3.16)的解. 此时,非零向量 $\boldsymbol{r}$ 就是 $\boldsymbol{A}$ 的特征值 λ 所对应的特征向量. 这样,对于一种简单情形,即 n 阶矩阵 $\boldsymbol{A}$ 有 n 个线性无关的特征向量时,方程组(3.15)的基解矩阵是较容易求得的. 对于其他情形怎么去求解该方程组呢? 下面分别来讨论这些问题.

(1) $\boldsymbol{A}$ 有 n 个线性无关的特征向量的情形.

此时,我们只要求出 $\boldsymbol{A}$ 的 n 个线性无关的特征向量以及对应的特征值,就可写出方程组(3.15)的 n 个形如(3.16)式且线性无关的特解及基解矩阵.

定理 3.6 设 n 阶矩阵 $\boldsymbol{A}$ 有 n 个线性无关的特征向量 $\boldsymbol{r}_1, \boldsymbol{r}_2, \cdots, \boldsymbol{r}_n$,它们对应的特征值分别为 $\lambda_1, \lambda_2, \cdots, \lambda_n$(未必互不相同),则矩阵

$$\boxed{\boldsymbol{X}(t) = (\boldsymbol{r}_1 \mathrm{e}^{\lambda_1 t}, \boldsymbol{r}_2 \mathrm{e}^{\lambda_2 t}, \cdots, \boldsymbol{r}_n \mathrm{e}^{\lambda_n t})} \tag{3.17}$$

就是常系数齐次线性微分方程组(3.15)的一个基解矩阵. 从而(3.15)的通解为

$$\boldsymbol{X}(t) = (\boldsymbol{r}_1 \mathrm{e}^{\lambda_1 t}, \cdots, \boldsymbol{r}_n \mathrm{e}^{\lambda_n t}) \begin{pmatrix} C_1 \\ \vdots \\ C_n \end{pmatrix},$$

其中 $\begin{pmatrix} C_1 \\ \vdots \\ C_n \end{pmatrix}$ 为任意常向量.

证 如上所述,每一个向量值函数 $r_i e^{\lambda_i t}$ ($i=1,2,\cdots,n$) 都是方程组(3.15)的解,而且由于 $r_1,r_2,\cdots,r_n$ 线性无关,从而

$$\det X(0) = \det(r_1 \ r_2 \ \cdots \ r_n) \neq 0,$$

所以向量值函数 $r_i e^{\lambda_i t}$ ($i=1,2,\cdots,n$) 线性无关,故矩阵(3.17)是方程组(3.15)的一个基解矩阵.于是由定理 3.2 可得齐次方程组(3.15)的通解形式. ∎

注意:定理 3.6 包括两种情形:(1)矩阵 A 的 n 个特征值互不相同,即都是单重根;(2)有重特征值,但此重特征值所对应线性无关的特征向量的个数正好等于该特征值的重数.

例 3.3 求齐次线性微分方程组

$$\frac{dx}{dt} = \begin{bmatrix} 5 & -28 & -18 \\ -1 & 5 & 3 \\ 3 & -16 & -10 \end{bmatrix} x$$

的通解.

解 其系数矩阵 A 的特征方程为

$$\det(A - \lambda E) = \begin{vmatrix} 5-\lambda & -28 & -18 \\ -1 & 5-\lambda & 3 \\ 3 & -16 & -10-\lambda \end{vmatrix} = \lambda(1-\lambda^2) = 0,$$

从而特征值为

$$\lambda = 0, 1, -1.$$

由于 A 的 3 个特征值都是单重的,它们所对应的特征向量当然线性无关.通过计算可得与它们对应的特征向量可以分别取为

$$r_1 = \begin{bmatrix} -2 \\ -1 \\ 1 \end{bmatrix}, \quad r_2 = \begin{bmatrix} 2 \\ -1 \\ 2 \end{bmatrix}, \quad r_3 = \begin{bmatrix} 3 \\ 0 \\ 1 \end{bmatrix}.$$

于是,所给微分方程组的一个基解矩阵为

$$X(t) = (r_1 e^{0t}, r_2 e^t, r_3 e^{-t}) = \begin{bmatrix} -2 & 2e^t & 3e^{-t} \\ -1 & -e^t & 0 \\ 1 & 2e^t & e^{-t} \end{bmatrix},$$

故所给微分方程组的通解为

$$x(t) = X(t)C = \begin{bmatrix} -2 & 2e^t & 3e^{-t} \\ -1 & -e^t & 0 \\ 1 & 2e^t & e^{-t} \end{bmatrix} \begin{bmatrix} C_1 \\ C_2 \\ C_3 \end{bmatrix}$$

$$= C_1 \begin{bmatrix} -2 \\ -1 \\ 1 \end{bmatrix} + C_2 \begin{bmatrix} 2 \\ -1 \\ 2 \end{bmatrix} e^t + C_3 \begin{bmatrix} 3 \\ 0 \\ 1 \end{bmatrix} e^{-t},$$

其中 $C = (C_1, C_2, C_3)^T$ 为任意常向量. ∎

例 3.4 求齐次线性微分方程组

$$\frac{d\boldsymbol{x}}{dt} = \begin{bmatrix} 1 & -3 & 3 \\ 3 & -5 & 3 \\ 6 & -6 & 4 \end{bmatrix} \boldsymbol{x}$$

的通解.

解 微分方程组的系数矩阵 A 的特征方程为

$$\det(A - \lambda E) = (\lambda + 2)^2 (4 - \lambda) = 0,$$

从而求得 A 有二重特征值 $\lambda_1 = \lambda_2 = -2$,及单重特征值 $\lambda_3 = 4$.要求对应于特征值 $\lambda_1 = -2$ 的线性无关的特征向量,也就是要求齐次线性方程组 $(A+2E)r = 0$ 的一个基础解系.为此,对其系数矩阵 $A+2E$ 作初等行变换

注意:这里出现二重特征值 $\lambda = -2$,于是必须检验它能否对应两个线性无关的特征向量.

$$A + 2E = \begin{bmatrix} 3 & -3 & 3 \\ 3 & -3 & 3 \\ 6 & -6 & 6 \end{bmatrix} \to \begin{bmatrix} 1 & -1 & 1 \\ 0 & 0 & 0 \\ 0 & 0 & 0 \end{bmatrix}.$$

可见 $A+2E$ 的秩为 1,故方程组 $(A+2E)r = 0$ 的基础解系含 2 个向量,即矩阵 A 对应于二重特征值 -2 的线性无关的特征向量有 2 个,它们可取为

$$r_1 = \begin{bmatrix} 1 \\ 1 \\ 0 \end{bmatrix}, \quad r_2 = \begin{bmatrix} -1 \\ 0 \\ 1 \end{bmatrix}.$$

计算可得对应于特征值 $\lambda_3 = 4$ 的特征向量可取为

$$r_3 = \begin{bmatrix} 1 \\ 1 \\ 2 \end{bmatrix}.$$

由于 $\lambda_1 \neq \lambda_3$,所以 r_1, r_2, r_3 是线性无关的.这样,对于 3 阶方阵 A,我们求得了 A 的 3 个线性无关的特征向量.根据定理 3.6,所给微分方程组的基解矩阵为

$$X(t) = (r_1 e^{-2t}, r_2 e^{-2t}, r_3 e^{4t}) = \begin{bmatrix} e^{-2t} & -e^{-2t} & e^{4t} \\ e^{-2t} & 0 & e^{4t} \\ 0 & e^{-2t} & 2e^{4t} \end{bmatrix}.$$

从而得微分方程组的通解为

$$x(t) = X(t)C = C_1 \mathrm{e}^{-2t} \begin{bmatrix} 1 \\ 1 \\ 0 \end{bmatrix} + C_2 \mathrm{e}^{-2t} \begin{bmatrix} -1 \\ 0 \\ 1 \end{bmatrix} + C_3 \mathrm{e}^{4t} \begin{bmatrix} 1 \\ 1 \\ 2 \end{bmatrix}.$$

其中 $C = (C_1, C_2, C_3)^\mathrm{T}$ 为任意的常向量. ∎

(2) A 没有 n 个线性无关的特征向量的情形.

这是一种比较困难的情形, 即存在 A 的 n_i 重特征值 λ_i, 它所对应的线性无关的特征向量的个数小于该特征值的重数 n_i. 从而 A 的线性无关的特征向量的个数小于 n. 这时, 若仍像定理 3.6 那样, 仅利用 A 的特征向量, 方程组 (3.15) 的基解矩阵将不能得到. 对于这样的特征值 λ_i, 能否找到方程组 (3.15) 的 n_i 个其他形式的线性无关的特解呢? 下面的定理回答了这一问题.

定理 3.7 设 λ_i 是矩阵 A 的 n_i 重特征值, 则方程组 (3.15) 必存在 n_i 个形如

$$x(t) = \mathrm{e}^{\lambda_i t}\left(r_0 + \frac{t}{1!}r_1 + \frac{t^2}{2!}r_2 + \cdots + \frac{t^{n_i-1}}{(n_i-1)!}r_{n_i-1}\right) \tag{3.18}$$

的线性无关的特解, 其中 r_0 是齐次线性方程组

$$(A - \lambda_i E)^{n_i} r = 0 \tag{3.19}$$

的非零解, 而方程组 (3.19) 必有 n_i 个线性无关的解. 对于每一个解 r_0, 相应的 $r_1, \cdots, r_{n_i-1}$ 可由下列关系式逐次确定:

$$\begin{aligned} r_1 &= (A - \lambda_i E) r_0, \\ r_2 &= (A - \lambda_i E) r_1, \\ &\cdots\cdots\cdots \\ r_{n_i-1} &= (A - \lambda_i E) r_{n_i-2}. \end{aligned} \tag{3.20}$$

(证明从略)

对于 A 的每个多重特征值, 利用定理 3.6 或 3.7, 可以求得方程组 (3.15) 与每个多重特征值所对应的线性无关的特解, 而且与每个特征值所对应的线性无关的特解数目恰好等于此特征值的重数. 这样一来, 我们就可以得到方程组 (3.15) 的 n 个特解. 现在的问题是这 n 个特解是否彼此线性无关呢? 把问题提得再明确一些就是: 把对应于每个特征值的那些线性无关的特解合起来后是否仍然线性无关? 下

注: 求解常系数齐次线性方程组

$$\frac{\mathrm{d}x}{\mathrm{d}t} = Ax, \quad A = (a_{ij})_{n \times n}$$

的步骤.

1. 求系数矩阵 A 的特征值, 即求特征方程

$$A - \lambda E = 0$$

的根;

2. 求基解矩阵 X.

(1) 若 n 个特征值都是特征方程的单根, 则可直接写出基解矩阵如 (3.17).

(2) 若其中有重根, 则求出对应的线性无关的特征向量.

1) 若线性无关特征向量的个数正好等于其对应特征值的重数, 则基解矩阵仍如 (3.17) 所示;

2) 若上述个数小于对应特征值的重数, 则需用定理 3.7 中的方法, 求出此重特征值所对应的线性无关的特解后, 构成基解矩阵.

3. 写出通解 $x = XC$.

面的定理回答了这一问题.

定理 3.8 设 n 阶矩阵 A 的互不相同的特征值为 $\lambda_1,\lambda_2,\cdots,\lambda_s$,其相应的重数分别为 $n_1,n_2,\cdots,n_s$ ($n_1+n_2+\cdots+n_s=n$).则由定理 3.6(包括多重特征值所对应的线性无关特征向量的个数等于该特征值的重数情形)与定理 3.7 所求出的方程组(3.15)的诸线性无关特解的全体,必构成方程组(3.15)的 n 个线性无关的特解,因而构成了方程组(3.15)的一个基本解组(证明略去).

例 3.5 求微分方程组

$$\frac{d\boldsymbol{x}}{dt} = \begin{bmatrix} 1 & 1 & 1 \\ 2 & 1 & -1 \\ 0 & -1 & 1 \end{bmatrix} \boldsymbol{x}$$

的通解.

解 微分方程组的系数矩阵 $\boldsymbol{A}$ 的特征方程为

$$\det(\boldsymbol{A}-\lambda\boldsymbol{E}) = \begin{vmatrix} 1-\lambda & 1 & 1 \\ 2 & 1-\lambda & -1 \\ 0 & -1 & 1-\lambda \end{vmatrix} = -(\lambda-2)^2(\lambda+1) = 0.$$

因此,$\boldsymbol{A}$ 的特征值为

$$\lambda_1 = \lambda_2 = 2, \quad \lambda_3 = -1.$$

对于二重特征值 $\lambda_1=2$,由于 $\boldsymbol{A}-2\boldsymbol{E}$ 的秩为 2,故矩阵 $\boldsymbol{A}$ 对应于 $\lambda_1=\lambda_2=2$ 的线性无关的特征向量只能有一个,从而我们不能用例 3.3 与例 3.4 的方法求解.根据定理 3.7,我们需要先求齐次线性方程组 $(\boldsymbol{A}-2\boldsymbol{E})^2\boldsymbol{r}=\boldsymbol{0}$ 的基础解系,为此,对矩阵 $(\boldsymbol{A}-2\boldsymbol{E})^2$ 作初等行变换

$$(\boldsymbol{A}-2\boldsymbol{E})^2 = \begin{bmatrix} 3 & -3 & -3 \\ -4 & 4 & 4 \\ -2 & 2 & 2 \end{bmatrix} \to \begin{bmatrix} 1 & -1 & -1 \\ 0 & 0 & 0 \\ 0 & 0 & 0 \end{bmatrix},$$

因此,方程组 $(\boldsymbol{A}-2\boldsymbol{E})^2\boldsymbol{r}=\boldsymbol{0}$ 的两个线性无关的解可取为

$$\boldsymbol{r}_0^{(1)} = \begin{bmatrix} 1 \\ 1 \\ 0 \end{bmatrix}, \quad \boldsymbol{r}_0^{(2)} = \begin{bmatrix} 1 \\ 0 \\ 1 \end{bmatrix}.$$

把 $\boldsymbol{r}_0^{(1)}$ 和 $\boldsymbol{r}_0^{(2)}$ 分别代入(3.20)(注意 $m=2$),可得到

$$\boldsymbol{r}_1^{(1)} = (\boldsymbol{A}-2\boldsymbol{E})\boldsymbol{r}_0^{(1)} = \begin{bmatrix} -1 & 1 & 1 \\ 2 & -1 & -1 \\ 0 & -1 & -1 \end{bmatrix} \begin{bmatrix} 1 \\ 1 \\ 0 \end{bmatrix} = \begin{bmatrix} 0 \\ 1 \\ -1 \end{bmatrix}$$

和

$$\boldsymbol{r}_1^{(2)} = (\boldsymbol{A} - 2\boldsymbol{E})\boldsymbol{r}_0^{(2)} = \begin{bmatrix} -1 & 1 & 1 \\ 2 & -1 & -1 \\ 0 & -1 & -1 \end{bmatrix} \begin{bmatrix} 1 \\ 0 \\ 1 \end{bmatrix} = \begin{bmatrix} 0 \\ 1 \\ -1 \end{bmatrix}.$$

把 $\boldsymbol{r}_0^{(1)}, \boldsymbol{r}_1^{(1)}$ 和 $\boldsymbol{r}_0^{(2)}, \boldsymbol{r}_1^{(2)}$ 分别代入(3.18)式,就得到了所给微分方程组的对应于二重特征值 $\lambda_1 = 2$ 的两个线性无关的特解

$$\boldsymbol{x}_1(t) = \mathrm{e}^{2t}(\boldsymbol{r}_0^{(1)} + t\boldsymbol{r}_1^{(1)}) = \mathrm{e}^{2t}\left(\begin{bmatrix} 1 \\ 1 \\ 0 \end{bmatrix} + t\begin{bmatrix} 0 \\ 1 \\ -1 \end{bmatrix}\right) = \mathrm{e}^{2t}\begin{bmatrix} 1 \\ 1+t \\ -t \end{bmatrix},$$

$$\boldsymbol{x}_2(t) = \mathrm{e}^{2t}(\boldsymbol{r}_0^{(2)} + t\boldsymbol{r}_1^{(2)}) = \mathrm{e}^{2t}\left(\begin{bmatrix} 1 \\ 0 \\ 1 \end{bmatrix} + t\begin{bmatrix} 0 \\ 1 \\ -1 \end{bmatrix}\right) = \mathrm{e}^{2t}\begin{bmatrix} 1 \\ t \\ 1-t \end{bmatrix}.$$

对于单重特征值 $\lambda_3 = -1$,对应的特征向量可通过计算取为

$$\boldsymbol{r} = \begin{bmatrix} -3 \\ 4 \\ 2 \end{bmatrix}.$$

因此,所给微分方程组与特征值 $\lambda_3 = -1$ 所对应的非零特解为

$$\boldsymbol{x}_3(t) = \mathrm{e}^{-t}\boldsymbol{r} = \mathrm{e}^{-t}\begin{bmatrix} -3 \\ 4 \\ 2 \end{bmatrix}.$$

由定理 3.8 可知,$\boldsymbol{x}_1(t), \boldsymbol{x}_2(t), \boldsymbol{x}_3(t)$ 就是所给微分方程组的一个基本解组.因此,微分方程组的通解为

$$\boldsymbol{x}(t) = C_1\boldsymbol{x}_1(t) + C_2\boldsymbol{x}_2(t) + C_3\boldsymbol{x}_3(t)$$

$$= C_1\mathrm{e}^{2t}\begin{bmatrix} 1 \\ 1+t \\ -t \end{bmatrix} + C_2\mathrm{e}^{2t}\begin{bmatrix} 1 \\ t \\ 1-t \end{bmatrix} + C_3\mathrm{e}^{-t}\begin{bmatrix} -3 \\ 4 \\ 2 \end{bmatrix},$$

其中 C_1, C_2, C_3 是任意常数. ∎

例 3.6 求微分方程组

$$\frac{\mathrm{d}\boldsymbol{x}}{\mathrm{d}t} = \begin{bmatrix} 5 & -3 & -2 \\ 8 & -5 & -4 \\ -4 & 3 & 3 \end{bmatrix}\boldsymbol{x}$$

的一个基本解组.

解 微分方程组的系数矩阵 $\boldsymbol{A}$ 的特征方程为

$$\det(\boldsymbol{A} - \lambda \boldsymbol{E}) = \begin{vmatrix} 5-\lambda & -3 & -2 \\ 8 & -5-\lambda & -4 \\ -4 & 3 & 3-\lambda \end{vmatrix} = (1-\lambda)^3 = 0,$$

因此,矩阵 $\boldsymbol{A}$ 只有1个三重特征值 $\lambda = 1$,通过计算得知 $(\boldsymbol{A}-\boldsymbol{E})^2 \neq \boldsymbol{0}$,因此 $(\boldsymbol{A}-\boldsymbol{E})^3 = \boldsymbol{0}$. 所以齐次线性方程组 $(\boldsymbol{A}-\boldsymbol{E})^3 \boldsymbol{r} = \boldsymbol{0}$ 的基础解系可取为

$$\boldsymbol{r}_0^{(1)} = \begin{bmatrix} 1 \\ 0 \\ 0 \end{bmatrix}, \quad \boldsymbol{r}_0^{(2)} = \begin{bmatrix} 0 \\ 1 \\ 0 \end{bmatrix}, \quad \boldsymbol{r}_0^{(3)} = \begin{bmatrix} 0 \\ 0 \\ 1 \end{bmatrix}.$$

把 $\boldsymbol{r}_0^{(1)}, \boldsymbol{r}_0^{(2)}, \boldsymbol{r}_0^{(3)}$ 分别代入(3.20)式,并注意 $m = 3$,可得到

$$\boldsymbol{r}_1^{(1)} = (\boldsymbol{A}-\boldsymbol{E})\boldsymbol{r}_0^{(1)} = \begin{bmatrix} 4 \\ 8 \\ -4 \end{bmatrix}, \quad \boldsymbol{r}_2^{(1)} = (\boldsymbol{A}-\boldsymbol{E})\boldsymbol{r}_1^{(1)} = (\boldsymbol{A}-\boldsymbol{E})^2 \boldsymbol{r}_0^{(1)} = \boldsymbol{0},$$

$$\boldsymbol{r}_1^{(2)} = (\boldsymbol{A}-\boldsymbol{E})\boldsymbol{r}_0^{(2)} = \begin{bmatrix} -3 \\ -6 \\ 3 \end{bmatrix}, \quad \boldsymbol{r}_2^{(2)} = (\boldsymbol{A}-\boldsymbol{E})\boldsymbol{r}_1^{(2)} = \boldsymbol{0},$$

$$\boldsymbol{r}_1^{(3)} = (\boldsymbol{A}-\boldsymbol{E})\boldsymbol{r}_0^{(3)} = \begin{bmatrix} -2 \\ -4 \\ 2 \end{bmatrix}, \quad \boldsymbol{r}_2^{(3)} = (\boldsymbol{A}-\boldsymbol{E})\boldsymbol{r}_1^{(3)} = \boldsymbol{0}.$$

再把 $\boldsymbol{r}_0^{(i)}, \boldsymbol{r}_1^{(i)}, \boldsymbol{r}_2^{(i)}$ $(i = 1,2,3)$ 分别代入(3.18)式,可得

$$\boldsymbol{x}_1(t) = \mathrm{e}^t (\boldsymbol{r}_0^{(1)} + t \boldsymbol{r}_1^{(1)}) = \mathrm{e}^t \begin{bmatrix} 1+4t \\ 8t \\ -4t \end{bmatrix},$$

$$\boldsymbol{x}_2(t) = \mathrm{e}^t (\boldsymbol{r}_0^{(2)} + t \boldsymbol{r}_1^{(2)}) = \mathrm{e}^t \begin{bmatrix} -3t \\ 1-6t \\ 3t \end{bmatrix},$$

$$\boldsymbol{x}_3(t) = \mathrm{e}^t (\boldsymbol{r}_0^{(3)} + t \boldsymbol{r}_1^{(3)}) = \mathrm{e}^t \begin{bmatrix} -2t \\ -4t \\ 1+2t \end{bmatrix},$$

于是 $\boldsymbol{x}_1(t), \boldsymbol{x}_2(t), \boldsymbol{x}_3(t)$ 就是所给微分方程组的一个基本解组. ∎

(3) $\boldsymbol{A}$ 有复特征值的情形

我们知道,当 $\boldsymbol{A}$ 为实矩阵时,它的特征值中有可能出现共轭复数,从而相对应的特征向量就可能为复向量.这时,由定理3.6与3.7所求得的方程组(3.15)的特解也可能是复向量值函数,使用起来颇不方便.下面介绍一种利用线性无关的复向量值函

数解来构造相应的线性无关的实向量值函数解的方法.

设方程组(3.15)有一个复值解
$$\boldsymbol{x}_1(t) = \boldsymbol{u}(t) + \mathrm{i}\boldsymbol{v}(t),$$
其中 $\boldsymbol{u}(t)$ 与 $\boldsymbol{v}(t)$ 都是实向量值函数. 代入(3.15),得
$$\dot{\boldsymbol{u}}(t) + \mathrm{i}\dot{\boldsymbol{v}}(t) \equiv \boldsymbol{A}(\boldsymbol{u}(t) + \mathrm{i}\boldsymbol{v}(t)).$$
将上式两端取共轭,注意到 $\boldsymbol{A}$ 为实矩阵,得
$$\dot{\boldsymbol{u}}(t) - \mathrm{i}\dot{\boldsymbol{v}}(t) \equiv \boldsymbol{A}(\boldsymbol{u}(t) - \mathrm{i}\boldsymbol{v}(t)),$$
因此, $\boldsymbol{x}_1(t)$ 的共轭向量
$$\boldsymbol{x}_2(t) = \boldsymbol{u}(t) - \mathrm{i}\boldsymbol{v}(t)$$
也是方程组(3.15)的一个解. 利用齐次线性微分方程组解的性质,可知这两个复值解的实部
$$\boldsymbol{u}(t) = \frac{1}{2}(\boldsymbol{x}_1(t) + \boldsymbol{x}_2(t))$$
和虚部
$$\boldsymbol{v}(t) = \frac{1}{2\mathrm{i}}(\boldsymbol{x}_1(t) - \boldsymbol{x}_2(t))$$
也都分别是方程组(3.15)的解. 由本章习题 4.3(**A**)第 8 题可知,用 $\boldsymbol{u}(t)$ 与 $\boldsymbol{v}(t)$ 取代 (3.15) 的基解矩阵中的向量 $\boldsymbol{x}_1(t)$ 与 $\boldsymbol{x}_2(t)$ 后,所得的矩阵仍是(3.15)的基解矩阵. 使用这种方法,我们就可把方程组(3.15)的复值基解矩阵用实值基解矩阵来代替.

例 3.7 求解初值问题
$$\frac{\mathrm{d}\boldsymbol{x}}{\mathrm{d}t} = \begin{bmatrix} 1 & 0 & 0 \\ 0 & 1 & -1 \\ 0 & 1 & 1 \end{bmatrix} \boldsymbol{x}, \quad \boldsymbol{x}(0) = \begin{bmatrix} 1 \\ 1 \\ 1 \end{bmatrix}.$$

解 微分方程系数矩阵 $\boldsymbol{A}$ 的特征方程为
$$\det(\boldsymbol{A} - \lambda \boldsymbol{E}) = \begin{vmatrix} 1-\lambda & 0 & 0 \\ 0 & 1-\lambda & -1 \\ 0 & 1 & 1-\lambda \end{vmatrix} = (1-\lambda)(\lambda^2 - 2\lambda + 2) = 0.$$
解之,得特征值
$$\lambda = 1, \quad 1 \pm \mathrm{i}.$$
对于 $\lambda = 1$,容易求得它对应的一个特征向量 $\begin{bmatrix} 1 \\ 0 \\ 0 \end{bmatrix}$,故所对应的解为

$$\boldsymbol{x}_1(t) = \mathrm{e}^t \begin{bmatrix} 1 \\ 0 \\ 0 \end{bmatrix}.$$

对于 $\lambda = 1+\mathrm{i}$,它对应的特征向量 $\boldsymbol{r} = (r_1, r_2, r_3)^\mathrm{T}$ 满足方程组 $[\boldsymbol{A} - (1+\mathrm{i})\boldsymbol{E}]\boldsymbol{r} = \boldsymbol{0}$,即

$$\begin{bmatrix} -\mathrm{i} & 0 & 0 \\ 0 & -\mathrm{i} & -1 \\ 0 & 1 & -\mathrm{i} \end{bmatrix} \begin{bmatrix} r_1 \\ r_2 \\ r_3 \end{bmatrix} = \boldsymbol{0}.$$

容易求得一个解为

$$\boldsymbol{r} = \begin{bmatrix} 0 \\ \mathrm{i} \\ 1 \end{bmatrix},$$

从而可得 $\lambda = 1+\mathrm{i}$ 所对应的复值解为

$$\boldsymbol{x}_2(t) = \mathrm{e}^{(1+\mathrm{i})t} \begin{bmatrix} 0 \\ \mathrm{i} \\ 1 \end{bmatrix} = \mathrm{e}^t (\cos t + \mathrm{i}\sin t) \left(\begin{bmatrix} 0 \\ 0 \\ 1 \end{bmatrix} + \mathrm{i} \begin{bmatrix} 0 \\ 1 \\ 0 \end{bmatrix} \right)$$

$$= \mathrm{e}^t \left\{ \cos t \begin{bmatrix} 0 \\ 0 \\ 1 \end{bmatrix} - \sin t \begin{bmatrix} 0 \\ 1 \\ 0 \end{bmatrix} + \mathrm{i} \left(\cos t \begin{bmatrix} 0 \\ 1 \\ 0 \end{bmatrix} + \sin t \begin{bmatrix} 0 \\ 0 \\ 1 \end{bmatrix} \right) \right\}$$

$$= \mathrm{e}^t \begin{bmatrix} 0 \\ -\sin t \\ \cos t \end{bmatrix} + \mathrm{i}\mathrm{e}^t \begin{bmatrix} 0 \\ \cos t \\ \sin t \end{bmatrix},$$

故 $\lambda = 1 \pm \mathrm{i}$ 所对应的两个线性独立的实值解为

$$\boldsymbol{u}(t) = \mathrm{e}^t \begin{bmatrix} 0 \\ -\sin t \\ \cos t \end{bmatrix}, \quad \boldsymbol{v}(t) = \mathrm{e}^t \begin{bmatrix} 0 \\ \cos t \\ \sin t \end{bmatrix}.$$

所以,原方程的通解可由 $\boldsymbol{x}_1(t), \boldsymbol{u}(t)$ 与 $\boldsymbol{v}(t)$ 表示为

$$\boldsymbol{x}(t) = \mathrm{e}^t \left(C_1 \begin{bmatrix} 1 \\ 0 \\ 0 \end{bmatrix} + C_2 \begin{bmatrix} 0 \\ -\sin t \\ \cos t \end{bmatrix} + C_3 \begin{bmatrix} 0 \\ \cos t \\ \sin t \end{bmatrix} \right) = \mathrm{e}^t \begin{bmatrix} C_1 \\ -C_2 \sin t + C_3 \cos t \\ C_2 \cos t + C_3 \sin t \end{bmatrix}.$$

代入初值条件 $\boldsymbol{x}(0) = (1,1,1)^\mathrm{T}$,解得

$$C_1 = 1, \quad C_2 = 1, \quad C_3 = 1,$$

于是,所求初值问题的解为

$$\boldsymbol{x}(t) = e^t \begin{bmatrix} 1 \\ \cos t - \sin t \\ \cos t + \sin t \end{bmatrix}. \blacksquare$$

3.4　常系数线性非齐次微分方程组的求解

在 3.2 节中我们已经讨论过一般线性非齐次微分方程组的求解问题，得到其通解的表达式(3.12)和满足初值条件 $\boldsymbol{x}(t_0) = \boldsymbol{x}_0$ 的特解公式(3.13).

对于常系数线性非齐次微分方程组

$$\frac{d\boldsymbol{x}}{dt} = \boldsymbol{A}\boldsymbol{x} + \boldsymbol{f}(t), \quad \boldsymbol{f} \in C(a,b), \tag{3.21}$$

我们当然可以先求出其对应的常系数线性齐次微分方程组的基解矩阵 $\boldsymbol{X}(t)$，然后代入公式(3.12)或(3.13)，从而得到方程组(3.21)的通解和相应特解. 虽然它们必在 (a,b) 内存在，但是为代入公式，需要求 $\boldsymbol{X}(t)$ 的逆矩阵 $\boldsymbol{X}^{-1}(t)$，比较麻烦. 其实，对常系数线性微分方程组(3.21)来说，公式(3.12)与(3.13)可以化成更便于计算的下述形式.

定理 3.9　设 $\boldsymbol{X}(t)$ 是常系数线性齐次微分方程组(3.15)满足 $\boldsymbol{X}(0) = \boldsymbol{E}$ 的基解矩阵，则常系数线性非齐次微分方程组(3.21)的通解可表示为

$$\boldsymbol{x}(t) = \boldsymbol{X}(t)\boldsymbol{C} + \int_{t_0}^{t} \boldsymbol{X}(t - \tau) \boldsymbol{f}(\tau) d\tau, \tag{3.22}$$

而方程组(3.21)满足初值条件 $\boldsymbol{x}(t_0) = \boldsymbol{x}_0$ 的特解可表示为

$$\boldsymbol{x}(t) = \boldsymbol{X}(t - t_0)\boldsymbol{x}_0 + \int_{t_0}^{t} \boldsymbol{X}(t - \tau) \boldsymbol{f}(\tau) d\tau. \tag{3.23}$$

证明从略.

例 3.8　求微分方程组

$$\frac{d\boldsymbol{x}}{dt} = \begin{bmatrix} 1 & 0 & 0 \\ 0 & 1 & -1 \\ 0 & 1 & 1 \end{bmatrix} \boldsymbol{x} + \begin{bmatrix} 0 \\ 0 \\ e^t \end{bmatrix}$$

的通解.

解　此微分方程组对应的齐次微分方程组的一个基解矩阵可由例 3.7 得出，其为

$$\boldsymbol{X}_1(t) = \begin{bmatrix} e^t & 0 & 0 \\ 0 & -e^t \sin t & e^t \cos t \\ 0 & e^t \cos t & e^t \sin t \end{bmatrix}.$$

但是，由于 $\boldsymbol{X}_1(0) \neq \boldsymbol{E}$，所以 $\boldsymbol{X}_1(t)$ 不能用于公式(3.22)，为得到所需的基解矩阵，利

用基解矩阵的性质 2°，我们可以选取基解矩阵为
$$X(t) = X_1(t) X_1^{-1}(0),$$
显然，$X(0) = E$，且容易算得
$$X_1^{-1}(0) = \begin{bmatrix} 1 & 0 & 0 \\ 0 & 0 & 1 \\ 0 & 1 & 0 \end{bmatrix}^{-1} = \begin{bmatrix} 1 & 0 & 0 \\ 0 & 0 & 1 \\ 0 & 1 & 0 \end{bmatrix}.$$

代入通解公式 (3.22) 得
$$x(t) = X_1(t) X_1^{-1}(0) C + \int_0^t X_1(t-\tau) X_1^{-1}(0) f(\tau) d\tau,$$
而
$$X_1(t) X_1^{-1}(0) = e^t \begin{bmatrix} 1 & 0 & 0 \\ 0 & -\sin t & \cos t \\ 0 & \cos t & \sin t \end{bmatrix} \begin{bmatrix} 1 & 0 & 0 \\ 0 & 0 & 1 \\ 0 & 1 & 0 \end{bmatrix} = e^t \begin{bmatrix} 1 & 0 & 0 \\ 0 & \cos t & -\sin t \\ 0 & \sin t & \cos t \end{bmatrix},$$

$$X_1(t-\tau) X_1^{-1}(0) f(\tau) = \begin{bmatrix} e^{t-\tau} & 0 & 0 \\ 0 & e^{t-\tau}\cos(t-\tau) & -e^{t-\tau}\sin(t-\tau) \\ 0 & e^{t-\tau}\sin(t-\tau) & e^{t-\tau}\cos(t-\tau) \end{bmatrix} \begin{bmatrix} 0 \\ 0 \\ e^\tau \end{bmatrix}$$
$$= e^t \begin{bmatrix} 0 \\ -\sin(t-\tau) \\ \cos(t-\tau) \end{bmatrix},$$
于是
$$x(t) = e^t \begin{bmatrix} 1 & 0 & 0 \\ 0 & \cos t & -\sin t \\ 0 & \sin t & \cos t \end{bmatrix} \begin{bmatrix} C_1 \\ C_2 \\ C_3 \end{bmatrix} + e^t \int_0^t \begin{bmatrix} 0 \\ -\sin(t-\tau) \\ \cos(t-\tau) \end{bmatrix} d\tau$$
$$= \begin{bmatrix} C_1 e^t \\ (C_2 \cos t - C_3 \sin t) e^t - e^t(1 - \cos t) \\ (C_2 \sin t + C_3 \cos t) e^t + e^t \sin t \end{bmatrix}. \quad \blacksquare$$

3.5 微分方程组应用举例

线性微分方程组有着广泛的实际应用，现举两例说明.

例 3.9　Lanchester 作战模型　第一次世界大战期间，F. W. Lanchester 通过研究他自己所建立的数学模型，得出了所谓"Lanchester 平方定律"，说明军队的集中在战争中的重要性. 下面就让我们来介绍他的模型.

在甲乙双方的战役中,双方开始时投入的士兵数量分别为 x_0 与 y_0,时刻 t 时双方的士兵数量分别为 $x(t)$ 与 $y(t)$,甲乙双方战斗的有效系数(包括士气、武器装配、指挥艺术等)分别为 b 与 a,即甲方平均一个士兵使乙方士兵在单位时间内的减员数为 b,乙方平均一个士兵使甲方士兵在单位时间内的减员数为 a,在时刻 t 甲乙双方士兵的增援率分别设为 $f(t)$ 与 $g(t)$。如果把士兵病故、逃亡等因素忽略不计,那么这两支正规部队作战的数学模型为

$$\begin{cases} \dfrac{\mathrm{d}x}{\mathrm{d}t} = -ay + f(t), \\ \dfrac{\mathrm{d}y}{\mathrm{d}t} = -bx + g(t), \end{cases} \quad \begin{cases} x(0) = x_0, \\ y(0) = y_0. \end{cases}$$

这是一个常系数线性非齐次微分方程组的 Cauchy 问题。

这里我们仅讨论双方均无增援的情形。这时模型变为常系数线性齐次微分方程组的 Cauchy 问题

$$\begin{cases} \dfrac{\mathrm{d}x}{\mathrm{d}t} = -ay, \\ \dfrac{\mathrm{d}y}{\mathrm{d}t} = -bx, \end{cases} \quad \begin{cases} x(0) = x_0, \\ y(0) = y_0. \end{cases} \tag{3.24}$$

如果我们只关心 x 与 y 之间的依赖关系和变化趋势,则不必求出其解 $x(t),y(t)$ 而直接在 xOy 平面上研究解曲线,即把 t 看作参数,在 xOy 平面(称为**相平面**)上研究曲线上动点 (x,y) 的运动轨迹,称为此方程(3.24)的**轨线**。显然此轨线应满足方程

$$\dfrac{\mathrm{d}y}{\mathrm{d}x} = \dfrac{b}{a} \dfrac{x}{y},$$

这是一个可分离变量的一阶微分方程,它的解

$$ay^2 - bx^2 = C \tag{3.25}$$

是一族双曲线,在第一象限部分的图像如图 4.8 所示。

用初值条件确定出常数 C 后得轨线方程为

$$ay^2 - bx^2 = ay_0^2 - bx_0^2.$$

由方程组(3.24)可见,由于 $\dot{x} < 0, \dot{y} < 0$,故当 t 增大时动点 (x,y) 将沿轨线朝使 x,y 减少的方向运动。于是,当 $\sqrt{a}\,y_0 = \sqrt{b}\,x_0$ 时,动点将沿轨线 $\sqrt{a}\,y - \sqrt{b}\,x = 0$ 趋向于原点 O。当点 (x_0, y_0) 位于直线 $\sqrt{a}\,y - \sqrt{b}\,x = 0$ 的上方时,由于解的唯一性,

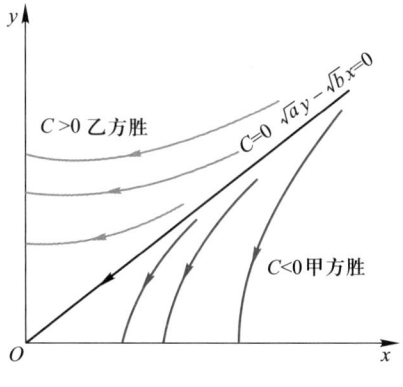

图 4.8

过 (x_0, y_0) 的轨线不可能穿过轨线 $\sqrt{a}y - \sqrt{b}x = 0$ 而跑到此直线的下方,故只能如图 4.8 所示方式减少到 y 轴,从而乙方将获胜;当点 (x_0, y_0) 位于直线下方时,甲方将获胜. 因此,如果乙方想获胜,就必须增加其士兵的初始数量 y_0 或提高其战斗有效系数 a, 使 $ay_0^2 - bx_0^2 > 0$,从而让动点位于直线 $\sqrt{a}y - \sqrt{b}x = 0$ 的上方.而且我们还看到,增加士兵数量十分重要,因为它是以平方出现的,这就是著名的 Lanchester 平方定律.

例如,假设甲乙双方战斗有效系数相仿,即 $b = a$,甲乙双方开始投入士兵数目分别为 $x_0 = 100$ 人与 $y_0 = 50$ 人.在这种情况下,解(3.25)为

$$y^2 - x^2 = \frac{C}{a},$$

将初值代入,得

$$\frac{C}{a} = 50^2 - 100^2 = -7\,500.$$

从而有

$$x^2 - y^2 = 7\,500.$$

战斗结束时意味着乙方 50 人全部损失(伤亡或被俘),即 $y = 0$.这时可算得

$$x = \sqrt{7\,500} \approx 87 \text{ 人},$$

故在战斗中,甲方仅损失 13 人.

如果我们不仅要研究 x 与 y 的变化趋势,还想知道在每一时刻 t,双方剩余士兵的具体数量 $x(t)$ 和 $y(t)$,那就必须由方程组(3.24)中求出解 $x(t), y(t)$ 的表达式.方程组(3.24)的系数矩阵的特征方程为

$$\begin{vmatrix} \lambda & a \\ b & \lambda \end{vmatrix} = \lambda^2 - ab = 0,$$

从而特征值为 $\lambda = \pm\sqrt{ab}$.容易求得它们所对应的特征向量分别为

$$\begin{bmatrix} a \\ -\sqrt{ab} \end{bmatrix}, \quad \begin{bmatrix} a \\ \sqrt{ab} \end{bmatrix},$$

于是,方程(3.24)的通解为

$$\begin{bmatrix} x \\ y \end{bmatrix} = C_1 e^{\sqrt{ab}\,t} \begin{bmatrix} a \\ -\sqrt{ab} \end{bmatrix} + C_2 e^{-\sqrt{ab}\,t} \begin{bmatrix} a \\ \sqrt{ab} \end{bmatrix}.$$

代入初值条件 $x(0) = x_0, y(0) = y_0$,不难求得 Canchy 问题(3.24)的解为

$$\begin{cases} x = \dfrac{\sqrt{ab}\,x_0 - ay_0}{2\sqrt{ab}} e^{\sqrt{ab}\,t} + \dfrac{ay_0 + \sqrt{ab}\,x_0}{2\sqrt{ab}} e^{-\sqrt{ab}\,t}, \\ y = -\dfrac{\sqrt{ab}\,x_0 - ay_0}{2a} e^{\sqrt{ab}\,t} + \dfrac{ay_0 + \sqrt{ab}\,x_0}{2a} e^{-\sqrt{ab}\,t}. \end{cases} \quad (3.26)$$

由此解得表达式(3.26),便可计算出各时刻 t 甲乙双方剩余的士兵数量 $x(t)$ 与 $y(t)$.

例如当 $b=a$, $x_0=100$, $y_0=50$ 时,由(3.26)式可算得
$$\begin{cases} x(t) = 25e^{at} + 75e^{-at}, \\ y(t) = -25e^{at} + 75e^{-at}. \end{cases}$$

若认为当乙方士兵数量 $y(t)=0$ 时战斗结束,则由
$$-25e^{at} + 75e^{-at} = 0$$

可求得战斗结束时间为
$$t = \frac{\ln 3}{2a}.$$ ∎

例 3.10 两自由度的振动问题.

为了消除不需要的振动,常常在振动系统中设置减振器.图 4.9 就是一个典型的设有减振器的系统.其中 m_1 是原机械部件的质量;m_2 是减振器的质量;k_1 和 k_2 是两个弹簧,它们的劲度系数(或称为刚度)也分别用 k_1 和 k_2 表示;c 是减速器(假定阻力与速度成正比)的阻尼系数;F 是强迫力;x_1 和 x_2 分别表示 m_1 和 m_2 距它们的平衡位置的位移,求物体 m_1 运动的方程.

解 为建立这个系统的运动方程,先分别考虑物体 m_1 和 m_2 的受力情况.

(1) 物体 m_2 的受力情况

假定弹簧 k_1 和 k_2 都满足 Hooke 定律.当物体 m_1 有位移 x_1 时,物体 m_2 同时有位移 x_2.这时,弹簧 k_2 变形(拉长或压缩)的长度为 x_2-x_1.因此,这时弹簧 k_2 的弹性力是 $-k_2(x_2-x_1)$(力的方向与位移方向相反).

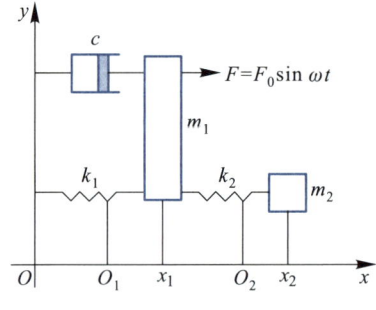

图 4.9

(2) 物体 m_1 的受力情况

1) 沿位移方向的外力:$F = F_0 \sin \omega t$;

2) 阻尼力:$-c\dfrac{dx_1}{dt}$(方向与速度方向相反);

3) 这时物体 m_1 受到两个弹簧的作用:弹簧 k_1 的弹性力为 $-k_1 x_1$,弹簧 k_2 的弹性力为 $k_2(x_2-x_1)$.

由 Newton 第二定律,可建立如下运动方程
$$m_2 \frac{d^2 x_2}{dt^2} = -k_2(x_2 - x_1),$$

$$m_1 \frac{\mathrm{d}^2 x_1}{\mathrm{d}t^2} = F_0 \sin \omega t - c \frac{\mathrm{d}x_1}{\mathrm{d}t} - k_1 x_1 + k_2 (x_2 - x_1),$$

即上述运动系统满足微分方程组

$$\begin{cases} m_1 \dfrac{\mathrm{d}^2 x_1}{\mathrm{d}t^2} + c \dfrac{\mathrm{d}x_1}{\mathrm{d}t} + (k_1 + k_2) x_1 - k_2 x_2 = F_0 \sin \omega t, \\ m_2 \dfrac{\mathrm{d}^2 x_2}{\mathrm{d}t^2} + k_2 (x_2 - x_1) = 0. \end{cases}$$

令 $\dfrac{\mathrm{d}x_1}{\mathrm{d}t} = y_1$ 及 $\dfrac{\mathrm{d}x_2}{\mathrm{d}t} = y_2$,则其化为一个常系数线性非齐次方程组

$$\begin{cases} \dfrac{\mathrm{d}x_1}{\mathrm{d}t} = y_1, \\ \dfrac{\mathrm{d}y_1}{\mathrm{d}t} = -\dfrac{k_1 + k_2}{m_1} x_1 + \dfrac{k_2}{m_1} x_2 - \dfrac{c}{m_1} y_1 + \dfrac{1}{m_1} F_0 \sin \omega t, \\ \dfrac{\mathrm{d}x_2}{\mathrm{d}t} = y_2, \\ \dfrac{\mathrm{d}y_2}{\mathrm{d}t} = -\dfrac{k_2}{m_2} (x_2 - x_1). \end{cases} \quad (3.27)$$

为了简单,只考虑无阻尼自由振动的情形,即 $c = 0, F_0 \equiv 0$. 于是,方程组(3.27)变成

$$\begin{cases} \dfrac{\mathrm{d}x_1}{\mathrm{d}t} = y_1, \\ \dfrac{\mathrm{d}y_1}{\mathrm{d}t} = -\dfrac{k_1 + k_2}{m_1} x_1 + \dfrac{k_2}{m_1} x_2, \\ \dfrac{\mathrm{d}x_2}{\mathrm{d}t} = y_2, \\ \dfrac{\mathrm{d}y_2}{\mathrm{d}t} = -\dfrac{k_2}{m_2} (x_2 - x_1). \end{cases} \quad (3.28)$$

容易求得它的特征方程为

$$\lambda^4 + \left(\frac{k_1 + k_2}{m_1} + \frac{k_2}{m_2} \right) \lambda^2 + \frac{k_1 k_2}{m_1 m_2} = 0. \quad (3.29)$$

设 $z = \lambda^2$,则(3.29)式可写成

$$z^2 + \left(\frac{k_1 + k_2}{m_1} + \frac{k_2}{m_2} \right) z + \frac{k_1 k_2}{m_1 m_2} = 0,$$

解之,得

$$z_{1,2} = \frac{1}{2} \left[-\left(\frac{k_1 + k_2}{m_1} + \frac{k_2}{m_2} \right) \pm \sqrt{\left(\frac{k_1 + k_2}{m_1} + \frac{k_2}{m_2} \right)^2 - 4 \frac{k_1 k_2}{m_1 m_2}} \right].$$

容易看出,$z_1 < 0, z_2 < 0$,因此,可令 $z_1 = -\alpha^2, z_2 = -\beta^2$,这时

$$\alpha^2, \beta^2 = \frac{1}{2}\left[\left(\frac{k_1+k_2}{m_1}+\frac{k_2}{m_2}\right) \mp \sqrt{\left(\frac{k_1+k_2}{m_1}+\frac{k_2}{m_2}\right)^2 - 4\frac{k_1k_2}{m_1m_2}}\right],$$

因此,方程(3.29)最后可写成

$$(\lambda^2 + \alpha^2)(\lambda^2 + \beta^2) = 0.$$

故方程(3.29)的特征根全是纯虚根.方程组(3.28)解的第一个函数可写成形如

$$x_1 = C_1 \sin \alpha t + C_2 \cos \alpha t + C_3 \sin \beta t + C_4 \cos \beta t$$

或

$$x_1 = A_1 \sin(\alpha t + \varphi_1) + A_2 \sin(\beta t + \varphi_2).$$

这就是物体 m_1 运动的方程.它是两个简谐运动的叠合.每一个简谐运动的角频率(即 α 与 β)均与减振器的参数 m_2 与 k_2 有关.因此,调整 m_2 与 k_2 可以改变原部件的运动频率.这个事实可以用来防止机器设备与外力发生共振现象,以及减小外力的干扰等.

习题 4.3

(A)

1. 下列方程(组)中哪些是线性微分方程(组)? 哪些不是?

   (1) $\dfrac{\mathrm{d}x}{\mathrm{d}t} + 2x^2 - t = 3$; (2) $\dfrac{\mathrm{d}x}{\mathrm{d}t} + 2t^2 x + \mathrm{e}^t = 0$;

   (3) $\begin{cases} \dfrac{\mathrm{d}x}{\mathrm{d}t} = 3tx + 2xy, \\ \dfrac{\mathrm{d}y}{\mathrm{d}t} = 4x + ty; \end{cases}$ (4) $\begin{cases} \dfrac{\mathrm{d}y}{\mathrm{d}x} = x^3 y + z \sin x, \\ \dfrac{\mathrm{d}z}{\mathrm{d}x} = y \cos x - x^2 z. \end{cases}$

2. 证明:若 $\boldsymbol{x} = \boldsymbol{x}(t)$ 是线性齐次微分方程组 $\dot{\boldsymbol{x}} = \boldsymbol{A}(t)\boldsymbol{x}$ 满足 $\boldsymbol{x}(t_0) = \boldsymbol{0}$ 的解,则必有 $\boldsymbol{x}(t) \equiv \boldsymbol{0}$.

3. 试验证向量值函数 $\boldsymbol{x}(t) = \begin{bmatrix} t \\ 1 \end{bmatrix}, \boldsymbol{y}(t) = \begin{bmatrix} 1 \\ t \end{bmatrix}$ 在 $(-\infty, +\infty)$ 线性无关;但在 $t_1 = 1, t_2 = -1$ 时,$\boldsymbol{x}(t_i)$ 与 $\boldsymbol{y}(t_i)$ ($i=1,2$) 线性相关.

4. 证明:若 $\boldsymbol{x}_i(t), i=1,\cdots,n, t \in (a,b)$ 都是线性齐次微分方程组 $\dot{\boldsymbol{x}} = \boldsymbol{A}(t)\boldsymbol{x}$ 的解,则其线性组合 $\sum_{i=1}^n C_i \boldsymbol{x}_i(t), t \in (a,b)$ 也是其解,其中 C_i 为实的或复的常数.

5. 设 $\boldsymbol{v}_i \in \mathbf{R}^n, \boldsymbol{v}_i \neq \boldsymbol{0}, \lambda_i \in \mathbf{C}, \lambda_i$ 互不相同,$i=1,\cdots,m$.试证向量值函数 $\boldsymbol{v}_1 \mathrm{e}^{\lambda_1 t}, \cdots, \boldsymbol{v}_m \mathrm{e}^{\lambda_m t}$ 在区间 $(-\infty, +\infty)$ 线性无关.

6. 证明:非齐次线性微分方程组 $\dot{\boldsymbol{x}} = \boldsymbol{A}(t)\boldsymbol{x} + \boldsymbol{f}(t), \boldsymbol{x} \in \mathbf{R}^n$ 的任意两个解之差必为对应齐次线性微分方程组的一个解.

7. 设 $A(t)$ 为实矩阵，$x = x(t)$ 是 $\dfrac{dx}{dt} = A(t)x$ 的复值解，试证明 $x(t)$ 的实部和虚部分别都是它的解.

8. 设 $A(t)$ 为实矩阵，$(x_1(t)\cdots x_n(t))$ 是 $\dot{x} = A(t)x$ 的基解矩阵，其中 $x_1(t)$ 与 $x_2(t)$ 是一对共轭复值解向量，记

$$y_1(t) \xlongequal{\text{def}} \operatorname{Re} x_1(t) = \frac{1}{2}(x_1(t) + x_2(t)),$$

$$y_2(t) \xlongequal{\text{def}} \operatorname{Im} x_1(t) = \frac{1}{2i}(x_1(t) - x_2(t)).$$

证明：用向量 y_1, y_2 代替 x_1, x_2 后所得的矩阵 $(y_1(t), y_2(t), x_3(t), \cdots, x_n(t))$ 也是原方程组的一个基解矩阵.

9. 设 $x = x_i(t)$ 是 $\dfrac{dx}{dt} = A(t)x + f_i(t)$ $(i = 1, \cdots, m)$ 的解，证明：$x = \sum\limits_{i=1}^{m} x_i(t)$ 必为 $\dfrac{dx}{dt} = A(t)x + \sum\limits_{i=1}^{m} f_i(t)$ 的解.

10. (1) 试验证向量值函数组 $(1,0,0)^T, (t,0,0)^T, (t^2,0,0)^T$ 在任意区间 (a,b) 内线性无关，但它们的 Wronski 行列式 $W(t) \equiv 0$；

(2) 试证明方程组(3.3)的 n 个解构成的 Wronski 行列式在解存在的区间 (a,b) 内或者恒为零，或者恒不为零.

11. 求下列常系数线性齐次微分方程组的通解：

(1) $\begin{cases} \dfrac{dx_1}{dt} = x_2, \\ \dfrac{dx_2}{dt} = -4x_1 + 4x_2 + 2x_3, \\ \dfrac{dx_3}{dt} = 2x_1 - x_2 - x_3; \end{cases}$
(2) $\dfrac{dx}{dt} = \begin{bmatrix} -1 & -1 \\ 2 & -3 \end{bmatrix} x.$

12. 求下列常系数线性非齐次微分方程组的通解：

(1) $\begin{cases} \dfrac{dx_1}{dt} = x_1 + 2x_2 - e^{-t}, \\ \dfrac{dx_2}{dt} = 4x_1 + 3x_2 + 4e^{-t}; \end{cases}$
(2) $\dfrac{dx}{dt} = \begin{bmatrix} 2 & -3 \\ 1 & -2 \end{bmatrix} x + \begin{bmatrix} 0 \\ 2\sin t \end{bmatrix}.$

(B)

1. 若 $X(t)$ 是线性齐次微分方程组 $\dot{x} = A(t)x, x \in \mathbf{R}^n$ 的任一基解矩阵，B 是任一 n 阶非奇异常数矩阵，证明：$X(t)B$ 也是此方程组的一个基解矩阵.

2. 证明：若下列两方程组

$$\frac{dx}{dt} = A(t)x, \qquad \frac{dx}{dt} = B(t)x$$

有相同的基解矩阵，则 $A(t) \equiv B(t)$，其中 $A(t), B(t)$ 是两个 n 阶连续矩阵.

3. 证明：若 $X(t)$ 是 $\dfrac{d\boldsymbol{x}}{dt}=A(t)\boldsymbol{x}$ 的基解矩阵，则 $(X^{\mathrm{T}}(t))^{-1}$ 是 $\dfrac{d\boldsymbol{x}}{dt}=-A^{\mathrm{T}}(t)\boldsymbol{x}$ 的基解矩阵．

4. 设 $\dot{\boldsymbol{x}}=A(t)\boldsymbol{x}$,

（1）怎样的行列式称为其解的 Wronski 行列式；

（2）证明：Wronski 行列式 $W(t)$ 满足下列 Liouville 公式：

$$W(t)=W(t_0)\mathrm{e}^{\int_{t_0}^{t}\operatorname{tr}A(\tau)d\tau},$$

其中 $\operatorname{tr} A(t)$ 表示矩阵 $A(t)$ 的迹．

5. 设有线性非齐次微分方程组

$$\begin{cases}\dfrac{dx}{dt}=\dfrac{1}{t}x-y+t,\\ \dfrac{dy}{dt}=\dfrac{1}{t^2}x+\dfrac{2}{t}y-t^2.\end{cases}$$

（1）验证 $x=t^2, y=-t$ 是其对应的线性齐次微分方程组的解；

（2）求所给线性非齐次微分方程组的通解．

6. 求下列常系数线性齐次微分方程组的通解：

（1）$\dfrac{d\boldsymbol{x}}{dt}=\begin{bmatrix}-1&-1&0\\0&-1&-1\\0&0&-1\end{bmatrix}\boldsymbol{x}$; （2）$\dfrac{d\boldsymbol{x}}{dt}=\begin{bmatrix}-5&-10&-20\\5&5&10\\2&4&9\end{bmatrix}\boldsymbol{x}$.

7. 一电路如图所示，输入电压为 $\sin t$，电感 $L_2=1$ H，电容 $C_3=1$ F，电阻 $R_1=2$ Ω，$R_3=3$ Ω，当 $t=0$ 时接通电路，其时 $I_2=I_3=0$，求开关闭合后电路 $I_1(t), I_2(t), I_3(t)$ 的变化规律．

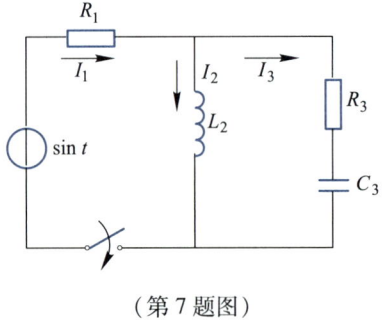

（第 7 题图）

第 4 章习题

1. 选择题（在每小题给出的四个选项中只有一个是正确的，试选择正确的选项并说明理由．）

（1）设函数 $y_1(x), y_2(x)$ 是微分方程 $y'+p(x)y=0$ 的两个不同特解，则该方程的通解为（ ）．

(A) $y=C_1y_1+C_2y_2$ (B) $y=y_1+Cy_2$
(C) $y=y_1+C(y_1+y_2)$ (D) $y=C(y_2-y_1)$

(2) 设 y_1, y_2 是二阶常系数线性齐次方程 $y''+py'+qy=0$ 的两个特解,C_1, C_2 是两个任意常数,则下列命题中正确的是( ).

　　(A) $C_1 y_1 + C_2 y_2$ 一定是微分方程的通解　　(B) $C_1 y_1 + C_2 y_2$ 不可能是微分方程的通解

　　(C) $C_1 y_1 + C_2 y_2$ 是微分方程的解　　(D) $C_1 y_1 + C_2 y_2$ 不是微分方程的解

(3) 设函数 $y=f(x)$ 是微分方程 $y''-2y'+4y=0$ 的一个解. 若 $f(x_0)>0, f'(x_0)=0$,则函数 $f(x)$ 在点 x_0( ).

　　(A) 取到极大值　　(B) 取到极小值

　　(C) 某个邻域内单调增加　　(D) 某个邻域内单调减少

(4) 设二阶线性常系数齐次微分方程 $y''+by'+y=0$ 的每一个解 $y(x)$ 都在区间 $(0,+\infty)$ 上有界,则实数 b 的取值范围是( ).

　　(A) $b \geqslant 0$　　(B) $b \leqslant 0$

　　(C) $b \leqslant 4$　　(D) $b \geqslant 4$

(5) 设 $y_1 = e^x, y_2 = x$ 是三阶常系数线性齐次微分方程 $y'''+ay''+by'+cy=0$ 的两个特解,则 a, b, c 的值为( ).

　　(A) $a=1, b=-1, c=0$　　(B) $a=1, b=1, c=0$

　　(C) $a=-1, b=0, c=0$　　(D) $a=1, b=0, c=0$

2. 求解下列微分方程:

(1) $\begin{cases} y''+2x(y')^2=0, \\ y(0)=1, y'(0)=0; \end{cases}$　　(2) $y'''+3y''+3y'+y=e^{-x}(x-5)$;

(3) $y''+y=x+\cos x$;　　(4) $y''+\mu y=0$ (μ 为常数).

3. 求以 $y_1 = e^{-x}, y_2 = 2xe^{-x}, y_3 = 3e^x$ 为特解的三阶常系数线性齐次微分方程.

4. 已知函数 $f(x)$ 在 $[0,+\infty)$ 上可导,$f(0)=1$,且满足等式

$$f'(x) + f(x) - \frac{1}{x+1}\int_0^x f(t)\,dt = 0,$$

求 $f'(x)$,并证明 $e^{-x} \leqslant f(x) \leqslant 1$ ($x \geqslant 0$).

5. 设 $a>0$,函数 $f(x)$ 在 $[0,+\infty)$ 上连续有界,证明微分方程 $y'+ay=f(x)$ 的解在 $[0,+\infty)$ 上有界.

6. 在 xOy 平面第一象限的一条曲线,经过 $A(0,1), B(1,0)$ 两点.对曲线上任一点 $P(x,y)$,弦 $\overline{AP}$ 总位于弧 $\overparen{AP}$ 下方,且弦 $\overline{AP}$ 与弧 $\overparen{AP}$ 围成图形的面积为 x^3,求该曲线的方程.

7. 设函数 $y(x)$ ($x \geqslant 0$) 二阶可导,且 $y'(x)>0, y(0)=1$.过曲线 $y=y(x)$ 上任一点 $P(x,y)$ 作该曲线的切线及 x 轴的垂线.上述两直线与 x 轴所围成的三角形的面积记为 S_1,区间 $[0,x]$ 上以 $y=y(x)$ 为曲边的曲边梯形面积记为 S_2,并设 $2S_1 - S_2$ 恒为 1,求此曲线的方程.

综合练习题

1. 为了控制人口的增长,需要由当前的人口统计数预测若干年后的人口数.假设某城市在时刻

t 净增人口(指出生人口)以每年 $r(t)=5\times10^4+10^5 t$ 的速率增长. 考虑到人口的死亡和迁移,在时刻 t_1 的人口数 $N(t_1)$ 只有一部分在 $t_2(t_2>t_1)$ 时刻存在,设为 $h(t_2-t_1)N(t_1)$,其中 $h(t)=\mathrm{e}^{-\frac{t}{40}}$. 如果已知 1990 年该市人口数为 10^7,试求 2000 年该市的人口数.

2. 将放射性核废料装在密封的圆桶内并沉入水深约 91 m 的海底是美国原子能委员会设计的处理核废料的一种方法. 试验证明,当圆桶到达海底时的速度超过 12.2 m/s 时,圆桶会因碰撞破裂而造成核泄漏. 设圆桶的体积为 0.208 m³,质量为 239.456 kg,海水的浮力为 10 054.2 N/m³. 圆桶下沉时的阻力与下沉的速度成正比,比例系数 $k=1.176$. 又圆桶下沉的初速度为 0,试求圆桶下沉的速度与下沉的深度之间的关系. 又圆桶到达海底时会因碰撞而破裂吗?(取重力加速度 $g=9.8$ m/s²)

3. 猪的最佳出售时间问题. 养猪场出售生猪有一个最佳出售时间. 因为生猪在体重过小的时候出售,显然利润不佳;而猪养得愈大,单位时间饲养费用就愈大,到一定的时候体重的增加速度却会下降,且单位体重的销售价格却不会随体重增加而增加. 因此,饲养时间过短或过长,都是不合算的,只有选取一个最佳的出售时间,才能获得最大的利润,试建立这一问题的数学模型,并对最佳出售时间作出理论探讨(提示:可假定生猪体重 $w(t)$ 符合 logistic 模型 $\dfrac{\mathrm{d}w}{\mathrm{d}t}=\alpha(1-aw)$,饲养费用 $y(t)$ 满足方程 $\dfrac{\mathrm{d}y}{\mathrm{d}t}=b+ew.$).

4. 液体从容器底部小孔流出的速度为 $v=k\sqrt{2gh}$,其中 k 为常数,g 是重力加速度,h 是小孔到液面的距离.

(1) 若容器为铅直放置的圆柱形桶,底面直径为 1 m,高为 2 m,其底部有一直径为 1 cm 的圆孔,圆桶内盛满液体,求液体流尽所需要的时间;

(2) 若容器为一旋转面,为使液面下降是匀速的,该容器应具有什么形状?

附 录

附录 1 函数的参数表示与极坐标表示

一般情况下,我们建立的函数都是在平面直角坐标系下,将因变量 y 直接表示为自变量 x 的函数 $y=f(x)$ 或利用二元方程 $F(x,y)=0$ 来建立(隐函数). 然而在许多实际问题的研究中,有时直接建立 x 与 y 的关系比较困难,而需通过另一变量(称为参变量)来建立变量 x 与 y 间的关系,或者在所谓极坐标系下来建立函数关系更为方便.

一、函数的参数表示

设质点在平面上做某种运动,根据运动规律,我们可以引入另一变量 t,分别建立 x 与 t 以及 y 与 t 的函数关系 $x=x(t), y=y(t)$,而把 y 与 x 间的函数关系通过变量 t 间接地表示为

$$\begin{cases} x = x(t), \\ y = y(t), \end{cases} t \in D.$$

称此式为 y 与 x 函数关系的**参数表示式**,它也是这个函数所表示曲线的方程,称为此曲线的**参数方程**. t 称为**参变量**,也称为**参数**, t 的取值范围 D 称为**参数区间**.

例 1.1 旋轮线(摆线)方程 一火车在直线轨道上行驶,若车轮在直线轨道上无滑动地滚动,则称车轮边缘上任一确定点 P 的运动轨迹为**旋轮线**或**摆线**. 试建立它的方程.

解 选取平面直角坐标系使直线轨道为 x 轴,调整车轮的位置,使运动开始时点 P 正好是车轮与轨道的切点,并取此切点为坐标原点 O (图 1.1). 此时,点 P 与点 O 重合,轮心 C 与切点 P 的连线 $\overline{CP}$ 与轨道垂直. 车轮滚动时,点 P 在摆线上运动. 当车轮转动了圆心角 t,即 $\overline{CP}$ 与 $\overline{CN}$ 的夹角为 t 时,点 P 的坐标设为 (x,y). 要求摆线的方程,就是要求点 P 的坐标 x 与 y 所满足的关系式. 这里要把 x 与 y 直接建立联系是比较困难的,我们把它们通过转角 t 来间接建立联系. 设车轮半径为 a,在图 1.1 中注意到

车轮滚动中,ON 的长度等于弧长 $\overset{\frown}{NP}$,易见

$$x = OM = ON - MN = \overset{\frown}{PN} - PQ = at - a\sin t,$$
$$y = MP = NC - QC = a - a\cos t.$$

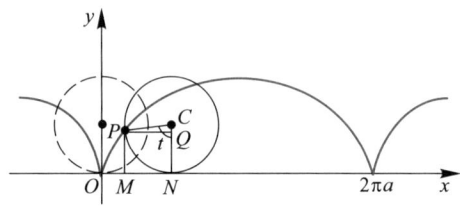

图 1.1

这样一来,我们通过变量 t 把 x 与 y 联系了起来. 从而知方程

$$\begin{cases} x = a(t - \sin t), \\ y = a(1 - \cos t), \end{cases} t \in (-\infty, +\infty)$$

就是摆线的参数方程,也就是 y 与 x 函数关系的参数表达式. $t \in [0, 2\pi]$ 对应于摆线的一拱. ∎

例 1.2 椭圆的参数方程 设椭圆的两半轴长分别为 a 与 b,求它的参数方程.

解 在平面解析几何中,我们知道,两半轴长分别为 a 与 b 的椭圆标准方程为

$$\frac{x^2}{a^2} + \frac{y^2}{b^2} = 1.$$

令

$$\frac{x^2}{a^2} = \cos^2 t,$$

从而

$$\frac{y^2}{b^2} = 1 - \cos^2 t = \sin^2 t.$$

于是可得此椭圆的参数方程为

$$\begin{cases} x = a\cos t, \\ y = b\sin t, \end{cases} 0 \leqslant t \leqslant 2\pi.$$

它也就是椭圆上动点坐标 y 与 x 函数关系的参数表示式. ∎

应当指出,同一条曲线,由于参数选取的不同,可以有不同的参数方程. 例如,对于圆周 $x^2 + y^2 = a^2$,若取参数 t 为圆心角,则它的参数方程为

$$\begin{cases} x = a\cos t, \\ y = a\sin t, \end{cases} 0 \leqslant t \leqslant 2\pi.$$

若取 $t=x$，则上半圆周与下半圆周的参数方程分别为

$$\begin{cases} x = t, \\ y = \sqrt{a^2 - t^2} \end{cases} (-a \leqslant t \leqslant a), \quad \begin{cases} x = t, \\ y = -\sqrt{a^2 - t^2} \end{cases} (-a < t < a).$$

二、函数的极坐标表示

在平面直角坐标系中，我们建立了平面上的点 P 与二元有序数组 (x,y) 之间的一一对应关系。建立这种对应关系的坐标系除了 Descartes 直角坐标系外，还有其他的坐标系，其中常见的是下面讲到的极坐标系。

在平面上取一个定点 O，称为**极点**，从该点引一条具有长度单位的半直线 Ox，称为**极轴**，通常极轴水平向右，与平面直角坐标系中的 x 轴一致，这样就在此平面上建立了**极坐标系**。

对平面上任意一点 P，将线段 OP 的长度记为 ρ，称为**极径**，从极轴 Ox 开始按逆时针方向旋转到射线 OP 的转角记作 φ，称为**极角**。如果点 P 就是极点 O，则其极径 $\rho = 0$，极角 φ 可以取任意值。如果限制 $\varphi \in [0, 2\pi)$，$\rho \geqslant 0$，那么除极点外，平面上任一点 P 便有唯一的有序数组 (ρ, φ) 与之对应；反之，任给一数组 (ρ, φ)，以 φ 为极角，ρ 为极径，必有唯一的点与之对应。因此，我们把 (ρ, φ) 称为点 P 的**极坐标**。规定从极轴 Ox 出发按逆时针方向旋转到射线 OP 的角 φ 取正值，而按顺时针旋转时 φ 取负值。有时为了方便，也可将 φ 限制在 $[-\pi, \pi)$。例如，点 $P\left(1, \dfrac{5}{4}\pi\right)$ 有时也可表示为 $\left(1, -\dfrac{3}{4}\pi\right)$（如图 1.2）。

在极坐标系中，$\rho = a$（常数）是一个方程，满足该方程的所有点到极点 O 的距离都等于常数 a，而极角 φ 可以取 $[0, 2\pi)$ 上的任一值，因此 $\rho = a$ 表示圆心在极点 O，半径为 a 的圆周；类似分析，$\varphi = b$ 表示从极点出发、转角为 b 的射线（如图 1.3）。

图 1.2　　　　　　　　　　　图 1.3

以极点 O 为原点,极轴 Ox 为 x 轴正向,建立平面直角坐标系 xOy,则平面上的点 P 同时具有直角坐标 (x,y) 和极坐标 (ρ,φ),且它们具有如下关系(图 1.4):

$$\begin{cases} x = \rho\cos\varphi, \\ y = \rho\sin\varphi, \end{cases} \text{或} \begin{cases} \rho = \sqrt{x^2 + y^2}, \\ \tan\varphi = \dfrac{y}{x}. \end{cases}$$

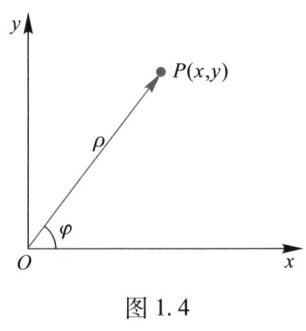

图 1.4

该式称为**直角坐标与极坐标的转换公式**. 在以后应用中,我们可以根据需要,把在直角坐标系下给出的函数关系或方程转换为极坐标形式,也可把极坐标系下给出的函数关系或方程转化为直角坐标形式.

例 1.3 将方程 $(x^2+y^2)^2 = 2a^2(x^2-y^2)$ 转换为极坐标方程,并作出它的草图.

解 将直角坐标与极坐标的转换公式代入方程,得

$$\rho^4 = 2a^2\rho^2(\cos^2\varphi - \sin^2\varphi),$$

即

$$\rho^2 = 2a^2\cos 2\varphi.$$

在上面的方程中,由于 $\cos 2\varphi$ 关于 φ 是偶函数,故此方程的图像关于极轴对称;又由于将 φ 换成 $\varphi+\pi$ 后方程不改变,所以图像也关于极点对称. 因此,我们只需要使用类似于直角坐标系中的描点法画出该方程在 xOy 平面第一象限 $\left\{(\rho,\varphi) \mid \rho \geq 0, 0 \leq \varphi \leq \dfrac{\pi}{2}\right\}$ 中的图像,由对称性便可得到整个图像. 由该方程容易算得下列数据:

φ	0	$\dfrac{\pi}{6}$	$\dfrac{\pi}{4}$	$\left(\dfrac{\pi}{4}, \dfrac{\pi}{2}\right)$
ρ	$\sqrt{2}a$	a	0	无实根

对于表中 (ρ,φ) 的每组数据,在平面上确定对应的点,用曲线连接,不难画出第一象限中的图像,再由对称性便得到方程的图像如图 1.5 所示. 此曲线称为**双纽线**. ∎

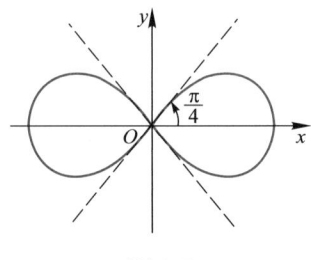

图 1.5

例 1.4 将由极坐标给出的函数关系

$$\rho = 2a\cos\varphi, \quad -\dfrac{\pi}{2} \leq \varphi \leq \dfrac{\pi}{2}$$

转换成直角坐标,并作图.

解 由转换公式可见

$$\rho = \sqrt{x^2 + y^2}, \quad \cos\varphi = \frac{x}{\rho} = \frac{x}{\sqrt{x^2 + y^2}},$$

代入所给的函数,得

$$\sqrt{x^2 + y^2} = 2a \frac{x}{\sqrt{x^2 + y^2}},$$

即

$$x^2 + y^2 - 2ax = 0.$$

或

$$(x-a)^2 + y^2 = a^2.$$

这是以$(a,0)$为圆心,半径为a的圆周(图1.6). 此图像也可直接从它的极坐标方程用描点法直接画出. 读者不妨一试.

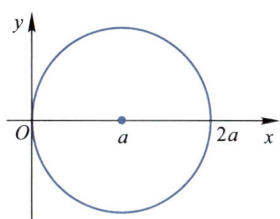

图1.6

附录2 常见曲线及其方程

(1) **幂函数** $y = x^\alpha$ (α是常数,$\alpha \geq 0$, $-\infty < x < +\infty$; $\alpha < 0$, $-\infty < x < +\infty$ 且 $x \neq 0$)

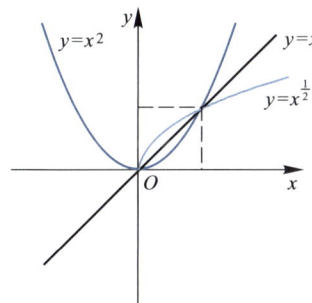 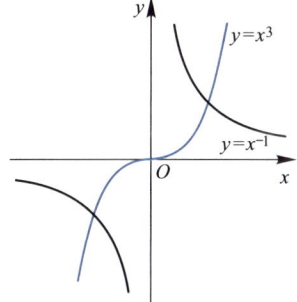

(2) **指数函数** $y = a^x$ ($a > 0, a \neq 1$) ($-\infty < x < +\infty$)

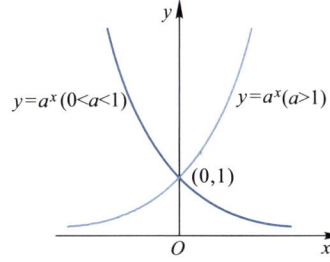

（3）对数函数　$y = \log_a x \ (a>0, a\neq 1)(x>0)$

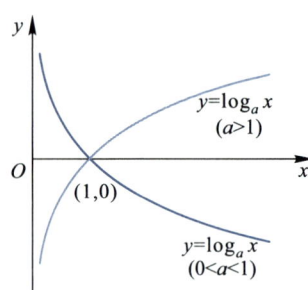

（4）正弦函数　$y = \sin x \ (-\infty < x < +\infty)$

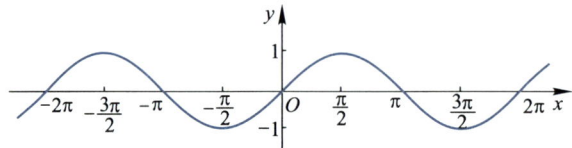

（5）余弦函数　$y = \cos x \ (-\infty < x < +\infty)$

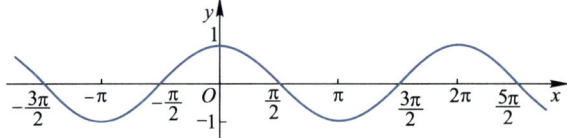

（6）正切函数　$y = \tan x \ \left(x \neq k\pi + \dfrac{\pi}{2}, k \in \mathbf{Z}\right)$

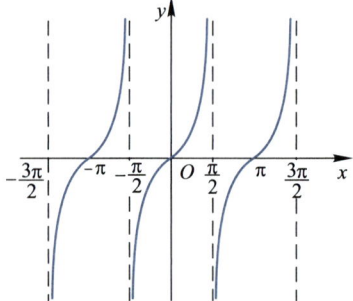

（7）余切函数　$y = \cot x \ (x \neq k\pi, k \in \mathbf{Z})$

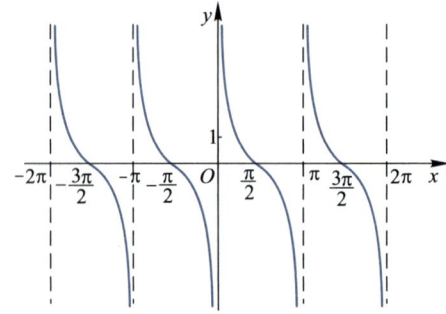

(8) 正割函数 $y = \sec x = \dfrac{1}{\cos x}$ $\left(x \neq k\pi + \dfrac{\pi}{2}, k \in \mathbf{Z}\right)$

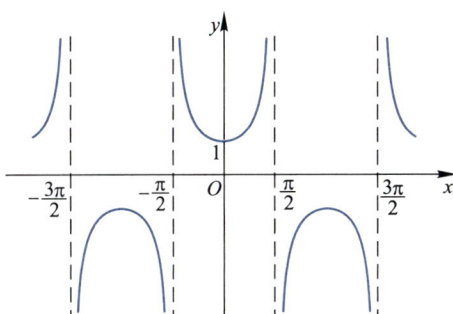

(9) 余割函数 $y = \csc x = \dfrac{1}{\sin x}$ $(x \neq k\pi, k \in \mathbf{Z})$

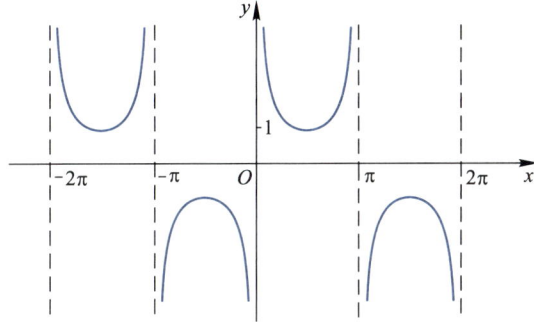

(10) 半立方抛物线 $y^2 = ax^3$

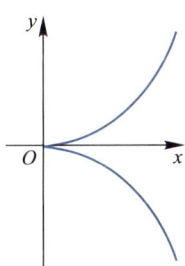

(11) 箕舌线 $y = \dfrac{8a^3}{x^2 + 4a^2}$

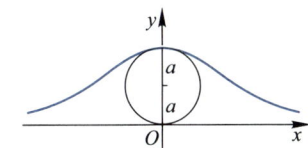

(12) **概率曲线** $y = e^{-x^2}$

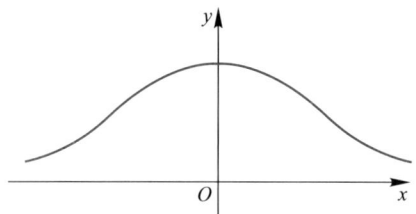

(13) **悬链线** $y = \dfrac{a}{2}(e^{\frac{x}{a}} + e^{-\frac{x}{a}}) = a\operatorname{ch}\dfrac{x}{a}$

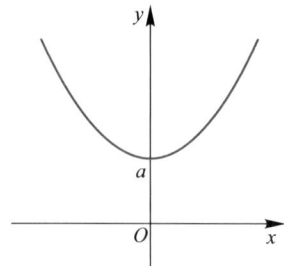

(14) **摆线** $x = a\arccos\dfrac{a-y}{a} \pm \sqrt{2ay-y^2}$, $\begin{cases} x = a(\theta - \sin\theta), \\ y = a(1 - \cos\theta) \end{cases}$

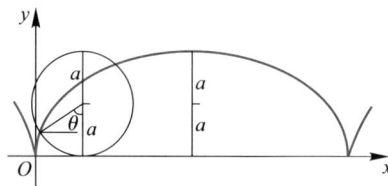

(15) **蔓叶线** $y^2(2a-x) = x^3$

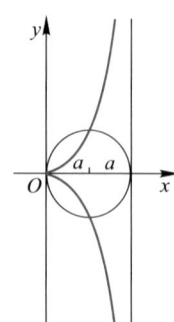

（16）星形线 $x^{\frac{2}{3}}+y^{\frac{2}{3}}=a^{\frac{2}{3}}$, $\begin{cases} x=a\cos^3\theta, \\ y=a\sin^3\theta \end{cases}$

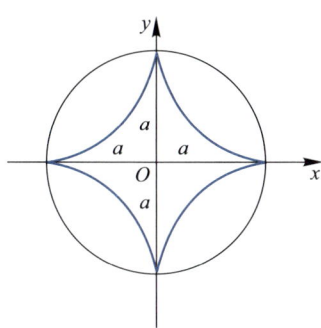

（17）心形线 $x^2+y^2+ax=a\sqrt{x^2+y^2}$, $\rho=a(1-\cos\theta)$

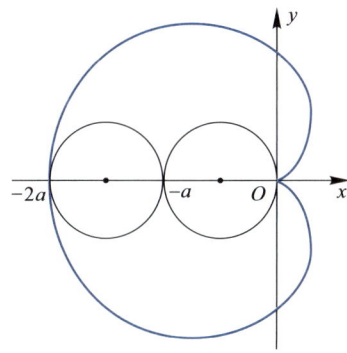

（18）笛卡儿叶形线 $x^3+y^3-3axy=0$

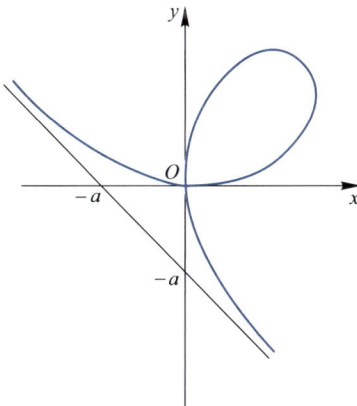

(19) 抛物线 $x^{\frac{1}{2}}+y^{\frac{1}{2}}=a^{\frac{1}{2}}$

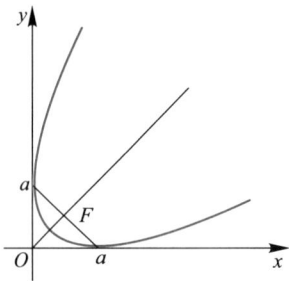

(20) 阿基米德螺线 $\rho=a\theta$

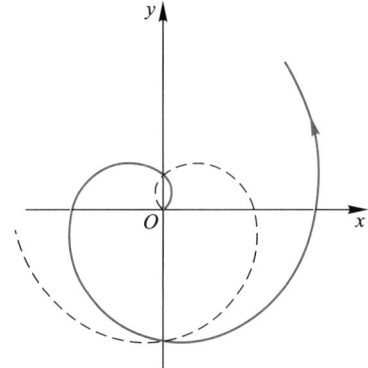

(21) 对数螺线 $\rho=e^{a\theta}$

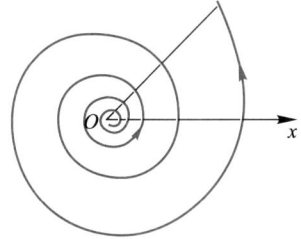

(22) 双曲螺线 $\rho\theta=a$

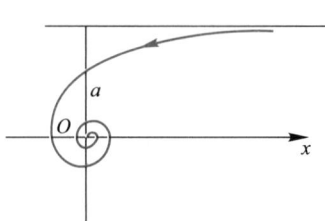

(23) 双纽线 $(x^2+y^2)^2 = a^2(x^2-y^2), \rho^2 = a^2\cos 2\theta$

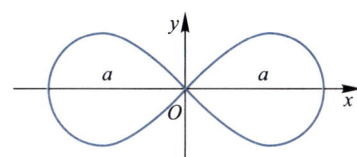

(24) 双纽线 $(x^2+y^2)^2 = 2a^2xy, \rho^2 = a^2\sin 2\theta$

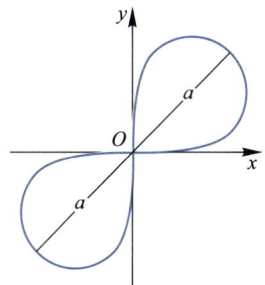

(25) 三叶玫瑰线 $\rho = a\cos 3\theta$

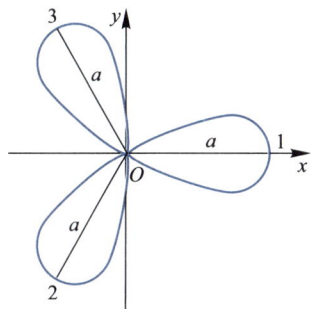

(26) 三叶玫瑰线 $\rho = a\sin 3\theta$

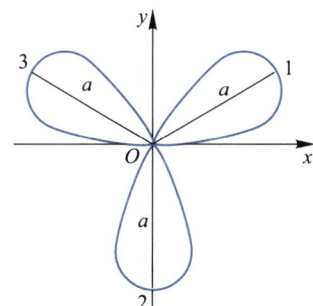

（27） 四叶玫瑰线　$\rho = a\cos 2\theta$

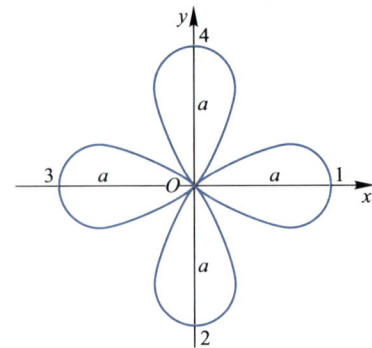

（28） 四叶玫瑰线　$\rho = a\sin 2\theta$

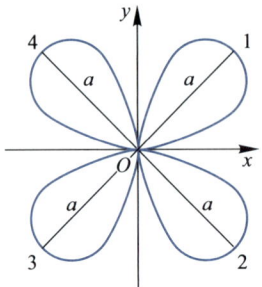

附录3　常用的三角函数公式

一、三角函数的和差与积的关系式

1. $2\sin\alpha\cos\beta = \sin(\alpha+\beta) + \sin(\alpha-\beta)$.

2. $2\cos\alpha\sin\beta = \sin(\alpha+\beta) - \sin(\alpha-\beta)$.

3. $2\cos\alpha\cos\beta = \cos(\alpha+\beta) + \cos(\alpha-\beta)$.

4. $-2\sin\alpha\sin\beta = \cos(\alpha+\beta) - \cos(\alpha-\beta)$.

5. $\sin\alpha + \sin\beta = 2\sin\dfrac{\alpha+\beta}{2}\cos\dfrac{\alpha-\beta}{2}$.

6. $\sin\alpha - \sin\beta = 2\cos\dfrac{\alpha+\beta}{2}\sin\dfrac{\alpha-\beta}{2}$.

7. $\cos\alpha + \cos\beta = 2\cos\dfrac{\alpha+\beta}{2}\cos\dfrac{\alpha-\beta}{2}$.

8. $\cos\alpha - \cos\beta = -2\sin\dfrac{\alpha+\beta}{2}\sin\dfrac{\alpha-\beta}{2}$.

二、倍角公式与半角公式

1. $\sin^2\alpha = \dfrac{1}{2}(1-\cos 2\alpha)$.

2. $\cos^2\alpha = \dfrac{1}{2}(1+\cos 2\alpha)$.

3. $\sin\alpha = \dfrac{2\tan\dfrac{\alpha}{2}}{1+\tan^2\dfrac{\alpha}{2}}$.

4. $\cos\alpha = \dfrac{1-\tan^2\dfrac{\alpha}{2}}{1+\tan^2\dfrac{\alpha}{2}}$.

附录 4　反三角函数定义及其图形

反三角函数是一类基本初等函数,是三角函数中的反正弦函数、反余弦函数、反正切函数、反余切函数、反正割函数、反余割函数的统称.

一、反三角函数的概念

1. 反正弦函数

正弦函数 $y=\sin x$ 在整个定义域区间 $(-\infty, +\infty)$ 上不是单调函数,但是在 $\left[-\dfrac{\pi}{2}, \dfrac{\pi}{2}\right]$ 上是严格单调增函数,因此它在此区间上存在反函数,它的反函数称为反正弦函数,记作 $x=\arcsin y$. 习惯上,用 x 表示自变量,y 表示因变量,所以反正弦函数写为 $y=\arcsin x$,其定义域为 $x\in[-1,1]$,值域为 $y\in\left[-\dfrac{\pi}{2}, \dfrac{\pi}{2}\right]$. 反正弦函数的图像和正弦函数在 $\left[-\dfrac{\pi}{2}, \dfrac{\pi}{2}\right]$ 上的图像关于直线 $y=x$ 对称,如图 4.1.

注意:反正弦函数只对正弦函数 $y=\sin x$ 的 $x\in\left[-\dfrac{\pi}{2}, \dfrac{\pi}{2}\right]$ 区间成立,这里截取的是正弦函数靠近原点的一个单调区间,称该区间为正弦函数的**主值区间**.

2. 反余弦函数

余弦函数 $y=\cos x$ 限制在 $x\in[0,\pi]$ 上是严格单调减函数,因此在此区间上存在反函数，称为反余弦函数，记为 $y=\arccos x$，其中定义域为 $x\in[-1,1]$，值域为 $y\in[0,\pi]$. 反余弦函数及余弦函数的图像如图 4.2.

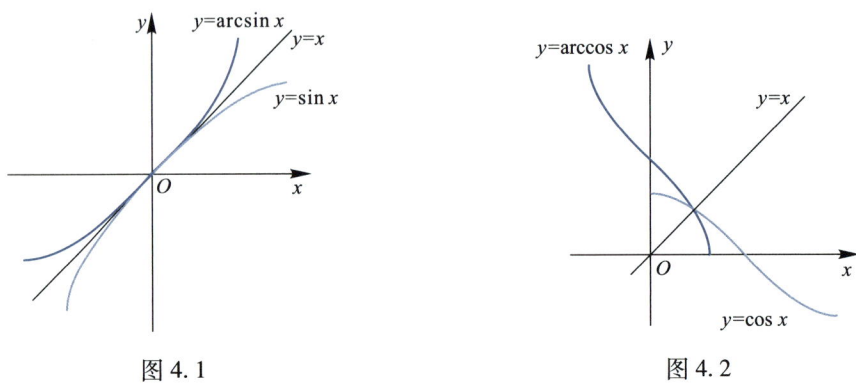

图 4.1　　　　　　　　　　　　　图 4.2

3. 反正切函数

正切函数 $y=\tan x$ 限制在 $x\in\left(-\dfrac{\pi}{2},\dfrac{\pi}{2}\right)$ 上是严格单调增函数，因此在此区间上存在反函数，称为反正切函数，记为 $y=\arctan x$，其中定义域为 $x\in(-\infty,+\infty)$，值域为 $y\in\left(-\dfrac{\pi}{2},\dfrac{\pi}{2}\right)$. 反正切函数的图像如图 4.3. 显然，反正切函数有两条渐近线 $y=-\dfrac{\pi}{2}$ 和 $y=\dfrac{\pi}{2}$.

4. 反余切函数

余切函数 $y=\cot x$ 限制在 $x\in(0,\pi)$ 上是严格单调减函数，因此在此区间上存在反函数，称为反余切函数，记为 $y=\operatorname{arccot} x$，其定义域为 $x\in(-\infty,+\infty)$，值域为 $y\in(0,\pi)$. 反余切函数的图像如图 4.4. 反余切函数有两条渐近线 $y=0$ 和 $y=\pi$.

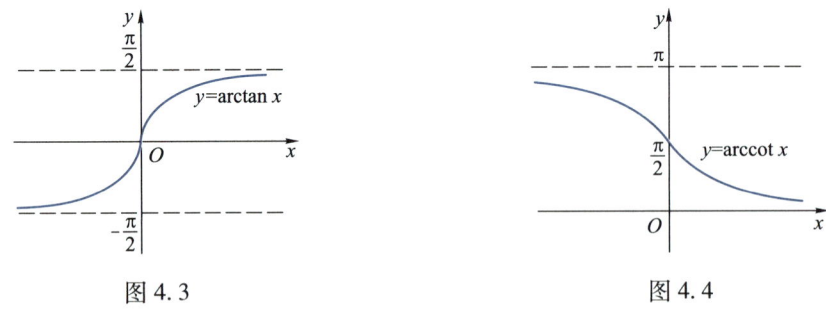

图 4.3　　　　　　　　　　　　　图 4.4

5. 反正割函数

正割函数 $y=\sec x$ 限制在 $x\in\left[0,\dfrac{\pi}{2}\right)\cup\left(\dfrac{\pi}{2},\pi\right]$ 上的反函数称为反正割函数，记

为 $y = \operatorname{arcsec} x$,其定义域为 $x \in (-\infty, -1] \cup [1, +\infty)$,值域为 $y \in \left[0, \dfrac{\pi}{2}\right) \cup \left(\dfrac{\pi}{2}, \pi\right]$. 反正割函数的图像如图 4.5 中的黑色曲线.

6. 反余割函数

余割函数 $y = \csc x$ 限制在 $x \in \left[-\dfrac{\pi}{2}, 0\right) \cup \left(0, \dfrac{\pi}{2}\right]$ 上的反函数称为反余割函数,记为 $y = \operatorname{arccsc} x$,其定义域为 $x \in (-\infty, -1] \cup [1, +\infty)$,值域为 $y \in \left[-\dfrac{\pi}{2}, 0\right) \cup \left(0, \dfrac{\pi}{2}\right]$. 反余割函数的图像如图 4.5 中的蓝色曲线.

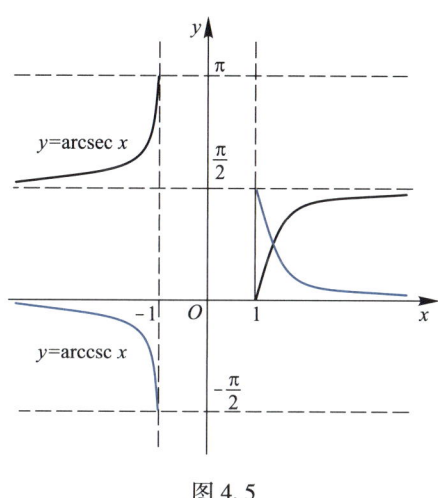

图 4.5

二、反三角函数间的运算关系

1. 余角关系

(1) $\arccos x = \dfrac{\pi}{2} - \arcsin x$;

(2) $\operatorname{arccot} x = \dfrac{\pi}{2} - \arctan x$;

(3) $\operatorname{arccsc} x = \dfrac{\pi}{2} - \operatorname{arcsec} x$.

2. 负数关系

(1) $\arcsin(-x) = -\arcsin x$;

(2) $\arccos(-x) = \pi - \arccos x$;

(3) $\arctan(-x) = -\arctan x$;

(4) $\operatorname{arccot}(-x) = \pi - \operatorname{arccot} x$;

（5） $\arccos(-x) = \pi - \operatorname{arcsec} x$;

（6） $\operatorname{arccsc}(-x) = -\operatorname{arccsc} x$.

3. 倒数关系

（1） $\arccos \dfrac{1}{x} = \operatorname{arcsec} x$;

（2） $\arcsin \dfrac{1}{x} = \operatorname{arccsc} x$;

（3） $\arctan \dfrac{1}{x} = \dfrac{\pi}{2} - \arctan x = \operatorname{arccot} x$, $x>0$;

（4） $\arctan \dfrac{1}{x} = -\dfrac{\pi}{2} - \arctan x = -\pi + \operatorname{arccot} x$, $x<0$;

（5） $\operatorname{arccot} \dfrac{1}{x} = \dfrac{\pi}{2} - \operatorname{arccot} x = \arctan x$, $x>0$;

（6） $\operatorname{arccot} \dfrac{1}{x} = \dfrac{3\pi}{2} - \operatorname{arccot} x = \pi + \arctan x$, $x<0$;

（7） $\operatorname{arcsec} \dfrac{1}{x} = \arccos x$;

（8） $\operatorname{arccsc} \dfrac{1}{x} = \arcsin x$.

4. 转化关系

（1） $\arccos x = \arcsin \sqrt{1-x^2}, 0 \leqslant x \leqslant 1$;

（2） $\arctan x = \arcsin \dfrac{x}{\sqrt{1+x^2}}$;

（3） $\arcsin x = 2\arctan \dfrac{x}{1+\sqrt{1-x^2}}$;

（4） $\arccos x = 2\arctan \dfrac{\sqrt{1-x^2}}{1+x}, -1<x \leqslant 1$;

（5） $\arctan x = 2\arctan \dfrac{x}{1+\sqrt{1+x^2}}$.

附录 5　复数及其运算

一、复数的概念

我们知道在实数范围内,方程

$$x^2 = -1$$

是无解的,因为没有一个实数的平方等于-1. 由于解方程的需要,人们引进一个新数 i,称为**虚数单位**,并规定

$$i^2 = -1,$$

从而 i 是方程 $x^2=-1$ 的一个根.

对于任意两个实数 x,y,我们称 $z=x+yi$ 为**复数**,其中 x,y 分别称为 z 的**实部**和**虚部**,记作

$$x = \text{Re}(z), \quad y = \text{Im}(z).$$

当 $x=0, y\neq 0$ 时, $z=iy$ 称为**纯虚数**;当 $y=0$ 时, $z=x+0i$,我们把它看作是实数 x.

两个复数**相等**,必须且只需它们的实部和虚部分别相等. 一个复数 z 等于 0,必须且只需它的实部和虚部同时等于 0.

二、复数的代数运算

两个复数 $z_1=x_1+iy_1, z_2=x_2+iy_2$ 的加法、减法及乘法定义如下:

$$(x_1 + iy_1) \pm (x_2 + iy_2) = (x_1 \pm x_2) + i(y_1 \pm y_2),$$
$$(x_1 + iy_1)(x_2 + iy_2) = (x_1x_2 - y_1y_2) + i(x_2y_1 + x_1y_2),$$

并分别称以上两式右端的复数为 z_1 与 z_2 的**和**、**差**与**积**.

我们又称满足

$$z_2 z = z_1 \quad (z_2 \neq 0)$$

的复数 $z=x+iy$ 为 z_1 除以 z_2 的**商**,记作 $z=\dfrac{z_1}{z_2}$,从这个定义立即可推得

$$z = \frac{z_1}{z_2} = \frac{x_1x_2 + y_1y_2}{x_2^2 + y_2^2} + i\frac{x_2y_1 - x_1y_2}{x_2^2 + y_2^2}.$$

不难证明,与实数的情形一样,复数的运算也满足交换律、结合律和分配律

$$z_1 + z_2 = z_2 + z_1, \quad z_1 z_2 = z_2 z_1,$$
$$z_1 + (z_2 + z_3) = (z_1 + z_2) + z_3, \quad z_1(z_2 z_3) = (z_1 z_2) z_3,$$
$$z_1(z_2 + z_3) = z_1 z_2 + z_1 z_3.$$

我们把实部相同而虚部绝对值相等符号相反的两个复数称为**共轭复数**,与 z 共轭的复数记为 $\bar{z}$. 如果 $z=x+iy$,那么 $\bar{z}=x-iy$. 共轭复数有如下性质:

1. $\overline{z_1 \pm z_2} = \bar{z}_1 \pm \bar{z}_2$, $\overline{z_1 z_2} = \bar{z}_1 \bar{z}_2$, $\overline{\left(\dfrac{z_1}{z_2}\right)} = \dfrac{\bar{z}_1}{\bar{z}_2}$.

2. $z\bar{z} = [\text{Re}(z)]^2 + [\text{Im}(z)]^2$.

3. $z+\bar{z} = 2\text{Re}(z)$, $z-\bar{z} = 2i\,\text{Im}(z)$.

三、复数的三种表示式及 Euler 公式

1. 代数表示式
$$z = x + iy.$$

2. 三角表示式
$$z = r(\cos\theta + i\sin\theta).$$

3. 指数表示式
$$z = re^{i\theta}.$$

4. Euler 公式
$$e^{i\theta} = \cos\theta + i\sin\theta,$$

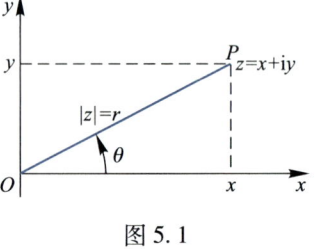

图 5.1

由此可得
$$\cos\theta = \frac{1}{2}(e^{i\theta} + e^{-i\theta}), \quad \sin\theta = \frac{1}{2i}(e^{i\theta} - e^{-i\theta}).$$

附录 6　简明积分表

一、含有 $a+bx$ 的积分

1. $\int (a+bx)^n dx = \begin{cases} \dfrac{(a+bx)^{n+1}}{b(n+1)} + C, & \text{当 } n \neq -1, \\ \dfrac{1}{b}\ln|a+bx| + C, & \text{当 } n = -1. \end{cases}$

2. $\int \dfrac{x dx}{a+bx} = \dfrac{x}{b} - \dfrac{a}{b^2}\ln|a+bx| + C.$

3. $\int \dfrac{x^2 dx}{a+bx} = \dfrac{1}{b^3}\left[\dfrac{1}{2}(a+bx)^2 - 2a(a+bx) + a^2\ln|a+bx|\right] + C.$

4. $\int \dfrac{x dx}{(a+bx)^2} = \dfrac{1}{b^2}\left(\dfrac{a}{a+bx} + \ln|a+bx|\right) + C.$

5. $\int \dfrac{x^2 dx}{(a+bx)^2} = \dfrac{x}{b^2} - \dfrac{a^2}{b^3(a+bx)} - \dfrac{2a}{b^3}\ln|a+bx| + C.$

6. $\int \dfrac{dx}{x(a+bx)} = \dfrac{1}{a}\ln\left|\dfrac{x}{a+bx}\right| + C.$

7. $\int \dfrac{dx}{x^2(a+bx)} = -\dfrac{1}{ax} + \dfrac{b}{a^2}\ln\left|\dfrac{a+bx}{x}\right| + C.$

8. $\int \dfrac{\mathrm{d}x}{x(a+bx)^2} = \dfrac{1}{a(a+bx)} - \dfrac{1}{a^2}\ln\left|\dfrac{a+bx}{x}\right| + C.$

二、含有 $\sqrt{a+bx}$ 的积分

9. $\int x\sqrt{a+bx}\,\mathrm{d}x = \dfrac{2(3bx-2a)(a+bx)^{3/2}}{15b^2} + C.$

10. $\int x^2\sqrt{a+bx}\,\mathrm{d}x = \dfrac{2(15b^2x^2-12abx+8a^2)(a+bx)^{3/2}}{105b^3} + C.$

11. $\int \dfrac{x\,\mathrm{d}x}{\sqrt{a+bx}} = \dfrac{2(bx-2a)\sqrt{a+bx}}{3b^2} + C.$

12. $\int \dfrac{x^2\,\mathrm{d}x}{\sqrt{a+bx}} = \dfrac{2(3b^2x^2-4abx+8a^2)\sqrt{a+bx}}{15b^3} + C.$

13. $\int \dfrac{\mathrm{d}x}{x\sqrt{a+bx}} = \begin{cases} \dfrac{1}{\sqrt{a}}\ln\dfrac{|\sqrt{a+bx}-\sqrt{a}|}{\sqrt{a+bx}+\sqrt{a}} + C, & \text{当 } a>0, \\ \dfrac{2}{\sqrt{-a}}\arctan\sqrt{\dfrac{a+bx}{-a}} + C, & \text{当 } a<0. \end{cases}$

14. $\int \dfrac{\mathrm{d}x}{x^2\sqrt{a+bx}} = -\dfrac{\sqrt{a+bx}}{ax} - \dfrac{b}{2a}\int \dfrac{\mathrm{d}x}{x\sqrt{a+bx}}.$

15. $\int \dfrac{\sqrt{a+bx}}{x}\,\mathrm{d}x = 2\sqrt{a+bx} + a\int \dfrac{\mathrm{d}x}{x\sqrt{a+bx}}.$

16. $\int \dfrac{\sqrt{a+bx}}{x^2}\,\mathrm{d}x = -\dfrac{\sqrt{a+bx}}{x} + \dfrac{b}{2}\int \dfrac{\mathrm{d}x}{x\sqrt{a+bx}}.$

三、含有 $a^2 \pm x^2$ 的积分

17. $\int \dfrac{\mathrm{d}x}{(a^2+x^2)^n} = \begin{cases} \dfrac{1}{a}\arctan\dfrac{x}{a} + C, & \text{当 } n=1, \\ \dfrac{x}{2(n-1)a^2(a^2+x^2)^{n-1}} + \dfrac{2n-3}{2(n-1)a^2}\int \dfrac{\mathrm{d}x}{(a^2+x^2)^{n-1}}, & \text{当 } n>1. \end{cases}$

18. $\int \dfrac{x\,\mathrm{d}x}{(a^2+x^2)^n} = \begin{cases} \dfrac{1}{2}\ln(a^2+x^2) + C, & \text{当 } n=1, \\ -\dfrac{1}{2(n-1)(a^2+x^2)^{n-1}} + C, & \text{当 } n>1. \end{cases}$

19. $\int \dfrac{\mathrm{d}x}{a^2-x^2} = \dfrac{1}{2a}\ln\left|\dfrac{a+x}{a-x}\right| + C.$

四、含有 $\sqrt{a^2-x^2}$ 的积分

20. $\int \sqrt{a^2 - x^2}\,\mathrm{d}x = \dfrac{x}{2}\sqrt{a^2 - x^2} + \dfrac{a^2}{2}\arcsin\dfrac{x}{a} + C.$

21. $\int x\sqrt{a^2 - x^2}\,\mathrm{d}x = -\dfrac{1}{3}(a^2 - x^2)^{3/2} + C.$

22. $\int x^2\sqrt{a^2 - x^2}\,\mathrm{d}x = \dfrac{x}{8}(2x^2 - a^2)\sqrt{a^2 - x^2} + \dfrac{a^4}{8}\arcsin\dfrac{x}{a} + C.$

23. $\int \dfrac{\mathrm{d}x}{\sqrt{a^2 - x^2}} = \arcsin\dfrac{x}{a} + C.$

24. $\int \dfrac{x\mathrm{d}x}{\sqrt{a^2 - x^2}} = -\sqrt{a^2 - x^2} + C.$

25. $\int \dfrac{x^2\mathrm{d}x}{\sqrt{a^2 - x^2}} = -\dfrac{x}{2}\sqrt{a^2 - x^2} + \dfrac{a^2}{2}\arcsin\dfrac{x}{a} + C.$

26. $\int (a^2 - x^2)^{3/2}\mathrm{d}x = \dfrac{x}{8}(5a^2 - 2x^2)\sqrt{a^2 - x^2} + \dfrac{3a^4}{8}\arcsin\dfrac{x}{a} + C.$

27. $\int \dfrac{\mathrm{d}x}{(a^2 - x^2)^{3/2}} = \dfrac{x}{a^2\sqrt{a^2 - x^2}} + C.$

28. $\int \dfrac{x\mathrm{d}x}{(a^2 - x^2)^{3/2}} = \dfrac{1}{\sqrt{a^2 - x^2}} + C.$

29. $\int \dfrac{x^2\mathrm{d}x}{(a^2 - x^2)^{3/2}} = \dfrac{x}{\sqrt{a^2 - x^2}} - \arcsin\dfrac{x}{a} + C.$

30. $\int \dfrac{\mathrm{d}x}{x\sqrt{a^2 - x^2}} = \dfrac{1}{a}\ln\left|\dfrac{a - \sqrt{a^2 - x^2}}{x}\right| + C.$

31. $\int \dfrac{\mathrm{d}x}{x^2\sqrt{a^2 - x^2}} = -\dfrac{\sqrt{a^2 - x^2}}{a^2 x} + C.$

32. $\int \dfrac{\mathrm{d}x}{x^3\sqrt{a^2 - x^2}} = -\dfrac{\sqrt{a^2 - x^2}}{2a^2 x^2} - \dfrac{1}{2a^3}\ln\left|\dfrac{a + \sqrt{a^2 - x^2}}{x}\right| + C.$

33. $\int \dfrac{\sqrt{a^2 - x^2}}{x}\mathrm{d}x = \sqrt{a^2 - x^2} - a\ln\left|\dfrac{a + \sqrt{a^2 - x^2}}{x}\right| + C.$

34. $\int \dfrac{\sqrt{a^2 - x^2}}{x^2}\mathrm{d}x = -\dfrac{\sqrt{a^2 - x^2}}{x} - \arcsin\dfrac{x}{a} + C.$

五、含有 $\sqrt{x^2 \pm a^2}$ 的积分

35. $\int \sqrt{x^2 \pm a^2}\, dx = \dfrac{x}{2}\sqrt{x^2 \pm a^2} \pm \dfrac{a^2}{2}\ln|x + \sqrt{x^2 \pm a^2}| + C.$

36. $\int x\sqrt{x^2 \pm a^2}\, dx = \dfrac{1}{3}(x^2 \pm a^2)^{3/2} + C.$

37. $\int x^2\sqrt{x^2 \pm a^2}\, dx = \dfrac{x}{8}(2x^2 \pm a^2)\sqrt{x^2 \pm a^2} - \dfrac{a^4}{8}\ln|x + \sqrt{x^2 \pm a^2}| + C.$

38. $\int \dfrac{dx}{\sqrt{x^2 \pm a^2}} = \ln|x + \sqrt{x^2 \pm a^2}| + C.$

39. $\int \dfrac{x\,dx}{\sqrt{x^2 \pm a^2}} = \sqrt{x^2 \pm a^2} + C.$

40. $\int \dfrac{x^2\,dx}{\sqrt{x^2 \pm a^2}} = \dfrac{x}{2}\sqrt{x^2 \pm a^2} \mp \dfrac{a^2}{2}\ln|x + \sqrt{x^2 \pm a^2}| + C.$

41. $\int (x^2 \pm a^2)^{3/2}\, dx = \dfrac{x}{8}(2x^2 \pm 5a^2)\sqrt{x^2 \pm a^2} + \dfrac{3a^4}{8}\ln|x + \sqrt{x^2 \pm a^2}| + C.$

42. $\int \dfrac{dx}{(x^2 \pm a^2)^{3/2}} = \pm \dfrac{x}{a^2\sqrt{x^2 \pm a^2}} + C.$

43. $\int \dfrac{x\,dx}{(x^2 \pm a^2)^{3/2}} = -\dfrac{1}{\sqrt{x^2 \pm a^2}} + C.$

44. $\int \dfrac{x^2\,dx}{(x^2 \pm a^2)^{3/2}} = -\dfrac{x}{\sqrt{x^2 \pm a^2}} + \ln|x + \sqrt{x^2 \pm a^2}| + C.$

45. $\int \dfrac{dx}{x^2\sqrt{x^2 \pm a^2}} = \mp \dfrac{\sqrt{x^2 \pm a^2}}{a^2 x} + C.$

46. $\int \dfrac{dx}{x^3\sqrt{x^2 + a^2}} = -\dfrac{\sqrt{x^2 + a^2}}{2a^2 x^2} + \dfrac{1}{2a^3}\ln\dfrac{a + \sqrt{x^2 + a^2}}{|x|} + C.$

47. $\int \dfrac{dx}{x^3\sqrt{x^2 - a^2}} = \dfrac{\sqrt{x^2 - a^2}}{2a^2 x^2} + \dfrac{1}{2a^3}\arccos\dfrac{a}{x} + C.$

48. $\int \dfrac{\sqrt{x^2 + a^2}}{x}\, dx = \sqrt{x^2 + a^2} - a\ln\dfrac{a + \sqrt{x^2 + a^2}}{|x|} + C.$

49. $\int \dfrac{\sqrt{x^2 - a^2}}{x}\, dx = \sqrt{x^2 - a^2} - a\arccos\dfrac{a}{|x|} + C.$

50. $\int \dfrac{\sqrt{x^2 \pm a^2}}{x^2}\, dx = -\dfrac{\sqrt{x^2 \pm a^2}}{x} + \ln|x + \sqrt{x^2 \pm a^2}| + C.$

51. $\int \dfrac{dx}{x\sqrt{x^2+a^2}} = \dfrac{1}{a} \ln \dfrac{|x|}{a+\sqrt{x^2+a^2}} + C.$

52. $\int \dfrac{dx}{x\sqrt{x^2-a^2}} = \dfrac{1}{a} \arccos \dfrac{a}{|x|} + C.$

六、含有 $a+bx+cx^2$ 的积分

53. $\int \dfrac{dx}{a+bx+cx^2} = \begin{cases} \dfrac{2}{\sqrt{4ac-b^2}} \arctan \dfrac{2cx+b}{\sqrt{4ac-b^2}} + C, & \text{当 } b^2 < 4ac, \\ \dfrac{1}{\sqrt{b^2-4ac}} \ln \left| \dfrac{\sqrt{b^2-4ac}-b-2cx}{\sqrt{b^2-4ac}+b+2cx} \right| + C, & \text{当 } b^2 > 4ac. \end{cases}$

七、含有 $\sqrt{a+bx+cx^2}$ 的积分

54. $\int \dfrac{dx}{\sqrt{a+bx+cx^2}} = \begin{cases} \dfrac{1}{\sqrt{c}} \ln \left| 2cx+b+2\sqrt{c(a+bx+cx^2)} \right| + C, & \text{当 } c > 0, \\ -\dfrac{1}{\sqrt{-c}} \arcsin \dfrac{2cx+b}{\sqrt{b^2-4ac}} + C, & \text{当 } c < 0, b^2 > 4ac. \end{cases}$

55. $\int \sqrt{a+bx+cx^2}\, dx = \dfrac{2cx+b}{4c} \sqrt{a+bx+cx^2} + \dfrac{4ac-b^2}{8a} \int \dfrac{dx}{\sqrt{a+bx+cx^2}}.$

56. $\int \dfrac{x\,dx}{\sqrt{a+bx+cx^2}} = \dfrac{1}{c} \sqrt{a+bx+cx^2} - \dfrac{b}{2c} \int \dfrac{dx}{\sqrt{a+bx+cx^2}}.$

八、含有三角函数的积分

57. $\int \sin^2 ax\, dx = \dfrac{1}{2a}(ax - \sin ax \cos ax) + C.$

58. $\int \cos^2 ax\, dx = \dfrac{1}{2a}(ax + \sin ax \cos ax) + C.$

59. $\int \sin^n x\, dx = -\dfrac{1}{n} \sin^{n-1} x \cos x + \dfrac{n-1}{n} \int \sin^{n-2} x\, dx.$

60. $\int \cos^n x\, dx = \dfrac{1}{n} \cos^{n-1} x \sin x + \dfrac{n-1}{n} \int \cos^{n-2} x\, dx.$

61. $\int \tan x\, dx = -\ln |\cos x| + C.$

62. $\int \cot x\, dx = \ln |\sin x| + C.$

63. $\int \tan^n x \mathrm{d}x = \dfrac{\tan^{n-1} x}{n-1} - \int \tan^{n-2} x \mathrm{d}x.$

64. $\int \cot^n x \mathrm{d}x = -\dfrac{\cot^{n-1} x}{n-1} - \int \cot^{n-2} x \mathrm{d}x.$

65. $\int \sec x \mathrm{d}x = \ln|\sec x + \tan x| + C.$

66. $\int \csc x \mathrm{d}x = -\ln|\csc x + \cot x| + C.$

67. $\int \sec^n x \mathrm{d}x = \dfrac{\tan x \sec^{n-2} x}{n-1} + \dfrac{n-2}{n-1}\int \sec^{n-2} x \mathrm{d}x.$

68. $\int \csc^n x \mathrm{d}x = -\dfrac{\cot x \csc^{n-2} x}{n-1} + \dfrac{n-2}{n-1}\int \csc^{n-2} x \mathrm{d}x.$

69. $\int \sec x \tan x \mathrm{d}x = \sec x + C.$

70. $\int \csc x \cot x \mathrm{d}x = -\csc x + C.$

71. $\int \sin ax \sin bx \mathrm{d}x = -\dfrac{\sin(a+b)x}{2(a+b)} + \dfrac{\sin(a-b)x}{2(a-b)} + C.$

72. $\int \sin ax \cos bx \mathrm{d}x = -\dfrac{\cos(a+b)x}{2(a+b)} - \dfrac{\cos(a-b)x}{2(a-b)} + C.$

73. $\int \cos ax \cos bx \mathrm{d}x = \dfrac{\sin(a+b)x}{2(a+b)} + \dfrac{\sin(a-b)x}{2(a-b)} + C.$

74. $\int \sin^m x \cos^n x \mathrm{d}x = \dfrac{\sin^{m+1} x \cos^{n-1} x}{m+n} + \dfrac{n-1}{m+n}\int \sin^m x \cos^{n-2} x \mathrm{d}x$

   $= -\dfrac{\sin^{m-1} x \cos^{n+1} x}{m+n} + \dfrac{m-1}{m+n}\int \sin^{m-2} x \cos^n x \mathrm{d}x.$

75. $\int \dfrac{\mathrm{d}x}{a+b\cos x} = \begin{cases} \dfrac{2}{\sqrt{a^2-b^2}}\arctan\left(\sqrt{\dfrac{a-b}{a+b}}\tan\dfrac{x}{2}\right) + C, & \text{当 } a^2 > b^2, \\ \dfrac{1}{\sqrt{b^2-a^2}}\ln\left|\dfrac{b+a\cos x + \sqrt{b^2-a^2}\sin x}{a+b\cos x}\right| + C, & \text{当 } a^2 < b^2. \end{cases}$

76. $\int x\mathrm{e}^x \mathrm{d}x = \mathrm{e}^x(x-1) + C.$

77. $\int x^n \mathrm{e}^x \mathrm{d}x = x^n \mathrm{e}^x - n\int x^{n-1} \mathrm{e}^x \mathrm{d}x.$

78. $\int \ln x \mathrm{d}x = x(\ln x - 1) + C.$

79. $\int x^n \ln x \mathrm{d}x = \dfrac{x^{n+1}}{(n+1)^2}[(n+1)\ln x - 1] + C.$

80. $\int x\sin x\mathrm{d}x = \sin x - x\cos x + C.$

81. $\int x\cos x\mathrm{d}x = \cos x + x\sin x + C.$

82. $\int x^n\sin x\mathrm{d}x = -x^n\cos x + n\int x^{n-1}\cos x\mathrm{d}x.$

83. $\int x^n\cos x\mathrm{d}x = x^n\sin x - n\int x^{n-1}\sin x\mathrm{d}x.$

84. $\int \mathrm{e}^{ax}\sin bx\mathrm{d}x = \dfrac{\mathrm{e}^{ax}(a\sin bx - b\cos bx)}{a^2 + b^2} + C.$

85. $\int \mathrm{e}^{ax}\cos bx\mathrm{d}x = \dfrac{\mathrm{e}^{ax}(a\cos bx + b\sin bx)}{a^2 + b^2} + C.$

86. $\int \arcsin x\mathrm{d}x = x\arcsin x + \sqrt{1-x^2} + C.$

87. $\int \arctan x\mathrm{d}x = x\arctan x - \dfrac{1}{2}\ln(1+x^2) + C.$

88. $\int x^n\arcsin x\mathrm{d}x = \dfrac{1}{n+1}\left(x^{n+1}\arcsin x - \int \dfrac{x^{n+1}}{\sqrt{1-x^2}}\mathrm{d}x\right).$

89. $\int x^n\arctan x\mathrm{d}x = \dfrac{1}{n+1}\left(x^{n+1}\arctan x - \int \dfrac{x^{n+1}}{1+x^2}\mathrm{d}x\right).$

部分习题答案与提示

第一章

习题 1.1

(A)

1. (1) $\{1,2,3,4,5,6,7,8\}, \{8\}, \{1,3,5,7\}, \{2,4,6\}$;

   (2) 平行四边形全体构成的集,矩形全体构成的集,除矩形之外的平行四边形构成的集,$\varnothing$;

   (3) $A, B, \{0\}, \varnothing$.

2. $[-1, 2)$.   3. $\bigcap_{i=1}^{5} A_i^c = \left(\bigcup_{i=1}^{5} A_i\right)^c = \{5, 9\}$.

4. (1) 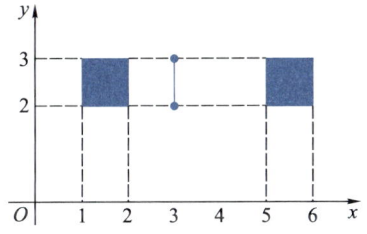   (2)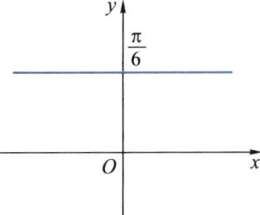

8. (1) $\sup A = 1, \inf A = \dfrac{1}{2}, \sup B = \sqrt{5}, \inf B = -1$;

   (2) $\max A$ 不存在,$\min A = \dfrac{1}{2}, \max B = \sqrt{5}, \min B$ 不存在.

9. (1) 满射;(2) 满射;(3) 单射.

12. (1) 不相等,因定义域不同;(2) 相等,因 $f(x) = |x|$;(3) 不相等,因 $f(x) = |\sin x|$;

   (4) 相等.定义域都是 $[1, +\infty)$,且 $f(x) = \ln \dfrac{1}{x - \sqrt{x^2-1}} = g(x)$;

   (5) 相等,因 $f(x)$ 与 $g(t)$ 仅自变量的符号不同.

13. 都是 x 的函数.

15. $f(x) = \begin{cases} 5-3x, & x \leqslant 1, \\ 3-x, & 1 < x < 2, \\ 3x-5, & x \geqslant 2. \end{cases}$

16. (1) $y=u^3, u=\sin v, v=\sqrt{1-2x}$ $\left(x \leqslant \dfrac{1}{2}\right)$; (2) $y=\arccos u, u=\dfrac{x-2}{2}$ $(0 \leqslant x \leqslant 4)$; (3) $y=\dfrac{1}{1+u}, u=\tan v$,

$v=2x$ $\left(x \neq \dfrac{k\pi}{2}-\dfrac{\pi}{8}, k \in \mathbf{Z}\right)$; (4) $y=\sqrt{1+u^2}, u=\ln v, v=\arcsin x$ $(0<x \leqslant 1)$.

17. $(f \circ \varphi)(x) = \sin^3 2x - \sin 2x, x \in (-\infty, +\infty)$,

   $(\varphi \circ f)(x) = \sin 2(x^3-x), x \in (-\infty, +\infty)$,

   $(f \circ f)(x) = (x^3-x)^3 - (x^3-x), x \in (-\infty, +\infty)$.

18. (1) $y = \begin{cases} 0, & -\infty < x < -1, \\ h(x+1), & -1 \leqslant x < 0, \\ -h(x-1), & 0 \leqslant x \leqslant 1, \\ 0, & 1 < x < +\infty; \end{cases}$ (2) $y = \begin{cases} 0, & -\infty < x < -1, \\ \sqrt{1-x^2}, & -1 \leqslant x \leqslant 1, \\ \dfrac{\sqrt{3}}{3}(x-1), & 1 < x < +\infty. \end{cases}$

19. 根据池中水的高度 x 与池中水的质量 T 的函数关系 $x=-5+\sqrt{25+0.02T}$ ($T \in [0, 10\,000]$) 设计标尺刻度的位置.

20. $V = \dfrac{R^3 \theta^2}{24\pi^2}\sqrt{4\pi^2 - \theta^2}$ $(0 < \theta < 2\pi)$.

(B)

4. (1) $(f \circ g)(x) = 0$ $(x=0)$, $(g \circ f)(x) = \sqrt{2-x^2}$ $(1 \leqslant |x| \leqslant \sqrt{2})$;

   (2) $(f \circ g)(x) = \arcsin\left(\dfrac{x}{2}-1\right)$ $(0 \leqslant x \leqslant 4)$, $(g \circ f)(x) = \begin{cases} \dfrac{1}{2}\arcsin(x-1), & 0 \leqslant x \leqslant 1, \\ \dfrac{1}{2}\arcsin\left(\dfrac{x^2}{2}-1\right), & 1 < x \leqslant 2. \end{cases}$

5. $f^{-1}(x) = \begin{cases} -\sqrt{x+1}, & -1 < x \leqslant 0, \\ \sqrt{x-1}, & 1 \leqslant x \leqslant 2. \end{cases}$

7. $f(x) = x+1$.

8. 提示：取 $y=1$，得 $f(x) = xf(x) + f(1)$. 再取 $x=y=1$, 可得 $f(1)=0$, 从而得证.

9. $f(x) = x^2 - 2, x \in (-\infty, -2] \cup [2, +\infty)$,

   $f\left(x - \dfrac{1}{x}\right) = x^2 + \dfrac{1}{x^2} - 4, x \in (-\infty, -(\sqrt{2}+1)] \cup [\sqrt{2}+1, +\infty) \cup (0, \sqrt{2}-1] \cup (1-\sqrt{2}, 0)$.

习题 1.2

(A)

1. (1) 不能. 对无穷多个 $\varepsilon > 0$ 满足 (2.2) 式, 不能推出对任意 $\varepsilon > 0$ 满足 (2.2) 式.

   (2) 不能. 对于任意的 $\varepsilon > 0$, 存在 $N \in \mathbf{N}_+$, 当 $n > N$ 时, 有无穷多项 a_n, 使不等式 $|a_n - a| < \varepsilon$ 成立. 不能推出对任意给定的 $\varepsilon > 0$, 存在 $N \in \mathbf{N}_+$, 当 $n > N$ 时的所有的 a_n, 使不等式 $|a_n - a| < \varepsilon$ 成立.

   (3) 不能.

3. 若 $\{a_n\}$, $\{b_n\}$ 都发散, 它们的和与积不一定发散, 例如 $a_n = (-1)^n, b_n = (-1)^{n+1}$, 则 $a_n + b_n = 0, a_n b_n = -1$. 若 $\{a_n\}$, $\{b_n\}$ 中有一个收敛, 则其和必发散 (用反证法), 积不一定. 若 $\lim\limits_{n \to \infty} a_n \neq 0$, 则 $\{a_n b_n\}$ 必发散;

若 $\lim\limits_{n\to\infty}a_n=0$, 则 $\{a_nb_n\}$ 可能收敛(举例说明).

4. (1) 不正确.本题不是有限项和;

   (2) 不正确.本题不是有限项乘积;

   (3) 不正确.等式两边取极限要求等式两边极限存在,但 $\lim\limits_{n\to\infty}q^n$ 不存在.

5. 不能.如 $a_n=\dfrac{1}{n}<b_n=\dfrac{2}{n}$,但 $\lim\limits_{n\to\infty}a_n=\lim\limits_{n\to\infty}b_n=0$.

6. (1) 正确(给出证明);(2) 不正确,如 $a_n=(-1)^n$;(3) 正确;(4) 正确;

   (5) 不正确,如 $a_n=\dfrac{1}{n!}$,$\lim\limits_{n\to\infty}a_n=0$,但 $\lim\limits_{n\to\infty}\dfrac{a_{n+1}}{a_n}=\lim\limits_{n\to\infty}\dfrac{1}{n+1}=0\neq 1$;

   (6) 正确.设 $\alpha>0$, $\lim\limits_{n\to\infty}a_n=\lim\limits_{n\to\infty}\left(\alpha a_n\cdot\dfrac{1}{\alpha}\right)=\alpha A\cdot\dfrac{1}{\alpha}=A$.

7. (1) 提示: $\left|\dfrac{1}{n}\sin\dfrac{n\pi}{2}-0\right|\leqslant\dfrac{1}{n}$;

   (2) 提示: $\left|n-\sqrt{n^2-n}-\dfrac{1}{2}\right|=\left|\dfrac{n}{n+\sqrt{n^2-n}}-\dfrac{1}{2}\right|<\dfrac{1}{2n}$;

   (3) 提示: $\left|\dfrac{1+\cos n}{n^2}-0\right|\leqslant\dfrac{2}{n^2}$;

   (4) 提示: 令 $\left|\sqrt[n]{n}-1\right|=\sqrt[n]{n}-1=\alpha_n$, 则 $\alpha_n>0$, 且 $n=(1+\alpha_n)^n=1+n\alpha_n+\dfrac{n(n-1)}{2!}\alpha_n^2+\cdots+\alpha_n^n>\dfrac{n(n-1)}{2!}\alpha_n^2$.

   从而有 $\alpha_n<\sqrt{\dfrac{2}{n-1}}$.

10. (1) $\dfrac{1}{5}$; (2) $\dfrac{1}{3}$; (3) $-\dfrac{1}{2}$; (4) 2; (5) 2; (6) 1; (7) $\dfrac{1}{3}$; (8) e; (9) $\dfrac{1}{e}$; (10) e.

11. (1) 收敛;(2) 收敛;(3) 收敛;(4) 收敛;(5) 收敛.

13. (1) 0,1;(2) 5,1;(3) 0.

14. $x_{n+1}=1-(1-x_1)^{1/2^n}\to 0$, $\dfrac{x_{n+1}}{x_n}=\dfrac{1}{1+\sqrt{1-x_n}}\to\dfrac{1}{2}$, $n\to\infty$.

15. 因 $x_{n+1}\geqslant\sqrt{x_n\cdot\dfrac{a}{x_n}}=\sqrt{a}$, $\dfrac{x_{n+1}}{x_n}=\dfrac{1}{2}\left(1+\dfrac{a}{x_n^2}\right)\leqslant 1$, 令 $\lim\limits_{n\to\infty}x_n=A$, 则 $A^2=\dfrac{1}{2}(A^2+a)$, 故 $A=\sqrt{a}$.

16. 可先证 $\{a_n\}$ 有上界,且 $\{b_n\}$ 有下界,进而完成证明.

(B)

1. 提示: 利用 Cauchy 收敛原理.

2. (1) $|x|>1,1$; $|x|<1,-1$; $x=1,\dfrac{-1}{3}$; $x=-1$, 发散. (2) $\dfrac{3}{4}$; (3) $\dfrac{1}{2}$; (4) 1; (5) e^{-3}; (6) e^4.

3. (1) 提示: 由 $a_n\to 0$ 知, $\forall\varepsilon>0$, $\exists N_0\in\mathbf{N}_+$, 使 $\forall n>N_0$, $|a_n|<\dfrac{\varepsilon}{2}$, 所以

$$|b_n|=\left|\dfrac{a_1+\cdots+a_{N_0}}{n}+\dfrac{a_{N_0+1}+\cdots+a_n}{n}\right|$$

$$\leqslant\dfrac{|a_1+\cdots+a_{N_0}|}{n}+\dfrac{|a_{N_0+1}|+\cdots+|a_n|}{n}<\dfrac{|a_1+\cdots+a_{N_0}|}{n}+\dfrac{\varepsilon}{2},$$

而 $\dfrac{|a_1+\cdots+a_{N_0}|}{n}<\dfrac{\varepsilon}{2}$（只要 n 充分大）；

(2) 提示：令 $\tilde{a}_n=a_n-a$，则 $\tilde{a}_n\to 0$，再利用(1)中的结论.

4. (1) 0；(2) 可先证 a_n 单调增，有上界 $\sqrt{a}+1$，进而知其收敛，极限值为 $\dfrac{1}{2}(1+\sqrt{1+4a})$；

(3) $|x_{n+1}-\sqrt{3}|=\left|\dfrac{(3-\sqrt{3})(x_n-\sqrt{3})}{x_n+3}\right|\leqslant\left(1-\dfrac{\sqrt{3}}{3}\right)^n|x_1-\sqrt{3}|$，$x_n\to\sqrt{3}$，$n\to\infty$；(4) $\sqrt{2}$.

6. 提示：$a_{2n}=\left(1-\dfrac{1}{2}\right)+\left(\dfrac{1}{3}-\dfrac{1}{4}\right)+\cdots+\left(\dfrac{1}{2n-1}-\dfrac{1}{2n}\right)$ 单调增，又 $a_{2n}=1-\left(\dfrac{1}{2}-\dfrac{1}{3}\right)-\left(\dfrac{1}{4}-\dfrac{1}{5}\right)+\cdots-\left(\dfrac{1}{2n-2}-\dfrac{1}{2n-1}\right)-\dfrac{1}{2n}\leqslant 1$ 上有界，则 a_{2n} 收敛，$a_{2n+1}=a_{2n}+\dfrac{1}{2n+1}$，则 $\lim\limits_{n\to\infty}a_{2n+1}=\lim\limits_{n\to\infty}a_{2n}$，故 $\lim\limits_{n\to\infty}a_n$ 存在.

习题 1.3

(A)

2. 不能. 3. 可以；未必.

5. (1) 不正确，如 $f_0(x)=\begin{cases}1,&x\in\mathbf{Q},\\-1,&x\notin\mathbf{Q};\end{cases}$ (2) 正确；(3) 不正确，如(1)中 $f_0(x)$；(4) 正确；

(5) 不正确，如 $f(x)=x$，$g(x)=f_0(x)$（见(1)），$x_0=0$；(6) 不正确，如 $f(x)=\begin{cases}x^2,&x\neq 0,\\1,&x=0,\end{cases}$ $x_0=0, a=0$.

6. 不对. 在 3 的任一邻域内，函数有无穷多个点无定义.

9. (1) 错，分母极限为零；(2) 错，分子极限不存在；(3) 错，第二个因式无极限.

11. (1) $x_k=\dfrac{1}{2k\pi}$，$y_k=\dfrac{1}{2k\pi+\dfrac{\pi}{2}}$，$k\to\infty$；(2) $x_k=2k\pi+\dfrac{3\pi}{2}$，$y_k=2k\pi$，$k\to\infty$.

12. (1) -3；(2) -1；(3) $\dfrac{a}{2}$；(4) $\sqrt{2}$；(5) $\dfrac{mn(n-m)}{2}$；(6) $-\dfrac{1}{2}$；(7) nx^{n-1}；(8) $\cos x$；(9) $-\sin x$；

(10) $\dfrac{1}{n}$.

13. (1) $\dfrac{1}{2}$；(2) $\dfrac{1}{2}$；(3) $(-1)^n$；(4) $\dfrac{2}{\pi}$；(5) e^{-6}；(6) e^{-2}；(7) π；(8) e^2.

14. (1) 不存在；(2) 不存在；(3) 0.

15. 提示：$\left[\dfrac{1}{x}\right]\leqslant\dfrac{1}{x}<\left[\dfrac{1}{x}\right]+1$.

16. $a=-1$，$b=-2$.

17. (1) e^{-2}；(2) $e^{\frac{2}{\pi}}$；(3) $e^{-\frac{1}{2}}$；(4) $\dfrac{\pi}{2}$.

(B)

1. 提示：选取有理点列 $\{x_k\}$ 和无理点列 $\{y_k\}$，分别考察极限 $\lim\limits_{k\to\infty}D(x_k)$ 和 $\lim\limits_{k\to\infty}D(y_k)$.

2. 提示：反证法.

3. 提示：反证. 若无界, 则 $\exists \{x_k\} \subseteq [a,b]$, $f(x_k) \to \infty$, $k \to \infty$. 进而有子列 $\{x_{k_l}\} \subseteq \{x_k\}$, $x_{k_l} \to x_0$, 考察 $f(x_{k_l})$, 导致矛盾.

4. 提示：利用无界的定义.

习题 1.4

(A)

2. (1) 不正确；(2) 前一说法不正确, 后一说法正确；(3) 正确；(4) 不正确；(5) 不正确；(6) 不正确.

3. (1) 不正确, 相加减项不能用等价无穷小代换；(2) 不正确.

4. (1) 同阶无穷小, 一阶；(2) 低阶无穷小, $\frac{1}{2}$ 阶；(3) 等价无穷小；(4) 高阶无穷小, $\frac{5}{3}$ 阶；(5) 同阶无穷小, 一阶.

7. (1) $\frac{1}{2}$；(2) $\frac{3}{4}$；(3) $\frac{1}{2}$；(4) $\frac{1}{2}$；(5) $\frac{1}{3}$；(6) $-\frac{\sqrt{2}}{2}$.

8. (1) $-4x^{9/2}$, $x \to \infty$；(2) $\dfrac{1}{\sqrt[3]{(x-1)^2}}$, $x \to 1$.

(B)

1. (1) 提示：从 $\lim\limits_{x \to \infty}(f(x)-(kx+b))=0$ 可推得；(2) $k=1, b=-1$.

2. (1) $a=1, b=\dfrac{1}{2}$；(2) $a=\dfrac{3}{16}, b=\dfrac{1}{2}, c=2$.

习题 1.5

(A)

2. 不一定, 一定.　　3. 不成立.　　7. 提示：可选 $\varepsilon_0 = \dfrac{f(x_0)}{2} > 0$, 用 $\varepsilon\text{-}\delta$ 定义证明之.

8. (1) 连续；(2) 间断点, 可去；(3) 间断点, 第二类；(4) 间断, 跳跃.

9. (1) $x=0$ 为跳跃间断点；(2) $x=0$ 为第二类间断点；(3) $x=1$ 为无穷间断点；(4) $x=0$ 为可去间断点；(5) $x=-1$ 为第二类间断点, $x=0$ 为跳跃间断点, $x=1$ 为可去间断点, $x=3,5,7,\cdots$ 为第二类间断点.

10. (1) $\dfrac{\pi}{4}$；(2) $\dfrac{2}{3}$；(3) -2；(4) $\mathrm{e}^{-\frac{1}{2}}$；(5) e.

12. (1) $a=0$；(2) $a=-\dfrac{\pi}{2}$；(3) $a=2, b=-\dfrac{3}{2}$.

14. 提示：利用 $f(x)=x^n\left(a_n+a_{n-1}\dfrac{1}{x}+\cdots+a_0\dfrac{1}{x^n}\right)$ 及零点存在定理.

15. 提示：先证明 $\dfrac{1}{\lambda}\sum\limits_{i=1}^{n}\lambda_i f(x_i)$ 介于 $f(x)$ 在 $[a,b]$ 上的最小值与最大值之间, 再利用介值定理即可证明之.

(B)

1. 提示：利用可加性先证 $f(0)=0$，再由 $f(x_0+\Delta x)-f(x_0)=f(\Delta x)$ 及连续的定义可证.

3. 提示：利用 $f(a+0)$ 与 $f(b-0)$ 存在且异号，证明 $\exists\delta>0$，使 $f(a+\delta)$ 与 $f(b-\delta)$ 异号.

5. 提示：令 $f(x)=a_n\cos nx+a_{n-1}\cos(n-1)x+\cdots+a_1\cos x+a_0$. 考察 $f\left(\dfrac{2\pi}{n}k\right)$，$k=0,1,2,\cdots,n$ 与 $f\left(\dfrac{2\pi}{n}k+\dfrac{\pi}{n}\right)$，$k=0,1,2,\cdots,n-1$.

第 1 章习题

1. (1)（B）；(2)（D）；(3)（D），提示：若 $\dfrac{1}{x_n}$ 为无穷小，则 $y_n=(x_ny_n)\cdot\dfrac{1}{x_n}$；(4)（D）；(5)（D）；

   (6)（D），提示：由于 $f(x)\neq 0$，则 $\varphi(x)=\dfrac{\varphi(x)}{f(x)}\cdot f(x)$，由该式及 $f(x)$ 的连续性知，如果 $\dfrac{\varphi(x)}{f(x)}$ 没有间断点，则 $\varphi(x)$ 没有间断点，与题设矛盾；

   (7)（B）；

   (8)（D），提示：由 $f(x)=\dfrac{x}{a+e^{bx}}$ 在 $(-\infty,+\infty)$ 上连续知，当 $x\in(-\infty,+\infty)$ 时，$a+e^{bx}\neq 0$，从而有 $a\geq 0$，由 $\lim\limits_{x\to-\infty}\dfrac{x}{a+e^{bx}}=0$ 知，$b<0$，故应选（D）；

   (9)（C）.

2. $\varphi(x)=\arcsin(1-x^2)$，$x\in[\sqrt{2},\sqrt{2}]$.

3. (1) $\dfrac{1}{2}$；(2) 1；(3) $\dfrac{1}{4}$；(4) $\dfrac{1}{2}n(n+1)$；(5) 2；(6) $\dfrac{1}{a}$.

4. $a=1$，$n=2$.

5. $x=0$ 为可去间断点，$x=k\pi$（$k=\pm 1,\pm 2,\cdots$）为第二类间断点［提示：先求出 $f(x)$ 的表达式，再确定 $f(x)$ 的间断点及其类型.］.

6. $a=0$，$b=1$. 提示：先求出 $f(x)$ 的表达式，再确定 a 和 b.

7. (1) 约等于 4 927.75 元；(2) 约等于 4 878.84 元.

8. 提示：先利用连续函数介值定理证明方程 $x^n+nx-1=0$ 在 $(0,1)$ 内至少有一个实根 x_n，然后证明唯一性. 最后利用 $x_n^n+nx_n-1=0$，从而有 $0<x_n=\dfrac{1-x_n^n}{n}<\dfrac{1}{n}$，由夹逼性可知，$\lim\limits_{n\to\infty}x_n^n=0$.

9. 提示：令 $F(x)=f(x)+x$，则 $\lim\limits_{x\to\infty}\dfrac{F(x)}{x}=1>0$. 再利用极限的保号性与连续函数的零点定理即可证明.

综合练习题

1. $F_{n+2}=F_{n+1}+F_n$，可解得 $F_n=\dfrac{1}{\sqrt{5}}\left[\left(\dfrac{1+\sqrt{5}}{2}\right)^{n+1}-\left(\dfrac{1-\sqrt{5}}{2}\right)^{n+1}\right]$.

   (1) 233；(2) F_n；(3) $\dfrac{\sqrt{5}-1}{2}$.

2. （1） $y_n = -\dfrac{2}{5}x_n + 18$, $x_{n+1} = \dfrac{3}{2}y_n + 16$;

   （2） $x_{n+1} = -\dfrac{3}{5}x_n + 43$, $\lim\limits_{n\to\infty} x_n = \dfrac{43}{1+\dfrac{3}{5}} = \dfrac{215}{8} = 26\dfrac{7}{8}$, $\lim\limits_{n\to\infty} y_n = 7\dfrac{1}{4}$;

   （3） $26\dfrac{7}{8}$ 万吨, $7\dfrac{1}{4}$ 元/千克.

第二章

习题 2.1

(A)

1. （1） $f'(x) = -\sin x$; （2） $f'(x) = \dfrac{1}{x}$; （3） $f'(0) = 0$; （4） $f'(0) = 0$.

2. （1） $-f'(x_0)$; （2） $2f'(x_0)$; （3） $f'(x_0)$; （4） $x_0 f'(x_0) - f(x_0)$.

3. （1） $f'(x) = -\dfrac{2}{3}x^{-\frac{5}{3}}$, $f'(x_0) = -\dfrac{1}{48}$; （2） $f'(x) = 8^x \ln 8$, $f'(x_0) = \ln 8$; （3） $f'(x) = \dfrac{1}{x\ln 3}$, $f'(x_0) = \dfrac{1}{\ln 3}$; （4） $f'(x) = 0$, $f'(x_0) = 0$; （5） $f'(x) = 10e^{10x}$, $f'(x_0) = 10$.

4. （1） 切线方程为 $y - \dfrac{\sqrt{3}}{2} = -\dfrac{1}{2}\left(x - \dfrac{\pi}{6}\right)$, 法线方程为 $y - \dfrac{\sqrt{3}}{2} = 2\left(x - \dfrac{\pi}{6}\right)$;

   （2） 切线方程为 $y - 1 = \dfrac{1}{e}(x - e)$, 法线方程为 $y - 1 = e(e - x)$.

5. 所求点为 $(4, 8)$.

6.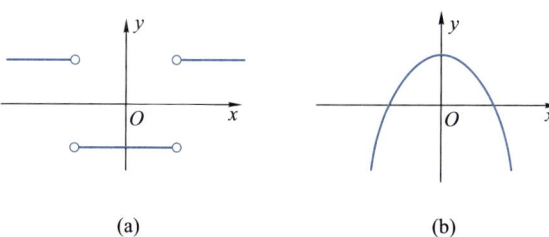

(a) (b)

7. 提示: 利用导数定义.

8. 对 $g(x) = |x-a|\varphi(x)$, 当 $\varphi(a) = 0$ 时, $g(x)$ 在 $x = a$ 处可导; 当 $\varphi(a) \neq 0$ 时, $g(x)$ 在 $x = a$ 处不可导.

9. 左(右)可导 $\rightleftarrows$ 左(右)连续.

10. $f'(x) = \begin{cases} \cos x, & x < 0 \\ 1, & x \geq 0. \end{cases}$

11. $a=2, b=-1$.　　12. $f'_+(0)=0, f'_-(0)=-1, f'(0)$ 不存在.

13. $\theta'(t_0)$.　　14. $f'(t_0)$.　　15. $N'(x_0)$.　　17. 不对.　　18. 1.

(B)

1. 提示：$f(0)=0$.　　2. 提示：利用导数定义.　　3. $e^{\frac{f'(a)}{f(a)}}$.　　4. $\sqrt{2}$.

5. 当 $n \geq 1$ 时，$f(x)$ 在 $x=0$ 处连续；当 $n \geq 2$ 时，$f(x)$ 在 $x=0$ 处可导；当 $n \geq 3$ 时，$f'(x)$ 在 $x=0$ 处连续.

6. 提示：不妨设 $f'_+(a)>0, f'_-(b)>0$. 由 $f(a)=0$ 和 $f'_+(a)>0$ 知，存在 $x_1 \in (a, a+\delta)$，使 $f(x_1)>0$，同理存在 $x_2 \in (b-\delta, b)$，使 $f(x_2)<0$，再用连续函数介值定理即可证明.

习题 2.2

(A)

1. (1) $\dfrac{2}{3}\dfrac{1}{\sqrt[3]{x^2}}+\dfrac{5}{6}\dfrac{1}{\sqrt[6]{x}}$;　　(2) $3e^x(\cos x-\sin x)$;

   (3) $a^x[x^2\ln a+(2-3\ln a)x+\ln a-3]$;　　(4) $\sec^3 x+\tan^2 x \sec x$;

   (5) $-\dfrac{2x+1}{(1+x+x^2)^2}$;　　(6) $\dfrac{1+\sin t+\cos t}{(1+\cos t)^2}$;

   (7) $\dfrac{2\cdot 10^x \ln 10}{(10^x+1)^2}$;　　(8) $\dfrac{-2\csc x[2x+(1+x^2)\cot x]}{(1+x^2)^2}$;

   (9) $\dfrac{1+2\sqrt{x}+4\sqrt{x}\sqrt{x+\sqrt{x}}}{8\sqrt{x}\sqrt{x+\sqrt{x}}\sqrt{x+\sqrt{x+\sqrt{x}}}}$;　　(10) $\dfrac{-\csc^2 x \cdot \sqrt[3]{x^2}-\dfrac{2}{3}x^{-\frac{1}{3}}(1+\cot x)}{\sqrt[3]{x^4}}+\dfrac{1}{2x}$;

   (11) $-4\csc 2x \cot 2x$;

   (12) $\dfrac{-3\left[(e^x \sec x+e^x \sec x\tan x)x^2\log_a x-\left(2x\log_a x+\dfrac{x}{\ln a}\right)(e^x \sec x+1)\right]}{x^4 \log_a^2 x}$;

   (13) $2xe^x \sin x+x^2 e^x(\sin x+\cos x)$;

   (14) $\dfrac{\left(\dfrac{2}{x}+\dfrac{1}{2\sqrt{x}}\right)(3\ln x+\sqrt[3]{x})-\left(\dfrac{3}{x}+\dfrac{1}{3\sqrt[3]{x^2}}\right)(2\ln x+\sqrt{x})}{(3\ln x+\sqrt[3]{x})^2}$.

2. (1) $4-\dfrac{\sqrt{2}}{2}$;　(2) 0;　(3) -1;　(4) $\dfrac{\sqrt{2}}{4}\left(1+\dfrac{\pi}{2}\right)$.

3. (1) $10(2x+3)^4$;　　(2) $e^{\alpha x}[\alpha\sin(\omega x+\beta)+\omega\cos(\omega x+\beta)]$;

   (3) $\dfrac{2x-\sin x}{x^2+\cos x}$;　　(4) $\dfrac{-2}{3(x^2-1)}\sqrt[3]{\dfrac{1+x}{1-x}}$;

   (5) $2\arccos\dfrac{1}{x}\cdot\dfrac{|x|}{x^2\sqrt{x^2-1}}$;　　(6) $\dfrac{-4(1-2x)}{1+(1-2x)^4}$;

   (7) $-\dfrac{1}{x\sqrt{x^2-1}}$;　　(8) $\csc x$;

(9) $\dfrac{-1}{(x+1)^2}\sqrt{\dfrac{1+x}{2x}}\sqrt{\dfrac{1+x}{1-x}}$;

(10) $e^{\sin\frac{1}{x}}\left(\dfrac{1}{3}x^{-\frac{2}{3}}-x^{-\frac{5}{3}}\cos\dfrac{1}{x}\right)$;

(11) $\dfrac{1}{2}\left[\dfrac{1}{x}+\cot x+\dfrac{e^x}{2(e^x-1)}\right]$;

(12) $\dfrac{1-\sqrt{1-x^2}}{x^2\sqrt{1-x^2}}$;

(13) $a^a x^{a^{a-1}}+a^{x^a+1}x^{a-1}\ln a+a^{a^x+x}\ln^2 a$;

(14) $1+x^x(1+\ln x)+x^x x^{x^x}\left(\dfrac{1}{x}+\ln x+\ln^2 x\right)$;

(15) $\dfrac{e^{\sqrt{x}}}{2\sqrt{x}(1+e^{2\sqrt{x}})}$;

(16) $\dfrac{1}{2\sqrt{x}(\sqrt{1-x})}e^{\arcsin\sqrt{x}}$;

(17) $\dfrac{x}{(1+x^2)\ln\sqrt{x^2+1}}$;

(18) $n(\sin^{n-1}t\cos t\cos nt-\sin^n t\sin nt)$;

(19) $\dfrac{1}{3}\left(\dfrac{1-\sin 2x}{1+\sin 2x}\right)^{-\frac{2}{3}}\cdot\dfrac{-4\cos 2x}{(1+\sin 2x)^2}$;

(20) $\dfrac{\sec^2\dfrac{x}{2}}{4+\tan^2\dfrac{x}{2}}$.

4. $\dfrac{3\pi}{4}$.

6. (1) $2xf'(x^2)$
(2) $\dfrac{f(x)f'(x)+g(x)g'(x)}{\sqrt{f^2(x)+g^2(x)}}$;

(3) $[f'(\sin^2 x)-f'(\cos^2 x)]\sin 2x$;

(4) $f'(e^x)e^{g(x)+x}+f(e^x)e^{g(x)}g'(x)$;

(5) $y'=\begin{cases}-1, & -\infty<x<1,\\ 2x-3, & 1\leq x\leq 2,\\ 1, & 2<x<+\infty;\end{cases}$

(6) $y'=\begin{cases}\dfrac{e^{\frac{1}{x}}\left(1+\dfrac{1}{x}\right)+1}{(1+e^{\frac{1}{x}})^2}, & x\neq 0,\\ \text{不存在}, & x=0.\end{cases}$

7. $a=3, b=-1, c=1, d=3$.

9. (1) $-4e^x\cos x$;
(2) $x\operatorname{sh} x+100\operatorname{ch} x$;

(3) $2^{50}x^2\sin\left(2x+50\cdot\dfrac{\pi}{2}\right)+100\cdot 2^{49}x\sin\left(2x+49\cdot\dfrac{\pi}{2}\right)+50\cdot 49\cdot 2^{48}\sin\left(2x+48\cdot\dfrac{\pi}{2}\right)$;

(4) $(-1)^n n!\left[\dfrac{1}{(x-2)^{n+1}}-\dfrac{1}{(x-1)^{n+1}}\right]$.

10. $f'(0)=(-1)^n n!$, $f^{(n+1)}(x)=(n+1)!$.

11. $n=2$.

13. $F'(x)=\pi[f'(x)+xf''(x)]$.

14. (1) $\dfrac{x^2-y}{x-y^2}$; (2) $\dfrac{y(x-1)}{x(1-y)}$; (3) $\dfrac{y\sin(xy)-e^{x+y}}{e^{x+y}-x\sin(xy)}$; (4) 1; (5) $-\dfrac{y}{[1-\cos(x+y)]^3}$; (6) $2e^2$.

15. $y=\dfrac{x}{1-\varepsilon}$.

16. (1) $\dfrac{(3-x)^4\sqrt{x+2}}{(x+1)^5}\left[\dfrac{4}{x-3}+\dfrac{1}{2(x+2)}-\dfrac{1}{5(x+1)}\right]$;

(2) $\dfrac{1}{5}\sqrt[5]{\dfrac{x-5}{\sqrt[3]{x^2+2}}}\left[\dfrac{1}{x-5}-\dfrac{2x}{3(x^2+2)}\right]$;

(3) $x^{\sin x}\left(\cos x \ln x + \dfrac{\sin x}{x}\right)$;

(4) $(\tan 2x)^{\cot \frac{x}{2}}\left(-\dfrac{1}{2}\csc^2\dfrac{x}{2}\cdot\ln\tan 2x+2\cot\dfrac{x}{2}\cot 2x\sec^2 2x\right)$.

18. (1) $-\tan t$; (2) $\sqrt{3}-2$; (3) -2; (4) $\dfrac{4}{9}e^{3t}$; (5) $\dfrac{[f'(t)]^2-f''(t)f(t)}{[f'(t)]^3}+\dfrac{1}{f'(t)}$.

19. $k=\dfrac{r'(\theta)\sin\theta+r(\theta)\cos\theta}{r'(\theta)\cos\theta-r(\theta)\sin\theta}$, $\dfrac{\sin^2\theta+\cos\theta-\cos^2\theta}{2\sin\theta\cos\theta-\sin\theta}$.

21. 144π. 22. $-\dfrac{14}{5}$. 23. $\dfrac{1}{4}\sqrt{\dfrac{V}{\pi k}}\dfrac{1}{\sqrt[4]{t^3}}$. 24. $(x-3\cos\theta)\dfrac{dx}{dt}+3x\sin\theta\dfrac{d\theta}{dt}=0$. 25. 0.096.

(B)

1. 提示：利用 $f(x)$ 在 $x=0$ 处导数定义证明.

2. $a=\dfrac{\varphi''(x_0)}{2}$, $b=\varphi'(x_0)$, $c=\varphi(x_0)$.

3. $a=\pm\sqrt{2}$, $b=1$, $f'(x)=\begin{cases}\dfrac{\sqrt{2}x\sin\sqrt{2}x-1+\cos\sqrt{2}x}{x^2}, & x<0,\\ 1, & x=0,\\ \dfrac{2x^2-(1+x^2)\ln(1+x^2)}{x^2(1+x^2)}, & x>0.\end{cases}$

4. (1) 不成立; (2) 不成立; (3) 不成立.

5. $n!\,[f(x)]^{n+1}$.

6. $a=2$, $b=-1$, $f'(x)=\begin{cases}2, & x\leq 1,\\ 2x, & x>1.\end{cases}$

7. 当 $n=2m$ ($m\in\mathbf{Z}$) 时, $f^{(2m)}(0)=0$; 当 $n=2m+1$ 时, $f^{(2m+1)}(0)=(-1)^m(2m)!$.

8. $S_n=\dfrac{1}{2^n}\cot\dfrac{x}{2^n}-\cot x$. 10. $\dfrac{2e^2-3e}{4}$.

习题 2.3

(A)

3. (1) $dy=(\sin 2x+2x\cos 2x)dx$; (2) $dy=\dfrac{dx}{(1+x^2)^{3/2}}$;

(3) $dy=e^{-x}[\sin(3-x)-\cos(3-x)]dx$; (4) $dy=\dfrac{-x}{|x|\sqrt{1-x^2}}dx$;

(5) $dy=8x\tan(1+2x^2)\sec^2(1+2x^2)dx$; (6) $dy=\dfrac{-2x}{x^4+1}dx$;

(7) $dy=\sqrt[3]{\dfrac{1-x}{1+x}}\dfrac{2}{3(x^2-1)}dx$; (8) $dy=x^{\sin x}\left(\cos x\ln x+\dfrac{\sin x}{x}\right)dx$.

4. (1) $x^\alpha+C$; (2) $\cos x+C$;

(3) $-\dfrac{1}{2}e^{-2x}+C$;   (4) $\dfrac{1}{3}\tan 3x+C$;

(5) $\begin{cases}\dfrac{1}{a}\arctan\dfrac{x}{a}+C, & a\neq 0,\\ -\dfrac{1}{x}+C, & a=0;\end{cases}$ (6) $\dfrac{1}{3}\ln|3x+1|+C$;

(7) $\dfrac{1}{2}e^{x^2}+C$;   (8) $\dfrac{1}{2}\ln^2|x|+C$.

5. (1) 0.874 7;(2) −0.965;(3) 5.04;(4) 0.523 8;(5) 0.01;(6) 0.792 899.

6. (2) $\delta\approx 3.125$ mm;(3) $H\approx 30$ mm.

7. 1.118 g.   8. 43.2 s.   9. $dy=\dfrac{y-e^{x+y}}{e^{x+y}-x}dx$.   10. $dy=\dfrac{e^y\cos t}{(1-e^y\sin t)(6t+2)}dx$.

11. (1) $\dfrac{(2-x^2)\sin x-2x\cos x}{x^3}dx^2$; (2) $\dfrac{2}{(x+2y)^3}dx^2$.

(B)

1. 不正确.   2. 提示：利用微分定义证明.

习题 2.4

(A)

1. (1) 满足 Rolle 定理条件,$\xi=0$;(2) 不满足 Rolle 定理条件,ξ 不存在;(3) 不满足 Rolle 定理条件,ξ 存在,$\xi=1$.

4. 三个实根分别在 (1,2),(2,3),(3,4) 中.

5. 提示：对 $f(x)=a_0x+\dfrac{a_1}{2}x^2+\cdots+\dfrac{a_n}{n+1}x^{n+1}$ 用 Rolle 定理.

6. 提示：$f(0)=0$. 对 $f(x)$ 在 $[0,a]$ 上用 Lagrange 定理.

7. 提示：用 Rolle 定理.   8. 提示：$(f(x)-g(x))'\equiv 0$.

11. 提示：考虑函数 $F(x)=e^x f(x)$.

15. (1) 有错误. 原题所给极限不是 $\dfrac{0}{0}$ 型,也不是 $\dfrac{\infty}{\infty}$,不能用 L'Hospital 法则.

(2) 有错误. 用了 L'Hospital 法则后极限不存在不能推知原式的极限不存在.

(3) 有错误. 由原题设知 $f(x)$ 仅在 x_0 点二阶可导. 所以,只能用一次 L'Hospital 法则,然后用导数定义,即可得到正确结果.

16. (1) 2;(2) $-\dfrac{1}{8}$;(3) −1;(4) $-\dfrac{2}{3}$;(5) 2;(6) $\dfrac{1}{3}$;(7) 1;(8) e^{-1};(9) $e^{-\frac{1}{6}}$;(10) $\dfrac{e}{2}$;(11) $e^{-\frac{1}{2}}$;

(12) $\sqrt[3]{6}$.

17. $e^{-\frac{1}{2}}$.   18. $a=-\dfrac{4}{3}$, $b=\dfrac{1}{3},\dfrac{8}{3}$.   19. (1) $a=f'(0)$.

(B)

1. 提示：令 $\varphi(x)=x^n f(x)$.
2. 提示：利用 Cauchy 中值定理.
3. 提示：令 $F(x)=e^{-\lambda x}f(x)$.
4. 提示：利用 Lagrange 中值定理.
7. 提示：令 $F(x)=f(x)-(-x^2+Bx+C)$.
8. 提示：先利用 $f'_+(a)f'_-(b)>0$ 及连续函数介值定理，证明存在 $c\in(a,b)$ 使 $f(c)=0$，再利用 Rolle 定理.

习题 2.5

(A)

1. $-1+5(x-1)+5(x-1)^2+2(x-1)^3$.

2. (1) $1+x+x^2+\cdots+x^n+\dfrac{(-1)^{n+2}}{(\theta x-1)^{n+2}}x^{n+1}$ $(0<\theta<1)$；

   (2) $-\left(x+\dfrac{x^2}{2}+\dfrac{x^3}{3}+\cdots+\dfrac{x^n}{n}\right)+\dfrac{(-1)^{n+1}}{(n+1)(\theta x-1)^{n+1}}x^{n+1}$ $(0<\theta<1)$；

   (3) $1+\dfrac{x^2}{2!}+\dfrac{x^4}{4!}+\cdots+\dfrac{x^{2n}}{2n!}+\dfrac{\text{sh}\,\theta x}{(2n+1)!}x^{2n+1}$ $(0<\theta<1)$；

   (4) $1+x+\dfrac{3}{2!}x^2+\dfrac{3\cdot 5}{3!}x^3+\cdots+\dfrac{(2n-1)!!}{n!}x^n+\dfrac{(2n+1)!!}{(n+1)!}\dfrac{x^{n+1}}{\sqrt{(1-2\theta x)^{2n+3}}}$ $(0<\theta<1)$.

3. (1) $\dfrac{1}{x}=-[1+(x+1)+(x+1)^2+\cdots+(x+1)^n]+o((x+1)^n)$ $(x\to-1)$；

   (2) $\ln x=(x-1)-\dfrac{(x-1)^2}{2}+\dfrac{(x-1)^3}{3}-\cdots+(-1)^{n-1}\dfrac{(x-1)^n}{n}+o((x-1)^n)$ $(x\to 1)$；

   (3) $e^{2x}=e^2\left[1+2(x-1)+\dfrac{2^2(x-1)^2}{2!}+\cdots+\dfrac{2^n(x-1)^n}{n!}\right]+o((x-1)^n)$ $(x\to 1)$；

   (4) $\sin x=\dfrac{\sqrt{2}}{2}\left[1+\left(x-\dfrac{\pi}{4}\right)-\dfrac{1}{2!}\left(x-\dfrac{\pi}{4}\right)^2-\dfrac{1}{3!}\left(x-\dfrac{\pi}{4}\right)^3+\cdots+\right.$
   $\left.\dfrac{(-1)^n}{(2n)!}\left(x-\dfrac{\pi}{4}\right)^{2n}+\dfrac{(-1)^n}{(2n+1)!}\left(x-\dfrac{\pi}{4}\right)^{2n+1}+o\left(\left(x-\dfrac{\pi}{4}\right)^{2n+1}\right)\right]$ $\left(x\to\dfrac{\pi}{4}\right)$.

4. 9 702. 5. $\sqrt{e}\approx 1.65$.

6. (1) 3.107 2，误差小于 10^{-4}；(2) 0.309 0，误差小于 10^{-4}.

7. (1) $\dfrac{1}{3}$；(2) $\dfrac{1}{6}$；(3) $\dfrac{1}{2}$；(4) $\dfrac{1}{8}$.

8. 1.

(B)

4. $f(0)=0$, $f'(0)=0$, $f''(0)=4$；e^2.

习题 2.6

(A)

1. 不对.

3. (1) 在$(0,2)$上单调减,在$(2,+\infty)$上单调增;

(2) 在$\left(0,\dfrac{1}{2}\right)$上单调减,在$\left(\dfrac{1}{2},+\infty\right)$上单调增;

(3) 在$(-\infty,0)$,$\left(0,\dfrac{1}{2}\right)$,$(1,+\infty)$上单调减.在$\left(\dfrac{1}{2},1\right)$上单调增;

(4) 在$\left(k\pi,k\pi+\dfrac{\pi}{3}\right)$,$\left(k\pi+\dfrac{\pi}{2},k\pi+\dfrac{5\pi}{6}\right)$上单调增,在$\left(k\pi+\dfrac{\pi}{3},k\pi+\dfrac{\pi}{2}\right)$,$\left(k\pi+\dfrac{5\pi}{6},(k+1)\pi\right)$上单调减($k$为整数).

6. 不一定.例如$f(x)=|x|$在$x=0$有极小值,但$f'(0)$不存在.

7. (1) $f(x)$在$x=-1$取极大值28,在$x=2$取极小值1;

(2) $f(x)$在$x=-1$取极小值$-\dfrac{1}{2}$,在$x=1$取极大值$\dfrac{1}{2}$;

(3) $f(x)$在$x=0$取极小值0,在$x=2$取极大值$2e^{-2}$;

(4) $f(x)$在$x=-1$取极小值0;

(5) 当n为奇数时,$f(x)$在$x=0$取极大值1,当n为偶数时,$f(x)$无极值;

(6) $f(x)$在$x=-1$取极大值e^{-2},在$x=0$取极小值0,在$x=1$取极大值1.

8. $a=2$时$f(x)$在$\dfrac{\pi}{3}$有极大值$\sqrt{3}$.

9. (1) $f(x)$在$(-\infty,+\infty)$上单调增;

(2) $f(x)$单调增区间为$\left(-\infty,-\dfrac{1}{\sqrt{2}}\right)$,$\left(0,\dfrac{1}{\sqrt{2}}\right)$,$f(x)$单调减区间为$\left(-\dfrac{1}{\sqrt{2}},0\right)$,$\left(\dfrac{1}{\sqrt{2}},+\infty\right)$,在$x=\pm\dfrac{1}{\sqrt{2}}$有极大值$\sqrt[3]{4}$,在$x=0$有极小值1;

(3) $f(x)$的单调增区间为$(-5,-1)$,$f(x)$的单调减区间为$(-\infty,-5)$,$(-1,1)$,$(1,+\infty)$,在$x=-1$有极大值0,在$x=-5$有极小值$-\dfrac{4^{\frac{2}{3}}}{6}$;

(4) $f(x)$的单调增区间为$(-\pi,+\infty)$,$f(x)$的单调减区间为$(-\infty,-\pi)$,在$x=-\pi$有极小值-2.

11. 2个.

12. (1) 最大值$\dfrac{3}{5}$,最小值-1;(2) 最大值1,最小值0;(3) 最大值$\dfrac{5}{4}$,最小值$\sqrt{6}-5$;

(4) 最大值1,最小值$\dfrac{1}{4}$.

14. $\sqrt{\dfrac{8a}{4+\pi}}$.   15. 变压器应设在距A点1.8 km处.   16. $\dfrac{C_1}{C_2}=\dfrac{\sin\theta_2}{\sin\theta_1}$.

17. 12%.   18. $v=10\sqrt[3]{3}\text{ km/h}$,720元.   19. $C(-1,3)$,$S_{\max}=8$.

22. (1) $(-\infty,0)$凸,$\left(0,\dfrac{1}{2}\right)$凹,$\left(\dfrac{1}{2},+\infty\right)$凸,拐点为$(0,0)$,$\left(\dfrac{1}{2},\dfrac{1}{16}\right)$;

(2) $(2k\pi,2k\pi+\pi)$凸,$(2k\pi+\pi,2k\pi+2\pi)$凹,拐点为$(2k\pi,2k\pi)$,$(2k\pi+\pi,2k\pi+\pi)$ ($k\in\mathbf{Z}$);

(3) $(-\infty,-\sqrt{3})$凸,$(-\sqrt{3},0)$凹,$(0,\sqrt{3})$凸,$(\sqrt{3},+\infty)$凹,拐点为$\left(-\sqrt{3},-\dfrac{\sqrt{3}}{4}\right)$,$(0,0)$,$\left(\sqrt{3},\dfrac{\sqrt{3}}{4}\right)$;

(4) $(-1,1)$凹,$(-\infty,-1)$,$(1,+\infty)$凸,拐点为$(-1,\ln 2)$,$(1,\ln 2)$.

24. (1) 铅直渐近线$x=-1$,斜渐近线$y=x-5$;(2) 水平渐近线$y=-2$,铅直渐近线$x=0$.

25. $f(x)$,$f'(x)$,$f''(x)$分别对应的曲线为L_1,L_2,L_3.

(B)

5. 当n为奇数时,$f(x)$在x_0无极值. 当n为偶数时$f(x)$在x_0有极值. 若$g(x_0)>0$,则$f(x)$在x_0有极小值;若$g(x_0)<0$,则$f(x)$在x_0有极大值.

6. $V_{\min}=\dfrac{8}{3}\pi R^3$.

8. $q=\dfrac{d-b}{2(e+a)}$时利润最大,最大利润为$\dfrac{(d-b)^2}{4(e+a)}-c$.

9. (1) 最大值$2e$,最小值0;

(2) 当$\theta=\dfrac{\pi}{2}$和$\dfrac{3\pi}{2}$时速度绝对值最大,为$e\omega$;当$\theta=0$和π时速度绝对值最小,为0;

(3) 当$\theta=0$和π时加速度绝对值最大,为$e\omega^2$;当$\theta=\dfrac{\pi}{2}$和$\dfrac{3}{2}\pi$时加速度绝对值最小,为0.

第 2 章习题

1. (1) (D);(2) (A);

(3) (C),提示:由$|f(x)|\leq x^2$知,$f(0)=0$,且$\lim_{x\to 0}f(x)=0=f(0)$,则$f(x)$在$x=0$连续.再由$|f(x)|\leq x^2$、导数的定义及夹逼性可得,$f'(0)=0$,故应选(C);

(4) (B),提示:$\lim_{x\to 0}F(x)=\lim_{x\to 0}\dfrac{f(x)}{x}=f'(0)\neq 0$,而$F(0)=0$,则$x=0$为$F(x)$的第一类间断点;

(5) (C);

(6) (D),提示:利用极限的保号性和极值的定义;

(7) (B),提示:利用极限的保号性和极值点、拐点的判别法;

(8) (C),提示:根据$f'(x)$的图形找使$f'(x)$变号的点;

(9) (C);(10) (A).

2. $\dfrac{[f'(x)+xf''(x)]f(x)-xf'^2(x)}{f^2(x)}\mathrm{e}^{\frac{xf'(x)}{f(x)}}$.   3. $-4^{n-1}\sin\left(4x+(n-1)\dfrac{\pi}{2}\right)$.

4. $\dfrac{f''}{(1-f')^3}$.   5. $A=64$.   6. $(-\infty,1]$.

8. 当$a>\dfrac{1}{e}$时,无实根;当$a=\dfrac{1}{e}$时,有唯一实根;当$a<\dfrac{1}{e}$时,有两个实根.

11. (1) $-\dfrac{1}{2}$;(2) $-\dfrac{1}{4}$;(3) 36;(4) 1.

12. $a=\dfrac{1}{2},n=2$.

13. 提示:分别对e^x和$\mathrm{e}^x f(x)$在区间$[a,b]$上用 Lagrange 中值定理.

14. 提示:由题设知存在$c\in(0,1)$,使$f(c)=-1$,然后对$f(x)$在点c用 Taylor 公式.

15. 提示：由 $f(0)+2f(1)+3f(2)=6$ 知，$\dfrac{f(0)+2f(1)+3f(2)}{6}=1$. 由此及连续函数的最大最小值定理和介值定理可证明在区间 $[0,2]$ 上至少存在一点 c，使 $f(c)=1$，然后对 $f(x)$ 在 $[c,3]$ 上用 Rolle 中值定理.

16. 提示：先证在 $[0,1]$ 上 $f(x)\equiv 0$，然后把此区间按长度 1 往外扩展. $\forall x\in[0,1]$，$|f(x)|=|f(x)-f(0)|=|f'(\xi_1)|x\leqslant|f(\xi_1)|x=|f'(\xi_2)|x\xi_1\leqslant|f(\xi_2)|x\xi_1\leqslant|f(\xi_2)|x^2$，如此反复用 Lagrange 中值定理可得，$|f(x)|\leqslant|f(\xi_n)|x^n$，再令 $n\to+\infty$，可得 $f(x)=0$.

17. 提示：(1) 在 $[0,1]$ 上对 $f(x)$ 用 Lagrange 中值定理；

    (2) 利用(1)的结论及奇函数的导函数是偶函数，故 $f'(-\xi)=1$. 在 $[-\xi,\xi]\subseteq[-1,1]$ 上，对 $F(x)=e^x(f'(x)-1)$ 用 Lagrange 中值定理.

综合练习题

(1) 仓库内的产品库存量 Q 随时间 t 的变化规律如图(1)所示，

$$T_{\min}=\sqrt{\dfrac{C}{B}},W_{\min}=2\sqrt{BC}, \text{其中} B=\dfrac{S_1 r(K-r)}{2K};$$

(2) $T_{\min}=\sqrt{\dfrac{C}{B_1}}$，$B_1=B+\dfrac{S_2 r^2}{2K}$；

(3) 仓库内的原料库存量 Q 随 t 变化规律如图(2)所示，当 $S_1\leqslant S_2$ 时，则 $T_{\min}$ 尽可能地大，即 $p=1$；当 $S_1>S_2$ 时，$T_{\min}=\sqrt{\dfrac{2CK}{r(K-r)(S_1-S_2)}}$.

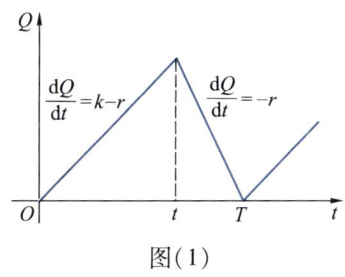

图(1)

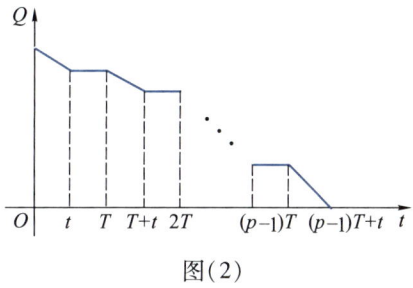

图(2)

第三章

习题 3.1

(A)

1. (1) $\dfrac{1}{2}$；(2) $e-1$.   2. $\dfrac{1}{2}ka^2$.   3. $W=\displaystyle\int_a^b k\dfrac{Q\cdot q}{x^2}dx$.

4. (1) 0;(2) 1;(3) $\dfrac{1}{4}\pi a^2$;(4) $\dfrac{9}{4}$.

8. (1) 不可积,积分区间无限;(2) 可积,$f(x)$只有一个第一类间断点;(3) 不可积,$f(x)$无界;(4) 不可积,$f(x)$无界;(5) 可积,$f(x)$只有一个第一类间断点;(6) 可积,$f(x)$在其定义域$[0,1]$上单调.

9. (1) 不正确,反例:$\int_{-1}^{2} x\mathrm{d}x$;(2) 不正确,反例:本节习题 8(6);(3) 不正确,反例:$f(x)=\begin{cases}1, & \text{当 } x \text{ 为有理数},\\ -1, & \text{当 } x \text{ 为无理数};\end{cases}$(4) 不正确,参考本题第(3)题举出反例;(5) 不正确,反例同本题第(3)题;

(6) 正确.

11. (1) $\int_0^1 \mathrm{e}^x\mathrm{d}x > \int_0^1 \mathrm{e}^{x^2}\mathrm{d}x$;(2) $\int_1^2 2\sqrt{x}\,\mathrm{d}x > \int_1^2 \left(3-\dfrac{1}{x}\right)\mathrm{d}x$;(3) $\int_0^1 \ln(1+x)\mathrm{d}x > \int_0^1 \dfrac{\arctan x}{1+x}\mathrm{d}x$.

(B)

1. (1) 不一定;(2) 不一定;(3) 相等.

3. 提示:先利用积分中值定理证明 $\exists\eta\in\left(\dfrac{2a}{3},a\right)$ 使 $f(\eta)=f(0)$,再利用 Rolle 中值定理.

4. 提示:因为 $\int_a^b [\lambda f(x) + g(x)]^2 \mathrm{d}x \geq 0\ (\lambda\in\mathbf{R})$,并利用二次三项式判定.

习题 3.2

(A)

3. (1) $\dfrac{4}{3}$;(2) 1;(3) 2;(4) 1;(5) $\dfrac{1}{2}$;(6) $-\dfrac{1}{6}$;(7) $6\dfrac{1}{3}$;(8) $1-\dfrac{\pi}{4}$.

4. (1) $\arctan x$;(2) $-\dfrac{1}{1+x^4}$;(3) $\dfrac{1}{2\sqrt{x}}\mathrm{e}^x$;(4) $-\tan x$;(5) $\dfrac{1}{3\sqrt[3]{x^2}}\ln(1+x^2)-\dfrac{1}{2\sqrt{x}}\ln(1+x^3)$;

(6) $-\sin x\cos(\pi\cos^2 x)-\cos x\cos(\pi\sin^2 x)$;(7) $\int_{x^2}^{x^3}\varphi(t)\mathrm{d}t + 3x^3(1+x^2)\varphi(x^3) - 2x^2(1+x)\varphi(x^2)$.

6. $\dfrac{\mathrm{d}y}{\mathrm{d}x}=2t\cot t\csc t$.   7. $y'=-2x^3\mathrm{e}^{x^2-y^2}$.

8. (1) 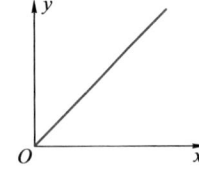 (2)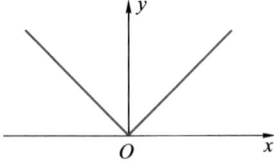

(3) 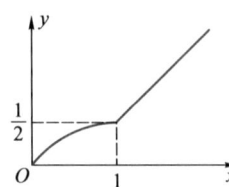 (4)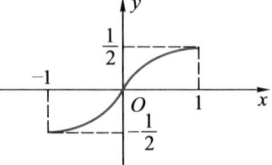

9. (1) $\dfrac{1}{3}$;(2) $\dfrac{\pi^2}{4}$.

10. 定义域$[0,+\infty]$;单调减区间$(0,1)$,单调增区间为$(1,+\infty)$;极小值点为$x=1$.

11. (1) $F(x)=\begin{cases} \dfrac{x^3}{3}, & x\leq 0, \\ 1-\cos x, & x>0; \end{cases}$ (2) $F(x)$处处可导.

12. (1) 正确;(2) 不正确;(3) 正确;(4) 不正确;(5) 不正确;(6) 不正确.

13. (1) $2x^{\frac{3}{2}}+10x^{\frac{1}{2}}+C$;(2) $\dfrac{x^2}{2}+x+C$;(3) $3(x-\arctan x)+C$;(4) $\dfrac{2^{x-1}e^x}{\ln(2e)}+C$;(5) $\tan x-x+C$;

(6) $-\cot t-\tan t+C$.

(B)

1. 提示:利用可积的必要条件与连续的定义. 2. $a=4,b=1$. 3. $\dfrac{1}{6}$.

5. 提示:利用积分中值定理与 Rolle 中值定理.

6. 提示:考察 $F(x)=\int_a^x f(t)\mathrm{d}t\int_x^b g(t)\mathrm{d}t$.并利用 Rolle 定理.

习题 3.3

(A)

1. (1) $-\dfrac{1}{\omega}\cos(\omega t+\varphi)+C$;   (2) $-3(3-5x)^{\frac{2}{3}}+C$;

(3) $\dfrac{1}{4}\arcsin 4x+C$;   (4) $\dfrac{1}{7}(3+2x^3)^{\frac{7}{6}}+C$;

(5) $\dfrac{3}{4}\ln(1+x^4)+\dfrac{1}{2}\arctan x^2+C$;   (6) $\dfrac{4}{3}(1+\sqrt{x})^{\frac{3}{2}}+C$;

(7) $\sin\ln|x|+C$;   (8) $\dfrac{1}{2}(\ln\ln x)^2+C$;

(9) $-\dfrac{1}{\sin x}-\sin x+C$;   (10) $\dfrac{1}{32}(12x+8\sin 2x+\sin 4x)+C$;

(11) $\dfrac{1}{32}(4x-\sin 4x)+C$;   (12) $\tan x+\dfrac{1}{3}\tan^3 x+C$;

(13) $-\dfrac{1}{3}\csc^3 x+C$;   (14) $-\ln(1+e^{-x})+C$;

(15) $\dfrac{1}{\sqrt{2}}\arctan(\sqrt{2}\tan x)+C$;   (16) $-e^{-\sqrt{1+x^2}}+C$;

(17) $\dfrac{2}{3}(\arctan x)^{\frac{3}{2}}+C$;   (18) $-\ln\left|\arccos\dfrac{x}{2}\right|+C$;

(19) $\dfrac{1}{3}\sec^3 x-\sec x+C$;   (20) $\dfrac{1}{\sqrt{2}}\arctan\dfrac{x-1}{\sqrt{2}}+C$;

(21) $\arcsin\dfrac{2x-1}{\sqrt{5}}+C$;   (22) $\dfrac{1}{4}\ln\dfrac{1+\sin^2 x}{\cos^2 x}+C$;

(23) $\dfrac{5}{4}(\sin x-\cos x)^{\frac{4}{5}}+C$; (24) $2\ln\dfrac{e^{\frac{x}{2}}+1}{e^{\frac{x}{2}}}-2e^{-\frac{x}{2}}+C$.

3. (1) $-\dfrac{1}{5}(3-2x)^{\frac{3}{2}}(1+x)+C$; (2) $2[\sqrt{1+x}-\ln(1+\sqrt{1+x})]+C$;

(3) $\dfrac{x}{\sqrt{1-x^2}}+C$; (4) $\dfrac{a^2}{2}\arcsin\dfrac{x}{a}-\dfrac{x}{2}\sqrt{a^2-x^2}+C$;

(5) $\dfrac{1}{9}\dfrac{\sqrt{x^2-9}}{x}+C$; (6) $\sqrt{1+x^2}+\dfrac{1}{\sqrt{1+x^2}}+C$;

(7) $-2\sqrt{1+\dfrac{2}{x}}+\ln\left|\dfrac{\sqrt{1+\dfrac{2}{x}}+1}{\sqrt{1+\dfrac{2}{x}}-1}\right|+C$; (8) $-\dfrac{1}{\sqrt{2}}\ln\dfrac{\sqrt{2}+\sqrt{x^2+2x+3}}{|1+x|}+C$;

(9) $2\sqrt{1+\ln x}+\ln\left|\dfrac{\sqrt{1+\ln x}-1}{\sqrt{1+\ln x}+1}\right|+C$; (10) $\dfrac{2}{27}\sqrt{3e^x-2}(3e^x+4)+C$;

(11) $\ln\left|1+\tan\dfrac{x}{2}\right|+C$; (12) $-\sqrt{1-x^2}-\dfrac{1}{2}\arcsin x+\dfrac{1}{2}x\sqrt{1-x^2}+C$;

(13) $\sqrt{e^{2x}+5}-\dfrac{\sqrt{5}}{2}\ln\dfrac{\sqrt{e^{2x}+5}+\sqrt{5}}{\sqrt{e^{2x}+5}-\sqrt{5}}+C$; (14) $\dfrac{1}{3}\dfrac{x-1}{\sqrt{x^2-2x+4}}+C$.

4. (1) $\dfrac{2}{3}$; (2) $\arctan e-\dfrac{\pi}{4}$; (3) $\dfrac{7}{2}$; (4) $\dfrac{4}{3}$; (5) $2(2-\ln 3)$; (6) $1-\dfrac{\pi}{4}$; (7) $\ln(2+\sqrt{3})-\dfrac{\sqrt{3}}{2}$;

(8) $2\sqrt{2}$.

5. (3) $\dfrac{1}{2}$.

7. (1) $\dfrac{1}{9}(\sin 3x-3x\cos 3x)+C$; (2) $(x^3+6x)\sh x-(3x^2+6)\ch x+C$;

(3) $\dfrac{1}{6}[2x^3\arctan x-x^2+\ln(1+x^2)]+C$; (4) $\dfrac{1}{2}(1+x^2)\ln(1+x^2)-\dfrac{x^2}{2}+C$;

(5) $-\dfrac{x}{1+e^x}-\ln(e^{-x}+1)+C$; (6) $4\sqrt{1+x}-2\sqrt{1-x}\arcsin x+C$;

(7) $x\tan x+\ln|\cos x|+C$; (8) $(4-2x)\cos\sqrt{x}+4\sqrt{x}\sin\sqrt{x}+C$;

(9) 1; (10) -2π;

(11) $\dfrac{1}{8}(\sin 2x-2x\cos 2x)+C$; (12) $\dfrac{x}{2}(\sin\ln x-\cos\ln x)+C$;

(13) $e^x\ln x+C$; (14) $x(\arccos x)^2-2\sqrt{1-x^2}\arccos x-2x+C$.

9. (1) $-\dfrac{1}{3}\left(\dfrac{1}{x}+\dfrac{1}{\sqrt{3}}\arctan\dfrac{x}{\sqrt{3}}\right)+C$; (2) $\dfrac{1}{16}\ln\dfrac{t^2+1}{t^2+9}+C$;

(3) $-\dfrac{1}{(x-1)^{99}}\left[\dfrac{1}{97}(x-1)^2+\dfrac{1}{49}(x-1)+\dfrac{1}{99}\right]+C$;

(4) $\ln|x| - \dfrac{2}{7}\ln|1+x^7| + C$;

(5) $\dfrac{2}{\sqrt{5}}\arctan\left(\dfrac{1}{\sqrt{5}}\tan\dfrac{x}{2}\right) + C$;

(6) $\ln|\cos x + \sin x| + C$;

(7) $\dfrac{1}{6a}\ln\left|\dfrac{a+x^3}{a-x^3}\right| + C$;

(8) $\dfrac{1}{4}[x^4 - 2\ln(x^8+4x^4+5) + 3\arctan(x^4+2)] + C$;

(9) $\dfrac{1}{2}(\ln\tan x)^2 + C$;

(10) $\ln\left(1+\dfrac{1}{2}\sin 2x\right) + C$;

(11) $x\tan\dfrac{x}{2} + C$;

(12) $\dfrac{1}{\sqrt{2}}\arctan\dfrac{x^2-1}{\sqrt{2}x} + C$;

(13) $\dfrac{x\ln x}{\sqrt{1+x^2}} - \ln(x+\sqrt{1+x^2}) + C$;

(14) $\dfrac{x}{2} - \dfrac{1}{2}\ln|\sin x + \cos x| + C$;

(15) $-\dfrac{1}{x-1} - \dfrac{1}{(x-1)^2} - \dfrac{1}{(x-1)^3} + C$;

(16) $-2\sqrt{\dfrac{1+x}{x}} + \ln\left|\dfrac{1+\sqrt{\dfrac{1+x}{x}}}{1-\sqrt{\dfrac{1+x}{x}}}\right| + C$.

(B)

2. $2\sqrt{2}n$.　　3. 0.　　4. $n^2\pi$.　　5. $\dfrac{3}{2}e^{\frac{5}{2}}$.　　6. $\dfrac{e^x}{1+x} + C$.

习题 3.4

(A)

1. (1) $\dfrac{25}{3}$; (2) $\dfrac{1}{3}$; (3) $\dfrac{a^2}{6}$; (4) $\ln 2 - \dfrac{1}{2}$; (5) 8; (6) $\dfrac{4}{3}$; (7) 4; (8) $\dfrac{\pi}{3} + 2 - \sqrt{3}$;

   (9) $3\pi a^2$; (10) $\dfrac{5}{8}\pi a^2$.

2. (1) $\dfrac{4}{3}\pi ab^2, \dfrac{4}{3}\pi a^2 b$; (2) $\dfrac{\pi^2}{2}, 2\pi^2, \pi\left(4 - \dfrac{\pi}{2}\right)$; (3) $2\pi^2 a^2 b$; (4) 160π; (5) $6\pi^3 a^3$.

3. (1) 2; (2) $\dfrac{\sqrt{3}}{2}$; (3) $\dfrac{\pi}{4}$.

4. $kMm\left(\dfrac{1}{a} - \dfrac{1}{a+l}\right)$.

5. (1) $g\dfrac{h^2}{3}\sqrt{a^2+b^2}$; (2) $g\dfrac{h^2}{6}\sqrt{a^2+b^2}$.

6. (1) $\dfrac{2}{3}gab^2$; (2) πgab^2.

7. (1) $\dfrac{1}{2}\pi gR^2H^2$; (2) $\dfrac{1}{4}\pi gR^2H^2$; (3) $\dfrac{1}{12}\pi gH^2(R^2+2Rr+3r^2)$; (4) $\dfrac{32}{3}\pi g$.

8. (1) $\dfrac{1}{2}\pi gR^2H^2$; (2) $\dfrac{1}{2}\pi gR^2H^2(2\rho-1)$.

9. $\dfrac{2kq\delta}{R}$. 　　10. $\dfrac{2\pi kq\delta Ra}{(a^2+R^2)^{\frac{3}{2}}}$.

11. (1) $V_A = \dfrac{\pi a^2}{2}$, $V_B = \pi\left(1-\dfrac{4}{5}a\right)$; (2) $a = \dfrac{\sqrt{66}-4}{5}$; (3) $a = \dfrac{4}{5}$.

(B)

1. $V = 2\pi \displaystyle\int_a^b xf(x)\,\mathrm{d}x$. 　　2. $\dfrac{4}{5\pi}$. 　　3. $4\pi\ln\dfrac{6}{5} \approx 2.291$(万人). 　　4. $\left(\dfrac{\pi}{4}+\dfrac{1}{3}\right)\pi g$.

习题 3.5

(A)

1. (1) $\dfrac{\pi}{2}$; (2) $\dfrac{1}{15}\ln 4$; (3) 2; (4) $\dfrac{\pi}{4}+\dfrac{1}{2}\ln 2$; (5) π; (6) 发散.

2. (1) 1; (2) 发散; (3) $\dfrac{8}{3}$; (4) 发散; (5) π; (6) -1; (7) $\dfrac{\pi}{2}$; (8) $\ln \pi +1$.

3. (1) $1-\cos\dfrac{4}{\pi}$; (2) π.

4. $k \leqslant 1$ 时发散, $k>1$ 时收敛.

5. (1) 收敛; (2) 收敛; (3) 发散; (4) 收敛.

6. (1) 发散; (2) 收敛; (3) 收敛; (4) 发散; (5) 收敛.

7. 解法一错. 　　8. 解法二错.

(B)

1. 不能.

2. (1) $p<1$ 且 $q<1$ 时收敛, 其他情形发散; (2) $p>1$ 且 $q<1$ 时收敛, 其他情形发散; (3) $1<\alpha<2$ 时收敛; (4) 收敛.

3. (2) 提示: 利用分部积分法及等式 $x^p = x^{p-1} - x^{p-1}(1-x)$.

第 3 章习题

1. (1) (D); (2) (D); (3) (A); (4) (D).

2. 在点 $x=0$ 不连续. 　　3. $f(x) = \sqrt{x}-1$.

4. (1) $\ln 2$; (2) $\dfrac{1}{\ln 2}$; (3) $\dfrac{1}{p+1}$; (4) 0.

5. (1) $\sqrt{1+x^2}\ln(x+\sqrt{1+x^2})-x+C$; 　　(2) $-\mathrm{e}^{-x}\arctan \mathrm{e}^x + x - \dfrac{1}{2}\ln(1+\mathrm{e}^{2x}) + C$;

 (3) $\ln\dfrac{x}{\sqrt{1+x^2}} - \dfrac{1}{x}\arctan x - \dfrac{1}{2}(\arctan x)^2 + C$; (4) $\dfrac{1}{2}x + \dfrac{\sqrt{x}}{2}\sin 2\sqrt{x} + \dfrac{1}{4}\cos 2\sqrt{x} + C$;

 (5) $\dfrac{x}{2}(\cos\ln x + \sin\ln x) + C$; 　　(6) $\arcsin x - \sqrt{1-x^2} + C$;

(7) $\dfrac{1}{\sqrt{1+\cos x}}+\dfrac{1}{2\sqrt{2}}\ln\dfrac{\sqrt{2}-\sqrt{1+\cos x}}{\sqrt{2}+\sqrt{1+\cos x}}+C$;   (8) $4-\sqrt{2}\ln\dfrac{\sqrt{2}+1}{\sqrt{2}-1}$;

(9) 2;   (10) $\dfrac{\pi}{4}$;   (11) $\ln 2$;   (12) $\dfrac{4}{3}$;   (13) $1+\ln\left(1+\dfrac{1}{e}\right)$;

(14) $-2\arcsin e^{-\frac{x}{2}}+C$;   (15) $2\left(1-\dfrac{1}{e}\right)$;

(16) $6-2e$;   (17) $2n\sqrt{2}\pi$;   (18) $\dfrac{(n-1)!\,(m-1)!}{(m+n-1)!}$;

(19) $-\dfrac{4}{3}\sqrt{1+x\sqrt{x}}+C$;   (20) $\dfrac{x}{4}+\dfrac{x^3}{12}+\dfrac{1}{4}(1+x^2)^2\operatorname{arccot} x+C$;

(21) $\dfrac{x}{4\cos^4 x}-\dfrac{1}{4}\left(\tan x+\dfrac{1}{3}\tan^3 x\right)+C$;   (22) $-\sqrt{x-x^2}+3\arctan\sqrt{\dfrac{x}{1-x}}+C$.

6. 提示: $a\cos x+b\sin x=\sqrt{a^2+b^2}\sin(x+\alpha)$, 其中 $\sin\alpha=\dfrac{a}{\sqrt{a^2+b^2}}, \cos\alpha=\dfrac{b}{\sqrt{a^2+b^2}}$, 再用定积分换元法证明.

7. 提示: $f(n)+f(n-2)=\int_0^{\frac{\pi}{4}}\tan^{n-2}x\sec^2 x\,dx$.

8. 提示: 令 $x=\alpha t$, 则 $\int_0^\alpha f(x)\,dx=\alpha\int_0^1 f(\alpha t)\,dt$, 再与不等式右边比较.

9. $\dfrac{1}{2}\ln^2 x$, 提示: 令 $\dfrac{1}{x}=t$, 则 $f\left(\dfrac{1}{x}\right)=\int_1^x\dfrac{\ln t}{t(1+t)}\,dt$, 再求 $f(x)+f\left(\dfrac{1}{x}\right)$.

10. 3.   11. $2e^y-(e+e^{-1})y-\dfrac{2}{e}$.   12. $\dfrac{5}{2}$.   13. $\dfrac{1}{2}\ln 2$.   14. $\dfrac{\pi}{5}(e^{-2\pi}+1)$.

15. $P\left(\pm\dfrac{1}{\sqrt{3}},\dfrac{2}{3}\right)$.

综合练习题

(1) 利用微元法可得一个生产周期 $[0,T]$ 内的储存费为 $0.008T^2$, $f(T)=30\left(\dfrac{5}{T}+0.008T\right)$;

(2) $T_0=25$ 天, $t_0=5$ 天.

第四章

习题 4.1

(A)

1. (1) $x^2-y^2=C$;   (2) $y=e^{Cx}$;

   (3) $\arcsin y=\arcsin x+C$;   (4) $2(x^3-y^3)+3(x^2-y^2)+5=0$;

(5) $1+y^2=C(1-x^2)$; (6) $x^2+\arctan^2 y=C$.

2. (1) $y=Ce^{2x}-\dfrac{x}{2}-\dfrac{5}{4}$; (2) $y=x^3(e^x+C)$;

   (3) $y=(x^2+1)(x+C)$; (4) $y=(\tan x-1)+Ce^{-\tan x}$;

   (5) $y=\dfrac{1}{2}\ln x+\dfrac{C}{\ln x}$; (6) $y=Cx+x\ln\ln x$.

3. (1) $(x^2+y^2)^3=Cx^2$; (2) $y=xe^{Cx+1}$;

   (3) $x^3-2y^3=Cx$; (4) $y^2=2x^2(\ln x+2)$.

4. (1) $y^{-1}=Ce^{-x}-x^2+2x-2$; (2) $y^3=Ce^x-x-2$;

   (3) $x=e^y(y+C)$; (4) $\cos y-3x=C$;

   (5) $y=\tan(x+C)-x$; (6) $\tan(x-y+1)=x+C$;

   (7) $y^2=Ce^{2x}-x^2-x-\dfrac{1}{2}$; (8) $y=\dfrac{1}{x}e^{Cx}$;

   (9) $x=\cos y(-2\ln|\cos y|+C)$; (10) $x+\ln(x^2+y^2)=C$.

5. (3) $\arctan\dfrac{y+5}{x-1}-\dfrac{1}{2}\ln[(x-1)^2+(y+5)^2]=C$ 与 $2x+(x-y)^2=C$.

6. (1) $y=x\arctan x-\dfrac{1}{2}\ln(1+x^2)+C_1x+C_2$; (2) $y=C_1e^x+C_2-\dfrac{x^2}{2}-x$;

   (3) $y=C_1e^x+C_2x+C_3$; (4) $y=-\ln|\cos(x+C_1)|+C_2$;

   (5) $y=\dfrac{1}{2}(e^{x-1}+e^{1-x})$.

7. $x^2+2y=1$. 8. $y=2x^2$ 或 $y^2=32x$. 9. $v=\dfrac{mg}{k}+\left(v_0-\dfrac{mg}{k}\right)e^{-\frac{k}{m}t}$. 10. $\dfrac{1}{49}$ kg.

11. $p=\dfrac{a+c}{b+d}+Ce^{-k(b+d)t}$.

12. 60 小时约 188 人,72 小时约 385 人.

(B)

1. (1) $b=\dfrac{2}{3}$ 时,$V^{\frac{1}{3}}=\dfrac{1}{3}kt+V_0^{\frac{1}{3}}$;$b=1$ 时,$V=V_0e^{kt}$,倍增时间 $t_d=\dfrac{\ln 2}{k}$.

   (2) $V=V_0e^{\frac{A}{a}}(1-e^{-at})$(其中 a,A,V_0 均为常数,且 V_0 为 $t=0$ 时的 V 值,A 为 $t=0$ 时的 k 值).

2. 死亡时间大约在下午 5:23,因此张某不能被排除在犯罪嫌疑人之外.

3. $y=\dfrac{C}{x^3}e^{-\frac{1}{x}}$.

4. $f'(x)=3[1+f^2(x)]$,$f(0)=0$,$f(x)=\tan 3x$.

习题 4.2

(A)

2. 否. 4. $y=C_1e^x+C_2+x$.

5. (1) $x=C_1e^{-5t}+C_2e^{-3t}$; (2) $x=(C_1+C_2t)e^{3t}$;

(3) $x=C_1\cos 3t+C_2\sin 3t$; (4) $y=C_1\cos x+C_2\sin x$;

(5) $y=C_1e^{2x}+C_2e^{3x}$; (6) $y=e^{-2x}(C_1\cos x+C_2\sin x)$.

6. (1) $x=e^{-t}\cos t$; (2) $y=(2+x)e^{-\frac{x}{2}}$; (3) $y=3e^{-2x}\sin 5x$.

8. (1) $x=C_1e^{\frac{t}{2}}+C_2e^{-t}+e^t$; (2) $x=C_1\cos at+C_2\sin at+\dfrac{e^t}{1+a^2}$;

(3) $x=C_1+C_2e^{-\frac{5}{2}t}+\dfrac{1}{3}t^3-\dfrac{3}{5}t^2+\dfrac{7}{25}t$; (4) $x=C_1e^{-t}+C_2e^{-2t}+\left(\dfrac{3}{2}t^2-3t\right)e^{-t}$;

(5) $y=e^x(C_1\cos 2x+C_2\sin 2x)-\dfrac{1}{4}xe^x\cos 2x$; (6) $y=C_1\cos 2x+C_2\sin 2x+\dfrac{1}{3}x\cos x+\dfrac{2}{9}\sin x$;

(7) $y=-5e^x+\dfrac{7}{2}e^{2x}+\dfrac{5}{2}$; (8) $x=\dfrac{1}{2}(e^{9t}+e^t)-\dfrac{1}{7}e^{2t}$.

11. $f(x)=\dfrac{1}{2}\sin x+\dfrac{x}{2}\cos x$.

12. $r=\csc\left(\dfrac{\pi}{6}\mp\theta\right)$ 或 $x\mp\sqrt{3}y=2$.

13. (1) $x=\dfrac{1}{t^2}[C_1\sin(3\ln t)+C_2\cos(3\ln t)]$; (2) $y=x(C_1+C_2\ln x)+C_3x^2+\dfrac{1}{4}x^3-\dfrac{3}{2}x(\ln x)^2$;

(3) $y=C_1x+C_2x\ln x+C_3x\ln^2 x+\dfrac{1}{9}x^4$.

(B)

3. $x=C_1\dfrac{\cos t}{t}+C_2\dfrac{\sin t}{t}$.

习题 4.3

(A)

1. (2),(4)是;(1),(3)不是.

11. (1) $X(t)=\begin{bmatrix}1 & 2e^t & e^{2t}\\ 0 & 2e^t & 2e^{2t}\\ 2 & e^t & 0\end{bmatrix}\begin{bmatrix}C_1\\ C_2\\ C_3\end{bmatrix}$; (2) $X(t)=e^{-2t}\begin{bmatrix}\cos t & \sin t\\ \cos t+\sin t & \sin t-\cos t\end{bmatrix}\begin{bmatrix}C_1\\ C_2\end{bmatrix}$.

12. (1) $\boldsymbol{x}=\begin{bmatrix}e^{5t} & e^{-t}\\ 2e^{5t} & -e^{-t}\end{bmatrix}\begin{bmatrix}\dfrac{1}{3} & \dfrac{1}{3}\\ \dfrac{2}{3} & -\dfrac{1}{3}\end{bmatrix}\begin{bmatrix}C_1\\ C_2\end{bmatrix}+\begin{bmatrix}-2t\\ 2t-\dfrac{1}{2}\end{bmatrix}e^{-t}$;

(2) $\boldsymbol{x}=\begin{bmatrix}3e^t & e^{-t}\\ e^t & e^{-t}\end{bmatrix}\begin{bmatrix}C_1\\ C_2\end{bmatrix}+\begin{bmatrix}3\sin t\\ -\cos t+2\sin t\end{bmatrix}$.

(B)

6. (1) $X(t)=e^{-t}\begin{bmatrix}1 & t & \dfrac{t^2}{2}\\ 0 & -1 & -t\\ 0 & 0 & 1\end{bmatrix}\begin{bmatrix}C_1\\ C_2\\ C_3\end{bmatrix}$;

(2) $X(t) = \begin{bmatrix} -2e^{5t} & (\sin t - \cos t)e^{2t} & 2\cos t e^{2t} \\ 0 & -\cos t e^{2t} & (\sin t + \cos t)e^{2t} \\ e^{5t} & \left(-\frac{2}{5}\sin t + \frac{4}{5}\cos t\right)e^{2t} & \left(-\frac{2}{5}\sin t - \frac{6}{5}\cos t\right)e^{2t} \end{bmatrix} \begin{bmatrix} C_1 \\ C_2 \\ C_3 \end{bmatrix}.$

7. $\begin{cases} I_1 = -\dfrac{1}{87}e^{-\frac{3}{5}t} + \dfrac{1}{6}e^{-t} - \dfrac{9}{58}\cos t + \dfrac{21}{58}\sin t, \\ I_2 = -\dfrac{5}{81}e^{-\frac{3}{5}t} + \dfrac{1}{3}e^{-t} - \dfrac{16}{58}\cos t + \dfrac{18}{58}\sin t, \\ I_3 = I_1 - I_2. \end{cases}$

第 4 章习题

1. (1) (D); (2) (C); (3) (A); (4) (A); (5) (C).

2. (1) $y=1$; (2) $y=e^{-x}(C_1+C_2x+C_3x^2)+\dfrac{x^3}{6}\left(\dfrac{1}{4}x-5\right)e^{-x}$; (3) $y=C_1\cos x+C_2\sin x+x+\dfrac{1}{2}x\sin x$;

   (4) 当 $\mu>0$ 时, $y=C_1\cos\sqrt{\mu}x+C_2\sin\sqrt{\mu}x$; 当 $\mu=0$ 时, $y=C_1+C_2x$; 当 $\mu<0$ 时, $y=C_1e^{\sqrt{-\mu}x}+C_2e^{-\sqrt{-\mu}x}$
   ($C_1, C_2 \in \mathbf{R}$).

3. $y'''+y''-y'-y=0.$ 4. $f'(x)=-\dfrac{e^{-x}}{x+1}.$

6. $y=1-6x^2+5x.$ 7. $y=e^x.$

综合练习题

1. 约 1.28×10^7.

2. 圆桶下沉的速度 v 与深度 y 之间的关系为

$$\frac{y}{m} = -\frac{v}{k} - \frac{mg-B}{k^2}\ln\frac{mg-B-kv}{mg-B},$$

其中, m 为圆桶的质量, B 为浮力. 圆桶到达海底时的速度为 $v\approx 13.64$ m/s, 因此, 圆桶会因碰撞而破裂.

3. 设 $w(t)$ 为一头猪出生 t 天后的体重(单位:kg), $y(t)$ 为一头猪从出生到 t 天后所消耗的总饲养费用, C 为每千克生猪的出售价, $L(t)$ 为时刻 t 出售生猪可获得的纯利润. 则所给问题的数学模型为: 求函数

$$L(t) = Cw(t) - y(t)$$

的最大值点, 其中 $w(t)$ 与 $y(t)$ 满足下列微分方程组

$$\begin{cases} \dfrac{dw}{dt} = \alpha\left(1-\dfrac{w}{\overline{w}}\right), \\ \dfrac{dy}{dt} = b + ew, \end{cases}$$

和初值条件

$$w(0) = w_0 \text{（初生小猪的体重）}, y(0) = 0,$$

C, α, b, e 均为正常数，$\bar{w}$ 为生猪体重的最大值.

设 $w(t_s) = w_s$ 为可上市出售的猪的最小体重，t_s 为饲养时间，注意到达到最小可出售体重且能获利的充要条件为

$$Cw_s - y(t_s) \geqslant Cw_0,$$

则可得下列结论：

(i) 若 $\dfrac{\bar{w}\gamma}{\bar{w}-w_s} < C\alpha+\beta$，则

$$t_0 = \frac{\bar{w}}{\alpha}\ln\frac{(\alpha+\beta)(\bar{w}-w_0)}{\alpha\bar{w}} > \frac{\bar{w}}{\alpha}\ln\frac{\bar{w}-w_0}{\bar{w}-w_s} = t_s \quad (\gamma = b+\bar{w}d, \beta = \bar{w}d).$$

这时应让猪在达到最低销售体重后再饲养一段时间当 $t=t_0$ 时再出售可获最大利润；

(ii) 若 $\dfrac{\bar{w}\gamma}{\bar{w}-w_s} > C\alpha+\beta$ 则有 $t_0 < t_s$，这时只能等到 $t=t_s$ 才能销售出去；

(iii) 若 $\dfrac{\bar{w}\gamma}{\bar{w}-w_s} = C\alpha+\beta$ 则 $t_0 = t_s$，故此时出售利润最大.

4. (1) $t = \dfrac{\sqrt{2}}{k\sqrt{g}}10^4$; (2) $y = bx^4$, b 与 k, v 有关.

参考文献

[1] 朱公谨.高等数学:上.北京:高等教育出版社,1956.
[2] 柯朗,约翰.微积分与数学分析引论:第1卷第1分册.张鸿林,周民强,译.北京:科学出版社,1979.
[3] 柯朗,约翰.微积分与数学分析引论:第1卷第2分册.刘嘉善,戴帷,等译.北京:科学出版社,1982.
[4] 西安交通大学高等数学教研室.高等数学:上.2版.北京:高等教育出版社,1987.
[5] 欧阳光中,朱学炎,秦曾复.数学分析:上.上海:上海科学技术出版社,1983.
[6] 尼柯尔斯基.数学分析教程:第1卷第1分册.刘远图,郭思旭,高尚华,译.北京:人民教育出版社,1980.
[7] 尼柯尔斯基.数学分析教程:第1卷第2分册.高尚华,郭思旭,刘远图,译.北京:人民教育出版社,1981.
[8] 朱自清.工科用数学分析:上.武汉:华中理工大学出版社,1994.
[9] 刘玉琏,傅沛仁.数学分析讲义:上.北京:高等教育出版社,1992.
[10] 李心灿.高等数学应用205例.北京:高等教育出版社,1997.
[11] 丁同仁,李承治.常微分方程教程.北京:高等教育出版社,1991.
[12] 叶彦谦.常微分方程讲义.2版.北京:人民教育出版社,1982.
[13] Braun M.常微分方程及其应用:下.张鸿林,译.北京:人民教育出版社,1980.

郑重声明

高等教育出版社依法对本书享有专有出版权。任何未经许可的复制、销售行为均违反《中华人民共和国著作权法》，其行为人将承担相应的民事责任和行政责任；构成犯罪的，将被依法追究刑事责任。为了维护市场秩序，保护读者的合法权益，避免读者误用盗版书造成不良后果，我社将配合行政执法部门和司法机关对违法犯罪的单位和个人进行严厉打击。社会各界人士如发现上述侵权行为，希望及时举报，我社将奖励举报有功人员。

反盗版举报电话　（010）58581999　58582371
反盗版举报邮箱　dd@hep.com.cn
通信地址　北京市西城区德外大街4号　高等教育出版社法律事务部
邮政编码　100120

读者意见反馈

为收集对教材的意见建议，进一步完善教材编写并做好服务工作，读者可将对本教材的意见建议通过如下渠道反馈至我社。

咨询电话　400-810-0598
反馈邮箱　hepsci@pub.hep.cn
通信地址　北京市朝阳区惠新东街4号富盛大厦1座
　　　　　高等教育出版社理科事业部
邮政编码　100029

防伪查询说明

用户购书后刮开封底防伪涂层，使用手机微信等软件扫描二维码，会跳转至防伪查询网页，获取所购图书详细信息。

防伪客服电话
（010）58582300

数字课程说明

1　计算机访问 http://abook.hep.com.cn/48216，或手机扫描二维码、下载并安装 Abook 应用。
2　注册并登录，进入"我的课程"。
3　输入封底数字课程账号（20位密码，刮开涂层可见），或通过 Abook 应用扫描封底数字课程账号二维码，完成课程绑定。
4　单击"进入课程"按钮，开始本数字课程的学习。

课程绑定后一年为数字课程使用有效期。受硬件限制，部分内容无法在手机端显示，请按提示通过计算机访问学习。

如有使用问题，请发邮件至 abook@hep.com.cn。

扫描二维码
下载 Abook 应用